注册建筑师考试丛书

一级注册建筑师考试历年真题与解析

· 2 ·

建 筑 结 构

（第十四版）

《注册建筑师考试教材》编委会　编

曹纬浚　主编

中国建筑工业出版社

图书在版编目（CIP）数据

一级注册建筑师考试历年真题与解析. 2，建筑结构 /《注册建筑师考试教材》编委会编；曹纬浚主编. —14版. —北京：中国建筑工业出版社，2021.11

（注册建筑师考试丛书）

ISBN 978-7-112-26710-1

Ⅰ. ①一… Ⅱ. ①注… ②曹… Ⅲ. ①建筑结构－资格考试－题解 Ⅳ. ①TU-44

中国版本图书馆CIP数据核字（2021）第208967号

责任编辑：张　建　刘　静
责任校对：党　蕾
封面图片：刘延川　孟义强

注册建筑师考试丛书
一级注册建筑师考试历年真题与解析
·2·
建　筑　结　构
（第十四版）

《注册建筑师考试教材》编委会　编
曹纬浚　主编

*

中国建筑工业出版社出版、发行（北京海淀三里河路9号）
各地新华书店、建筑书店经销
北京红光制版公司制版
北京圣夫亚美印刷有限公司印刷

*

开本：787毫米×1092毫米　1/16　印张：40　字数：969千字
2021年11月第十四版　　2021年11月第一次印刷
定价：118.00元
ISBN 978-7-112-26710-1
（38484）

版权所有　翻印必究
如有印装质量问题，可寄本社图书出版中心退换
（邮政编码　100037）

《注册建筑师考试教材》编委会

主 任 委 员　赵春山
副主任委员　于春普　曹纬浚
主　　　编　曹纬浚
主 编 助 理　曹 京　陈 璐
编　　　委（以姓氏笔画为序）

于春普　王又佳　王昕禾　尹　桔
叶　飞　冯　东　冯　玲　刘　博
许　萍　李　英　李魁元　何　力
汪琪美　张思浩　陈　岚　陈　璐
陈向东　赵春山　荣玥芳　侯云芬
姜忆南　贾昭凯　晁　军　钱民刚
郭保宁　黄　莉　曹　京　曹纬浚
穆静波　魏　鹏

序

赵春山

（住房和城乡建设部执业资格注册中心原主任）

我国正在实行注册建筑师执业资格制度，从接受系统建筑教育到成为执业建筑师之前，首先要得到社会的认可，这种社会的认可在当前表现为取得注册建筑师执业注册证书，而建筑师在未来怎样行使执业权力，怎样在社会上进行再塑造和被再评价从而建立良好的社会资源，则是另一个角度对建筑师的要求。因此在如何培养一名合格的注册建筑师的问题上有许多需要思考的地方。

一、正确理解注册建筑师的准入标准

我们实行注册建筑师制度始终坚持教育标准、职业实践标准、考试标准并举，三者之间相辅相成、缺一不可。所谓教育标准就是大学专业建筑教育。建筑教育是培养专业建筑师必备的前提。一个建筑师首先必须经过大学的建筑学专业教育，这是基础。职业实践标准是指经过学校专门教育后又经过一段有特定要求的职业实践训练积累。只有这两个前提条件具备后才可报名参加考试。考试实际就是对大学建筑教育的结果和职业实践经验积累结果的综合测试。注册建筑师的产生都要经过建筑教育、实践、综合考试三个过程，而不能用其中任何一个去代替另外两个过程，专业教育是建筑师的基础，实践则是在步入社会以后通过经验积累提高自身能力的必经之路。从本质上说，注册建筑师考试只是一个评价手段，真正要成为一名合格的注册建筑师还必须在教育培养和实践训练上下功夫。

二、关注建筑专业教育对职业建筑师的影响

应当看到，我国的建筑教育与现在的人才培养、市场需求尚有脱节的地方，比如在人才知识结构与能力方面的实践性和技术性还有欠缺。目前在建筑教育领域实行了专业教育评估制度，一个很重要的目的是想以评估作为指挥棒，指挥或者引导现在的教育向市场靠拢，围绕着市场需求培养人才。专业教育评估在国际上已成为了一种通行的做法，是一种通过社会或市场评价教育并引导教育围绕市场需求培养合格人才的良好机制。

当然，大学教育本身与社会的具体应用需要之间有所区别，大学教育更侧重于专业理论基础的培养，所以我们就从衡量注册建筑师的第二个标准——实践标准上来解决这个问题。注册建筑师考试前要强调专业教育和三年以上的职业实践。现在专门为报考注册建筑师提供一个职业实践手册，包括设计实践、施工配合、项目管理、学术交流四个方面共十项具体实践内容，并要求申请考试人员在一名注册建筑师指导下完成。

理论和实践是相辅相成的关系，大学的建筑教育是基础理论与专业理论教育，但必须要给学生一定的时间使其把理论知识应用到实践中去，把所学和实践结合起来，提高自身的业务能力和专业水平。

大学专业教育是作为专门人才的必备条件，在国外也是如此。发达国家对一个建筑师的要求是：没有经过专门的建筑学教育是不能称之为建筑师的，而且不能进入该领域从事与其相关的职业。企业招聘人才也首先要看他们是否具备扎实的基本知识和专业本领，所以大学的本科建筑教育是必备条件。

三、注意发挥在职教育对注册建筑师培养的补充作用

在职教育在我国有两个含义：一种是后补充学历教育，即本不具备专业学历，但工作后经过在职教育通过社会自学考试，取得从事现职业岗位要求的相应学历；还有一种是继续教育，即原来学的本专业和其他专业学历，随着科技发展和自身业务领域的拓宽，原有的知识结构已不适应了，于是通过在职教育去补充相关知识。由于我国建筑教育在过去一时期底子薄，培养数量与社会需求差距很大。改革开放以后为了满足快速发展的建筑市场需求，一批没有经过规范的建筑教育的人员进入了建筑师队伍。而要解决好这一历史问题，提高建筑师队伍整体职业素质，在职教育有着重要的补充作用。

继续教育是在职教育的一种行之有效的教育形式，它特指具有专业学历背景的在职人员从业后，因社会的发展使得原有知识需要更新，要通过参加新知识、新技术的学习以调整原有知识结构，拓宽知识范围。它在性质上与在职培训相同，但又不能完全画等号。继续教育是有计划性、目标性、提高性的，从整体人才队伍和个人知识总体结构上作调整和补充。当前，社会在职教育在制度上和措施上还不够完善，质量很难保证。有一些人把在职读学历作为"镀金"，把继续教育当作"过关"。虽然最后证明拿到了，但实际的本领和水平并没有相应提高。为此需要我们做两方面的工作：一是要让我们的建筑师充分认识到在职教育是我们执业发展的第一需求；二是我们的教育培训机构要完善制度、改进措施、提高质量，使参加培训的人员有所收获。

四、为建筑师创造一个良好的职业环境

要向社会提供高水平、高质量的设计产品，关键还是要靠注册建筑师的自身素质，但也不可忽视社会环境的影响。大众审美的提高可以让建筑师感受到社会的关注，增强自省意识，努力创造出一个经受得住大众评价的作品。但目前实际上建筑师的很多设计思想受开发商与业主方面很大的影响，有时建筑水平并不完全取决于建筑师，而是取决于开发商与业主的喜好。有的业主审美水平不高，很多想法往往只是自己的意愿，这就很难做出跟社会文化、科技、时代融合的建筑产品。要改善这种状态，首先要努力创造尊重知识、尊重人才的社会环境。建筑师要维护自己的职业权力，大众要尊重建筑师的创作成果，业主不要把个人喜好强加于建筑师。同时建筑师自己也要提高自身的素质和修养，增强社会责任感，建立良好的社会信誉。要让创造出的作品得到大众的尊重，首先自己要尊重自己的劳动成果。

五、认清差距，提高自身能力，迎接挑战

目前中国的建筑师与国际水平还存在着一定差距，而面对信息化时代，如何缩小差距以适应时代变革和技术进步，成为建筑教育需要探讨解决的问题，并及时调整、制定新的对策。

我们现在的建筑教育不同程度地存在重艺术、轻技术的倾向。在注册建筑师资格考试中明显感觉到建筑师们在相关的技术知识包括结构、设备、材料方面的把握上有所欠缺，这与教育有一定的关系。学校往往比较注重表现能力方面的培养，而技术方面的教育则相对不足。尽管这些年有的学校进行了一些课程调整,加强了技术方面的教育,但从整体来看,现在的建筑师在知识结构上还是存在欠缺。

建筑是时代发展的历史见证,它凝固了一个时期科技、文化发展的印记,建筑师如果不能与时代发展相适应,努力学习和掌握当代社会发展的科学技术与人文知识,提高建筑的科技、文化内涵,就很难创造出高水平的作品。

当前,我们的建筑教育可以利用互联网加强与国外信息的交流,了解和掌握国外在建筑方面的新思路、新理念、新技术。这里想强调的是,我们的建筑教育还是应该注重与社会发展相适应。当今,社会进步速度很快,建筑所蕴含的深厚文化底蕴也在不断地丰富、发展。现代建筑创作不能单一强调传统文化,要充分运用现代科技发展成果,使经济、安全、健康、适用和美观得到全面体现。在人才培养上也要与时俱进。加强建筑师科技能力的培养,让他们学会适应和运用新技术、新材料去进行建筑创作。

一个好的建筑要实现它的内在和外表的统一,必须要做到:建筑的表现、材料的选用、结构的布置以及设备的安装融为一体。但这些在很多建筑中还做不到,这说明我们一些建筑师在对新结构、新设备、新材料的掌握和运用上能力不够,还需要加大学习的力度。只有充分掌握新的结构技术、设备技术和新材料的性能,建筑师才能够更好地发挥创造水平,把技术与艺术很好地融合起来。

中国加入WTO以后面临国外建筑师的大量进入,这对中国建筑设计市场将会有很大的冲击,我们不能期望通过政府设立各种约束限制国外建筑师的进入而自保,关键是要使国内建筑师自身具备与国外建筑师竞争的能力,迎接挑战,参与竞争,通过实践提高我们的设计水平,为社会提供更好的建筑作品。

前　言

一、本套书编写的依据、目的及组织构架

原建设部和人事部自1995年起开始实施注册建筑师执业资格考试制度。

本套书以考试大纲为依据，结合考试参考书目和现行规范、标准进行编写，并结合历年真实考题的知识点作出修改补充。由于多年不断对内容的精益求精，本套书是目前市面上同类书中，出版较早、流传较广、内容严谨、口碑销量俱佳的一套注册建筑师考试用书。

本套书的编写目的是指导复习，因此在保证内容综合全面、考点覆盖面广的基础上，力求重点突出、详略得当；并着重对工程经验的总结、规范的解读和原理、概念的辨析。

为了帮助考生准备注册考试，本书的编写教师自1995年起就先后参加了全国一、二级注册建筑师考试辅导班的教学工作。他们都是在本专业领域具有较深造诣的教授、一级注册建筑师、一级注册结构工程师和具有丰富考试培训经验的名师、专家。

本套《注册建筑师考试丛书》自2001年出版至今，除2002、2015、2016三年停考之外，每年均对教材内容作出修订完善。现全套书包含：《一级注册建筑师考试教材》（简称《一级教材》，共6个分册）、《一级注册建筑师考试历年真题与解析》（简称《一级真题与解析》，知识题科目，共5个分册）；《二级注册建筑师考试教材》（共3个分册）、《二级注册建筑师考试历年真题与解析》（知识题科目，共2个分册）。

二、本书（本版）修订说明

（1）增加了2021年、2019年和2018年的成套试题，并作出答案解析，以便考生检测学习成果，进行考试模拟。

（2）对题集的一部分试题解析作了详细的补充修订，涉及规范内容明确规范出处，部分试题，除对正确的选项作出解释外，对错误的选项也作了说明，更利于考生理解和记忆，提升学习效果。

三、本套书配套使用说明

考生在学习《一级教材》时，除应阅读相应的标准、规范外，还应多做试题，以便巩固知识，加深理解和记忆。《一级真题与解析》是《一级教材》的配套试题集，收录了2003年以来知识题的多年真实试题并附详细的解析和参考答案。其5个分册分别对应《一级教材》的前5个分册。《一级真题与解析》的每个分册均包含两个部分，即按照《一级教材》章节设置的分散试题和近几年的整套试题。考生可以在考前做几次自测练习。

《一级教材》的第6分册收录了一级注册建筑师资格考试的"建筑方案设计""建筑技术设计"和"场地设计"3个作图考试科目的多年真实试题，并提供了参考答卷，部分试

题还附有评分标准；对作图科目考试的复习大有好处。

四、《一级教材》作者及协助编写人员

《第1分册 设计前期 场地与建筑设计（知识）》——第一、二章王昕禾；第三、七章晁军、尹桔；第四章何力；第五章王又佳；第六章荣玥芳。

《第2分册 建筑结构》——第八章钱民刚；第九、十章黄莉、王昕禾；第十一章黄莉、冯东；第十二～十四章冯东；第十五、十六章黄莉、叶飞。

《第3分册 建筑物理与建筑设备》——第十七章汪琪美；第十八章刘博；第十九章李英；第二十章许萍；第二十一章贾昭凯、贾岩；第二十二章冯玲。

《第4分册 建筑材料与构造》——第二十三章侯云芬；第二十四章陈岚。

《第5分册 建筑经济 施工与设计业务管理》——第二十五章陈向东；第二十六章穆静波；第二十七章李魁元。

《第6分册 建筑方案 技术与场地设计（作图）》——第二十八、三十章张思浩；第二十九章建筑剖面及构造部分姜忆南，建筑结构部分冯东，建筑设备、电气部分贾昭凯、冯玲。

除上述编写者之外，多年来曾参与或协助本套书编写、修订的人员有：王其明、姜中光、翁如璧、耿长孚、任朝钧、曾俊、林焕枢、张文革、李德富、吕鉴、朋改非、杨金铎、周慧珍、刘宝生、张英、陶维华、郝昱、赵欣然、霍新民、何玉章、颜志敏、曹一兰、周庄、陈庆年、周迎旭、阮广青、张炳珍、杨守俊、王志刚、何承奎、孙国樑、张翠兰、毛元钰、曹欣、楼香林、李广秋、李平、邓华、翟平、曹铎、栾彩虹、徐华萍、樊星。

在此预祝各位考生取得好成绩，考试顺利过关！

《注册建筑师考试教材》编委会

2021年9月

本书规范简称一览表

规范名称	代号	书中简称
钢结构设计标准	GB 50017—2017	钢结构标准
高层建筑混凝土结构技术规程	JGJ 3—2010	高层混凝土规程
高层民用建筑钢结构技术规程	JGJ 99—2015	高层钢结构规程
混凝土结构设计规范	GB 50010—2010（2015年版）	混凝土规范
建筑地基基础设计规范	GB 50007—2011	地基规范
建筑工程抗震设防分类标准	GB 50223—2008	抗震设防标准
建筑结构荷载规范	GB 50009—2012	荷载规范
建筑结构可靠性设计统一标准	GB 50068—2018	结构可靠性标准
建筑结构制图标准	GB/T 50105—2010	结构制图标准
建筑抗震设计规范	GB 50011—2010（2016年版）	抗震规范
空间网格结构技术规程	JGJ 7—2010	网格规程
木结构设计标准	GB 50005—2017	木结构标准
砌体结构设计规范	GB 50003—2011	砌体规范

目 录

序 ······ 赵春山
前言
八 建筑力学 ······ 1
   （一）静力学基本知识和基本方法 ······ 1
   （二）静定梁的受力分析、剪力图与弯矩图 ······ 20
   （三）静定结构的受力分析、剪力图与弯矩图 ······ 31
   （四）图乘法求位移 ······ 62
   （五）超静定结构 ······ 72
   （六）压杆稳定 ······ 109
九 建筑结构与结构选型 ······ 110
十 建筑结构上的作用及设计方法 ······ 119
十一 钢筋混凝土结构设计 ······ 128
十二 钢结构设计 ······ 177
十三 砌体结构设计 ······ 197
十四 木结构设计 ······ 218
十五 建筑抗震设计基本知识 ······ 224
十六 地基与基础 ······ 275
2021年试题、解析及答案 ······ 297
2020年试题、解析及答案 ······ 321
2019年试题、解析及答案 ······ 344
2018年试题、解析及答案 ······ 375
2014年试题、解析、答案及考点 ······ 412
2013年试题、解析、答案及考点 ······ 459
2012年试题、解析、答案及考点 ······ 503
2011年试题、解析、答案及考点 ······ 545
2010年试题、解析、答案及考点 ······ 584

八 建 筑 力 学

(一) 静力学基本知识和基本方法

8-1-1 (2009) 外伸梁受力如图所示,为了不使支座 A 产生垂直反力,集中荷载 P 应为下列何值?

A 48kN　　　　B 42kN
C 36kN　　　　D 24kN

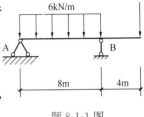

题 8-1-1 图

解析: 当 A 无垂直反力时,利用平衡方程 $\sum M_B=0$,可得:$P\times 4=(6\times 8)\times 4$,所以 $P=48$kN。

答案: A

8-1-2 (2009) 如图所示外伸梁,其支座 A、B 处的反力分别为下列何值?

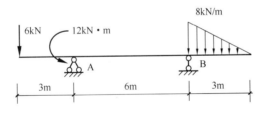

题 8-1-2 图

A 12kN、6kN　　B 9kN、9kN　　C 6kN、12kN　　D 3kN、15kN

解析: 注意到三角形分布荷载的合力为 $\dfrac{3\times 8}{2}=12$kN,合力作用线到 B 的距离为 1m,用平衡方程 $\sum M_B=0$,可得:$F_A\times 6+12\times 1=12+6\times 9$,所以 $F_A=9$kN。

再用平衡方程 $\sum Y_y=0$,可得:$F_A+F_B=6+12$,所以 $F_B=9$kN。

答案: B

8-1-3 (2009) 图示结构在下列两种不同荷载作用下,内力不同的杆件有几个?

A 1个　　　　B 3个
C 5个　　　　D 7个

解析: 两种荷载大小、方向、作用线都相同,所以在两个支座处引起的反力也相同,两个支座连接的 4 根杆内力都相同。从而中间下边节点所连接的杆内力也相同。只有上边的横杆受力不同。

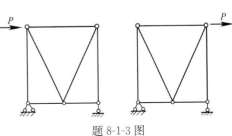

题 8-1-3 图

答案：A

8-1-4 （2009）图示结构中，零杆有（　）。

A　1个　　　　　　B　2个
C　3个　　　　　　D　4个

解析：由零杆判别法可知，三根竖腹杆均为零杆。

答案：C

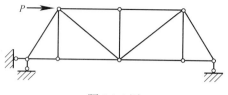

题 8-1-4 图

8-1-5 （2009）图示结构中，内力为零的杆有（　）。

A　3个　　　　　B　4个　　　　　C　5个　　　　　D　7个

解析：首先，由零杆判别法可知，3根竖腹杆均为零杆；其次，由于此结构可看成是对称结构受反对称荷载作用，内力是反对称的，故对称轴上中间2根横杆必为零杆；最后，再由零杆判别法可知，中间2根斜腹杆也是零杆。

答案：D

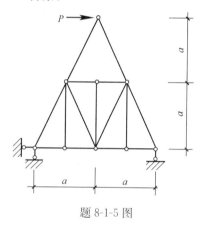

题 8-1-5 图

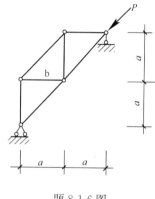

题 8-1-6 图

8-1-6 （2009）图示结构中，杆 b 的内力 N_b 应为下列何项数值？

A　$N_b=0$　　　B　$N_b=P/2$　　　C　$N_b=P$　　　D　$N_b=\sqrt{2}P$

解析：通过整体平衡受力分析可知，下端支座反力为 P，方向沿 45°向上，与外力 P 在同一直线上。而上端支座反力为零。再根据桁架结构的零杆判别法，可得：除 P 力所在直线上两杆受压力之外，其余各杆均为零杆。

答案：A

8-1-7 （2009）图示结构在外力 P 作用下，零杆有几个？

A　2个　　　　　　B　4个
C　6个　　　　　　D　8个

解析：图示结构是对称结构，受对称荷载，所以内力是对称的。在对称轴上反对称内力为零。图中对称轴上边的 K 字形节点属于反对称节点，两根斜杆内力为零。再根据零杆

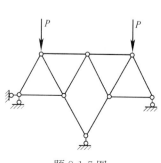

题 8-1-7 图

判别法可知左右两支座联结的4根杆也是零杆。

答案：C

8-1-8 (2009)图示结构在外力 P 作用下，零杆有几个？

A　1个　　　　　B　3个
C　5个　　　　　D　6个

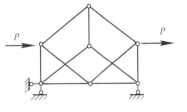

题 8-1-8 图

解析：图示结构可看作是一个受反对称荷载的对称结构(设支座反力也为反对称的)，则其内力也必为反对称的。所以在对称轴上，对称内力——轴力应该为零。也就是中间那根竖杆为零杆，在受力分析中可以去掉。去掉这根零杆后，显然对称轴上方的两个二元体连接的4根杆均为零杆。去掉这5个零杆后，再看原结构，可知最下边右面的横杆也是零杆，共6个零杆。

答案：D

8-1-9 (2009)图示结构固定支座 A 处竖向反力为(　　)。

A　P　　　　　B　$2P$
C　0　　　　　D　$0.5P$

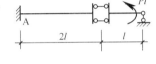

题 8-1-9 图

解析：图示结构中的定向支承不能传递竖向力。

答案：C

8-1-10 (2008)同一桁架在图示两种不同荷载作用下，哪些杆件内力发生变化？

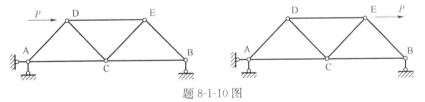

题 8-1-10 图

A　仅 DE 杆　　　　　B　仅 CD、CE、DE 杆
C　仅 AD、BE、DE 杆　　D　所有杆件

解析：图示两种不同荷载大小、方向、作用线相同，所以产生的支座A、B的反力也相同，因此AC、AD、BC、BE四杆的受力也相同。再由节点C计算的CD、CE两杆的内力也是相同的。

答案：A

8-1-11 (2008)关于图示结构中杆件 a 和 b 内力数值(绝对值)的判断，下列何项正确？

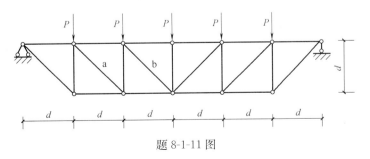

题 8-1-11 图

3

A 杆a大于杆b   B 杆a小于杆b
C 杆a等于杆b   D 无法判别

解析：首先，取整体平衡，依对称性可知，两端支反力为$\frac{5}{2}P$；然后，用截面法可知$F_a > F_b$。

答案：A

8-1-12（2008）关于图示桁架Ⅰ、Ⅱ，说法不正确的是（　　）。

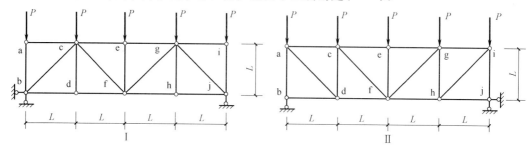

A 从跨中到支座Ⅰ中竖腹杆轴力逐渐增大
B Ⅰ中斜腹杆与Ⅱ中斜腹杆轴力最大值的绝对值相等
C Ⅰ中 df 杆与Ⅱ中 df 杆受力相等
D Ⅰ中 ce 杆与Ⅱ中 ce 杆受力相等

解析：图Ⅰ中竖腹杆轴力大小从跨中到支座的变化顺序是：P、零、P，不是逐渐增大的。

答案：A

8-1-13（2008）对图示结构Ⅰ、Ⅱ，以下说法错误的是（　　）。

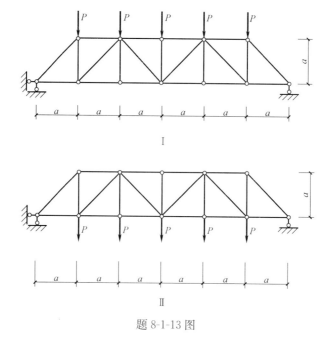

题 8-1-13 图

A Ⅰ、Ⅱ上弦杆受力完全相同　　　　B Ⅰ、Ⅱ下弦杆受力完全相同
C Ⅰ、Ⅱ竖腹杆受力完全相同　　　　D Ⅰ、Ⅱ斜腹杆受力完全相同

解析：图示结构Ⅰ、Ⅱ中竖腹杆受力显然不同。例如，中间一根竖腹杆，Ⅰ图中受力为$-P$，而Ⅱ图中受力为零。

答案：C

8-1-14 (2008)图示结构中零杆数应为下列何值？

A 2　　　　　　　B 3
C 4　　　　　　　D 5

解析：根据零杆判别法可知：图示结构右端4根杆均为零杆，而且中间1根上弦杆也是零杆。

答案：D

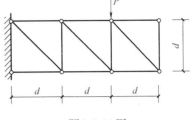

题 8-1-14 图

8-1-15 (2008)图示结构，B 支座的竖向反力 R_B 为下列何项数值？

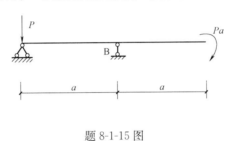

题 8-1-15 图

A $R_B=0$　　　　B $R_B=P$　　　　C $R_B=2P$　　　　D $R_B=3P$

解析：取整体平衡，对左端支座取力矩平衡方程，可求得 $R_B=P$。

答案：B

8-1-16 (2008)图示结构，当 A、B、C、D 四点同时作用外力 P 时，下列对 D 点变形特征的描述何项正确？

A D点不动
B D点向左
C D点向右
D 无法判断

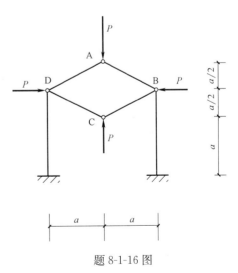

题 8-1-16 图

解析：设结构中四根斜杆与水平线夹角为 α，则由节点 A 或节点 C 的平衡可求斜杆内力 $F_N=\dfrac{P}{2\sin\alpha}$，再由节点 D 的平衡可以求出两根斜杆内力 $2F_N$ 向左的水平投影为 $2P$，大于 D 点所受的向右的外力 P，故 D 点应向左。

答案：B

8-1-17 (2008) 图示一圆球，重量为 P，放在两个光滑的 45°斜面上静止不动，产生的 R_A、R_B 为( )。

A $R_A=R_B=\dfrac{1}{2}P$ B $R_A=R_B=\sqrt{2}P$

C $R_A=R_B=\dfrac{\sqrt{2}}{2}P$ D $R_A=R_B=\dfrac{\sqrt{2}}{4}P$

题 8-1-17 图

解析：这是一个平面汇交力系的平衡问题。由于 R_A 和 R_B 相互垂直，故此题可取过圆心的两条 45°斜线作为 x、y 坐标轴，由平衡方程 $\sum F_x=0$，$\sum F_y=0$，即得 $R_A=R_B=\dfrac{\sqrt{2}}{2}P$。

答案：C

8-1-18 (2007) 图示结构，已知支座 A 的竖向反力 $R_A=0$，则 P 为下列何值?

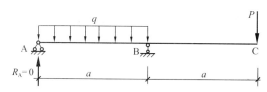

题 8-1-18 图

A $P=0$ B $P=\dfrac{1}{2}qa$ C $P=qa$ D $P=2qa$

解析：当 $R_A=0$ 时，用平衡方程 $\sum M_B=0$，可以求出 $P=\dfrac{1}{2}qa$。

答案：B

8-1-19 (2007) 图示结构中，支座 B 的反力 R_B 为下列何值?

A $R_B=0$ B $R_B=P$

C $R_B=-P/2$ D $R_B=-P$

解析：对 A 点取力矩方程 $\sum M_A=0$，可得到 $R_B=-\dfrac{P}{2}$。

答案：C

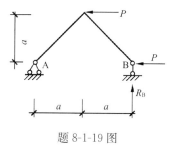

题 8-1-19 图

8-1-20 (2007) 图示结构中零杆数应为下列何值?

A 1
B 2
C 3
D 4

解析：左、右两个竖杆和右边的斜杆为零杆。

答案：C

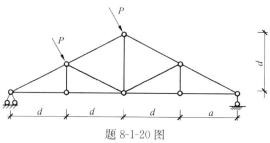

题 8-1-20 图

8-1-21 （2007）同一桁架在图示两种荷载作用下，哪些杆件内力发生变化？

A 仅 DE 杆
B AC、BC、DE 杆
C CD、CE、DE 杆
D 所有杆件

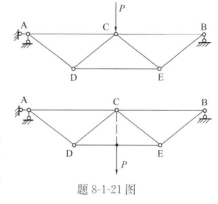

题 8-1-21 图

解析：由于 C 点和 DE 杆的受力都发生变化，所以 CD、CE、DE 杆的内力必然发生变化。但由于 A、B 两点受到的支反力没有变，由结点法可知 AC、AD、BC、BE 四杆内力不变。

答案：C

8-1-22 （2007）图示结构，A 支座竖向反力 R_A 为下列何项数值？

A $R_A=3P$ B $R_A=2P$
C $R_A=P$ D $R_A=0$

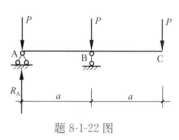

题 8-1-22 图

解析：把三个 P 力对支点 B 取力矩，可知 $\sum M_B=0$，满足平衡方程，故 $R_A=0$。

答案：D

8-1-23 （2007）图示结构，支座 B 的反力 R_B 为下列何值？

A $R_B=0$ B $R_B=M/a$
C $R_B=M/(2a)$ D $R_B=M$

解析：对支点 A 取力矩 $\sum M_A=0$，可得 $R_B=\dfrac{M}{a}$。

答案：B

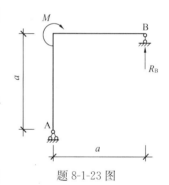

题 8-1-23 图

8-1-24 （2007）图示结构中，杆 a 的轴力 N_a 为下列何值？

A $N_a=0$ B $N_a=P/2$
C $N_a=P$ D $N_a=3P/2$

解析：对左端支点取力矩，可求出杆 a 的支座反力为 $\dfrac{3}{2}P$，此力即等于杆 a 的轴力。

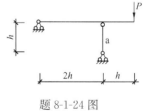

题 8-1-24 图

答案：D

8-1-25 （2007）图示结构支座 B 的反力为下列何项？

A P B 2P C 3P D 4P

解析：结构对称，荷载对称，支反力也应是对称的，支座 B 的反力是总荷载的一半。

答案：B

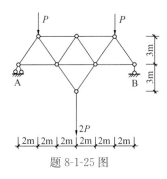
题 8-1-25 图

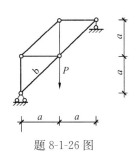
题 8-1-26 图

8-1-26 (2007) 图示结构中，杆 b 的内力 N_b 应为下列何项数值？

A $N_b=0$ B $N_b=\dfrac{\sqrt{2}}{2}P$ C $N_b=P$ D $N_b=\sqrt{2}P$

解析：首先，由整体平衡求出左下端支座的支反力为 $\dfrac{P}{2}$，方向垂直向上，水平力为 0；然后，取左下端支座为结点，由结点法可求出 $N_b=0$，杆 b 为零杆。

答案：A

8-1-27 (2007) 图示一圆球，重量为 P，放在两个光滑的斜面上静止不动，斜面斜角分别为 **30°** 和 **60°**，产生的 R_A 和 R_B 分别为（　　）。

A $R_A=\tan30°P$，$R_B=\dfrac{1}{\tan30°}P$

B $R_A=\dfrac{1}{\tan30°}P$，$R_B=\tan30°P$

C $R_A=\sin30°P$，$R_B=\cos30°P$

D $R_A=\cos30°P$，$R_B=\sin30°P$

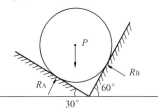
题 8-1-27 图

解析：这是一个平面汇交力系平衡问题。最简单的方法就是选 R_A 和 R_B 的作用线方向为 x 轴和 y 轴，利用 $\sum F_x=0$，$\sum F_y=0$ 投影即可。

答案：D

8-1-28 (2006) 图示结构，支座 2 的竖向反力为下列何值？

A 0
B $P/8$
C $P/4$
D $P/2$

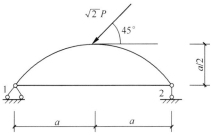
题 8-1-28 图

解析：把 $\sqrt{2}P$ 荷载分解成一个水平力和一个铅垂力，如题 8-1-28 解图所示。$\sum M_1=0$，即 $F_2\times 2a+P\times\dfrac{a}{2}=P\times a$；所以，$F_2=\dfrac{P}{4}$。

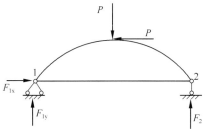
题 8-1-28 解图

8

答案：C

8-1-29 （2006）右图所示的结构支座计算简图，属于哪种结构支座？

A 可动铰支座　　　B 固定铰支座
C 定向可动支座　　D 固定支座

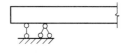

题 8-1-29 图

解析：图示支座中有一个链杆支座和一个固定铰支座，相当于有3个约束力，属于固定端支座。

答案：D

8-1-30 （2006）图示结构，杆Ⅰ的内力为下列何值？

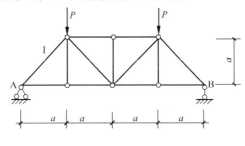

题 8-1-30 图

A 压力 $\sqrt{2}P$　　　B 拉力 $\sqrt{2}P$
C 压力 $\dfrac{\sqrt{2}}{2}P$　　D 拉力 $\dfrac{\sqrt{2}}{2}P$

解析：首先根据整体平衡，由对称性可知 $F_A=F_B=P$（向上）。用节点法，画出A点的受力图如右图所示。由平行四边形的三角形比例关系可知，$F_1=\sqrt{2}P$（压力）。

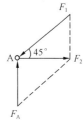

题 8-1-30 解图

答案：A

8-1-31 （2006）图示结构中，支座Ⅱ的反力为下列何值？

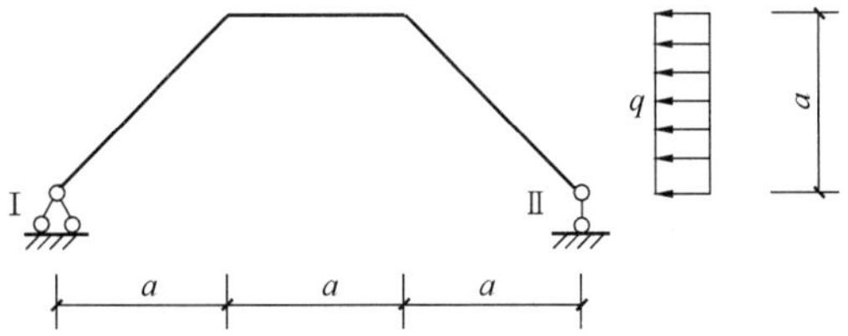

A $\dfrac{1}{6}qa$

B $\dfrac{1}{2}qa$

C qa

D $2qa$

题 8-1-31 图

解析：考虑整体平衡，设支座Ⅱ的反力 F_2 向下。$\sum M_1=0$，即 $F_2\times 3a=qa\times\dfrac{a}{2}$，所以，$F_2=\dfrac{qa}{6}$。

答案：A

8-1-32 （2006）简支三角形桁架如右图所示，下列哪根杆的内力是错误的？

A BD杆拉力 10kN
B BF杆压力 14.14kN

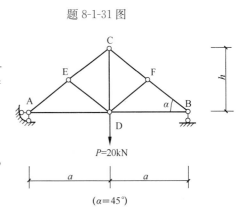

($\alpha=45°$)

题 8-1-32 图

C DF杆压力14.14kN

D CD杆拉力20kN

解析：用桁架中的零杆判别法考虑节点F，可知DF杆为零杆，$N_{DF}=0$。

答案：C

8-1-33 （2006）图示空间桁架，杆cd轴力为（ ）。

A 2kN　　　　B 4kN

C $2\sqrt{2}$kN　　D $\sqrt{5}$kN

解析：以abc平面为xy平面，设z轴与xy平面垂直。取c为节点，$\sum F_z=0$，$F_{cd}\cdot\cos45°=2$，得$F_{cd}=2\sqrt{2}$kN。

答案：C

题8-1-33图

8-1-34 （2006）图示结构中杆1的内力为下列何值？

A 拉力P　　　B 拉力$\sqrt{2}P$　　　C 压力P　　　D 压力$\sqrt{2}P$

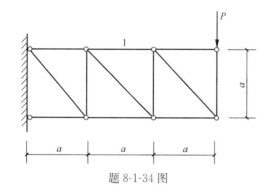

题8-1-34图

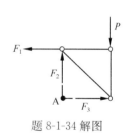

题8-1-34解图

解析：可用截面法如图截开，取右边一半。$\sum M_A=0$，即$F_1\cdot a=P\cdot a$，得$F_1=P$（拉力）。

答案：A

8-1-35 （2006）任意一种支座计算简图中所用的支杆数应符合下列何项？

A 应小于这种支座反力的未知个数

B 应等于这种支座反力的未知个数

C 应大于这种支座反力的未知个数

D 与这种支座反力的未知个数无关

解析：计算简图中所用的支杆都是链杆，属于2力杆，一个杆就相当于一个支座反力，所以支杆数就等于这种支座的反力未知个数。

答案：B

8-1-36 （2006）图示屋架在外力P作用下时，下列关于各杆件的受力状态的描述，哪一项正确？

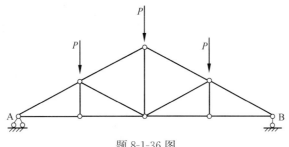

题 8-1-36 图

Ⅰ．上弦杆受压、下弦杆受拉； Ⅱ．上弦杆受拉、下弦杆受压；
Ⅲ．各杆件均为轴力杆； Ⅳ．斜腹杆均为零杆

A Ⅰ、Ⅲ B Ⅱ、Ⅲ C Ⅰ、Ⅳ D Ⅱ、Ⅳ

解析：支座B受力如右图所示。从图中可见，上弦杆受压、下弦杆受拉。桁架结构中各杆件都是二力杆，也就是轴力杆。

题 8-1-36 解图

答案：A

8-1-37 （2006）图示结构其零杆数量为下列何值？

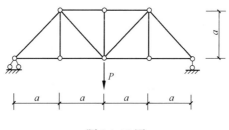

题 8-1-37 图

A 0 B 1 C 2 D 3

解析：根据桁架结构的零杆判别法，可知3根竖杆是零杆。

答案：D

8-1-38 （2005）图示梁自重不计，在荷载作用下，下列关于支座反力的叙述何者正确？

Ⅰ．$R_A < R_B$； Ⅱ．$R_A = R_B$； Ⅲ．R_A 向上，R_B 向下； Ⅳ．R_A 向下，R_B 向上

A Ⅰ、Ⅲ B Ⅱ、Ⅲ
C Ⅰ、Ⅳ D Ⅱ、Ⅳ

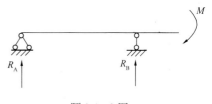

题 8-1-38 图

解析：支座反力的方向永远与主动力的运动趋势相反。本题中，主动力是一个顺时针的力偶，所以支座反力 R_A 和 R_B 一定大小相等，方向相反，组成一个逆时针的力偶。

答案：D

8-1-39 图示支承可以简化为下列哪一种支座形式？

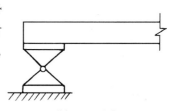

题 8-1-39 图

A B C D

解析：支承所能约束的位移相同：水平位移、竖向位移。
答案：A

8-1-40 图示支承可以简化为下列哪一种支座形式？

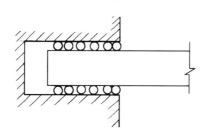

题 8-1-40 图

A 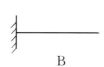B 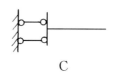C 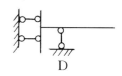D

解析：支承所能约束的位移相同：转动和竖向位移。
答案：A

8-1-41 图示桁架杆 1、杆 2、杆 3 所受的力分别为（　　）。
  A $S_1=-707N$，$S_2=500N$，$S_3=500N$
  B $S_1=707N$，$S_2=-500N$，$S_3=-500N$
  C $S_1=1414N$，$S_2=500N$，$S_3=1000N$
  D $S_1=-707N$，$S_2=1000N$，$S_3=500N$

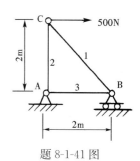

题 8-1-41 图

解析：用节点法，依次取 C 和 B 计算即得。
答案：A

8-1-42 图示桁架杆 1、杆 2、杆 3 所受的力分别为（　　）。
  A $S_1=4kN$，$S_2=-6.928kN$，$S_3=8kN$
  B $S_1=2kN$，$S_2=-3.464kN$，$S_3=4kN$
  C $S_1=-4kN$，$S_2=6.928kN$，$S_3=-8kN$
  D $S_1=-2kN$，$S_2=-3.464kN$，$S_3=-4kN$

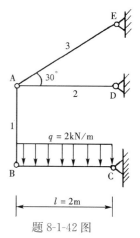

题 8-1-42 图

解析：截断杆 1，取 BC 研究，先求出 S_1，再用节点法取 A 计算。
答案：B

8-1-43 图示桁架中上弦杆拉力最大者为图（　　）。

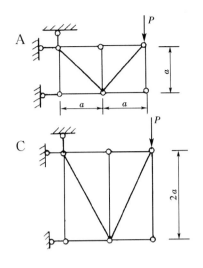
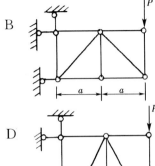
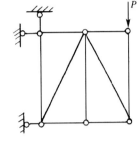

解析：通过求支座反力和节点法，可求出上弦杆拉力分别为：A 选项，P；B 选项，$2P$；C 选项，$\dfrac{P}{2}$；D 选项，P。故 B 选项最大。

答案：B

8-1-44 图示桁架 P、a、h 已知，则 1、2、3 杆内力分别为（　　）。

A　$S_1 = 3\dfrac{h}{a}P$，$S_2 = \dfrac{h}{a}P$，$S_3 = 2\dfrac{h}{a}P$

B　$S_1 = 5\dfrac{h}{a}P$，$S_2 = 3\dfrac{h}{a}P$，$S_3 = -3\dfrac{h}{a}P$

C　$S_1 = -2\dfrac{h}{a}P$，$S_2 = \dfrac{\sqrt{a^2+h^2}}{a}P$，$S_3 = 3\dfrac{h}{a}P$

D　$S_1 = 2\dfrac{h}{a}P$，$S_2 = \dfrac{\sqrt{a^2+h^2}}{a}P$，$S_3 = -3\dfrac{h}{a}P$

解析：截面法，截开 1、2、3 杆后，取上半段求解即得。

答案：D

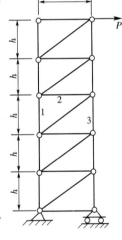

题 8-1-44 图

8-1-45 图示桁架已知 P、a，则 1、2、3、4 杆内力分别为（　　）。

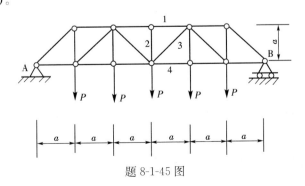

题 8-1-45 图

A $S_1=-9P$,$S_2=0$,$S_3=1.414P$,$S_4=8P$
B $S_1=9P$,$S_2=0$,$S_3=-1.414P$,$S_4=-8P$
C $S_1=-4.5P$,$S_2=0$,$S_3=0.707P$,$S_4=4P$
D $S_1=4.5P$,$S_2=0$,$S_3=-0.707P$,$S_4=-4P$

解析：左右对称，$R_A=R_B=\dfrac{5P}{2}$，用截面法截开 1、3、4 杆后，取右半段求解较简单。杆 2 是零杆。

答案：C

8-1-46 图示桁架中零杆的个数是（　　）。

A 1　　　　　　B 2　　　　　　C 3　　　　　　D 4

解析：用零杆判别法直接判断。

答案：D

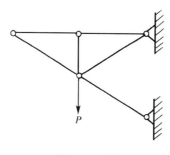
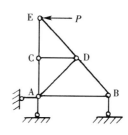

题 8-1-46 图　　　　　题 8-1-47 图

8-1-47 图示结构中，AC 杆所受的内力为（　　）。

A 受拉轴力　　　B 受压轴力　　　C 无内力　　　D 剪力

解析：用节点法，通过 E 点分析可知 CE 杆受压，而 CD 为零杆，AC 杆受力性质与 CE 杆相同。

答案：B

8-1-48 图示结构中，CD 杆的轴力是（　　）。

A P，压力
B P，拉力
C 0
D $0.3P$，压力

解析：取节点 D，用零杆判别法即得。

答案：C

题 8-1-48 图

8-1-49 外伸梁受到图示荷载的作用，以下关于其支座反力的叙述，哪些是正确的？

Ⅰ.A 点反力向上；Ⅱ.B 点反力向上；Ⅲ.A 点反力向下；Ⅳ.B 点反力向下

A Ⅰ、Ⅱ　　　　　　B Ⅰ、Ⅳ
C Ⅱ、Ⅲ　　　　　　D Ⅲ、Ⅳ

解析：用静力学平衡方程分析，分别对 A、B 点取矩即可。

答案：B

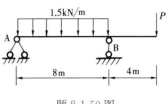

题 8-1-49 图

8-1-50 外伸梁受力如图所示，为了不使支座 A 产生垂直反力，集中荷载 P 的值应为(　　)kN。

A 12　　　　　　　　B 10
C 8　　　　　　　　　D 6

解析：设 $R_A=0$，根据 $\sum M_B=0$，可得：
$4P=8\times 1.5\times 4$，$P=12\text{kN}$。

答案：A

8-1-51 结构所受荷载如图所示。若把 AB 杆跨中的集中荷载 P 换为作用于 A、B 节点上的两个集中力 P/2，结构的内力会有什么变化？

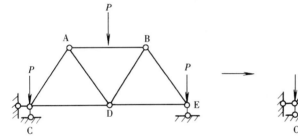

题 8-1-51 图

A 各杆内力均不变　　　　　　B 各杆内力均有变化
C 仅 AB 杆内力无变化　　　　D 仅 AB 杆内力有变化

解析：AB 杆原来发生弯曲变形，变换后成为二力杆，只有轴力。其余杆力不变。

答案：D

8-1-52 图示桁架有（　　）根杆件为零杆。

A 2　　　　　　　　B 3
C 4　　　　　　　　D 5

解析：根据零杆判别法，显然中间 4 根杆均为零杆。

答案：C

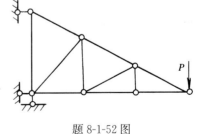

题 8-1-52 图

8-1-53 图示结构中，DF 杆存在下列哪一种内力？

A 剪力　　　　　　　　B 弯矩
C 受拉轴力　　　　　　D 受压轴力

解析：首先求出 A 点的支座反力是 2P，方向向上。然后根据节点 A 的受力图分析，可知下弦杆 AD 受拉，显然 DF 也受拉。

答案：C

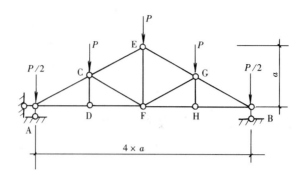

题 8-1-53 图

8-1-54 图示桁架有（ ）根杆为零杆。

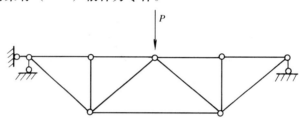

题 8-1-54 图

A 1　　　　　　B 2　　　　　　C 3　　　　　　D 4

解析：根据零杆判别法，显然两根竖杆为零杆。

答案：B

8-1-55 图示桁架有（ ）根杆为零杆。

A 3　　　　　　B 4
C 5　　　　　　D 6

解析：根据零杆判别法，按照 1、2、3、4、5、6 杆的分析次序，可判断出这 6 根杆均为零杆。

答案：D

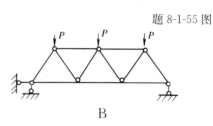

题 8-1-55 图

8-1-56 图示哪一种结构属于桁架?

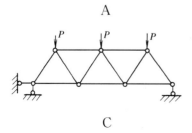

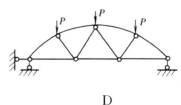

解析：A 选项上弦杆中间有外力作用，B 选项下弦杆不是二力杆，D 选项上

弦杆不是二力杆，均不符合桁架的条件。

答案：C

8-1-57 如图所示的外伸梁 A、B 处的支座反力分别为多大？

A 2kN，12kN
B 7kN，7kN
C 12kN，2kN
D 10kN，4kN

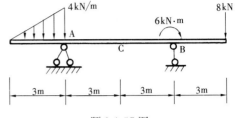

题 8-1-57 图

解析：根据静力学平衡方程，可得
A 处的支座反力为 2kN，方向向上，B 处的支座反力为 12kN，方向向上。

答案：A

8-1-58 上题图中所示的外伸梁 C 处截面的弯矩和剪力分别为多大？

A −18kN·m，−4kN　　　　　B −4kN·m，−18kN
C 18kN·m，4kN　　　　　　D −12kN·m，−4kN

解析：由求某一截面弯矩和剪力的直接法，可得：$M_C = 12×3 − 6 − 8×6 = −18$kN·m；$V_C = −12 + 8 = −4$kN。

答案：A

8-1-59 如图所示，梁受到一组平衡力系的作用。AC 段杆件有何种内力？

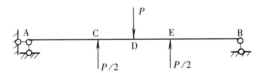

题 8-1-59 图

A 弯矩　　　　B 轴力　　　　C 剪力　　　　D 无内力

解析：平衡力系不产生支座反力，故 AC 段杆件中无内力。

答案：D

8-1-60 图示桁架中，杆 1 的内力为（　　）。拉力为（+），压力为（−）。

A +P
B −P
C +$\sqrt{2}$P
D −$\sqrt{2}$P

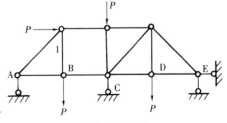

题 8-1-60 图

解析：取节点 B 为研究对象，可求得杆 1 受拉力为 P。

答案：A

8-1-61 屋架如图所示，其中与 1 杆的内力值最接近的是（　　）。

A +50kN　　　　B −40kN
C −60kN　　　　D +70kN

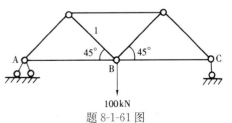

题 8-1-61 图

解析：取节点 B 为研究对象，由 $\sum F_y = 0$，再考虑到对称性，可得：

$2N_1\cos45°=100$kN，则 $N_1=70.7$kN。

答案：D

8-1-62 屋架受力如图所示，对杆件 1、2、3 产生的内力，拉为（＋），压为（－），正确的答案是下列哪一组？

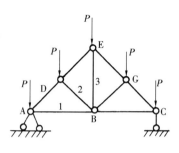

杆	1	2	3
A	（－）	（＋）	（＋）
B	（－）	（－）	（＋）
C	（＋）	（－）	（－）
D	（＋）	（－）	（＋）

题 8-1-62 图

解析：首先，进行整体受力分析，可知 A、C 两支座反力大小为 $2.5P$，方向向上。然后，用节点法分析节点 A，可知杆 1 受拉；分析节点 D，可知杆 2 受压；分析节点 B，可知杆 3 受拉。

答案：D

8-1-63 结构所受荷载如图所示。拉杆 AB 的拉力是多少？

A $\dfrac{ql^2}{8h}$

B $\dfrac{ql^2}{4h}$

C $\dfrac{ql^2}{12h}$

D $\dfrac{ql^2}{16h}$

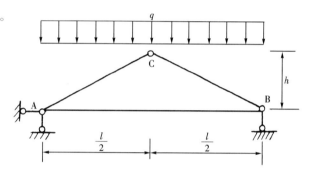

题 8-1-63 图

解析：从 C 处用截面法截开，取半个结构为研究对象，再对 C 点取矩计算即得。

答案：A

8-1-64 图示力 F 在 x 轴上的投影为 F_x，F_x 值的大小为（　　）F。

A $\dfrac{3}{4}$　　　　　　　B $\dfrac{5}{4}$

C $\dfrac{3}{5}$　　　　　　　D $\dfrac{4}{5}$

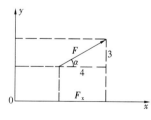

解析：$F_x=F\cos\alpha=\dfrac{4}{5}F$。

答案：D

题 8-1-64 图

8-1-65 图示为一多跨梁，有四个支座，且跨中有三个铰，此梁应有（　　）个支座反力。

A 4　　　　B 6　　　　C 7　　　　D 9

解析：左边固定端有三个支座反力，三个滚动支座各一个支座反力。

答案：B

8-1-66 图示桁架杆 a 的轴力为（　　）。

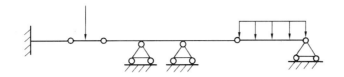

题 8-1-65 图

A $-\sqrt{2}P$ B $\sqrt{2}P$
C $-\frac{\sqrt{2}}{2}P$ D $\frac{\sqrt{2}}{2}P$

解析： 图示桁架左上角节点联结的二杆为零杆，可以去掉。再取联结 P 力和 a 杆的节点为研究对象，用节点法计算即可。

答案： A

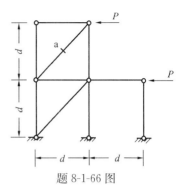

题 8-1-66 图

8-1-67 如图所示外伸梁，荷载 P 的大小不变，以下几种说法中哪个对？

A A 处支反力大于 B 处支反力
B A 处支反力为零
C 两处支反力均向上
D 荷载 P 向左移时，B 处支反力变小

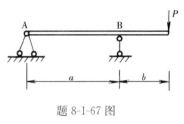

题 8-1-67 图

解析： 由静力学平衡方程可求出 A 处支反力向下，大小为 $\frac{b}{a}P$；B 处支反力向上，大小为 $\frac{a+b}{a}P$，当 P 左移时 b 变小，故 B 处支反力变小。

答案： D

8-1-68 图示支座反力偶 M_A 等于（　　）。

A $M(\uparrow)$ B $M(\downarrow)$
C $2M(\uparrow)$ D 0

解析： 根据静力学平衡的原理，由 $\sum M_A = 0$ 可知反力偶与外力偶大小相等，方向相反。所以 $M_A = M$，方向为逆时针。

答案： A

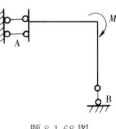

题 8-1-68 图

8-1-69 图示刚架中支反力 R_A 等于（　　）。

A $P(\rightarrow)$ B $P(\leftarrow)$
C $P(\uparrow)$ D $2P(\rightarrow)$

解析： 定向支承 A 支座不能产生垂直反力，只能产生水平反力，由平衡方程 $\sum X = 0$，可知 $R_A = P$，方向向右。

答案： A

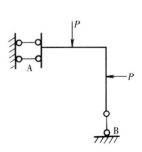

题 8-1-69 图

（二）静定梁的受力分析、剪力图与弯矩图

8-2-1 （2009）图示两种结构，在外力 q 作用下 C 截面的弯矩关系为（   ）。

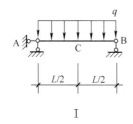
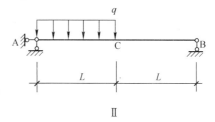

题 8-2-1 图

A $M_{CⅠ}=M_{CⅡ}$ B $M_{CⅠ}=\dfrac{1}{2}M_{CⅡ}$

C $M_{CⅠ}=\dfrac{1}{4}M_{CⅡ}$ D $M_{CⅠ}=\dfrac{1}{8}M_{CⅡ}$

解析：图Ⅰ为受均布力作用的简支梁，最大弯矩 $M_{CⅠ}$ 为 $\dfrac{qL^2}{8}$，对图Ⅱ可以先由整体平衡求出右边支座反力为 $F_B=\dfrac{qL}{4}$，则 $M_{CⅡ}=\dfrac{qL^2}{4}$。

答案：B

8-2-2 （2009）关于图示结构的内力图，以下说法正确的是（   ）。

A M 图、V 图均正确
B M 图正确，V 图错误
C M 图、V 图均错误
D M 图错误，V 图正确

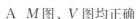
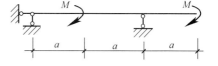
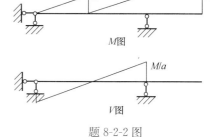

题 8-2-2 图

解析：图示梁上无均布荷载作用，因此根据荷载图、剪力图、弯矩图的关系应该是"零、平、斜"的规律，剪力图应为水平直线，弯矩图为斜直线，故剪力图是错误的。再计算原图的支座反力为 $\dfrac{M}{a}$，左端支反力向下，右边的支反力向上，可验证 M 图是正确的。

答案：B

8-2-3 （2009）关于图示 A、B 点的剪力，正确的是（   ）。

A $Q_A=Q_B=2P$ B $Q_A=Q_B=P$
C $Q_A=2P>Q_B=P$ D $Q_A=Q_B=0$

解析：图示两梁均为对称结构，受对称荷载，则有支座反力对称、弯矩对称，而剪力反对称。在对称轴上剪力均为零。

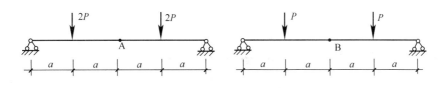

题 8-2-3 图

答案：D

8-2-4 (2008) 图示简支梁，跨中最大弯矩是（　　）。

A 25.0kN·m　　B 30.0kN·m
C 37.5kN·m　　D 50.0kN·m

解析：先求支座反力 $F_A=F_B=12.5$kN，则跨中弯矩为 $M=12.5×3=37.5$ kN·m。

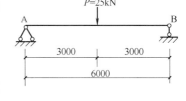

题 8-2-4 图

答案：C

8-2-5 (2008) 对图示结构在荷载 P 作用下受力特点的描述，下列何者正确？

A 仅杆 AB 上表面受压
B 仅杆 AB 下表面受压
C 杆 AB 和杆 BC 上表面均受拉
D 杆 AB 和杆 BC 下表面均受拉

解析：图示结构在荷载 P 作用下变形呈向上凸起的形状。故杆 AB 和杆 BC 上表面均受拉。

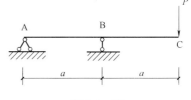

题 8-2-5 图

答案：C

8-2-6 (2008) 图示简支梁，跨中 C 点的弯矩是（　　）。

A 20kN·m
B 25kN·m
C 30kN·m
D 40kN·m

解析：首先取整体平衡，依对称性可知两端支座反力均为 10kN。再由直接法计算 C 点的弯矩，可得：$M_C=10×5-(5×2)×2=30$ kN·m。

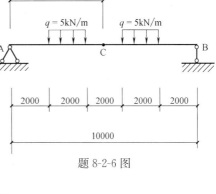

题 8-2-6 图

答案：C

8-2-7 (2008) 图示悬臂梁，支座弯矩是（　　）。

A 15kN·m　　B 22.5kN·m
C 45kN·m　　D 60kN·m

解析：用直接法计算即可：$M=\dfrac{3×15}{2}×$

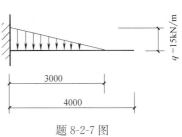

题 8-2-7 图

21

$\frac{3}{3}=22.5 \mathrm{kN} \cdot \mathrm{m}$。

答案：B

8-2-8 （2007）图示简支梁，跨中C点的弯矩是（　　）。

A　10kN·m　　　　B　12kN·m
C　16kN·m　　　　D　20kN·m

解析：先求支反力 $F_A=3$kN，则C点弯矩为 $M_C=3\times4=12$kN·m。

答案：B

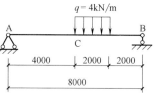

题 8-2-8 图

8-2-9 （2007）图示悬臂梁，支座弯矩是（　　）。

A　18.0kN·m　　　B　24.0kN·m
C　28.8kN·m　　　D　36.0kN·m

（注：此题2006年考过。）

解析：线性分布荷载的合力为 $\frac{1}{2}\times3\times16=24$kN，作用线位置距固定端支座为1m，所以支座弯矩为24kN·m。

答案：B

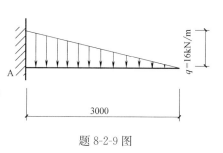

题 8-2-9 图

8-2-10 （2006）图示梁的弯矩图形为下列何图？

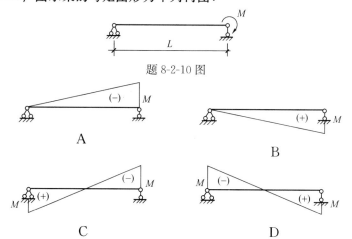

题 8-2-10 图

解析：利用弯矩图的端点规律可知，左端无集中力偶则弯矩为零，右端有集中力偶则弯矩即为此力偶之矩 M，且画在受拉一侧。

答案：A

8-2-11 （2006）图示结构，要使P位置处梁的弯矩为零，则 P_1 应为下列何值？

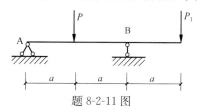

题 8-2-11 图

A $P/4$ B $P/2$ C $3P/4$ D P

解析：要使 P 位置处梁的弯矩为零，则应使 A 点的支反力 F_A 为零。当 F_A 为零时，令 $\sum M_B = 0$，可得 $Pa = P_1 a$，故 $P = P_1$。

答案：D

8-2-12 （2006）图示为梁在所示荷载作用下的弯矩（M）示意图和剪力（Q）示意图，哪一组是正确的？

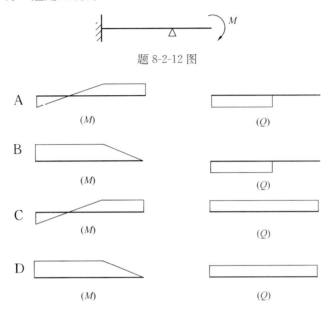

题 8-2-12 图

解析：在梁的右端外伸段是纯弯曲，剪力图为零，弯矩图是水平线。

答案：A

8-2-13 （2006）下列四个静定梁的荷载图中，哪一个产生图示弯矩图？

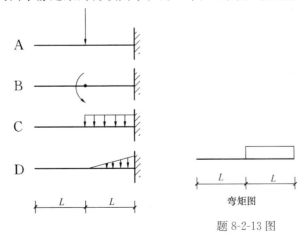

题 8-2-13 图

解析：从弯矩图中可见，跨中截面上有弯矩的突变，应有集中力偶作用。

答案：B

8-2-14 （2006）悬臂梁如题图所示，其固端弯矩 M_A 是下列哪一个数值？

A　50.0kN·m
B　56.25kN·m
C　75.0kN·m
D　81.25kN·m

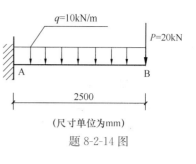

题 8-2-14 图

解析：悬臂梁固定端弯矩 M_A（绝对值）为：$M_A=20×2.5+（10×2.5）×\dfrac{2.5}{2}$
$=81.25$kN·m。

答案：D

8-2-15　(2006) 简支梁如题图所示，其跨内最大弯矩是下列哪一个数值?

A　40.0kN·m
B　45.0kN·m
C　60.0kN·m
D　120.0kN·m

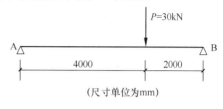

题 8-2-15 图

解析：先求支反力 F_A，由 $\sum M_B=0$ 可知，$F_A×6=30×2$，则 $F_A=10$kN（↑）。

所以，P 力作用点弯矩最大，$M_{max}=F_A×4=40$kN·m。

答案：A

8-2-16　(2006) 简支梁如题图所示，其跨中弯矩是下列哪一个数值?

A　54.0kN·m
B　67.5kN·m
C　90.0kN·m
D　135.0kN·m

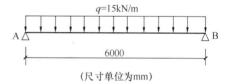

题 8-2-16 图

解析：简支梁受均布荷载时，其跨中弯矩为：$M_{max}=\dfrac{1}{8}ql^2=\dfrac{1}{8}×15×6^2=67.5$kN·m。

答案：B

8-2-17　(2006) 图示梁的自重不计，在荷载 P 作用下，下列哪一个变形图是正确的?

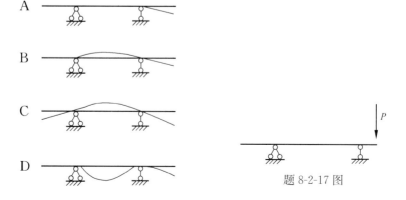

题 8-2-17 图

解析：图示梁是一个整体，在荷载 P 作用下，整个梁都会产生相连带的变形。

答案：C

8-2-18 （2006）图示结构，梁在 I 点处的弯矩为下列何值？

A $\frac{1}{4}qa^2$

B $\frac{1}{3}qa^2$

C $\frac{1}{2}qa^2$

D qa^2

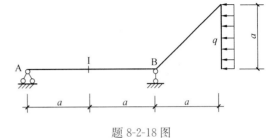

题 8-2-18 图

解析：设 F_A 向上，$\sum M_B=0$，

则 $F_A \cdot 2a = qa \cdot \frac{a}{2}$，所以 $F_A = \frac{qa}{4}$，$M_I = F_A \cdot a = \frac{1}{4}qa^2$。

答案：A

8-2-19 （2006）图示结构，I 点处的弯矩为下列何值？

A 0　　　　　B $\frac{1}{2}Pa$

C $\frac{1}{4}Pa$　　　D Pa

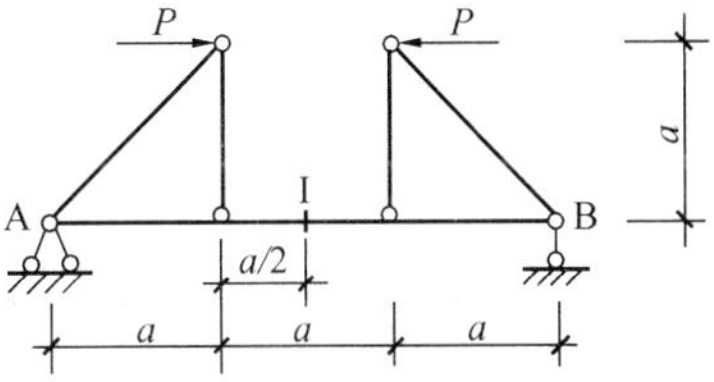

解析：先考虑整体平衡，设 F_B 向上。

$\sum M_A = 0$，即 $F_B \times 3a = Pa - Pa$，所以，

$F_B = 0$，再用直接法求 I 点处的弯矩：

$$M_I = Pa。$$

题 8-2-19 图

答案：D

8-2-20 （2006）以下结构图形的弯矩值，哪一项是错误的？（梁跨度均为 L）

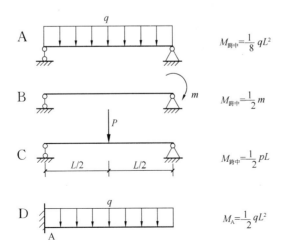

A　　$M_{跨中} = \frac{1}{8}qL^2$

B　　$M_{跨中} = \frac{1}{2}m$

C　　$M_{跨中} = \frac{1}{2}pL$

D　　$M_A = \frac{1}{2}qL^2$

题 8-2-20 图

解析：图 C 支反力是 $\frac{P}{2}$，$M_{跨中}=\frac{P}{2}\times\frac{L}{2}=\frac{1}{4}PL$

答案：C

8-2-21 （2006）图示梁在外力 P 作用下，最大弯矩（M_{max}）为下列何值？（梁自重不计）

A $M_{max}=4$kN·m
B $M_{max}=6$kN·m
C $M_{max}=8$kN·m
D $M_{max}=12$kN·m

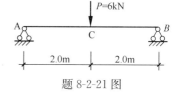

题 8-2-21 图

解析：支反力 $F_A=F_B=\frac{P}{2}=3$kN，$M_{max}=M_C$ $=3\times 2=6$kN·m。

答案：B

8-2-22 （2005）图示结构，P 位置处梁的弯矩为下列何值？

A 0
B $\frac{1}{4}Pa$
C $\frac{1}{2}Pa$
D Pa

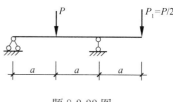

题 8-2-22 图

解析：用静力学平衡方程可求出左端支座反力为 $\frac{P}{4}$，则 P 位置处梁的弯矩为 $\frac{1}{4}Pa$。

答案：B

8-2-23 （2005）图示结构中，Ⅰ点处弯矩为何值？

A 0
B $\frac{1}{2}Pa$
C Pa
D $\frac{3}{2}Pa$

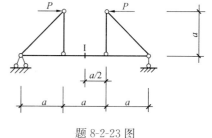

题 8-2-23 图

解析：由结构的整体受力平衡可知，支座反力为零，Ⅰ点处的弯矩等于该截面左侧（或右侧）所有外力（只有 P 力）对该点处的力矩 Pa。

答案：C

8-2-24 图中节点 B 可同时传递哪些内力？

A 剪力和弯矩
B 轴力和弯矩
C 轴力和剪力
D 轴力、剪力和弯矩

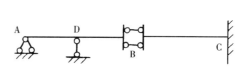

题 8-2-24 图

解析：节点 B 不能传递剪力。

答案：B

8-2-25 图示结构承受一组平衡力系作用,下列哪一种叙述是正确的?

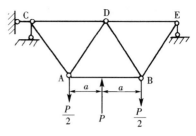

题 8-2-25 图

A 各杆内力均不为 0
B 各杆内力均为 0
C 仅 AB 杆内力不为 0
D 仅 AB 杆内力为 0

解析:在平衡力系作用下,结构的支反力为 0,除 AB 杆外其余各杆均不受力,仅 AB 杆受外力作用而产生剪力与弯矩。

答案:C

8-2-26 图示悬臂梁受一组平衡力系作用,下列哪一种叙述是正确的?

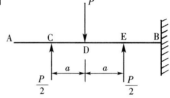

题 8-2-26 图

A E 点右截面剪力为 $\dfrac{P}{2}$
B D 点左截面剪力为 P
C C 点弯矩为 0
D D 点弯矩为 0

解析:A 选项,$Q_{E右}=0$;B 选项,$Q_{D左}=\dfrac{P}{2}$;C 选项,$M_C=0$;D 选项,$M_D=\dfrac{Pa}{2}$。只有 C 选项正确。

答案:C

8-2-27 梁所受荷载如图所示,对其弯矩图、剪力图,下面哪一种说法是正确的?

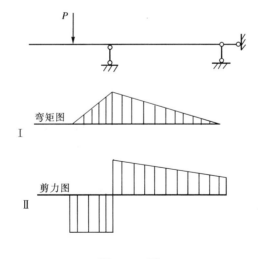

题 8-2-27 图

A 只有 I 是正确的   B 只有 II 是正确的
C I、II 均正确   D I、II 均错误

解析:剪力图 II 中右边斜直线应为水平线。

答案:A

8-2-28 图示四个静定梁的荷载图中,图( )可能产生图示弯矩图。

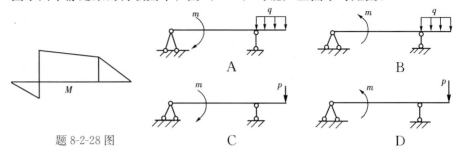

题 8-2-28 图

解析：A、B 选项中均布荷载不可能产生图示弯矩。而 C 选项中由受力分析可知左端支点反力应向下,也不可能产生图示弯矩。只有 D 选项才是正确的。

答案：D

8-2-29 图示四对弯矩图和剪力图中,图( )是可能同时出现的。

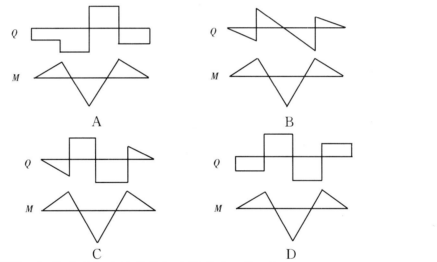

解析：与 D 选项相应的荷载如右图所示。B、C 选项不符合一般规律可排除。而 A 选项中剪力的＋、－号与弯矩斜率不符。

答案：D

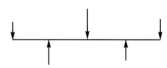

题 8-2-29 解图

8-2-30 梁上无集中力偶作用,剪力图如图示,则梁上的最大弯矩为( )。

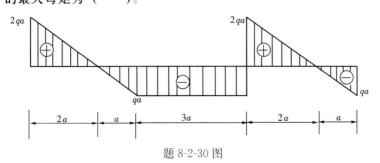

题 8-2-30 图

A $4qa^2$ B $-\dfrac{7}{2}qa^2$ C $2qa^2$ D $-3qa^2$

解析：由剪力图可推算出梁的荷载图和弯矩图如下：

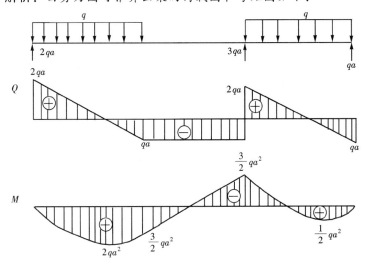

题 8-2-30 解图

答案：C

8-2-31 若梁的荷载及支承情况对称于梁的中央截面 C 如图所示，则下列结论中（　　）是正确的。

A Q 图对称，M 图对称，且 $Q_C=0$

B Q 图对称，M 图反对称，且 $M_C=0$

C Q 图反对称，M 图对称，且 $Q_C=0$

D Q 图反对称，M 图反对称，且 $Q_C=0$

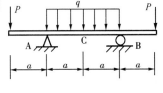

题 8-2-31 图

解析：结构对称，荷载对称，则对称的内力 M 图对称，反对称的内力 Q 图反对称，且在对称轴处 $Q_C=0$。

答案：C

8-2-32 图示圆弧形曲梁 AB，关于 A 点处梁截面内力的叙述，下列哪一项是错的？

A 弯矩为零

B 剪力为 P

C 轴力为 P，压力

D 轴力为 P，拉力

解析：A 端反力向上，轴力为压力，故 D 错，其余都对。

答案：D

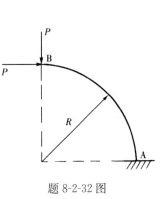

题 8-2-32 图

8-2-33 图示结构中，杆件 BC 有哪些内力？

Ⅰ．弯矩；Ⅱ．轴力；Ⅲ．剪力；Ⅳ．扭矩

A Ⅰ、Ⅱ　　　　B Ⅰ、Ⅲ

C Ⅰ、Ⅱ、Ⅲ　　D Ⅰ、Ⅲ、Ⅳ

解析：首先，分析支反力，再从 BC 杆中间截开求内力即可。

答案：A

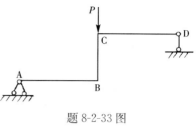

题 8-2-33 图

8-2-34 一预制构件单位长度重量为 q，长度为 l，在图示四种吊装方式中，哪一种方式结构所受的弯矩最小和结构变形最小？

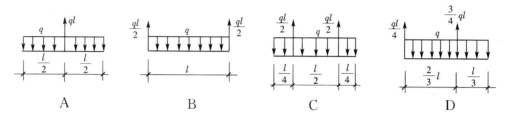

题 8-2-34 图

解析：A 选项，$M_{max}=\dfrac{ql^2}{8}$；B 选项，$M_{max}=\dfrac{ql^2}{8}$；C 选项，$M_{max}=\dfrac{ql^2}{32}$；D 选项，$M_{max}=\dfrac{ql^2}{18}$。

答案：C

8-2-35 图示结构中，杆件 BC 处于哪一种受力状态？

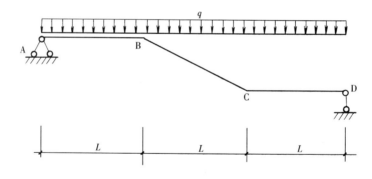

题 8-2-35 图

A 只受剪力　　　　B 只受弯矩
C 同时受弯矩、剪力　D 同时受弯矩、剪力和轴力

解析：首先求出支座反力，然后把 BC 段截开，可以求出 BC 段中的内力有轴力、剪力和弯矩。

答案：D

8-2-36 图示Ⅰ、Ⅱ两悬臂梁承受集中荷载，则下述四个叙述中哪个是正确的？

A 图Ⅰ中 $M_A=Pl$，图Ⅱ中 $M_A=\dfrac{Pl}{2}$

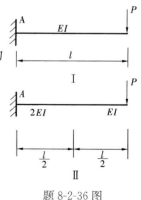

题 8-2-36 图

B 图 Ⅰ 中 $M_A=Pl$，图 Ⅱ 中 $M_A=\dfrac{Pl}{4}$

C 图 Ⅰ 中 $M_A=Pl$，图 Ⅱ 中 $M_A=\dfrac{3}{2}Pl$

D 图 Ⅰ 中 $M_A=Pl$，图 Ⅱ 中 $M_A=Pl$

解析：静定梁的弯矩与其刚度无关。

答案：D

8-2-37 如图所示受到偏心压力的受压杆，在杆的横截面 1-1 上有哪些内力？

A 只有轴力　　B 只有弯矩

C 有轴力，有弯矩　D 有轴力，有剪力

解析：根据静力学中力的平移定理，把力 P 平移到轴线上，再附加一个力矩，可见在杆的横截面 1-1 上将产生轴力和弯矩。

答案：C

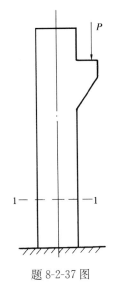

题 8-2-37 图

8-2-38 为了不使图示悬臂梁 A 点产生弯矩，荷载 P_1 与 P_2 之比，应为（　　）。

A 1∶2　　　　B 2∶3

C 2∶5　　　　D 3∶4

解析：设 A 端反力偶为 0，由 $\sum M_A=0$，可得：
$2P_2=3P_1$，$P_1∶P_2=2∶3$。

答案：B

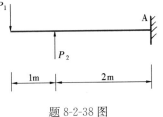

题 8-2-38 图

（三）静定结构的受力分析、剪力图与弯矩图

8-3-1 （2009）图示两个矩形截面梁材料相同，在相同 y 向荷载作用下，两个截面最大正应力的关系为（　　）。

A $\sigma_Ⅰ<\sigma_Ⅱ$

B $\sigma_Ⅰ=\sigma_Ⅱ$

C $\sigma_Ⅰ>\sigma_Ⅱ$

D 不确定

解析：$\sigma_Ⅰ=\dfrac{M}{W_{zⅠ}}=\dfrac{M}{\dfrac{a}{6}(2a)^2}$

$=\dfrac{3M}{2a^3}$

$\sigma_Ⅱ=\dfrac{M}{W_{zⅡ}}=\dfrac{M}{\dfrac{2a}{6}a^2}=\dfrac{3M}{a^3}$

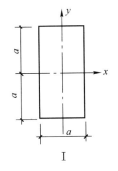 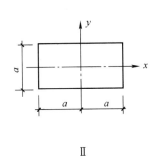

题 8-3-1 图

31

答案：A

8-3-2（2009）图示工字形截面梁，在 y 向外力作用下，其截面正应力和剪应力最大值发生在下列何点？

A 1点正应力最大，2点剪应力最大
B 1点正应力最大，3点剪应力最大
C 4点正应力最大，2点剪应力最大
D 4点正应力最大，3点剪应力最大

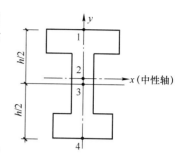

题 8-3-2 图

解析：根据截面上正应力的线性分布规律和剪应力的抛物线形分布规律可知，距中性轴 x 最远距离的点 4 正应力最大，而中性轴 x 上的点 2 剪应力最大。

答案：C

8-3-3（2009）图示结构中，荷载 2P 点处杆件的弯矩 M_P 为下列何值？

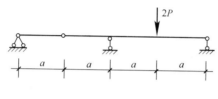

题 8-3-3 图

A $M_P = 0$ B $M_P = Pa/2$ C $M_P = Pa$ D $M_P = 2Pa$

解析：首先，分析中间铰链右边这根杆的受力，由平衡方程可知其受力为零。然后，分析荷载 2P 作用的杆件，可知其支座反力为 P，弯矩 $M_P = Pa$。

答案：C

8-3-4（2009）当图示结构 AB 跨的抗弯刚度值 EI 变为 2EI 时，关于 B 支座反力 R_B 的变化，正确的是（　）。

A $R_B \to 2R_B$ B $R_B \to 3/2R_B$
C $R_B \to R_B$ D $R_B \to 1/2R_B$

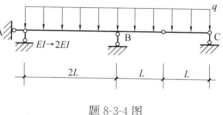

题 8-3-4 图

解析：图示结构为带有中间铰链的静定结构，其支座反力的大小，由静平衡方程就可以确定，不会随抗弯刚度值的改变而改变。

答案：C

8-3-5（2009）图示结构在荷载作用下，AB 杆内力与下列哪些外力有关？

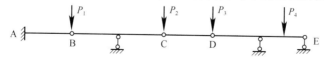

题 8-3-5 图

A P_1
B P_1、P_2
C P_1、P_2、P_3
D P_1、P_2、P_3、P_4

解析：首先，分析 CD 杆的受力，可知 CD 杆受力一定为零，否则 CD 杆不能平衡。这样，CD杆作为零杆可以去掉。因此，右边的两个力 P_3、P_4 与 AB 杆内力无关。而作用在 B、C 两点上的力 P_1、P_2 通过 B 点的联系要影响 AB 杆的内力。

答案：B

8-3-6 (2009) 图示结构在外力 P 作用下，取用下列何值可使最大正负弯矩值相等？

A $a=\dfrac{1}{2}b$ B $a=b$

C $a=2b$ D $a=4b$

解析：首先，分析 P 力作用的横梁的平衡，可知中间铰链的相互作用力为 $\dfrac{P}{2}$，横梁的最大正弯矩为 $\dfrac{Pb}{2}$。再分析左边刚架的受力和弯矩图，可知其最大负弯矩值的大小为 $\dfrac{Pa}{2}$。最后，令最大正负弯矩值相等，得到 $a=b$。

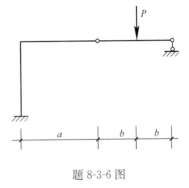

题 8-3-6 图

答案：B

8-3-7 (2009) 图示刚架，在外力 q 作用下，C 点截面弯矩为下列何值？

A $M_C=0$ B $M_C=\dfrac{1}{2}qh^2$

C $M_C=qh^2$ D $M_C=2qh^2$

解析：首先由整体平衡方程 $\sum F_X=0$ 求出 $F_{AX}=qh$，然后就可以用直接法求出 C 点截面弯矩 $M_C=qh^2$。

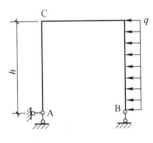

题 8-3-7 图

答案：C

8-3-8 (2009) 图示结构在外力 P 作用下，正确的弯矩图是（   ）。

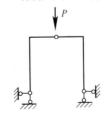

题 8-3-8 图

A

B

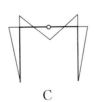
C

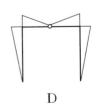
D

解析：图示结构为三铰刚架，在三个铰链处弯矩应是零，故只有D选项是正确的。

答案：D

8-3-9 (2009) 图示结构受水平均布荷载作用，其弯矩图正确的是（　　）。

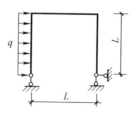

题 8-3-9 图

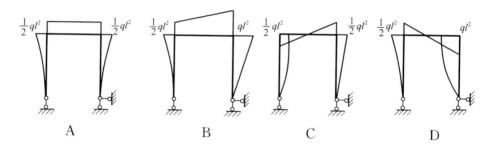

解析：首先进行整体的受力分析，求出支座反力的大小和方向；再求出刚节点的弯矩，把弯矩画在受拉一侧。注意到外荷载与弯矩图"零、平、斜"、"平、斜、抛"的规律，可知B选项是正确的。

答案：B

8-3-10 (2009) 图示三个梁系中，当部分支座产生移动 Δ 或梁上下温度发生改变时，在梁中产生内力变化的梁系有几个？

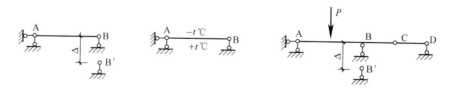

题 8-3-10 图

A 0个　　　　　B 1个　　　　　C 2个　　　　　D 3个

解析：图示三个梁系，都属于静定结构，当部分支座位移或梁上、下温度发生改变时，都不会产生内力变化。

答案：A

8-3-11 (2009) 图示三铰拱，水平推力 H 为（　　）。

A 6kN　　　　　B 10kN　　　　　C 12kN　　　　　D 15kN

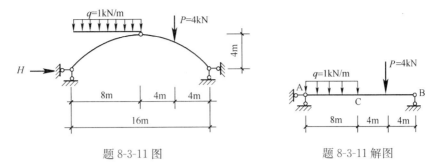

题 8-3-11 图   题 8-3-11 解图

解析： 图示三铰拱的相应简支梁如题 8-3-11 解图所示。由平衡方程 $\sum M_A=0$，可求出 B 点的支座反力 $F_B=5\text{kN}$，$M_C^0=24\text{kN}\cdot\text{m}$，则水平推力 $H=\dfrac{M_C^0}{f}=\dfrac{24}{4}=6\text{kN}$。

答案： A

8-3-12（2009）下图中哪种结构不属于拱结构？

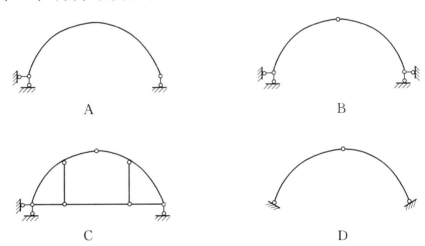

解析： 拱结构与梁结构的区别在于，在竖向荷载作用下，拱结构支座必有水平推力（或拉杆）。显然 A 选项不属于拱结构。

答案： A

8-3-13（2009）图示结构的弯矩图正确的是（   ）。

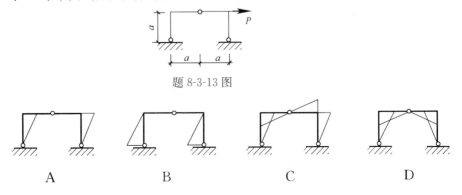

题 8-3-13 图

解析：经过受力分析和刚架的刚节点的弯矩特点可知，C 选项正确。

答案：C

8-3-14 （2009）图示结构的弯矩图正确的是（   ）。

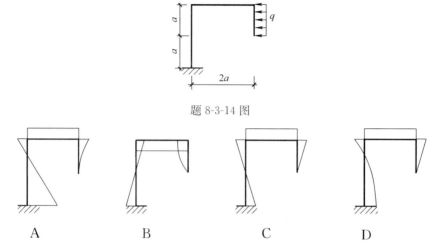

题 8-3-14 图

解析：经过受力分析判断固定端的反力偶的方向，并结合外荷载与弯矩图之间"零、平、斜"、"平、斜、抛"的关系，可判别出 A 选项正确。

答案：A

8-3-15 （2009）关于图示两结构，以下说法不正确的是（   ）。

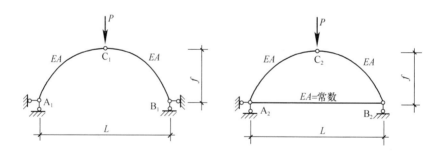

题 8-3-15 图

A A_2B_2 杆的拉力与 A_1 支座的推力大小一致

B A_2C_2 与 A_1C_1 的内力状态完全一致

C A_1、A_2 的竖向反力相同

D C_1、C_2 的竖向位移相同

解析：经过受力分析可知，题中 A、B、C 选项的说法是正确的，而 D 选项的说法不正确。这是因为 A_1、B_1 固定在 $EA=\infty$ 的地球上，两者间距离 L 永远不变，而 A_2B_2 间的杆 A_2B_2 刚度 EA 的值是有限的，A_2B_2 间的距离在受力后会有变化，从而造成 C_1、C_2 的竖向位移会有不同。

答案：D

8-3-16 （2009）对三铰拱的合理拱轴线，叙述正确的是（   ）。

A 任意荷载下均为合理轴线

B 合理轴线的跨度可以任意
C 任意荷载和跨度下均为合理轴线
D 合理轴线时弯矩为零，但剪力不一定为零

解析：拱的合理拱轴线只是对应给定荷载，使拱上各截面只承受轴力而弯矩为零（剪力也为零）、跨度可以任意的轴线。

答案：B

8-3-17 (2008) 图示结构在 P 荷作用下（自重不计），关于各段杆件内力的描述下列何项正确？

A 所有杆件内力均不为零
B AB 杆内力不为零，其他杆为零
C BC 杆内力不为零，其他杆为零
D CD 杆内力不为零，其他杆为零

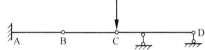

题 8-3-17 图

解析：分析 BC 杆的受力平衡，可知 BC 杆受力为零。从而可知 AB 杆受力也是零，只有 CD 杆受力。

答案：D

8-3-18 (2008) 图示结构在 q 荷作用下（自重不计），关于各段杆件内力的正确结论是（　　）。

A 所有杆件内力均不为零
B AB 杆内力为零，其他杆不为零
C CD 杆内力为零，其他杆不为零
D BC 杆内力不为零，其他杆为零

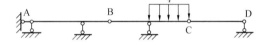

题 8-3-18 图

解析：分析 CD 杆的受力平衡，可知 CD 杆受力为零。而 BC 杆受均布荷载作用，通过节点 B 的联结，AB 杆也受到 BC 杆的作用力。

答案：C

8-3-19 (2008) 以下关于三铰拱和简支梁在相同竖向荷载作用下的受力特点，说法错误的是（　　）。

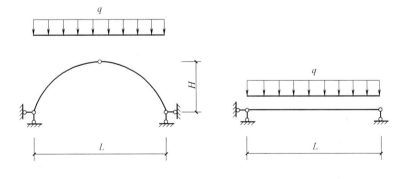

题 8-3-19 图

A 梁支座没有水平反力，而拱支座有推力
B 三铰拱截面上的弯矩比简支梁弯矩小

C 梁截面内没有轴力，拱截面内有轴力

D 梁和拱支座竖向反力不同

解析：由三铰拱和简支梁的结构对称、荷载对称的特点可知，它们的支座反力也对称，竖向反力相同，都是 $\dfrac{qL}{2}$，D 选项的说法是错误的。

答案：D

8-3-20 （2008）图示结构在均布扭转力偶作用下，产生的扭矩图为（　　）。

题 8-3-20 图

解析：图示结构受到均布扭转力偶（线荷载）作用，沿杆长度方向呈线性变化，故由此引起的扭矩也应为线性变化的。

答案：C

8-3-21 （2008）图示结构，在外力荷载 *M* 作用下产生的正确剪力图是（　　）。

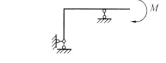

题 8-3-21 图

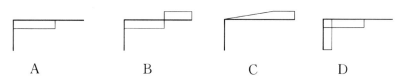

解析：图示结构竖杆上无横向力，横梁右边的外伸段也无横向力，这两段上的剪力为零。

答案：A

8-3-22 （2008）图示圆形截面杆发生扭转，则横截面上的剪应力分布为（　　）。

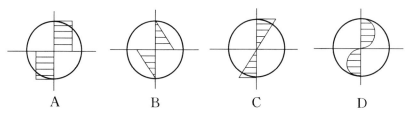

解析：根据公式 $\tau_\rho = \dfrac{I}{I_P}\rho$ 可知，圆形截面杆横截面上剪应力的分布与到圆心

的距离 ρ 成正比。

答案：C

8-3-23 (2008) 图示结构 C 点处的弯矩 M_C 为下列何值？

A　$M_C=0$　　　　B　$M_C=Pa$

C　$M_C=2Pa$　　　D　$M_C=3Pa$

解析：取整体为研究对象，由平衡方程 $\sum M_A=0$ 可求得 $F_B=\dfrac{3}{2}P$，从而可得到 $M_C=F_B \cdot 2a = 3Pa$。

答案：D

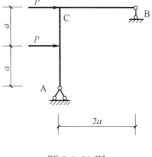

题 8-3-23 图

8-3-24 (2008) 下列四种截面梁的材料相同、截面面积相等，关于 z 轴抗弯能力的排序下列何项正确？

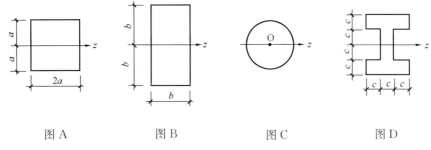

题 8-3-24 图

A　图 A＜图 C＜图 D＜图 B　　　B　图 A＜图 C＜图 B＜图 D

C　图 C＜图 A＜图 D＜图 B　　　D　图 C＜图 A＜图 B＜图 D

解析：梁关于 z 轴抗弯能力主要由梁的正应力强度条件决定。由公式 $\sigma_{max}=\dfrac{M_{max}}{I_Z}y_{max}=\dfrac{M_{max}}{W_Z}\leqslant [\sigma]$ 可知，当梁的材料相同、截面面积相等时，梁的横截面的面积离 z 轴越远越好，反之则越差。

答案：D

8-3-25 (2008) 若使图示梁弯矩图上下最大值相等，应使（　　）。

A　$a=b/4$　　　B　$a=b/2$

C　$a=b$　　　　D　$a=2b$

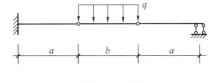

题 8-3-25 图

解析：首先，研究均布荷载 q 作用的中间一段梁，可知其最大正弯矩 $M_{max}^+=\dfrac{qb^2}{8}$，中间铰连接的相互作用力为 $\dfrac{qb}{2}$；然后，研究左、右两段梁的受力分析，可知其最大负弯矩 $|M_{max}^-|=\dfrac{qab}{2}$；最后，根据题意令 $M_{max}^+=|M_{max}^-|$，即 $\dfrac{qb^2}{8}=\dfrac{qab}{2}$，可得 $a=\dfrac{b}{4}$。

答案：A

8-3-26 (2008) 图示两个矩形截面梁，在相同的弯矩作用下，两个截面的最大应力关系为（ ）。

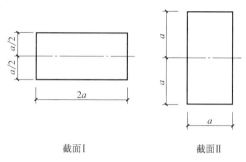

题 8-3-26 图

A $\sigma_I = \dfrac{1}{2}\sigma_{II}$ B $\sigma_I = \sigma_{II}$ C $\sigma_I = 2\sigma_{II}$ D $\sigma_I = 4\sigma_{II}$

解析：$\sigma_I = \dfrac{M}{W_{zI}} = \dfrac{M}{\dfrac{2a}{6}a^2} = \dfrac{3M}{a^3}$

$\sigma_{II} = \dfrac{M}{W_{zII}} = \dfrac{M}{\dfrac{a}{6}(2a)^2} = \dfrac{3M}{2a^3}$

答案：C

8-3-27 (2008) 图示变截面柱（$I_1 > I_2$），柱脚 A 点的弯矩 M_A 为下列何值？

A $M_A = Ph\dfrac{I_2}{I_1}$ B $M_A = Ph$

C $M_A = 2Ph\dfrac{I_2}{I_1}$ D $M_A = 2Ph$

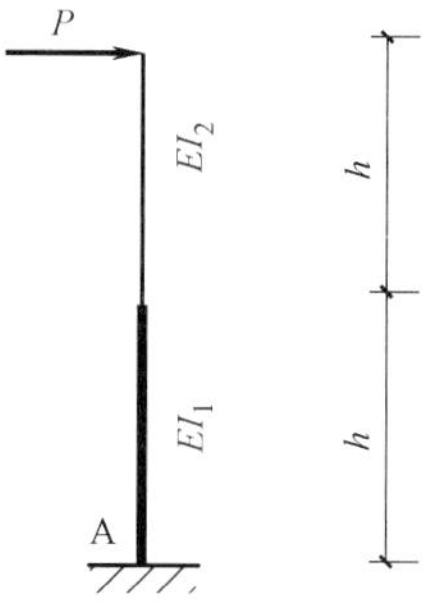

解析：图示变截面柱为静定结构，柱脚 A 点的弯矩 M_A 的计算同悬臂梁一样，$M_A = P \cdot 2h$。

答案：D

题 8-3-27 图

8-3-28 (2008) 关于图示门式刚架 D、E 点的弯矩 M_{DA}、M_{EB}，以下说法正确的是（ ）。

A $M_{DA} = M_{EB}$

B $M_{DA} > M_{EB}$

C $M_{DA} < M_{EB}$

D 与 EI_1 和 EI_2 的大小有关

解析：图示刚架受偏左边的均布力 q 作用，支座 A、B 的竖向反力不同，但是支座的水平反力大小相同，由此计算的 D、E 两点的弯矩相同。

答案：A

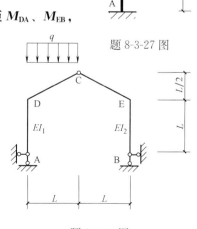

题 8-3-28 图

8-3-29 (2008) 图示结构的轴力图为（　　）。

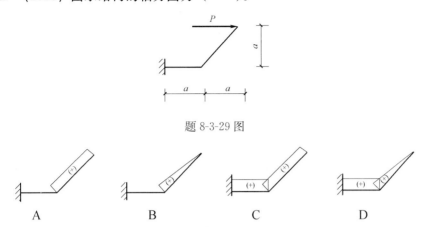

题 8-3-29 图

解析：通过截面法可知，横杆与斜杆的轴力均为常数。
答案：C

8-3-30 (2008) 以下结构的弯矩图正确的是(　　)。

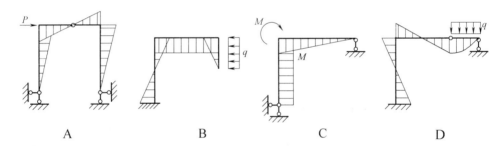

解析：首先，对各刚架进行受力分析，画出各刚架的受力图。再由外力和弯矩图的关系，可知只有 A 图的弯矩图是正确的。
答案：A

8-3-31 (2008) 图示等截面圆弧形无铰拱受均匀水压力 P 作用，忽略其轴向变形的影响，若增加截面 EI 值，则关于 1/4 截面 A 点处的弯矩变化，以下说法正确的是（　　）。

A　截面上弯矩增加
B　截面上弯矩减少
C　截面上弯矩不受影响
D　无法判断

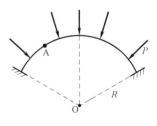

题 8-3-31 图

解析：图示结构为拱的合理轴线，截面上只有轴力没有弯矩，故增加截面的 EI 值对截面上弯矩不受影响。
答案：C

8-3-32 (2007) 图示两个矩形截面梁，在相同的竖向剪力作用下，两个截面的平均剪应力关系为（　　）。

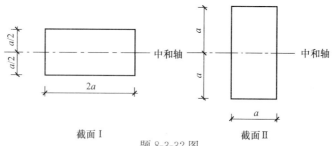

截面Ⅰ 截面Ⅱ

题 8-3-32 图

A $\tau_{\mathrm{I}}=\frac{1}{2}\tau_{\mathrm{II}}$ B $\tau_{\mathrm{I}}=\tau_{\mathrm{II}}$ C $\tau_{\mathrm{I}}=2\tau_{\mathrm{II}}$ D $\tau_{\mathrm{I}}=4\tau_{\mathrm{II}}$

解析：平均剪应力的定义为剪力除以面积，两个梁剪力相同，截面面积也相同，当然平均剪应力相同。

答案：B

8-3-33 (2007) 图示圆弧拱结构，当 $a<L/2$ 时，下列关于拱脚 A 点水平推力 H_A 的描述何项正确？

A H_A 与 a 成正比   B H_A 与 a 成反比
C H_A 与 a 无关   D $H_A=0$

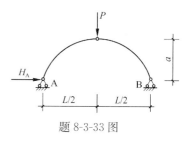

题 8-3-33 图

解析：三铰拱的水平推力等于相应简支梁的中点弯矩除以拱高，H_A 与 a 成反比。

答案：B

8-3-34 (2007) 关于三铰拱在竖向荷载作用下的受力特点，以下说法错误的是（   ）。

A 在不同竖向荷载作用下，其合理轴线不同
B 在均布竖向荷载作用下，当其拱线为合理轴线时，拱支座仍受推力
C 拱推力与拱轴的曲线形式有关，且与拱高成反比，拱越低推力越大
D 拱推力与拱轴是否为合理轴线无关，且与拱高成反比，拱越低推力越大

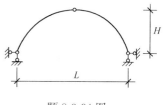

题 8-3-34 图

解析：三铰拱的推力等于相应简支梁的跨中弯矩除以拱高，与拱轴的曲线形式无关，C 的说法错误，其余都正确。

答案：C

8-3-35 (2007) 对于图示Ⅰ、Ⅱ拱结构正确的说法是（   ）。

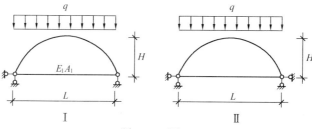

题 8-3-35 图

A 两者拱轴力完全一样
B 随Ⅰ中E_1A_1的增大,两者拱轴力趋于一致
C 随Ⅰ中E_1A_1的减少,两者拱轴力趋于一致
D 两者受力完全不同,且Ⅰ中拱轴力小于Ⅱ中的拱轴力

解析:随图Ⅰ中横杆的刚度E_1A_1的增大,图Ⅰ中右端支座的水平位移将趋近于零,与图Ⅱ中右端支座约束趋于一致,故使两者拱轴力趋于一致。

答案:B

8-3-36 (2007)下列各项中,何者为图示结构的弯矩图?

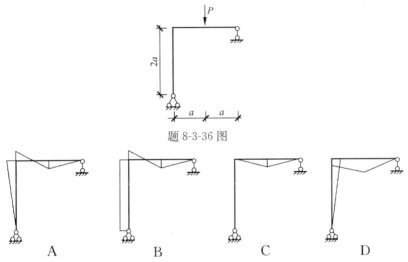

题 8-3-36 图

解析:图中所示为静定刚架,下部铰链支座无水平反力,竖杆也没有弯矩。

答案:C

8-3-37 (2007)矩形截面梁在 y 向荷载作用下,横截面上剪应力的分布为(   )。

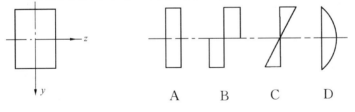

题 8-3-37 图

解析:矩形截面梁弯曲剪应力在横截面上沿高度 y 轴呈抛物线分布。

答案:D

8-3-38 (2007)下列各项中,何者为图示结构的弯矩图?

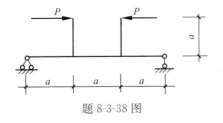

题 8-3-38 图

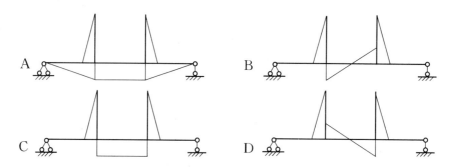

解析： 结构对称，荷载对称，弯矩图应是对称的。同时荷载自相平衡，支座反力为零，水平杆左右两边没有弯矩。只有 C 选项满足这些条件。

答案： C

8-3-39 (2007) 下列各项中，何者为图示结构的弯矩图？

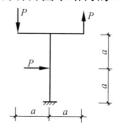

题 8-3-39 图

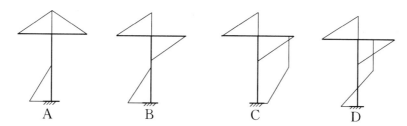

解析： 对固定端取力矩平衡方程，可知固定端反力偶应是顺时针转动的，故竖杆右侧受拉，固定端弯矩应画在右侧。

答案： C

8-3-40 (2007) 图示结构被均匀加热 t℃，产生的 A、B 支座反力为（　　）。

A 水平力、竖向力均不为零
B 水平力为零，竖向力不为零
C 水平力不为零，竖向力为零
D 水平力、竖向力均为零

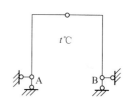

题 8-3-40 图

解析： 图示结构为三铰刚架，是静定结构，无多余约束，温度升高时，结构各杆变形是自由的，不会产生支座反力。

答案： D

8-3-41 (2007) 图示结构在外力荷载 q 作用下，产生的正确剪力图是（　　）。

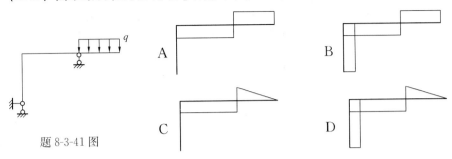

题 8-3-41 图

解析：由受力分析可知：竖杆下端铰链支座无水平反力，故竖杆剪力为零。又因右边外伸段均布荷载产生的剪力图必为斜直线，故只有 C 选项满足这两个条件。

答案：C

8-3-42 (2007) 图示矩形截面梁在纯扭转时，横截面上最大剪应力发生在下列何处？

A　Ⅰ点
B　Ⅱ点
C　截面四个角顶点
D　沿截面外周圈均匀相等

解析：矩形截面梁在纯扭转时，横截面上最大剪应力发生在长边的中点。

答案：B

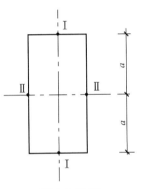

题 8-3-42 图

8-3-43 (2007) 图示桁架中 AB 杆截面积变为原来的 3 倍，其余杆件变为原来的 2 倍，其他条件不变，则关于 AB 杆轴力的说法正确的是（　　）。

A　为原来的 1/3　　B　为原来的 3/2
C　为原来的 2/3　　D　不变

解析：图示桁架为静定桁架，各杆内力大小与杆的刚度 EA 无关，各杆截面积的改变，不影响各杆的轴力。

答案：D

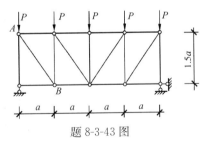

题 8-3-43 图

8-3-44 (2007) 图示结构在荷载 P 作用下（自重不计），正确的弯矩图为（　　）。

题 8-3-44 图

45

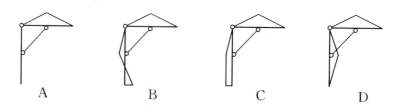

解析：考虑结构整体平衡，固定端应有一个逆时针转的反力偶，使竖杆下端部左侧受拉。

答案：C

8-3-45 (2006) 图示对称结构中，柱1的轴力为下列何值？

A $qa/4$
B $qa/2$
C qa
D $2qa$

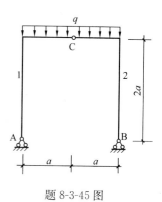

题 8-3-45 图

解析：由于结构对称、荷载对称，所以支座反力是对称的。A、B两支座的竖向反力相等，都等于 qa，故柱1的轴力为 qa。

答案：C

8-3-46 (2006) 图示结构，柱1的轴力为下列何值？

A 0
B 压力 $P/2$
C 压力 P
D 拉力 $P/2$

解析：设1点的支反力为 F_1 向上，取整体平衡：$\sum M_A = 0$，即 $F_1 \times 2a + Pa = Pa$，得 $F_1 = 0$。故柱1的内力（轴力）就等于 F_1，为 0。

答案：A

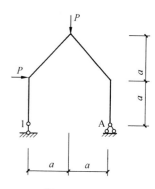

题 8-3-46 图

8-3-47 (2006) 下列结构在外力作用下，哪一个轴力（N）图是正确的？（结构自重不计）

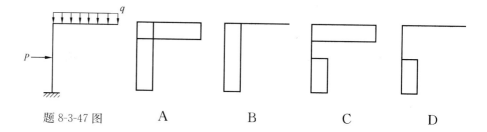

题 8-3-47 图　　A　　　　B　　　　C　　　　D

解析：从整体平衡可知，下端支座的垂直反力对竖杆作用有轴力产生，而横梁轴线方向无水平力。

答案：B

8-3-48 (2006) 图示刚架在外力 q 作用下（刚架自重不计），下列弯矩图哪一个正确?

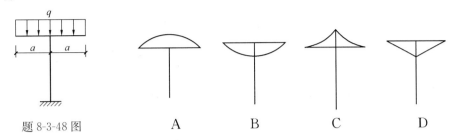

题 8-3-48 图　　A　　B　　C　　D

解析：横梁中点的刚节点相当于固定端支座，而其左段和右段的弯矩图相当于两个悬臂梁受均布力的弯矩图。

答案：C

8-3-49 (2006) 下列图示结构在荷载作用下的各弯矩图哪个正确?

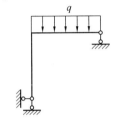

题 8-3-49 图

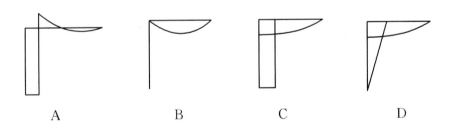

A　　B　　C　　D

解析：从结构整体平衡可知，左下角固定铰支座处水平支反力为零，所以竖杆无弯矩。

答案：B

8-3-50 (2006) 图示结构，z 点处的弯矩为下列何值?

A　$qa^2/2$
B　qa^2
C　$3qa^2/2$
D　$2qa^2$

解析：从中间铰 B 断开，分别画出 ABC 和 BD 的受力图。

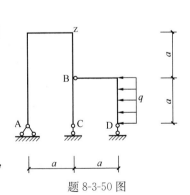

题 8-3-50 图

由 BD 杆的平衡可知：$\Sigma F_X = 0, F_{BX} = qa$。

由 ABC 杆右边竖杆计算 z 点弯矩：$M_Z = F_{BX} \cdot a = qa^2$。

答案：B

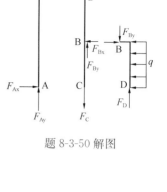

题 8-3-50 解图

8-3-51 （2006）在选择结构形式时应遵守的一般规律中，以下哪一项描述不正确？

A 结构的内力分布情况须与材料的性能相适应，以便发挥材料的优点

B 荷载传递的路程越短，结构使用的材料越省

C 杆件受弯较受轴向力能更充分地利用材料

D 超静定结构可以降低内力，节省材料

解析：杆件受弯时横截面上应力分布不均匀，不如杆件受轴向力时应力均匀分布能更充分地利用材料。

答案：C

8-3-52 （2006）图示结构中，Ⅱ点处的支座反力为下列何值？

A 0   B qa

C $\dfrac{1}{2}qa$ D $\dfrac{1}{4}qa$

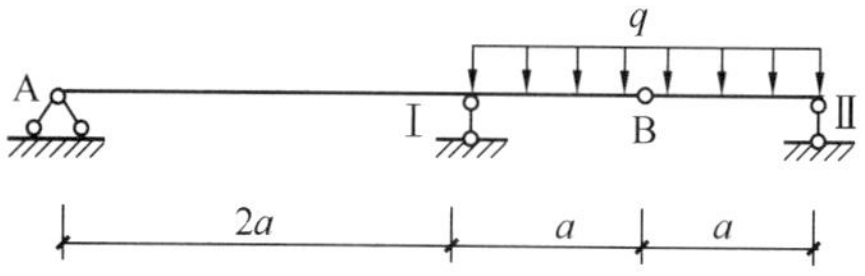

解析：从中间铰 B 处断开，取右边杆平衡，可得Ⅱ点处的支座反力为 $\dfrac{1}{2}qa$。

答案：C

题 8-3-52 图

8-3-53 （2006）图示结构，2 点处的弯矩（kN·m）为下列何值？

A 20   B 100

C 180   D 200

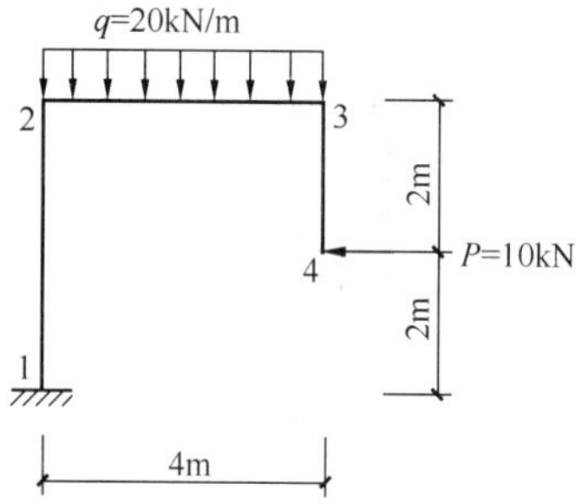

解析：用直接法计算：

$M_2 = 10 \times 2 + (20 \times 4) \times 2 = 180 (\text{kN} \cdot \text{m})$。

答案：C

题 8-3-53 图

8-3-54 （2006）对静定结构的下列叙述，哪项是不正确的？

A 静定结构为几何不变体系

B 静定结构无多余约束

C 静定结构的内力可以由平衡条件完全确定

D 温度改变、支座移动在静定结构中引起内力

解析：静定结构无多余约束，温度改变、支座移动引起的位移不受限制，不会引起内力。

答案：D

8-3-55 （2006）图示结构中，$0 < x < L/4$，为减少 bc 跨跨中弯矩，应(   )。

A 增加 EI_1 B 增加 EI_2 C 增加 x D 减少 x

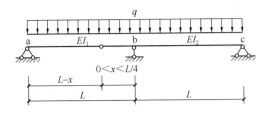

题 8-3-55 图

解析：从中间铰链处断开，分别画出左、右两边的受力图。

b 点的负弯矩

$$|M_b| = \frac{q}{2}(L-x) \cdot x + qx \cdot \frac{x}{2}$$
$$= \frac{qL}{2}x;$$

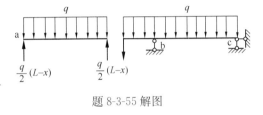

题 8-3-55 解图

bc 跨跨中弯矩可由叠加法求得：$M_\text{中} = \frac{qL^2}{8} - \frac{qL}{4}x$。

可见当 x 增加时，$M_\text{中}$ 减少。

答案：C

8-3-56 （2006）图示结构中，所有杆件截面特性和材料均相同，跨度和荷载相同，哪种结构 a 点的弯矩最小？

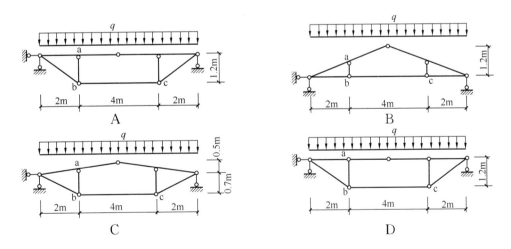

解析：D 选项中，a 点是个中间铰（完全铰），弯矩为零。其余三选项中，a 点实际上相当于一个支点，弯矩均不为零。

答案：D

8-3-57 （2006）图示结构中，哪种结构 ab 杆的跨中正弯矩最大？

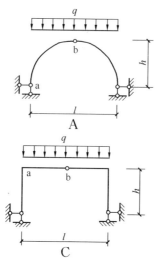
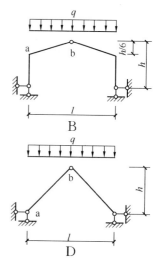

解析：图示四种结构都是三铰结构，在左端支座的水平约束力和铅垂约束力都相同。其中，铅垂约束力对 ab 杆跨中产生正弯矩都相同，而水平约束力到 ab 杆跨中距离最小的是 D 选项，故 D 选项中，ab 杆跨中产生的负弯矩最小，而正弯矩最大。

答案：D

8-3-58 （2006）图示索结构中，a 点弯矩为（　　）。

A $\frac{1}{8}Pl$　　　　B $\frac{1}{4}Pl$

C $\frac{1}{12}Pl$　　　D 0

解析：索结构只能承受拉力，各点横截面上没有弯矩。

答案：D

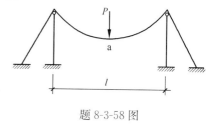

题 8-3-58 图

8-3-59 （2005）关于下列结构 I 和 II 中 a、c 点弯矩的关系正确的是（　　）。

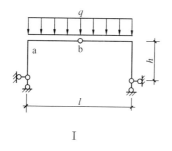
I

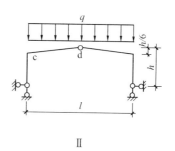
II

题 8-3-59 图

A $M_a = M_c$　　B $M_a > M_c$　　C $M_a < M_c$　　D 无法判断

解析：结构 I 和 II 均为三铰刚架，受荷载相同，三个铰链位置相同，所以受力分析结果相同，支反力相同，左下端支座水平力也相同。而结构 I 中 a 点到支座的距离比结构 II 中 c 点到支座的距离大，故 a 点的弯矩大。

答案：B

8-3-60 （2005）图示对称结构中，Ⅰ点处的弯矩为下列何值？

A 0   B $\frac{1}{2}qa^2$

C qa^2 D $\frac{1}{12}qa^2$

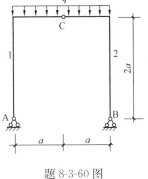

题 8-3-60 图

解析：由受力分析可知，中间铰链处竖向力为零。因此Ⅰ点处的弯矩只是由均布荷载 q 引起的，即为 $\frac{1}{2}qa^2$。

答案：B

8-3-61 图示节点 B 可以同时传递哪些内力？

A 轴力和剪力
B 轴力和弯矩
C 剪力和弯矩
D 轴力、剪力和弯矩

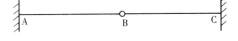

题 8-3-61 图

解析：节点 B 为中间铰链，不能传递弯矩。

答案：A

8-3-62 如图所示四种截面的面积相同，则扭转剪应力最小的是图（   ）。

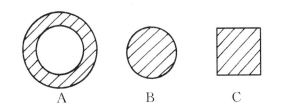

解析：A 选项截面的抗扭截面模量 W_P 最大，故其扭转剪应力最小。

答案：A

8-3-63 已知梁的荷载作用在铅垂纵向对称面内，如图所示四种截面的面积相同，则最合理的截面是图（   ）。

解析：B 选项的抗弯截面模量 W_y 最大。

答案：B

8-3-64 图示正方形截面木梁，用两根木料拼成，两根木料之间无连系，也无摩擦力，则图Ⅰ中的最大正应力与图Ⅱ中的最大正应力之比为（   ）。

A 1:1　　　B 1:4
C 1:2　　　D 2:1

解析：因每根木料承受相同的弯矩，故各取一根木料计算：

$$\frac{\sigma_\mathrm{I}}{\sigma_\mathrm{II}} = \frac{W_\mathrm{II}}{W_\mathrm{I}} = \frac{\frac{a^3}{3}}{\frac{2}{3}a^3} = \frac{1}{2}。$$

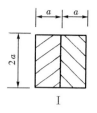

题 8-3-64 图

答案：C

8-3-65 设工字形截面梁的截面面积和截面高度固定不变，下列四种截面设计中，抗剪承载能力最大者为（　　）。

A 翼缘宽度确定后，腹板厚度尽可能薄
B 翼缘宽度确定后，翼缘厚度尽可能薄
C 翼缘厚度确定后，翼缘宽度尽可能大
D 翼缘厚度确定后，腹板厚度尽可能薄

解析：这时可以尽可能增加腹板面积，提高抗剪能力。

答案：B

8-3-66 图示矩形对其底边 z 轴的惯性矩为（　　）。

A $\frac{bh^3}{3}$　　B $\frac{bh^3}{6}$　　C $\frac{bh^3}{12}$　　D $\frac{bh^3}{16}$

解析：$I_z = I_{zc} + a^2 A = \frac{bh^3}{12} + \left(\frac{h}{2}\right)^2 \cdot bh = \frac{bh^3}{3}$。

答案：A

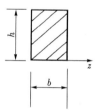

题 8-3-66 图

8-3-67 图示两根跨度和荷载相同的悬臂梁，其中一根为整体截面，另一根为叠合截面（不考虑叠合面的摩擦），在固定端截面高度中线 k 点与 q 点弯曲正应力 σ_k 与 σ_q 之间有下列哪种关系？

A $\sigma_k > \sigma_q$　　B $\sigma_k = \sigma_q$　　C $\sigma_k < \sigma_q$　　D 不能确定

解析：从正应力分布图对比可知 $\sigma_k < \sigma_q$。

答案：C

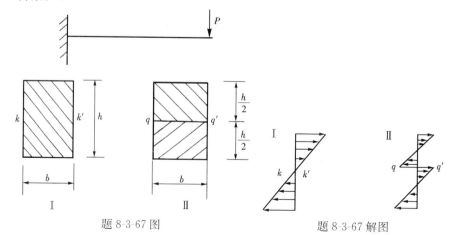

题 8-3-67 图　　题 8-3-67 解图

8-3-68 上题中在固定端截面 k 点与 q 点弯曲剪应力 τ_k 与 τ_q 之间有下列哪种关系？

A $\tau_k > \tau_q$
B $\tau_k = \tau_q$
C $\tau_k < \tau_q$
D 没有确定

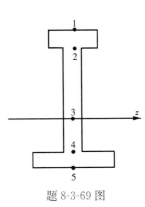

题 8-3-68 解图

解析：从剪应力分布图可知 $\tau_k > \tau_q$。
答案：A

8-3-69 不对称工字钢截面梁的截面形状如图示，该梁在对中性轴 z 的弯矩作用下，图示 1～5 点中，纵向应力绝对值最大的是哪一点？

A 点 1
B 点 2
C 点 4
D 点 5

解析：弯曲正应力 $\sigma = \dfrac{M}{I_z} \cdot y$，点 1 的 y 值最大。
答案：A

题 8-3-69 图

8-3-70 结构承受荷载如图所示，如果各杆截面积减小一半，其余不变，BC 杆的内力会有下述哪一种变化？

A 轴力减小   B 剪力减小
C 弯矩减小   D 内力不变

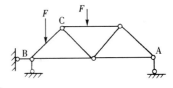

解析：静定结构内力的大小与杆截面积无关。
答案：D

题 8-3-70 图

8-3-71 刚架承受荷载如图所示。哪一个是正确的弯矩图？

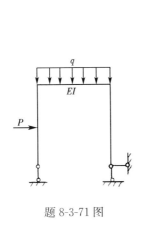

题 8-3-71 图

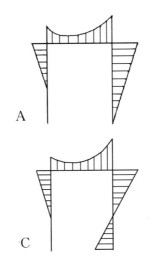

A   B

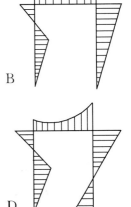

C   D

解析： 由于左端支座无水平力，且右端支座无反力偶，故 B、C、D 选项均是错的。

答案： A

8-3-72 图示刚架中有错的弯矩图有（　　）个。

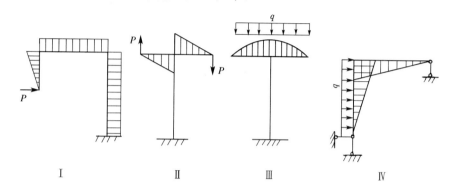

题 8-3-72 图

A 1　　　　　　B 2　　　　　　C 3　　　　　　D 4

解析： Ⅰ 图右边竖杆应为斜线，Ⅱ 图竖杆上应有弯矩，Ⅲ 图横梁应为下凹曲线，Ⅳ 图竖杆应为抛物线。

答案： D

8-3-73 图示结构中有错的弯矩图为（　　）。

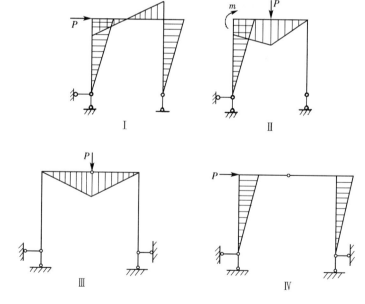

题 8-3-73 图

A 1个　　　　　B 2个　　　　　C 3个　　　　　D 4个

解析： Ⅰ 图右边竖杆无弯矩，Ⅱ 图左边竖杆无弯矩，Ⅲ 图横梁中点铰链处弯矩为零，Ⅳ 图横梁上有弯矩。

答案：D

8-3-74 刚架承受荷载如图所示，哪一个是正确的轴力图？

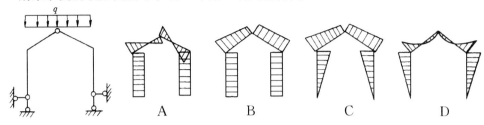

题 8-3-74 图

解析：A 选项中斜杆轴力不对称，而 C、D 选项中底部铰链处轴力不应是零。
答案：B

8-3-75 结构承受荷载如图所示，如果各杆件截面积增加一倍，其余不变，AC 杆的内力会有哪一种变化？

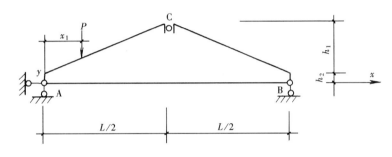

题 8-3-75 图

A 弯矩增加　　B 轴力增加　　C 内力不变　　D 剪力增加

解析：这是一个静定结构，静定结构的内力与各杆件截面积无关。
答案：C

8-3-76 图示两种结构的水平反力的关系为下列哪一种？

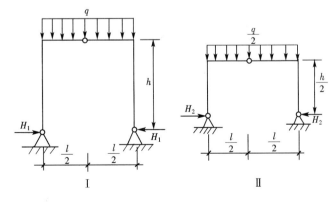

题 8-3-76 图

A　$H_I > H_{II}$　　B　$H_I < H_{II}$　　C　$H_I = H_{II}$　　D　不能确定

解析：$H_1 = H_2 = \dfrac{ql^2}{8h}$。

答案：C

8-3-77 结构承受荷载如图所示，支座 B 的水平反力是（ ）。

A $\dfrac{pl}{2h}$　　　　B $\dfrac{pl}{4h}$

C $\dfrac{pl}{8h}$　　　　D 0

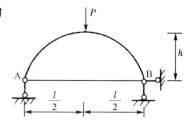

题 8-3-77 图

解析：由整体平衡易得水平反力为零。

答案：D

8-3-78 图中三铰拱合理拱轴方程式：$y = \dfrac{4f}{l^2} x (l-x)$

是指何种荷载？

A 满跨承受竖向均布荷载
B 半跨承受竖向均布荷载
C 铰 C 处承受竖向集中荷载
D 铰 C 处承受水平集中荷载

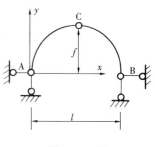

题 8-3-78 图

解析：题中所述合理拱轴方程式是在假设满跨承受竖向均布荷载的条件下推导而得出的结果。

答案：A

8-3-79 图示刚架中支座 B 发生沉降，则下述几个结论中哪个是正确的？

A 刚架中不产生内力
B 刚架中产生内力
C 杆 AC 产生内力
D 杆 BC 产生内力

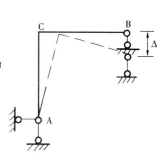

题 8-3-79 图

解析：静定结构支座位移不引起内力。

答案：A

8-3-80 Ⅰ、Ⅱ两结构，发生图示支座位移，哪个结构会产生内力？

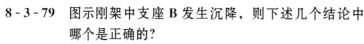

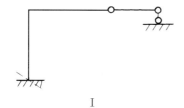

Ⅰ　　　　　　　　　　　　Ⅱ

题 8-3-80 图

A Ⅰ、Ⅱ均产生内力　　　　B Ⅰ
C Ⅱ　　　　　　　　　　　D Ⅰ、Ⅱ均无内力

解析：Ⅰ为静定结构，Ⅱ为内力超静定结构，支座位移不影响内部各杆的相对位移，不会产生内力。

答案：D

8-3-81 图示拱具有合理拱轴线，拱的哪些内力不为零？

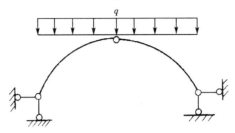

题 8-3-81 图

A 弯矩和剪力　　B 轴力　　C 弯矩和轴力　　D 剪力

解析：合理拱轴线使弯矩处处为零，而轴力不为零。由于弯矩的导数是剪力，所以剪力也是零。

答案：B

8-3-82 图示拱具有合理拱轴线，下述哪一种措施对于减少 C 点的竖向位移是无效的？

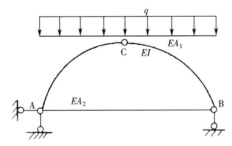

题 8-3-82 图

A 增加 E 值　　B 增加 I 值
C 增加 A_1 值　　D 增加 A_2 值

解析：合理拱轴线弯矩为零，故增加 I 值是无效的。

答案：B

8-3-83 一环形杆受均匀向心压力作用如图示，杆中哪些内力不为零？

A 弯矩和轴力　　B 弯矩和剪力
C 只有弯矩　　D 只有轴力

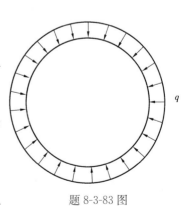

题 8-3-83 图

解析：结构对称，荷载对称，故对称轴上剪力为零；又因为在图示荷载作用下的合理轴线就是圆环，所以杆中弯矩必为零。

答案：D

8-3-84 刚架承受荷载如图所示。下列四个弯矩图中哪一个是正确的弯矩图？

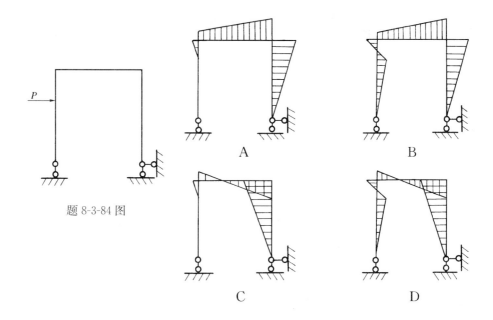

题 8-3-84 图

解析：首先分析支座反力的方向，可知只有 A 选项是正确的。

答案：A

8-3-85 刚架承受荷载如图所示，下列四个轴力图中哪一个是正确的轴力图？

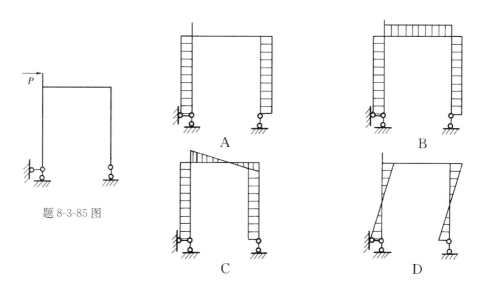

题 8-3-85 图

解析：首先分析支座反力的方向，由截面法可知横杆中无轴力，B、C、D 选项显然不对。

答案：A

8-3-86 图示梁具有中间铰链 C，试作 AB 梁的弯矩图。如欲使该梁的最大弯矩的绝对值最小，则 $\dfrac{a}{l}$ 应等于（ ）。

A 0.618
B 0.207
C 0.5
D 0.1

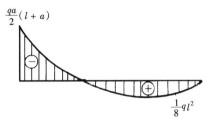

题 8-3-86 图

解析：梁的弯矩图如图所示：

令：$|M_{max}^+| = |M_{max}^-|$，得：$4a^2 + 4la - l^2 = 0$，求解：$a = \dfrac{\sqrt{2}-1}{2}l = 0.207l$。

答案：B

题 8-3-86 解图

8-3-87 结构承受荷载如图所示。不考虑所有杆件的轴向变形，下列四个杆件 AC 的弯矩图中，哪一个是正确的？

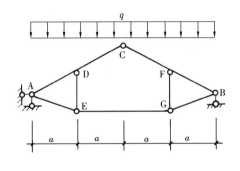

题 8-3-87 图

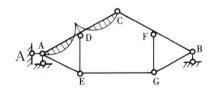 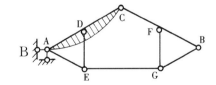

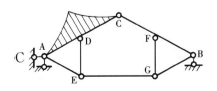 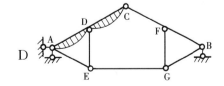

解析：AC 杆的弯矩图应该与右图所示的一次超静定梁的弯矩图形状类似。

答案：A

8-3-88 图示三铰刚架在集中荷载 P 的作用下，水平反力 X_A 和 X_B 各等于多少？

59

A　$X_A = X_B = 0$

B　$X_A \neq 0$，$X_B = 0$

C　$X_A = 0$，$X_B \neq 0$

D　$X_A = X_B \neq 0$

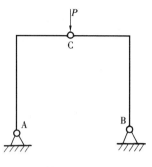

题 8-3-88 图

解析：取整体静力平衡，可知水平力 $X_A = X_B$，竖向力 Y_A 和 Y_B 不是零。再取左部分 AC 为研究对象，由 $\sum M_C = 0$，可知 $X_A \neq 0$。

答案：D

8-3-89　图示多跨梁承受集中荷载，其弯矩图应为下列四个图中的哪一个？

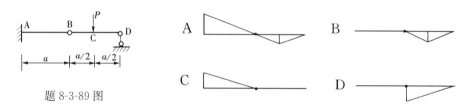

题 8-3-89 图

解析：从中间铰 B 处断开，分别分析 AB 杆和 BD 杆的受力平衡，可知 BD 杆受力与跨中受竖向荷载的简支梁相同，其 M 图也相同；而 AB 杆受力与自由端受竖向荷载的悬臂梁相同，其 M 图也相同。同时满足上述两点的 M 图只能是 A 选项。

答案：A

8-3-90　斜梁 AB 承受荷载如图所示，哪一个是正确的轴力图？

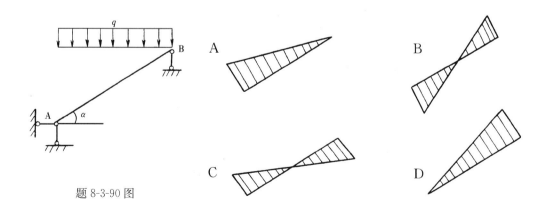

题 8-3-90 图

解析：由受力分析得知，A、B 两端反力向上，故 A 端受压，B 端受拉。

答案：B

8-3-91　上题中，哪一个是正确的剪力图（见上题图）？

解析：由于A、B两端反力向上，故A端剪力为正，B端剪力为负。

答案：C

8-3-92 具有拉杆的拱与不设拉杆的拱相比，其主要优点是什么？

　　A　消除对支座的推力　　　　B　造型美观
　　C　施工方便　　　　　　　　D　内力变小

解析：拱在竖向荷载作用下产生水平支座反力。水平拉杆的设置可以提供水平拉力，从而消除支座受到的水平推力作用。

答案：A

8-3-93 如图所示为建筑钢的应力—应变图，图中位置1为钢的何种指标？

　　A　弹性极限
　　B　屈服极限
　　C　强度极限
　　D　破坏强度

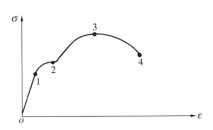

题 8-3-93 图

解析：根据材料力学低碳钢的应力应变曲线的性质可知，图中位置1为钢的弹性极限，位置2为钢的屈服极限，位置3为钢的强度极限，位置4为钢的断裂点。

答案：A

8-3-94 如图所示，悬臂梁截面为120mm×200mm，弯曲允许正应力$[\sigma]=10$MPa，荷载P的最大值应为（　　）kN。（梁的自重忽略不计）

　　A　6　　　　B　8
　　C　10　　　 D　12

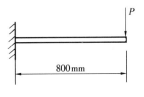

题 8-3-94 图

解析：由梁的弯曲正应力强度条件：$\sigma_{max}=\dfrac{M_{max}}{W_z}=\dfrac{Pl}{bh^2/6}\leqslant[\sigma]$，可得：$P\leqslant\dfrac{bh^2[\sigma]}{6l}=\dfrac{120\times200^2\times10}{6\times800}=10^4\text{N}=10\text{kN}$。

答案：C

8-3-95 图示多跨静定梁中支反力R_C等于（　　）。

　　A　0　　　　　　B　$P(\uparrow)$
　　C　$P(\downarrow)$　　　D　$\dfrac{P}{2}(\uparrow)$

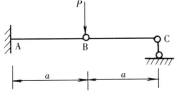

题 8-3-95 图

解析：取BC为研究对象，由于B为中间铰链，故其弯矩$M_B=0$，由平衡方程$\sum M_B=0$可求出$R_C=0$。

答案：A

8-3-96 矩形截面简支木梁如图所示，最大弯矩 4kN·m，此时产生的最大弯曲正应力应为多少？

A 4MPa
B 5MPa
C 6MPa
D 7MPa

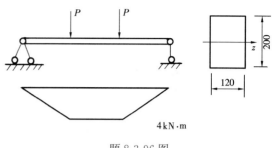

题 8-3-96 图

解析：由梁的最大弯曲正应力公式，可得：

$$\sigma_{max} = \frac{M_{max}}{W_z} = \frac{4 \times 10^6}{\frac{1}{6} \times 120 \times 200^2} = 5\text{MPa}。$$

答案：B

8-3-97 图示结构中，B 点的弯矩是（　　）。

A 使柱左侧受拉　B 使柱右侧受拉
C 为零　　　　D 以上三种可能都存在

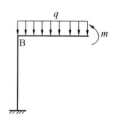

题 8-3-97 图

解析：B 点的弯矩等于截面右侧外力偶矩 m 和均布荷载 q 对 B 点力矩的代数和。由于 m 引起刚架内侧受拉，q 引起刚架外侧受拉，而且 m 和 q 的大小未知，故三种可能都存在。

答案：D

8-3-98 三铰拱在图示荷载作用下，支座 A 的水平反力为（　　）。

A P（方向向左）
B P（方向向右）
C $\frac{P}{2}$（方向向右）
D 0

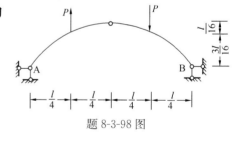

题 8-3-98 图

解析：图示三铰拱相应的简支梁受相同的反对称荷载作用，其弯矩也应是反对称的，中点弯矩为零。而三铰拱的水平反力 $F_x = \frac{M_c^0}{f}$，故支座 A 的水平反力为零。

答案：D

（四）图乘法求位移

8-4-1 (2009) 以下关于图示两结构 A、B 点的水平位移，正确的是（　　）。

A $\Delta_A = 1.5\Delta_B$　　　　　　B $\Delta_A = \Delta_B$
C $\Delta_A = 0.75\Delta_B$　　　　　D $\Delta_A = 0.5\Delta_B$

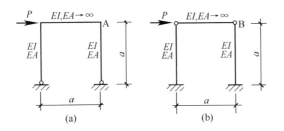

题 8-4-1 图

解析：【方法 1】A 点所在结构为对称结构，受反对称荷载，可简化为（a）图。B 点所在结构为一次超静定排架，可简化为（b）图。然后分别用图乘法计算，设横杆刚度为 EI_2 可得：

$$\Delta_A = \frac{\omega_1 y_1}{EI} + \frac{\omega_2 y_2}{EI_2}$$

$$= \frac{1}{EI}\left(\frac{1}{2} \cdot a \cdot \frac{Pa}{2}\right) \cdot \frac{2}{3}a + 0$$

$$= \frac{Pa^3}{6EI}$$

$$\Delta_B = \frac{1}{EI}\omega_p \cdot y_c$$

$$= \frac{1}{EI}\left(\frac{1}{2} \cdot a \cdot \frac{Pa}{2}\right) \cdot \frac{2}{3}a = \frac{Pa^3}{6EI}$$

所以，$\Delta_A = \Delta_B$。

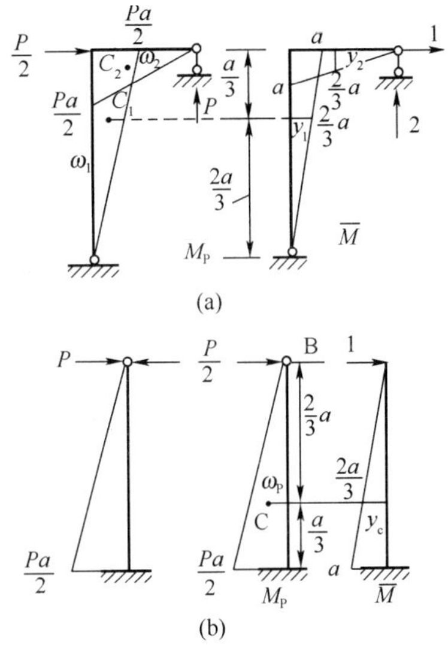

题 8-4-1 解图

【方法 2】从定性的角度分析，当横杆的刚度 EI 和 EA 趋于无穷大时，（a）图上边的约束等价于（b）图下边的约束；而（a）图下边的约束等价于（b）图上边的约束。同时受力和反力也是等价的。因此 $\Delta_A = \Delta_B$。

答案：B

8-4-2（2009）当图示结构的 EI 值减小时，以下说法正确的是（　　）。

A　B 点的弯矩增加
B　B 点的剪力减少
C　B 点的转角增加
D　B 点的挠度增加

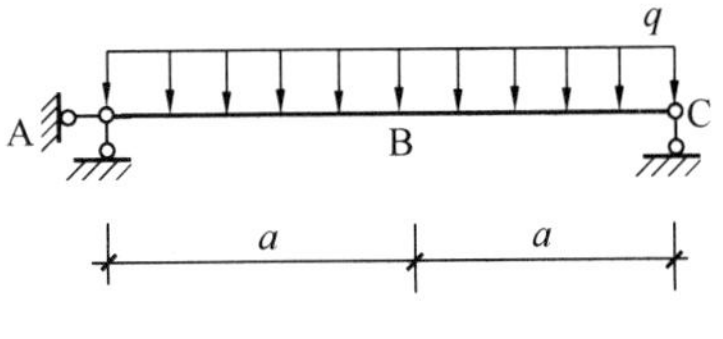

解析：图示受均布荷载的简支梁 B 点的弯矩和剪力与刚度 EI 无关。由于结构对称、荷载对称，梁的变形曲线是对称的，在中间对称轴上 B 点的转角永远是零，而 B 点的挠度与梁的刚度成反比。

题 8-4-2 图

答案：D

8-4-3（2008）图示简支梁跨中挠度最大的是（　　）。

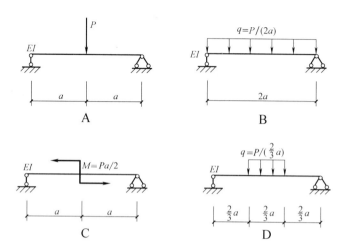

解析：图示结构中 A 图跨中弯矩最大，对应的跨中挠度也最大。

答案：A

8-4-4（2008）为减少图示结构 B 点的水平位移，最有效的措施是（   ）。

A 增加 AB 的刚度 EA_{AB}
B 增加 AC 的刚度 EA_{AC}
C 增加 BD 的刚度 EA_{BD}
D 增加 CD 的刚度 EA_{CD}

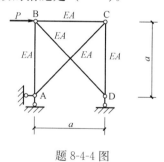

题 8-4-4 图

解析：由受力分析可知：$N_{BD}=0$，$N_{BA}=0$，$N_{BC}=N_{CD}=-P$，$N_{AC}=\sqrt{2}P$。

根据单位力法位移计算公式 $\Delta=\sum\dfrac{\overline{N}N_P L}{EA}$

可知，AC 杆对 B 点的水平位移贡献最大，故为减少 B 点的水平位移，最有效的措施是增加 AC 的刚度。

答案：B

8-4-5（2008）关于图示结构 Ⅰ、Ⅱ 的 ab 跨跨中挠度 Δ_{I}、Δ_{II}，说法正确的是（   ）。

A $\Delta_{\mathrm{I}}>\Delta_{\mathrm{II}}$
B $\Delta_{\mathrm{I}}<\Delta_{\mathrm{II}}$
C $\Delta_{\mathrm{I}}=\Delta_{\mathrm{II}}$
D 无法判断

解析：图中，bc 段受力分析与内力图和静定梁一样，与梁的刚度无关；而

图 8-4-5 图

ab段的受力分析和内力图，对于Ⅰ和Ⅱ都是相同的，所以刚度大的Ⅰ图挠度小。

答案：B

8-4-6 （2009）图示结构受均布荷载作用，则其变形图正确的是（　　）。

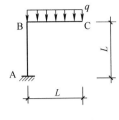

题 8-4-6 图

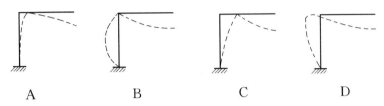

解析：由于外荷载向下作用，同时要保证刚节点B和固定端A处直角形状不变，故结构横梁的变形曲线应是凸形的。

答案：A

8-4-7 （2008）图示结构中，下列关于B、C点竖向变形数值的描述，何项正确？

A　$f_C = f_B$
B　$f_C = 2f_B$
C　$f_C > 2f_B$
D　无法判别

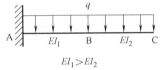

题 8-4-7 图

解析：图示悬臂梁受均布力后的变形曲线是一条向上凸的变形曲线，固定端挠度为零且转角为零，如右图所示。显然 $f_C > 2f_B$。

答案：C

题 8-4-7 解图

8-4-8 （2008）图示悬臂梁端部挠度最大的是（　　）。

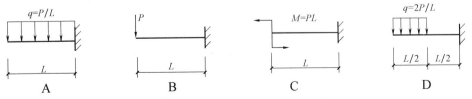

解析：图示四个悬臂梁中，C选项不但最大弯矩最大，而且全梁的弯矩图面积最大，即各截面的弯矩总和最大，它引起的挠度也必然最大。

答案：C

8-4-9 （2008）图示结构，关于A点变形的描述何项不正确？

65

A A 点的水平位移值与 q 成正比
B A 点的水平位移值与 q 无关
C 在 q 作用下，A 点发生向左的水平位移
D 杆 CD 在 A 点处的转角为零

解析：A 点的水平位移值与 AB 杆和 CD 杆之间的相互作用力有关，而通过 AB 杆的平衡可知，AB 杆和 CD 杆之间的相互作用力又直接与 q 有关，故 B 不正确。

答案：B

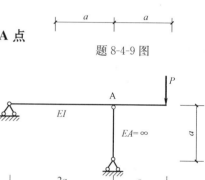

题 8-4-9 图

8-4-10 （2008）图示结构中当作用荷载 P 时，A 点的变形特征为下列何项？

A A 点不动
B A 点向下
C A 点有顺时针转动
D A 点向下及有顺时针转动

解析：图示结构中的竖杆抗拉刚度 $EA=\infty$，故其无压缩变形，但由于横梁在外力 P 作用下有弯曲变形，所以 A 点有顺时针转动的变形。

答案：C

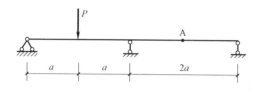

题 8-4-10 图

8-4-11 （2008）图示结构中，当作用荷载 P 时，A 点的变形特征为下列何项？

题 8-4-11 图

A A 点不动   B A 点向上   C A 点向下   D A 点向左

解析：图示结构中由受力分析可知，右边梁的受力相当于一个外伸梁在外伸端受集中力作用。由于外伸梁是一个连续的整体，外伸端受向下的力时，A 点自然是向上变形。

答案：B

8-4-12 （2008）图示结构中，当作用荷载 P 时，A 点的变形特征为下列何项？

A A 点不动   B A 点向上   C A 点向下   D A 点向右

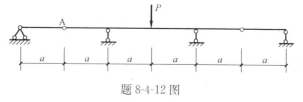

题 8-4-12 图

解析：图示结构由受力分析可知，中间一段梁的受力相当于一个两端外伸梁在中间受集中力作用。由于外伸梁是一个连续的整体，在中间受向下的力时，外伸端点自然是向上的变形。

答案：B

8-4-13 (2007) 图Ⅰ与图Ⅱ仅荷载不同，则关于 A 点与 B 点的竖向变形数值（f_A 和 f_B）的关系，下列何项正确？

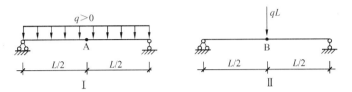

题 8-4-13 图

A $f_A=f_B$　　　　B $f_A>f_B$　　　　C $f_A<f_B$　　　　D 无法判别

解析：图Ⅰ均布荷载 q 比图Ⅱ的集中荷载分布得合理，图Ⅰ的弯矩最大值比图Ⅱ的小，跨中竖向变形的数值也小。

答案：C

8-4-14 (2007) 图示桁架Ⅰ、Ⅱ各杆件 EA 相同，对下弦中点 O 的位移 $\Delta_Ⅰ$、$\Delta_Ⅱ$，以下说法正确是（　　）。

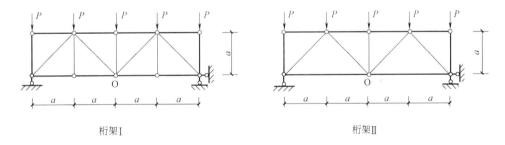

题 8-4-14 图

A $\Delta_Ⅰ>\Delta_Ⅱ$　　　B $\Delta_Ⅰ<\Delta_Ⅱ$　　　C $\Delta_Ⅰ=\Delta_Ⅱ$　　　D 无法判断

解析：桁架Ⅰ与桁架Ⅱ结构尺寸、支座与荷载完全相同，就多了左、右两根竖杆。这两杆都是零杆，不受力，不起作用，故两桁架下弦中点 O 的位移相同。

答案：C

8-4-15 (2007) 图示结构，C 点的竖向变形为 f_C，转角为 θ_C，则 A 点的竖向变形 f_A 应为下列何值？

A $f_A=0$　　　　B $f_A=f_C$

C $f_A=f_C+\dfrac{\theta_C L}{2}$　　　　D $f_A=f_C-\dfrac{\theta_C L}{2}$

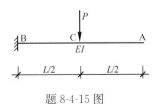

题 8-4-15 图

解析：由于 BC 段和 AC 段在 C 点是连接在一起

的，所以 AC 段在 C 点的竖向位移和转角与 BC 段相同，由于 C 点的转角是顺时针的，受其影响，AC 段有一个顺时针的转动，A 点的竖向位移必定大于 f_C。

答案：C

8-4-16（2007）图示结构中，下列关于顶点 A 水平位移的描述，何项正确？

A 与 h 成正比　　B 与 h^2 成正比

C 与 h^3 成正比　　D 与 h^4 成正比

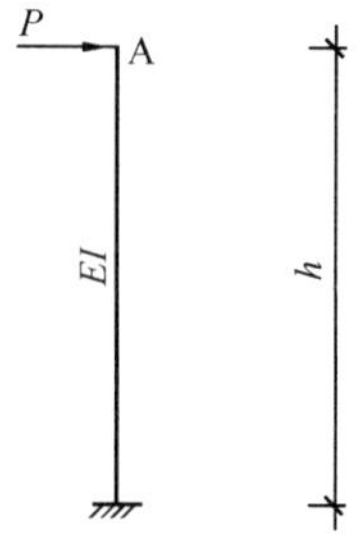

解析：根据悬臂梁的端点挠度公式 $f_A = \dfrac{Ph^3}{3EI}$，可知 A 点水平位移与 h^3 成正比。

答案：C

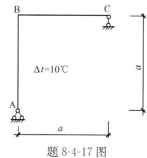

题 8-4-16 图

8-4-17（2007）图示结构外侧温度无变化，而内侧温度升高 10℃时，下列对 C 点变形的描述何者正确？

A　C 点无水平位移

B　C 点向左

C　C 点向右

D　C 点无转角

解析：结构内侧温度升高时受拉伸长，两杆向内侧凹形变弯，同时要保持刚节点 B 处的直角不变，则 C 点只能向右变形。

答案：C

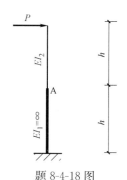

题 8-4-17 图

8-4-18（2007）图示变截面柱，下柱柱顶 A 点的变形特征为下列何项？

A　A 点仅向右移动

B　A 点仅有顺时针转动

C　A 点向右移动且有顺时针转动

D　A 点无侧移、无转动

解析：下柱刚度 EI_1 无穷大，没有任何变形。

答案：D

题 8-4-18 图

8-4-19（2007）关于图示结构Ⅰ、Ⅱ的跨中挠度 Δ_I、Δ_II，说法正确的是（　　）。

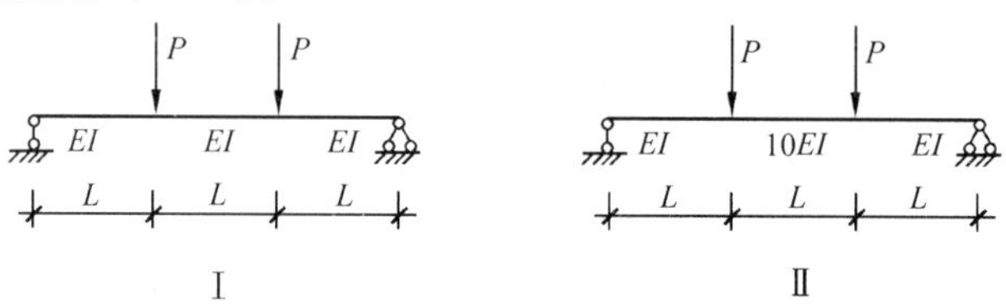

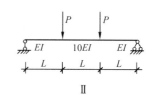

题 8-4-19 图

A　$\Delta_\text{I} > \Delta_\text{II}$　　B　$\Delta_\text{I} < \Delta_\text{II}$　　C　$\Delta_\text{I} = \Delta_\text{II}$　　D　无法判断

解析：两梁都属于静定结构，都承受相同的荷载，由于图Ⅰ的刚度 EI 小于图Ⅱ的刚度 $10EI$，所以图Ⅰ的跨中挠度大。

答案：A

8-4-20 （2007）图示结构，当 **A、D** 点同时作用外力 P 时，下述对 **E** 点变形特征的描述何者正确？

A　E点不动　　　B　E点向上
C　E点向下　　　D　无法判断

题 8-4-20 图

解析：图示刚架结构，在外力 P 作用下，A、D 两点有相互靠近的变形，同时要保证刚节点 B 和 C 处的直角不变，E 点的变形只能向下。

答案：C

8-4-21 （2006）图示结构中，1 点处的水平位移为何值？

A　0　　　B　$\frac{1}{3}Pa^3/EI$　　　C　$\frac{2}{3}Pa^3/EI$　　　D　Pa^3/EI

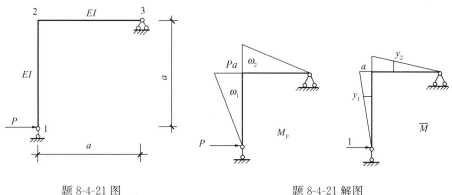

题 8-4-21 图　　　题 8-4-21 解图

解析：用图乘法，作 M_P、$\overline{M}$ 图如图所示：

$$\Delta_1 = \frac{1}{EI}(\omega_1 y_1 + \omega_2 y_2) = \frac{2}{EI}\omega_1 y_1 = \frac{2}{EI} \cdot \frac{a}{2}Pa \cdot \frac{2}{3}a = \frac{2Pa^3}{3EI}。$$

答案：C

8-4-22 （2006）图示简支梁，对梁跨中挠度的叙述，何者为正确？

A　与 EI 成正比　　B　与 L 成正比
C　与 L^2 成正比　　D　与 L^3 成正比

解析：根据受集中力的简支梁跨中挠度计算公式 $f = \frac{Fl^3}{48EI}$ 可知梁跨中挠度与 L^3 成正比。

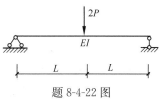

题 8-4-22 图

答案：D

8-4-23 （2006）图示结构中，2 点处的位移为下列何种性质的？

A 无转角
B 仅有转角
C 有转角和水平位移
D 有转角和竖向位移

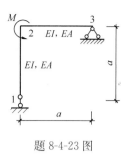

题 8-4-23 图

解析：建筑力学中考查的位移均为小位移。2 点处的角位移即是由 M 力偶引起的转角，而水平位移和竖向位移在 2 点都是高阶微量，可忽略不计。

答案：B

8-4-24（2006）图示结构，已知节点 2 的转角为 $\dfrac{2Ma}{3EI}$，问 1 点的水平位移为下列何值？

A 0　　　　B $\dfrac{Ma^2}{3EI}$　　　　C $\dfrac{2Ma^2}{3EI}$　　　　D $\dfrac{Ma^2}{EI}$

解析：1 点的水平位移 $\Delta_X = \theta a = \dfrac{2Ma}{3EI} \cdot a = \dfrac{2Ma^2}{3EI}(\rightarrow)$。

答案：C

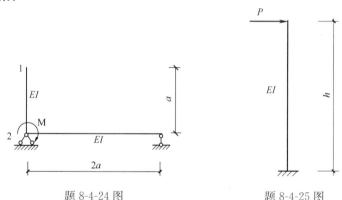

题 8-4-24 图　　　　题 8-4-25 图

8-4-25（2006）柱受力如图，柱顶将产生下列何种变形？

A 水平位移　　　　　　　　B 竖向位移
C 水平位移＋转角　　　　　D 水平位移＋竖向位移＋转角

解析：根据柱的变形曲线可知，柱顶将产生水平位移和转角。竖向位移是高阶微量，可以忽略。

答案：C

8-4-26 图示桁架，若将 CD、GF 杆的横截面积增大为原来的 4 倍，其余杆件横截

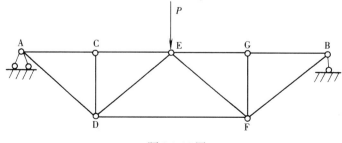

题 8-4-26 图

积不变，E 点的竖向位移将有什么变化？

A　减小 1/4　　　B　减小 1/3　　　C　减小 1/2　　　D　不变

解析：由于 CD、GF 两杆为零杆，不受力，不变形，它们横截面积的变化，不影响其他杆的受力和变形，也不影响 E 点的位移。

答案：D

8-4-27　假定杆件截面一样，跨度和荷载一样，图示四种结构中哪种结构的跨中挠度最大？

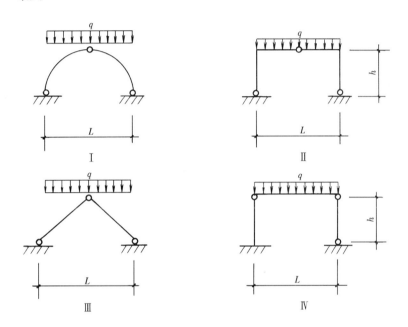

题 8-4-27 图

A　具有合理拱轴线的三铰拱　　　B　三铰门式框架
C　三铰人字框架　　　　　　　　D　简支梁式框架

解析：图中 Ⅰ、Ⅱ、Ⅲ 均为三铰结构，中点弯矩为零；而 Ⅳ 图中点弯矩最大，它所对应的跨中挠度也最大。

答案：D

8-4-28　假定杆件截面一样，跨度和荷载一样，上题图中所示四种结构中哪一种结构所受的弯矩最小？

A　具有合理拱轴线的三铰拱　　　B　三铰门式框架
C　三铰人字框架　　　　　　　　D　简支梁式框架

解析：具有合理拱轴线的三铰拱，拱上各截面只承受轴力，而弯矩为零。

答案：A

8-4-29　图示两杆均为线性材料，横截面面积相等，E 为弹性模量，在同一荷载下产生位移，则位移 Δ_1、Δ_2 之间有何关系？

A　$\Delta_1 = \Delta_2$　　　B　$\Delta_1 > \Delta_2$　　　C　$\Delta_1 < \Delta_2$　　　D　不能确定

解析：右图杆的弹性模量大，即抗拉刚度大，在相同荷载、相同杆长的条件

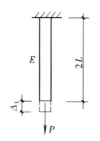
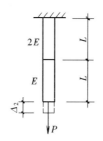

题 8-4-29 图

下，杆的伸长量小，故 Δ_2 小。

答案：B

8-4-30 图示拉杆为线性材料，横截面面积相等，在荷载作用下哪一种拉杆产生的位移最大？

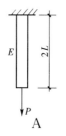
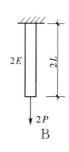
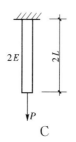
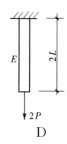

解析：杆的伸长量 $\Delta l = \dfrac{Nl}{EA}$，而 D 选项中轴力大 $N=2P$，而弹性模量 E 小，故 D 选项伸长量最大。

答案：D

（五）超 静 定 结 构

8-5-1（2009）图示结构为（　　）。

A　静定结构
B　一次超静定结构
C　二次超静定结构
D　三次超静定结构

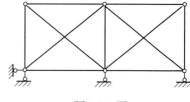

题 8-5-1 图

解析：根据无多余约束的几何不变体的组成规则，要把图示结构变成一个静定的基本结构，需要去掉 2 根多余的斜杆和 1 根多余的竖向支座链杆，一共要去掉 3 个多余约束。

答案：D

8-5-2（2009）图示对称结构，在反对称荷载作用下，正确的弯矩图是(　　)。

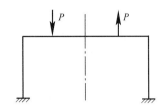

题 8-5-2 图

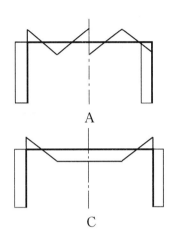

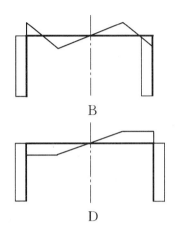

解析：对称结构在反对称荷载作用下，正确的弯矩图应该是反对称的，在对称轴上弯矩为零且没有突变。

答案：B

8-5-3 （2009）判断图示结构为几次超静定？

A 3 次
B 4 次
C 5 次
D 6 次

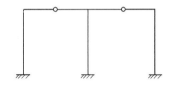

题 8-5-3 图

解析：把图示结构从两个中间铰链处断开，成为三个静定的悬臂刚架，但在中间铰链处要出现 4 对未知约束力。故有 4 个多余约束。

答案：B

8-5-4 （2009）图示结构（杆件 EI 相同）在外力 q 作用下，C 截面不为零的是（　　）。

A 竖向位移
B 转角
C 弯矩
D 轴力

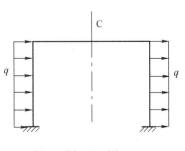

题 8-5-4 图

解析：图示结构为对称结构，受反对称荷载作用，其内力和位移都应是反对称的。

73

同时位移形状还应保持刚节点和固定端处的直角形状不变，如图所示。显然，C 截面转角不为零。

答案：B

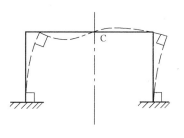

题 8-5-4 解图

8-5-5（2009）增加图示结构 AC 杆的 EI、EA 值，则以下说法错误的是（　　）。

A　B 点位移减少　　　B　AD 杆轴力减少
C　AD 杆轴力增加　　D　AC 杆弯矩增加

（注：此题 2007 年考过）

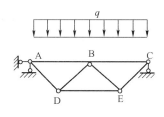

题 8-5-5 图

解析：图示结构为一次超静定结构，当增加 AC 杆的刚度 EI、EA 值时，其他各杆相对的刚度比减小，内力也相应地减小，故 AD 杆轴力增加是错的。

答案：C

8-5-6（2009）图示排架的环境温度升高 t℃时，以下说法错误的是（　　）。

A　横梁中仅产生轴力
B　柱底弯矩 $M_{AB} > M_{CD} > M_{EF}$
C　柱 EF 中不产生任何内力
D　柱高 H 减小，柱底弯矩 M_{AB} 减小

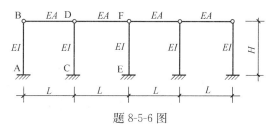

题 8-5-6 图

解析：图示对称结构，环境温度升高 t℃时变形如题 8-5-6 解图所示。由于横梁受热膨胀而伸长，越外侧的柱子积累和传递的变形越大，受弯矩也越大，而柱高 H 也增大。显然 D 是错误的。

答案：D

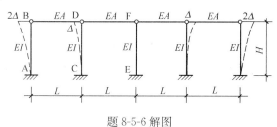

题 8-5-6 解图

8-5-7（2009）超静定结构由于支座位移或制造误差，结构内部将（　　）。

A　有内力、无位移　　　B　无内力、无位移
C　无内力、有位移　　　D　有内力、有位移

解析：因为存在多余约束，超静定结构由于支座位移或制造误差，结构内部将产生内力并引起位移。

答案：D

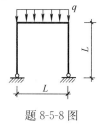

题 8-5-8 图

8-5-8（2009）图示结构受均布荷载作用，以下内力图和变形图错误的是（　　）。

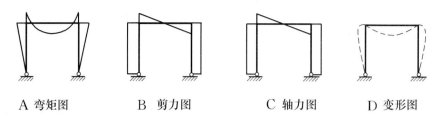

A 弯矩图　　　　B 剪力图　　　　C 轴力图　　　　D 变形图

解析：图示结构对称，荷载对称，所以弯矩图、轴力图、变形图都应是对称的，而剪力图应是反对称的。显然 C 选项轴力图是错误的。

答案：C

8-5-9（2009）图示两端固定梁 B 支座发生沉陷 Δ，则以下弯矩图正确的是（　　）。

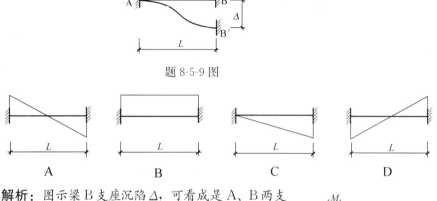

题 8-5-9 图

A　　　　B　　　　C　　　　D

解析：图示梁 B 支座沉陷 Δ，可看成是 A、B 两支座各发生 $\dfrac{\Delta}{2}$ 的反对称支座位移形成的，如题 8-5-9 解图所示。又由于这一对反对称位移是顺时针转向，所以产生的反力偶矩必为逆时针转向。根据弯矩画在受拉一侧的原则，应选反对称弯矩图 A。

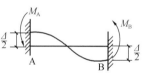

题 8-5-9 解图

答案：A

8-5-10（2009）图示结构支座 a 发生沉降 Δ 时，正确的剪力图是（　　）。

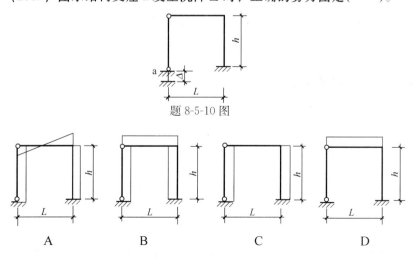

题 8-5-10 图

A　　　　B　　　　C　　　　D

解析：图示结构支座a发生沉降Δ时，左边竖杆是一个二力杆，内力只有轴力，没有剪力。故只有D选项是正确的。

答案：D

8-5-11 （2009）图示结构超静定次数为（　　）。

A 3　　　　B 4
C 5　　　　D 6

解析：去掉一个中间铰链，再去掉一个右边的固定铰链支座，相当于去掉4个约束，可得到一个悬臂梁和一个悬臂刚架，成为静定结构。

答案：B

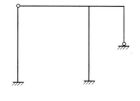

题 8-5-11 图

8-5-12 （2009）图示结构超静定次数为（　　）。

A 5　　　　B 6　　　　C 7　　　　D 8

解析：去掉一个固定端，去掉两个固定铰链支座，再去掉一个中间的链杆，相当于去掉8个约束，即可得到一个悬臂刚架，成为一个静定的基本结构。

答案：D

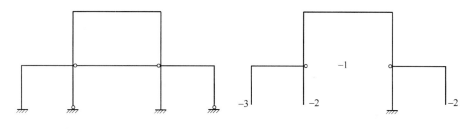

题 8-5-12 图　　　　　　题 8-5-12 解图

8-5-13 （2009）图示结构超静定次数为（　　）。

A 5　　　　　　　　B 6
C 7　　　　　　　　D 8

解析：去掉中间一根链杆，再把二层框架从中间截开两个截面，一共相当于去掉7个多余约束，即可以得到两个悬臂刚架，成为一个静定的基本结构。

答案：C

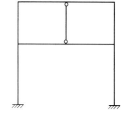

题 8-5-13 图

8-5-14 （2009）图示结构超静定次数为（　　）。

A 0　　　B 1
C 2　　　D 3

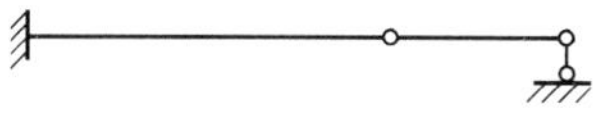

解析：右边两根杆是一个二元体，可以去掉，得到一个静定的悬臂梁。

答案：A

题 8-5-14 图

8-5-15 （2009）图示结构超静定次数为（　　）。

A 0　　　B 1　　　C 2　　　D 3

解析：去掉右边两个链杆1和2，相当于去掉两个多余约束，再去掉右边一个二

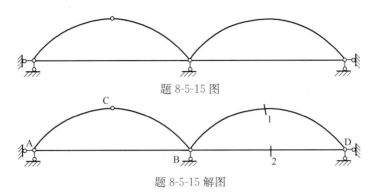

题 8-5-15 图

题 8-5-15 解图

元体 D，即得到一个 ABC 带拉杆的三铰拱的静定结构，如题 8-5-15 解图所示。

答案：C

8-5-16 （2009）下图中哪种结构的柱顶水平侧移最大？

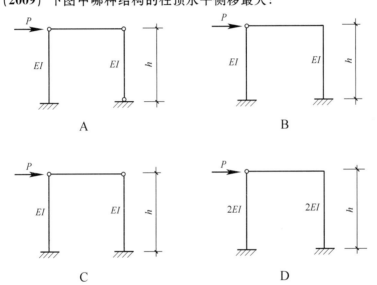

解析：A 选项是静定结构，C 选项是一次超静定结构，B 选项和 D 选项是二次超静定结构。超静定次数越低，水平侧移越大，可见 A 选项水平侧移最大。

答案：A

8-5-17 （2009）图示结构的几何组成为（　　）。

A 常变体系
B 瞬变体系
C 无多余约束的几何不变体系
D 有多余约束的几何不变体系

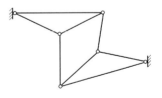

题 8-5-17 图

解析：依据三刚片原则，把上边三角形看作刚片Ⅰ，把下边三角形看做刚片Ⅱ，把大地看作刚片Ⅲ，而把连接刚片Ⅰ和Ⅱ的两根杆看作一个虚铰，和左、右两个铰共同组成一个三铰结构。

答案：C

8-5-18 （2009）以下四个结构的支座反力 R_B，最大的是（　　）。

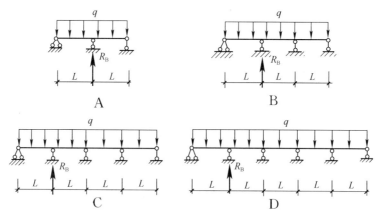

解析：对于多跨连续梁，求某支座的最大反力时，应在该支座相邻两跨布满活载，其余每隔一跨布满活载；显然，B、C、D图都违反了这个原则。

答案：A

8-5-19 （2009）关于图示结构 A、B 点的弯矩，以下说法正确的是（　　）。

A　$M_A = 2M_B$
B　$M_A = 1.5M_B$
C　$M_A = M_B$
D　$M_A = 0.5M_B$

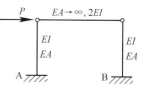

题 8-5-19 图

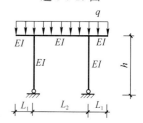

解析：图示结构为一次超静定排架结构，左右两柱的受力与其刚度比（1:1）相同，均为 $\dfrac{P}{2}$，故其固定端弯矩也相同。

答案：C

8-5-20 （2009）图示刚架在荷载作用下，哪种弯矩图是不可能出现的？

题 8-5-20 图

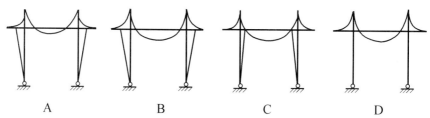

A　　　　　B　　　　　C　　　　　D

解析：根据刚节点的平衡和弯矩图中弯矩的大小和方向，可以判定 B 选项是不可能出现的。

答案：B

8-5-21 （2008）图示结构体系属于（　　）。

A　无多余约束的几何不变体系
B　有多余约束的几何不变体系
C　常变体系

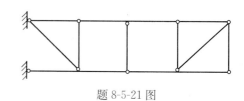

题 8-5-21 图

D 瞬变体系

解析：从左到右，依次做5个二元体，得到一个有1个多余约束的几何不变体系。

答案：B

8-5-22 (2008) 图示结构属于下列何种体系？

A 无多余约束的几何不变体系
B 有多余约束的几何不变体系
C 常变体系
D 瞬变体系

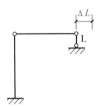

题 8-5-22 图

解析：中间一个四边形显然是四铰结构，属于可变体系（又称常变体系）。

答案：C

8-5-23 (2008) 结构如图，当支座 L 产生向右的变形 ΔL 时，何项为结构的弯矩图？

题 8-5-23 图

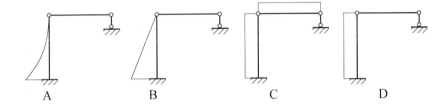

解析：图示结构中横杆与竖杆是由铰链连接的，因此当支座 L 产生向右的变形 ΔL 时，对竖杆有一个向右的水平力。竖杆的弯矩图相当于悬臂梁在端点受集中力一样。

答案：B

8-5-24 (2008) 设图示结构建造时温度为 t，使用时外部温度降为 $-t$，内部温度仍为 t，则为减少温度变化引起的弯矩，正确的措施为(　　)。

A 减少 EI 值　　B 增加 EI 值
C 减少 EA 值　　D 增加 EA 值

解析：图示结构为 1 次超静定结构。超静定结构在温度变化时会产生内力（如弯矩）；一般各杆刚度绝对值越大，内力（如弯矩）也越大。因此，为了减少温度变化引起的弯矩，正确的措施应该是减少抗弯刚度 EI 值。

答案：A

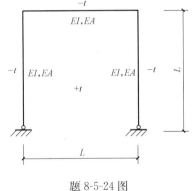

题 8-5-24 图

8-5-25 (2008) 图示结构支座 a 发生沉降值，则正确的剪力图是(　　)。

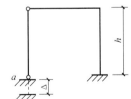

题 8-5-25 图

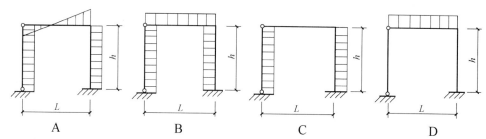

解析：图示结构支座 a 发生沉降时，左边竖杆受力为二力杆，只有轴力，没有剪力。故只有 D 选项是正确的。

答案：D

8-5-26（2008）图示结构中，哪一种柱顶水平侧移最大？

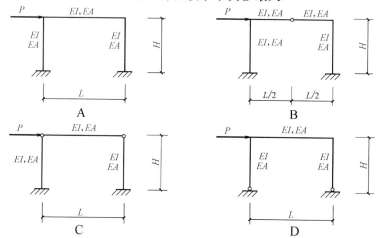

解析：四个图示结构中，A 选项是 3 次超静定结构，B 选项是 2 次超静定结构，C 选项和 D 选项是 1 次超静定结构。在相同荷载作用下，超静定次数越低，柱顶水平侧移越大。而 C 选项和 D 选项比较，虽然两图变形形状相似，但 D 选项中上边刚节点的刚性约束不如 C 选项下端的刚性约束大，故 D 选项柱顶水平侧移最大。

答案：D

8-5-27（2008）判断图示结构属于下列何种结构体系？

A 无多余约束的几何不变体系
B 有多余约束的几何不变体系
C 常变体系
D 瞬变体系

题 8-5-27 图

解析：把左上角三铰连接的三根杆看作刚片Ⅰ，把右上角三铰连接的三根杆看做刚片Ⅱ，把大地看作刚片Ⅲ，即成为一个三铰结构。

答案：A

8-5-28（2008）图示结构均匀加热 $t℃$，产生的 A、B 支座内力为（　　）。

A 水平力、竖向力均不为零
B 水平力为零，竖向力不为零

题 8-5-28 图

C 水平力不为零，竖向力为零　　　　D 水平力、竖向力均为零

解析：图示结构为一次超静定结构，当温度变化时，会产生A、B支座的内力（水平力）。但支座的竖向力必为零，否则结构不能平衡。

答案：C

8-5-29 （2008）图示刚架弯矩图正确的为（　　）。

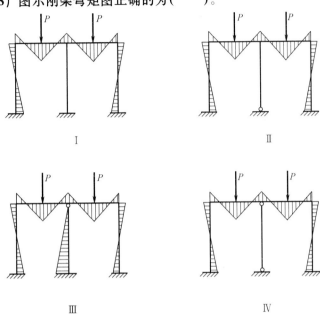

题 8-5-29 图

A Ⅰ、Ⅲ　　B Ⅱ、Ⅲ　　C Ⅲ、Ⅳ　　D Ⅰ、Ⅱ、Ⅳ

解析：图示刚架为双跨对称结构，受对称荷载作用。根据对称性，可知其弯矩图均应是对称的，故Ⅲ图不正确，其余三个图是正确的。

答案：D

8-5-30 （2008）图示结构中，哪一种柱顶水平侧移最小？

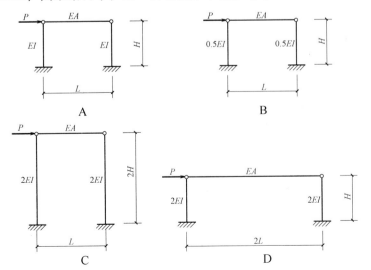

解析：图示四种结构受力相同，左右两根柱子的刚度比也相同，因此左、右柱受力也相同。但是由于 D 选项中柱子的线刚度（单位长度的刚度）最大，为 $\dfrac{2EI}{H}$，故 D 选项柱顶水平侧移最小。

答案：D

8-5-31 （2008）图示结构，仅当梁的上表面温度升高时，下列关于 C 点变形的描述何项正确？

A　C 点不动　　　　　　　　B　C 点向上变形
C　C 点向下变形　　　　　　D　C 点向右变形

解析：图示结构为一次超静定结构。仅当梁的上表面温度升高时，上表面有受热膨胀的趋势，但是由于受到水平多余约束力的作用，C 点只能向上变形。

答案：B

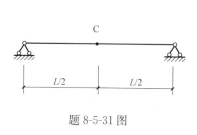

题 8-5-31 图

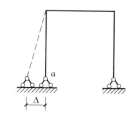

题 8-5-32 图

8-5-32 （2007）题图所示刚架的支座 a 产生水平侧移，则以下弯矩图正确的是(　　)。

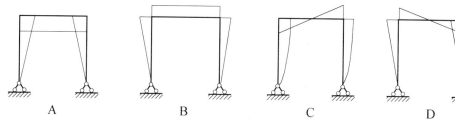

A　　　　　　B　　　　　　C　　　　　　D

解析：图示超静定结构支座 a 水平侧移相当于支座 a 受到一个向左的水平力，对称结构，在对称荷载作用下产生对称的弯矩图，而且是内侧受拉。产生的弯矩图应为 A。

答案：A

8-5-33 （2007）图示结构的超静定次数为(　　)。

A　1 次　　　B　2 次
C　3 次　　　D　4 次

解析：右侧两个链杆中有 1 个为多余约束。

答案：A

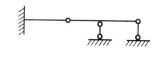

题 8-5-33 图

8-5-34 （2007）图示结构属于下列何种体系？

A　无多余约束的几何不变体系
B　有多余约束的几何不变体系
C　常变体系

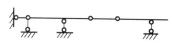

题 8-5-34 图

D 瞬变体系

解析：把右端横杆和支座链杆看作二元体去掉，则剩余的中间的短横杆为几何可变体系。

答案：C

8-5-35 （2007）判断下列图示结构何者为静定结构体系？

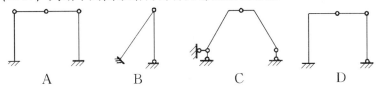

解析：D 选项中右侧两杆可看作二元体去掉，剩余的结构为静定悬臂刚架。

答案：D

8-5-36 （2007）图示结构属于下列何种结构体系？

A 无多余约束的几何不变体系
B 有多余约束的几何不变体系
C 常变体系
D 瞬变体系

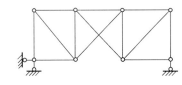

题 8-5-36 图

解析：把中间的一根斜杆和右端的支座链杆看作一个虚铰，则可组成三铰静定结构。

答案：A

8-5-37 （2007）图示等跨连续梁在哪一种荷载布置作用下，bc 跨的跨中弯矩最大？

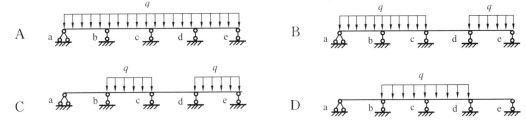

解析：由公式 $\dfrac{1}{\rho}=\dfrac{M}{EI}$ 可知，弯矩与曲率成正比，弯曲变形越大，其对应的弯矩也越大。等跨连续梁荷载隔跨布置时产生的弯曲变形最大，故 C 选项中 bc 跨的跨中弯矩最大。

答案：C

8-5-38 对图示刚架结构，当横梁 ab 的刚度由 EI 变为 $10EI$ 时，则横梁 ab 的跨中弯矩 M_0（   ）。

A 增加　　B 减少
C 不变　　D 无法判断

解析：图示刚架为超静定结构，横梁 ab 的刚度增大时，它对其他杆的刚度比增大，故横梁 ab 的跨中弯矩 M_0 也增大。

答案：A

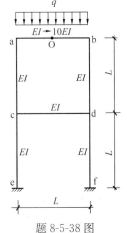

题 8-5-38 图

8-5-39 (2007) 图示刚架梁柱线刚度比值 $K=1$，则关于弯矩 M_1、M_2 的说法，以下哪条是正确的？

A $M_1 > M_2$
B $M_1 = M_2$
C $M_1 < M_2$
D 无法判断 M_1、M_2 的相对大小

解析：当图示超静定刚架梁柱线刚度比值 $K=1$ 时，由有关例题可知，M_1 和 M_2 的大小由荷载 P 的方向和位置决定，本题中的 $M_1 < M_2$。

答案：C

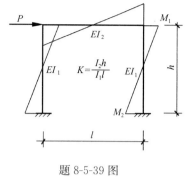

题 8-5-39 图

8-5-40 (2007) 判断图示结构属于下列何种结构体系？

A 无多余约束的几何不变体系
B 有多余约束的几何不变体系
C 常变体系
D 瞬变体系

解析：按照撤二元体的方法可知：只有右下角的支座再加一个水平链杆，才能组成几何不变体系。

答案：C

题 8-5-40 图

8-5-41 (2007) 图示结构使用时外部温度降为 $-t\,℃$，内部温度仍为 $t\,℃$（建造时为 $t\,℃$），则温度变化引起的正确弯矩图为（　　）。

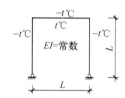

题 8-5-41 图

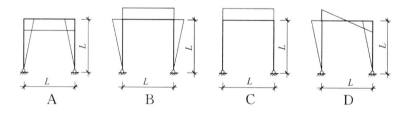

解析：图示结构为超静定结构，由温度变化引起的弯矩图应画在降温一侧，而且应该是对称的，符合弯矩图的角点规律的只能是 B 选项。

答案：B

8-5-42 (2007) 图示刚架的弯矩图中，正确的图是（　　）。

A Ⅰ、Ⅱ、Ⅲ　　B Ⅱ、Ⅲ　　C Ⅰ、Ⅱ　　D Ⅲ、Ⅳ

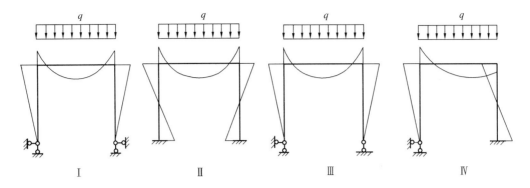

题 8-5-42 图

解析： 图Ⅲ是静定刚架，左右两竖杆无弯矩，故图Ⅲ是错的，所以不能选 A、B、D 选项，只能选 C 选项。

答案： C

8-5-43 （2007）图示刚架中，哪一个刚架的横梁跨中弯矩最大？

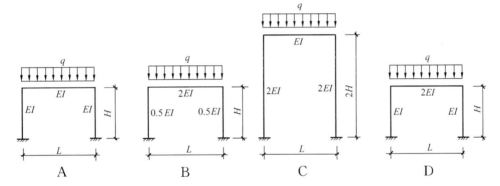

解析： 图示刚架为超静定结构，横梁与竖杆的弯矩比应等于横梁与竖杆的刚度比（或线刚度 $i=\dfrac{EI}{l}$ 之比），由于 B 选项中横梁与竖杆的刚度比最大，故 B 选项刚架的横梁跨中弯矩最大。

答案： B

8-5-44 （2007）关于图示结构Ⅰ、Ⅱ的 ab 跨跨中弯矩 $M_Ⅰ$、$M_Ⅱ$，说法正确的是（　　）。

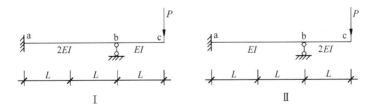

题 8-5-44 图

A　$M_Ⅰ > M_Ⅱ$　　B　$M_Ⅰ = M_Ⅱ$　　C　$M_Ⅰ < M_Ⅱ$　　D　无法判断

解析： 超静定结构各部分的弯矩分配与各部分的刚度比有关，但是单跨超静定结构的弯矩与本身的刚度大小无关。本题中 bc 跨是静定结构，ab 跨是单跨超静定梁，跨中弯矩与自身刚度无关，故 $M_Ⅰ=M_Ⅱ$。

答案：B

8-5-45 (2006) 图示结构跨中点 a 处的弯矩最接近下列何值？

A $M_a=\dfrac{1}{8}ql^2$　　　　B $M_a=\dfrac{1}{4}ql^2$

C $M_a=\dfrac{1}{24}ql^2$　　　 D $M_a=\dfrac{1}{2}ql^2$

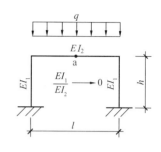

题 8-5-45 图

解析：竖杆的刚度 EI_1 相对于横梁的刚度 EI_2 趋近于零，即相当于竖杆对横梁的端部转动几乎没有约束作用，横梁两端约束相当于简支梁，中点弯矩接近于 $\dfrac{1}{8}ql^2$。

答案：A

8-5-46 (2006) 图示结构构件截面特性 EA、EI 相同，其中 bc 杆轴力的论述，下列哪一项是正确的？

A $N_{bc}=0$　　　　B $N_{bc}=P$

C $N_{bc}<P$　　　　D $N_{bc}>P$

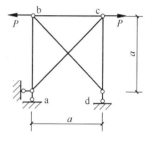

解析：图示结构为一次超静定结构，其内力应小于静定结构。由节点 b 的平衡也可以判断出 $N_{bc}<P$。

答案：C

题 8-5-46 图

8-5-47 (2006) 图示结构为（　　）。

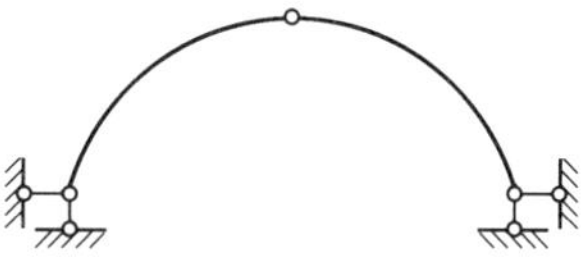

A 几何可变结构　　B 静定结构
C 一次超静定结构　D 二次超静定结构

解析：图示结构是典型的三铰结构，是静定的。

答案：B

题 8-5-47 图

8-5-48 （2006）图示结构为下列何种结构？

A 几何可变结构

B 静定结构

C 一次超静定结构

D 二次超静定结构

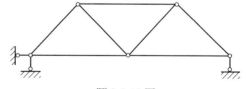

题 8-5-48 图

解析：图示结构是典型的铰接三角形组合而成的静定桁架结构。

答案：B

8-5-49 (2006) 图示结构为几次超静定结构？

A 一次超静定结构

B 二次超静定结构

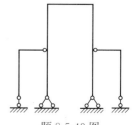

题 8-5-49 图

C 三次超静定结构

D 四次超静定结构

解析：中间铰支刚架中有一个铰支座多了一个水平约束力，去掉这一个多余约束，整个结构就成为静定结构了。

答案：A

8-5-50 （2006）下列四种结构中，哪一个是静定结构？

解析：A选项是静定的。B选项和D选项是1次超静定。C选项是几何可变体系。

答案：A

8-5-51 （2006）图示结构，支座1处的弯矩为下列何值？

A $Pa/4$ B $Pa/2$
C Pa D $2Pa$

解析：图示结构是一次超静定结构，两竖杆所受的内力大小与其刚度EI成正比。由于两竖杆的刚度比是1:1，故其所受的内力比值也是1:1，P荷载按1:1的比例分配给两竖杆，每根杆受力为$\frac{P}{2}$，故支座1处的弯矩为$\frac{Pa}{2}$。

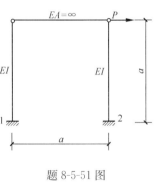

题 8-5-51 图

答案：B

8-5-52 （2006）关于图示结构a、b、c三点的弯矩，以下论述正确的是（　　）。

A $M_a = M_b = M_c$
B $M_b < M_a = M_c$
C $M_b > M_a = M_c$
D $M_b > M_a > M_c$

解析：超静定结构各部分的弯矩与其刚度成正比。b点立柱刚度最大，故其弯矩最大。a、c两点立柱刚度相同，故$M_a = M_c$。

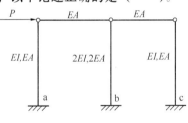

题 8-5-52 图

答案：C

8-5-53 （2006）图示结构各杆截面相同，各杆温度均匀升高t，则（　　）。

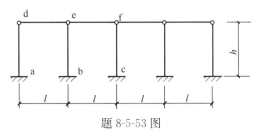

题 8-5-53 图

A　$N_{ad}=N_{be}=N_{cf}=0$　$N_{de}=N_{ef}=0$
B　$N_{ad}=N_{be}=N_{cf}=0$　$N_{de}>N_{ef}>0$
C　$N_{ad}=N_{be}=N_{cf}=0$　$N_{ef}>N_{de}>0$
D　$N_{ad}=N_{be}=N_{cf}>0$　$N_{ef}>N_{de}>0$

解析：图示超静定结构受温度升高影响，会产生内力。由于结构对称，温度也均匀对称，故其变形也是对称的，从中间向两边变形，越靠外的节点位移越大。点位移是向左的，故 $N_{ef}>N_{de}>0$。但是各竖杆受热膨胀向上位移无多余约束，故 $N_{ad}=N_{be}=N_{cf}=0$。

答案：C

8-5-54 (2006) 图示结构Ⅰ和Ⅱ，在支座 a 处产生相同的沉降 Δ，则关于引起 b 点的弯矩，以下说法正确的是（　　）。

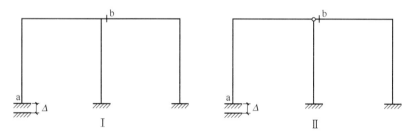

题 8-5-54 图

A　$M_b^I>M_b^{II}$　　B　$M_b^I=M_b^{II}$　　C　$M_b^I<M_b^{II}$　　D　$M_b^I=0.5M_b^{II}$

解析：图Ⅰ中，b 点左侧是刚节点，在支座 a 处产生的沉陷 Δ 通过刚节点必将引起 b 点的弯矩。而图Ⅱ中，b 点左侧是铰链节点，弯矩是零，b 点弯矩也接近为零，不受支座 a 处沉陷 Δ 的影响。

答案：A

8-5-55 (2006) 图示刚架中，哪一种柱顶水平侧移最小？

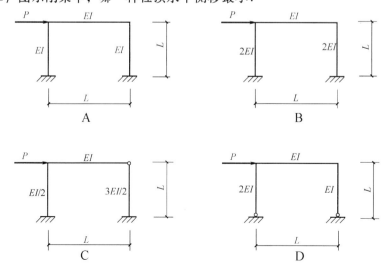

解析：刚架柱顶水平侧移与其受荷载 P 成正比，而与其本身刚度成反比。四

个选项中荷载 P 相同，而 B 选项的刚度最大，故 B 选项水平侧移最小。

答案：B

8-5-56 （2006）图示框架结构柱 ab 的底部弯矩 M_a 最接近于下列哪个数值？

A $\frac{1}{4}Ph$

B $\frac{1}{2}Ph$

C Ph

D $2Ph$

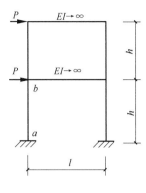

题 8-5-56 图

解析：根据结构的对称性及其受力特点，可以画出其变形图（图a）。其中，1、2、3、4 这 4 个拐点位于上下两个柱子的中点。由于拐点的弯矩等于零，故可以从拐点 1、2 处截断，得到图 b，由对称性可知 1、2 截面上剪力为 P，显然 a 点弯矩 $M_a = \frac{1}{2}Ph$。

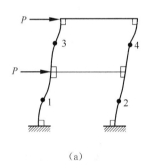

(a)

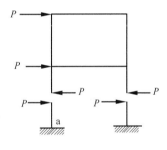

(b)

题 8-5-56 解图

答案：B

8-5-57 （2006）图示结构跨中弯矩最接近（　　）。

A $M_a = \frac{1}{8}ql^2$ 　　B $M_a = \frac{1}{4}ql^2$

C $M_a = \frac{1}{12}ql^2$ 　　D $M_a = \frac{1}{2}ql^2$

（注：同 2012 年 37 题。）

解析：当 $\frac{EI_2}{EI_1} \to \infty$ 时，相当于 $\frac{EI_1}{EI_2} \to 0$，也就是柱刚度对横梁端部的约束趋近于零，左上角和右上角的直角约束不复存在，横梁两端相当于简支，

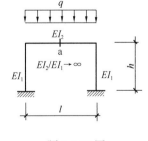

题 8-5-57 图

故横梁中点弯矩 M_a 趋向于受均布荷载简支梁的中点弯矩 $\frac{1}{8}ql^2$。

答案：A

8-5-58 （2006）对图Ⅰ和图Ⅱ所示结构，以下论述正确的是（　　）。

A $M_a < M_b$，方向相同　　　　　　B $M_a < M_b$，方向相反

89

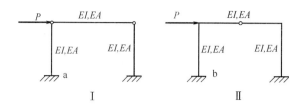

题 8-5-58 图

C $M_a > M_b$，方向相同   D $M_a > M_b$，方向相反

解析：Ⅰ图是一次超静定结构，Ⅱ图是 3 次超静定结构。超静定次数越高，其弯矩越小，故 $M_a > M_b$，由于两者都是反对称结构，故其弯矩都是反对称的，都在左侧，方向相同。

答案：C

8-5-59 (2006) 图示二层框架在水平荷载作用下的剪力图，正确的是（   ）。

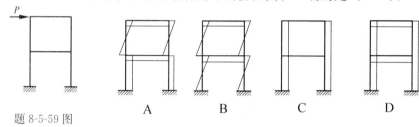

题 8-5-59 图

解析：图示二层框架各段梁上均无均布荷载，故剪力图中不应有斜直线，A、B 选项错。又根据受力分析可知，下面两个固定支座必有垂直反力，横梁上应有剪力，C 选项也不对。故只能选 D。

答案：D

8-5-60 (2006) 图示梁在所示荷载作用下，其剪力图为下列何项？（梁自重不计）

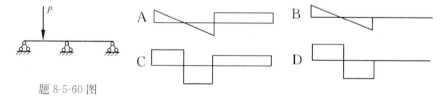

题 8-5-60 图

解析：图示超静定结构右端支座有支反力（向下），故全梁都有剪力图。由于没有均布力，故剪力图是水平线。

答案：C

8-5-61 (2005) 刚架的支座 a 产生沉陷 Δ，则下列弯矩图中，正确的是图（   ）。

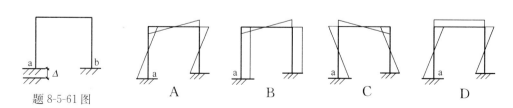

题 8-5-61 图

解析： 图示梁 a 支座沉陷 Δ，可看成是 a、b 两支座各发生 $\frac{\Delta}{2}$ 的反对称位移形成的，如解图所示，故其弯矩和位移也应是反对称的。由于这一对反对称位移是逆时针转向，所以产生的反力偶矩必为顺时针转向。根据弯矩画在受拉一侧的规定，弯矩应画在两个竖杆的右侧。因为竖向支座位移没有水平力，所以竖杆上没有剪力只有弯矩，弯矩为常数，属于纯弯曲，故选 B。

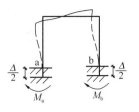
题 8-5-61 解图

答案： B

8-5-62 （2005）图示结构 Ⅰ 和 Ⅱ 除支座外其余条件均相同，则（　　）。

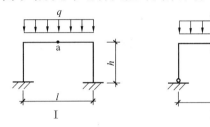
题 8-5-62 图

A　$M_a^{Ⅰ} = M_a^{Ⅱ}$　　　　　　　　B　$M_a^{Ⅰ} > M_a^{Ⅱ}$
C　$M_a^{Ⅰ} < M_a^{Ⅱ}$　　　　　　　　D　不能确定 $M_a^{Ⅰ}$ 及 $M_a^{Ⅱ}$ 的相对大小

解析： 结构 Ⅰ 为 3 次超静定结构，结构 Ⅱ 为 1 次超静定结构。一般超静定结构的超静定次数越高，多余约束越多，内力的值就越小。

答案： C

8-5-63 （2005）图示结构各杆截面相同，各杆温度均匀升高 t℃，则（　　）。

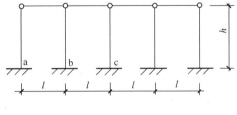
题 8-5-63 图

A　$M_a = M_b = M_c$　　　　　　　　B　$M_a > M_b > M_c$
C　$M_a < M_b = M_c$　　　　　　　　D　$M_a > M_b = M_c$

解析： 结构对称，因各杆温度升高引起的变形也是对称的。由于各横杆受热膨胀，结构向两边对称变形。因为各横杆伸长的叠加，越靠外侧的竖杆变形越大，其对应的弯矩也越大。

答案： B

8-5-64 （2005）图示三铰拱、两铰拱、无铰拱截面特性相同，荷载相同，则下述（　　）结论正确。

A　各拱支座推力相同　　　　　　B　各拱支座推力差别较大
C　各拱支座推力接近　　　　　　D　各拱支座推力不具可比性

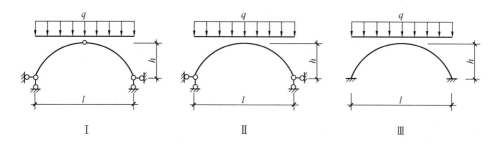

题 8-5-64 图

解析：图示结构Ⅰ为静定结构，结构Ⅱ为 1 次超静定结构，结构Ⅲ为 3 次超静定结构，故各拱支座推力差别较大。

答案：B

8-5-65 关于图示索结构柱底 a、b、c 三点的弯矩，说法正确的是( )。

A　$M_a=M_b=M_c=0$

B　$M_a=M_b=M_c\neq 0$

C　$M_a=M_c\neq 0$，$M_b=0$

D　M_a、M_b、M_c 均远大于 0

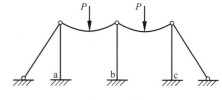

题 8-5-65 图

解析：图示索结构左右对称，且索中的内力主要是拉力，一般不为零，故 $M_a=M_c\neq 0$，又由于柱 b 在对称轴上，左右两边拉力对称、相等，故 $M_b=0$。

答案：C

8-5-66 图示结构增加 AB 拉杆后，拱的剪力发生了什么变化？

A　增大

B　减小

C　不变

D　不能确定

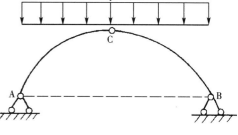

题 8-5-66 图

解析：增加拉杆后，结构由静定的三铰拱变成一次超静定拱结构，因此内力要减小。

答案：B

8-5-67 上题中增加 AB 拉杆后，拱的轴力发生了什么变化？

A　增大　　　　B　减小　　　C　不变　　　D　不能确定

解析：同题 8-5-66 解析。

答案：B

8-5-68 图示结构为( )结构。

A　几何可变　　B　静定

C　一次超静定　D　二次超静定

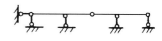

题 8-5-68 图

解析：去掉右边杆中的一个多余约束，成为静定的。

答案：C

8-5-69 **图示结构为(　　)次超静定结构。**

A　3　　　　B　4

C　5　　　　D　6

题 8-5-69 图

解析： 去掉左、右 2 个链杆，再从中间截开，成为静定的。

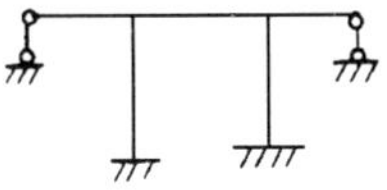

答案： C

8-5-70 **图示结构为(　　)次超静定结构。**

A　3　　　　B　4

C　5　　　　D　6

题 8-5-70 图

解析： 去掉内部 3 个二力杆，再去掉中间铰，成为静定的。

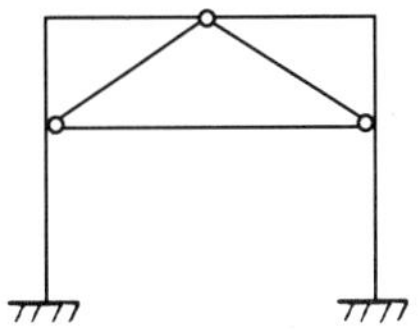

答案： C

8-5-71 **图示结构为(　　)次超静定结构。**

A　3　　　　B　4

C　5　　　　D　6

题 8-5-71 图

解析： 内力超静定 3 次。

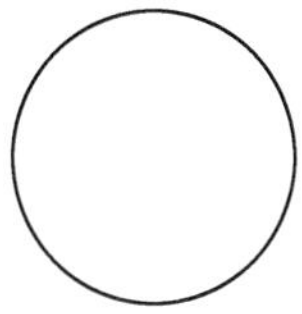

答案： A

8-5-72 **图示结构为(　　)次超静定结构。**

A　3　　　　B　4

C　5　　　　D　6

题 8-5-72 图

解析： 截断 3 根横杆，成为静定的。

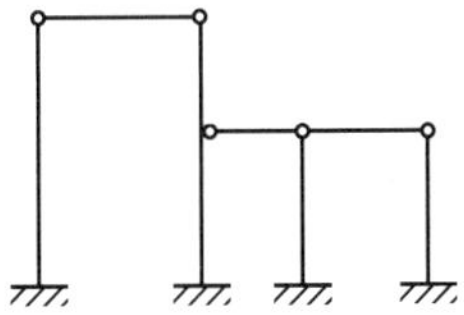

答案： A

8-5-73 **图示结构为(　　)次超静定结构。**

A　2　　　　B　3

C　4　　　　D　5

题 8-5-73 图

解析： 从中间截开，左、右两边都是三铰刚架。

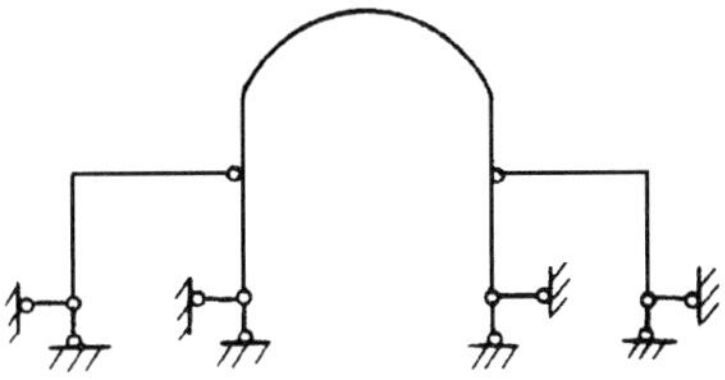

答案： B

8-5-74 **图示结构 a 杆破坏后，结构将变成哪种结构？**

A　2 次超静定　　　B　1 次超静定

C　静定结构　　　　D　几何可变体系

题 8-5-74 图

解析： 原为 1 次超静定结构，去掉 a 杆后，变成静定结构。

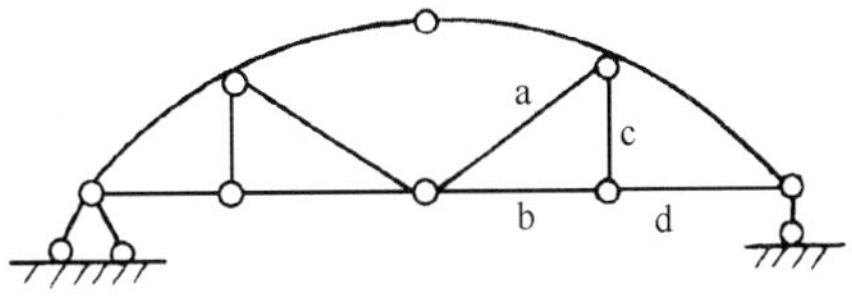

答案： C

8-5-75 **刚架受垂直荷载如图示，下列四种弯矩图中图(　　)是正确的。**

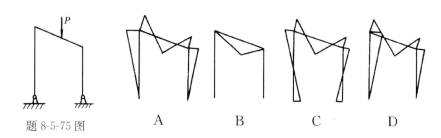

题 8-5-75 图　　A　　B　　C　　D

解析：此结构为 1 次超静定结构。B 选项为静定结构弯矩图，C 选项底部支座弯矩不为零，D 选项左上角弯矩不对，都是错的。

答案：A

8-5-76 图示刚架的正确弯矩图应是图(　　)。

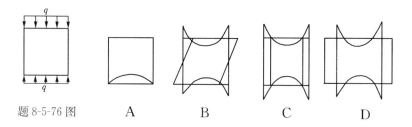

题 8-5-76 图　　A　　B　　C　　D

解析：A 选项为静定梁弯矩图，B、C 选项角点弯矩错。

答案：D

8-5-77 图示双跨结构正确的弯矩图应是图(　　)。

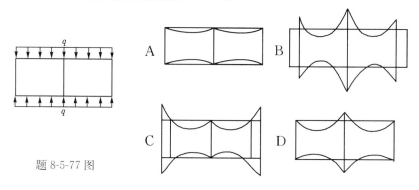

题 8-5-77 图

解析：A、D 选项两侧竖杆不对，C 选项角点不对。

答案：B

8-5-78 图示二层框架在垂直均布荷载作用下的各弯矩图中，图(　　)是正确的。

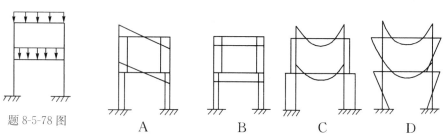

题 8-5-78 图　　A　　B　　C　　D

解析：A、B 选项横杆弯矩图不是抛物线，C 选项竖杆 M 图不对。
答案：D

8-5-79 图示二层框架在水平荷载作用下的各弯矩图中，图（　　）是正确的。

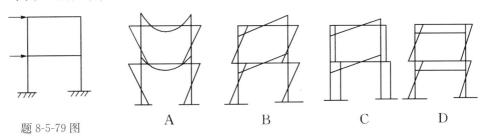

解析：只有 B 选项既符合反对称规律，又符合单层框架受同样力时的弯矩图的特点。
答案：B

8-5-80 图示结构的内力与变形和下面哪一种简化结构是等效的？

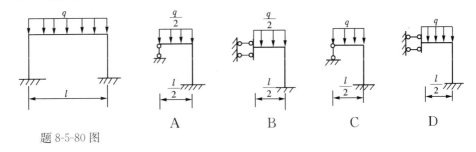

解析：结构对称，荷载对称，在对称轴上，剪力为零。故可以简化为 D 选项。
答案：D

8-5-81 图示结构的内力与变形和下面哪一种简化结构是等效的？

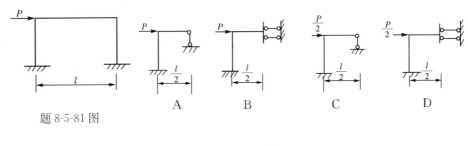

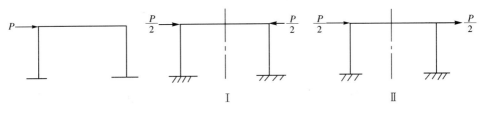

图 8-5-81 解图

解析：原图可以简化为Ⅰ图＋Ⅱ图，Ⅰ图弯矩为零，Ⅱ图为反对称，在对称轴上，轴力和弯矩为零，故与C选项等效。

答案：C

8-5-82 图示梁在荷载 q 作用下的变形图，哪一个是正确的？

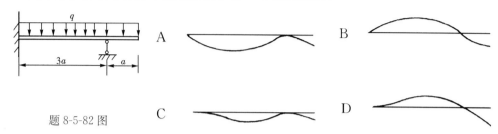

题 8-5-82 图

解析：根据荷载与约束情况可知。

答案：C

8-5-83 图示刚架的支座 A 产生沉陷 Δ，K 点有哪一种结构变形？

A 向上的位移
B 向下的位移
C 向左的位移
D 向右的位移

解析：支座 A 向下，B 点向下，而 D 点无上下位移（刚架忽略轴向变形），故 K 点向上翘。

答案：A

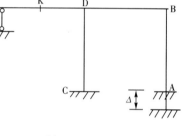

题 8-5-83 图

8-5-84 图示三跨超静定梁与三跨静定梁，问超静定梁的最大挠度 $\delta_Ⅰ$ 与静定梁的最大挠度 $\delta_Ⅱ$ 之间存在哪一种关系？

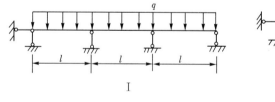 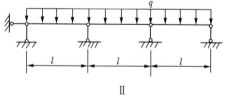

题 8-5-84 图

A $\delta_Ⅰ>\delta_Ⅱ$ B $\delta_Ⅰ<\delta_Ⅱ$ C $\delta_Ⅰ=\delta_Ⅱ$ D 不能确定

解析：同样跨度，同样荷载的梁，超静定梁的最大弯矩和最大挠度均比静定梁要小。

答案：B

8-5-85 图示几种排架中，哪一种排架的固定端弯矩最大？

解析：超静定结构内力的大小与各杆刚度比值有关。刚度愈大的杆内力愈大，C 选项中右侧竖杆弯矩最大 $M_{max}=\dfrac{3}{4}Ph$。

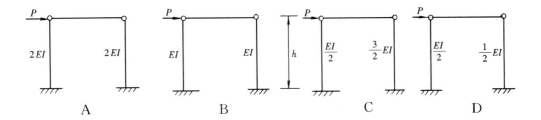

答案：C

8-5-86 上题中，柱顶水平侧移最小的是图(　　)的排架（见上题图）。

解析：刚度越大的杆侧移越小。根据左、右两杆侧移相同的条件，A 选项中右侧杆受水平力 $\frac{P}{2}$，C 选项中右侧杆受水平力 $\frac{3}{4}P$，则 A 选项柱顶水平侧移为 $\dfrac{\frac{P}{2}h^3}{3\times 2EI}=\dfrac{Ph^3}{12EI}$，而 C 选项柱顶水平侧移为 $\dfrac{\frac{3}{4}Ph^3}{3\times\frac{3}{2}EI}=\dfrac{Ph^3}{6EI}$。

答案：A

8-5-87 图示结构，若 EA_2 增大 2 倍，EA_1、EI 不变，下弦杆的内力会出现哪一种变化？

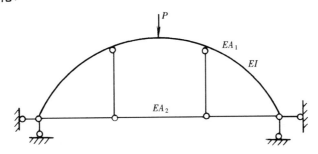

题 8-5-87 图

A 轴力减小　　B 轴力增加　　C 轴力不变　　D 不能确定

解析：此图为超静定结构。当 EA_2 增大时，其与别的杆刚度比增大，其内力也增大。

答案：B

8-5-88 图示门式框架中，哪一种框架的固定端弯矩最大？

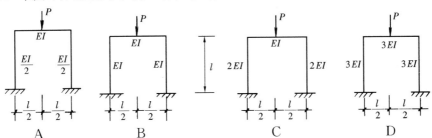

解析：C 选项中竖杆与横梁的刚度比最大，其固定端弯矩也最大。
答案：C

8-5-89 图示等跨连续梁在下列哪一种荷载布置作用下，支座 c 的反力值最大？

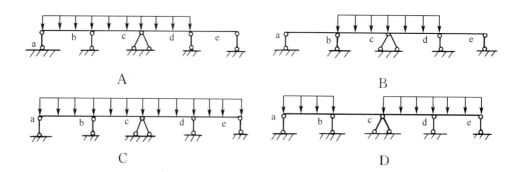

解析：在 A、C 与 D 选项中 ab 跨和 de 跨的荷载对支承 c 的反力有抵消作用。
答案：B

8-5-90 图示结构中，所有杆件的 EA 和 EI 值均相同，哪一种结构 CD 杆的拉力最大？

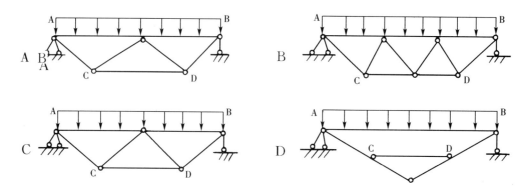

解析：在 A、B、D 选项中 CD 杆去掉后仍为能承受荷载的静定结构，在 C 选项中 CD 杆去掉后，将成为瞬变体系，故 C 选项 CD 杆拉力最大。
答案：C

8-5-91 Ⅰ、Ⅱ两结构，发生图示支座位移，哪个结构会产生内力？

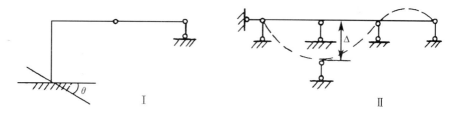

题 8-5-91 图

A　Ⅰ、Ⅱ均产生内力　　　　　　B　Ⅰ、Ⅱ均不产生内力

C Ⅱ   D Ⅰ

解析：静定结构Ⅰ不产生内力，超静定结构Ⅱ产生内力。

答案：C

8-5-92 刚架受力如图示，A点的转角变形处于下述哪一种状态？

A 顺时针转动 B 逆时针转动
C 无转动   D 不能确定

解析：AB杆弯矩大于AD杆弯矩，故A点有顺时针转动。

答案：A

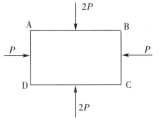

题 8-5-92 图

8-5-93 图示两跨连续梁，B点的转角变形处于哪一种状态？

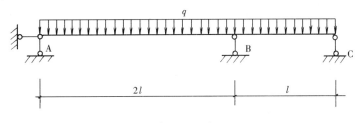

题 8-5-93 图

A 顺时针转动   B 逆时针转动
C 无转动   D 不能确定

解析：AB段杆弯矩和变形显然大于BC段杆的弯矩和变形，故B点的转角变形是逆时针转动。

答案：B

8-5-94 判断图示四根连续梁中哪一根是静定的？

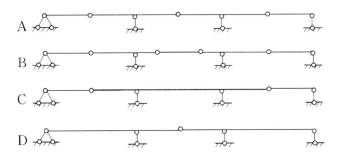

解析：C选项可以看作一个简支梁增加两个链杆约束，再把两个截面变成铰链而组成。

答案：C

8-5-95 支座A向下移动时，图示下列结构中哪一种不会产生内力？

解析：D选项中最左边一跨梁与第二跨梁是用铰链断开的静定梁。

答案：D

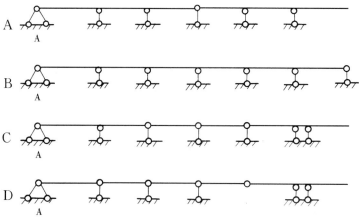

8-5-96 图示结构中，AB 杆均匀降温 20℃，则 AB 杆的内力发生了哪一种变化？

A 出现了受拉轴力
B 出现了受压轴力
C 没有轴力
D 不能确定

解析：AB 杆降温收缩，有使刚架 CDE 直角减小的趋势；而刚架对 AB 杆的反作用力则使 AB 杆受拉。

答案：A

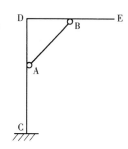

题 8-5-96 图

8-5-97 图示结构中，如 AB 杆的温度均匀上升 10℃，则 AB 杆会出现哪一种内力？

A 出现弯矩　　B 出现受拉轴力
C 出现受压轴力　D 出现剪力

解析：AB 杆升温伸长，而刚架 CDE 阻止其伸长，故 AB 杆受压。

答案：C

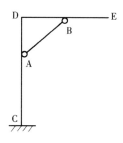

题 8-5-97 图

8-5-98 图示连续梁，支座 D 发生沉降 Δ，哪一个结构变形图是正确的？

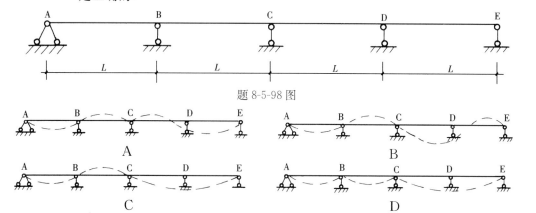

题 8-5-98 图

解析：连续梁的轴线应是一个连续光滑的整体，只有 C 选项是正确的。

答案：C

8-5-99 图示连续梁，支座 C 发生沉降 Δ，哪一个结构变形图是正确的？

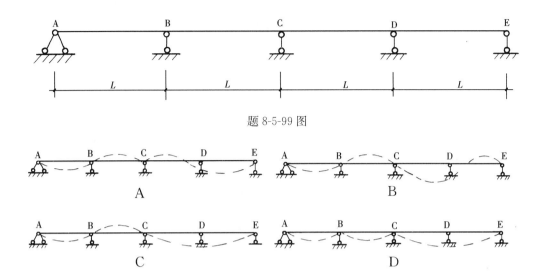

题 8-5-99 图

解析：连续梁的轴线应是一个连续光滑的整体，只有 A 选项是正确的。

答案：A

8-5-100 图示排架，D、E、F 点的水平位移 Δ_D、Δ_E、Δ_F 之间有何种关系？

A $\Delta_D > \Delta_E > \Delta_F$

B $\Delta_D = \Delta_E = \Delta_F$

C $\Delta_E > \Delta_D = \Delta_F$

D $\Delta_D < \Delta_E < \Delta_F$

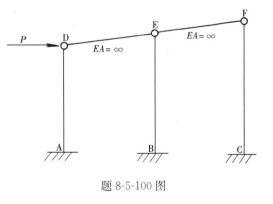

题 8-5-100 图

解析：排架中的横杆为二力杆，其轴向变形可忽略不计，故排架顶部的水平位移相同。

答案：B

8-5-101 图示桁架的所有杆件 EA 值均相同，哪一种桁架 A 点的竖向位移最小？

解析：A、B 选项是静定桁架，C 选项是一次超静定桁架，D 选项是二次超静定桁架，竖向位移最小。

答案：D

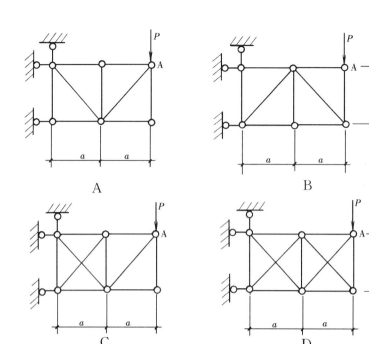

8-5-102 图示刚架，BC 杆上部温度增加 30℃，其他部分温度不变。E 点会出现的变形是(　　)位移。

A 向上　　　　　B 向下
C 向左　　　　　D 向右

解析：图示刚架为一次超静定结构，由于温度改变引起的变形与静定结构相反：在降温一侧，即 BC 段杆下部受拉，BC 段杆变形呈凹状，故 E 点会出现向下位移。

答案：B

题 8-5-102 图

8-5-103 图示四种桁架中，稳定和静定的桁架是(　　)图桁架。

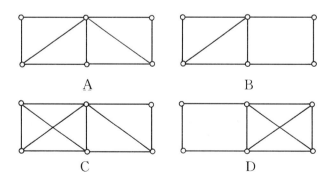

解析：B、D 选项为几何可变体系，C 选项有多余约束，只有 A 选项为没有多余约束的几何不变体系。

答案：A

8-5-104 图示桁架，其超静定的次数（多余约束数）为(　　)个。

A 1
B 2
C 3
D 4

解析：桁架内部有2个多余约束，支座链杆有1个多余约束。

答案：C

8-5-105 图示为简单二跨刚架受竖向荷载作用，经计算后绘出了弯矩图四组，其中哪组是正确的？（已知 $M_1 > M_2$）

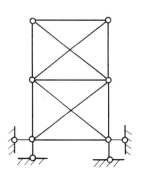

题 8-5-104 图

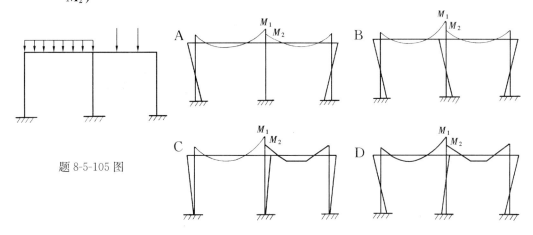

题 8-5-105 图

解析：A、B选项右横梁段的抛物线不对，C选项中下面三个固定端弯矩为零不对。

答案：D

8-5-106 刚架承受荷载如图所示，下列四个弯矩图中哪一个是正确的弯矩图？

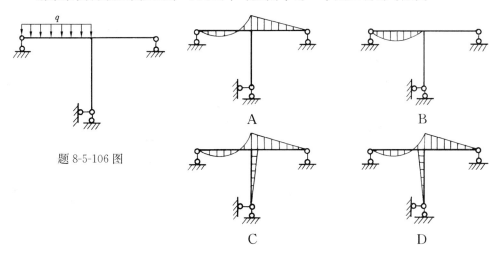

题 8-5-106 图

解析：由受力分析可知，无水平反力，故竖杆中不应有弯矩，C、D 选项不对，而 B 选项显然是简支梁的弯矩图，也是错的。

答案：A

8-5-107 刚架承受荷载如图所示，下列四个弯矩图中哪一个是正确的弯矩图？

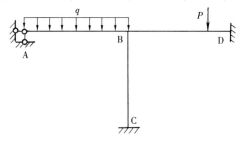

题 8-5-107 图

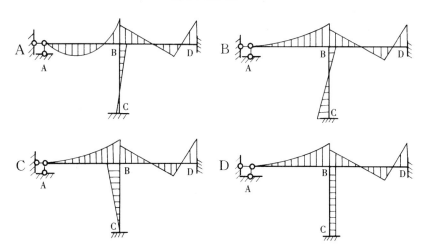

解析：AB 段杆的弯矩图形状应与左端铰支、右端固定的均布荷载作用下的超静定梁类似，故只有 A 选项是正确的。

答案：A

8-5-108 刚架承受荷载如图所示。如果不考虑杆件的轴向变形，四个结构变形图中哪一个结构变形图是正确的？

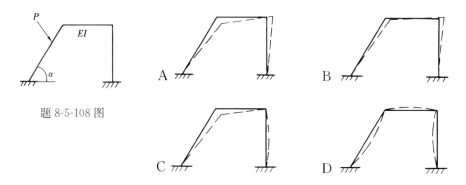

题 8-5-108 图

解析：刚架变形时，刚节点所在位置夹角不变，各杆主要是弯曲变形。
答案：D

8-5-109 如果不考虑杆件的轴向变形，图示刚架在荷载作用下，下列四个结构变形图中哪一种结构变形图是正确的？

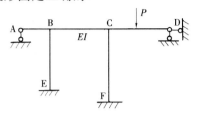

题 8-5-109 图

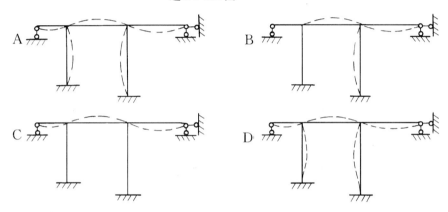

解析：刚架的变形图应是连续、光滑的曲线，刚节点处应保持直角不变，同时要满足固定端转角为零的条件，只有 D 选项是完全符合的。
答案：D

8-5-110 刚架承受荷载如图所示。下列四个结构变形图中，哪一个是正确的？

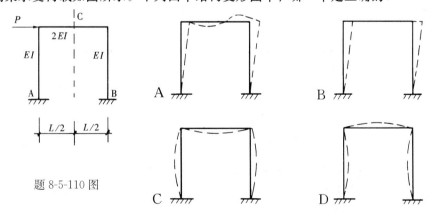

题 8-5-110 图

解析：图示结构实际上可化为反对称荷载作用在对称刚架上，其位移也应是反对称的；同时，刚节点处应保持直角不变，只有 A 选项是对的。
答案：A

8-5-111 图示四种门式框架中，哪一种框架的横梁跨中弯矩最大？

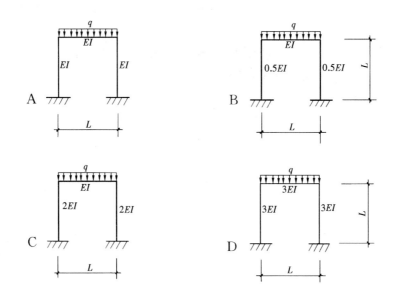

解析: 图示超静定刚架中,B 选项横梁与竖杆的刚度比最大,故其横梁跨中弯矩最大。

答案: B

8-5-112 图示四种排架中,哪一种排架的柱顶水平侧移最小?

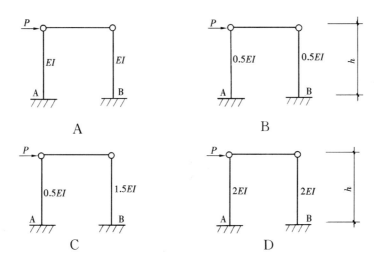

解析: 不计横杆的轴向变形,只需比较各图中的右侧柱即可。D 选项中的右侧柱刚度最大,而其根据刚度比所承担的荷载又最小,故其柱顶水平侧移最小。

答案: D

8-5-113 图示四种结构中,所有杆件的 *EA* 和 *EI* 值均相同,哪一种结构 AB 杆的弯矩最大?

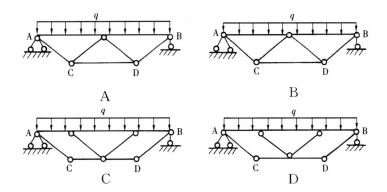

解析： 对各选项中的 AB 梁来说，A 选项相当于一次超静定梁，B 选项相当于两个短跨简支静定梁，C 选项相当于一个全跨简支梁，D 选项相当于二次超静定梁。

答案： C

8-5-114 图示两层框架受竖向荷载作用，所列四种剪力图中，哪一个是正确的？

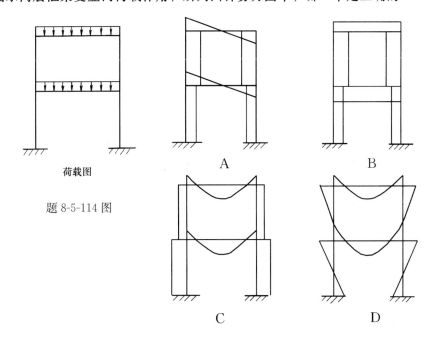

题 8-5-114 图

解析： 只有 A 选项符合"零、平、斜、平、斜、抛"的规律。

答案： A

8-5-115 "没有荷载，也可能有内力"，此结论适用于各种什么结构？

  A 各种桁架结构   B 各种刚架结构
  C 各种静定结构   D 各种超静定结构

解析： 静定结构在支座沉陷、温度变化等间接作用影响下，不产生内力；而超静定结构在这些因素影响下，则一般可能产生内力。

答案： D

8-5-116 当框架各杆同时有温度升高时,图示下列结构中哪一种不会产生内力?

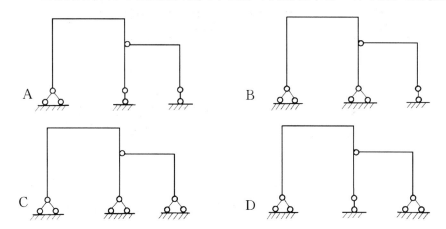

解析:图示结构中只有 A 选项是静定的。
答案:A

8-5-117 图示体系为( )体系。

A 几何不变无多余约束
B 几何不变有多余约束
C 几何常变
D 几何瞬变

题 8-5-117 图

解析:把左边三个三角形看作刚片Ⅰ,把右边三个三角形看作刚片Ⅱ,把大地看作刚片Ⅲ,组成一个几何不变的三铰结构加一个多余约束。
答案:B

8-5-118 图Ⅰ结构的最后弯矩图为( )。

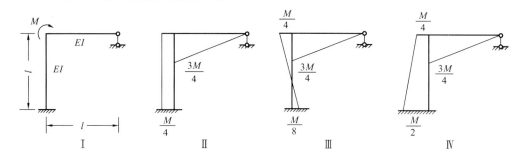

题 8-5-118 图

A 图Ⅱ B 图Ⅲ C 图Ⅳ D 都不是

解析:由于外荷载是一力偶,故反力也应为力偶。结构下部的固定端支座除有一个力偶外,还应有一个竖向反力与右上部的支座形成反力偶。由于固定端无水平反力,故此结构的竖杆变形为纯弯曲,弯矩为常数。
答案:A

(六) 压 杆 稳 定

8-6-1 (2009) 对于相同材料的等截面轴心受压杆件，在以下几种不同情况下，其承载力比较的结果为（　　）。

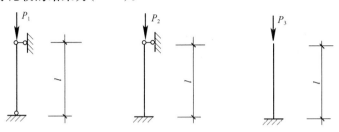

题 8-6-1 图

A　$P_1=P_2<P_3$　　　　　　　　B　$P_1=P_2>P_3$
C　$P_1<P_2<P_3$　　　　　　　　D　$P_3<P_1<P_2$

解析：P_2 作用的压杆杆端约束最强，承载能力最大。P_3 作用的压杆杆端约束最弱，承载能力最小。

答案：D

九 建筑结构与结构选型

9-1 (2009) 一般情况下，下列哪种说法正确？
  A 纯钢结构防火性能比钢筋混凝土结构差
  B 钢筋混凝土结构防火性能比纯钢结构差
  C 砌体结构防火性能比纯钢结构差
  D 钢筋混凝土结构防火性能与纯钢结构差不多
  解析：钢的防火性能比混凝土的防火性能差。
  答案：A

9-2 (2009) 某地区要开运动会，建一临时体育场馆，屋顶选用何种结构为好？
  A 大跨度叠合梁结构　　　　B 大跨度型钢混凝土组合梁结构
  C 大跨度钢筋混凝土预应力结构　　D 索膜结构
  解析：因是临时性的体育场馆，应便于建造和拆除，故宜选用索膜结构。
  答案：D

9-3 (2009) 属于超限大跨度结构的是屋盖跨度大于（　　）。
  A 30m　　　B 60m　　　C 90m　　　D 120m
  解析：对超出适用范围的非常用形式及跨度大于120m、结构单元长度大于300m或悬挑长度大于40m的大跨钢屋盖，需进行必要的抗震性能研究论证。见《抗震规范》第10.2.1条及条文说明（新版规范已取消超限的说法）。
  答案：D

9-4 (2009) 超高层建筑平面布置宜（　　）。
  A 简单，长宽比一般大于6：1
  B 简单，规则对称
  C 对称，局部伸出部分大于宽度的1/3
  D 主导风方向加强刚度
  解析：《高层混凝土规程》要求，超高层建筑的结构一般采用筒体结构，其平面布置宜满足规范第9.3.2条、第3.4.1条和第3.4.2条的规定。
  答案：B

9-5 (2008) 某钢框架房屋，顶层水平支撑布置如图，下列关于水平支撑的相关表述，何项正确？
  Ⅰ．两端与框架柱刚接；
  Ⅱ．两端与框架柱铰接；
  Ⅲ．承担楼面竖向荷载作用；
  Ⅳ．不承担楼面竖向荷载作用
  A Ⅰ、Ⅲ　　　B Ⅰ、Ⅳ

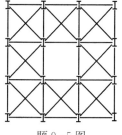

题9-5图

C Ⅱ、Ⅳ D Ⅱ、Ⅲ

解析：钢框架房屋顶层水平支撑的两端与框架柱应铰接；水平支撑不承担楼面竖向荷载作用；水平支撑的主要作用是加强楼盖的整体性。Ⅱ、Ⅳ是正确的。

答案：C

9-6 （2008）图示车辐式索桁架，在重力荷载作用下，下列关于内、外环梁受力情况的描述何项正确？

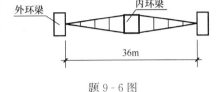

题 9-6 图

A 内、外环均受拉

B 内环受拉、外环受压

C 内环受压、外环受拉

D 内、外环均受压

解析：辐式索桁架在重力荷载作用下，上下钢索均受拉力。在此拉力作用下，内环梁将受拉，外环梁将受压。

答案：B

9-7 （2008）150m 跨度的大跨屋盖结构，不宜采用下列哪一种结构形式？

A 双层网壳结构 B 平板网架结构

C 悬索结构 D 索膜结构

解析：四个选项中，双层网壳结构、悬索结构、索膜结构均适用于大跨度屋盖结构。平板网架结构犹如格构化的平板受弯结构，要满足空间刚度要求，构件高度过大，不宜用于 150m 大跨屋盖结构。

答案：B

9-8 （2008）网壳相邻杆件间的夹角宜大于下列哪一个角度？

A 15° B 20° C 25° D 30°

解析：参见《网格规程》第 3.2.5 条，确定网格尺寸时宜使相邻杆件间的夹角大于 45°，且不宜小于 30°。为使网壳相邻杆件受力均匀，相邻杆件间的夹角也不宜过小，故 D 选项正确。

答案：D

9-9 （2008）下列关于平板网架结构的描述何项不正确？

A 当网架高度取值超过合理高度较多时，也会对杆件产生不利影响

B 网架的杆件上应避免承受较大的集中荷载

C 网架的杆件不允许采用焊接钢管

D 9 度抗震设防时可采用网架结构

解析：《网格规程》第 5.1.1 条，空间网格结构的管材宜采用高频焊管或无缝钢管，当有条件时应采用薄壁管型截面，其中高频焊管也属于焊接钢管。故 C 选项描述错误。

答案：C

9-10 （2008）单层球面网壳的跨度（平面直径）不宜大于下列哪一个数值？

A 30m B 40m C 50m D 80m

解析：《网格规程》第 3.3.1 条第 3 款，单层球面网壳的跨度（平面直径）不宜

大于80m。

答案：D

9-11 （2017）有关张弦梁结构构件受力，说法错误的是（　　）。

A 对支座无水平反力　　　　　　B 腹杆受拉
C 上弦杆受压　　　　　　　　　D 下弦杆受拉

解析：张弦梁结构是由刚性构件上弦（受压）、柔性拉索（受拉）、中间连以撑杆（受压）形成的自平衡体系，是一种大跨空间结构体系。因此B选项说法错误。

答案：B

9-12 （2007）某多层钢框架房屋，屋顶采用轻质楼盖，平面布置如图，图中交叉线是（　　）。

A 保证结构整体稳定的竖向支撑
B 保证结构整体稳定的水平支撑
C 保证框架梁局部稳定的竖向支撑
D 保证框架梁局部稳定的水平支撑

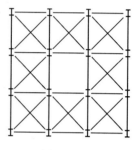

图9-12图

解析：屋顶采用轻质楼盖时，屋顶平面的平面刚度较差，故应加水平支撑以加强平面刚度，保证整体稳定。

答案：B

9-13 （2007）吊挂屋盖结构中，下列哪一种屋盖不适合被吊挂？

A 拱架结构　　　B 索网结构　　　C 网架结构　　　D 桁架结构

解析：拱架结构属于整体受压的结构，故不适合被吊挂。

答案：A

9-14 （2007）对于拱形结构，为了减少拱架对拱脚的推力，下列哪一种措施是正确的？

A 拱架与拱脚作成铰接　　　　　B 减小矢高
C 加大矢高　　　　　　　　　　D 对拱施加预应力

解析：拱形结构矢高大时拱脚推力小，矢高小时推力大；拱为受压构件，故施加预应力无效。

答案：C

9-15 （2007）网架的杆件应避免采用（　　）。

A 高频焊管　　　　　　　　　　B 普通焊管
C 薄壁型钢　　　　　　　　　　D 普通型钢

解析：根据《网格规程》第5.1.1条，空间网格结构的杆件可采用普通型钢和薄壁型钢。管材可采用高频电焊钢管或无缝钢管，当有条件时应采用薄壁管形截面。故应避免采用普通焊管。

答案：B

9-16 （2007）对于悬索结构屋盖，下列哪一种说法是不正确的？

A 钢索承受拉力　　　　　　　　B 钢索承受弯矩
C 钢索必须施加预应力　　　　　D 钢索的变形是非线性的

解析：悬索结构的钢索主要是受拉，无法承受弯矩。
答案：B

9-17 (2007) 高层建筑采用下列哪一种平面形状，对抗风作用是最有利的？

A 矩形　　　　　　　　　　B 正方形
C 圆形　　　　　　　　　　D 菱形

解析：圆形平面的风荷载体形系数最小，详见《高层混凝土规程》第4.2.3条。
答案：C

9-18 (2006) 跨度大于60m的平板网架，其高度与跨度的比值，宜取下列哪一个范围？

A $\frac{1}{8} \sim \frac{1}{10}$　　B $\frac{1}{10} \sim \frac{1}{12}$　　C $\frac{1}{14} \sim \frac{1}{18}$　　D $\frac{1}{20} \sim \frac{1}{25}$

解析：根据《网格规程》第3.2.5条，网架的高跨比可取为 $1/10 \sim 1/18$。
答案：无（按新规范）

9-19 钢筋混凝土井式楼盖的选用，下列哪一种说法是适宜的？

A 两边之比应为1　　　　　　B 长边与短边的比不宜大于1.5
C 长边与短边的比不宜大于2.0　　D 长边与短边的比不宜大于2.5

解析：钢筋混凝土井式楼盖在平面上宜做成正方形，以保证板面荷载能均匀地向两个方向传递。若为矩形平面，则长、短边之比不宜大于1.5。
答案：B

9-20 (2004) 钢结构立体桁架比平面桁架侧向刚度大，下列哪一种横截面形式是不恰当的？

A 正三角形　　B 倒三角形　　C 矩形截面　　D 菱形截面

解析：立体桁架的横截面形式采用菱形截面是不恰当的。
答案：D

9-21 (2004) 单层刚架房屋的侧向稳定，下列哪一种措施是不恰当的？

A 纵向设置杆件能承受拉力和压力的垂直支撑
B 纵向设置门形支撑
C 纵向设置杆件仅能承受拉力的垂直支撑
D 加大刚架柱的截面

解析：单层刚架房屋的侧向稳定，应靠设置纵向垂直支撑解决，加大刚架柱的截面作用不大。
答案：D

9-22 (2004) 对于悬索结构的概念设计，下列哪一种说法是不正确的？

A 悬索支座的锚固结构刚度应较大
B 承重索或稳定索必须都处于受拉状态
C 索桁架的下索一般应施加预应力
D 双曲抛物面悬索结构的刚度和稳定性优于车轮的悬索结构

解析：悬索结构的悬索都应处于受拉状态；双曲抛物面的悬索结构的刚度和稳定性并不优于车轮的悬索结构。
答案：D

9-23 基础置于湿陷性黄土的某大型拱结构，为避免基础不均匀沉降使拱结构产生附加内力，宜采用（　　）。

A　无铰拱　　　　　　　　　　B　两铰拱
C　带拉杆的两铰拱　　　　　　D　三铰拱

解析：为避免基础不均匀沉降使拱结构产生附加内力，宜采用静定结构三铰拱。

答案：D

9-24 房屋的平面如右图所示，设刚度中心 O 和水平作用力间有偏心，则在水平力偏心引起的扭转作用中，平面哪一个部分受力最大？

A　3、6、9 点　　　　　　　　B　1、5 点
C　2、4 点　　　　　　　　　 D　7、8 点

解析：扭转作用下，距刚度中心 O 点最远的点受力最大，7、8 点离 O 点最远，故受力最大。

答案：D

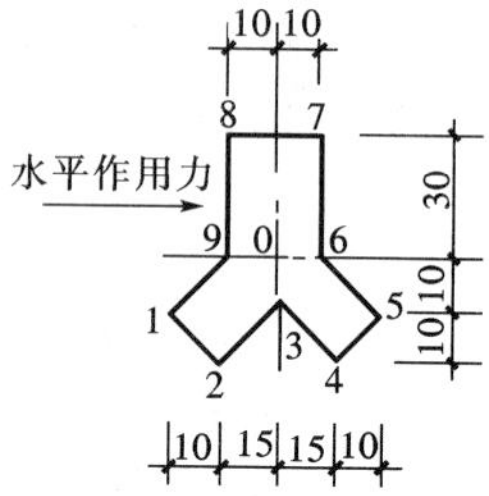

题 9-24 图

9-25 图示剪力墙受均布侧力后其变形曲线应为下列哪个图示？

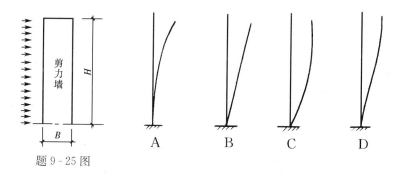

题 9-25 图

解析：剪力墙受均布侧向水平荷载作用后，当剪力墙高宽比大于一定数值（如 $H/B>4$）后，呈弯曲变形，如剪力墙高宽比较小（如 $H/B<2$）后，上部呈剪切变形。剪力墙底部 A 点处为固定，故 A 点处变形曲线与墙轴线平行。高层剪力墙结构一般高宽比较大。

答案：A

9-26 图示框架受均布侧力后其变形曲线应为下列哪个图示？

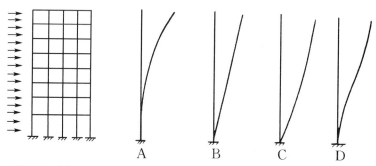

题 9-26 图

解析：题中框架受均布侧向水平荷载作用，框架变形呈剪切变形。

答案：C

9-27 如右图所示变形曲线，是下列四种结构中哪一种结构在水平荷载作用下的变形曲线？

A 框架结构　　　　　　B 无梁楼盖结构

C 剪力墙结构　　　　　D 框架—剪力墙结构

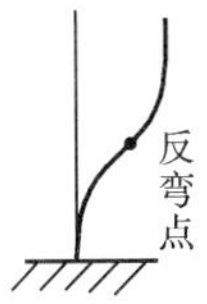

解析：底部为弯曲型变形，顶部为剪切型变形，为框架—剪力墙结构变形曲线。

题 9-27 图

答案：D

9-28 图示变形曲线，是下列哪一种结构在水平荷载作用下的变形曲线？

A 框架　　　　　　　　B 剪力墙

C 框架—剪力墙　　　　D 框架—筒体

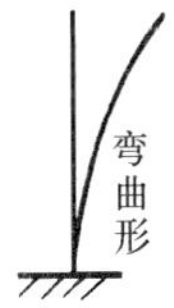

解析：剪力墙在水平力作用力相当于悬臂梁受力，故其变形呈弯曲变形。

答案：B

题 9-28 图

9-29 一幢 4 层小型物件仓库，平面尺寸为 18m×24m，堆货高度不超过 2m，楼面活载 10kN/m²，建设场地为非抗震设防区，风力较大。现已确定采用现浇框架结构。下列各种柱网布置中哪种最为合适？

A 横向三柱框架，柱距 9m，框架间距 6m，纵向布置连系梁

B 横向四柱框架，柱距 6m，框架间距 4m，纵向布置连系梁

C 双向框架，两向框架柱距均为 6m

D 双向框架，横向框架柱距 6m，纵向框架柱距 4m

解析：两个方向的迎风面较接近，故两个方向均应有抗水平风力的框架。

答案：C

9-30 一幢 7 层单身宿舍，平面为 12m×52m，建设场地位于 8 度设防区，拟采用框架结构，此时采用下列各种框架形式中的哪一种比较合适？

A 主要承重框架纵向布置，横向采用连系梁

B 主要承重框架横向布置，纵向采用连系梁

C 主要承重框架纵横两向布置

D 无梁式框架结构（无梁楼盖，取板带作为框架梁）

解析：参见《抗震规范》第 6.1.5 条，框架结构和框架—抗震墙结构中，框架和剪力墙均应双向设置。

答案：C

9-31 某剧院屋面采用钢屋架，屋面材料为预制有檩钢筋混凝土结构，要求顶棚有较大范围的空间布置管道和人行工作通道，下列各种屋架形式中，哪种形式最合适？

A 三角形屋架　　　　　B 梯形屋架

C 弧形屋架　　　　　　D 平行弦屋架

解析：梯形屋架可满足顶棚有较大空间，且受力比平行弦屋架合理。

答案：B

9-32 下列关于钢筋混凝土门式刚架的叙述，哪项是不正确的？
　　A 门式刚架可以通过设置铰接点而形成三铰刚架
　　B 有铰和无铰门式刚架中，内力分布相对最均匀的是无铰刚架
　　C 门式刚架不允许采用预应力技术
　　D 刚架柱和基础的铰接可以采用交叉钢筋的形式
　　解析：门式刚架可以采用预应力技术。
　　答案：C

9-33 下列关于网架结构支承形式的叙述，哪项是不正确的？
　　A 网架周边各节点可以支承于柱上
　　B 网架周边各节点不允许支承于由周边稀柱所支撑的梁上
　　C 网架可以支承于周边附近的四根或几根独立柱子之上
　　D 矩形平面网架可以采用三边支承而自由边则设置边桁架
　　解析：《网格规程》第3.2.1条、第3.2.2条，平面形状为矩形、三边支承一边开口的网架，开口边必须具有足够的刚度并形成完整的边桁架，当刚度不满足要求时可采用增加网架高度、增加网架层数等办法加强。故D选项正确。网架可以支承于柱上，柱上加梁刚度更好，故A、C选项正确，B选项"不允许"叙述错误。
　　答案：B

9-34 下列关于选择拱轴线形式的叙述，哪项是不正确的？
　　A 应根据建筑要求和结构合理相结合来选择
　　B 理论上最合理的拱轴线应该是使拱在荷载作用下处于无轴力状态
　　C 理论上最合理的拱轴线应该是使拱在荷载作用下处于无弯矩状态
　　D 一般来说，拱在均布荷载作用下比较合理的拱轴线形式是二次抛物线
　　解析：理论上最合理的拱轴线应该是使拱在荷载作用下处于完全轴压状态。
　　答案：B

9-35 有一 12m×16m 平面（见图），柱沿周边按 4m 间距布置，采用钢筋混凝土楼盖（不考虑预应力），为取得较大的楼层净高（压缩楼盖结构高度），下述各种结构布置中哪种最为合适？
　　A 12m 跨、4m 间距的主梁，另一向采用 2m 间距的 4 跨连续次梁
　　B 16m 跨、4m 间距的主梁，另一向采用 2m 间距的 3 跨连续次梁
　　C 沿长向柱列设两根主梁，并布置 1m 间距、12m 跨的次梁
　　D 采用 3×4 格的井字梁

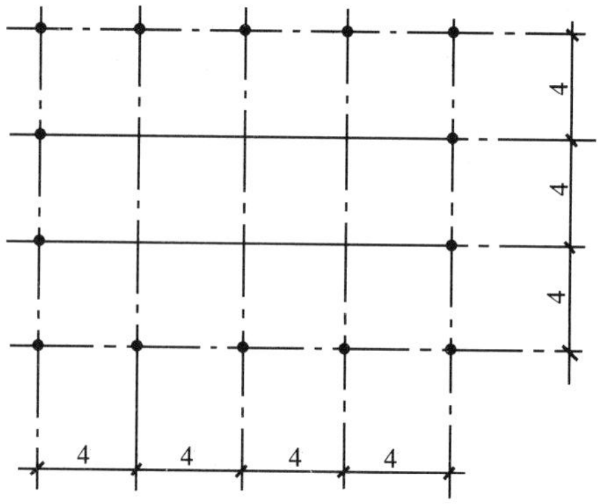

题 9-35 图

解析：采用井字梁布置可取得较大的楼层净高，12m×16m 平面满足井字梁布

置要求。

答案：D

9-36 某单层房屋的屋面采用屋架，波纹薄钢板瓦覆盖，要求屋面有较大的坡度。下列几种钢屋架形式中，哪种形式最合适？

A 三角形屋架　　　　　　　　B 梯形屋架
C 弧形屋架　　　　　　　　　D 平行弦屋架

解析：三角形屋架坡度最大。

答案：A

9-37 下列关于钢筋混凝土门式刚架的叙述，哪项是不正确的？

A 门式刚架可以通过设置铰接点而形成双铰刚架
B 门式刚架的横梁不应在竖向造成折线形（人字形）
C 在高压缩性土层上建造门式刚架宜采用双铰刚架或三铰刚架
D 三铰刚架刚度相对较差，宜用于跨度较小的情况

解析：门式刚架的横梁可以做成人字形。

答案：B

9-38 下列关于网架结构的叙述，哪项是不正确的？

A 网架按外形分类有平面网架和曲面网架
B 平面网架可以是单层的，也可以是双层的
C 曲面网架可以是单层的，也可以是双层的
D 曲面网架可以做成单曲或双曲的

解析：《网格规程》第 3.1.1 条，网架结构可采用双层或多层形式；网壳结构可以采用单层或双层形式，也可采用局部双层形式。网架结构只能是双层或多层的，否则刚度和强度都无法满足要求。

答案：B

9-39 下列关于承受大跨度拱结构拱脚处水平推力的方式的叙述，哪项是不恰当的？

A 可用位于拱脚处的拉杆承受
B 可用两侧有足够刚度的框架结构承受
C 可用支承拱的独立支柱承受
D 位于良好地基的落地拱可以利用基础直接承受

解析：大跨度拱的拱脚水平推力很大，独立支柱无法承受此推力。

答案：C

9-40 一多层仓库为柱网 6m×6m 的钢筋混凝土无梁楼盖体系，处于非地震区，活荷载标准值为 $5kN/m^2$，下列楼板标准厚度的哪一个范围是较为经济合理的？

A 120～150mm　　　　　　　B 200～250mm
C 350～400mm　　　　　　　D 400～450mm

解析：无梁板的厚度一般为 $\frac{1}{30}$ 跨度。

答案：B

9-41 混凝土筒中筒结构的高度不宜低于下列哪一个数值？

A 60m B 80m C 100m D 120m

解析：根据《高层混凝土规程》第9.1.2条规定，筒中筒结构的高度不宜低于80m，高宽比不宜小于3。

答案：B

9-42 钢筋混凝土筒中筒结构的高宽比，宜大于下列哪一个数值？

A 3 B 4 C 5 D 6

解析：同题9-41解析。

答案：A

十 建筑结构上的作用及设计方法

10-1 (2009) 一般情况下用砌体修建的古建筑使用年限为( )。

A 50年 B 100年
C 根据使用用途确定 D 根据环境条件确定

解析：根据《砌体规范》第4.1.3条，砌体结构和结构构件在设计使用年限内及正常维护条件下，必须保持满足使用要求而不需大修或加固。设计使用年限可按现行国家标准《建筑结构可靠性设计统一标准》的有关规定确定。

根据《建筑结构可靠性设计统一标准》第3.3.3条，建筑结构的设计使用年限，应按表3.3.3（题10-1解表）采用。因此砌体结构修建的古建筑，其使用年限按普通房屋为50年，A选项正确。

建筑结构的设计使用年限　　　　　题10-1解表

类别	设计使用年限（年）
临时性建筑结构	5
易于替换的结构构件	25
普通房屋和构筑物	50
标志性建筑和特别重要的建筑结构	100

答案：A

10-2 (2008) 对于人流可能密集的楼梯，其楼面均布活荷载标准值取值为( )。

A 2.0kN/m²　B 2.5kN/m²　C 3.0kN/m²　D 3.5kN/m²

解析：根据《荷载规范》第5.1.1条表5.1.1，对走廊、门厅、楼梯，当人流可能密集时，其楼面均布活荷载标准值取3.5kN/m²。

答案：D

10-3 (2007) 下列情况对结构构件产生内力，试问何项为直接荷载作用？

A 温度变化 B 地基沉降
C 屋面积雪 D 结构构件收缩

解析：据《荷载规范》第1.0.4条及条文说明，建筑结构中设计的作用应包括直接作用（荷载）和间接作用。结构上的作用是指能使结构产生效应（结构或构件的内力应力、位移、应变、裂缝等）的各种原因的总称。直接作用是指作用在结构上的力集（包括集中力和分布力），习惯上统称为荷载，如永久荷载、活荷载、吊车荷载、雪荷载、风荷载以及偶然荷载等。间接作用是指那些不是直接以力集的形式出现的作用，如地基变形、混凝土收缩和徐变、焊接变形、温度变化以及地震等引起的作用等。

因此屋面积雪是直接作用，其他均为间接作用。C选项正确。

答案：C

10-4 (2007) 高层建筑采用下列哪一种平面形状，对抗风作用是最有利的？

A 矩形平面　　B 正方形平面　　C 圆形平面　　D 菱形平面

解析：根据《高层混凝土规程》第4.2.3条第1款，圆形平面的风载体形系数最小（$\mu_s=0.8$），其他平面均比0.8大。

答案：C

10-5 (2005) 承重结构设计中，下列各项哪些属于承载能力极限状态设计的内容？

Ⅰ．构件和连接的强度破坏；Ⅱ．疲劳破坏；Ⅲ．影响结构耐久性能的局部损坏；Ⅳ．结构和构件丧失稳定，结构转变为机动体系和结构倾覆

A Ⅰ、Ⅱ　　　　　　　　　　B Ⅰ、Ⅱ、Ⅲ
C Ⅰ、Ⅱ、Ⅳ　　　　　　　　D Ⅰ、Ⅱ、Ⅲ、Ⅳ

解析：选项中Ⅰ、Ⅱ、Ⅳ属于承载能力极限状态，第Ⅲ项属于耐久性极限状态，故C选项正确。详见《结构可靠性标准》第4.1.1条第1～3款。

答案：C

10-6 (2005) 高层建筑中，当外墙采用玻璃幕墙时，幕墙及其与主体结构的连接件设计中，下列何项对风荷载的考虑符合规范要求？

Ⅰ．要考虑对幕墙的风压力；Ⅱ．要考虑对幕墙的风吸力；Ⅲ．设计幕墙时，应计算幕墙的阵风系数；Ⅳ．一般情况下，不考虑幕墙的风吸力

A Ⅰ、Ⅱ　　B Ⅰ、Ⅱ、Ⅲ　　C Ⅰ、Ⅲ、Ⅳ　　D Ⅱ、Ⅲ

解析：玻璃幕墙及其与主体结构的连接设计，应同时考虑风压力、风吸力的影响，且应计算幕墙的阵风系数。

答案：B

10-7 (2004) 以下论述中哪项完全符合《建筑结构荷载规范》GB 50009?

Ⅰ．人防所受的爆炸力是可变荷载；Ⅱ．土压力是永久荷载；Ⅲ．楼梯均布活荷载是永久荷载；Ⅳ．直升机停机坪上直升机的等效荷载是可变荷载

A Ⅰ、Ⅱ　　B Ⅱ、Ⅲ　　C Ⅰ、Ⅳ　　D Ⅱ、Ⅳ

解析：据《荷载规范》第3.1.1条，永久荷载包括结构自重、土压力、预应力等；可变荷载包括楼面活荷载、屋面活荷载和积灰荷载、吊车荷载、风荷载、雪荷载、温度作用等；偶然荷载包括爆炸力、撞击力等。

人防所受的爆炸力属于偶然荷载，楼梯均布活荷载属于可变荷载，故Ⅰ、Ⅲ错误，A、B、C选项错误；Ⅱ、Ⅳ正确，因此完全符合规范的是D选项。

答案：D

10-8 (2004) 以下论述哪项符合《建筑结构荷载规范》GB 50009?

A 不上人屋面均布活荷载标准值为$0.7kN/m^2$
B 上人屋面均布活荷载标准值为$1.5kN/m^2$
C 斜屋面活荷载标准值是指水平投影面上的数值
D 屋顶花园活荷载标准值包括花圃土石等材料自重

解析：根据《荷载规范》第5.3.1条表5.3.1，不上人屋面均布活荷载标准值为$0.5kN/m^2$，上人屋面为$2.0kN/m^2$，屋顶花园荷载不应包括花圃土石等材料自重。第5.3.1条，斜屋面活荷载是指水平投影面上的取值。

答案：C

10-9 (2004) 住宅用户对地面进行二次装修，如采用 20mm 厚水泥砂浆上铺 25mm 厚花岗石面砖时，增加的荷载约占规范规定的楼面均布活荷载的百分之几？

A 20%　　　　B 30%　　　　C 40%　　　　D 50%

解析：由于装修增加的荷载为：

20mm 厚水泥砂浆：$0.02 \times 20 = 0.4 \text{kN/m}^2$

25mm 厚花岗岩砖：$\underline{0.025 \times 28 = 0.7 \text{kN/m}^2}$
$\qquad\qquad\qquad\qquad\qquad 1.1 \text{kN/m}^2$

住宅均布荷载为 2.0kN/m^2

因此，增加荷载约占楼面荷载的比例为 $1.1/2.0 = 0.55 \approx 0.5$。

答案：D

10-10 (2004) 一般黏土砖砌体的多层住宅，其自重标准值接近以下哪个数值？

A 110kN/m^2　　B 11kN/m^2　　C 160kN/m^2　　D 16kN/m^2

解析：根据一般工程设计经验总结，黏土砖砌体多层住宅自重标准值接近 16kN/m^2。详见《荷载规范》附录 A 表 A5。

答案：D

10-11 (2001) 普通钢筋混凝土的自重为（　　）kN/m^3。

A 20～21　　　B 22～23　　　C 24～25　　　D 26～27

（注：题中数值有修改。）

解析：钢筋混凝土是最常用的建筑材料之一。根据《荷载规范》附录 A 表 A6，钢筋混凝土自重为 $24 \sim 25 \text{kN/m}^3$。

答案：C

10-12 (1999) 普通钢筋混凝土与砖砌体自重之比为（　　）。

A <1.15　　　B 1.15～1.25　　C 1.25～1.40　　D >1.40

解析：根据《荷载规范》附录 A 表 A，钢筋混凝土自重取 25kN/m^3，烧结普通砖自重为 19kN/m^3，因此，普通钢筋混凝土与砖砌体自重之比为 $25/19 = 1.32$。

答案：C

10-13 钢材和木材自重之比为（　　）。

A 4～6　　　B 5～6　　　C 6～7　　　D >7

解析：根据《荷载规范》附录 A 附表 A，钢材自重为 78.5kN/m^3，木材自重随树种和含水率不同而差别很大，一般在 $4 \sim 9 \text{kN/m}^3$ 之间，现以水曲柳（自重 7kN/m^3）为例，则钢材与木材自重之比为 $78.5/7 = 11.2$。

答案：D

10-14 普通砖尺寸为 240mm×115mm×53mm，现共有砖 2.78t，问共计砖数多少块？

A 800　　　　B 900　　　　C 1000　　　　D 1100

解析：根据《荷载规范》附录 A 表 A，机器制普通砖自重为 19kN/m^3，即 1.9t/m^3，每块烧结普通砖自重为 $0.24 \times 0.115 \times 0.053 \times 1.9 = 2.779 \times 10^{-3} \text{t}$，因此，共计砖数为 $2.78/(2.779 \times 10^{-3}) \approx 1000$ 块。

答案：C

10-15 （2001）一般上人平屋面的均布荷载标准值为（　　）kN/m²。

　　A　0.5　　　　B　0.7　　　　C　1.5　　　　D　2.0（此数值有修改）

　　解析：根据《荷载规范》第5.3.1条表5.3.1，上人屋面的均布活荷载标准值规定为2.0kN/m²。

　　答案：D

10-16 （1994）住宅建筑中，一般情况的阳台活荷载取值比住宅楼面的活荷载取值（　　）。

　　A　大　　　　　　　　　　　　B　小
　　C　相同　　　　　　　　　　　D　如阳台临街则大，否则相同

　　解析：根据《荷载规范》第5.1.1条表5.1.1第1项，住宅楼面均布活荷载标准值为2.0kN/m²。第13项，新规范将阳台分两种情况：（1）可能出现人员密集的情况；（2）其他。前者均布活荷载为3.5kN/m²，后者为2.5kN/m²，二者均比住宅楼面荷载值大；且阳台均布活荷载并不因临街与否有所区别。

　　答案：A

10-17 （2001）我国荷载规范规定的基本风压是以当地比较空旷平坦的地面上，离地面10m高处10min平均风速观测统计得出（　　）一遇最大值确定的。

　　A　10年　　　B　20年　　　C　30年　　　D　50年

　　解析：根据《荷载规范》第2.1.22条规定，基本风压一般按当地空旷平坦地面上10m高度处10min平均的风速观测数据，经概率统计得出50年一遇最大值确定的风速，再考虑相应的空气密度确定。

　　答案：D

10-18 图示单跨封闭式双坡屋面，屋面坡度为1:5，哪一个风荷载体型系数是正确的？

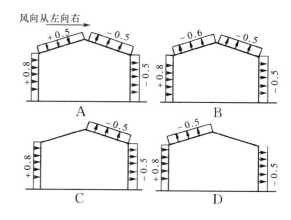

　　解析：根据《荷载规范》第8.3.1条表8.3.1第2项，首先，建筑物在风荷载作用下，迎风面为压力，风荷载体型系数为+0.8，背风面为吸力，风荷载体型系数为−0.5，题中给出的A、B、C、D选项四种情况都是对的；其次，右坡屋面风荷载体型系数为−0.5，题中A、B、C选项都是对的，而D选项被排除；最后，剩下的问题就是分析左坡屋面的风荷载体型系数。

　　根据上述表8.3.1第2项，左坡屋面的风荷载体型系数与屋面坡度α有关，其值 μ_s 根据α角的大小，将由−0.6变为0，再由0变为+0.8。题中屋面坡度为 $\tan^{-1}\alpha = \dfrac{1}{5} = 0.2$，$\alpha = 11.3° < 15°$，因此，$\mu_s = -0.6$。

　　答案：B

10-19 下列有关荷载标准值、设计值、准永久值、荷载效应组合的叙述中，哪一种是

错误的?

A 荷载设计值一般大于荷载标准值
B 荷载准永久值一般小于荷载标准值（高炉邻近建筑的屋面积灰荷载除外）
C 对于承载能力极限状态，应采用荷载效应的基本组合或偶然组合进行设计；对于正常使用极限状态，应根据不同的设计要求，采用荷载的标准组合、频遇组合或准永久组合进行设计
D 验算结构的倾覆、滑移或漂浮时，不考虑荷载分项系数

（注：本题有修改。）

解析：根据《荷载规范》第3.2.4条第3款，对结构的倾覆、滑移或漂浮验算，荷载的分项系数应满足有关的建筑结构设计规范的规定。

答案：D

10-20 (1999) 在一般多层住宅的结构设计中不需考虑下列哪些作用?

Ⅰ．风荷载；Ⅱ．撞击力；Ⅲ．龙卷风；Ⅳ．活荷载

A Ⅰ、Ⅱ　　　　　　　　　　B Ⅱ、Ⅲ
C Ⅱ、Ⅳ　　　　　　　　　　D Ⅰ、Ⅱ、Ⅲ、Ⅳ

解析：在一般多层住宅的结构设计中，不需考虑撞击力和龙卷风，而风荷载和活荷载必须考虑。

答案：B

10-21 (2005) 判别下列荷载中哪些属于活荷载?

Ⅰ．土压力；Ⅱ．风荷载；Ⅲ．积灰荷载；Ⅳ．结构自重

A Ⅰ、Ⅱ　　B Ⅲ、Ⅳ　　C Ⅰ、Ⅳ　　D Ⅱ、Ⅲ

（注：题中局部有修改。）

解析：题中风荷载和积灰荷载属于活荷载，而土压力和结构自重属于静荷载（静荷载亦称恒载、永久荷载）。参见题10-7解析。

答案：D

10-22 判别下列荷载或作用中哪一种是静力荷载?

A 吊车荷载　　B 地震作用　　C 积灰荷载　　D 撞击力

解析：题中积灰荷载属于静力荷载。吊车荷载属于活载（亦称可变荷载），地震作用、撞击力属于偶然荷载，也属于动荷载。

答案：C

10-23 (1999) 我国基本风压的取值范围（以50年一遇考虑）为（　　）kN/m^2。

A 0.025～0.14　　B 0.3～1.85　　C 2.5～14　　D 25～140

（注：题中数值有修改。）

解析：根据《荷载规范》第8.1.2条及全国基本风压分布图，基本风压不得小于$0.3kN/m^2$，最大值为台湾地区宜兰县的$1.85kN/m^2$。

答案：B

10-24 (1999) 图示为四栋建筑物的迎风面，各迎风面高度相同，面积相同，且建筑物的其他条件相同，请判断作用在哪一栋建筑物上的风荷载总值最大?

解析：四栋建筑物高度相同，迎风面面积相同，但A建筑顶部面积较大，高处

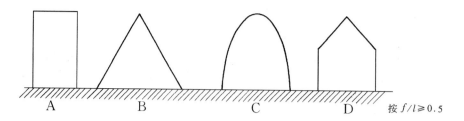

风压大，因此 A 选项建筑物上的风荷载总值最大。另外，对照《荷载规范》表 8.3.1，B 选项对应于第 1 项，C 选项对应于第 3 项，D 选项对应于第 2 项，将各项的体形系数 μ_s 与 A 选项比较，也可以看出，A 选项的风荷载总值最大。

答案：A

10-25 多层停车库的楼面均布活荷载是按下列哪一项确定的？

  A 车的吨位大小   B 楼盖结构形式
  C 车库的规模   D 5kN/m²

（注：此题指普通客车，不包括消防车。）

解析：根据《荷载规范》，是按停车库的楼盖结构形式（单向板楼盖、双向板楼盖和无梁楼盖）来确定楼面均布活荷载的取值的。

答案：B

10-26 在《建筑结构荷载规范》GB 50009—2012 中，将结构上的作用分为如下哪两类？

  A 永久作用和可变作用 B 可变作用和永久作用
  C 直接作用和间接作用 D 间接作用和直接作用

解析：《结构可靠性标准》将施加于结构上的集中或分布荷载，以及引起结构外加变形或约束变形的原因，定义为结构上的作用。引起结构外加变形或约束变形的原因，有地震、基础沉陷、温度变化等。在《荷载规范》第 1.0.4 条中说明："建筑结构设计中涉及的作用应包括直接作用（荷载）和间接作用"。

答案：C

10-27 下列哪一项对结构的作用不属于可变荷载的范畴？

  A 楼面活荷载 B 风荷载 C 雪荷载 D 撞击力或爆炸力

解析：《荷载规范》将荷载分为：永久荷载（恒荷载）、可变荷载（活荷载）及偶然荷载。永久荷载是指结构使用期间，其值不随时间变化的荷载，如结构自重。可变荷载是指在结构使用期间，其值随时间明显变化的荷载，如风荷载、雪荷载、楼面活荷载。偶然荷载是指在结构使用期间不一定出现，一旦出现，其值较大且持续时间较短的荷载，如爆炸力、撞击力等。

答案：D

10-28 计算不上人屋面均布活荷载时，应按以下哪种方法选取计算荷载？

  A 应同时考虑屋面均布活荷载与雪荷载
  B 屋面均布活荷载不应与雪荷载同时考虑，随便选取任一荷载均可
  C 屋面均布活荷载可不与雪荷载和风荷载同时组合
  D 屋面均布活荷载不应与雪荷载同时考虑，取其较小者

解析：房屋建筑的屋面分上人的屋面和不上人的屋面、屋顶花园及屋顶运动场地。《荷载规范》第5.3.3条，不上人屋面的均布活荷载可不与雪荷载和风荷载同时组合，C选项正确。

不上人屋面的均布活荷载是针对检修或维修而规定的。该条文的具体含义可理解为不上人屋面（主要是指那些轻型屋面和大跨屋盖结构）的均布活荷载，可不与雪荷载和风荷载同时考虑。

答案：C

10-29 屋面均布活荷载标准值与以下哪些项无关？

Ⅰ．是否上人；Ⅱ．屋面的面积大小；Ⅲ．是否作为屋顶花园；Ⅳ．屋面标高（即建筑物高度）

A Ⅰ、Ⅲ   B Ⅱ、Ⅳ   C Ⅰ、Ⅱ   D Ⅲ、Ⅳ

解析：按《荷载规范》第5.3.1条屋面均布活荷载标准值仅与其是否上人，及是否作为屋顶花园有关，而与屋面的面积大小、屋面的标高无关。

答案：B

10-30 (2001) 基本雪压是在下面哪种条件下确定的？

A 当地一般空旷平坦地面上统计所得的30年一遇的最大积雪自重
B 当地低洼地面上统计所得的30年一遇的最大积雪自重
C 当地一般空旷平坦地面上统计所得的50年一遇的最大积雪自重
D 建筑物使用期内可能遇到的最大积雪自重

解析：《荷载规范》第2.1.21条，雪荷载的基准压力，一般按当地空旷平坦地面上积雪自重的观测数据，经概率统计得出50年一遇最大值确定。

答案：C

10-31 风荷载标准值 w_k（kN/m^2）与风压高度变化系数 μ_z、基本风压 w_0 存在一定关系，以下几种说法哪个是正确的？

A 建筑物受到风荷载的大小与高度无关
B 建筑物越高，受到的风荷载越小
C 建筑物所受风压与建筑物体形无关
D 建筑物越高，受到的风荷载越大，但超过550m后趋于稳定

解析：根据《荷载规范》表8.2.1可知，建筑物越高，风压高度变化系数 μ_z 越大，但超过550m后趋于稳定。

答案：D

10-32 风压高度变化系数与下列哪个因素有关？

A 建筑物的体形   B 屋面坡度
C 建筑物所处地面的粗糙程度   D 建筑面积

解析：根据《荷载规范》第8.2.1条及表8.2.1可知，在地面上空的气流现象与地面粗糙程度有关。因此，风压高度变化系数根据地面粗糙程度类别确定。

答案：C

10-33 计算基本组合的荷载效应时，永久荷载分项系数的取值下列哪一项是对的？

A 任何情况下均取1.2

B 其效应对结构不利时取 1.2
C 其效应对结构有利时不应大于 1.0
D 验算抗倾覆和滑移时取 1.2

(注：本题局部有修改。)

解析：根据《荷载规范》第 3.2.4 条第 1 款 1)、2)，第 3 款，基本组合的荷载分项系数，当永久荷载效应对结构不利时，对由可变荷载效应控制的组合应取 1.2，对由永久荷载效应控制的组合应取 1.35；当永久荷载效应对结构有利时，不应大于 1.0，对结构的倾覆、滑移或漂浮验算，荷载的分项系数应满足有关的结构设计规范的规定。

答案：C

10-34 荷载效应的基本组合是指下列哪种组合？

A 永久荷载效应与可变荷载效应、偶然荷载效应的组合
B 永久荷载效应与可变荷载效应组合
C 永久荷载效应与偶然荷载效应组合
D 仅考虑永久荷载效应

解析：《荷载规范》第 2.1.13 条，荷载效应的基本组合是承载能力极限状态计算时，永久荷载和可变荷载的组合。B 选项正确。

答案：B

10-35 结构在规定的时间内，在规定的条件下，完成预定功能的能力称为什么？

A 安全性　　　B 适用性　　　C 耐久性　　　D 可靠性

解析：按《结构可靠性标准》第 2.1.23 条的定义，结构在规定的时间内，在规定的条件下，完成预定功能的能力称为可靠性。

答案：D

10-36 (2004) 住宅用户对地面进行二次装修，如采用 20mm 厚水泥砂浆上铺 15mm 厚花岗石面砖，此时楼面增加的荷载（标准值）约占规范规定均布活荷载的多少？

A $\dfrac{1}{2}$　　　　B $\dfrac{1}{3}$　　　　C $\dfrac{1}{4}$　　　　D $\dfrac{2}{3}$

解析：由《荷载规范》附录 A 查得材料自重，装修荷载为：
　　20mm 厚水泥砂浆：$0.02\times 20=0.4\text{kN/m}^2$
　　15mm 厚花岗石面砖：$0.015\times 28=0.42\text{kN/m}^2$
　　增加的荷载：$0.4+0.42=0.82\text{kN/m}^2$
　　住宅活载：2.0kN/m^2
　　所以，$0.82/2.0=0.41=1/2.4$，接近 $1/2$。

答案：A

10-37 (2001) 我国绝大多数地区基本风压数值的范围是多少？

A $0.3\sim 0.8\text{kN/m}^2$　　　　　　　　B $3\sim 8\text{kN/m}^2$
C $0.6\sim 1.0\text{kN/m}^2$　　　　　　　　D $6\sim 10\text{kN/m}^2$

解析：根据《荷载规范》附录 E 中附表 E.5，给出了 50 年一遇的基本风压数

值。我国绝大多数地区基本风压数值范围为0.3~0.8kN/m²。

答案：A

10-38 (2008) 建筑结构的安全等级划分，下列哪一种是正确的？

A. 一级、二级、三级
B. 一级、二级、三级、四级
C. 甲级、乙级、丙级
D. 甲级、乙级、丙级、丁级

解析：《结构可靠性标准》第3.2.1条表3.2.1，建筑结构设计时，应根据结构破坏可能产生的后果，即危及人的生命、造成经济损失、对社会或环境产生影响等的严重性，采用不同的安全等级。建筑结构安全等级的划分应符合表3.2.1（题10-38解表）的规定。

建筑结构的安全等级　　　　　　题10-38解表

安全等级	破坏后果
一级	很严重：对人的生命、经济、社会或环境影响很大
二级	严重：对人的生命、经济、社会或环境影响较大
三级	不严重：对人的生命、经济、社会或环境影响较小

答案：A

十一 钢筋混凝土结构设计

11-1 (2009) 低碳钢的拉伸应力—应变曲线应为下列哪一种？

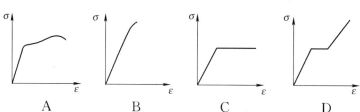

解析：低碳钢在拉伸试验时，开始一段为应力—应变按比例变化的直线弹性阶段，然后进入应力基本不变而应变急剧增加的基本水平线的屈服阶段，之后曲线平缓上升，进入强化阶段，最后进入破坏阶段，曲线下弯直至破坏。

答案：A

11-2 (2009) 减小混凝土收缩，以下哪种措施最有效？
A 增加水泥用量　　　　　　　　B 采用高强度等级水泥
C 增大水胶比　　　　　　　　　D 振捣密实，加强养护

解析：施工中振捣密实、加强养护可减少混凝土收缩；而增加水泥用量、采用高强度等级水泥、增大水胶比均会增加混凝土的收缩。

答案：D

11-3 (2009) 计算矩形截面混凝土梁的受剪承载力时，应采用混凝土的哪种强度取值？
A 轴心抗压强度设计值　　　　　B 轴心抗拉强度设计值
C 轴心抗压强度标准值　　　　　D 轴心抗拉强度标准值

解析：根据《混凝土规范》第6.3.4条、第6.3.5条，对于矩形、T形和工字形截面，其斜截面受剪承载力按下式计算：

$$V \leqslant 0.7 f_t b h_0 + f_{yv} \frac{A_{sv}}{s} h_0$$

对集中荷载作用下（包括作用有多种荷载，其中集中荷载对支座截面或节点边缘所产生的剪力值占总剪力值的75%以上的情况）的独立梁，其斜截面受剪承载力的计算改为下式：

$$V \leqslant \frac{1.75}{\lambda + 1} f_t b h_0 + f_{yv} \frac{A_{sv}}{s} h_0$$

从以上两式可看出，不等式右边第一项均含 f_t，即受剪承载力计算取用混凝土轴心抗拉强度设计值。

答案：B

11-4 (2009) 普通的钢筋混凝土梁中，哪一个不是决定其斜截面抗剪承载力的因素？

A 荷载的分布类型   B 截面尺寸
C 混凝土和钢筋的强度等级   D 纵筋的大小

解析： 根据《混凝土规范》第 6.3.4 条，斜截面受剪承载力的计算公式表明，钢筋混凝土梁斜截面抗剪强度不仅与截面尺寸、混凝土和钢筋的强度等级有关，且与荷载分布类型有关（当集中荷载作用下，且其产生的剪力值占总剪力值的 75% 以上时，斜截面受剪承载力计算中引入了剪跨比 λ）。受剪承载力与纵筋大小无关。

答案： D

11-5 （2009）配箍率适中的钢筋混凝土梁，其斜截面受剪破坏时具有以下哪种特征？

A 延性破坏
B 脆性破坏
C 根据弯矩的大小决定是延性还是脆性破坏
D 根据荷载分布类型决定是延性还是脆性破坏

解析： 根据钢筋混凝土结构的基本理论，钢筋混凝土梁斜截面受剪破坏可归纳为三种主要破坏形态：即斜压破坏、剪压破坏和斜拉破坏。

当剪跨比较小，或腹筋（含箍筋和弯起钢筋）过多时，可能出现斜压破坏，破坏时腹筋未达到屈服强度，属于脆性破坏。当剪跨比较大，或腹筋配置较少时，可能产生斜拉破坏，破坏前无明显预兆，属于脆性破坏。当剪跨比适中，腹筋配置适当时，可能产生剪压破坏，破坏时箍筋先屈服而后混凝土被压碎，破坏前有一定预兆，但这种预兆远没有适筋梁正截面破坏明显。同时，考虑到强剪弱弯的设计要求，斜截面受剪承载力应有较大的可靠性。因此，将剪压破坏归属于脆性破坏。

规范给出了梁的最大配箍量，以避免形成斜压破坏；同时，又规定了最小配箍量，以防止发生斜拉破坏。

答案： B

11-6 （2009）下述钢筋混凝土柱的箍筋作用的叙述中，不对的是（ ）。

A 纵筋的骨架   B 增强斜截面抗剪能力
C 增强正截面抗弯能力   D 增强抗震中的延性

解析： 钢筋混凝土柱中箍筋的作用是：形成柱中纵向钢筋的骨架；当柱作用剪力时，增强斜截面的抗剪能力，同时增强抗震中的延性，A、B、D 选项正确；但与柱的正截面抗弯能力无关（正截面抗弯能力依靠柱的纵向钢筋），C 选项错误。

答案： C

11-7 （2009）钢筋混凝土框架柱的混凝土强度等级为 C50，处于室内正常环境，其纵向受力钢筋的混凝土保护层厚度不应小于钢筋的直径，且不应小于下列哪一个数值？

A 20mm   B 25mm   C 30mm   D 35mm

解析： 根据《混凝土规范》第 8.2.1 条，混凝土保护层厚度不应小于钢筋的公称直径。根据表 8.2.1，处于一类环境（即室内正常环境）的柱，混凝土强度等级为 C50 时，混凝土保护层最小厚度为 20mm。

答案：A

11-8 （2009）钢筋混凝土矩形、T形和工字形截面的受弯构件，其受剪截面控制剪压比的目的，下列哪一种说法是不正确的？

A 防止发生斜压破坏　　　　　B 限制最大配箍率
C 防止发生剪压破坏　　　　　D 限制斜裂缝宽度

解析：钢筋混凝土受弯构件（矩形、T形和工字形截面）斜截面受剪破坏形态可归纳为斜压破坏、剪压破坏和斜拉破坏三种。

斜压破坏和斜拉破坏属于脆性破坏，破坏前无明显的预兆，设计时应予避免。剪压破坏箍筋先屈服而后混凝土被压碎，破坏前有一定预兆。设计时应把构件控制在剪压破坏类型。

根据《混凝土规范》第6.3.1条，矩形、T形和工字形截面的受弯构件，其受剪截面应符合下式：

当 $h_w/b \leqslant 4$ 时，　　$V \leqslant 0.25\beta_c f_c b h_0$（式中参数定义见《混凝土规范》）

将上式作如下变换后，可得：

$$V/(\beta_c f_c b h_0) \leqslant 0.25$$

式中含义就是要控制剪压比。增加箍筋和弯起钢筋可以提高构件的抗剪承载能力，但是不能随意无限制地增加。试验表明，若配置腹筋过多时，在腹筋尚未达到屈服强度以前，受弯构件的腹部混凝土已发生斜压破坏。因此，为了防止发生斜压破坏，规范还规定了最大配箍率：

$$\rho_{sv,max} = 0.12 f_c / f_{yv}$$

为了防止斜截面产生斜拉破坏，规范还规定了最小配箍率：

$$\rho_{sv,min} = 0.02 f_c / f_{yv}$$

当箍筋配置数量适当，斜裂缝产生后，与斜裂缝相交的箍筋不会立即屈服，箍筋限制了斜裂缝的开展，所以，控制剪压比也起到限制斜裂缝宽度的作用。换句话说，限制剪压比的目的就是为了使构件发生剪压破坏。题中A、B、D选项的表述是正确的，C选项是错误的。

答案：C

11-9 （2009）钢筋混凝土矩形截面受弯梁，当受压区高度与截面有效高度 h_0 之比值大于 **0.55** 时，下列哪一种说法是正确的？

A 钢筋首先达到屈服　　　　　B 受压区混凝土首先压溃
C 斜截面裂缝增大　　　　　　D 梁属于延性破坏

解析：对钢筋混凝土矩形截面受弯梁，当受压区高度 x 与截面有效高度 h_0 的比值 $\xi = 0.55$ 时，是适筋梁与超筋梁的界限。当 $x/h_0 > 0.55$ 时为超筋梁。超筋梁破坏是钢筋超量配置未达到屈服时，混凝土先被压坏，属于脆性破坏，设计时应避免。B选项正确。

答案：B

（注：超筋梁与适筋梁的界限破坏受压区高度 $\xi_b = x_b / h_0$ 与材料的强度等级有关。混凝土强度等级小于等于C50时，对HRB335钢筋 $\xi_b = 0.55$，对HRB400钢筋 $\xi_b = 0.518$。）

11-10（2009）钢筋混凝土梁必须对下列哪些项进行计算？

Ⅰ．正截面受弯承载力；Ⅱ．正截面受剪承载力；Ⅲ．斜截面受弯承载力；Ⅳ．斜截面受剪承载力

A　Ⅰ、Ⅱ
B　Ⅰ、Ⅳ
C　Ⅰ、Ⅱ、Ⅲ
D　Ⅰ、Ⅱ、Ⅲ、Ⅳ

解析：钢筋混凝土梁是受弯构件，在荷载作用下将产生弯矩和剪力，弯矩作用下可能发生正截面受弯破坏；同时在弯矩和剪力的共同作用下又可能发生斜截面上的受剪破坏。

答案：B

11-11（2009）在实际工程中，为减少荷载作用在钢筋混凝土结构中引起的裂缝宽度，采取以下哪一种措施是错误的？

A　减小钢筋直径，选用变形钢筋
B　提高混凝土强度，提高配筋率
C　选用高强度钢筋
D　提高构件截面高度

解析：根据《混凝土规范》第7.1.2条式（7.1.2-1），钢筋混凝土受弯构件按荷载效应的标准组合并考虑长期作用影响的最大裂缝宽度按下式计算：

$$w_{max} = \alpha_{cr} \psi \frac{\sigma_{sk}}{E_s} \left(1.9c + 0.08 \frac{d_{eq}}{\rho_{te}}\right)$$

$$\psi = 1.1 - 0.65 \frac{f_{tk}}{\rho_{te} \sigma_{sk}}$$

$$d_{eq} = \frac{\sum n_i d_i^2}{\sum n_i \nu_i d_i}$$

$$\rho_{te} = \frac{A_s}{A_{te}}$$

$$A_{te} = 0.5bh + (b_f - b)h_f$$

$$\sigma_{sk} = \frac{M_k}{0.87 h_0 A_s}$$

从式中可以看出：

减小钢筋直径，d_i^2急剧减小，d_{eq}亦随之急剧减小，裂缝宽度w_{max}减小；

选用变形钢筋，ν_i增大，d_{eq}减小，裂缝宽度减小；

减小纵向钢筋保护层厚度，c减小，裂缝宽度减小；

提高构件截面高度，h_0增加，σ_{sk}减小，裂缝宽度减小；

增加纵向受拉钢筋面积（即提高配筋率），ρ_{te}增大，裂缝宽度减小；

提高混凝土强度等级，f_{tk}增大，ψ减小，裂缝宽度减小。

以上措施均可减小裂缝宽度。因此，A、B、D选项的表述均是正确的。

根据《混凝土规范》第4.2.5条表4.2.5，钢筋的弹性模量随钢筋强度的提高略有降低（即E_s降低），因此，裂缝宽度呈增大趋势。C选项的表述是错误的。

答案：C

11-12（2009）钢筋混凝土结构中，Ⅰ16代表直径为16mm的何种钢筋？

A HPB300　　　B HRB335　　　C HRB400　　　D RRB400

解析：见《混凝土规范》第 4.2.2 条表 4.2.2-1，⊕符号代表 HRB335 级钢筋。

答案：B

11-13 (2008) 我国确定混凝土强度等级采用的标准试件为（　　）。

A 直径 150mm、高 300mm 的圆柱体
B 直径 300mm、高 150mm 的圆柱体
C 边长为 150mm 的立方体
D 边长为 300mm 的立方体

解析：《混凝土规范》第 4.1.1 条规定，混凝土强度等级应按立方体抗压强度标准值确定。立方体抗压强度标准值系采用边长为 150mm 的立方体试件，按规定方法测得的抗压强度。

答案：C

11-14 (2008) 下列关于混凝土收缩的叙述，哪一项是正确的？

A 水泥强度等级越高，收缩越小　　　B 水泥用量越多，收缩越小
C 水胶比越大，收缩越大　　　　　　D 环境温度越低，收缩越大

解析：根据混凝土的特性，水泥强度等级越高，水泥用量越多，水胶比越大，混凝土的收缩也越大。环境温度只影响收缩的快慢，对收缩大小无影响。

答案：C

11-15 (2008) 钢筋混凝土结构的混凝土强度等级不应低于（　　）。

A C10　　　B C15　　　C C20　　　D C25

解析：根据《混凝土规范》第 4.1.2 条，钢筋混凝土结构的混凝土强度等级不应低于 C20。

答案：C

11-16 (2008) 热轧钢筋经过冷拉之后，其强度和变形性能的变化是（　　）。

A 抗拉强度提高，变形性能提高　　B 抗拉强度提高，变形性能降低
C 抗拉强度、变形性能不变　　　　D 抗拉强度提高，变形性能不变

解析：热轧钢筋经过冷拉后，抗拉强度提高，但延伸性即变形性能降低。

答案：B

11-17 (2008) 下列哪一组性能属于钢筋的力学性能？

Ⅰ．拉伸性能；Ⅱ．塑性性能；Ⅲ．冲击韧性；Ⅳ．冷弯性能；Ⅴ．焊接性能

A Ⅰ、Ⅱ、Ⅲ　　B Ⅱ、Ⅲ、Ⅳ　　C Ⅲ、Ⅳ、Ⅴ　　D Ⅰ、Ⅱ、Ⅳ

解析：要注意区别钢筋的力学性能和钢材的机械性能。在钢筋混凝土中，钢筋的力学性能指标包含 4 项，即屈服强度、极限抗拉强度、伸长率和冷弯性能。在钢结构中，钢材的机械性能指标包含 5 项，即屈服强度、抗拉强度、伸长率、冷弯性能和冲击韧性。题中冲击韧性一项是对钢结构中的钢材而言的，属于机械性能，焊接性能属于工艺性能，既不属于力学性能，也不属于机械性能。

答案：D

11-18 (2008) 当采用钢绞线作为预应力钢筋时，混凝土强度等级不宜低于（　　）。

A C25　　　　B C30　　　　C C35　　　　D C40

解析：《混凝土规范》第4.1.2条规定："预应力混凝土结构的混凝土强度等级不宜低于C40，且不应低于C30"。

答案： D

11-19 (2008) 钢筋混凝土构件保护层厚度设计时可不考虑下列何项因素？

A 钢筋种类　　　　　　　　B 混凝土强度等级
C 构件使用环境　　　　　　D 构件类别

解析： 根据《混凝土规范》第8.2.1条表8.2.1可知，混凝土构件保护层厚度与环境类别、构件类型、混凝土强度等级有关。当环境较差时，保护层厚度应取大些。当构件为板、墙、壳时，因这类构件本身就较薄，构件的计算高度 h_0 对钢筋大小影响较为敏感，因此保护层厚度应取小些（此时，露筋问题由施工时采取固定钢筋位置的办法解决），对于梁、柱、杆构件，保护层厚度可取大些。从表中可看出，保护层厚度与所用的钢筋种类无关。

答案： A

11-20 (2003) 受力钢筋的混凝土保护层最小厚度取决于以下哪些要求？

Ⅰ.构件的耐久性；Ⅱ.构件的抗裂要求；Ⅲ.钢筋的强度；Ⅳ.构件的种类

A Ⅰ、Ⅲ　　　　　　　　　B Ⅰ、Ⅳ
C Ⅱ、Ⅲ　　　　　　　　　D Ⅲ、Ⅳ

解析： 参见《混凝土规范》第8.2.1条。纵向受力钢筋的混凝土保护层最小厚度由环境类别（与耐久性相关）、构件种类和混凝土强度决定。

答案： B

11-21 (2008) 钢筋混凝土结构构件的配筋率计算与以下哪项因素无关？

A 构件截面高度　　　　　　B 构件的跨度
C 构件的钢筋面积　　　　　D 构件截面宽度

解析： 钢筋混凝土结构构件的配筋率 $\rho = A_s/bh_0$，从式中可看出，配筋率与构件的截面宽度和高度及钢筋面积有关，与构件的跨度无关。

答案： B

11-22 (2003) 钢筋混凝土构件的最小配筋率与以下哪些因素有关？

Ⅰ.构件的受力类型；Ⅱ.构件的截面尺寸；Ⅲ.混凝土的强度等级；Ⅳ.钢筋的抗拉强度

A Ⅰ、Ⅱ　　　　　　　　　B Ⅰ、Ⅱ、Ⅲ
C Ⅰ、Ⅲ、Ⅳ　　　　　　　D Ⅱ、Ⅲ、Ⅳ

解析：《混凝土规范》第8.5.1条，钢筋混凝土构件的最小配筋率与构件的受力类型、混凝土的强度等级和钢筋的强度等级有关。

答案： C

11-23 (2008) 下列对先张法预应力混凝土结构和构件的描述何项不正确？

A 适用于工厂批量生产　　　B 适用于方便运输的中小型构件
C 适用于曲线预应力钢筋　　D 施工需要台座设施

解析： 先张法预应力混凝土结构和构件，一般适用于工厂批量生产的中小型构件，在工厂中设有固定的台座设施，采用直线配筋。

先张法与后张法适用条件及其特点可参见下表。

先张法与后张法适用条件及其特点　　　题11-23解表

	适用条件	构件类型	张拉设备及锚具的使用	预应力的传递	预应力筋的配置形式
先张法	适用于工厂制作	一般用于中、小型构件	可重复使用设备及锚具	通过预应力钢筋与混凝土之间的粘结力传递	采用直线配筋
后张法	可用于工厂，也可用于现场制作	适用于大型构件	锚具需固定在构件上，不能重复使用	预应力依靠钢筋端部的锚具传递	可采用直线配筋，也可采用曲线配筋

答案：C

11-24 (2008) 控制和减小钢筋混凝土结构构件裂缝宽度的措施，下列何项错误？

A 采用预应力技术　　　　　　B 在相同配筋率下，采用较大直径钢筋
C 提高配筋率　　　　　　　　D 采用带肋钢筋

解析：采用预应力技术，适当提高构件的配筋率，采用带肋钢筋，可以控制和减小钢筋混凝土结构构件裂缝宽度，A、C、D选项正确。在相同配筋率时，采用直径较细、间距较密的钢筋，比采用粗直径、稀间距的钢筋对控制和减少裂缝宽度更有利（特别是楼板），B选项错误。

答案：B

11-25 (2008) 在室内正常环境下，钢筋混凝土构件的最大允许裂缝宽度为下列何值？

A 0.003mm　　B 0.03mm　　C 0.3mm　　D 3mm

解析：根据《混凝土规范》第3.4.5条表3.4.5，室内正常环境属一类。根据规范第3.3.4条表3.3.4，处于一类环境的钢筋混凝土构件，裂缝控制等级为三级，最大裂缝宽度限值为0.3mm。对预应力混凝土结构，裂缝控制等级仍为三级，但裂缝宽度限值减小为0.2mm。表3.3.4附注1中还规定，对处于年平均相对湿度小于60%地区一类环境下的钢筋混凝土受弯构件，其最大裂缝宽度限值可放宽为0.4mm。

答案：C

11-26 (2008) 对钢筋混凝土构件施加预应力的目的为下列何项？

A 提高构件的极限承载力　　　B 提高构件的抗裂度和刚度
C 提高构件的耐久性　　　　　D 减小构件的徐变

解析：对钢筋混凝土构件施加预应力的目的是为了提高构件的抗裂度和刚度，B选项正确；在截面尺寸、材料强度等级和配筋相同的条件下，普通钢筋混凝土构件与预应力混凝土构件的受弯承载力相等，A选项错误。施加预应力也可间接提高构件的耐久性、减小构件的徐变，但不是施加预应力的主要目的。

答案：B

11-27 (2008) 下列对钢骨混凝土柱中钢骨与混凝土作用的分析，何项不正确？

A 增加钢骨可以提高柱子的延性
B 增加钢骨可以提高柱子的抗压承载力
C 钢骨的主要作用在于提高柱子的抗弯承载力
D 外围混凝土有利于钢骨柱的稳定

解析：在钢筋混凝土柱中增设型钢（钢骨），可以提高柱子的延性和抗压承载力，同时，外围混凝土有利于钢骨柱的稳定（A、B、D选项正确），但对柱子的抗弯承载力影响不大（C选项错误）。梁中配置型钢才对抗弯起作用。

答案：C

11-28 (2008) 对钢筋混凝土结构超长而采取的下列技术措施何项不正确？

  A 采取有效的保温隔热措施 B 加大屋顶层混凝土楼板的厚度
  C 楼板中增设温度钢筋 D 板中加设预应力钢筋

解析：在《混凝土规范》第8.1.1条表8.1.1中，对各种不同结构类别的结构提出了伸缩缝最大间距的要求。对建筑物屋面和外墙加强保温隔热措施，有利于缓解和防止建筑物构件开裂，A选项正确；在楼板中增设温度筋（一般设置在现浇板跨中上部），在现浇板中设置预应力钢筋（一般设在厚板的中部），也有利于缓解和防止混凝土开裂，C、D选项正确。但若加大屋顶层混凝土楼板的厚度（即加大屋面板的刚度），将进一步阻碍板与下面的结构构件（墙或梁）的自由伸缩变形，对缓解和防止开裂反而是不利的，B选项错误。

答案：B

11-29 (2008) 关于后张有粘结预应力混凝土的下述理解，何者正确？

  Ⅰ．需要锚具传递预应力；Ⅱ．不需要锚具传递预应力；Ⅲ．构件制作时必须预留孔道；Ⅳ．张拉完毕不需要进行孔道灌浆

  A Ⅰ、Ⅲ B Ⅰ、Ⅳ C Ⅱ、Ⅲ D Ⅱ、Ⅳ

解析：在预应混凝土结构中，按施加预应力工艺的不同分先张法和后张法两种，按预应力传递方式的不同分有粘结和无粘结两种。后张有粘结预应力混凝土所用的锚具固定在结构构件上，预应力依靠钢筋端部的锚具来传递，制作时需在构件中预留孔道，穿入预应力钢筋，张拉后往孔道灌浆。根据上述分析，可知题中第Ⅰ、Ⅲ项的表述是正确的，第Ⅱ、Ⅳ项是错误的。

答案：A

11-30 (2008) 建筑结构的安全等级划分，下列哪项是正确的？

  A 一级、二级、三级 B 一级、二级、三级、四级
  C 甲级、乙级、丙级 D 甲级、乙级、丙级、丁级

解析：根据《结构可靠性标准》第3.2.1条表3.2.1，混凝土结构按建筑结构破坏后果的严重程度，划分为一级、二级、三级三个安全等级。

答案：A

11-31 (2008) 钢筋混凝土板的截面如图所示，其最小配筋率为0.31%，经计算板的弯矩配筋面积 $A_s=386mm^2/m$，板的实际配筋应取( )。

  A $\phi10@200$ （$A_s=393mm^2/m$）
  B $\phi10@180$ （$A_s=436mm^2/m$）

C $\phi10@160$ ($A_s=491mm^2/m$)

D $\phi10@120$ ($A_s=654mm^2/m$)

解析：板宽取 1000mm，题中给出经计算板的弯矩配筋面积为 386mm²/m，而根据最小配筋率为：$A_s=\mu_{min}bh_0=0.31\%\times1000\times150=465mm^2/m$，取二者中之大值与括弧中值对照，应取 491mm²/m。

答案：C

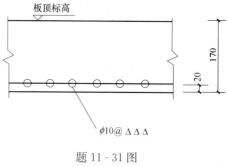

题 11-31 图

11-32 （2008）按建筑结构制图标准规定，图示符号表示下列何项内容？

A 预应力钢绞线

B 机械连接的钢筋接头

C 预应力张拉端锚具

D 预应力固定端锚具

题 11-32 图

解析：根据《结构制图标准》第 3.1.1 条表 3.1.1-2，题中图示表示预应力张拉端锚具。

答案：C

11-33 （2007）混凝土强度等级是根据下列何项确定的？

A 立方体抗压强度标准值 B 立方体抗压强度设计值

C 圆柱体抗压强度标准值 D 圆柱体抗压强度设计值

解析：根据《混凝土规范》第 4.1.1 条，混凝土强度等级按立方体抗压强度标准值确定。

答案：A

11-34 （2007）当简支梁承受向下荷载时，其下部的纵向受力钢筋承受何种应力？

A 剪应力 B 拉应力

C 压应力 D 拉应力和压应力

解析：简支梁承受向下荷载时，下部为受拉区，下部的纵向受力钢筋承受拉应力。

答案：B

11-35 （2007）控制混凝土的碱含量，其作用是（　　）。

A 减小混凝土的收缩 B 提高混凝土的耐久性

C 减小混凝土的徐变 D 提高混凝土的早期强度

解析：控制混凝土的最大碱含量，是结构混凝土材料耐久性的基本要求。碱含量过高，可能发生碱骨料反应，引起混凝土结构破坏，影响耐久性。《混凝土规范》第 3.5.3 条表 3.5.3 对混凝土材料的最大碱含量作了明确规定。

答案：B

11-36 （2007）对于热轧钢筋（如 HRB335），其强度标准值取值的依据是（　　）。

A 弹性极限强度 B 屈服强度标准值

C 极限抗拉强度 D 断裂强度

解析：根据《混凝土规范》第 4.2.2 条表 4.2.2-1，热轧钢筋 HRB335 强度标准值根据屈服强度标准值确定。

答案：B

11-37 (2007) 钢管混凝土构件在纵向压力作用下，关于其受力性能的描述，下列何项是错误的？

A 延缓了核心混凝土受压时的纵向开裂
B 提高了核心混凝土的塑性性能
C 降低了核心混凝土的承载力，但提高了钢管的承载力
D 提高了钢管管壁的稳定性

解析：钢管混凝土构件在纵向压力作用下，混凝土受到钢管的约束接近三向受力状态，钢管约束混凝土的横向变形，提高了核心混凝土的塑性性能。混凝土也提高了钢管壁的稳定性。从而使钢管柱的承载能力大幅度提高。

答案：C

11-38 (2007) 钢筋与混凝土之间的粘结强度与下列哪些因素有关？

Ⅰ．混凝土强度等级；Ⅱ．混凝土弹性模量；Ⅲ．混凝土保护层厚度；Ⅳ．钢筋表面粗糙程度；Ⅴ．钢筋强度标准值

A Ⅰ、Ⅱ、Ⅲ B Ⅰ、Ⅲ、Ⅳ
C Ⅱ、Ⅳ、Ⅴ D Ⅰ、Ⅲ、Ⅴ

解析：混凝土强度越高，保护层厚度越大，采用带肋钢筋（钢筋表面粗糙）会使二者之间粘结强度提高。粘结强度与混凝土弹性模量、钢筋强度无关。

答案：B

11-39 (2007) 下列哪种钢筋不宜用作预应力钢筋？

A 钢绞线 B 冷轧钢筋
C 热处理钢筋 D 消除应力钢丝

解析：由于冷轧钢筋的延性差，强度亦不高，在新版规范中冷加工钢筋不再列入。

答案：B

11-40 (2007) 为控制大体积混凝土的裂缝，采用下列何项措施是错误的？

A 选用粗骨料 B 选用快硬水泥
C 掺加缓凝剂 D 减少水泥用量，降低水灰比

解析：大体积混凝土的开裂，主要是由于在水化过程中产生的热量造成，快硬水泥的选用将增加混凝土内部不同部位水化速度的差异，进而使开裂更加恶化。

答案：B

11-41 (2007) 下列关于预应力混凝土的论述何项是错误的？

A 无粘结预应力采用后张法施工
B 水下环境中的结构构件应采用有粘结预应力
C 中等强度钢筋不适用作为预应力筋，是由于其有效预应力低
D 施加预应力的构件，抗裂性提高，故在使用阶段都是不开裂的

解析：先张法通过钢筋与混凝土之间的粘结力传递应力，因而先张法不能采用无粘结预应力，A 选项正确。水下环境中预应力钢筋容易锈蚀，应采用有粘结预应力，B 选项正确。为了获得较高的有效预应力，应采用高强度钢筋，C 选项正确。虽然预应力构件具有良好的抗开裂性能，但并不能保证在使用阶段完全不开裂。是否开裂，应视预应力的大小及使用荷载的大小确定，D 选项错误。

答案：D

11-42（2007）下列关于钢筋混凝土性质的叙述，哪一项是错误的？

    A 混凝土收缩与水泥强度等级、水泥用量有关
    B 混凝土裂缝宽度与钢筋直径、混凝土强度等级、保护层厚度有关
    C 钢筋强度越高，在混凝土中的锚固长度可越短
    D 钢筋和混凝土共同工作，钢筋主要受拉，混凝土主要受压

解析：水泥强度等级越高，水泥用量越多，混凝土越易收缩，A 选项正确；钢筋直径越粗，混凝土强度等级越高，保护层越厚，混凝土裂缝宽度越大，B 选项正确；钢筋强度越高，在混凝土中所需的锚固长度应越长，C 选项错误；在钢筋混凝土共同工作中，钢筋主要受拉，混凝土主要受压，D 选项正确。

答案：C

11-43（2007）因结构超长需在楼板内设置预应力钢筋，其设置部位何项正确？

    A 设在板顶部   B 设在板底部
    C 设在板厚中部   D 跨中设在板顶，支座设在板底

解析：超长结构在楼板内设置预应力钢筋防裂，预应力钢筋应设置在板厚的中部。

答案：C

11-44（2007）对钢管混凝土柱中钢管作用的下列描述，何者不正确？

    A 钢管对管中混凝土起约束作用
    B 加设钢管可提高柱子的抗压承载能力
    C 加设钢管可提高柱子的延性
    D 加设钢管可提高柱子的长细比

解析：钢管对混凝土起到约束作用，使混凝土接近于三向受力状态，钢管约束混凝土的横向变形，提高了混凝土的塑性能力，从而使钢筋混凝土柱的承载能力大幅度提高，A、B、C 选项正确，但钢管对柱子的长细比无影响，D 选项错误。

答案：D

11-45（2007）关于先张法预应力混凝土的表述下列何者正确？

    Ⅰ．在浇灌混凝土前张拉钢筋；Ⅱ．在浇灌混凝土后张拉钢筋；Ⅲ．在台座上张拉钢筋；Ⅳ．在构件端部混凝土上直接张拉钢筋

    A Ⅰ+Ⅲ   B Ⅰ+Ⅳ
    C Ⅱ+Ⅲ   D Ⅱ+Ⅳ

解析：先张法预应力混凝土在浇灌混凝土前张拉钢筋，一般在工厂中台座上

进行。

答案：A

11-46 (2007) 图示钢筋混凝土拉杆截面，混凝土抗拉强度设计值 $f_t=1.43\text{N/mm}^2$，钢筋的抗拉强度设计值 $f_y=360\text{N/mm}^2$，当不限制混凝土的裂缝宽度时，拉杆的最大受拉承载力设计值是（　　）。

A　217.1kN
B　241.2kN
C　289.4kN
D　418.1kN

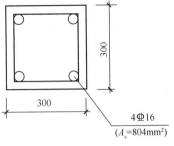

题 11-46 图

解析：在钢筋混凝土受拉杆件最大受拉承载力计算中，混凝土不参加工作。$N=f_y A_s=360\times804=289440\text{N}=289.4\text{kN}$。

答案：C

11-47 (2013) 混凝土结构设计规范中，HPB300 钢筋用下列哪种符号表示？

A　ϕ　　　B　Φ　　　C　Φ　　　D　Φ

解析：参见《混凝土规范》表 4.2.2-1。

答案：A

11-48 (2007) 机械连接的钢筋接头，下列哪一种图例形式是正确的？

A ―▭▭▭―　　B ―▭―　　C ―┤―　　D ―┼―

解析：根据《结构制图标准》第 3.1.1 条表 3.1.1-1，B 选项表示机械连接的钢筋接头。

答案：B

11-49 (2006) 混凝土的收缩对钢筋混凝土和预应力混凝土结构构件产生影响，以下叙述中错误的是（　　）。

A　会使两端固定的钢筋混凝土梁产生拉应力或裂缝
B　会使长度较长的钢筋混凝土连续梁、板产生拉应力或裂缝
C　会使预应力混凝土构件中预应力值增大
D　会使混凝土结构房屋的竖向构件产生附加的剪力

解析：混凝土的收缩会使预应力混凝土构件中的预应力值产生损失（预应力值减小）。

答案：C

11-50 (2006) 下列何种措施可以减小混凝土的徐变？

A　采用低强度等级水泥　　　　B　加大水胶比
C　增加粗骨料含量　　　　　　D　增大构件截面压应力

解析：水泥强度等级越高，徐变越大。因此，采用低强度等级水泥可减小混凝土的徐变。

答案：A

11-51 (2006) 用于确定混凝土强度等级的立方体试件,其抗压强度保证率为（   ）。

    A 100%   B 95%

    C 90%   D 85%

解析：根据《混凝土规范》第 4.1.1 条，混凝土立方体的抗压强度保证率为 95%。

答案：B

11-52 (2006) 设计中采用的钢筋混凝土适筋梁,其受弯破坏形式为（   ）。

    A 受压区混凝土先达到极限应变而破坏

    B 受拉区钢筋先达到屈服，然后受压区混凝土破坏

    C 受拉区钢筋先达到屈服，直至被拉断，受压区混凝土未破坏

    D 受拉区钢筋与受压区混凝土同时破坏

解析：适筋梁的受弯破坏形式为：受拉区钢筋先达到屈服，然后受压区混凝土破坏。

答案：B

11-53 (2006) 预应力混凝土结构的预应力筋强度等级要求较普通钢筋高,其主要原因是（   ）。

    A 预应力钢筋强度除满足使用荷载作用所需外，还要同时满足受拉区混凝土的预压应力要求

    B 使预应力混凝土构件获得更高的极限承载能力

    C 使预应力混凝土结构获得更好的延性

    D 使预应力钢筋截面减小而有利于布置

解析：混凝土结构通过张拉预应力筋使构件受拉区产生预压应力，避免裂缝过早出现。预应力钢筋强度不高，就不可能产生较高的预压应力。

答案：A

11-54 (2006) 矿渣硅酸盐水泥具有以下何种特性？

    A 早期强度高，后期强度增进率小

    B 抗冻性能好

    C 保水性能好

    D 水化热低

解析：矿渣硅酸盐水泥早期强度低，抗冻性能差，保水性能差，水化热较低。

答案：D

11-55 (2006) 我国现行《混凝土结构设计规范》中，预应力钢绞线、钢丝和热处理钢筋的强度标准值由以下何值确定？

    A 强度设计值   B 屈服强度

    C 极限抗压强度   D 极限抗拉强度

解析：预应力钢绞线、钢丝和热处理钢筋无明显的屈服点和屈服台阶，其强度标准值根据极限抗拉强度确定。

答案：D

11-56 (2006) 下列哪种结构构件可以采用无粘结预应力筋作为受力钢筋?
A 悬臂大梁　　　　　　　B 水下环境中的结构构件
C 高腐蚀环境中的结构构件　D 板类构件
解析：无粘结预应力筋仅适用于跨度较小、室内正常环境的板类构件。
答案：D

11-57 (2006) 对于室内正常环境的预应力混凝土结构，设计使用年限为 100 年时，规范要求其混凝土最低强度等级为（　　）。
A C25　　　　　　　　　B C30
C C35　　　　　　　　　D C40
解析：根据《混凝土规范》第 3.5.5 条，当设计使用年限为 100 年时，预应力混凝土结构的最低强度等级为 C40。
答案：D

11-58 (2006) 对后张法预应力混凝土，下列何项不适用?
A 大型构件　　　　　　　B 工厂预制的中小型构件
C 现浇构件　　　　　　　D 曲线预应力钢筋
解析：工厂预制的中、小型构件，为了满足大规模生产的需要，采用先张法施工。
答案：B

11-59 (2006) 在混凝土内掺入适量膨胀剂，其主要目的为下列何项?
A 提高混凝土早期强度
B 减少混凝土干缩裂缝
C 延缓凝结时间，降低水化热
D 使混凝土在负温下水化，达到预期强度
解析：在混凝土内掺入适量的膨胀剂，可以使混凝土体积产生微量膨胀，以补偿混凝土收缩产生的裂缝。
答案：B

11-60 (2006) 当有防水要求时，高层建筑地下室外墙混凝土强度等级和抗渗等级除按计算确定外分别不应小于（　　）。
A C30，0.4MPa　　　　　B C30，0.6MPa
C C35，0.6MPa　　　　　D C35，0.8MPa
解析：当有防水要求时，高层建筑地下室外墙混凝土强度等级和抗渗等级分别不应小于 C30 和 0.6MPa。
答案：B

11-61 (2006) 某单跨钢筋混凝土框架如图，梁顶、底面配筋相同，当 P 增加时，问下列何处首先出现裂缝?
A 梁左端上表面
B 梁右端上表面
C 梁左端下表面
D 梁右端下表面

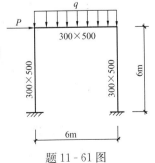

题 11-61 图

解析：在均布荷载 q 作用下，弯矩图如解图（a）所示；在集中荷载 P 作用下，弯矩图如解图（b）所示。随着荷载 P 的增加，A 点弯矩值逐渐减小，B 点弯矩值逐渐增大［因图（a）、(b) A 点弯矩值异号，B 点弯矩值同号］。B 点上表面受拉，因此，裂缝将首先出现在梁右端上表面。

答案：B

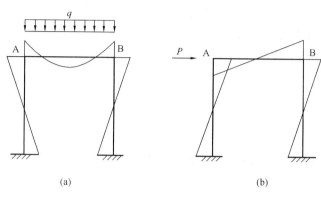

题 11-61 解图

11-62（2006）对于某钢筋混凝土悬挑雨篷（挑板式），下列表述中哪些是正确的？
Ⅰ．上表面无防水措施，负筋①要考虑露天环境的影响；Ⅱ．上表面无防水措施，负筋①不要考虑露天环境的影响；Ⅲ．建筑外防水对结构配筋没有影响；Ⅳ．建筑外防水对结构配筋有影响

A Ⅰ、Ⅲ　　　　B Ⅱ、Ⅲ
C Ⅰ、Ⅳ　　　　D Ⅱ、Ⅳ

图 11-62 图

解析：由于混凝土中的钢筋在受外界环境的影响时容易被腐蚀，影响结构的耐久性，因此，建筑外防水对结构配筋有影响。题中挑檐板如无防水措施，负筋①应适当增大混凝土保护层厚度，从而使板的受力筋随之加大些。

答案：C

11-63（2006）钢筋混凝土板柱结构中，对托板作用的以下表述，哪些是正确的？
Ⅰ．提高柱顶部位楼板的抗冲切能力；Ⅱ．提高柱顶部位楼板的抗剪能力；Ⅲ．提高楼板跨中部位的抗弯能力；Ⅳ．减小楼板的计算跨度

A Ⅰ、Ⅱ、Ⅲ　　　B Ⅰ、Ⅱ、Ⅳ
C Ⅱ、Ⅲ、Ⅳ　　　D Ⅰ、Ⅲ、Ⅳ

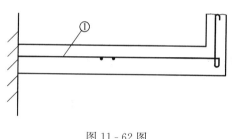

题 11-63 图

解析：钢筋混凝土板柱体系中的柱帽（托板），对提高柱顶部位楼板的抗冲切能

力和抗剪能力、减小楼板的计算跨度有利，第Ⅰ、Ⅱ、Ⅳ项正确。跨中的抗弯能力与托板无关，第Ⅲ项错误。

答案：B

11-64 （2006）某现浇钢筋混凝土单跑梁式楼梯（如图），两端与楼层梁整浇，在下列几种梯梁截面中，哪种最合适？

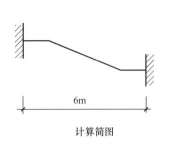
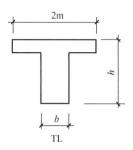

题 11-64 图

A $b×h=200×1000$ B $b×h=250×250$
C $b×h=400×500$ D $b×h=1000×200$

解析：图示单跑梁式楼梯上下端与楼层梁整浇，可按固接考虑，参照一般设计经验，梁的高跨比可取 1/14～1/8 之间。

答案：C

11-65 （2006）关于预应力混凝土构件的描述，下列何者准确？
Ⅰ．预制预应力圆孔板，采用的是先张法；
Ⅱ．预应力叠合板采用的是后张法；
Ⅲ．后张有粘结预应力混凝土构件中应留设预应力筋孔道，后灌浆；
Ⅳ．后张无粘结预应力混凝土构件中只需留设无粘结预应力筋，后张拉
A Ⅰ、Ⅱ、Ⅳ   B Ⅰ、Ⅱ、Ⅲ   C Ⅰ、Ⅲ、Ⅳ   D Ⅱ、Ⅲ、Ⅳ

解析：预应力圆孔板，在工厂制作，采用先张法，第Ⅰ项正确。预应力叠合板是在预应力预制板上现浇一层叠合层，采用先张法，第Ⅱ项错误。压张有粘结预应力混凝土构件是在构件中预设孔道，穿上预应力钢筋张拉后灌浆，第Ⅲ项正确。后张无粘结预应力混凝土构件则只在预设孔道中穿预应力筋后张拉，不灌浆，第Ⅳ项正确。

答案：C

11-66 （2006）某现浇钢筋混凝土框架结构，顶层现浇女儿墙（板）总长度 **60m**，以下哪组分缝间距及缝宽符合规范要求？

A @10m，30mm   B @20m，30mm
C @30m，50mm   D @40m，50mm

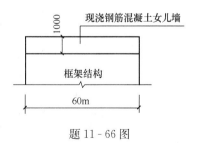

题 11-66 图

解析：女儿墙属屋顶上的外部结构，受外界温差影响较大。根据《混凝土规范》第 8.1.1 条表 8.1.1 注 4，其伸缩缝间距不宜大于 12m，缝宽一般可取 30mm。

答案：A

11-67 (2006) 钢筋混凝土井式楼盖的选用，下列哪一种说法是适宜的？
A 两边之比应为1　　　　B 长边与短边的比不宜大于1.5
C 长边与短边的比不宜大于2.0　　D 长边与短边的比不宜大于2.5

解析：钢筋混凝土井式楼盖宜用于正方形或矩形（长短边比值小于1.5）的房间。这样有利于将板面荷载均匀地向两个方向的支座传递，使长、短向受力和配筋合理。

答案：B

11-68 (2006) 钢筋混凝土升板结构的柱网尺寸，下列哪一个数值是较经济的？
A 6m左右　　B 8m左右　　C 9m左右　　D 10m左右

解析：建筑物柱网接近方形，柱距小于8m左右时，采用升板结构较适宜。

答案：B

11-69 (2006) 框架梁支座截面尺寸及纵向受力钢筋配筋如图所示，混凝土强度等级C25（$f_c=11.9\text{N}/\text{mm}^2$），采用HRB335级钢筋（$f_y=300\text{N}/\text{mm}^2$）；当不计入梁下部纵向受力钢筋的受压作用时，要使梁端截面混凝土受压区高度满足$x \leqslant 0.35h_0$的要求，梁的截面高度h至少应为下列哪一个数值？

A $h=450$mm　　B $h=500$mm
C $h=550$mm　　D $h=600$mm

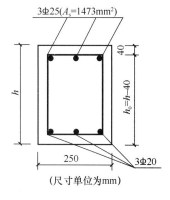

题11-69图

解析：根据《混凝土规范》第6.2.10条式(6.2.10-2)：
$\alpha_1 f_c b x = f_y A_s$，将$x=0.35h_0$代入后，可得

$$h_0 = \frac{f_y A_s}{0.35 \alpha_1 f_c b} = \frac{300 \times 1473}{0.35 \times 1.0 \times 11.9 \times 250}$$

$$= 424\text{mm}$$

$$h = h_0 + 40 = 464\text{mm} \approx 500\text{mm}$$

答案：B

11-70 (2006) 框支梁构件的代号，正确的是下列哪一种？
A KZL　　B KL　　C KCL　　D CZL

解析：根据《结构制图标准》附录A表A，框支梁的代号为KZL。

答案：A

11-71 (2005) 关于混凝土徐变的叙述，以下哪一项正确？
A 混凝土徐变是指缓慢发生的自身收缩
B 混凝土徐变是在长期不变荷载作用下产生的
C 混凝土徐变持续时间较短
D 粗骨料的含量与混凝土的徐变无关

解析：混凝土在长期不变荷载的作用下，变形随时间而增长的现象称为徐变。

答案：B

11-72 (2005) 粉煤灰硅酸盐水泥具有以下何种特性?
A 水化热高
B 早期强度低,后期强度发展高
C 保水性能差
D 抗裂性能较差

解析: 粉煤灰硅酸盐水泥早期强度较低,后期强度增长较快;水化热较低;耐硫酸盐腐蚀及耐水性较好;干缩性较小。

答案: B

11-73 (2005) 箍筋配置数量适当的钢筋混凝土梁,其受剪破坏形式为下列何种?
A 梁剪弯段中混凝土先被压碎,其箍筋尚未屈服
B 受剪斜裂缝出现后,梁箍筋立即达到屈服,破坏时以斜裂缝将梁分为两段
C 受剪斜裂缝出现并随荷载增加而发展,然后箍筋达到屈服,直到受压区混凝土达到破坏
D 受拉纵筋先屈服,然后受压区混凝土破坏

解析: 箍筋配置适当的钢筋混凝土梁,受剪破坏通常为剪压破坏。接近破坏时,会产生一条临界裂缝,随着荷载的继续增加,与临界斜裂缝相交的箍筋先达到屈服强度,然后剪压区混凝土达到极限强度,产生剪压破坏。

答案: C

11-74 (2005) 用于确定混凝土强度等级的立方体试件边长尺寸为下列何种?
A 200mm B 150mm C 120mm D 100mm

解析: 根据《混凝土规范》第4.1.1条,立方体试件边长为150mm。

答案: B

11-75 (2005) 无粘结预应力混凝土结构中的预应力钢筋,需具备的性能有( )
Ⅰ.较高的强度等级; Ⅱ.一定的塑性性能; Ⅲ.与混凝土间足够的粘结强度; Ⅳ.低松弛性能
A Ⅰ、Ⅱ、Ⅲ
B Ⅰ、Ⅲ、Ⅳ
C Ⅰ、Ⅱ、Ⅲ、Ⅳ
D Ⅰ、Ⅱ、Ⅳ

解析: 为了获得较高的有效预应力值,预应力钢筋应具有较高的强度等级,且应具有一定的塑性性能和低松弛性能。无粘结预应力混凝土依靠端头锚具传递预应力,钢筋与孔道之间不灌浆,因此,不存在通过粘结强度来传递应力。

答案: D

11-76 (2005) 我国现行《混凝土结构设计规范》提倡的钢筋混凝土结构的主力钢筋是( )。
A HPB300 B HRB335 C HRB400 D RRB400

解析: 现行规范提倡采用强度较高的钢筋,如HRB400等,性价比高,钢筋强度等级提高与国际接轨。

答案: C

11-77 (2005) 规范规定:在严寒地区,与无侵蚀性土壤接触的地下室外墙最低混凝土强度等级为下列何项?
A C25 B C30 C C35 D C40

解析: 根据《混凝土规范》第3.5.2条表3.5.2,在严寒和寒冷地区冰冻线以下

(以上)与无侵蚀性的水或土壤直接接触的环境类别属于二a(二b),第3.5.3条,表3.5.3,最低混凝土强度等级为C25(C30)。

答案:A(B)

11-78 (2013)钢筋混凝土结构在非严寒和非寒冷地区的露天环境下的最低混凝土强度等级是(　　)。

A　C25　　　　B　C30　　　　C　C35　　　　D　C40

解析:参见《混凝土规范》表3.5.2,在非严寒和非寒冷地区的露天环境,其环境类别属二a类。查表3.5.3,最低混凝土强度等级为C25。

答案:A

11-79 (2005)钢筋和混凝土两种材料能有效结合在一起共同工作,下列何种说法不正确?

A　钢筋与混凝土之间有可靠的粘结强度

B　钢筋与混凝土两种材料的温度线膨胀系数相近

C　钢筋与混凝土都有较高的抗拉强度

D　混凝土对钢筋具有良好的保护作用

解析:混凝土硬结后,两者之间产生了良好的粘结力,能可靠地结合在一起,A选项正确。钢筋和混凝土两种材料的温度线膨胀系数很接近,当温度变化时,不致产生较大的温度应力而破坏两者之间的粘结,B选项正确。由于混凝土抗压强度高,抗拉强度很低,在拉应力处于很小的状态下即出现裂缝,影响了构件的使用。为了提高构件的承载力,在构件中配置一定数量的钢筋,用钢筋承担拉力而让混凝土承担压力,充分发挥了两种材料的力学特性,从而使构件的承载力得到很大提高,C选项错误。此外,由于钢筋混凝土构件中的钢筋得到外围混凝土的保护,使其具有良好的耐火性能,D选项正确。

答案:C

11-80 (2005)受力预埋件的锚筋严禁采用下列何种钢筋?

A　HPB300级钢筋　　　　B　HRB335级钢筋

C　HRB400级钢筋　　　　D　冷加工钢筋

解析:由于钢筋经冷加工以后延性大幅度损失,容易发生脆性断裂破坏而引起恶性事故。此外锚筋与锚板焊接也可能使冷加工后提高的强度因焊接受热"回火"而丧失,作为受力的主要材料很不可靠,故严禁使用。根据《混凝土规范》第9.7.1条,受力预埋件应采用HRB400或HPB300钢筋,严禁采用冷加工钢筋。

答案:D

11-81 (2005)预应力混凝土结构不宜采用下列何项钢筋?

A　钢绞线　　　　　　　B　钢丝

C　热轧钢筋　　　　　　D　预应力螺纹钢筋

解析:根据《混凝土规范》第4.2.1条,预应力筋宜采用预应力钢丝、钢绞线和预应力螺纹钢筋。由于热轧钢筋强度低,不宜用于预应力混凝土结构中。

答案:C

11-82 (2005) 某钢筋混凝土现浇板,周边支承在梁上,受力钢筋配置如下,下列哪种配筋组合最为合适?

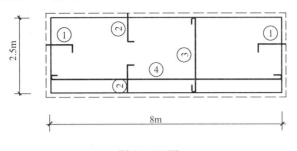

题 11-82 图

Ⅰ.板顶钢筋①; Ⅱ.板顶钢筋②; Ⅲ.板底钢筋③; Ⅳ.板底钢筋④
A Ⅲ、Ⅳ B Ⅰ、Ⅲ
C Ⅰ、Ⅱ、Ⅲ D Ⅰ、Ⅱ、Ⅲ、Ⅳ

解析:题图现浇板按其长、短边尺寸比例属单向板,板上荷载通过短向传至支座。图中钢筋③为短向受力钢筋,根据计算要求确定;钢筋④为沿长跨布置的分布筋,主要起形成钢筋网骨架,将板上荷载传至钢筋③以及抵抗温度应力的作用,其钢筋截面面积不宜小于短向的15%,且不宜小于该方向截面面积的0.15%,其直径不宜小于6mm,且间距不宜大于250mm,另外,当集中荷载较大时,分布筋截面面积应适当增加,且其间距不宜大于200mm;钢筋②和①为沿周边配置的上层钢筋,主要作用是抵抗支座可能存在的负弯矩,防止支座产生裂缝,其直径不宜小于8mm(上层钢筋太细,施工时可能被踩塌),间距不宜大于200mm,其截面面积不宜小于板跨中相应方向纵向钢筋截面面积的1/3。综上所述,题中现浇板配置的四种钢筋都是需要的。

答案:D

11-83 (2005) 钢筋混凝土预制板,板长1600mm,板宽 b(见题图),下述对预制板的认识,何种正确?

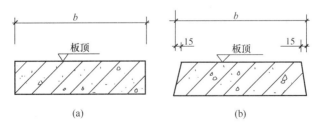

题 11-83 图

Ⅰ.预制板截面如图(a),板侧边不留小坡,便于支模;
Ⅱ.预制板截面如图(b),板侧边留坡,美观需要;
Ⅲ.预制板截面如图(b),板侧边留坡,便于辨认及利于灌缝;
Ⅳ.取板宽 $b=500$mm,重量适度,有利于施工安装
A Ⅰ B Ⅱ

C Ⅲ、Ⅳ　　　　　　　　　　　　D Ⅱ、Ⅲ、Ⅳ

解析：题中图示预制板常用于供暖管沟盖板，板侧边留坡的目的不是由于美观需要，而是便于安装时辨认方向，防止板底受拉钢筋颠倒至板顶，同时便于灌缝，第Ⅰ、Ⅱ项错误，第Ⅲ项正确。实际施工制作时，板宽一般取500mm，是为了控制每块板的重量，便于安装，第Ⅳ项正确。

答案：C

11-84 (2005) 合理配置预应力钢筋，下述主要作用哪些叙述正确？
Ⅰ.可提高构件的抗裂度；Ⅱ.可提高构件的极限承载能力；Ⅲ.可减小截面受压区高度，增加构件的转动能力；Ⅳ.可适当减小构件截面的高度

A Ⅰ、Ⅱ　　　　　　　　　　　　B Ⅰ、Ⅳ
C Ⅰ、Ⅱ、Ⅲ　　　　　　　　　　D Ⅰ、Ⅱ、Ⅲ、Ⅳ

解析：合理配置预应力钢筋的主要目的之一就是增加构件截面的受压区高度，减少受拉区高度，提高构件的抗震性能，第Ⅲ项错误。由于混凝土开裂减少，使构件的抗弯刚度有所提高，因此，在设计时可适当减小构件截面的高度，第Ⅰ、Ⅳ项正确。但对钢筋施加预应力并不能提高构件的极限承载能力，第Ⅱ项错误。

答案：B

11-85 (2005) 某工程位于平均相对湿度大于60%的一类环境下，其钢筋混凝土次梁（以受弯为主）的裂缝控制等级和最大裂缝宽度限值取下列何值为宜？

A 三级，0.2mm　　　　　　　　B 三级，0.3mm
C 三级，0.4mm　　　　　　　　D 二级，0.2mm

解析：根据《混凝土规范》第3.4.5条表3.4.5，平均相对湿度大于60%的一类环境下，钢筋混凝土构件裂缝控制等级为三级，最大裂缝宽度限值为0.3mm。

答案：B

11-86 (2005) 根据《混凝土结构设计规范》，非抗震设计的钢筋混凝土剪力墙结构中，剪力墙的最小截面厚度要求为下列何值？
Ⅰ.墙厚 $t_w \geq 140$mm；Ⅱ.墙厚 $t_w \geq 160$mm；Ⅲ.墙厚 t_w 不宜小于楼层高度的1/25；Ⅳ.墙厚 t_w 不宜小于楼层高度的1/20

A Ⅰ、Ⅲ　　　　　　　　　　　　B Ⅰ、Ⅳ
C Ⅱ、Ⅲ　　　　　　　　　　　　D Ⅱ、Ⅳ

解析：根据《混凝土规范》第9.4.1条，支承预制楼（屋面）板的墙，其厚度不宜小于140mm，对剪力墙结构尚不宜小于层高的1/25。

答案：A

11-87 (2005) 如图所示，某钢筋混凝土连梁截面250mm×550mm，现浇钢筋混凝土楼板，楼板厚100mm，梁上穿圆洞，其洞直径和洞位置下列何种符合规范要求？

A 梁高中线与洞中心重合，$d \leq 200$mm
B 洞顶贴板底，$d \leq 200$mm

C 梁高中线与洞中心重合，$d \leqslant 150$mm

D 洞顶贴板底，$d \leqslant 150$mm

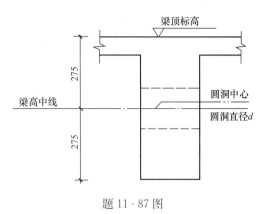

题 11-87 图

解析：根据《高层混凝土规程》第 7.2.27 条第 2 款，穿过连梁的管道宜预埋套管，洞口上下的有效高度不宜小于梁高的 1/3，且不宜小于 200mm，所以 $d \leqslant 550 - 200 \times 2 = 150$mm。

答案：C

11-88 （2005）某现浇钢筋混凝土框架—剪力墙结构，需留设施工后浇带，其带宽 b 及其后浇时间如下，问何项符合规范要求？

A $b=800$mm，结构封顶两个月后

B $b=800$mm，本层混凝土浇灌两个月后

C $b=600$mm，本层混凝土浇灌两个月后

D $b=600$mm，结构封顶两个月后

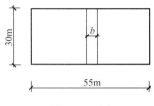

题 11-88 图

解析：《高层混凝土规程》第 4.3.13 条第 3 款，施工后浇带间距 30～40m，带宽 800～1000mm，钢筋采用搭接接头，后浇带混凝土宜在两个月后浇灌。

答案：B

11-89 （2005）某工程采用现浇钢筋混凝土结构，其次梁（以受弯为主）计算跨度 $L_0 = 8.5$m，使用中对挠度要求较高，已知：其挠度计算值为 **42.5mm**，起拱值为 **8.5mm**，下述关于次梁的总挠度复核结论何项正确？

A 挠度 $f=42.5$mm$>L_0/250=34$mm，不满足规范要求

B 挠度 $f=42.5$mm$>L_0/300=28.3$mm，不满足规范要求

C 挠度 $f=42.5-8.5=34$mm$=L_0/250$，满足规范要求

D 挠度 $f=42.5-8.5=34$mm$>L_0/300=28.3$mm，不满足规范要求

解析：根据《混凝土规范》第 3.4.3 条表 3.4.3 及注 2、3，如梁构件制作时预先起拱，且使用上也允许，在验算挠度时，可将计算所得的挠度值减去起拱值。故次梁的总挠度值为：$f=42.5-8.5=34$mm，大于规范限值：$L_0/300=8500/300=28.3$mm，不满足规范要求（使用上对挠度有较高要求的构件，挠度限值为 $L_0/300$）。

答案：D

11-90 （2005）根据《混凝土规范》，住宅建筑现浇单向简支楼板的最小厚度，不应小于下列哪一个数值？

A 60mm　　　　　　　B 80mm

C 100mm　　　　　　D 120mm

解析：根据《混凝土规范》第 9.1.2 条第 2 款，现浇单向板的最小厚度为 60mm。

答案：A

11-91 （2005）钢筋混凝土双向密肋楼盖的肋间距，下列哪一种数值范围较为合理？

A 400～600mm　　　　B 700～1000mm
C 1200～1500mm　　　D 1600～2000mm

解析：钢筋混凝土双向密肋楼盖的肋间距，设计中一般取700～1000mm较为合理。

答案：B

11-92 （2005）二级抗震等级的框架梁支座截面尺寸及纵向受力钢筋的配筋如题图所示，混凝土强度等级C25（$f_c=11.9\text{N}/\text{mm}^2$），采用HRB335级钢筋（$f_y=300\text{N}/\text{mm}^2$）；当不计入梁下部纵向受力钢筋的受压作用时，要使梁端截面混凝土受压区高度满足$x \leqslant 0.35h_0$的要求，梁的截面高度h至少应为下列哪一个数值？

A $h=450$mm　　　B $h=500$mm
C $h=550$mm　　　D $h=600$mm

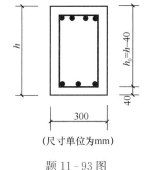
题 11-92 图

解析：根据《混凝土规范》第6.2.10条式(6.2.10-2)，$\alpha_1 f_c b x = f_y A_s$，将$x=0.35h_0$代入，可得：

$$h_0 = \frac{f_y A_s}{0.35\alpha_1 f_c b} = \frac{300 \times 1520}{0.35 \times 1.0 \times 11.9 \times 250} = 438\text{mm}$$

$$h = h_0 + 40 = 478\text{mm} \approx 500\text{mm}$$

答案：B

11-93 （2005）抗震设计时，框架梁截面尺寸如题图所示，混凝土强度等级C25（$f_c=11.9\text{N}/\text{mm}^2$），$\gamma_{RE}=0.85$，梁端截面组合剪力设计值$V=490.0$kN，当梁的跨高比大于2.5时，根据截面抗剪要求，梁的截面尺寸$b \times h$至少要采用下列哪一个数值？

A 300×650　　　B 300×600
C 300×550　　　D 300×500

解析：根据《混凝土规范》第11.3.3条式(11.3.3-1)，当梁的跨高比大于2.5：

$$V \leqslant \frac{1}{\gamma_{RE}}(0.20\beta_c f_c b h_0)$$

$$h_0 \geqslant \frac{\gamma_{RE} \cdot V}{0.20\beta_c f_c b} = \frac{0.85 \times 490 \times 10^3}{0.20 \times 1.0 \times 11.9 \times 300} = 583\text{mm}$$

$$h = h_0 + 40 = 623\text{mm} \approx 650\text{mm}$$

答案：A

11-94 （2004）图示一个埋在地下的有顶盖的钢筋混凝土矩形水池，长AB=5m，宽5m，高AE=3m。问以下关于池壁ABFE受四周土压力计算简图的叙述，哪项正确？

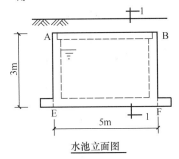
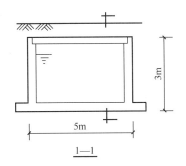

水池立面图　　　　　　　1—1

题 11-94 图

A 四边简支　　　　　　　　B 三边简支、一边自由
C 三边嵌固、一边简支　　　D 三边嵌固、一边自由

解析：图示水池顶盖为预制板，当池壁 ABEF 与池底板及两侧池壁之间通过钢筋可靠拉结时，在四周土压力作用下，其计算简图可按三边嵌固、一边简支考虑。

答案：C

11-95 (2004) 钢筋混凝土构件中，钢筋和混凝土两种材料能结合在一起共同工作的条件，以下叙述正确的是(　　)。

Ⅰ. 两者之间有很强的粘结力；Ⅱ. 混凝土能保护钢筋不锈蚀；Ⅲ. 两者在正常使用温度下线膨胀系数相近；Ⅳ. 两者受拉或受压的弹性模量相近

A Ⅰ、Ⅱ、Ⅲ　　B Ⅱ、Ⅲ、Ⅳ　　C Ⅰ、Ⅱ、Ⅳ　　D Ⅰ、Ⅲ、Ⅳ

解析：钢筋混凝土构件中，两种材料能结合在一起共同工作，是由于两者之间有很强的粘结力，混凝土能保护钢筋不锈蚀，且两者在正常使用温度下的线膨胀系数相近，第Ⅰ、Ⅱ、Ⅲ项正确。但其弹性模量相差近10倍，第Ⅳ项错误。

答案：A

11-96 (2004) 钢筋在混凝土中的锚固长度与以下何因素无关？

A 钢筋的表面形状　　　　　B 构件的配筋率
C 钢筋和混凝土的强度等级　D 钢筋直径

解析：根据《混凝土规范》第 8.3.1 条式 (8.3.1-1)，普通钢筋在混凝土中的基本锚固长度为：$L_{ab}=\alpha\dfrac{f_y}{f_t}d$，钢筋锚固长度与钢筋表面形状有关，带肋钢筋所需的锚固长度比光圆钢筋小；锚固长度与钢筋抗拉强度设计值和钢筋直径成正比，与混凝土的轴心抗拉强度设计值成反比。但锚固长度与构件的配筋率无关。

答案：B

11-97 (2004) 混凝土强度等级以 C×× 表示，C 后面的数字 ×× 为以下哪一项？

A 立方体试件抗压强度标准值（N/mm²）
B 混凝土轴心抗压强度标准值（N/mm²）
C 混凝土轴心抗压强度设计值（N/mm²）

D 混凝土轴心抗拉强度标准值（N/mm²）

解析：C后面的数字××表示混凝土立方体抗压强度标准值，单位为N/mm²。

答案：A

11-98 (2004) 钢筋混凝土梁、板中预埋的设备检修用吊钩，采用以下何种钢筋最好？

A HPB300　　　B HRB335　　　C HRB400　　　D RRB400

解析：根据《混凝土规范》第9.7.6条，吊环应采用HPB300钢筋或Q235B圆钢。

答案：A

11-99 (2004) 混凝土的徐变与很多因素有关，以下叙述何为不正确的？

A 水泥用量愈多，水胶比愈大，徐变愈大

B 增加混凝土的骨料含量，徐变将减小

C 构件截面的应力愈大，徐变愈小

D 养护条件好，徐变小

解析：题中C选项叙述不正确，其他均正确。

答案：C

11-100 (2004) 钢筋混凝土结构的混凝土强度等级不应低于以下哪个级别？

A C10　　　B C15　　　C C20　　　D C25

解析：根据《混凝土规范》第4.1.2条，钢筋混凝土结构的混凝土强度等级不应低于C20。

答案：C

11-101 (2004) 当采用钢绞线作为预应力钢筋时，混凝土强度等级不宜低于多少？

A C30　　　B C35　　　C C40　　　D C60

解析：钢绞线属于预应力钢筋。根据《混凝土规范》第4.1.2条，预应力混凝土结构的混凝土强度等级不宜低于C40，且不应低于C30。

答案：C

11-102 (2004) 下列选项中哪一个全面叙述了与混凝土结构耐久性有关的因素？

Ⅰ．环境类别；Ⅱ．设计使用年限；Ⅲ．混凝土强度等级；Ⅳ．混凝土中的碱含量；Ⅴ．混凝土中氯离子含量

A Ⅰ、Ⅱ、Ⅲ　　　　　　　　B Ⅲ、Ⅳ、Ⅴ

C Ⅰ、Ⅱ、Ⅲ、Ⅳ　　　　　　D Ⅰ、Ⅱ、Ⅲ、Ⅳ、Ⅴ

解析：根据《混凝土规范》第3.5.2条表3.5.2，第3.5.3条表3.5.3，耐久性要求与环境类别、最大水胶比、最低混凝土强度等级、最大氯离子含量、最大碱含量有关。第3.5.5条，使用年限为100年的混凝土，对最低混凝土强度等级、最大氯离子含量、最大碱含量提出了更高的要求。

答案：D

11-103 (2004) 已经计算完毕的框架结构，后来又加上一些剪力墙，是否更安全可靠？

A 不安全　　　　　　　　　　B 更安全

C 下部楼层的框架不安全　　　D 不能肯定

解析：框架—剪力墙结构，在建筑物的底部是剪力墙帮助框架，在上部是框架帮助剪力墙。因此，加墙后可能引起上部楼层的框架不安全。

答案：A

11-104 （2004）为了提高圆形截面轴心受压钢筋混凝土柱的承载能力，下列选项中哪一个全面叙述了其因素？

Ⅰ．提高混凝土强度等级；Ⅱ．减小柱子的长细比；Ⅲ．箍筋形式改为螺旋式箍筋；Ⅳ．箍筋加密

A Ⅰ、Ⅱ、Ⅲ、Ⅳ　　　　　　B Ⅰ、Ⅱ、Ⅲ
C Ⅰ、Ⅲ、Ⅳ　　　　　　　　D Ⅰ、Ⅱ、Ⅳ

解析：圆形截面轴压柱，提高混凝土强度等级，减小柱子长细比，采用螺旋箍筋及箍筋加密等措施均能提高柱的承载能力。

答案：A

11-105 （2004）对于高度、截面尺寸、配筋以及材料强度完全相同的长柱，在以下何种支承条件下轴心受压承载力最大？

A 两端嵌固　　　　　　　　B 两端铰接
C 上端嵌固，下端铰接　　　　D 上端铰接，下端嵌固

解析：轴压柱的承载能力与两端支承条件有关，嵌固比铰接承载能力大。

答案：A

11-106 （2004）采取以下何种措施能够最有效地减小钢筋混凝土受弯构件的挠度？

A 提高混凝土强度等级　　　　B 加大截面的有效高度
C 增加受拉钢筋的截面面积　　D 增加受压钢筋的截面面积

解析：钢筋混凝土受弯构件，加大截面的有效高度对减小挠度最有效。

答案：B

11-107 （2004）现浇钢筋混凝土无梁楼板的最小厚度为以下何值？

A 100mm　　B 150mm　　C 200mm　　D 250mm

解析：根据《混凝土规范》第9.1.2条表9.1.2，无梁楼板厚度不应小于150mm。

答案：B

11-108 （2004）现浇钢筋混凝土剪力墙结构，当屋面有保温或隔热措施时，伸缩缝的最大间距为以下何值？

A 40m　　　B 45m　　　C 55m　　　D 65m

解析：根据《混凝土规范》第8.1.1表8.1.1，现浇剪力墙结构，当屋面有保温或隔热措施时，伸缩缝最大间距为45m。

答案：B

11-109 （2004）现浇挑檐、雨罩等外露结构的伸缩缝间距不宜大于以下何值？

A 10m　　　B 12m　　　C 14m　　　D 16m

解析：根据《混凝土规范》第8.1.1条表8.1.1注4，现浇挑檐、雨罩等外露结构的局部伸缩缝间距不宜大于12m。

答案：B

11-110 (2004) 一多层仓库为柱网 6m×6m 的钢筋混凝土无梁楼盖体系，处于非地震区，活荷载标准值为 5kN/m²，下列楼板厚度的哪一个范围是较为经济合理的？

A 120～150mm   B 200～250mm
C 350～400mm   D 400～450mm

解析：钢筋混凝土无梁楼盖楼板的经济厚度与柱的抗冲切承载力有关，其影响因素主要有混凝土强度、柱帽形式及尺寸，是否在板中设置抗冲切钢筋等。参见《混凝土规范》第 9.1.2 条表 9.1.2，无梁楼板最小厚度不应小于 150mm。题中活荷载较大，根据设计经验，板厚一般取跨度的 1/30～1/35，取 200～250mm 较为合理。

答案：B

11-111 (2004) 拟在 7 度地震区建造一幢八层商场，柱网尺寸为 9m×9m，采用框架—剪力墙结构体系，框架柱承受轴向压力设计值为 13900kN，柱轴压比限值为 0.9，混凝土强度等级为 C40，f_c＝19.1N/mm²，下列柱截面尺寸哪一个是经济合理的？

A 650mm×650mm   B 750mm×750mm
C 900mm×900mm   D 1100mm×1100mm

解析：根据轴压比定义：$\mu = \dfrac{N}{f_c A_c}$，可得：

$$A_c = \dfrac{N}{\mu f_c} = \dfrac{13900 \times 10^3}{19.1 \times 0.9} = 808610 \text{mm}^2$$

柱截面采用方形，边长为：$b = \sqrt{808610} \approx 900$mm。

答案：C

11-112 (2004) 现浇框架结构，在未采取可靠措施时，其伸缩缝最大间距，下列哪一个数值是正确的？

A 55m   B 65m   C 75m   D 90m

解析：根据《混凝土规范》第 8.1.1 条表 8.1.1，现浇框架结构在室内或土中环境时，其伸缩缝最大间距为 55m。

答案：A

11-113 (2004) 一柱截面尺寸为 500mm×500mm，f_c＝14.3N/mm²，f_{ck}＝20.1N/mm²，承受的轴向压力标准值为 2010kN，假定荷载分项系数为 1.25，此柱的轴压比应是下列哪一个数值？

A 0.4   B 0.5   C 0.562   D 0.703

解析：根据轴压比定义：

$$\mu = \dfrac{N}{f_c A_c} = \dfrac{1.25 \times 2010 \times 10^3}{500 \times 500 \times 14.3} = 0.703$$

答案：D

11-114 (2004) 一钢筋混凝土矩形截面梁,截面尺寸如图,混凝土强度等级 C20,$f_c = 9.6\text{N/mm}^2$,构件剪力设计值 403.2kN,根据受剪要求梁高 h 至少应为下列哪一个尺寸?

A 700mm　　B 560mm
C 600mm　　D 740mm

解析：根据《混凝土规范》第 6.3.1 条式 6.3.1-1：
$$V \leqslant 0.25\beta_c f_c b h_0$$
$$h_0 = \frac{V}{0.25\beta_c f_c b} = \frac{403.2 \times 10^3}{0.25 \times 1.0 \times 9.6 \times 300} = 560\text{mm}$$
$$h = h_0 + 40 = 600\text{mm}$$

答案：C

11-115 (2004) 一钢筋混凝土梁,截面尺寸见图,弯矩设计值为 150kN·m,采用 C25,$f_c = 11.9\text{N/mm}^2$,$f_y = 360\text{N/mm}^2$,计算所需的钢筋面积（近似取内力臂为 $0.9h_0$）。

A 827mm²　　B 902mm²
C 1102mm²　　D 716mm²

解析：按近似计算：
$$A = \frac{M}{0.9h_0 f_y} = \frac{150 \times 10^6}{0.9 \times 560 \times 360} = 827\text{mm}^2$$

答案：A

11-116 (2004) 图示钢筋混凝土肋形梁板结构楼面,板的自重及均布静荷载合计为 5kN/m^2。以下在静载下主梁的计算简图哪个正确?（梁自重忽略不计）

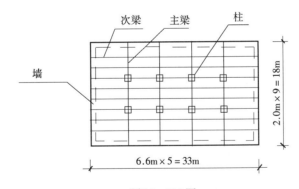

题 11-116 图

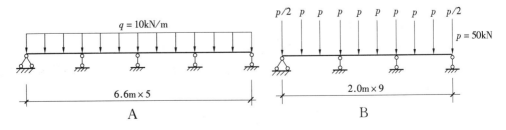

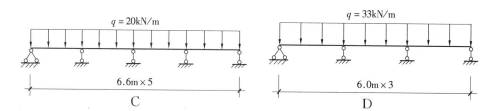

解析：图中板为单向板，板自重及均布静荷载通过次梁以集中荷载的形式传到主梁，由于忽略主梁、次梁自重，因此主梁上仅作用集中荷载而无均布荷载。

答案：B

11-117 (2004) 普通钢筋强度标准值 f_{yk}、强度设计值 f_y 和疲劳应力幅限值 Δf_y^f 三者之间的关系，以下何种描述为正确？

A $f_{yk} > f_y > \Delta f_y^f$　　B $f_{yk} < f_y < \Delta f_y^f$　　C $f_y > f_{yk} > \Delta f_y^f$　　D $\Delta f_y^f > f_{yk} > f_y$

解析：钢筋强度标准值最大，其值除以钢筋材料分项系数为强度设计值，分项系数大于1，而钢筋的疲劳强度最低。

答案：A

11-118 (2004) 预应力钢筋固定端锚具的图例，下列何种表达方式是正确的？

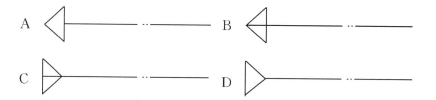

解析：根据《制图标准》第3.1.1条表3.1.1-2，题中D选项所表示的预应力钢筋固定端锚具是正确的，C选项为张拉端锚具。

答案：D

11-119 钢筋混凝土梁的裂缝控制要求为(　　)。

A　一般要求不出现裂缝

B　裂缝宽度不大于0.1mm

C　裂缝宽度不大于0.2mm

D　裂缝宽度允许值根据环境类别要求确定

解析：参见《混凝土规范》第3.5.2条、第3.4.5条。根据环境类别、裂缝控制等级（三级），查最大裂缝宽度。

答案：D

11-120 (1999) 一根普通钢筋混凝土梁，已知：Ⅰ.混凝土和钢筋的强度等级；Ⅱ.截面尺寸；Ⅲ.纵向受拉钢筋的直径和根数；Ⅳ.纵向受压钢筋的直径和根数；Ⅴ.箍筋的直径、间距和肢数；Ⅵ.保护层厚度。在确定其斜截面受剪承载力时，应考虑上述哪些因素？

A　Ⅰ、Ⅱ、Ⅲ、Ⅳ　　　　　　　　B　Ⅰ、Ⅱ、Ⅲ、Ⅳ、Ⅴ

C　Ⅰ、Ⅱ、Ⅴ、Ⅵ　　　　　　　　D　Ⅰ、Ⅱ、Ⅲ、Ⅳ、Ⅴ、Ⅵ

解析：根据《混凝土规范》第6.3.4条、第6.3.5条，对于矩形、T形和工字形截面梁，当同时配有箍筋和弯起钢筋时，其斜截面受剪承载力按下式计算：

$$V \leqslant V_{cs} + 0.8f_y A_{sb} \sin\alpha_s = 0.7f_t bh_0 + f_{yv}\frac{A_{sv}}{s}h_0 + 0.8f_y A_{sb}\sin\alpha_s$$

式中 V——配置弯起钢筋处的剪力设计值；

　　　V_{cs}——构件斜截面上混凝土和箍筋的受剪承载力设计值；

　　　f_y——普通钢筋抗拉强度设计值；

　　　A_{sb}——同一弯起平面内的弯起钢筋的截面面积；

　　　α_s——斜截面上弯起钢筋的切线与构件纵向轴线的夹角；

　　　f_t——混凝土轴心抗拉强度设计值；

　　　b——截面宽度；

　　　h_0——截面有效高度；

　　　f_{yv}——箍筋抗拉强度设计值；

　　　A_{sv}——配置在同一截面内箍筋各肢的全部截面面积；

　　　s——沿构件长度方向箍筋的间距。

上式表示，梁截面抗剪能力由混凝土、箍筋、弯起钢筋三部分承担。斜截面受剪承载能力与题中Ⅰ、Ⅱ、Ⅴ、Ⅵ项有关，而与Ⅲ、Ⅳ项无关。

答案：C

11-121 一根普通钢筋混凝土梁，已知：Ⅰ．混凝土和钢筋的强度等级；Ⅱ．截面尺寸；Ⅲ．纵向受拉钢筋的直径和根数；Ⅳ．纵向受压钢筋的直径和根数；Ⅴ．箍筋的直径，间距和肢数；Ⅵ．保护层厚度。在确定其正截面受弯承载力时，应考虑上述哪些因素？

A　Ⅰ、Ⅱ、Ⅲ、Ⅳ　　　　　　　B　Ⅰ、Ⅱ、Ⅲ、Ⅴ
C　Ⅰ、Ⅱ、Ⅲ、Ⅳ、Ⅵ　　　　　D　Ⅰ、Ⅱ、Ⅲ、Ⅴ、Ⅵ

解析：根据钢筋混凝土结构基本理论，影响钢筋混凝土梁正截面受弯承载力的因素有：材料（包括混凝土和钢筋）的强度等级、截面宽度和高度、受拉及受压钢筋面积、截面有效高度（题中Ⅵ保护层厚度与截面有效高度h_0有关），但与箍筋面积（直径、间距、肢数）无关。

答案：C

11-122 (1994) 钢筋混凝土楼盖梁如出现裂缝，应按下述哪一条处理？

A　不允许的　　　　　　　　　B　允许，但应满足构件变形的要求
C　允许，但应满足裂缝宽度的要求　D　允许，但应满足裂缝开展深度的要求

解析：根据《混凝土规范》第3.4.4条，对钢筋混凝土结构构件应根据使用要求选用不同的裂缝控制等级，规范将裂缝控制等级分为三级：一级为严格要求不出现裂缝的构件；二级为一般要求不出现裂缝的构件；三级为允许出现裂缝的构件。因此，并非所有钢筋混凝土结构构件均不允许出现裂缝，而是要根据规范的要求作具体分析。本题的钢筋混凝土楼盖梁在规范第3.5.2条表3.5.2中，属于环境类别为一类的一般构件，按第3.4.5条表3.4.5规定，裂缝控

等级属三级，最大裂缝允许宽度为 0.3 (0.4) mm。因此，钢筋混凝土楼盖梁允许出现裂缝，但要满足规范规定的最大裂缝宽度的要求。

答案：C

11-123 (1999) 室外受雨淋的钢筋混凝土构件如出现裂缝时，下列规定何者是正确的？

A 不允许

B 允许，但应满足构件变形的要求

C 允许，但应满足裂缝开展宽度的要求

D 允许，但应满足裂缝开展深度的要求

解析：根据《混凝土规范》第 3.5.2 条表 3.5.2，题中环境属于二 a 类环境，又按第 3.3.5 条表 3.3.5，裂缝控制等级属三级，最大裂缝宽度允许值为 0.2mm。

答案：C

11-124 (1999) 按规范确定钢筋混凝土构件中纵向受拉钢筋最小锚固长度时，下列因素：Ⅰ．混凝土的强度等级；Ⅱ．钢筋的钢号；Ⅲ．钢筋的外形（光圆、带肋等）；Ⅳ．钢筋末端是否有弯钩；Ⅴ．是否有抗震要求，哪些是应考虑的？

A Ⅰ、Ⅱ、Ⅲ、Ⅳ   B Ⅰ、Ⅱ、Ⅲ、Ⅴ

C Ⅰ、Ⅲ、Ⅳ、Ⅴ   D Ⅱ、Ⅲ、Ⅳ、Ⅴ

解析：根据《混凝土规范》第 8.3.1 条表 8.3.1 及第 11.1.7 条，纵向受拉钢筋的最小锚固长度，与题中的Ⅰ、Ⅱ、Ⅲ、Ⅴ有关，与Ⅳ无关。因此，B 选项正确。

答案：B

11-125 (1999) 混凝土结构设计规范规定：偏心受压构件一侧纵向钢筋的最小率为 0.2%。对于图中的工字形截面柱，其最小配筋面积 A_s 应为下列哪个数据？

A $(600 \times 600 - 450 \times 300) \times 0.2\% = 450 mm^2$

B $(600 \times 565 - 450 \times 300) \times 0.2\% = 408 mm^2$

C $150 \times 600 \times 0.2\% = 180 mm^2$

D $150 \times 565 \times 0.2\% = 170 mm^2$

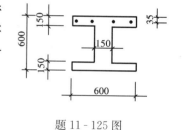

题 11-125 图

解析：根据《混凝土规范》第 8.5.1 条表 8.5.1 中注 4 规定，偏心受压构件的一侧纵向钢筋的最小配筋率按构件的全截面面积计算。本题中 A 选项为按构件的全截面面积计算；B 选项按工字形截面有效面积计算；C 选项只按腹板毛面积计算，不考虑翼缘；D 选项只按腹板有效面积计算，不考虑翼缘。

答案：A

11-126 (2001) 四根材料和截面面积相同而截面形状不同的均质梁，其抗弯能力最强的是哪一种截面的梁？

A 圆形截面   B 正方形截面

C 宽高比为 0.5 的矩形截面   D 宽高比为 2.0 的矩形截面

解析：受弯构件抗弯能力与截面系数 W_x 成正比，题中四种截面根据面积相等的原则计算后，截面系数比值为 0.6：0.7：1.0：0.5（见解表）。题中 C 选项的截面系数最大。

题 11-126 解表

项次	截面名称	截面形状	截面面积	按面积相等计算	截面系数 W_x	W_x 比值
A	圆形截面		$1/4\pi d^2$	$1/4\pi d^2=2a^2$ $d=1.596a$	$W_x=0.098\,2d^3$ $=0.399a^3$	0.6
B	正方形截面		b^2	$b^2=2a^2$ $b=1.414a$	$W_x=1/6b^3$ $=0.471a^3$	0.7
C	高矩形截面		$2a^2$	—	$W_x=1/6\cdot a\,(2a)^2$ $=0.667a^3$	1
D	扁矩形截面		$2a^2$	—	$W_x=1/6\cdot 2a\cdot a^2$ $=0.333a^3$	0.5

答案：C

11-127 （1999）以下所示梁受拉区（下部钢筋受拉）折角处纵向钢筋配筋方案图中，哪一组是正确的？

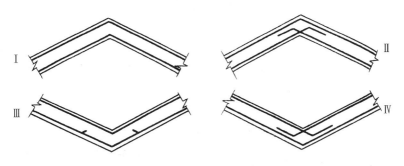

题 11-127 图

A Ⅰ、Ⅲ B Ⅰ、Ⅳ C Ⅱ、Ⅲ D Ⅱ、Ⅳ

解析： 为防止折板内折角处，在钢筋拉力作用下引起混凝土崩裂，受拉钢筋应断开并锚入受压区混凝土内。图示中 4 种纵向钢筋配置做法，图Ⅰ、Ⅲ错误，图Ⅱ、Ⅳ正确。因此，D 选项符合题意。

答案：D

11-128 (1999) 在其他条件相同的情况下，钢筋混凝土框架结构的伸缩缝最大间距比钢筋混凝土剪力墙结构的伸缩缝最大间距为( )。

A 大　　　　B 小　　　　C 相同　　　　D 不能肯定

解析：根据《混凝土规范》第 8.1.1 条表 8.1.1，现浇式钢筋混凝土框架结构伸缩缝最大间距为 55m，现浇式剪力墙结构为 45m。

答案：A

11-129 (1999) 下列哪一类钢筋混凝土结构允许的伸缩缝间距最大？

A 装配式框架结构　　　　B 现浇框架结构
C 全现浇剪力墙结构　　　D 外墙装配式剪力墙结构

解析：根据《混凝土规范》第 8.1.1 条表 8.1.1，伸缩缝最大间距装配式框架结构为 75m，现浇框架结构为 55m，现浇剪力墙结构为 45m，装配式剪力墙结构为 65m。

答案：A

11-130 以下关于钢筋混凝土梁的变形及裂缝的叙述，哪条是错误的？

A 进行梁的变形和裂缝验算是为了保证梁的正常使用
B 由于梁的类型不同，规范规定了不同的允许挠度值
C 处于室内环境下的梁，其裂缝宽度允许值为 0.3mm
D 悬臂梁的允许挠度较简支梁允许挠度值为小

解析：根据《混凝土规范》第 3.4.3 条表 3.4.3 注 1，悬臂构件的允许挠度值按表中相应数值乘以系数 2.0 采用。也就是说，如果简支梁的允许挠度值为 $l_0/300$，则悬臂梁的允许挠度值为 $l_0/150$。因此，D 选项是错误的。

答案：D

11-131 关于预制厂中用台座生产工艺制作的预应力混凝土空心板，下列叙述中哪条是正确的？

Ⅰ.预应力钢筋属于无粘结的；Ⅱ.预应力钢筋属于有粘结的；Ⅲ.属于先张法工艺；Ⅳ.属于后张法工艺

A Ⅰ、Ⅱ　　　B Ⅱ、Ⅲ　　　C Ⅲ、Ⅳ　　　D Ⅰ、Ⅳ

解析：预制厂中用台座生产工艺制作的预应力混凝土空心板，预应力钢筋属于有粘结的，且属于先张法工艺。

答案：B

11-132 以下关于钢筋混凝土现浇楼板中分布筋作用的叙述中，哪条是错误的？

Ⅰ.固定受力筋，形成钢筋骨架；Ⅱ.将板上荷载传递到受力钢筋；Ⅲ.防止由于温度变化和混凝土收缩产生裂缝；Ⅳ.增强板的抗弯和抗剪能力

A Ⅰ　　　　B Ⅱ　　　　C Ⅲ　　　　D Ⅳ

解析：现浇板中分布筋的作用是：为了固定板的受力筋，形成钢筋骨架；将板上荷载传递到板的受力钢筋；防止由于温度变化和混凝土收缩产生裂缝，第Ⅰ、Ⅱ、Ⅲ项正确。对增强板的抗弯和抗剪能力不起作用，第Ⅳ项错误。

答案：D

11-133 以下关于钢筋混凝土柱构造要求的叙述中，哪一条是不正确的？
A 纵向钢筋沿周边布置　　　　　B 纵向钢筋净距不小于50mm
C 箍筋应形成封闭　　　　　　　D 纵向钢筋配置越多越好

解析：D选项是不正确的，因纵向钢筋配置过多时，不能充分发挥钢筋的作用。根据《混凝土规范》第9.3.1条的规定，全部纵向钢筋配筋率不宜超过5%。

答案：D

11-134 钢筋混凝土保护层的厚度是指（　　）。
A 纵向受力钢筋外皮至混凝土边缘的距离
B 纵向受力钢筋中心至混凝土边缘的距离
C 最外层钢筋外皮到混凝土边缘的距离
D 箍筋中心至混凝土边缘的距离

解析：根据《混凝土规范》条文说明第8.2.1条第2款，钢筋混凝土保护层的厚度是指最外层钢筋（包括箍筋、构造筋、分布筋等）的外皮至混凝土边缘的距离。

答案：C

11-135 决定钢筋混凝土柱承载能力的因素，下列各项中哪一项是无关的？
A 混凝土的强度等级　　　　　B 钢筋的强度等级
C 钢筋的截面面积　　　　　　D 箍筋的肢数

解析：钢筋混凝土柱承载能力与箍筋肢数无关。

答案：D

11-136 下列有关钢筋混凝土梁箍筋作用的叙述中，哪一项是不对的？
A 增强构件抗剪能力　　　　　B 增强构件抗弯能力
C 稳定钢筋骨架　　　　　　　D 增强构件的抗扭能力

解析：钢筋混凝土梁设置箍筋，可增强构件的抗剪能力、抗扭能力，并可以起到稳定钢筋骨架的作用，A、C、D选项正确，但与增强构件抗弯能力无关，B选项错误。

答案：B

11-137 下列有关混凝土保护层作用的说明，哪一项是不对的？
A 防火　　　B 防锈　　　C 增加粘结力　　　D 便于装修

解析：混凝土保护层可起到防火、防锈、增加粘结力的作用，与便于装修无关。

答案：D

11-138 为了减小钢筋混凝土梁弯曲产生的裂缝宽度，下列所述措施中哪种措施无效？
A 提高混凝土强度等级　　　　　B 加大纵向钢筋用量
C 加密箍筋　　　　　　　　　　D 将纵向钢筋改成较小直径

解析：根据《混凝土规范》第7.1.2条，受弯构件考虑裂缝宽度分布的不均匀性和荷载长期效应组合的影响，其最大裂缝宽度按下式计算：

$$w_{\max} = \alpha_{cr}\psi\frac{\sigma_s}{E_s}\left(1.9c_s + 0.08\frac{d_{eq}}{\rho_{te}}\right)$$

式中符号可见规范第 7.1.2 条。从规范中可看出，加密箍筋对减小裂缝宽度无效。

答案：C

11-139 下列有关预应力钢筋混凝土的叙述中，哪项叙述是不正确的？

A 先张法靠钢筋与混凝土粘结力作用施加预应力

B 先张法适合于预制厂中制作中、小型构件

C 后张法靠锚固施加预应力

D 无粘结法预应力采用先张法

解析：D 选项，无粘结预应力施工工艺是采用后张法。

答案：D

11-140 计算矩形截面偏心受压柱正截面受压承载力时，应采用混凝土的哪一种强度？

A 立方体抗压强度　　　　　　　B 轴心抗压强度

C 抗拉强度　　　　　　　　　　D 视压力偏心距的大小确定

解析：矩形截面偏心受压柱正截面承载力计算中，采用混凝土轴心抗压强度。

答案：B

11-141 计算矩形梁斜截面受剪承载力时，应采用下列混凝土的哪一种强度？

A 立方体抗压强度　　　　　　　B 轴心抗压强度

C 轴心抗拉强度标准值　　　　　D 轴心抗拉强度设计值

解析：矩形梁斜截面受剪承载力计算中，采用混凝土轴心抗拉强度设计值。

答案：D

11-142 在搅拌混凝土时加高效减水剂的主要目的是（　　）。

A 使混凝土在负温下水化

B 抑制钢筋锈蚀

C 减少干缩

D 配制流动性混凝土，或早强、高强混凝土

解析：在搅拌混凝土时加高效减水剂的主要目的是配制流动性混凝土，或早强、高强混凝土。

答案：D

11-143 钢筋混凝土梁必须对下列四种内容中的哪些内容进行计算？

Ⅰ．正截面受弯承载力；Ⅱ．正截面受剪承载力；Ⅲ．斜截面受弯承载力；Ⅳ．斜截面受剪承载力

A Ⅰ，Ⅱ　　　　B Ⅰ，Ⅳ　　　　C Ⅰ，Ⅱ，Ⅲ　　　　D Ⅰ，Ⅱ，Ⅲ，Ⅳ

解析：钢筋混凝土梁必须对正截面受弯承载力和斜截面受剪承载力进行计算。

答案：B

11-144 配筋率适中（$\rho_{\min} \leqslant \rho \leqslant \rho_{\max}$）的钢筋混凝土梁（即适筋梁），正截面受弯破坏时具有下述何种特征？

A 延性破坏 B 脆性破坏
C 有时延性、有时脆性破坏 D 破坏时导致斜截面受弯破坏

解析：钢筋混凝土梁，当配筋率适中（$\rho_{min} \leqslant \rho \leqslant \rho_{max}$）时，正截面受弯破坏的特征是受拉区纵向钢筋先屈服，然后受压区混凝土被压坏。钢筋屈服时伴随产生裂缝，变形随之增大，破坏有明显的预告，属于延性破坏。

答案：A

11-145 钢筋按力学性能可分为软钢和硬钢两类。对于硬钢，在拉伸试验中无明显的流幅，通常取相应于残余应变为（ ）的应力作为其屈服强度，并将其称为条件屈服强度。

A 0.1% B 0.2% C 0.3% D 1.0%

解析：对于硬钢，通常取相应于残余应变为0.2%时的应力作为其屈服强度。

答案：B

11-146 混凝土立方体抗压强度标准值是由混凝土立方体试块测得的，以下关于龄期和保证率的表述中，哪项是对的？

A 龄期为21d，保证率为90% B 龄期为21d，保证率为95%
C 龄期为28d，保证率为95% D 龄期为28d，保证率为97.73%

解析：混凝土的立方体抗压强度是按标准试验方法制作养护的边长为150mm的立方体试块，在28d龄期，用标准试验方法测得的具有95%保证率的抗压强度值。

答案：C

11-147 以下是关于混凝土性质的论述，哪一项是错误的？

A 混凝土带有碱性，对钢筋有防锈作用
B 混凝土水灰比越大，水泥用量越多，收缩和徐变越大
C 混凝土线膨胀系数与钢筋相近
D 混凝土强度等级越高，要求受拉钢筋的锚固长度越大

解析：根据《混凝土规范》第8.3.1条及第11.1.7条，混凝土强度等级越高，轴心抗拉强度f_t越大，而受拉钢筋的锚固长度l_a与f_t成反比，即当混凝土强度等级提高时，受拉钢筋锚固长度可减少些。

答案：D

11-148 以下哪一项是混凝土强度等级的依据？

A 立方体抗压强度标准值 B 棱柱体抗压强度标准值
C 圆柱体抗压强度标准值 D 棱柱体抗压强度设计值

解析：立方体抗压强度是混凝土强度的基本代表值，按立方体抗压强度标准值的不同，混凝土分为C15~C80共14个强度等级，其间以5N/mm²进档。

答案：A

11-149 有明显屈服点的钢筋的强度标准值是根据下面哪一项指标确定的？

A 比例极限 B 下屈服点
C 极限抗拉强度 D 上屈服点

解析：根据钢筋混凝土结构的基本理论，有明显屈服点的钢筋的强度标准值是

163

根据屈服强度（下屈服点）确定的。

答案：B

11-150 下列关于钢筋和混凝土的温度线膨胀系数的说法哪一项是正确的？

A 钢筋的温度线膨胀系数大于混凝土的
B 混凝土温度线膨胀系数大于钢筋的
C 二者的温度线膨胀系数相近
D 二者的温度线膨胀系数相差悬殊

解析：钢筋的温度线膨胀系数为$(1.2\times10^{-5})/℃$，混凝土的温度线膨胀系数为$(1.0\times10^{-5}\sim1.5\times10^{-5})/℃$。因此，二者的温度线膨胀系数相近，当温度变化时，二者之间不会产生较大的相对变形而使粘结力遭到破坏。

答案：C

11-151 混凝土保护层厚度与下面哪种因素无关？

A 混凝土强度等级 B 构件类型
C 构件工作环境   D 钢筋级别

解析：根据《混凝土规范》第8.2.1条表8.2.1，混凝土最小保护层厚度的取值与构件类型（板、墙、壳、梁、柱、杆）、工作环境类别（一、二a、二b、三a、三b）有关，当混凝土强度等级不大于C25时，表中保护层厚度数值应增加5mm；与钢筋级别无关。

答案：D

11-152 受力钢筋的接头宜优先采用焊接接头，无条件焊接时，也可采用绑扎接头，但下列哪种构件不宜采用绑扎接头？

A 受弯构件及受扭构件   B 轴心受压构件及偏心受压构件
C 轴心受拉构件及偏心受拉构件 D 轴心受拉构件及小偏心受拉构件

解析：根据《混凝土规范》第8.4.2条，受力钢筋的接头宜优先采用焊接接头，无条件时也可以采用绑扎接头，但轴心受拉构件及小偏心受拉构件的纵向受力钢筋不得采用绑扎接头。

答案：D

11-153 对于混凝土各种强度标准值之间的关系，下列哪个是正确的？

A $f_{ck}>f_{cuk}>f_{tk}$ B $f_{cuk}>f_{tk}>f_{ck}$
C $f_{cuk}>f_{ck}>f_{tk}$ D $f_{ck}>f_{cuk}>f_{tk}$

解析：混凝土各种强度标准值之间，立方体抗压强度f_{cuk}最大，然后是轴心抗压强度f_{ck}，最小的是轴心抗拉强度f_{tk}。

答案：C

11-154 梁下部钢筋净距应满足下列哪条要求？(d为纵向受力钢筋直径)

A $\geq d$且≥ 25mm   B $\geq 1.5d$且≥ 30mm
C $\geq d$且≥ 30mm   D $\geq d$且≥ 20mm

解析：根据《混凝土规范》第9.2.1条第3款，对于梁下部钢筋净距应该不小于25mm，且不应小于纵向受力钢筋的直径。

答案：A

11-155 当按计算不需要箍筋抗剪时，对于梁的下列规定哪个是错误的？
A 当梁高 $h>300$mm 时，应沿梁全长配置构造箍筋
B 当梁高 $h=150\sim300$mm 时，可仅在梁端各 1/4 跨度范围内配置箍筋
C 当梁高 $h=150\sim300$mm 时，可在梁端各 1/6 跨度范围内配置箍筋
D 当梁高 $h<150$mm 时，可不放置构造箍筋

解析：根据《混凝土规范》第 9.2.9 条，当按计算不需要箍筋进行抗剪时，当梁高 $h>300$mm 时，应沿梁全长配置构造箍筋，A 选项正确；当梁高 $h=150\sim300$mm 时，可仅在梁端各 1/4 跨度内配置箍筋；B 选项正确，C 选项错误；当梁高 $h<150$mm 时，可不设置构造箍筋，D 选项错误。

答案：C

11-156 当简支梁承受向下荷载时，其下部的纵向受力钢筋承受何种应力？
A 剪应力   B 拉应力
C 压应力   D 拉应力和压应力

解析：简支梁承受向下荷载时，下部为受拉区，下部的纵向受力钢筋承受拉应力。

答案：B

11-157 当采用 C20 混凝土和 HPB300 级钢筋时，纵向受拉钢筋的最小锚固长度 l_a 为（　　）d。
A 31   B 35   C 40   D 45

解析：根据《混凝土规范》第 8.3.1 条，对非抗震设计，当采用 C20 混凝土和 HPB300 级钢筋时，纵向受拉钢筋的最小锚固长度 l_{ab} 与钢筋类型、钢筋强度设计值、混凝土轴心抗拉强度设计值和钢筋直径有关，$l_{ab}=\alpha\dfrac{f_y}{f_t}d=0.16\dfrac{270}{1.1}d=39.27d\approx40d$。

答案：C

11-158 对钢筋混凝土梁来说，当钢筋和混凝土之间的粘结力不足时，如果不改变梁截面的大小而使它们之间的粘结力达到要求，以下这些方法中，哪个最为适当？
A 增加受压钢筋的截面   B 增加受拉钢筋的周长
C 加大箍筋的密度   D 采用高强度钢筋

解析：增加受拉钢筋的周长，既增加了钢筋与混凝土之间的接触面积，又增大了摩擦力。

答案：B

11-159 与素混凝土梁相比，钢筋混凝土梁承载能力将会（　　）。
A 不变   B 提高   C 下降   D 难以确定

解析：混凝土具有较高的抗压强度，而其抗拉强度却很低。素混凝土梁在较小的荷载作用下，就会由于混凝土受拉开裂而破坏。而钢筋混凝土梁在荷载作用下，在混凝土受拉开裂后，由钢筋承受拉力，使构件的承载力有较大的提高。

答案：B

11-160 在以下有关钢筋混凝土结构的论述中，哪一项是不正确的？
A 柱的主筋其主要作用是抵抗弯矩和轴向压力
B 箍筋的间距越大，柱的抗弯强度越大
C 楼板的作用，一方面是将楼板上的荷载传递到梁上，另一方面是将水平荷载传递到框架或剪力墙上
D 建筑物上如果剪力墙配置适当，一般来说，因水平力而产生的变形要小

解析：箍筋的间距越大，柱的抗弯强度越小。

答案：B

11-161 钢筋混凝土梁在正常使用荷载下，下列哪一项叙述是正确的？
A 通常是带裂缝工作的
B 一旦出现裂缝，裂缝贯通全截面
C 一旦出现裂缝，沿全长混凝土与钢筋间的粘结力消失殆尽
D 不会出现裂缝

解析：混凝土抗压强度较高，而其抗拉强度很低。在正常使用荷载作用下，钢筋混凝土梁截面受拉区混凝土很快会达到其抗拉强度而开裂，由于钢筋承担拉力，梁并没有丧失承载力。因此，一般情况下，允许梁出现裂缝，但是要限制裂缝的宽度。

答案：A

11-162 以下关于衡量钢筋塑性性能的叙述中，哪项是正确的？
A 屈服强度和冷弯性能 B 屈服强度和伸长率
C 屈服强度与极限抗拉强度 D 伸长率和冷弯性能

解析：屈服强度和极限抗拉强度是衡量钢筋强度的指标；而伸长率和冷弯性能则是衡量钢筋塑性性能的指标。

答案：D

11-163 下列几种破坏类型中，哪一项不属于受弯构件正截面破坏类型？
A 适筋破坏 B 超筋破坏
C 少筋破坏 D 部分超筋破坏

解析：根据破坏特征不同，可以将受弯构件正截面破坏分为超筋破坏、适筋破坏、少筋破坏三类，而部分超筋破坏是对受扭构件破坏而言的。

答案：D

11-164 以下哪一阶段是钢筋混凝土适筋梁受弯构件正截面承载力计算的依据？
A Ⅰ B Ⅱ C Ⅱ$_a$ D Ⅲ$_a$

解析：适筋梁受载工作的Ⅲ$_a$阶段，截面受拉区钢筋屈服，受压区边缘混凝土达到极限压应变，构件即将破坏。此时的受力状态，是受弯构件正截面承载能力计算的依据。

答案：D

11-165 超筋梁的正截面极限承载力取决于下列中的哪一项？
A 混凝土的抗压强度 B 混凝土的抗拉强度
C 钢筋的强度及其配筋率 D 钢筋的强度及其配箍率

解析：在截面尺寸一定的情况下，超筋梁的正截面极限承载力取决于混凝土的抗压强度。

答案：A

11-166 少筋梁的正截面极限承载力取决于下列中的哪一项？

A 混凝土的抗压强度 B 混凝土的抗拉强度
C 钢筋的抗拉强度及其配筋率 D 钢筋的抗压强度及其配筋率

解析：在截面尺寸一定的情况下，少筋梁的正截面极限承载力取决于混凝土的抗拉强度。

答案：B

11-167 对于在室内干燥环境工作的梁，当混凝土强度等级为 C20 时，其箍筋的最小保护层厚度为（　　）mm。

A 45 B 15 C 25 D 20

解析：根据《混凝土规范》第3.5.2条表3.5.2，室内干燥环境的梁，环境类别为一类；再根据第8.2.1条表8.2.1，箍筋的混凝土保护层最小厚度为20mm，混凝土强度等级小于C25，应增加5mm。

答案：C

11-168 在钢筋混凝土梁上使用箍筋，其主要目的是下列几项中的哪一项？

A 提高混凝土的强度 B 弥补主筋配筋量的不足
C 承担弯矩 D 抵抗剪力

解析：抵抗剪力。

答案：D

11-169 在下列影响梁抗剪承载力的因素中，哪一个因素影响最小？

A 截面尺寸 B 混凝土强度
C 配筋率 D 配箍率

解析：由《混凝土规范》第6.3.4条规定，可知配筋率影响最小。

答案：C

11-170 下列各条因素中，哪一项与梁的斜截面抗剪承载力无关？

A 构件截面尺寸 B 混凝土强度
C 纵筋配筋率 D 纵筋的强度

解析：影响梁斜截面抗剪承载力的因素主要有：截面尺寸、混凝土强度、剪跨比、纵筋配筋率、腹筋。

答案：D

11-171 受压构件的长细比不宜过大，一般应控制在 $l_0/b \leq 30$，其目的在于下述中的哪一项？

A 防止受拉区混凝土产生水平裂缝

B 防止斜截面受剪破坏

C 防止影响其稳定性或使其承载力降低过多

D 防止正截面受压破坏

解析：受压构件长细比 l_0/b 不宜过大，以免影响其稳定性或使其承载力降低过多。

答案：C

11-172 钢筋混凝土框架梁为下列几种构件中的哪一种？

A 受压构件　　　B 受剪构件　　　C 受扭构件　　　D 弯剪构件

解析：钢筋混凝土框架梁属于弯剪构件。

答案：D

11-173 钢筋混凝土结构中，当采用绑扎骨架时，关于接头区段内受力钢筋接头面积的允许百分率分别按受拉区和受压区的规定为（　　）。

A 50%，25%　　　　　　　　B 50%，50%
C 25%，50%　　　　　　　　D 50%，不限制

解析：钢筋混凝土结构中，当采用绑扎骨架时，接头区段内受力钢筋接头面积的允许百分率分别为：受拉区25%，受压区50%。

答案：C

11-174 以下有关受扭构件纵向钢筋布置的叙述中，哪一项是正确的？

A 上面布置　　　　　　　　B 上下面均匀布置
C 下面布置　　　　　　　　D 周边均匀布置

解析：受扭构件纵向钢筋的布置应沿钢筋混凝土构件截面周边均匀布置。

答案：D

11-175 以下有关钢筋混凝土柱的叙述中，哪个是错误的？

A 钢筋混凝土柱是典型的受压构件，其截面上一般作用有轴力 N 和弯矩 M
B 钢筋混凝土柱的长细比一般控制在 $l_0/b \leqslant 30$ 或 $l_0/d \leqslant 25$（b 为矩形截面短边，d 为圆形截面直径）
C 纵向受力钢筋直径不宜小于12mm，而且根数不得少于4根
D 箍筋间距不宜大于400mm，而且不应大于柱截面的短边尺寸

解析：钢筋混凝土柱截面上除作用有轴力 N 和弯矩 M 外，还有剪力 V。

答案：A

11-176 预应力混凝土构件是在构件承受使用荷载之前，预先对构件的什么部位施加什么应力？

A 受拉区施加压应力　　　　B 受压区施加拉应力
C 受拉区施加拉应力　　　　D 受压区施加压应力

解析：预应力混凝土构件是在构件承受使用荷载之前，预先在其受拉区施加压应力。

答案：A

11-177 与普通钢筋混凝土受弯构件相比，预应力混凝土受弯构件有如下特点，其中哪一个是错误的？

A 正截面极限承载力大大提高
B 外荷作用下构件的挠度减小
C 构件开裂荷载明显提高
D 构件在使用阶段刚度比普通构件明显提高

解析：预应力混凝土构件与普通混凝土构件相比，其正截面极限承载力保持不变。

答案：A

11-178 下列措施中，哪一条对减小受弯构件挠度的措施是错误的？

A 提高混凝土强度 B 增大构件跨度
C 增大钢筋用量   D 增大截面高度

解析：增大构件跨度会增加构件的挠度。

答案：B

11-179 以下对提高受弯构件截面刚度的叙述中，哪一项是最有效的？

A 提高截面高度   B 提高截面配筋率
C 提高混凝土强度等级 D 提高钢筋级别

解析：以上措施均可提高构件截面刚度，但其中最有效的方法是提高截面高度。

答案：A

11-180 下面列举了钢筋混凝土建筑裂缝产生的原因和裂缝特征，哪一组说法是不正确的？

	裂缝原因	裂缝特征
A	混凝土保护层厚度不够	沿配筋的表面发生
B	水泥膨胀异常	呈放射形网状
C	超载	在梁、板的受压侧垂直产生
D	地震	在柱、梁上沿45°角产生

解析：由于超载而产生的裂缝，应在梁、板的受拉侧。

答案：C

11-181 在计算钢筋混凝土构件挠度时，根据《混凝土结构设计规范》的建议，可取同号弯矩区段内的哪一项刚度进行计算？

A 弯矩最大截面的刚度 B 弯矩最小截面的刚度
C 最大刚度   D 平均刚度

解析：在计算钢筋混凝土构件挠度时，《混凝土规范》建议：可取同号弯矩区段内弯矩最大截面的刚度（最小刚度）作为该区段的抗弯刚度。这就是挠度计算的最小刚度原则。

答案：A

11-182 按弹性理论，四边支承板在满足下列什么条件时应按双向板设计？

A $l_2/l_1 \geq 2$ B $l_2/l_1 \leq 2$ C $l_2/l_1 \geq 3$ D $l_2/l_1 \leq 2.5$

解析：根据《混凝土规范》第9.1.1条规定，对四边支承板，当长边 l_2 与短边 l_1 之比 l_2/l_1 不大于2.0时，应按双向板计算；当 l_2/l_1 不小于3.0时，宜按沿短边方向受力的单向板计算；当长边与短边长度之比大于2.0但小于3.0时，宜按双向板计算。

答案：B

11-183 钢筋混凝土构件中，受弯构件、偏心受拉构件及轴心受拉构件一侧的受拉钢筋最小配筋率为（　　）。

A 0.4%
B 0.3%
C 0.2%和$45f_t/f_y$中的较大值
D 0.15%

解析：根据《混凝土规范》第8.5.1条表8.5.1，钢筋混凝土构件中，受弯构件、偏心受拉构件和轴心受拉构件一侧的受拉钢筋最小配筋率为0.2%和$45f_t/f_y$中的较大值。

答案：C

11-184 下列关于单向板肋梁楼盖传力途径的表述中，哪一项是正确的？

A 竖向荷载→板→柱或墙→基础
B 竖向荷载→板→主梁→柱或墙→基础
C 竖向荷载→板→次梁→柱或墙→基础
D 竖向荷载→板→次梁→主梁→柱或墙→基础

解析：单向板肋梁楼盖的传力途径为：竖向荷载→板→次梁→主梁→柱或墙→基础。

答案：D

11-185 钢筋混凝土单向板中，分布钢筋的面积和间距应满足下列哪一个条件？

A 截面面积不应小于受力钢筋面积的10%，且间距不小于200mm
B 截面面积不宜小于受力钢筋面积的15%，且间距不宜大于250mm
C 截面面积不应小于受力钢筋面积的20%，且间距不小于200mm
D 截面面积不应小于受力钢筋面积的15%，且间距不小于300mm

解析：根据《混凝土规范》第9.1.7条规定，钢筋混凝土单向板中，分布钢筋的面积和间距应满足：截面面积不宜小于受力钢筋面积的15%，间距不宜大于250mm，当集中荷载较大时，间距不宜大于200mm。

答案：B

11-186 当采用现浇楼盖时，一般多层房屋钢筋混凝土框架柱的计算长度（　　）。

A $l_0=1.0H$
B $l_0=1.25H$
C 底层 $l_0=1.25H$，其他层 $l_0=1.5H$
D 底层 $l_0=1.0H$，其他层 $l_0=1.25H$

解析：根据《混凝土规范》第6.2.20条第2款表6.2.20-2，当采用现浇楼盖时，一般多层房屋的钢筋混凝土框架柱的计算长度底层$l_0=1.0H$，其他层$l_0=1.25H$。

答案：D

11-187 对于现浇式钢筋混凝土框架结构，当在室内或土中时，其伸缩缝最大间距是（　　）m。

A 75　　　　B 65　　　　C 60　　　　D 55

解析：根据《混凝土规范》第8.1.1条表8.1.1，现浇钢筋混凝土框架结构，当在室内或土中时，其伸缩缝允许最大间距为55m。

答案：D

11-188 《混凝土结构设计规范》规定，框架梁截面宽度不宜小于（　　）mm，且不宜小于同方向柱宽的（　　）。

A 150，$\frac{1}{3}$ B 200，$\frac{1}{3}$ C 200，$\frac{1}{2}$ D 250，$\frac{1}{2}$

解析：梁的截面宽度相对于柱宽不宜过小，这主要是为了保证框架梁对梁柱节点的有效约束作用。故《混凝土规范》规定，梁截面宽度不宜小于200mm，且不宜小于同方向柱宽的$\frac{1}{2}$。

答案：C

11-189 《混凝土结构设计规范》规定，框架梁与柱中心线之间的偏心距不宜大于柱宽的（　　）。

A $\frac{1}{5}$ B $\frac{1}{4}$ C $\frac{1}{3}$ D $\frac{1}{2}$

解析：试验表明，框架梁与柱中心线之间有偏心与无偏心情况相比，节点抗剪承载力降低约50%，因此《混凝土规范》规定，框架梁与柱中心线宜重合，当不能重合时，框架梁与柱中心线之间的偏心距不宜大于柱宽的$\frac{1}{4}$。

答案：B

11-190 在建筑结构中设置变形缝时，所设的缝需要贯通整个结构（包括基础）的是下列几种缝中的哪一种？

A 伸缩缝   B 沉降缝   C 防震缝   D 温度缝

解析：当同一建筑物中的各部分由于基础沉降而产生显著沉降差，有可能产生结构难以承受的内力和变形时，可采用沉降缝将两部分分开。为保证两部分各自自由沉降，沉降缝应从屋顶贯通至基础。

答案：B

11-191 框架梁截面尺寸应符合下述各项中的哪一项条件？

A 截面宽度不宜小于200mm
B 截面高宽比不宜小于4
C 梁净跨与截面高度之比不宜大于4
D 梁截面尺寸的确定一般与梁剪力设计值的大小无关

解析：根据《抗震规范》第6.3.1条，框架梁截面尺寸限制条件之一为：梁截面宽度不宜小于200mm。A选项正确，B、C、D选项均错误。

答案：A

11-192 当结构中有一现浇悬挑梁时，其截面高度一般为其跨度的（　　）。

A $\frac{1}{6}$ B $\frac{1}{12}$ C $\frac{1}{15}$ D $\frac{1}{30}$

解析：结构的梁板截面，一般根据满足刚度要求的高跨比及建筑物的使用要求来考虑。通常悬臂梁的截面高度取其跨度的$\frac{1}{6}$。

答案：A

11-193 在确定结构中悬臂板的截面厚度时，其高跨比常取为（　　）。

A $\dfrac{1}{6}$ B $\dfrac{1}{12}$ C $\dfrac{1}{18}$ D $\dfrac{1}{30}$

解析：结构中的梁板截面尺寸，一般是根据刚度要求的高跨比条件及建筑物的使用要求来考虑。悬臂板的高跨比常取为$\dfrac{1}{12}$。

答案：B

11-194 一般情况下，钢筋混凝土现浇剪力墙结构的伸缩缝最大间距为（   ）m。

A 30 B 45 C 60 D 75

解析：根据《混凝土规范》第8.1.1条表8.1.1，一般情况下（可理解为屋面板上设有保温或隔热措施），钢筋混凝土现浇剪力墙结构的伸缩缝最大间距为45m。

答案：B

11-195 下列哪项措施对增大钢筋混凝土房屋伸缩缝的间距无效？

A 在温度变化影响较大的部位提高配筋率
B 采用架空通风屋面
C 顶部设局部温度缝
D 加强顶部楼层的刚度

解析：当采用架空通风屋面，顶部设局部温度缝时，钢筋混凝土房屋伸缩缝的间距可以增大，但加强顶部楼层的刚度无法达到此效果。

答案：D

11-196 下列热轧钢筋，哪一种钢筋的抗拉强度设计值最高？

A HPB300级
B HRB335级
C HPB235级（新版规范已取消）
D RRB400级

解析：根据《混凝土规范》表4.2.3-1，RRB400级钢筋的抗拉强度设计值最高。

答案：D

11-197 非地震区框架柱的下列四种配筋形式，哪一种是正确的？

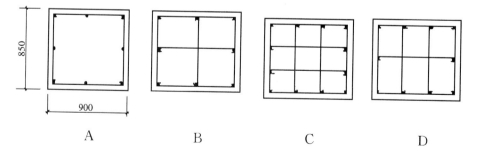

解析：根据《混凝土规范》第10.3.1条和第10.3.2条，考虑到纵向钢筋的间距和箍筋的肢距，C选项是正确的。

答案：C

11-198 结构图中"3ϕ8"是表示下列何种含义？

A 3根半径为8mm的HPB300级钢筋
B 3根直径为8mm的HPB300级钢筋
C 3根半径为8mm的HRB335级钢筋
D 3根直径为8mm的HRB335级钢筋

解析：见《混凝土规范》第4.2.2条表4.2.2-1，"ϕ"是热轧钢筋HPB300的符号。

答案：B

11-199 结构图中"4ϕ25"是表示下列何种含义？

A 4根半径为25mm的HPB300级钢筋
B 4根直径为25mm的HRB400级钢筋
C 4根半径为25mm的RRB400级钢筋
D 4根直径为25mm的HRB335级钢筋

解析：见《混凝土规范》第4.2.2条表4.2.2-1，ϕ是热轧钢筋HRB335的符号。

答案：D

11-200 混凝土结构中的预应力钢筋宜采用以下何种钢筋？

A HPB300钢筋
B HRB335钢筋
C 预应力钢丝、钢绞线和预应力螺纹钢筋
D HRB400、HRBF400、HRBF500钢筋

解析：根据《混凝土规范》第4.2.1条第4款，预应力钢筋宜采用预应力钢丝、钢绞线和预应力螺纹钢筋。

答案：C

11-201 混凝土在长期不变荷载作用下，应变随时间继续增长，这种现象被称为（　　）。

A 混凝土的收缩　　　　　B 混凝土的徐变
C 混凝土的疲劳　　　　　D 混凝土的弹性变形

解析：混凝土在长期不变荷载作用下，应变随时间继续增长，这种现象称为徐变。

答案：B

11-202 素混凝土构件可用于以下哪些构件？

Ⅰ.受压构件；Ⅱ.卧置于地基上以及不承受活荷载的受弯构件；Ⅲ.受拉构件；Ⅳ.柱下独立基础

A Ⅰ、Ⅱ、Ⅲ　　　　　　B Ⅰ、Ⅲ、Ⅳ
C Ⅰ、Ⅱ、Ⅳ　　　　　　D Ⅱ、Ⅲ、Ⅳ

解析：根据《混凝土规范》附录D第D.1.1条，素混凝土构件主要用于受压构件。素混凝土受弯构件仅允许用于卧置在地基上，以及不承受活荷载的情况。因混凝土抗拉能力很低，因此不允许用于受拉构件。A、B、D选项中均含有Ⅲ，应用排除法，只有C选项是正确的。

答案：C

11-203 钢筋混凝土叠合式受弯构件，适用于以下哪类结构构件？

A 框架结构条形基础的基础梁

B 地震区多层砌体结构的楼面梁、板

C 地震区框支层楼板

D 工业厂房的吊车梁

解析：A、C选项一般均为现浇，D选项采用预制，B选项适用。

答案：B

11-204 关于规范规定的纵向受拉钢筋的最小锚固长度 l_a，以下叙述何为正确？

A 钢筋混凝土构件中所有纵向受拉钢筋均应满足

B 钢筋混凝土构件中纵向受拉钢筋均应满足

C 当计算中充分利用其抗拉强度的纵向受拉钢筋应满足

D 端部有弯钩的 HPB300 级钢筋可不满足

解析：根据钢筋混凝土结构的基本理论，钢筋混凝土构件中所有纵向受拉钢筋的最小锚固长度要求均应满足。

答案：A

11-205 关于钢筋混凝土结构中的预埋件，以下要求何为不正确？

A 预埋件的锚板宜采用 Q235、Q345 级钢

B 锚筋应采用 HRB400 或 HPB300 级钢筋

C 锚筋不应采用冷加工钢筋

D 锚筋直径不宜小于 12mm

解析：根据《混凝土规范》第 9.7.1 条，受力预埋件的锚板宜采用 Q235、Q345 级钢，锚筋应采用 HRB400 或 HPB300 级钢筋，不应采用冷加工钢筋，A、B、C选项正确。又根据 9.7.4 条，预埋件的受力直锚筋直径不宜小于 8mm，且不宜大于 25mm，D选项错误。

答案：D

11-206 钢筋混凝土现浇式挡土墙，外侧露天，其伸缩缝最大间距为以下何值？

A 40m   B 35m   C 30m   D 20m

解析：根据《混凝土规范》第 8.1.1 条表 8.1.1，露天现浇挡土墙伸缩缝最大间距为 20m。

答案：D

11-207 钢筋混凝土梁中承受扭矩的钢筋有哪些？

Ⅰ．纵向受力钢筋；Ⅱ．箍筋；Ⅲ．腰筋；Ⅳ．吊筋

A Ⅰ、Ⅱ、Ⅲ   B Ⅱ、Ⅲ、Ⅳ

C Ⅰ、Ⅱ、Ⅳ   D Ⅰ、Ⅱ、Ⅲ、Ⅳ

解析：钢筋混凝土梁承受扭矩的钢筋为纵向受力钢筋、箍筋、腰筋，起抗扭作用的还有混凝土。

答案：A

11-208 (2001) 一简支梁设计成两种不同截面形式，如题图所示，如果梁下部纵向受力钢筋配置相同，其受弯承载能力以下何叙述为正确？

A 两者相同

B T形大于矩形
C T形小于矩形
D 哪个大不能确定

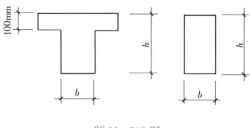

题 11-208 图

解析：两种截面，当 b、h 和配筋 A_s 相同时，由于 T 形截面有翼缘，所以受压区高度 x 小于矩形截面（中和轴上移），因此抵抗内力臂和受弯承载力（弯矩）均大于矩形截面。

答案：B

11-209 对后张法有粘结预应力混凝土构件，以下哪些因素可造成预应力损失？
Ⅰ. 张拉端锚具变形和钢筋滑动；Ⅱ. 预应力筋的摩擦；Ⅲ. 预应力筋的应力松弛；Ⅳ. 混凝土收缩和徐变

A Ⅰ、Ⅱ、Ⅲ 　　　　　　　B Ⅰ、Ⅱ、Ⅲ、Ⅳ
C Ⅱ、Ⅲ、Ⅳ 　　　　　　　D Ⅰ、Ⅲ、Ⅳ

解析：根据《混凝土规范》第 10.2.1 条表 10.2.1，后张法预应力混凝土构件预应力损失值组合包括 $\sigma_{l1}+\sigma_{l2}+\sigma_{l4}+\sigma_{l5}+\sigma_{l6}$，即第Ⅰ～Ⅳ项均包括。

答案：B

11-210 对预应力混凝土结构的作用，以下哪种叙述为正确？
A 采用无粘结预应力混凝土结构可以提高结构的抗震能力
B 可推迟混凝土裂缝的出现和开展，甚至避免开裂
C 预应力对构件的抗剪能力不起作用
D 可加快施工进度

解析：钢筋混凝土施加预应力主要是起到推迟裂缝的出现和开展。

答案：B

11-211 对钢筋混凝土超筋梁受弯破坏过程，以下何项描述为正确？
A 受拉区钢筋被拉断，而受压区混凝土未压碎
B 梁支座附近出现 45°斜裂缝导致梁破坏
C 受拉区钢筋未屈服，受压区混凝土先压碎
D 受拉区钢筋先屈服并经过一段流幅后，受压区混凝土压碎

解析：钢筋混凝土超筋梁由于钢筋配置多，钢筋应力小，未达到屈服，其破坏是受压区混凝土先压碎引起的。

答案：C

11-212 对长细比 $l_0/h>30$ 的钢筋混凝土柱，以下叙述何为不正确？
A 轴心受压时的破坏特征为失稳破坏
B 偏心受压承载能力较轴心受压时为小
C 破坏时截面内钢筋未达屈服，混凝土也未达极限应变
D 设计中，柱长细比不得大于 30

解析：在《混凝土规范》第 6.2.15 条表 6.2.15 中，长细比最大达 50。因此，

题中D选项所述是不正确的。

答案：D

11-213 在设计中钢筋混凝土梁的纵向受力钢筋作用有哪些？

Ⅰ．承受由弯矩在梁内产生的拉力；Ⅱ．承受由竖向荷载产生的剪力；Ⅲ．承受由扭矩在梁内产生的拉力；Ⅳ．承受由温度变化在梁内产生的温度应力

A Ⅰ、Ⅱ、Ⅲ   B Ⅰ、Ⅲ、Ⅳ
C Ⅰ、Ⅱ、Ⅳ   D Ⅰ、Ⅱ、Ⅲ、Ⅳ

解析：根据钢筋混凝土基本理论，钢筋混凝土梁的纵向受力钢筋承受拉力，剪力由箍筋和混凝土承受。

答案：B

11-214 为避免钢筋混凝土楼板由于混凝土收缩而产生较大裂缝，在施工中采用以下哪些措施有效？

Ⅰ．根据结构布置情况选择合理的浇筑顺序；Ⅱ．在适当位置设置施工后浇带；Ⅲ．加强振捣与养护；Ⅳ．提高混凝土的强度等级

A Ⅰ、Ⅱ、Ⅲ   B Ⅱ、Ⅲ、Ⅳ
C Ⅰ、Ⅲ、Ⅳ   D Ⅰ、Ⅱ、Ⅲ、Ⅳ

解析：根据钢筋混凝土基本理论，为了避免钢筋混凝土楼板混凝土收缩产生裂缝，可以采取题中Ⅰ、Ⅱ、Ⅲ等项措施，而混凝土强度等级越高，收缩越大。

答案：A

11-215 当屋面板上部有保温或隔热措施时，全现浇钢筋混凝土框架结构房屋，其伸缩缝的最大间距为下列哪一个数值？

A 45m   B 55m   C 50m   D 60m

解析：根据《混凝土规范》第8.1.1条表8.1.1，室内现浇钢筋混凝土框架结构房屋，伸缩缝最大间距为55m。

答案：B

11-216 预应力混凝土构件中的预应力钢筋不宜采用以下何种钢筋？

A 预应力螺纹钢筋   B 钢绞线
C 预应力钢丝   D 冷拔钢筋

解析：根据《混凝土规范》第4.2.1条第4款，预应力筋宜采用预应力钢丝、钢绞线和预应力螺纹钢筋。

答案：D

11-217 热轧钢筋的强度标准是根据以下哪一项强度确定的？

A 抗拉强度   B 抗剪强度   C 屈服强度   D 抗压强度

解析：热轧钢筋的强度标准是根据屈服强度确定的。

答案：C

十二 钢 结 构 设 计

12-1（2003） 在钢结构中，钢材的主要力学性能包括以下哪些方面？
Ⅰ．抗拉强度；Ⅱ．伸长率；Ⅲ．冷弯性能；Ⅳ．冲击韧性
A　Ⅰ、Ⅲ、Ⅳ　　　　　　　　　　　B　Ⅰ、Ⅱ、Ⅳ
C　Ⅰ、Ⅱ、Ⅲ　　　　　　　　　　　D　Ⅰ、Ⅱ、Ⅲ、Ⅳ
解析： 钢材的力学性能指标主要有抗拉强度、伸长率、屈服强度、冷弯性能以及冲击韧性。
答案： D

12-2（2003） 以下哪项不属于钢材的主要力学性能指标？
A　抗剪强度　　　B　抗拉强度　　　C　屈服点　　　D　伸长率
解析： 抗剪强度不属于钢材的主要力学性能指标。
答案： A

12-3（2009） 建筑钢材的焊接性能主要取决于下列哪一种元素的含量？
A　氧　　　　　B　碳　　　　　C　硫　　　　　D　磷
解析： 根据《钢结构标准》条文说明第4.3.2条第6款，在焊接结构中，建筑钢的焊接性能主要取决于碳当量。碳当量宜控制在0.45%以下，超出该范围的幅度越多，焊接性能变差的程度越大。因此，对焊接承重结构尚应具有碳含量的合格保证。
答案： B

12-4（2009） 承重钢结构所采用的钢材，应具备抗拉强度、伸长率、屈服强度和硫磷含量的合格保证，对焊接结构还应具有下列哪种元素含量的合格保证？
A　碳　　　　　B　氧　　　　　C　硅　　　　　D　氮
解析： 根据《钢结构标准》第4.3.2条，承重结构采用的钢材，应具有抗拉强度、伸长率、屈服强度和硫、磷含量的合格保证，对焊接结构尚应具有碳当量的合格保证。
答案： A

12-5（2009） 钢结构用的钢材应有明显的屈服台阶，且伸长率不应小于下列哪个数值？
A　10%　　　　B　15%　　　　C　20%　　　　D　25%
解析：《钢结构标准》第4.3.6条第2款规定，钢材应有明显的屈服台阶，且伸长率不应小于20%。
答案： C

12-6（2009） 普通的工字钢梁中，哪一个不是决定其抗剪强度的主要因素？
A　钢材的强度　　　　　　　　　　B　截面的高度

C 腹板的厚度　　　　　　　　　　D 翼缘的厚度

解析：受弯构件截面上的剪应力呈抛物线分布，即中性轴处剪应力最大，上下翼缘处剪应力最小，因此翼缘的厚度不是决定其抗剪强度的主要因素。

答案：D

12-7（2009）钢桁架受压构件容许长细比，采用下列哪一个数值是正确的？

A 100　　　　B 150　　　　C 200　　　　D 250

解析：根据《钢结构标准》第7.4.6条表7.4.6，桁架受压构件容许长细比为150。

答案：B

12-8（2009）钢结构柱脚底面在地面以上时，柱脚底面应高出地面，其最小值为下列哪一个数值？

A 100mm　　　B 200mm　　　C 400mm　　　D 600mm

解析：钢结构柱脚可埋入地面以下，也可置于地面以上。根据《钢结构标准》第18.2.4条第6款，当柱脚在地面以下时，应采用强度等级较低的混凝土包裹（保护层厚度不应小于50mm），包裹的混凝土高出室外地面不应小于150mm。当柱脚底面在地面以上时，柱脚底面高出室外地面不应小于100mm，室内地面不宜小于50mm。

答案：A

12-9（2009）摩擦型高强度螺栓用于承受下列哪一种内力是不正确的？

A 剪力　　　　B 弯矩　　　　C 拉力　　　　D 压力

解析：摩擦型高强度螺栓承受剪力、拉力和弯矩，不承受压力。

答案：D

12-10（2009）在非动力荷载作用下，钢结构塑性设计方法不适用于下列哪一种钢梁？

A 受均布荷载作用的固端梁　　　　B 受均布荷载作用的简支梁
C 受均布荷载作用的连续梁　　　　D 受集中荷载作用的连续梁

解析：在非动力荷载作用下，钢结构塑性设计方法不适用于受均布荷载作用的简支梁。因简支梁为静定结构，支座弯矩为零，与跨中弯矩不可能进行内力塑性重分布。《钢结构标准》第10.1.1条规定，塑性设计适用于不直接承受动力荷载的超静定梁。

答案：B

12-11（2009）钢构件采用螺栓连接时，其螺栓最小容许中心间距，下列哪一个数值是正确的？（d 为螺栓直径）

A $2d$　　　　B $3d$　　　　C $4d$　　　　D $5d$

解析：根据《钢结构标准》第11.5.2条表11.5.2，螺栓最小容许中心距为$3d$。

答案：B

12-12（2009）钢结构焊件的角焊缝在弯矩、剪力及轴力共同作用下，其强度计算方法，下列哪一种说法是正确的？

A 各内力应分别进行验算
B 剪力和轴力应叠加后进行验算

C 弯矩和剪力应叠加后进行验算
D 三种内力产生的应力全部叠加后进行验算

解析：钢结构焊件的角焊缝在弯矩、剪力及轴力共同作用下，其强度计算按三种内力产生的应力全部叠加后进行验算。

答案：D

12-13 (2009) 钢结构设计中，对工字形钢梁通常设置横向加劲肋（见题图），下述关于横向加劲肋主要作用的表述正确的是（　　）。

Ⅰ．确保结构的整体稳定；Ⅱ．确保钢梁腹板的局部稳定；Ⅲ．确保钢梁上、下翼缘的局部稳定；Ⅳ．有利于提高钢梁的抗剪承载力

A Ⅰ、Ⅱ　　B Ⅱ、Ⅲ　　C Ⅱ、Ⅳ　　D Ⅲ、Ⅳ

题 12-13 图

解析：横向加劲肋可以确保钢梁腹板和上、下翼缘的局部稳定。

答案：B

12-14 (2009) 图示钢结构支座对位移的约束为（　　）。

A 各向均约束　　　　　　B 允许转动
C 允许上下移动　　　　　D 允许左右移动

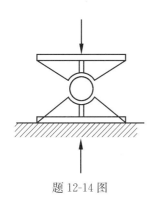

题 12-14 图

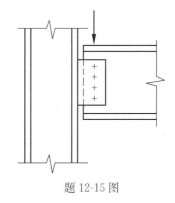

题 12-15 图

解析：题示钢结构支座图见《钢结构标准》第12.6.3条图12.6.3，为铰轴式支座，只允许转动。

答案：B

12-15 (2009) 图示钢结构的连接是属于哪一种？

A 刚接　　B 铰接　　C 半刚接　　D 半铰接

解析：题示钢结构的连接属于铰接。

答案：B

12-16 (2008) 下列关于建筑采用的碳素钢中，碳含量对钢材影响的叙述何项错误？

A 碳含量越高，钢材的强度也越高
B 碳含量越高，钢材的塑性、韧性越好
C 碳含量越高，钢材的可焊性越低
D 建筑采用的碳素钢材只能是低碳钢

179

解析：钢材因含碳量不同区分为低碳钢（<0.25%）、中碳钢（0.25%~0.6%）、高碳钢（0.6%~1.7%）。碳含量越高，钢材的强度越高，但其塑性、韧性和可焊性显著降低。因此，用于建造钢结构的材料只能是低碳钢，一般要求含碳量≤0.22%，对焊接结构，要求含碳量≤0.12%~0.20%。在冶炼中如有选择地加入适量合金成为低合金钢后，则可在提高钢材强度的同时又不损害钢材的塑性和韧性。其中，锰、硅是有益元素，硫、磷、氧、氮、氢是有害元素。

答案：B

12-17 (2008) 对钢管混凝土柱中混凝土作用的描述，下列何项不正确？

A 有利于钢管柱的稳定 　　　　B 提高钢管柱的抗压承载力
C 提高钢管柱的耐火极限 　　　D 提高钢管柱的抗拉承载力

解析：在钢管中灌注混凝土，有利于钢管的稳定，提高钢管柱的抗压承载力和耐火极限，A、B、C 选项正确，但是对提高钢管柱的抗拉承载力没有作用（因为混凝土的抗拉强度很低，不考虑），D 选项错误。

答案：D

12-18 (2008) 图示槽钢组合轴心受压柱，截面面积 $A=63.67\text{cm}^2$，轴心受压稳定系数 $\varphi_x=0.644$，$\varphi_y=0.46$，钢材受压强度设计值 $f=310\text{N}/\text{mm}^2$，其最大受压承载力设计值是（　　）。

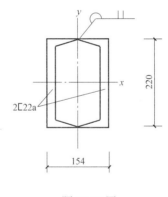

题 12-18 图

A 907.9kN 　　　　　　　　　　B 1090kN
C 1271kN 　　　　　　　　　　D 1974kN

解析：由 y 轴（弱轴）稳定控制，$N \leqslant \varphi_y f A = 0.46 \times 310 \times 63.67 \times 10^2 = 907934\text{N} = 907.9\text{kN}$。

答案：A

12-19 (2008) 图示楼面工字钢次梁，钢材弹性模量 $E=206\times 10^3 \text{N}/\text{mm}^2$，要满足 $l/250$ 的挠度限值 $\left(f=\dfrac{Pl^3}{48EI}\right)$，至少应选用下列何种型号的工字钢？

A Ⅰ20a（$I_x=2369\text{cm}^4$） 　　　　B Ⅰ22a（$I_x=3406\text{cm}^4$）
C Ⅰ25a（$I_x=5017\text{cm}^4$） 　　　　D Ⅰ28a（$I_x=7115\text{cm}^4$）

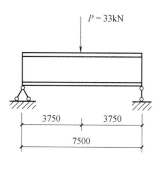

题 12-19 图

解析：根据题给条件，$\dfrac{Pl^3}{48EI} = \dfrac{l}{250}$，所以，$I = \dfrac{5.2Pl^2}{E} = \dfrac{5.2 \times 33 \times 10^3 \times 7500^2}{206 \times 10^3} =$

$4693 \times 10^4 \mathrm{mm}^4 = 4693 \mathrm{cm}^4 \approx 5017 \mathrm{cm}^4$，选 I 25a。

答案：C

12-20 （2008）在结构图中，高强度螺栓的表示方法，下列哪一种形式是正确的？

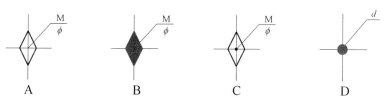

解析：根据《制图标准》第 4.2.1 条表 4.2.1，B 选项为高强度螺栓的表示方法。

答案：B

12-21 （2008）在结构图中，钢结构围焊焊缝表示方法，下列哪一种形式是正确的？

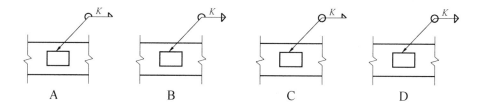

解析：题中 A 选项表示单面相同焊缝，B 选项表示双面相同焊缝，C 选项表示围焊焊缝。

答案：C

12-22 （2007）某体育场设计中采用了国产钢材 Q460E，其中 460 是指（　　）。

A　抗拉强度标准值　　　　　　　　B　抗拉强度设计值
C　抗压强度标准值　　　　　　　　D　抗压强度设计值

解析：460 表示钢材的抗拉强度标准值（屈服强度）。

答案：A

12-23 （2007）提高 H 形钢梁整体稳定的有效措施之一是（　　）。

A 加大受压翼缘宽度　　　　　　　B 加大受拉翼缘宽度
C 增设腹板加劲肋　　　　　　　　D 增加构件的长细比

解析：H形钢梁整体稳定性主要受受压翼缘宽度影响，增加受压翼缘的宽度可提高H形钢梁的整体稳定性。

答案：A

12-24 (2007) 关于钢结构材料的特性，下列何项论述是错误的？

A 具有高强度　　　　　　　　　　B 具有良好的耐腐蚀性
C 具有良好的塑性　　　　　　　　D 耐火性差

解析：钢材具有强度高、塑性好的优点，但易腐蚀、耐火性能差。

答案：B

12-25 (2007) 与钢梁整浇的混凝土楼板的作用是（　　）。

A 仅有利于钢梁的整体稳定
B 有利于钢梁的整体稳定和上翼缘稳定
C 有利于钢梁的整体稳定和下翼缘稳定
D 有利于钢梁的整体稳定和上、下翼缘稳定

（注：此题2006年考过。）

解析：根据《钢结构标准》第6.2.1条及条文说明，钢梁上整浇混凝土楼板，且现浇楼板与钢梁上翼缘有牢固连接时，能阻止受压翼缘的侧向位移，提高梁的整体稳定性。

答案：B

12-26 (2007) 高层钢结构房屋钢梁与钢柱的连接，目前我国一般采用下列何种方式？

A 螺栓连接　　　　　　　　　　　B 焊接连接
C 栓焊混合连接　　　　　　　　　D 铆接连接

解析：框架梁与柱的连接宜采用柱贯通型。当框架梁与柱刚接时，梁翼缘与柱翼缘间应采用全熔透坡口焊缝，梁腹板宜采用摩擦型高强度螺栓通过连接板与柱连接。通过栓焊混合连接保证梁与柱的刚性连接，梁的剪力主要通过腹板上的摩擦型高强度螺栓与柱翼缘上的连接板传给柱；而梁的弯矩主要通过上、下翼缘的全熔透坡口焊缝传给柱。C选项正确。

答案：C

12-27 (2007) 关于钢结构梁柱板件宽厚比限值的规定，下列哪一种说法是不正确的？

A 控制板件宽厚比限值，主要保证梁柱具有足够的强度
B 控制板件宽厚比限值，主要防止构件局部失稳
C 箱形截面壁板宽厚比限值，比工字形截面翼缘外伸部分宽厚比限值大
D Q345钢材比Q235钢材宽厚比限值小

（注：此题2004年考过。）

解析：控制板件宽度比限值，主要是防止构件局部失稳，B选项正确；箱形截面较工字形截面稳定性好，所以翼缘外伸部分宽厚比限值大，C选项正确；Q345钢比Q235钢强度高，所以宽厚比限值小，D选项正确；控制板件宽厚比

限值，与构件的强度无关，A 选项不正确。

答案：A

12-28 (2007) 在结构图中，钢结构熔透角焊缝表示方法，下列哪一种形式是正确的？

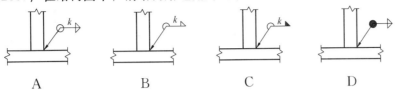

(注：此题 2004 年考过。)

解析：根据《结构制图标准》第 4.3.11 条，熔透角焊缝为涂黑的圆圈，绘在引出线的转折处。

答案：D

12-29 (2007) 在结构图中，安装螺栓表示方法，下列哪一种形式正确？

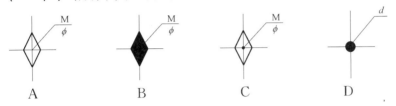

解析：根据《结构制图标准》第 4.2.1 条表 4.2.1，安装螺栓为 C 选项所示。

答案：C

12-30 (2006) 钢结构焊缝的质量等级分为几级？

  A 二   B 三   C 四   D 五

解析：根据《钢结构标准》第 11.1.6 条，钢结构焊缝质量分为三个等级。

答案：B

12-31 (2006) 下列关于钢材性能的评议，哪一项是正确的？

  A 抗拉强度与屈服强度比值越小，越不容易产生脆性断裂
  B 建筑钢材的焊接性能主要取决于碳含量
  C 非焊接承重结构的钢材不需要硫、磷含量的合格保证
  D 钢材冲击韧性不受工作温度变化影响

解析：《钢结构标准》第 4.3.2 条规定，承重结构所用的钢材应具有屈服强度、抗拉强度、断后伸长率和硫、磷含量的合格保证；对焊接结构尚应具有碳当量的合格保证。钢材的焊接性能，主要取决于碳含量，B 选项正确，C 选项错误。钢结构的工作温度不同，对钢材有不同的质量等级要求，钢材的质量等级与冲击韧性相关，D 选项错误。钢材的强屈比（抗拉强度与屈服强度的比值）越小，说明钢材抗拉强度与屈服强度越接近，容易产生脆性破坏，A 选项错误。

答案：B

12-32 (2006) 下列钢材的物理力学性能指标，何种与钢材厚度有关？

  A 弹性模量   B 剪变模量
  C 设计强度   D 线膨胀系数

解析：根据《钢结构标准》第 4.4.1 条表 4.4.1，钢材的强度设计值与钢材厚度

有关，钢材强度随厚度的增加而降低。

答案：C

12-33 (2006) 采用同类钢材制作的具有相同截面面积、相同截面高度（h）和腹板厚度，翼缘宽度不等的三种钢梁，当钢梁与上翼缘混凝土楼板整浇时，钢梁跨中截面的抗弯承载力大小顺序为下列何项？（提示：混凝土强度、钢梁与楼板的连接、钢梁的稳定均有保证）

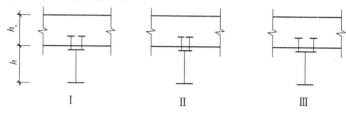

题 12-33 图

A　Ⅰ＞Ⅱ＞Ⅲ　　　　B　Ⅱ＞Ⅲ＞Ⅰ　　C　Ⅲ＞Ⅱ＞Ⅰ　　D　Ⅱ＞Ⅰ＞Ⅲ

解析：钢梁的下翼缘面积越大，则跨中截面的抗弯承载能力越大。

答案：D

12-34 (2006) 钢结构的螺栓连接能承受的内力，下列哪一种说法是正确的？

A　仅能承受拉力　　　　　　　　B　仅能承受剪力
C　仅能承受拉力和剪力　　　　　D　能承受拉力、剪力和扭矩

解析：钢结构的螺栓，能承受拉力、剪力和扭矩。

答案：D

12-35 (2006) 钢柱和钢梁板件的宽厚比限值，是保证下列哪一种功能的要求？

A　强度要求　　　　　　　　　　B　变形要求
C　稳定性要求　　　　　　　　　D　保证焊接质量的要求

解析：钢柱与钢梁板件的宽厚比限值，是为了保证局部稳定性要求。

答案：C

12-36 (2006) 轴心受压单面连接的单角钢构件（长边相连），截面尺寸为∟90×50×6，毛截面面积 $A=8.56\text{cm}^2$，钢材牌号 Q235B，$f=215\text{N/mm}^2$，强度设计值折减系数 $\eta=0.70$，稳定系数 $\varphi=0.419$，其受压承载力设计值是下列哪一个数值？

A　53.98kN　　　　　　　　　　B　61.69kN
C　65.55kN　　　　　　　　　　D　69.40kN

解析：根据《钢结构标准》第 7.6.1 条式 7.6.1-1，$\dfrac{N}{\eta\varphi A f}\leq 1$，则

$$N=0.419\times 8.56\times 10^2\times 0.7\times 215=53979\text{N}=53.98\text{kN}$$

答案：A

12-37 (2006) 当钢结构的焊缝形式、断面尺寸和辅助要求相同时，钢结构图中可只选择一处标注焊缝，下列哪一个表达形式是正确的？

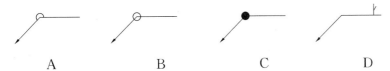

解析：根据《结构制图标准》第4.3.8条第1款，同一工程，当焊缝形式、断面尺寸和辅助要求相同时，可只选择一处标注焊缝的符号和尺寸，并加注"相同焊缝符号"，相同焊缝符号为3/4圆弧，绘在引出线的转折处。

答案：A

12-38 （2006）钢材双面角焊缝的标注方法，正确的是下列哪一种？

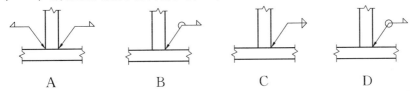

解析：根据《结构制图标准》第4.3.3条，双面有焊缝的标注为C选项。

答案：C

12-39 （2005）施工现场进行焊接的焊缝符号，当为单面角焊缝时，下列何种标注方式是正确的？

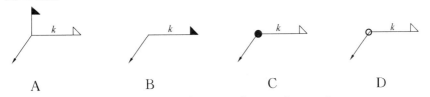

解析：根据《结构制图标准》第4.3.9条，A选项正确。

答案：A

12-40 （2005）下列关于钢构件长细比的表述，何项正确？
A 长细比是构件长度与构件截面高度之比
B 长细比是构件长度与构件截面宽度之比
C 长细比是构件对主轴的计算长度与构件截面宽度之比
D 长细比是构件对主轴的计算长度与构件截面对主轴的回转半径之比

解析：钢构件长细比是构件对主轴的计算长度与构件截面对主轴回转半径之比。

答案：D

12-41 （2005）下列相同牌号同一规格钢材的强度设计值中，哪三项取值相同？
Ⅰ．抗拉；Ⅱ．抗压；Ⅲ．抗剪；Ⅳ．抗弯；Ⅴ．端面承压
A Ⅰ、Ⅱ、Ⅲ   B Ⅰ、Ⅱ、Ⅳ
C Ⅰ、Ⅳ、Ⅴ   D Ⅱ、Ⅲ、Ⅴ

解析：根据《钢结构标准》第4.4.1条表4.4.1，对于相同牌号、同一规格（厚度或直径）的钢材，其抗拉、抗压和抗弯强度设计值相同，抗剪强度最小，端面承压（刨平顶紧）强度最高。

答案：B

12-42 (2005) 下列哪一项与钢材可焊性有关?

A 塑性　　　　B 韧性　　　　C 冷弯性能　　　D 疲劳性能

解析：钢材可焊性与含碳量有关。题中四项性能中，冷弯性能与含碳量关系更为密切。

答案：C

12-43 (2005) 某单跨钢框架如图，钢柱截面下列四种布置中何种最为合适？（提示：不考虑其他专业的要求，钢梁钢柱稳定有保证，各柱截面面积相等）

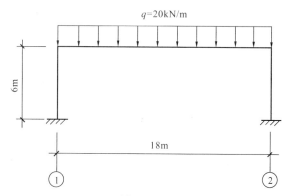

题 12-43 图

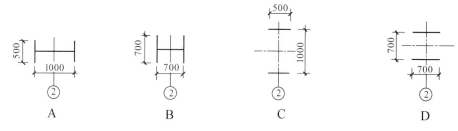

解析：对于如图所示的单跨钢框架，钢柱除承受轴压力和剪力外，还承受平面内的弯矩作用。因此，为了提高钢柱的抗弯能力，应该尽量加大平面内的抗弯刚度 EI。在图示钢柱的四种平面中，A 选项所示的截面形式在框架平面内的惯性矩 I 值最大。

答案：A

12-44 (2005) 图示钢梯，下列对踏步板作用的表述，何者最准确？

Ⅰ．承受踏步荷载；Ⅱ．有利于钢梯梁的整体稳定；Ⅲ．有利于提高两侧钢板梁的承载力；Ⅳ．有利于两侧钢板梁的局部稳定

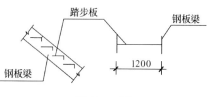

题 12-44 图

A Ⅰ、Ⅲ　　　　　　　　　　B Ⅰ、Ⅱ
C Ⅰ、Ⅱ、Ⅲ　　　　　　　　D Ⅰ、Ⅱ、Ⅲ、Ⅳ

解析：踏步板不仅可以承受踏步荷载，而且作为钢板梁的侧向支撑，有利于

提高其整体稳定性。同时，踏步板作为钢板梁腹板的加劲板，也提高了其局部稳定性，而由于其稳定性的提高，也进一步提高了钢板梁的承载能力。

答案：D

12-45 (2005) 简支工字钢梁在均布荷载作用下绕强轴的弯矩设计值为 $M_x=89.2\text{kN}\cdot\text{m}$，钢材牌号为 Q235B，$f=215\text{N/mm}^2$，抗弯强度验算时不考虑截面塑性发展系数，至少应选用下列哪一种型号的工字钢？

A I25a（净截面模量 401.4cm³）　　B I25b（净截面模量 422.2cm³）
C I28a（净截面模量 508.2cm³）　　D I28b（净截面模量 534.4cm³）

解析：根据《钢结构标准》第6.1.1条式（6.1.1）：

$$\frac{M_x}{\gamma_x W_{nx}} \leqslant f \quad 题中，\gamma_x=1.0$$

$$W_{nx} \geqslant \frac{M_x}{f} = \frac{89.2\times 10^6}{215\times 10^3} = 414.9\text{cm}^3$$

选工字钢 I25b（净截面模量 422.2cm³）。

答案：B

12-46 (2005) 柱间支撑构件的代号，下列哪一种是正确的？
A CC　　B SC　　C ZC　　D HC

解析：根据《结构制图标准》附录A，柱间支撑代号为ZC。

答案：C

12-47 (2005) 在结构平面图中，柱间支撑的标注，下列哪一种形式是正确的？

解析：根据《结构制图标准》第2.0.3条表2.0.3，柱间支撑在平面图中的标注如C选项所示。

答案：C

12-48 (2005) 钢结构设计中，永久螺栓的表示方法，下列哪一个是正确的？

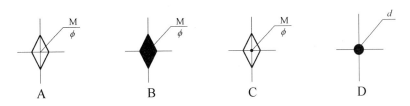

解析：根据《结构制图标准》第4.2.1条表4.2.1，永久螺栓的标注如A选项所示。

答案：A

12-49 (2005) 钢材的对接焊缝能承受的内力，下列哪一种说法是准确的？
A 能承受拉力和剪力　　　　　　B 能承受拉力，不能承受弯矩
C 能承受拉力、剪力和弯矩　　　D 只能承受拉力

解析：根据《钢结构标准》第11.2.1条，对接焊缝能承受拉力、剪力和弯矩。

答案：C

12-50 (2005) 钢结构房屋的物理力学特征,下列哪一种说法是不正确的?

  A 自重轻,基础小   B 延性好,抗震性能好

  C 弹性模量大,构件截面小 D 弹性阶段其阻尼比大

  解析:钢结构具有的特点是强度高,重量轻(从而构件截面和基础可减少),延性好,抗震性能好,弹性模量大;振动周期长,阻尼比小,风振效应大。

  答案:D

12-51 (2004) 钢结构单层房屋和露天结构横向(沿屋架或构架跨度方向)的温度区段长度值,是根据下列哪些条件确定的?

  Ⅰ.柱顶的连接形式;Ⅱ.结构所处环境条件;Ⅲ.房屋高度;Ⅳ.屋架形式

  A Ⅰ、Ⅱ B Ⅰ、Ⅲ C Ⅱ、Ⅲ D Ⅲ、Ⅳ

  解析:根据《钢结构标准》第3.3.5条表3.3.5,钢结构单层房屋结构横向温度区段长度值(沿屋架或构架跨度方向)与柱顶连接形式(刚接或铰接)有关,且与环境有关(表中对采暖和非采暖,露天结构等不同的环境作了不同的规定),而与房屋高度、屋架形式无关。

  答案:A

12-52 (2004) 对于Q345钢,钢结构连接采用对接焊缝和角焊缝的抗剪强度设计值,下列哪一种说法是正确的?

  A 两种焊缝的强度相同   B 对接焊缝比角焊缝强度大

  C 对接焊缝比角焊缝强度低 D 不能比较

  解析:根据《钢结构标准》第4.4.5条表4.4.5,查表中Q345钢,采用E50型焊条的手工焊,可知角焊缝抗剪强度设计值为200N/mm^2,对接焊缝抗剪设计强度≤175N/mm^2,因此,对接焊缝的抗剪强度比角焊缝小。

  答案:C

12-53 (2004) 高强度螺栓的物理力学性能和应用范围,下列哪一种说法是正确的?

  A 高强度螺栓其受剪和受拉承载力是相等的

  B 承压型高强度螺栓一般应用于地震区的钢结构

  C 摩擦型高强度螺栓一般应用于非地震区的钢结构

  D 摩擦型高强度螺栓依靠摩擦力传递剪力

  解析:高强度螺栓分摩擦型和承压型两种。摩擦型高强度螺栓依靠板件接触面间的摩擦力传递剪力,板件间不会产生相对滑移,工作性能可靠,可应用于非地震区和地震区。承压型高强度螺栓依靠板件间的摩擦力与栓杆的承压和抗剪共同承受剪力,其承载力较摩擦型高,但受剪时变形大,不宜用于地震区。

  答案:D

12-54 (2004) 一工字形截面钢梁,作用于通过腹板中心线的主平面上的考虑抗震组合的弯矩设计值为450kN·m,$f_y=315$N/mm^2,构件承载力抗震调整系数为0.75,忽略截面塑性发展系数及开孔,按强度设计,下列四种截面哪一种是最经济的选择?

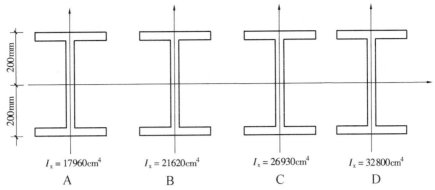

解析：由公式 $\sigma = \dfrac{M \cdot h/2}{I_x} \leqslant f_y$，有 $I_x = \dfrac{0.75 \times 450 \times 10^6 \times 200}{315} = 2.143 \times 10^8 \text{mm}^4$

$= 21430 \text{cm}^4$

答案：B

12-55 (2004) 一钢压杆，容许长细比 $[\lambda]=90$，采用 Q235 钢材，计算长度为 6.6m，在下列四种型号的工字钢中，如仅考虑长细比要求，选用哪一种最适宜？

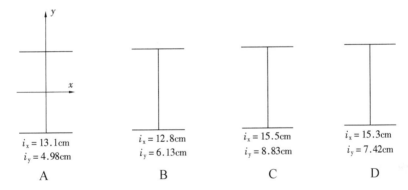

解析：由公式 $\lambda = \dfrac{l_0}{i} \leqslant [\lambda]$，有 $i \geqslant \dfrac{l_0}{[\lambda]} = \dfrac{6600}{90} = 73\text{mm} = 7.3\text{cm}$。

答案：D

12-56 (2004) 下列何种图例表示高强度螺栓？

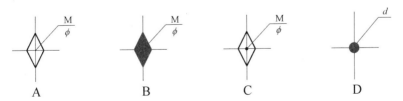

解析：根据《结构制图标准》第 4.2.1 条、表 4.2.1，高强度螺栓为 B 选项所示。

答案：B

12-57 对于民用建筑承受静载的钢屋架，下列关于选用钢材钢号和对钢材要求的叙述中，何者是不正确的？

A 可选用 Q235 钢

B 可选用 Q345 钢
C 钢材须具有抗拉强度、伸长率、屈服强度的合格保证
D 钢材须具有常温冲击韧性的合格保证

解析：《钢结构标准》第 4.3.2 条规定，承重结构所用的钢材应具有屈服强度、抗拉强度、断后伸长率和硫、磷含量的合格保证；对直接承受动力荷载或需验算疲劳的构件所用钢材应具有冲击韧性的合格保证。承受静力荷载的钢屋架所用钢材不需要冲击韧性的合格保证。

答案：D

12-58 以下关于常用建筑钢材的叙述中，何者是错误的？
A 建筑常用钢材一般分为普通碳素钢、普通低合金钢和优质碳素钢三大类
B 普通碳素钢随钢号增大，强度提高，伸长率降低
C 普通碳素钢随钢号增大，强度提高，伸长率增加
D 普通碳素钢按炼钢炉种分为平炉钢、氧气转炉钢、空气转炉钢三种，按脱氧程度分为沸腾钢、镇静钢、半镇静钢三种

解析：钢材随钢号增加，强度提高，伸长率则降低。

答案：C

12-59 以下关于钢材规格的叙述，何者是错误的？
A 热轧钢板—600×10×12000 代表钢板宽 600mm，厚 10mm，长 12m
B 角钢 L100×10 代表等边角钢，肢宽 100mm，厚 10mm
C 角钢 L100×80×8 代表不等边角钢，长肢宽 100mm，短肢宽 80mm，厚 8mm
D 工字钢，$I40_a$、$I40_b$、$I40_c$ 代表工字钢，高均为 400mm，其下标表示腹板厚类型，其中下标为 a 者比 b 厚，b 比 c 厚

解析：工字钢型号下标表示腹板厚，标注 a 者最薄，b 比 a 厚，c 比 b 厚。

答案：D

12-60 对传统的钢结构体系（不包括轻钢结构），以下关于钢结构支撑的叙述中，何者是错误的？
A 在建筑物的纵向，上弦横向水平支撑、下弦横向水平支撑、屋盖垂直支撑、天窗架垂直支撑应设在同一柱间
B 当采用大型屋面板，当每块屋面板与屋架保证三点焊接时，可不设置上弦横向水平支撑（但在天窗架范围内应设置）
C 下柱柱间支撑应设在建筑物纵向的两尽端
D 纵向水平支撑应设置在屋架下弦端节间平面内，与下弦横向水平支撑组成封闭体系

解析：A、B、D 选项均为屋盖支撑的设置要求。下柱柱间支撑应布置在建筑物的中部，当建筑物较长时，应在 1/3 区段内各布置一道。上柱柱间支撑应布置在建筑物两端和有下柱柱间支撑的柱间。C 选项错误。

答案：C

12-61 以下关于钢屋架设计的叙述中，何者是错误的？
A 屋架外形应与屋面材料所要求的排水坡度相适应

B 屋架外形尽可能与弯矩图相适应

C 屋架杆件布置要合理，宜使较长的腹杆受压，较短的腹杆受拉

D 宜尽可能使荷载作用在屋架节点上，避免弦杆受弯

解析：钢屋架布置腹杆时，应尽可能使较短的腹杆受压，较长的腹杆受拉。

答案：C

12-62 钢屋架和檩条组成的钢结构屋架体系，设支撑系统的目的是下列各项中的哪几项？Ⅰ．承受纵向水平力；Ⅱ．保证屋架上弦出平面的稳定；Ⅲ．便于屋架的检修和维修；Ⅳ．防止下弦过大的出平面的振动

A Ⅰ、Ⅱ、Ⅲ   B Ⅱ、Ⅲ、Ⅳ

C Ⅰ、Ⅱ、Ⅳ   D Ⅰ、Ⅲ、Ⅳ

解析：屋盖支撑的作用包括：保证屋盖结构的横向、纵向空间刚度和空间整体性，为屋架弦杆提供必要的侧向支撑点，避免压杆侧向失稳和防止拉杆产生过大的振动，承受和传递水平荷载。不包括第Ⅲ项。

答案：A

12-63 图示各种型钢中，哪一种适合作楼面梁？

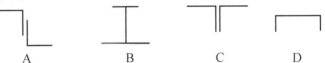

    A   B   C   D

解析：B选项的型钢适于作楼面梁。

答案：B

12-64 钢材的厚度愈大，则有下列何项结论？

A 抗拉、抗压、抗弯、抗剪强度设计值愈小

B 抗拉、抗压、抗弯、抗剪强度设计值愈大

C 抗拉、抗压、抗弯强度设计值愈大，抗剪强度设计值愈小

D 强度设计值随厚度变化的规律，视钢号而定

解析：根据《钢结构标准》第4.4.1条表4.4.1，钢材厚度越大，则抗拉、抗压、抗弯、抗剪强度设计值越小。

答案：A

12-65 某单层房屋的屋面采用钢屋架，波纹铁皮瓦覆盖，要求屋面有较大的坡度。下列几种钢屋架形式中，哪种形式最合适？

A 三角形屋架   B 梯形屋架

C 弧形屋架   D 平行弦屋架

解析：题中4种屋架，以三角形屋架坡度最大。

答案：A

12-66 钢实腹式轴心受拉构件应计算的全部内容为（　　）。

A 强度   B 强度及整体稳定性

C 强度、局部稳定性和整体稳定性   D 强度及长细比控制

解析：钢实腹式轴心受拉构件应按《钢结构标准》第7.1.1条进行强度计算，且应按第7.4.7条表7.4.7验算长细比。

答案：D

12-67 设 A (A_n) 为构件的毛（净）面积，φ 为受压构件的稳定系数。钢实腹式轴心受压构件的整体稳定性应按下列哪一个公式计算？

A $\dfrac{N}{\varphi A} \leqslant f$ B $\dfrac{\varphi}{A} \leqslant f$ C $\dfrac{N}{A_n \varphi} \leqslant f$ D $\dfrac{\varphi N}{A_n} \leqslant f$

解析：根据《钢结构标准》第 7.2.1 条，钢实腹式轴心受压构件应按公式 $\dfrac{N}{\varphi A} \leqslant f$ 进行计算。

答案：A

12-68 现行《钢结构设计标准》所采用的结构设计方法是哪一种？
A 容许应力法
B 半概率、半经验的极限状态设计方法
C 以概率理论为基础的极限状态设计方法
D 全概率设计方法

解析：我国现行《钢结构标准》同其他材料的结构设计规范一样，根据国家颁布的《结构可靠性标准》及《钢结构标准》第 3.1.2 条，采取以概率理论为基础的极限状态设计方法。

答案：C

12-69 建筑钢结构用钢材，按含碳量分应属于下列几种钢材中的哪一种？
A 各种含碳量的钢材   B 高碳钢
C 低碳钢   D 中碳钢

解析：现行《钢结构标准》推荐的碳素钢结构为低碳钢。

答案：C

12-70《钢结构设计标准》中推荐使用的钢材是下列各组中的哪一组？
A Q235，Q355，Q390，Q420   B 25MnSi，Q235—B•F
C Q345，B_3F，BY_3F D 45 号钢，Q235—B•F，15MnTi

解析：钢结构中使用的普通低合金钢是在普通碳素钢中添加了少量的合金元素，其强度提高，韧性较好。我国的普通低合金钢种类较多，但有些钢号因积累的数据不多，故目前正式列入规范推荐使用的有 Q235、Q355、Q390、Q420、Q460。

答案：A

12-71 工字钢 I 16 数字表示哪一项？
A 工字钢截面高度 160mm   B 工字钢截面高度 16mm
C 工字钢截面宽度 16mm   D 工字钢截面宽度 160mm

解析：工字钢 I 16 数字表示其截面高度 160mm。

答案：A

12-72 钢结构构件表面防腐，下述哪一种说法是正确的？
A 应刷防腐涂料   B 一般结构可不刷防腐涂料

  C 宜刷防腐涂料   D 重要结构构件表面应刷防腐涂料

  解析：钢结构构件表面应刷防腐涂料。

  答案：A

12-73 对直接承受动力荷载重复作用的钢结构构件及其连接，当应力变化的循环次数 $n \geqslant (\quad)$ 次时，应进行疲劳计算？

  A 5×10^4 B 2×10^6 C 1.5×10^6 D 2×10^5

  解析：根据《钢结构标准》第16.1.1条，直接承受动力荷载重复作用的钢结构构件及其连接，当应力变化的循环次数 $n \geqslant 5 \times 10^4$ 次时，应进行疲劳计算。

  答案：A

12-74 钢结构的主要缺点之一是（ ）。

  A 结构的自重大   B 施工困难

  C 不耐火、易腐蚀   D 价格高

  解析：不耐火、易腐蚀是钢结构的主要缺点之一。

  答案：C

12-75 钢结构的表面长期受辐射热达多少度时，应采取有效的隔热措施？

  A 100℃以上   B 150℃以上   C 200℃以上   D 600℃以上

  解析：根据《钢结构标准》第18.3.3条，高温环境下的钢结构温度超过100℃时，应进行结构温度作用验算，并应根据不同情况采取相应的防护措施。

  答案：A

12-76 轴心受压的钢柱脚中，锚栓的受力性质属下列中哪一项？

  A 拉力   B 压力   C 剪力   D 不受力

  解析：轴心受压的钢柱脚中，锚栓不受力。

  答案：D

12-77 钢结构屋架结构中，主要受力杆件的允许长细比为多少？

  A 受拉杆（无吊车）350，受压杆150

  B 受拉杆（无吊车）250，受压杆200

  C 受拉杆（无吊车）300，受压杆150

  D 受拉杆（无吊车）350，受压杆250

  解析：根据《钢结构标准》第7.4.6条表7.4.6及第7.4.7条表7.4.7，钢屋架结构主要受力杆件的允许长细比为：受拉杆（无吊车）350，受压杆150。

  答案：A

12-78 (2003) 钢结构的稳定性，下列哪一种说法是不正确的？

  A 钢柱的稳定性必须考虑   B 钢梁的稳定性必须考虑

  C 钢结构整体的稳定性不必考虑   D 钢支撑的稳定性必须考虑

  解析：钢结构的稳定性包括构件稳定性、局部稳定性和结构的整体稳定性，所有这些都必须给予考虑。因此，C选项是不正确的。

  答案：C

12-79 在钢材的化学成分中，下列哪几种元素使钢材热脆？

  A S、P、O、N   B S、O   C S、P   D N、P

解析：钢材的硫（S）、氧（O）元素使钢材热脆，而磷（P）、氮（N）会造成钢材冷脆。

答案：B

12-80 钢结构选材时，两项保证指标是指什么？

A 抗拉强度、拉伸率（伸长率）　　B 伸长率、屈服点
C 屈服点、冷弯性能　　D 常温冲击韧性、负温冲击韧性

解析：钢材力学性能的保证项目的排列次序为：抗拉强度（f）、伸长率（δ_5 或 δ_{10}）、冷弯性能、常温冲击韧性、负温冲击韧性。两项保证即指前两项。

答案：A

12-81 图示冷弯薄壁型钢 Z 形檩条放置在斜屋面上，下列哪一种放法是正确的？

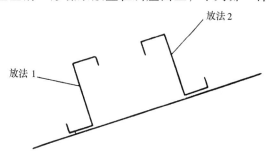

题 12-81 图

A 放法 1 正确

B 放法 2 正确

C 当利用檩条作为屋面水平支承系统压杆时采用放法 1，其他情况用放法 2

D 两种均可

解析：《冷弯薄壁型钢结构技术规程》第 5.1.1 条图 5.1.1，题中放法 1 正确。因第一种放法荷载通过截面的弯曲中心，檩条双向弯曲；第二种放法荷载不通过截面弯曲中心，檩条除双向弯曲外，还承受扭矩作用。

答案：A

12-82 设 $W(W_n)$——钢梁的毛（净）截面模量；$I(I_n)$——钢梁的毛（净）截面惯性矩。实腹式钢梁的抗弯强度应按下列哪一个公式计算？

A $M/\gamma W_n \leqslant f$　　B $M/\gamma W \leqslant f$
C $M/\gamma I_n \leqslant f$　　D $M/\gamma I \leqslant f$

解析：《钢结构标准》第 6.1.1 条，实腹式钢梁的抗弯强度按题中 A 选项给出的公式计算。

答案：A

12-83 钢结构图中用 ⊕ 表示何种螺栓？

A 粗制螺栓　　B 精制螺栓　　C 永久螺栓　　D 安装螺栓

解析：根据《结构制图标准》第 4.2.1 条表 4.2.1，题中螺栓符号为永久螺栓。

答案：C

12-84 钢结构图中用 ◇̸ M/φ 表示何种螺栓?

    A 粗制螺栓   B 精制螺栓   C 永久螺栓   D 安装螺栓

解析：根据《结构制图标准》第 4.2.1 条表 4.2.1，题中螺栓符号为安装螺栓。

答案：D

12-85 建筑结构所用钢材需要具有以下哪些性能?

Ⅰ.高强度；Ⅱ.较好的塑性和韧性；Ⅲ.足够的变形能力；Ⅳ.适应冷热加工和焊接的性能

    A Ⅰ、Ⅱ、Ⅳ   B Ⅰ、Ⅱ、Ⅲ
    C Ⅰ、Ⅲ、Ⅳ   D Ⅰ、Ⅱ、Ⅲ、Ⅳ

解析：建筑结构所用钢材需要具有题中Ⅰ、Ⅱ、Ⅲ、Ⅳ性能。

答案：D

12-86 钢材的伸长率是描述以下何项的指标?

    A 塑性性能   B 可焊性   C 强度   D 韧性

解析：钢材的伸长率是描述材料的塑性性能。

答案：A

12-87 引起钢材疲劳破坏的因素有哪些?

Ⅰ.钢材强度；Ⅱ.承受的荷载成周期性变化；Ⅲ.钢材的外部形状尺寸突变；Ⅳ.材料不均匀

    A Ⅰ、Ⅱ   B Ⅱ、Ⅲ、Ⅳ
    C Ⅰ、Ⅱ、Ⅳ   D Ⅰ、Ⅱ、Ⅲ、Ⅳ

解析：根据钢结构的基本原理，钢材疲劳破坏除了与钢材的质量、构件的几何尺寸、缺陷等因素有关外，主要取决于重复连续荷载作用下，钢材内部产生的应力循环特征和循环次数，与钢材的强度无关。

答案：B

12-88 钢屋盖上弦横向水平支撑的作用，对下面何项为无效?

    A 减小屋架上弦杆垂直于屋架平面方向的计算长度

    B 提高上弦杆在屋架平面外的稳定性

    C 有效地减小上弦杆的内力

    D 作为山墙抗风柱的上部支承点

解析：钢屋盖上弦横向水平支撑对题中的 A、B、D 选项均有作用，而上弦杆的内力是通过分析钢屋架受力确定，与横向水平支撑无关。

答案：C

12-89 四个直径为 **18mm** 的普通螺栓应如何表示?

    A 4d18   B 4φ18   C 4M18   D $4\phi^b 18$

解析：题中 A、D 选项在施工图中均不用，B 选项表示 4 根 HPB300 级钢筋，C 选项表示 4 个直径为 18mm 的普通螺栓。

答案：C

12-90 图示的两块钢板焊接，其中标注的符号代表什么意义?

A 表示工地焊接，焊脚尺寸为 8mm，一边单面焊接的角焊缝

B 表示工地焊接，焊脚尺寸为 8mm，周边单面焊接的角焊缝

C 焊脚尺寸为 8mm，一边单面焊接的角焊缝

D 焊脚尺寸为 8mm，周边单面焊接的角焊缝

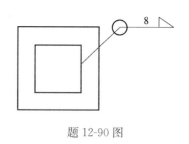

题 12-90 图

解析：根据《结构制图标准》第 4.3.2 条图 C，表示环绕工作件周围的焊缝时，其围焊焊缝为圆圈，绘在引出线的转折处，并标注焊角尺寸。又根据第 4.3.9 条，现场焊缝符号为涂黑的三角形旗号。

答案：D

12-91 除有特殊要求外，在钢结构设计中构件截面的确定不考虑以下哪种因素？

A 满足抗拉，抗压强度　　　　B 满足抗剪强度
C 满足整体或局部稳定　　　　D 锈蚀对截面的削弱

解析：钢结构设计时，确定构件截面时 A、B、C 选项均需计算，锈蚀对截面的削弱可以不考虑。

答案：D

十三 砌体结构设计

13-1 (2009) 轴心受拉砌体构件的承载力与下列哪个因素无关?

A 砂浆的强度等级 B 施工质量
C 砌体种类 D 砌体的高厚比

解析:根据《砌体规范》第5.3.1条,轴心受拉砌体构件的承载力按下式计算:
$$N_t \leqslant f_t A$$
式中 N_t——轴心拉力设计值;
f_t——砌体的轴心抗拉强度设计值;
A——砌体截面面积。

根据《砌体规范》第3.2.2条表3.2.2,式中砌体轴心抗拉设计值f_t不仅与砂浆强度等级(砂浆强度等级越高,其值越大)、砌体种类(烧结普通砖、烧结多孔砖、蒸压灰砂砖、蒸压粉煤灰砖、混凝土砌块、毛石等)有关,还与施工质量有关。

除与上述因素有关外,与砌体的高厚比无关(高厚比是稳定概念)。

答案:D

13-2 (2009) 某4层砖砌体结构教学楼,应采用下列哪一种方案进行设计计算?

A 刚性方案 B 柔性方案 C 弹性方案 D 刚弹性方案

解析:根据《砌体规范》第4.2.1条表4.2.1,当屋盖或楼盖采用整体式,横墙间距<32m时,按刚性方案进行设计计算。设计中一般教学楼横墙间距为9m左右,因此,可按刚性方案进行分析计算(但横墙不能采用轻质隔断)。

答案:A

13-3 (2008) 承重用混凝土小型空心砌块的空心率宜为下列何值?

A 10%以下 B 25%~50% C 70%~80% D 95%以上

解析:混凝土小型空心砌块由普通混凝土或轻骨料混凝土制成,常见尺寸为390mm×190mm×190mm,空心率在25%~50%。另外,在《混凝土小型空心砌块建筑技术规程》JGJ/T 14—2011第3节、表3.2.1-2中,要求双排孔或多排孔轻骨料小砌块的孔洞率不大于35%。

答案:B

13-4 (2008) 砌体的抗压强度(   )。

A 恒大于砂浆的抗压强度
B 恒小于砂浆的抗压强度
C 恒大于块体(砖、石、砌块)的抗压强度
D 恒小于块体(砖、石、砌块)的抗压强度

解析:根据《砌体规范》第3.2.1条,各类砌体的抗压强度设计值均小于块体

（砖、砌块、石材）的强度等级，也普遍小于砂浆的强度等级。但对于表3.2.1-6的毛料石砌体，当砂浆强度等级为M2.5时，有砌体的强度大于砂浆强度等级的情况。另外，当砂浆强度为0时（施工阶段尚未硬化的砂浆），各类砌体的抗压强度均大于0。所以题中A、B选项表述错误。

答案：D

13-5 (2008) 在选择砌体材料时，下列何种说法不正确？

A 设计使用年限为50年，稍潮湿房屋的底层墙，应采用强度等级不低于MU7.5的砌块

B 混凝土小型空心砌块夹芯墙的强度等级不应低于MU10

C 防潮层以下的墙体应采用混合砂浆砌筑

D 允许砌筑的墙高与砂浆强度等级有关

解析：根据《砌体规范》第4.3.5条表4.3.5，设计使用年限为50年，稍潮湿房屋的墙，砌块最低强度等级为MU7.5，A选项正确。根据《混凝土小型空心砌块建筑技术规程》JGJ/T 14—2011第5.11.1条第1款，混凝土小型空心砌块夹芯墙的强度等级不应低于MU10，B选项正确。防潮层以下的墙体，因处于湿度较大的环境，应采用水泥砂浆，而防潮层以上的墙体，应采用和易性好的混合砂浆，C选项错误。根据《砌体规范》第6.1.1条表6.1.1，墙、柱的允许高厚比$[\beta]$值与砂浆强度等级有关，D选项正确。

答案：C

13-6 (2008) 对夹芯墙中叶墙之间连接件作用的下列描述，何项不正确？

A 协调内、外叶墙的变形　　　　B 提高内叶墙的承载力

C 减小夹芯墙的裂缝　　　　　　D 增加叶墙的稳定性

解析：《砌体规范》条文说明第6.4.5条，夹芯墙中叶墙之间连接件的作用有："能协调内、外叶墙的变形"，"提高了内叶墙的承载力和增加了叶墙的稳定性"，C选项描述不正确。

答案：C

13-7 (2007) 关于烧结黏土砖砌体与蒸压灰砂砖砌体性能的论述，下列何项正确？

A 二者的线胀系数相同　　　　　B 前者的线胀系数比后者大

C 前者的线胀系数比后者小　　　D 二者具有相同的收缩率

解析：根据《砌体规范》第3.2.5条第3款表3.2.5-2，烧结黏土砖砌体与蒸压灰砂砖砌体的线膨胀系数分别为$5\times10^{-6}/℃$、$8\times10^{-6}/℃$，收缩率分别为-0.1mm/m、-0.2mm/m。因此，A、B、D选项均错，C选项正确。

答案：C

13-8 (2007) 目前市场上的承重用P型砖和M型砖，属于下列哪类砖？

A 烧结普通砖　　　　　　　　　B 烧结多孔砖

C 蒸压灰砂砖　　　　　　　　　D 蒸压粉煤灰砖

解析：目前市场上承重用的P型砖和M型砖，均属于烧结多孔砖。"P"表示普通，"M"表示模数，"K"表示空心，"KP"为普通空心砖，"KM"为模数空心砖。

答案：B

13-9 (2007) 各类砌体抗压强度设计值可按下列何项原则确定？

A 龄期14d，以净截面计算　　　B 龄期14d，以毛截面计算

C 龄期28d，以净截面计算　　　D 龄期28d，以毛截面计算

解析：根据《砌体规范》第3.2.1条，各类砌体抗压强度设计值应按龄期为28d，并以毛截面计算。

答案：D

13-10 (2007) 混凝土小型空心砌块结构下列部位墙体，何项可不采用混凝土灌实砌体孔洞？

A 圈梁下的一皮砌块

B 无圈梁的钢筋混凝土楼板支承面下的一皮砌块

C 未设混凝土垫块的梁支承处

D 底层室内地面以下的砌体

解析：根据《砌体规范》第6.2.13条，混凝土砌块墙体，如未设圈梁或混凝土垫块时，在钢筋混凝土楼板支承面下或梁的支承面下，应采用不低于Cb20混凝土将孔洞灌实。第4.3.5条表4.3.5注1，地面以下或防潮层以下的砌体，当采用空心砌块时，其孔洞应采用强度等级不低于Cb20的混凝土预先灌实。如设置了圈梁式混凝土垫块，空心砌块的孔洞可以不作灌实处理。

答案：A

13-11 (2007) 顶层带阁楼的坡屋面砌体结构房屋，其房屋总高度应按下列何项计算？

A 算至阁楼顶　　　　　　　　B 算至阁楼地面

C 算至山尖墙的1/2高度处　　　D 算至阁楼高度的1/2处

解析：根据《砌体规范》第10.1.2条表10.1.2注1，顶层带阁楼的坡屋面，房屋的总高度应算至山尖墙的1/2高度处。

答案：C

13-12 (2007) 对设置夹芯墙的理解，下列何项正确？

A 建筑节能的需要　　　　　　B 墙体承载能力的需要

C 墙体稳定的需要　　　　　　D 墙体耐久性的需要

解析：根据《砌体规范》条文说明第6.4条，夹芯墙是为了适应建筑节能的需要。

答案：A

13-13 (2007) 砌体结构的屋盖为瓦材屋面的木屋盖和轻钢屋盖，当采用刚性方案计算时，其房屋横墙间距应小于下列哪一个取值？

A 12m　　　B 16m　　　C 18m　　　D 20m

解析：根据《砌体规范》第4.2.1条表4.2.1，砌体结构房屋为瓦材屋面的木屋盖和轻钢屋盖，当采用刚性方案计算时，其房屋横墙间距应不小于16m。

答案：B

13-14 (2007) 砌体结构房屋的墙和柱应验算高厚比，以符合稳定性的要求，下列何种说法是不正确的？

A 自承重墙的允许高厚比可适当提高
B 有门窗洞口的墙，其允许高厚比应适当降低
C 刚性方案房屋比弹性方案房屋的墙体高厚比计算值大
D 砂浆强度等级越高，允许高厚比也越高

解析：根据《砌体规范》第6.1.1条式6.1.1，式中 μ_1 为自承重墙允许高厚比的修正系数，μ_2 为有门窗洞口墙允许高厚比的修正系数。第6.1.3条，$\mu_1=1.2\sim1.5$；第6.1.4条式6.1.4，$\mu_2=0.7\sim1.0$，因此，A、B选项正确。第6.1.1条，表6.1.1，砂浆等级越高，允许高厚比越高，D选项正确。但高厚比与房屋静力计算方案的确定无关，选项C错误。

答案：C

13-15 (2006) 砌体的线膨胀系数和收缩率与下列哪种因素有关？
A 砌体类别　　　　　　　　　　B 砌体抗压强度
C 砂浆种类　　　　　　　　　　D 砂浆强度等级

解析：根据《砌体规范》第3.2.5条表3.2.5-2，砌体的线膨胀系数和收缩率仅与砌体类别有关。

答案：A

13-16 (2006) 关于砌体抗剪强度的叙述，下列何者正确？
A 与块体强度等级、块体种类、砂浆强度等级均相关
B 与块体强度等级无关，与块体种类、砂浆强度等级有关
C 与块体种类无关，与块体强度等级、砂浆强度等级有关
D 与砂浆种类无关，与块体强度等级、块体种类有关

解析：根据《砌体结构》第3.2.2条表3.2.2，砌体的抗剪强度与砌体破坏特征及砌体种类、砂浆强度等级有关，B选项正确。

答案：B

13-17 (2006) 关于砌体的抗压强度，下列哪一种说法不正确？
A 砌体的抗压强度比其抗拉、抗弯和抗剪强度更高
B 采用的砂浆种类不同，抗压强度设计取值不同
C 块体的抗压强度恒大于砌体的抗压强度
D 抗压强度设计取值与构件截面面积无关

解析：根据《砌体规范》第3.2.3条第1款，当砌体截面面积小于 $0.3m^2$ 时，其抗压强度设计值的调整系数 γ_a 为其截面面积加0.7。因此，抗压强度与构件截面面积有关，D选项错误。

答案：D

13-18 (2013) 采用MU10烧结普通砖，M5水泥砂浆的砌体的抗压强度为(　　)。
A $10.0N/mm^2$　　B $7.0N/mm^2$　　C $5.0N/mm^2$　　D $1.5N/mm^2$

解析：根据《砌体规范》第2.2.1条，MU为块体的强度等级（题中为烧结普通砖），M为普通砂浆强度等级（题中为水泥砂浆），查表3.2.1-1，当MU10、M5时，砌体抗压强度为 $1.5N/mm^2$，可见烧结普通砖和水泥砂浆组成的砌体的抗压强度，小于其组成材料各自的强度。

答案：D

13-19 (2013) 设计使用年限为50年，安全等级为二级，地面以下含水饱和的地基土接触的混凝土砌块砌体，所用材料的最低强度等级为(　　)。

A 砌块为MU7.5，水泥砂浆为M5　　B 砌块为MU10，水泥砂浆为M5
C 砌块为MU10，水泥砂浆为M10　　D 砌块为MU15，水泥砂浆为M10

解析：参见《砌体规范》表4.3.5，题中所述条件下的混凝土砌块，所用材料的最低强度等级为：砌块MU15，水泥砂浆M10。

答案：D

13-20 (2014) 关于砌体强度的说法，错误的是(　　)。

A 砌体强度与砌块强度有关　　B 砌体强度与砌块种类有关
C 砌体强度与砂浆强度有关　　D 砂浆强度为0时，砌体强度为0

解析：新砌筑的砌体，其砂浆强度为零，但是砌体的强度并不为零。

答案：D

13-21 (2003) 烧结普通砖砌体与烧结多孔砖砌体，当块体强度等级、砂浆强度等级、砂浆种类及砌式相同时，两种砌体的抗压强度设计值符合以下何项？

A 相同　　B 前者大于后者
C 前者小于后者　　D 与受压截面净面积有关

解析：参见《砌体规范》第3.2.1条，烧结普通砖和烧结多孔砖砌体的抗压强度设计值，均按表3.2.1-1采用。

答案：A

13-22 (2006) 对于安全等级为一级的砌体结构房屋，在很潮湿的基土环境下，规范对地面以下的砌体材料最低强度等级要求，下列何项不正确？

A 烧结普通砖 MU15　　B 石材 MU40
C 混凝土砌块 MU15　　D 水泥砂浆 M10

解析：根据《砌体规范》第4.3.5条表4.3.5，对安全等级为一级或设计使用年限大于50年的砌体结构房屋，在地面以下很潮湿的环境下，所用材料均应较表中要求的至少提高一级，B、C、D选项均较表要求的MU30、MU10、M7.5分别提高了一级。但烧结普通砖的最低强度等级较表列MU20还要低一级，强度不够。

答案：A

13-23 (2006) 某工程位于非地震区，其构造设置的钢筋混凝土圈梁如图，下列哪组设置符合规范规定的最小要求？

A $b \geq 200$，$\geq 4\phi10$　　B $b \geq 250$，$\geq 4\phi10$
C $b \geq 180$，$\geq 4\phi12$　　D $b \geq 370$，$\geq 4\phi12$

解析：根据《砌体规范》第7.1.5条第3款，钢筋混凝土圈梁宽度不宜小于$2/3 \times 370 = 247$mm，纵筋不应小于$4\phi10$。

答案：B

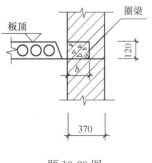

题13-23图

13-24 (2006) 关于砌体结构中构造柱作用的下列表述，何者不正确？

A 墙中设置钢筋混凝土构造柱可提高墙体在使用阶段的稳定性和刚度

B 施工及使用阶段的高厚比验算中，均可考虑构造柱的有利影响

C 构造柱间距过大，对提高墙体刚度作用不大

D 构造柱间距过大，对提高墙体的稳定性作用不大

解析：施工时应先砌墙后浇混凝土构造柱，因此，在施工阶段的高厚比验算中不考虑构造柱的有利影响。

答案：B

13-25 (2003) 砌体房屋中钢筋混凝土构造柱应满足以下哪项要求？

Ⅰ. 钢筋混凝土构造柱必须单独设置基础；

Ⅱ. 钢筋混凝土构造柱截面采用 180mm×240mm；

Ⅲ. 钢筋混凝土构造柱与圈梁连接处，构造柱的纵筋应在圈梁纵筋内侧穿过，保证构造柱纵筋上下贯通；

Ⅳ. 钢筋混凝土构造柱应先浇柱后砌墙

A Ⅰ、Ⅱ　　　B Ⅰ、Ⅲ　　　C Ⅱ、Ⅲ　　　D Ⅱ、Ⅳ

解析：根据《砌体规范》第 10.2.5 条第 1 款，构造柱的最小截面尺寸可为 180mm×240mm，第Ⅱ项满足要求；第 2 款，构造柱与墙连接处应砌成马牙槎，即应先砌墙后浇筑混凝土，第Ⅳ项不满足；第 3 款，构造柱与圈梁连接处，构造柱的纵筋应在圈梁纵筋内侧穿过，保证构造柱纵筋上下贯通，第Ⅲ项满足要求；第 4 款，构造柱可不单独设置基础，第Ⅰ项不满足。

答案：C

13-26 (2006) 下列关于防止或减轻砌体结构墙体开裂的技术措施中，何项不正确？

A 设置屋顶保温、隔热层可防止或减轻房屋顶层墙体裂缝

B 增大基础圈梁刚度可防止或减轻房屋底层墙体裂缝

C 加大屋顶层现浇混凝土楼板厚度是防止或减轻屋顶层墙体裂缝的最有效措施

D 女儿墙设置贯通其全高的构造柱并与顶部钢筋混凝土压顶整浇，可防止或减轻房屋顶层墙体裂缝

解析：根据《砌体规范》第 6.5.2 条第 1 款，屋面设置保温层、隔热层可防止或减轻房屋顶层墙体裂缝，A 选项正确；第 6.5.3 条第 1 款，增大基础圈梁的刚度可防止或减轻房屋底层墙体裂缝，B 选项正确；第 6.5.2 条第 7 款，女儿墙构造柱应伸至墙顶并与现浇钢筋混凝土压顶整浇在一起，可防止或减轻房屋顶层墙体裂缝，D 选项正确。但加大屋顶层现浇楼板厚度对墙体裂缝反而不利，C 选项错误。

答案：C

13-27 (2006) 下列关于夹芯墙的连接件或连接钢筋钢片作用的表述，何者不正确？

A 协调内外叶墙的变形并为内叶墙提供支持作用

B 提高内叶墙的承载力增加叶墙的稳定性

C 防止外叶墙在大变形下的失稳

D 确保夹芯墙的耐久性

解析：夹芯墙的连接件或连接钢筋网片与夹芯墙的耐久性无关。题中 A、B、C 选项叙述正确，D 选项错误。

答案：D

13-28 (2006) 370mm×370mm 的承重独立砖柱，砖强度等级为 MU10，用 M10 水泥砂浆砌筑，砌体施工质量控制等级为 B 级，砌体抗压强度设计值 $f=1.89$N/mm²，砖柱的受压承载力影响系数 $\varphi=0.9$，强度设计值调整系数 $\gamma_a=0.8369$，砖柱的非抗震受压承载力设计值是下列哪一个数值？

A 146.71kN B 167.66kN C 175.40kN D 194.89kN

解析：根据《砌体规范》第 5.1.1 条式 (5.1.1)，

$$N \leq \varphi f A = 0.9 \times 1.89 \times 0.8369 \times 370 \times 370 \times 10^{-3} = 194.89 \text{kN}$$

答案：D

13-29 (2005) 下列关于砌体抗压强度的说法哪一种不正确？

A 块体的抗压强度恒大于砌体的抗压强度
B 砂浆的抗压强度恒大于砌体的抗压强度
C 砌体的抗压强度随砂浆的强度提高而提高
D 砌体的抗压强度随块体的强度提高而提高

解析：根据《砌体规范》第 3.2.1 条，各类砌体的抗压强度设计值均小于块体（砖、砌块、石材）的强度等级，也普遍小于砂浆的强度等级。但对于表 3.2.1-6 的毛料石砌体，当砂浆强度等级为 M2.5 时，有砌体的强度大于砂浆强度等级的情况。另外，当砂浆强度为 0 时（施工阶段尚未硬化的砂浆），各类砌体的抗压强度均大于 0。所以砂浆的抗压强度并非恒大于砌体的抗压强度，B 选项错误。

答案：B

13-30 (2005) 下列关于砌筑砂浆的说法哪一种不正确？

A 砂浆的强度等级是按立方体试块进行抗压试验而确定
B 石灰砂浆强度低，但砌筑方便
C 水泥砂浆适用于潮湿环境的砌体
D 用同强度等级的水泥砂浆及混合砂浆砌筑的墙体，前者强度设计值高于后者

解析：由于水泥砂浆的和易性较差，砂浆垫层不易饱满、均匀，造成同强度等级的水泥砂浆比混合砂浆砂筑的墙体，前者强度设计值低于后者，《砌体规范》第 3.2.3 条第 2 款规定，当砌体用强度等级小于 M5.0 的水泥砂浆砌筑时，各类砌体的抗压强度设计值应乘以调整系数 $\gamma_a=0.9$；各类砌体的轴心抗拉、弯曲抗拉和抗剪强度设计值乘以调整系数 $\gamma_a=0.8$。

答案：D

13-31 (2005) 砌体一般不能用于下列何种结构构件？

A 受压 B 受拉
C 受弯 D 受剪

解析：由于砌体内灰缝与砌块之间的粘结强度较低。因此砌体一般不适用于受拉墙体。

答案：B

13-32 (2005) 对于地面以下或防潮层以下的砌体，不得采用下列哪种材料？

A 混合砂浆 B 烧结多孔砖
C 混凝土砌块 D 蒸压灰砂砖

解析：砌筑砂浆的性能应具有3项要求：砂浆的强度、流动性和保水性。水泥砂浆由水泥、砂和水拌制而成，强度高，硬化快，耐水性好，但流动性、保水性差，适用于水中或潮湿环境中，可应用于地面以下或防潮层以下的砌体。混合砂浆是由水泥、砂、水再加上适量的石灰、粉煤灰等掺合料拌制而成，不仅具有一定的强度，且有较好的保水性和流动性，适用于地面以上的砌体。

答案：A

13-33 (2005) 某室外砌体结构矩形水池，当超量蓄水时，水池长边中部墙体首先出现裂缝的部位为下列哪处？（提示：水池足够长）

A 池底外侧 a 处，水平裂缝
B 池底内侧 b 处，水平裂缝
C 池壁中部 c 处，水平裂缝
D 池壁中部 c 处，竖向裂缝

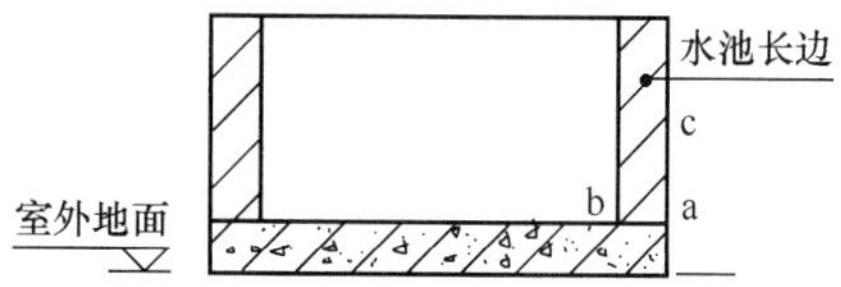

题 13-33 图

解析：当砌体水池超量蓄水时，水池长边的受力相当于竖直的悬臂构件，嵌固于水池底边。在水压力作用下，其根部弯矩最大，池壁内侧受拉，破坏形式为在根部沿通缝的受弯破坏，裂缝发生在池壁底部内侧 b 点处。

答案：B

13-34 (2004) 沿砌体灰缝截面破坏时，砌体的弯曲抗拉强度设计值与以下哪些因素有关？

Ⅰ. 砌体的破坏特征；Ⅱ. 砌体种类；Ⅲ. 块体强度等级；Ⅳ. 砂浆强度等级

A Ⅰ、Ⅲ、Ⅳ B Ⅰ、Ⅱ、Ⅲ
C Ⅰ、Ⅱ、Ⅳ D Ⅱ、Ⅲ、Ⅳ

解析：根据《砌体规范》第3.2.2条表3.2.2，沿砌体灰缝截面破坏时，其抗拉强度设计值与砌体破坏特征、砌体种类、砂浆强度等级有关，而与块体强度等级无关。

答案：C

13-35 (2004) 砌体结构中砂浆的强度等级以下哪项规定为正确？

A M30、M15、M10、M7.5、M5
B M15、M10、M7.5、M5、M2.5
C MU30、MU20、MU10、MU7.5、MU5
D MU15、MU10、MU7.5、MU5、MU2.5

解析：题中"MU"表示块体强度等级"M"表示砂浆强度等级。根据《砌体规范》第3.1.3条第1款，B选项正确。题中A选项多了一项M30，C、D选项中MU为块体强度等级，不是砂浆。

（注：2011版规范增加了蒸压灰砂普通砖采用的专用砌筑砂浆强度等级"Ms"。）

答案：B

13-36 (2004) 多层普通砖、多孔砖房屋的构造柱柱底构造应满足以下何要求？

A 单独设置基础

B 伸入室外地面1000mm以下的基础板内

C 伸入室外地面下500mm，或与浅于500mm的基础圈梁相连

D 伸入室外地面下1000mm即可

解析：根据《砌体规范》第10.2.5条第4款，构造柱可不单独设置基础，但应伸入室外地面下500mm，或与埋深小于500mm的基础圈梁相连。

答案：C

13-37 (2004) 砖砌体结构房屋，跨度大于以下何值的梁，应在支承处砌体上设置混凝土或钢筋混凝土垫块？

A 4.2m B 4.8m
C 6.0m D 7.5m

解析：根据《砌体规范》第6.2.7条第1款，对砖砌体房屋承托跨度大于4.8m的梁，应在支承处砌体上设置混凝土垫块。

答案：B

13-38 (2004)《砌体结构设计规范》规定，采取以下哪些措施，可防止或减轻砌体房屋顶层墙体的裂缝？

Ⅰ．女儿墙设置构造柱，且构造柱可仅设在房屋四角处；

Ⅱ．屋面应设置保温、隔热层；

Ⅲ．在钢筋混凝土屋面板与墙体圈梁的接触面设置水平滑动层；

Ⅳ．房屋顶层端部墙体内适当墙设构造柱

A Ⅰ、Ⅱ、Ⅲ B Ⅰ、Ⅱ、Ⅳ
C Ⅰ、Ⅲ、Ⅳ D Ⅱ、Ⅲ、Ⅳ

解析：根据《砌体规范》第6.5.2条第7款、第10.2.4条第10.2.4，女儿墙构造柱不仅在房屋四角处设置，且其间距不宜大于4m。第6.5.2条第1款，为防止或减轻砌体房屋顶层墙体开裂，在屋面应设置保温、隔热层。另外，2001年版规范有Ⅲ、Ⅳ项的规定，但2011年规范已取消了这两项规定。

答案：D

13-39 (2004) 刚性和刚弹性方案砌体结构房屋的横墙中开有洞口时，洞口的水平截面面积不应超过横墙截面面积的百分比，以下何为限值？

A 40% B 45% C 50% D 55%

解析：根据《砌体规范》第4.2.2条第1款，刚性和刚弹性房屋的横墙开有洞口时，洞口的水平截面面积不应超过横截面面积的50%。

答案：C

13-40 (2004) 在地震区，多层多孔砖砌体房屋，当圈梁未设在板的同一标高时，预制钢筋混凝土板在内墙上的最小支承长度不应小于下列哪一个数值？

A 60mm B 80mm C 100mm D 120mm

解析：根据《抗震规范》第7.3.5条第2款，预制钢筋混凝土楼板或屋面板，

当圈梁未设在板的同一标高时,板端伸进外墙的长度不应小于120mm,伸进内墙的长度不应小于100mm。

答案:C

13-41 (2004)基本风压为 **0.5kN/m²** 的地区,多层砌体住宅房屋的外墙,可不考虑风荷载影响的下列条件中哪一个是不正确的?

A 房屋总高不超过 24.0m

B 房屋层高不超过 4.0m

C 洞口水平截面面积不超过全截面面积的 $\frac{2}{3}$

D 屋面自重小于 0.8kN/m²

解析:根据《砌体规范》第 4.2.6 条第 2 款及表 4.2.6,A、B、C 选项正确,当屋面自重不小于 0.8N/m² 时,静力计算可不考虑风荷载的影响,D 选项错误。

答案:D

13-42 (2004)在砌体中埋设管道时,不应在截面长边小于以下何值的承重墙体、独立柱内埋设管线?

A 500mm   B 600mm   C 700mm   D 800mm

解析:根据《砌体规范》第 6.2.4 条第 1 款,不应在截面长边小于 500mm 的承重墙体、独立柱内埋设管线。

答案:A

13-43 (2004)砌体结构当静力计算为弹性方案时,其含义哪一种说法是正确的?

A 对墙而言,楼盖和屋盖可视为铰接的水平杆

B 楼盖各点的水平位移是相等的

C 楼盖在平面外的刚度可视为无穷大

D 楼盖在其平面内的刚度可能为无穷大

解析:见《砌体规范》第 4.2.3 条,砌体结构按弹性方案进行静力计算时,对墙而言,楼盖和屋盖可视为铰接的水平杆。

答案:A

13-44 (2004)一钢筋砖过梁,墙宽240mm,过梁截面的有效高度为1000mm,跨中弯矩设计值为15kN·m,f_y=210N/mm²,求所需的钢筋面积(忽略小数部分)。

A 66mm²   B 71mm²   C 79mm²   D 84mm²

解析:根据《砌体规范》第 7.2.3 条第 2 款,钢筋砖过梁的受弯承载力为:$M \leq 0.85 h_0 f_y A_s$,则

$$A_s \geq \frac{15 \times 10^6}{0.85 \times 1000 \times 210} = 84 \text{mm}^2$$

答案:D

13-45 砌体结构中,刚性和刚弹性方案房屋横墙厚度不宜小于( )mm。

A 120   B 180   C 240   D 由计算确定

解析:根据《砌体规范》第 4.2.2 条 2 款,刚性和刚弹性方案房屋的横墙厚度

不宜小于180mm。

答案：B

13-46 对厚度为240mm的砖墙，大梁支承处宜加设壁柱，其条件取决于大梁跨度，以下所列条件，何者是正确的？

A 大梁跨度为4.8m时　　　　B 大梁跨度等于或大于4.8m时
C 大梁跨度等于或大于6.0m时　　D 大梁跨度为7.2m时

解析：根据《砌体规范》第6.2.8条，对厚度为240mm的砖墙，当大梁跨度大于或等于6m时，其支承处宜加设壁柱。

答案：C

13-47 同一种砌体结构，当对其承重墙、柱的允许高厚比[β]值的比较，下列结论何者为正确？

A 砂浆强度等级相同时，墙比柱高　　B 砂浆强度等级相同时，柱比墙高
C 砌体强度等级相同时，墙比柱高　　D 砌体强度等级相同时，柱比墙高

解析：本题就砂浆强度等级和砌体强度等级、砖墙和砖柱的允许高厚比组合了4种情况，根据《砌体规范》第6.1.1条表6.1.1可以看出，当砂浆强度等级相同时，墙的允许高厚比[β]值比柱高。

答案：A

13-48 砌体房屋中，在确定墙体高厚比时，下列哪种叙述是正确的？

A 根据建筑设计需要　　　　B 根据承载力确定
C 根据计算需要确定　　　　D 根据墙体的整体刚度确定

解析：根据《砌体规范》第6.1.1条表6.1.1可以看出，墙体高厚比的确定并不取决于承载力计算，而是与墙体的整体刚度有关。

答案：D

13-49 （2003）一承重窗间墙，墙厚240mm，墙的允许高厚比为24，高厚比的修正系数为0.7，求墙的允许计算高度。

A 3.53m　　B 4.03m　　C 4.53m　　D 3.03m

解析：由题，$\beta = \dfrac{H_0}{h} \leqslant \mu [\beta]$，则 $H_0 \leqslant \mu [\beta] h = 0.7 \times 24 \times 0.24 = 4.03 \mathrm{m}$。

答案：B

13-50 在下列关于构造柱主要作用的叙述中，哪一项是正确的？

A 减少多层砌体房屋的不均匀沉降　　B 提高墙体的强度
C 提高房屋的承载力　　　　　　　　D 改善砌体的变形能力

解析：构造柱与圈梁连接共同工作，可对砌体起约束作用，提高砌体的变形能力，此外构造柱还能提高砌体的抗震性能。

答案：D

13-51 在非地震区，且无振动的砌体房屋采用钢筋砖过梁时，其跨度不应超过（　　）m。

A 0.8　　B 1.0　　C 1.5　　D 2.5

解析：根据《砌体规范》第7.2.1条，当梁的跨度不大于1.5m时，可采用钢

筋砖过梁。

答案：C

13-52 砌体防潮层的设置，下列哪一种叙述是错误的？

A 室内地面以下

B 室外散水顶面以下

C 勒脚采用水泥砂浆

D 对防潮层以下砌体材料最低等级，规范有专门规定

解析：在室内地面以下，室外散水坡顶面以上的砌体内，应铺设防潮层。防潮层材料一般情况下宜采用防水水泥砂浆。勒脚部位应采用水泥砂浆粉刷。题中 B 将防潮层设置在室外散水顶面以下是错误的。

答案：B

13-53 砌体承重房屋的独立砖柱，截面最小尺寸为（　　）。

A 240mm×240mm　　　　　　B 240mm×370mm

C 370mm×370mm　　　　　　D 不作规定

解析：根据《砌体规范》第 6.2.5 条，承重的独立砖柱，截面尺寸不应小于 240mm×370mm。

答案：B

13-54 为了防止或减轻房屋顶层墙体的裂缝，下列预防措施中哪一条是错误的？

A 屋盖上设置保温层或隔热层

B 采用装配式有檩体系的钢筋混凝土屋盖和瓦材屋盖

C 顶层及女儿墙砂浆强度等级不低于 M7.5

D 增加屋盖的整体刚度

解析：根据《砌体规范》第 6.5.2 条，为了防止或减轻房屋顶层墙体产生裂缝，可采取题中给出的 A、B、C 三条措施。而增加屋盖的整体刚度，对防止墙体裂缝的产生是不利的。

答案：D

13-55 为了防止砌体房屋因温差和砌体干缩引起墙体产生竖向裂缝，应设置伸缩缝。下列哪种情况允许温度伸缩缝间距最大？

A 现浇钢筋混凝土楼（屋）盖，有保温层

B 现浇钢筋混凝土楼（屋）盖，无保温层

C 装配式钢筋混凝土楼（屋）盖，有保温层

D 装配式钢筋混凝土楼（屋）盖，无保温层

解析：根据《砌体规范》第 6.5.1 条表 6.5.1，砌体房屋温度伸缩缝最大间距的确定与屋盖（或楼盖）是整体式的或装配式的有关；同时还与屋盖是否设有保温层或隔热层有关。整体式结构比装配式结构在温度变化和砌体干缩时不容易自由变形，因此对温度伸缩缝最大间距要控制得严；有保温或隔热层的屋盖可以缓解温差的变化，因而温度伸缩缝最大间距可以放宽些。综上所述，对装配式有保温层的楼（屋）盖，温度伸缩缝间距可以放得更宽些。从表 6.5.1 可以看出，对装配式有檩体系且有保温层或隔热层的屋盖，温度

伸缩缝最大间距为60m，而整体式且无保温层或隔热层的屋盖，温度伸缩缝最大间距仅为40m。

答案：C

13-56 (2003) 烧结普通砖砌体房屋，当屋盖及楼盖为整体式钢筋混凝土结构，且屋盖有保温层时，最大伸缩缝间距，下列哪一个数值是正确的？

A 45m　　　　B 50m　　　　C 55m　　　　D 60m

解析：根据《砌体规范》第6.5.1条表6.5.1，题中所述房屋伸缩缝最大间距为50m。

答案：B

13-57 实心砖砌体，砖采用 MU10，砂浆采用 M5，则砌体的抗压强度设计值为（　　）MPa。

A 1.5　　　　B 0.15　　　　C 15.0　　　　D 10.0

解析：根据《砌体规范》第3.2.1条表3.2.1-1，当砖采用MU10，砂浆采用M5时，砌体的抗压强度设计值为1.50MPa。

答案：A

13-58 网状配筋砖砌体是指下述哪一种砌体？

A 在水平灰缝中设钢筋网片
B 在砌体表面配钢筋网片，并抹砂浆面层
C 在砌体表面配钢筋网片，并设混凝土面层
D 在水平灰缝中设钢筋网片，并应设构造柱

解析：网状配筋砖砌体是在水平灰缝中设钢筋网片。

答案：A

13-59 砌体房屋应验算墙的高厚比，高厚比的允许值与下列哪个因素无关？

A 砖强度等级　　　　　　　B 砂浆强度等级
C 是否非承重墙　　　　　　D 是否有门、窗洞口

解析：根据《砌体规范》第6.1.1条表6.1.1，砌体房屋墙的高厚比允许值与砂浆强度等级有关，而与砖的强度等级无关，高厚比的计算与是承重墙还是非承重墙、是否有门窗洞口以及门窗洞口的大小有关。

答案：A

13-60 普通烧结砖的强度等级是根据以下哪种强度划分的？

A 抗拉强度　　　　　　　　B 抗压强度
C 抗弯强度　　　　　　　　D 抗压强度与抗折强度

解析：对于烧结普通砖系根据其抗压强度与抗折强度来划分强度等级。

答案：D

13-61 砂浆强度等级是用边长为（　　）的立方体标准试块，在温度为15~25℃环境下硬化，龄期为28d的极限抗压强度平均值确定的。

A 70mm　　　B 100mm　　　C 70.7mm　　　D 75mm

解析：根据《砌体规范》，砂浆的强度等级是用长边为70.7mm立方体标准试块，在温度15~25℃环境下硬化，龄期为28d的极限抗压强度平均值确定的。

答案：C

13-62 多层烧结普通砖房构造柱的最小截面尺寸为（　　）。
A 180mm×180mm　　　　　　B 180mm×240mm
C 240mm×240mm　　　　　　D 370mm×240mm
解析：根据《砌体规范》第10.2.5条第1款，构造柱的最小截面尺寸为180mm×240mm。
答案：B

13-63 关于砌体房屋的总高度和层高，下列叙述中哪一项是正确的？
A 当无地下室时，砌体房屋的总高度是指室外地面到檐口的高度
B 当按现行规范的要求设置构造柱时，砌体房屋的总高度和层数可较规定的限值有所提高
C 各层横墙很少的砌体房屋应比规定的总高度降低3m，层数相应减少一层
D 砌体房屋的层高不宜超过4m
解析：根据《砌体规范》第10.1.2条表10.1.2注1，房屋的总高度指室外地面到主要屋面板板顶或檐口的高度（无地下室时），A选项正确；第10.1.2条第2款，各层横墙较少的多层砌体房屋，总高度应比表10.1.2中的规定降低3m，层数相应减少一层；各层横墙很少的多层砌体，还应再减少一层，C选项错误；第10.1.4条第1款1），多层砌体房屋的层高不应超过3.6m，D选项错误。设置构造柱对多层砌体房屋的总高度和层数无影响，B选项错误。
答案：A

13-64 下列哪项措施不能提高砌体受压构件的承载力？
A 提高块体和砂浆的强度等级　　B 提高构件的高厚比
C 减小构件轴向偏心距　　　　　D 增大构件截面尺寸
解析：提高砌体受压构件的高厚比只能使构件的承载力下降，而不能提高其承载力。
答案：B

13-65 对于非抗震房屋预制钢筋混凝土板的支承长度，在墙上不应小于（　　）mm，在钢筋混凝土圈梁上不应小于（　　）mm。
A 100，120　　B 120，100　　C 100，80　　D 120，80
解析：根据《砌体规范》第6.2.1条，预制钢筋混凝土板的支承长度在墙上不应小于100mm，在钢筋混凝土圈梁上不应小于80mm。
答案：C

13-66 砌体沿齿缝截面破坏时的抗拉强度，主要是由下列哪一项决定的？
A 砂浆强度　　　　　　　　B 块体强度
C 砂浆和块体的强度　　　　D 砌筑质量
解析：砌体沿齿缝截面破坏时，其抗拉强度取决于灰缝中砂浆和砌体的粘结强度。在正常情况下粘结强度值和砂浆强度有关。
答案：A

13-67 作为判断刚性和刚弹性方案房屋的横墙，对于单层房屋其长度不宜小于其高度的（　　）倍。

A $\frac{1}{2}$ B 1   C 1.5   D 2.0

解析：根据《砌体规范》第4.2.2条3款，刚性和刚弹性方案的横墙长度应符合如下要求：单层房屋的横墙长度不宜小于其高度，多层墙体的横墙长度，不宜小于其墙体总高度的$\frac{1}{2}$倍。

答案：B

13-68 下述关于多层刚性方案砌体承重外墙在竖向荷载作用下的计算简图，哪一项是正确的？

A 竖向多跨连续梁
B 竖向多跨简支梁
C 与基础固接，与各层楼盖铰支的竖向构件
D 与基础和屋盖固接，与各层楼盖铰支的竖向构件

解析：在竖向荷载作用下，多层刚性方案房屋的承重外纵墙的计算简图可近似简化为多跨简支梁（即将每层取作简支梁）。

答案：B

13-69 当所设计的无洞墙体高厚比不满足要求时，可采取下述中的哪种措施？

A 提高砂浆的强度等级   B 减小作用于墙体上的荷载
C 提高块体的强度等级   D 在墙上开洞

解析：根据《砌体规范》第6.1.1条表6.1.1，提高砂浆的强度等级可以提高构件的允许高厚比。

答案：A

13-70 砌体墙柱的允许高厚比在下列几项中，主要与哪一项因素有关？

A 块体的强度等级   B 砂浆的强度等级
C 墙柱所受的荷载大小   D 墙体的长度

解析：砌体墙柱的允许高厚比主要与砂浆的强度等级有关。

答案：B

13-71 在对壁柱间墙进行高厚比验算中计算墙的计算高度H_0时，墙长S应取下述中的哪一项？

A 壁柱间墙的距离   B 横墙间的距离
C 墙体的高度   D 墙体高度的2倍

解析：在验算壁柱间墙的高厚比时，可将壁柱视为壁柱间墙的不动铰支点，按矩形截面墙验算。因此，计算H_0时，墙长S取壁柱间的距离。

答案：A

13-72 砌体结构底层的墙或柱的基础埋深较大时，则墙的高度应自楼板底算至(   )。

A 基础顶面   B 室外地坪或室内地面
C 室外地面以下500mm   D 室内地面和室外地面的$\frac{1}{2}$处

解析：根据《砌体规范》第5.1.3条第1款，砌体结构底层的墙或柱的高度，一般可取基础顶面至楼板底；当基础埋置较深时，可取室外地坪下500mm。

答案：C

13-73 砌体结构房屋，当楼（屋）盖为装配式无檩体系钢筋混凝土结构时，如有保温层或隔热层，房屋温度伸缩缝的最大间距为（　　）m。

A 60　　　　　　B 70　　　　　　C 50　　　　　　D 65

解析：根据《砌体规范》第6.5.1条表6.5.1，对于砌体结构房屋，当屋（楼）盖为装配式无檩体系钢筋混凝土结构时，如有保温层或隔热层，房屋温度伸缩缝的最大间距为60m。

答案：A

13-74 砌体结构房屋当采用整体式或装配整体式钢筋混凝土结构并有保温层或隔热层的屋（楼）盖时，温度伸缩缝的最大间距为（　　）m。

A 40　　　　　　B 50　　　　　　C 60　　　　　　D 75

解析：根据《砌体规范》第6.5.1条表6.5.1，砌体房屋当采用整体式或装配整体式钢筋混凝土结构并有保温层或隔热的屋（楼）盖时，温度伸缩缝的最大间距为50m。

答案：B

13-75 钢筋砖过梁内的钢筋，在支座内的锚固长度不得小于（　　）mm。

A 420　　　　　　B 370　　　　　　C 240　　　　　　D 200

解析：根据《砌体规范》第7.2.4条第3款，钢筋砖过梁内的钢筋直径不应小于5mm，间距不宜大于120mm，伸入支座砌体内的长度不宜小于240mm。

答案：C

13-76 关于过梁的应用范围，下列说法正确的是哪一项？

A 抗震房屋的门窗洞口不应采用砖砌过梁

B 钢筋砖过梁跨度不宜超过2.7m

C 非抗震房屋中的砖砌平拱跨度不宜超过1.8m

D 抗震房屋的砖砌平拱跨度不宜超过1.2m

解析：根据《砌体规范》第7.2.1条，对有较大振动荷载或可能产生不均匀沉降的房屋，应采用混凝土过梁。当过梁的跨度不大于1.5m时，可采用钢筋砖过梁；不大于1.2m时，可采用砖砌平拱过梁。A选项正确，B、C、D选项错误。

答案：A

13-77 当过梁上砖砌墙体高度大于过梁净跨时，过梁上的墙体荷载应按下述中哪一项选取？

A 不考虑墙体荷载

B 按高度为过梁净跨 $\frac{1}{3}$ 的墙体均布自重采用

C 按高度为过梁净跨的墙体均布自重采用

D 按过梁上墙体的全部高度的均布自重采用

解析：根据《砌体规范》第7.2.2条第2款，对于过梁上的墙体荷载，当采用砖砌体时，过梁上墙体高度小于过梁净跨的 $\frac{1}{3}$ 时，按过梁上墙体的均布自重采用，当墙体高度大于或等于过梁净跨的 $\frac{1}{3}$ 时，应按高度为 $\frac{1}{3}$ 过梁净跨墙体的均布自重采用。

答案：B

13-78 承重墙梁的托梁支承长度不应小于（　　）mm。
A　350　　　　B　240　　　　C　180　　　　D　420

解析：根据《砌体规范》第7.3.12条第13款，承重墙梁的托梁在砌体墙、柱上的支承长度不应小于350mm，纵向受力钢筋伸入支座的长度应符合受拉钢筋的锚固要求。

答案：A

13-79 承重墙梁的托梁高度与梁跨度的关系一般应不小于（　　）。
A　$\frac{1}{8}l$　　　　B　$\frac{1}{10}l$　　　　C　$\frac{1}{12}l$　　　　D　$\frac{1}{15}l$

解析：由《砌体规范》第7.3.2条表7.3.2规定，可知 $h_0/l_0 \geq \frac{1}{10}$。

答案：B

13-80 墙梁中的钢筋混凝土托梁跨中截面属于下述中哪一种构件？
A　受弯构件　　　B　纯扭构件　　　C　偏压构件　　　D　偏拉构件

解析：根据《砌体规范》第7.3.6条，托梁跨中截面应按钢筋混凝土偏心受拉构件计算，而支座截面按受弯构件计算。

答案：D

13-81 关于挑梁埋入砌体长度 l_1 与挑出长度 l 之比，下列说法中正确的是哪一项？
A　当挑梁上有砌体时，l_1 与 l 之比宜大于2
B　当挑梁上有砌体时，l_1 与 l 之比宜大于1.5
C　当挑梁上无砌体时，l_1 与 l 之比宜大于1.2
D　当挑梁上无砌体时，l_1 与 l 之比宜大于2

解析：根据《砌体规范》第7.4.6条第2款，当挑梁上有砌体时，挑梁埋入砌体长度 l_1 与挑出长度 l 之比宜大于1.2，当挑梁上无砌体时，l_1 与 l 之比宜大于2。

答案：D

13-82 当圈梁被门窗洞口截断时，应在洞口上增设相同截面的附加梁。附加圈梁与圈梁的搭接长度有什么规定？

Ⅰ．不应小于两者垂直间距的1倍；Ⅱ．不应小于两者垂直间距的2倍；Ⅲ．不得小于500mm；Ⅳ．不得小于1000mm

A　Ⅰ、Ⅲ　　　B　Ⅰ、Ⅳ　　　C　Ⅱ、Ⅲ　　　D　Ⅱ、Ⅳ

解析：根据《砌体规范》第7.1.5条第1款，当圈梁被门窗洞口截断时，应在洞口上部增设相同截面的附加圈梁。附加圈梁与圈梁的搭接长度不应小于两者垂直距离（中到中）的2倍，且不得小于1m。

答案：D

13-83 对于砌体结构、现浇钢筋混凝土楼（屋）盖房屋，设置顶层圈梁，主要是在下列哪一种情况发生时起作用？

A 发生地震时
B 发生温度变化时
C 在房屋中部发生比两端大的沉降时
D 在房屋两端发生比中部大的沉降时

解析：现浇钢筋混凝土楼、屋盖的砌体房屋，对于抵抗地基不均匀沉降，以设置在基础顶面和檐口部位的圈梁最为有效。当房屋中部沉降较两端为大时，位于基础顶面的圈梁作用大；当房屋两端沉降较中部为大时，则位于檐口部位的圈梁作用大。

答案：D

13-84 墙梁洞口上方混凝土过梁的支承长度不宜小于（　　）mm。

A 120　　　　B 180　　　　C 240　　　　D 370

解析：根据《砌体规范》第7.3.12条第5款，钢筋混凝土过梁的支承长度不应小于240mm。

答案：C

13-85 钢筋砖砌过梁所用砂浆的强度等级不宜低于（　　）。

A M5　　　　B M2.5　　　　C M7.5　　　　D M10

解析：根据《砌体规范》第7.2.4条第1款，砖砌过梁截面计算高度内的砂浆不宜低于M5（Mb5、Ms5）。

答案：A

13-86 钢筋砖过梁内钢筋的水平间距不宜大于（　　）mm。

A 120　　　　B 100　　　　C 150　　　　D 180

解析：根据《砌体规范》第7.2.4条第3款，钢筋砖过梁底面砂浆层处的钢筋，其直径不应小于5mm，水平间距不宜大于120mm。

答案：A

13-87 对于地面以下或防潮层以下的蒸压普通砖砌体，所用材料的最低强度等级有规定，下列哪一项是正确的？

A 稍潮湿的基土：MU20 砖　M2.5 水泥砂浆
B 很潮湿的基土：MU20 砖　M5 混合砂浆
C 稍潮湿的基土：MU20 砖　M5 水泥砂浆
D 含水饱和的基土：MU20 砖　M5 水泥砂浆

解析：根据《砌体规范》第4.3.5条表4.3.5，对于地面以下或防潮层以下的蒸压普通砖砌体，所用材料的最低强度等级为：稍潮湿的基土应采用MU20砖、M5水泥砂浆；很潮湿的基土应用MU20砖、M7.5水泥砂浆；含水饱和的基土应用MU25砖及M10水泥砂浆。

答案：C

13-88 在砌体结构房屋中，由于下述哪一项原因，当温度上升时，屋盖伸长比墙体大得多，即墙体约束了屋（楼）盖的变形，产生剪力，使得墙体易产生裂缝？

A 砖砌体的温度线膨胀系数大于钢筋混凝土的线膨胀系数
B 砖砌体的温度线膨胀系数小于钢筋混凝土的线膨胀系数
C 砖的强度小于钢筋混凝土的强度
D 砖的强度大于钢筋混凝土的强度

解析：在砌体结构房屋中，楼（屋）盖搁在砖墙上，二者共同工作。由于砖砌体的温度线膨胀系数小于钢筋混凝土的温度线膨胀系数，当外界温度上升时，屋盖伸长比墙体大得多。

答案：B

13-89 圈梁可以作为壁柱间墙的不动铰支点时，要求圈梁宽度 b 与壁柱间距 s 之比值 $b/s \geqslant$（　　）。

A 1/30　　　　B 1/25　　　　C 1/35　　　　D 1/40

解析：根据《砌体规范》第 6.1.2 条第 3 款，$b/s \geqslant 1/30$。

答案：A

13-90 砌体结构上柔下刚的多层房屋指的是（　　）。

A 顶层符合刚性方案，而下面各层应按柔性方案考虑
B 顶层不符合刚性方案，下面各层按刚性方案考虑
C 底层不符合刚性方案，上面各层符合刚性方案
D 底层横墙间距为 50m，上面各层为 30m

解析：根据《砌体规范》第 4.2.7 条，计算上柔下刚多层房屋时，顶层可按单层房屋计算。

答案：B

13-91 附有壁柱的墙其翼缘计算宽度，对多层砌体房屋有门窗洞口时可取为（　　）。

A 相邻壁柱的间距　　　　　　B 壁柱宽加 2/3 墙高
C 壁柱宽加 12 倍墙厚　　　　D 窗间墙宽度

解析：根据《砌体规范》第 4.2.8 条第 1 款，取窗间墙宽度。

答案：D

13-92 无吊车的单层单跨房屋，下列各种方案中，哪一种房屋的受压墙柱的计算高度最大？（各种方案的墙柱构造高度相同）

A 刚性方案　　　　　　　　　B 刚弹性方案
C 弹性方案　　　　　　　　　D 三种方案全相同

解析：根据《砌体规范》第 5.1.3 条表 5.1.3，弹性方案房屋的受压墙柱的计算高度最大。

答案：C

13-93 钢筋混凝土主梁支承在砖柱或砖墙上时，其支座应视为（　　）支座。

A 铰接　　　　B 固接　　　　C 滚动　　　　D 弹性

答案：A

13-94 对于高度、截面尺寸、配筋及材料完全相同的柱，支承条件为下列哪一种时，其轴心受压承载力最大？

215

A 两端嵌固   B 一端嵌固、一端铰支
C 两端铰支   D 底部嵌固、上端自由

解析：两端嵌固时，柱的计算高度最小，因而轴心受压承载力最大。

答案：A

13-95 非地震区砌体房屋中，设置圈梁后能起的作用，下列哪种是不正确的?

A 增加房屋的整体刚度
B 能增加墙体抵抗温度应力的能力
C 能防止地基不均匀沉降的不利影响
D 能防止较大振动荷载的不利影响

解析：根据《砌体规范》第7.1.1条，对于有地基不均匀沉降或较大振动荷载的房屋，可在砌体墙中设置现浇混凝土圈梁，C、D选项正确。圈梁能增加房屋的整体刚度，而与温度应力无关，A选项正确，B选项错误。

答案：B

13-96 普通黏土砖、黏土空心砖砌筑前应浇水湿润，其主要目的，以下叙述何为正确?

A 除去泥土、灰尘
B 降低砖的温度，使之与砂浆温度接近
C 避免砂浆结硬时失水而影响砂浆强度
D 便于砌筑

解析：砌筑前将砖浇水湿润，主要目的是避免砂浆结硬时失水，影响砂浆强度。

答案：C

13-97 非地震区砖砌体结构中，门、窗洞口采用钢筋砖过梁时，其洞口宽度不宜超过以下何值?

A 1.2m   B 1.5m   C 1.8m   D 2.0m

解析：砌体结构门、窗洞口上设置过梁，过梁有钢筋混凝土过梁、钢筋砖过梁、砖砌平拱过梁、砖砌弧拱过梁等。钢筋砖过梁跨度不应超过1.5m；砖砌平拱过梁不应超过1.2m；砖砌弧拱过梁根据矢高大小不应超过2.5~4.0m。砖砌平拱过梁、砖砌弧拱过梁施工技术要求高，且过梁达到了强度后才能承受荷载，影响工期。对有较大振动荷载或可能产生不均匀沉降的房屋，对抗震设防烈度高的地区应采用钢筋混凝土过梁。

答案：B

13-98 砌体结构中，处于较干燥的房间以及防潮层和地面以上的砌体，其砂浆种类采用以下哪种最合适?

A 水泥砂浆   B 石灰砂浆   C 混合砂浆   D 泥浆

解析：宜采用混合砂浆。水泥砂浆强度虽高，但和易性不好，施工不便，而石灰砂浆、泥浆强度低，不宜采用。

答案：C

13-99 根据砌体结构的空间工作性能，其静力计算时，可分为刚性方案、弹性方案和刚弹性方案。其划分与下列何组因素有关?

Ⅰ.横墙的间距；Ⅱ.屋盖、楼盖的类别；Ⅲ.砖的强度等级；Ⅳ.砂浆的强度等级

A　Ⅰ、Ⅱ　　　　B　Ⅰ、Ⅲ　　　　C　Ⅲ、Ⅳ　　　　D　Ⅱ、Ⅲ

解析：根据《砌体规范》第4.2.1条表4.2.1，砌体结构房屋静力计算方案的确定与横墙间距及屋盖、楼盖的类别有关，而与砖和砂浆的强度等级无关。

答案：A

十四 木结构设计

14-1 (2009) 关于承重木结构用胶，下列哪种说法是错误的？

A 应保证胶合强度不低于木材顺纹抗剪强度

B 应保证胶合强度不低于木材横纹抗拉强度

C 应保证胶连接的耐水性和耐久性

D 当有出厂质量证明时，使用前可不再检验其胶粘能力

解析：《木结构标准》第4.1.14条，承重结构用胶必须满足结合部位的强度和耐久性的要求，应保证其胶合强度不低于木材顺纹抗剪和横纹抗拉的强度，并应符合环境保护的要求。故A、B、C选项说法正确。本条文为强制性条文，该标准条文说明第4.1.14条第2款：为了防止使用变质的胶，故提出对每批胶均应经过胶结能力的检验，合格后方可使用。D选项说法错误。

答案：D

14-2 (2007) 标注原木直径时，应以下列何项为准？

A 大头直径　　　　　　　　B 中间直径

C 距大头 1/3 处直径　　　　D 小头直径

解析：根据《木结构标准》第4.3.18条，标注原木直径时，应以小头为准。

答案：D

14-3 (2007) 当木桁架支座节点采用齿连接时，下列做法何项正确？

A 必须设置保险螺栓

B 双齿连接时，可采用一个保险螺栓

C 考虑保险螺栓与齿共同工作

D 保险螺栓应与下弦杆垂直

解析：根据《木结构标准》第6.1.4条，桁架支座节点采用齿连接时，应设置保险螺栓，但不考虑保险螺栓与齿的共同工作，A选项正确，C选项错误，保险螺栓应与上弦杆轴线垂直，D选项错误。双齿连接宜选用两个直径相同的保险螺栓，B选项错误。参见《木结构标准》图6.1.1。

答案：A

14-4 (2006) 木材强度等级代号（例如 TB15）后的数字（如 15），表示其何种强度设计值？

A 抗拉　　　B 抗压　　　C 抗弯　　　D 抗剪

解析：根据《木结构标准》第4.3.1条、表4.3.1-3，木材强度等级按抗弯强度设计值划分。如等级代号 TB15 表示其抗弯强度设计值为 $15N/mm^2$。

答案：C

14-5 (2006) 木结构单齿连接图中，保险螺栓的作用，以下表述中哪些正确？

Ⅰ．设计中考虑保险螺栓与齿的共同工作；
Ⅱ．设计中不考虑保险螺栓与齿的共同工作；Ⅲ．保险螺栓应按计算确定；Ⅳ．保险螺栓应采用延性较好的钢材制作

A Ⅰ、Ⅱ　　　　　　　B Ⅰ、Ⅳ
C Ⅱ、Ⅲ、Ⅳ　　　　　D Ⅰ、Ⅲ、Ⅳ

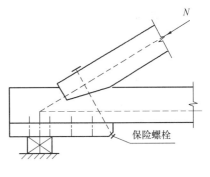

题 14-5 图

解析：根据《木结构标准》第 6.1.4 条，木桁架支座采用齿连接时，必须设置保险螺栓，但不考虑保险螺栓与齿的共同工作，第Ⅰ项错误，第Ⅱ项正确。保险螺栓应按规范公式根据计算确定，同时应采用延性较好的钢材制作，第Ⅲ、Ⅳ项正确。

答案：C

14-6 (2006) 关于木材强度设计值的取值，下列表述中符合规范要求的是（　　）。

Ⅰ．矩形截面短边尺寸≥150mm 时，可提高 10%；

Ⅱ．矩形截面短边尺寸≥150mm 时，可降低 10%；

Ⅲ．采用湿材时，材料的横纹承压强度宜降低 10%；

Ⅳ．采用湿材时，材料的横纹承压强度可提高 10%

A Ⅰ、Ⅲ　　　B Ⅰ、Ⅳ　　　C Ⅱ、Ⅲ　　　D Ⅱ、Ⅳ

解析：根据《木结构标准》第 4.3.2 条第 2、3 款，当木结构构件矩形截面的短边尺寸不小于 150mm 时，其强度设计值可提 10%；当采用湿材时，各种木材的横纹承压强度设计值宜降低 10%。

答案：A

14-7 (2005) 普通木结构，受弯或压弯构件对材质的最低等级要求为（　　）。

A Ⅰ$_a$ 级　　　B Ⅱ$_a$ 级　　　C Ⅲ$_a$ 级　　　D 无要求

解析：根据《木结构标准》第 3.1.3 条表 3.1.3-1，方木原木结构构件设计时，应根据构件的主要用途选用相应的材质等级。对受弯或压弯构件，应采用Ⅱ$_a$ 级。

答案：B

14-8 (2003) 承重木结构用的木材，其材质可分为几级？

A 一级　　　B 二级　　　C 三级　　　D 四级

解析：参见《木结构标准》第 3.1.2 条，承重结构用材分为原木、方木和板材等，材质等级分为三级。轻型木结构用材分为目测分级和机械分级，前者分为七级，后者分为八级。

答案：C

14-9 (2005) 某临时仓库，跨度为 9m，采用三角形木桁架屋盖（如题图所示），当 h 为何值时，符合规范规定的最小值？

A $h=0.9$m　　　　　　　B $h=1.125$m
C $h=1.5$m　　　　　　　D $h=1.8$m

解析：《木结构标准》第7.5.3条表7.5.3（题14-9解表），三角形木桁架，桁架中央高度（矢高）与跨度的比值为1/5。图示桁架跨度为9m，因此，中央高度最小为 9.0m/5 = 1.8m。

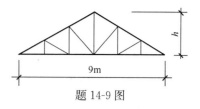

题 14-9 图

木桁架最小高跨比　　　　　题 14-9 解表

序号	桁架类型	H/L
1	三角形木桁架	1/5
2	三角形钢木桁架；平行弦木桁架；弧形、多边形和梯形木桁架	1/6
3	弧形、多边形和梯形钢木桁架	1/7

答案：D

14-10 (2005) 原木构件的相关设计要求中哪项与规范相符？

Ⅰ. 验算挠度和稳定时，可取构件的中央截面；

Ⅱ. 验算抗弯强度时，可取最大弯矩处的截面；

Ⅲ. 标注原木直径时，以小头为准；

Ⅳ. 标注原木直径时，以大头为准

A　Ⅰ、Ⅱ　　B　Ⅰ、Ⅱ、Ⅲ　　C　Ⅱ、Ⅲ　　D　Ⅰ、Ⅱ、Ⅳ

解析：根据《木结构标准》第4.3.18条，验算强度和稳定时，取构件的中央截面；验算抗弯强度时，取最大弯矩的截面；标注原木直径时，以小头为准。

答案：B

14-11 (2004) 在制作构件时，对于原木或方木结构，其木材含水率不应大于多少？

A　15%　　　　　　　　　　B　18%

C　20%　　　　　　　　　　D　25%

解析：根据《木结构标准》第3.1.13条，现场制作的原木或方木结构，其木材含水率不应大于25%。

答案：D

14-12 (2004) 在结构计算中，图示木屋架的端节点简化为哪种节点？

A　无水平位移的刚节点

B　铰节点

C　刚弹性节点

D　有水平位移的刚节点

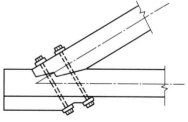

题 14-12 图

解析：在结构计算中，木屋架端节点一般简化为铰节点。

答案：B

14-13 下述木材的强度指标，哪一种说法是正确的？

A　木材的顺纹抗拉强度设计值大于顺纹抗拉强度设计值

B 木材的顺纹抗拉强度设计值等于顺纹抗压强度设计值

C 木材的顺纹抗拉强度设计值小于顺纹抗压强度设计值

D 木材的抗弯强度设计值小于顺纹抗压强度设计值

解析：根据《木结构标准》第4.3.1条表4.3.1-3，木材的顺纹抗拉强度设计值小于其顺纹抗压强度设计值，C选项正确，而木材的抗弯强度设计值大于顺纹抗拉强度和顺纹抗压强度设计值，A、B、D选项错误。

答案：C

14-14 (2013) 下列木材强度设计值的比较中，正确的是(　　)。

A 顺纹抗压＞顺纹抗拉＞顺纹抗剪

B 顺纹抗剪＞顺纹抗拉＞顺纹抗压

C 顺纹抗压＞顺纹抗剪＞顺纹抗拉

D 顺纹抗剪＞顺纹抗压＞顺纹抗拉

解析：参见《木结构标准》表4.3.1-3，以强度等级TC17A为例，其顺纹抗压、顺纹抗拉、顺纹抗剪强度设计值分别为 $16N/mm^2$、$10N/mm^2$、$1.7N/mm^2$。

答案：A

14-15 (2013) 胶合木构件的木板接长一般应采用下列哪种连接？

A 单齿或双齿连接　　　　　B 螺栓连接

C 指接连接　　　　　　　　D 钉连接

解析：短料接长以采用相互插接的指接最能充分利用木材。

答案：C

14-16 木桁架在制作时，按照规定应作（　　）的起拱。

A $\dfrac{1}{200}$　　B $\dfrac{1}{300}$　　C $\dfrac{1}{400}$　　D $\dfrac{1}{500}$

解析：根据《木结构标准》第7.5.4条，为了消除屋架的可见垂度，不论全木屋架或钢木屋架，皆应在制造和拼接时预先向上起拱，起拱的数值应不小于屋架跨度的 $\dfrac{1}{200}$。起拱时应保证屋架的高跨比不变。

答案：A

14-17 关于设置木屋架支撑的作用，下列叙述中哪项是不正确的？

A 防止屋架侧倾　　　　　　B 保证受压弦杆的侧向稳定

C 承担和传递纵向水平力　　D 承担和传递屋面荷载

解析：设置屋架支撑的主要作用是：①保证屋盖结构的空间整体性能；②作为屋架弦杆的侧向支承点；③承受和传递水平荷载；④保证屋架安装质量和安全施工。

答案：D

14-18 承重结构用的木材，若构件受拉或受拉弯，采用木材的材质宜为哪一级？

A I_a级　　　　　　　　　B II_a级

C III_a级　　　　　　　　D II_a级和III_a级

解析：根据《木结构标准》第3.1.3条表3.1.3-1的规定，对于受拉构件或拉弯构件，宜采用I_a级。

答案：A

14-19 从木材顺纹受拉的应力应变图中可以看出，木材的破坏属于哪一种？

A 塑性破坏　　　　　　　　　B 脆性破坏
C 延性破坏　　　　　　　　　D 斜压破坏

解析：木材在受拉破坏前的变形较小，没有显著的塑性变形阶段，图形接近于直线，因此属于脆性破坏。

答案：B

14-20 以下关于木材性质的叙述中，哪一项是正确的？

A 木材的强度随着含水率的增大而增大
B 木材的含水率一般超过15%
C 木材的强度随含水率的增大而降低
D 木材的强度在其含水率8%～23%范围内，含水率的增大会使木材强度降低，当含水率超过23%时，其强度则趋于稳定。

解析：木材含水率在纤维饱和点以下变化时，木材的力学性能随之变化。木材是由管状细胞组成的，当含水率较低时，增加水分则细胞壁吸水，使管状细胞"软化"而降低木材强度；当含水率较高如23%以上时，木材的细胞壁已吸饱了水分，再增加水分只是增加细胞腔内的水分，对木材强度影响不大。

答案：D

14-21 以下关于木结构的叙述中，哪一项是错误的？

A 在木结构中，在结构的同一节点或接头中，不宜采用两种或两种以上不同刚度的连接
B 在屋架下弦的同一接头中，不应考虑斜键和螺栓的共同作用
C 在屋架的端节点，不得考虑齿连接与其保险螺栓的共同工作
D 在屋架下弦的同一接头中，可以采用直径不同的螺栓

解析：在屋架的同一连接中，不应采用不同直径的螺栓。

答案：D

14-22 当木结构处于下列何种情况时，不能保证木材可以避免腐朽？

A 具有良好通风的环境　　　　B 含水率不大于20%的环境
C 含水率在40%～70%的环境　　D 长期浸泡在水中

解析：引起木材腐朽的原因是木腐菌，木腐菌繁殖的条件是空气和水。木结构在具有良好通风的环境及长期浸泡在水中或处于比较干燥的环境中时，不容易腐朽；在含水率高、湿度大的环境中，容易腐朽。

答案：C

14-23 （2003）为防止木结构受潮，构造上应采取一系列措施，下列哪种说法是错误的？

A 处于房屋隐蔽部分的木结构，应设通风孔洞
B 将桁架支座节点或木构件封闭在墙内

C 在桁架和大梁的支座下设置防潮层

D 在木柱下设置柱墩

解析：根据《木结构标准》第11.2.9条第1款，当桁架和大梁支承在砌体或混凝土上时，桁架和大梁的支座下应设置防潮层，C选项正确；第2款，桁架、大梁的支座节点或其他承重木构件不应封闭在墙体或保温层内，B选项错误；第3款，支承在砌体或混凝土上的木柱底部应设置垫板，严禁将木柱直接砌入砌体中，或浇筑在混凝土中，D选项正确；第4款，在木结构隐蔽部位应设置通风孔洞，A选项正确。

答案：B

14-24 木材的缺陷、疵病对下列哪种强度影响最大？

A 抗弯强度 　　　　　　　　　　B 抗剪强度

C 抗压强度 　　　　　　　　　　D 抗拉强度

解析：木材的缺陷、疵病对抗拉强度影响最大。

答案：D

14-25 木屋盖宜采用外排水，若必须采用内排水时，不应采用以下何种天沟？

A 木制天沟 　　　　　　　　　　B 混凝土预制天沟

C 现浇混凝土天沟 　　　　　　　D 混凝土预制叠合式天沟

解析：根据《木结构标准》第7.1.4条第4款，木屋盖宜采用外排水，采用内排水时，不应采用木制天沟。

答案：A

十五 建筑抗震设计基本知识

15-1（2009） 钢筋混凝土抗震墙设置约束边缘构件的目的，下列哪一种说法是不正确的？

A 提高延性性能   B 加强对混凝土的约束
C 提高抗剪承载力   D 防止底部纵筋首先屈服

解析：参见钢筋混凝土抗震墙设置约束边缘构件的目的与提高抗剪承载力无关。规范要求抗震墙两端和洞口两侧应设置边缘构件，边缘构件包括暗柱、端柱和翼墙，目的是使墙肢端部成为箍筋约束混凝土，提高受压变形能力，有助于防止底部纵筋首先屈服，提高构件延性和耗能能力。C选项不正确。可参见《抗震规范》第6.4.5条及条文说明；《高层混凝土规程》第7.2.14条、条文说明第7.2.15条。

答案：C

15-2（2009） 在地震作用下，砖砌体建筑的窗间墙易产生交叉裂缝，其破坏机理是（ ）。

A 弯曲破坏   B 受压破坏   C 受拉破坏   D 剪切破坏

解析：砌体结构在地震作用和竖向荷载作用下，产生斜向的复合主拉应力，其破坏机理是剪切破坏。因地震作用是反复作用的，所以产生的开裂是交叉裂缝。

答案：D

15-3（2009） 关于钢筋混凝土高层建筑的层间最大位移与层高之比限值，下列几种比较哪一项不正确？

A 框架结构＞框架—抗震墙结构
B 框架—抗震墙结构＞抗震墙结构
C 抗震墙结构＞框架—核心筒结构
D 框架结构＞板柱—抗震墙结构

解析：根据《抗震规范》第5.5.1条表5.5.1，可知层间位移与层高之比的限值，框架结构为1/550，框架—抗震墙、板柱—抗震墙和框架—核心筒均为1/800，抗震墙结构为1/1000。

答案：C

15-4（2009） 现浇钢筋混凝土框架结构，7度设防时最大适用高度（ ）。

A 不受限   B 为50m
C 多加框架柱后，可不受限   D 为120m

解析：见《抗震规范》第6.1.1条表6.1.1。

答案：B

15-5（2009） 抗震设计中梁截面高宽比、净跨与截面高度之比是否都有规定？

A 有 B 无
C 对梁截面高宽比无规定 D 对净跨与截面高度之比无规定

解析：《抗震规范》第6.3.1条及条文说明，合理控制混凝土结构构件的尺寸，是抗震设计的基本要求。梁的截面尺寸要求有：截面宽度不宜小于200mm；截面高宽比不宜大于4；净跨与截面高度之比不宜小于4。

答案：A

15-6 (2009) 落地抗震墙与相邻框支柱的距离，1～2层框支层时的规定为(   )。

A 因框支层较低，距离不受限
B 当抗震墙配筋足够时，距离不受限
C 当框支柱配筋足够时，距离不受限
D 不宜大于某一规定值

解析：《高层混凝土规程》第10.2.16条第6款规定，落地抗震墙与相邻框支柱的距离，1～2层框支层时不宜大于12m，3层及3层以上框支层时不宜大于10m。

答案：D

15-7 (2009) 框架填充墙在受到沿墙平面方向的地震作用时，其破坏形式为(   )。

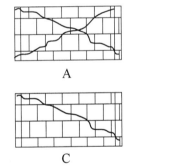

解析：在地震力左右两个方向反复作用下，框架填充墙将产生交叉裂缝。

答案：A

15-8 (2009) 框支梁上抗震墙体不宜开洞，避免不了时宜在(   )。

A 抗震墙体一端开洞 B 抗震墙体两端对称开洞
C 抗震墙体中间1/3处开洞 D 抗震墙体边1/5处开洞

解析：见《高层混凝土规程》第10.2.16条第4款的规定。

答案：C

15-9 (2009) 在地震区，钢框架梁与柱的连接构造，下列哪一种说法是不正确的？

A 宜采用梁贯通型
B 宜采用柱贯通型
C 柱在两个互相垂直的方向都与梁刚接时，宜采用箱形截面
D 梁翼缘与柱翼缘间应采用全熔透坡口焊缝

解析：根据《抗震规范》第8.3.4条第2款和第3款1)可知，题中C、D选项正确。根据第1款可知，梁与柱的连接宜采用柱贯通型，故B选项正确，A选

项错误。

答案：A

15-10 （2009）高层建筑钢筋混凝土剪力墙结构伸缩缝的间距不宜大于(　　)。

A 45m　　　　B 100m　　　　C 170m　　　　D 185m

解析：见《高层混凝土规程》第3.4.12条表3.4.12的规定。

答案：A

15-11 （2009）如题图所示，抗震建筑除顶层外，上部楼层局部收进的水平向尺寸 B_1 不宜大于其下一层尺寸 B 的(　　)。

A 100%　　　　　　　　　　B 95%

C 75%　　　　　　　　　　D 25%

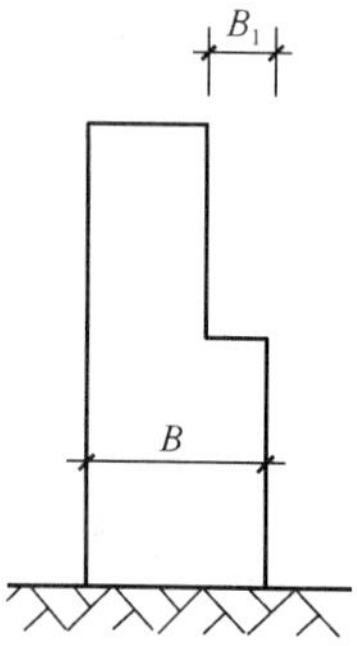

解析：见《高层混凝土规程》第3.5.5条的规定。

答案：D

题15-11图

15-12 （2009）对建筑和结构设计而言，以下哪些描述是正确的？

Ⅰ．建筑及其抗侧力结构的平面布置宜规则、对称；

Ⅱ．建筑的立面和竖向剖面宜规则；

Ⅲ．结构的侧向刚度宜均匀变化；

Ⅳ．结构竖向抗侧力构件的截面尺寸和材料强度宜自下而上逐渐减小

A Ⅰ、Ⅱ、Ⅲ、Ⅳ　　　　　　B Ⅰ、Ⅱ、Ⅲ

C Ⅰ、Ⅲ、Ⅳ　　　　　　　D Ⅰ、Ⅱ、Ⅳ

解析：见《抗震规范》第3.4.2条的规定。

答案：A

15-13 （2009）建筑物地震作用与以下何项因素无关？

A 抗震设防烈度　　　　　　B 结构自振周期

C 场地地质构造　　　　　　D 环境温度

解析：根据《抗震规范》关于地震作用的计算，地震作用的大小与抗震设防烈度、结构自振周期、场地地质构造等有关；与环境温度无关。

答案：D

15-14 （2009）现浇钢筋混凝土房屋的抗震等级与以下哪些因素有关？

Ⅰ．抗震设防烈度；Ⅱ．建筑物高度；Ⅲ．结构类型；Ⅳ．建筑场地类别

A Ⅰ、Ⅱ、Ⅲ　　　　　　B Ⅰ、Ⅱ、Ⅳ

C Ⅱ、Ⅲ、Ⅳ　　　　　　D Ⅰ、Ⅱ、Ⅲ、Ⅳ

解析：现浇钢筋混凝土房屋应根据设防类别、烈度、结构类型和房屋高度采用不同的抗震等级，并满足相应的计算和抗震措施要求。丙类建筑的抗震等级应按《抗震规范》表6.1.2或《混凝土规范》表11.1.3确定。

答案：A

15-15 （2009）按我国规范，在8度（0.2g）设防地区建120m的钢筋混凝土高层办公楼，一般选用(　　)。

A 框架结构与框架剪力墙体系　　　　B 部分框支剪力墙体系

C 全部落地剪力墙结构体系　　　　　D 筒中筒结构体系

解析：见《抗震规范》第 6.1.1 条表 6.1.1 的规定。

答案：D

15-16 (2009) 下列关于防震缝设置的叙述，何项正确？

A 房屋高度相同时，各类钢筋混凝土结构的防震缝宽度也相同

B 高层钢筋混凝土房屋，采用框架-抗震墙结构时，其防震缝宽度可比采用框架结构时小 50%

C 高层钢筋混凝土房屋，采用抗震墙结构时，其防震缝宽度可比采用框架结构小 50%

D 砌体结构防震缝的宽度总小于钢筋混凝土结构

解析：《高层混凝土规程》第 3.4.10 条第 1~3 款，防震缝两侧结构类型不同时，宜按需要较宽防震缝的结构类型和较低房屋高度确定缝宽。因此房屋高度相同时，不同类型结构的防震缝宽是不相同的，A 选项错误。

框架结构房屋的防震缝宽度，当高度不超过 15m 时不应小于 100mm；高度超过 15m 时，6 度、7 度、8 度和 9 度分别每增加高度 5m、4m、3m 和 2m，宜加宽 20mm；框架—抗震墙结构房屋的防震缝宽度不应小于框架结构防震缝规定数值的 70%；抗震墙结构房屋的防震缝宽度不应小于框架结构防震缝规定数值的 50%；且以上均不宜小于 100mm。B、C 选项中"可"均应为"不可"，且 B 选项中"50%"错误，应为"70%"。

《抗震规范》第 7.1.7 条第 3 款，砌体结构需设置防震缝时，缝两侧均应设置墙体，缝宽应根据烈度和房屋高度确定，可采用 70~100mm。

综上，D 选项正确。

答案：D

15-17 (2009) 已知 7 度区普通砖砌体房屋的最大高度 H 为 21m，最高层数 n 为 7 层，则 7 度区某普通砖砌体中小学教学楼工程（各层横墙较少）的 H 和 n 应为下列何项？

A $H=21$m；$n=7$ B $H=18$m；$n=6$

C $H=18$m；$n=5$ D $H=15$m；$n=5$

解析：见《抗震规范》第 7.1.2 条第 1、2 款及表 7.1.2，7 度区砖砌体房屋一般限高 21m，限层数 7 层。中小学教学楼为乙类建筑，高度应减少 3m，层数应减少一层。且在横墙较少的情况下，高度又应减少 3m，层数又应减少一层。故应减少二层，6m。

答案：D

15-18 (2009) A 级高度的钢筋混凝土高层建筑中，在有抗震设防要求时，以下哪一类结构的最大适用高度最低？

A 框架结构   B 板柱—抗震墙结构

C 框架—抗震墙结构   D 框架—核心筒结构

解析：见《高层混凝土规程》第 3.3.1 条表 3.3.1-1 的规定，框架结构的最大适用高度最低。

答案：A

15-19 (2009) 下列何项不属于竖向不规则?

A 侧向刚度不规则　　　　　　B 楼层承载力突变
C 扭转不规则　　　　　　　　D 竖向抗侧力构件不连续

解析：见《抗震规范》第3.4.3条表3.4.3-2的规定。

答案：C

15-20 (2009) 抗震设计的钢筋混凝土框架—抗震墙结构中，在地震作用下的主要耗能构件为下列何项?

A 抗震墙　　　B 连梁　　　C 框架梁　　　D 框架柱

解析：框架—抗震墙结构在地震作用下，抗震墙是主要抗侧力的构件，抵抗了大部分的地震力。而连梁是主要的耗能构件。

答案：B

15-21 (2009) 6～8度地震区建筑，采用钢筋混凝土框架结构和板柱—抗震墙结构，其房屋适用的最大高度的关系为(　　)。

A 框架>板柱—抗震墙　　　　B 框架=板柱—抗震墙
C 框架<板柱—抗震墙　　　　D 无法比较

解析：见《抗震规范》第6.1.1条表6.1.1的规定。

答案：C

15-22 (2009) 下列钢筋混凝土结构体系中可用于B级高度高层建筑的为下列何项?

Ⅰ.全部落地抗震墙结构；Ⅱ.部分框支抗震墙结构；Ⅲ.框架结构；
Ⅳ.板柱—抗震墙结构

A Ⅰ、Ⅱ　　　B Ⅰ、Ⅲ　　　C Ⅱ、Ⅳ　　　D Ⅲ、Ⅳ

解析：见《高层混凝土规程》第4.2.2条表4.2.2-2的规定。

答案：A

15-23 (2009) 下列高层钢筋混凝土结构中，何项为复杂高层建筑结构?

Ⅰ.带转换层的结构；Ⅱ.带加强层的结构；Ⅲ.错层结构；
Ⅳ.框架—核心筒结构

A Ⅰ、Ⅱ、Ⅲ、Ⅳ　　　　　　B Ⅰ、Ⅱ、Ⅲ
C Ⅰ、Ⅲ、Ⅳ　　　　　　　　D Ⅱ、Ⅲ、Ⅳ

解析：见《高层混凝土规程》第10.1.1条，Ⅳ框架—核心筒结构是一般高层建筑结构。

答案：B

15-24 (2009) 高层钢筋混凝土框架结构抗震设计时，下列哪一条规定是正确的?

A 应设计成双向梁柱抗侧力体系
B 主体结构可采用铰接
C 可采用单跨框架
D 不宜采用部分由砌体墙承重的混合形式

解析：根据《高层混凝土规程》第6.1.1条、第6.1.2条、第6.1.6条及《抗震规范》第6.1.5条：

1. 框架结构应设计成双向梁柱抗侧力体系（结构均衡原则）。主体结构除个别部位外，不应采用铰接（应增加多余约束多重结构防线并提高刚度）。A 选项正确，B 选项错误。

2. 甲乙类建筑以及高度大于 24m 的丙类建筑，不应采用单跨框架结构；高度不大于 24m 的丙类建筑不宜采用单跨框架结构。C 选项错误。

3. 框架结构按抗震设计时，不应采用部分由砌体墙承重之混合形式。框架结构中的楼、电梯间及局部出屋顶的电梯机房、楼梯间、水箱间等，应采用框架承重，不应采用砌体墙承重。D 选项错误。

答案：A

15-25 (2009) 对于建筑抗震属于危险地段的是下列哪种建筑场地？

A 条状突出的山嘴
B 河岸和边坡的边缘
C 平面分布上成因、岩性、状态明显不均匀的土层
D 发震断裂带上可能发生地表错位的部位

解析：《抗震规范》第 4.1.1 条表 4.1.1，抗震设计中，建筑场地类别划分为有利、一般、不利和危险地段。危险地段为地震时可能发生滑坡、崩塌、地陷、地裂、泥石流等及发震断裂带上可能发生地表错位的部位。

答案：D

15-26 (2009) 下列哪个建筑可不进行桩基抗震承载力验算？

A 9 度时，4 层砌体结构宿舍
B 8 度时，9 层框架结构宾馆
C 7 度时，16 层抗震墙结构住宅
D 6 度时，28 层框架—抗震墙结构酒店

解析：根据《抗震规范》第 4.4.1 条第 2 款、第 4.2.1 条第 2 款 2），桩基抗震性能一般比同类结构的天然地基要好，所以不必对所有的建筑进行桩基承载力验算。可不验算的范围，规范有以下规定。

承受竖向荷载为主的低承台桩基，当地面以下无液化土层，且桩承台周围无淤泥、淤泥质土和地基承载力特征值不大于 100kPa 的填土时，下列建筑可不进行桩基抗震承载力验算：

1. 对地基主要受力层范围内不存在软弱土层的砌体房屋可不进行桩基承载力验算。

2. 在 6 度～8 度的下列建筑可不进行桩基抗震承载力验算：
 1）一般的单层厂房和单层空旷房屋；
 2）不超过 8 层且高度在 24m 以下的一般民用框架房屋和框架—抗震墙房屋；
 3）基础荷载与 2）相当的多层框架厂房和多层混凝土抗震墙房屋。

综上分析，A 选项砌体结构房屋符合可不进行抗震承载力验算规定，为答案。

答案：A

15-27 (2008) 抗震设计的多层砌体房屋的结构体系，下列哪项要求是不正确的？

A 应优先采用横墙承重或纵横墙共同承重的结构体系
B 纵横墙的布置宜均匀对称，沿平面内宜对齐，沿竖向应上下连续

C 同一轴线上的窗间墙宽度宜均匀
D 楼梯间宜设置在房屋的尽端和转角处

解析：从《抗震规范》第7.1.7条第1款及第2款1)、5)项，可知题中A、B、C选项正确。第4款规定，"楼梯间不宜设置在房屋的尽端或转角处"。

答案：D

15-28 (2008) 15m以上相同高度的下列结构，哪一种防震缝的宽度最大？

A 钢筋混凝土框架结构　　　　　B 钢筋混凝土框架—剪力墙结构
C 钢筋混凝土抗震墙结构　　　　D 钢筋混凝土板柱—抗震墙结构

解析：见《高层混凝土规程》第3.4.10条，可知框架结构的防震缝宽度最大。

答案：A

15-29 (2008) 在抗震设防8度区，平面形状为矩形的高层建筑，其长宽比不宜大于下列哪一个数值？

A 3　　　　　B 4　　　　　C 5　　　　　D 6

解析：见《高层混凝土规程》第3.4.3条表3.4.3。

答案：C

15-30 (2008) 高层建筑现浇楼板，板内预埋暗管时，其厚度不宜小于下列哪一个数值？

A 60mm　　　B 80mm　　　C 100mm　　　D 120mm

解析：《高层混凝土规程》第3.6.3条规定，当板内预埋暗管时，板厚不宜小于100mm。

答案：C

15-31 (2008) 在抗震设防7度区，钢框架—钢筋混凝土筒体结构的最大适用高度，是下列哪一个数值？

A 120m　　　B 140m　　　C 160m　　　D 180m

解析：见《高层混凝土规程》第11.1.2条表11.1.2，钢框架—钢筋混凝土筒体结构属于混合结构高层建筑，在7度设防区适用的最大高度为160m。

答案：C

15-32 (2008) 在地震区框架—支撑结构中不宜采用下列何种支撑？

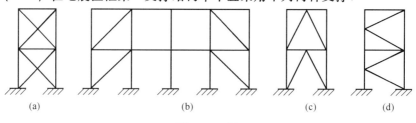

题 15-32 图

A 十字交叉支撑（a）　　　　　B 对称布置的单斜杆支撑（b）
C 人字形支撑（c）　　　　　　D K形支撑（d）

解析：《抗震规范》第8.1.6条第3款规定，柱间支撑不宜采用K形支撑，因为K形斜杆支撑在地震作用下，可能因受压斜杆屈曲或受拉斜杆屈服，引起较大的侧向变形，边柱发生屈曲甚至引起倒塌破坏。

答案：D

15-33 (2008) 多层砌体房屋抗震设计时，下列说法哪一项是不对的？

A 单面走廊房屋的总宽度不包括走廊宽度

B 建筑平面接近正方形时，其高宽比限值可适当加大

C 对带阁楼的坡屋面，房屋总高度应算到山尖墙的1/2高度处

D 房屋的顶层，最大横墙间距应允许适当放宽

解析：根据《抗震规范》第7.1.4条表7.1.4注、第7.1.2条表7.1.2注1、7.1.5条表7.1.5注1要求，单面走廊房屋的总宽度不包括走廊宽度；当建筑平面接近正方形时，其高宽比可适当减小；房屋的顶层，除木屋盖外的最大横墙间距应允许适当放宽，但应采取相应加强措施。B选项说法错误。

答案：B

15-34 (2008) 钢筋混凝土剪力墙墙肢截面高度不宜大于下列哪一个数值？

A 5m   B 6m   C 7m   D 8m

解析：《高层混凝土规程》第7.1.2条及条文说明，剪力墙结构应具有延性，细高的剪力墙（高宽比大于3）容易设计成具有延性的弯曲破坏剪力墙。故剪力墙墙肢长度不宜过长。较长剪力墙宜设置跨高比较大的连梁将其分成长度较均匀的若干墙段，各墙段之比不宜小于3，墙段长度不宜大于8m。

答案：D

15-35 (2008) 高层钢结构建筑的钢梁与钢柱连接方法，目前我国一般采用的是(   )。

A 焊接连接   B 铆接连接   C 栓焊混合连接   D 螺栓连接

解析：高层钢结构建筑的钢梁与钢柱的连接方法，目前我国一般采用栓焊混合连接。

答案：C

15-36 (2008) 下列四种钢筋混凝土高层建筑楼板中，哪一种板厚构造上可小于180mm？

A 转换层楼板

B 箱形转换结构上、下楼板

C 作为上部结构嵌固部位的地下室顶板

D 顶层楼板

解析：根据《高层混凝土规程》第3.6.3条、第10.2.13条和第10.2.23条可知，只有顶层楼板厚度不宜小于120mm，其余几项均不宜小于180mm。

答案：D

15-37 (2008) 型钢混凝土柱的长细比不宜大于下列哪一个数值？

A 30   B 40   C 45   D 80

解析：见《高层混凝土规程》第11.4.5条第1款的规定。

答案：D

15-38 (2008) 当高层剪力墙结构与多层裙房框架结构间要求设置防震缝时，下列关于

防震缝要求的描述何项不正确？

A 防震缝宽度应按剪力墙结构类型确定

B 防震缝宽度应按框架结构高度确定

C 防震缝最小宽度不宜小于 70mm

D 地下室和基础可不设置防震缝

解析：见《高层混凝土规程》第 3.4.10 条第 1~3 款，《抗震规范》第 6.1.4 条第 1~3 款的规定，可知题中 B、D 选项正确。规范规定：防震缝宽度应按不利的结构类型和较低的房屋高度确定，故应按裙房框架结构的高度确定，框架结构高度不超过 15m 时，不应小于 100mm，高度增加，防震缝相应加宽，故 A、C 选项均不正确。

答案：A、C

15-39 (2008) 高层钢结构房屋与钢筋混凝土房屋的力学性能比较，不正确的是前者比后者（ ）。

A 刚度大　　B 振动周期长　　C 阻尼比小　　D 风振效应大

解析：钢结构的刚度小于钢筋混凝土结构的刚度。

答案：A

15-40 (2008) 抗震设计时，下列哪一种结构的弹塑性层间位移值控制最小？

A 钢筋混凝土框架结构　　　　B 钢筋混凝土板柱—抗震墙结构

C 钢筋混凝土抗震墙结构　　　D 多层钢结构

解析：《抗震规范》第 5.5.5 条表 5.5.5 规定，弹塑性层间位移控制值，钢筋混凝土框架结构为 1/50，钢筋混凝土板柱—抗震墙结构为 1/100，钢筋混凝土抗震墙结构为 1/120，多层钢结构为 1/50。

答案：C

15-41 (2008) 地震区的三级特等医院中，下列哪一类建筑不属于甲类建筑？

A 门诊部　　B 住院部　　C 医技楼　　D 教学楼

解析：见《抗震设防标准》第 4.0.3 条第 1 款。

答案：D

15-42 (2008) 地震区 I 级干线铁路枢纽建筑中，下列哪一类不属于乙类建筑？

A 行车调度建筑　　B 通信建筑　　C 供水建筑　　D 科技楼

解析：见《抗震设防标准》第 5.3.3 条。

答案：D

15-43 (2008) 8 度地震区的水运建筑中，下列哪一类不属于乙类建筑？

A 导航建筑　　　　　　　　B 国家重要客运站

C 水运通信建筑　　　　　　D 科研楼

解析：见《抗震设防标准》第 5.3.5 条。

答案：D

15-44 (2008) 部分框支剪力墙高层建筑，在地面以上大空间转换结构的描述，下列何项不正确？

A 6 度抗震设计时转换构件可采用厚板

B 7度抗震设计时转换层不宜超过第5层

C 8度抗震设计时转换层不宜超过第4层

D 9度抗震设计时不宜采用带转换层的结构

解析：见《高层混凝土规程》第10.2.4条、第10.2.5条、第10.1.2条，可知A、B、D选项正确，8度抗震设计时转换层不宜超过3层，7度时不宜超过5层。

答案：C

15-45 (2008) 钢筋混凝土高层建筑中，下列哪一类结构的最大适用高度最高？

A 框架结构　　　　　　　　B 全部落地剪力墙结构

C 部分框支剪力墙结构　　　D 筒中筒结构

解析：见《高层混凝土规程》第3.3.1条表3.3.1-1及表3.3.1-2。

答案：D

15-46 (2008) 下列结构材料中，延性性能最好的是(　　)。

A 烧结普通黏土砖　　　　　B 混凝土结构材料

C 钢结构的钢材　　　　　　D 混凝土小型空心砌块

解析：黏土砖、混凝土结构材料、混凝土小型空心砌块均为脆性材料，延性很差。钢材为延性性能最好的材料。

答案：C

15-47 (2008) 下列哪一种构件属于结构构件？

A 空调器室外托架　　　　　B 冷却塔支座

C 公用无线支座　　　　　　D 楼梯踏步板

解析：见《抗震规范》第13.1.1条，A、B、C选项均属于非结构构件。

答案：D

15-48 (2008) 钢筋混凝土建筑的抗震等级与下列哪一项指标无关？

A 房屋的结构类型　　　　　B 房屋的高度

C 抗震设防烈度　　　　　　D 地基的液化等级

解析：从《抗震规范》第6.1.2条表6.1.2可看出，钢筋混凝土建筑的抗震等级与抗震设防烈度、房屋的结构类型和房屋高度有关，与地基的液化等级无关。

答案：D

15-49 (2008) 多层砌体房屋在地震中常出现交叉形裂缝，其产生原因是(　　)。

A 受压区剪压破坏　　　　　B 应力集中

C 弹塑性变形能力不足　　　D 抗主拉应力强度不足

解析：多层砌体房屋在地震中出现的交叉形裂缝，是由于在水平地震力作用下，砌体墙中产生的主拉应力超过砌体的抗拉强度所造成的。

答案：D

15-50 (2008) 结构设计时，下列哪一种分类或分级是不正确的？

A 结构的设计使用年限分类为1类(25年)、2类(50年)、3类(100年)

B 地基基础设计等级分为甲级、乙级、丙级

C 建筑抗震设防类别分为甲类、乙类、丙类、丁类
D 钢筋混凝土结构的抗震等级分为一级、二级、三级、四级

解析：从《地基基础规范》《抗震设防标准》和《抗震规范》可知，B、C、D 选项正确。又从《结构可靠度标准》第 1.0.5 条表 1.0.5 可知，结构的设计使用年限分为 1 类（5 年）、2 类（25 年）、3 类（50 年）和 4 类（100 年），而不是 1 类（25 年）、2 类（50 年）、3 类（100 年），A 选项错误。

答案：A

15-51 在地震区，关于竖向地震作用，下列哪一种说法是不正确的？
A 竖向地震作用在高层建筑结构的上部大于底部
B 竖向地震作用在高层建筑结构的中部小于底部
C 高层建筑结构竖向振动的基本周期一般较短
D 有隔震垫的房屋，竖向地震作用不会被隔离

解析：《抗震规范》条文说明第 5.3.1 条，竖向地震作用在高层建筑结构中的分布是上部大下部小，中部应大于底部。

答案：B

15-52 (2008) 框支剪力墙结构设计时，下列哪一条规定是不正确的？
A 抗震设计时，框支柱的截面宽度不应小于 450mm
B 抗震设计时，框支柱的截面高度不应大于框支梁跨度的 1/12
C 剪力墙底部加强部位，墙体两端宜设置翼墙或端柱
D 转换层楼板的厚度不宜小于 180mm

解析：见《高层混凝土规程》第 10.2.11 条、第 10.2.20 条、第 10.2.23 条等，抗震设计时，框支柱的截面高度不宜小于框支梁跨度的 1/12，而不是不应大于框支梁跨度的 1/12。

答案：B

15-53 (2008) 底部大空间部分框支剪力墙高层建筑，地面以上大空间的层数，在 8 度区和 7 度区分别不宜超过下列哪一组层数？
A 2 层，3 层　　　B 3 层，5 层　　　C 4 层，6 层　　　D 5 层，8 层

解析：见《高层混凝土规程》第 10.2.5 条的规定，8 度时不宜超过 3 层，7 度时不宜超过 5 层，6 度时可适当提高。

答案：B

15-54 (2008) 横墙较少的普通砖住宅楼，当层数和总高度接近《抗震规范》的限值时，所采取的加强措施中下列哪一条是不合理的？
A 房屋的最大开间尺寸不宜大于 6.6m
B 同一结构单元内横墙不能错位
C 楼、屋面板应采用现浇钢筋混凝土板
D 同一结构单元内楼、屋面板应设置在同一标高处

解析：见《抗震规范》第 7.3.14 条第 1、2、6 款，可知 A、C、D 选项正确，而同一结构单元内横墙允许有 1/3 的墙错位，B 选项不合理。

答案：B

15-55 (2007) 地震区房屋的伸缩缝，其缝宽应符合下列何项要求？
A 满足伸缩缝要求
B 满足伸缩缝、沉降缝要求
C 满足伸缩缝、防震缝要求
D 满足沉降缝、防震缝要求

解析：根据《抗震规范》3.4.5 条第 3 款，当设置伸缩缝和沉降缝时，其宽度应符合防震缝的要求。

答案：C

15-56 (2007) 位于抗震设防烈度 7 度区的某钢筋混凝土框架结构，房屋建筑高度 30m，屋顶女儿墙如题图所示，下列关于女儿墙计算的相关论述，何者正确？
A 应考虑地震作用与风荷载作用组合
B 可不考虑风荷载与地震作用的组合
C 不考虑地震作用
D 不考虑风荷载作用

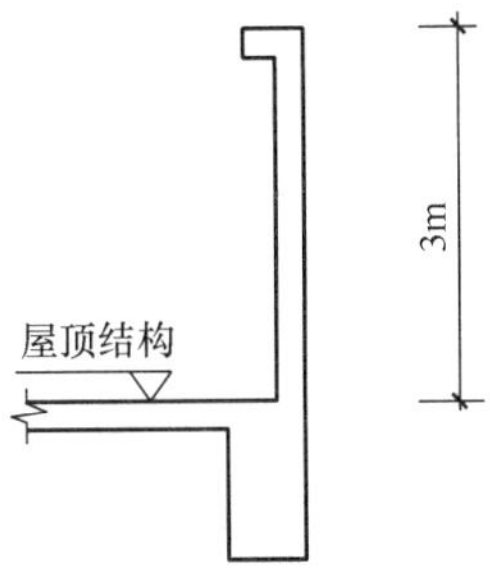

题 15-56 图

解析：女儿墙的计算，可不考虑风荷载与地震作用的组合，但应分别考虑地震作用或风荷载作用。

答案：B

15-57 (2007) 抗震设计的砌体承重房屋的层高最大值不应超过（　　）。
A 5.0m   B 4.5m   C 4.0m   D 3.6m

解析：根据《抗震规范》第 7.1.3 条，多层砌体承重房屋的层高，不应超过 3.6m 底部框架—抗震墙砌体房屋的底部，层高不应超过 4.5m。

答案：D

15-58 (2007) 地震区砌体结构房屋之间的防震缝宽度，按下列何项取值？
A 取钢筋混凝土框架结构计算值的 70%
B 按钢筋混凝土剪力墙结构计算确定
C 取钢筋混凝土框架结构计算值的 50%
D 根据烈度和房屋高度确定，取 70～100mm

解析：根据《抗震规范》7.1.7 条第 3 款规定，砌体结构设置防震缝，缝宽应根据烈度和房屋高度确定，可采用 70～100mm。

答案：D

15-59 (2007) 高层钢结构房屋钢梁与钢柱的连接，目前我国一般采用下列何种方式？
A 螺栓连接
B 焊接连接
C 栓焊混合连接
D 铆接连接

解析：根据《抗震规范》8.3.4 条 3 款及图 8.3.4-1，采用栓焊混合连接。

答案：C

15-60 (2007) 短肢剪力墙的墙肢截面高度与厚度之比应为（　　）。
A 3～4   B 5～8   C 9～10   D 11～15

解析：根据《高层混凝土规程》第 7.1.8 条注 1 的规定，短肢剪力墙指厚度不大于 300mm，各肢截面高度与厚度之比的最大值＞4 但不＞8 的剪力墙。

答案：B

15-61 (2007) 高层建筑地下室楼层的顶楼盖作为上部结构的嵌固部位时，应采用双向双层配筋，楼板的厚度不宜小于下列哪一个数值？

A 120mm B 150mm C 180mm D 200mm

解析：根据《高层混凝土规程》第3.6.3条。

答案：C

15-62 (2007) 在抗震设防8度（0.2g）区，型钢混凝土框架—钢筋混凝土筒体结构的最大适用高度为（ ）。

A 100m B 120m C 150m D 180m

解析：根据《高层混凝土规程》表11.1.2。

答案：C

15-63 (2007) 在抗震设防7度区，混合结构框架—核心筒体系的高宽比不宜大于（ ）。

A 4 B 5 C 6 D 7

解析：根据《高层混凝土规程》第11.1.3条表11.1.3。

答案：D

15-64 (2007) 钢筋混凝土高层建筑的高度大于（ ）时，宜采用风洞试验来确定建筑物的风荷载。

A 200m B 220m C 250m D 300m

解析：根据《高层混凝土规程》第4.2.7条规定。

答案：A

15-65 (2007) 地震区的疾病预防与控制中心建筑中，下列哪一类属于甲类建筑？

A 承担研究高危险传染病毒任务的建筑
B 县疾病预防与控制中心主要建筑
C 县级市疾病预防与控制中心主要建筑
D 省疾病预防与控制中心主要建筑

解析：根据《抗震设防标准》第4.0.6条。

答案：A

15-66 (2007) 地震区的体育建筑中，下列哪一类不属于乙类建筑？

A 观众座位容量100000人的特级体育场
B 观众座位容量50000人的甲级体育场
C 观众座位容量40000人的甲级体育场
D 观众座位容量30000人的甲级体育场

解析：根据《抗震设防标准》第6.0.3条及条文说明。

答案：D

15-67 (2007) 在地震区选择建筑场地时，下列哪一项要求是合理的？

A 不应在地震时可能发生地裂的地段建造丙类建筑
B 场地内存在发震断裂时，应坚决避开
C 不应在液化土上建造乙类建筑
D 甲类建筑应建造在坚硬土上

（注：此题2004年考过。）

解析：根据《抗震规范》第 3.3.1 条及表 4.1.1 的规定，A 选项属于危险地段，不应建造丙类建筑；B 选项也属于危险地段，但只要求甲、乙类建筑要避开，不是所有的建筑都应避开；规范表 4.3.6 中允许在液化土上建乙类建筑，所以 C 选项的说法错误。D 选项要求也不合理。

答案：A

15-68 (2007) 下列哪一种构件属于非结构构件中的附属机电设备构件？
A 围护墙和隔墙   B 玻璃幕墙   C 女儿墙   D 管道系统
答案：D

15-69 (2007) 在我国抗震设计工作中，"小震"表示的地震烈度含义为（   ）。
A 比基本烈度低二度   B 比基本烈度低一度半
C 比基本烈度低一度   D 与基本烈度一致
答案：B

15-70 (2007) 对抗震设防地区建筑场地液化的叙述，下列何者是错误的？
A 建筑场地存在液化土层对房屋抗震不利
B 6 度抗震设防地区的建筑场地一般情况下可不进行场地的液化判别
C 饱和砂土与饱和粉土的地基在地震中可能出现液化
D 黏性土地基在地震中可能出现液化

解析：根据《抗震规范》第 4.3.1 条，黏性土在地震中不会出现液化，饱和的粉土、砂土才可能出现液化。

答案：D

15-71 (2007) 抗震设计时，关于结构抗震设防的目标，下列哪种说法是正确的？
A 基本烈度下结构不坏，大震不倒
B 结构可以正常使用
C 结构不破坏
D 结构小震不坏、中震可修、大震不倒

(注：此题 2006 年考过。)

解析：根据《抗震设防标准》条文说明第 3.0.3 条。

答案：D

15-72 (2006) 某县级市的二级医院要扩建下列四栋房屋，其中属于乙类建筑的是哪一栋？
A 18 层的剪力墙结构住宅楼   B 4 层的框架结构办公楼
C 6 层的框—剪结构住院部大楼   D 7 层的框—剪结构综合楼

解析：根据《抗震设防标准》第 4.0.3 条第 2 款。

答案：C

15-73 (2006) 抗震设计时，全部消除地基液化的措施中，下面哪一项是不正确的？
A 采用桩基，桩端伸入液化土层以下稳定土层中必要的深度
B 采用筏板基础
C 采用加密法，处理至液化深度下界
D 用非液化土替换全部液化土层

解析：《抗震规范》第 4.3.7 条规定了全部消除液化的措施，可知 A、C、D 选

项正确。筏板基础属于部分消除液化。

答案：B

15-74 (2006) 根据《建筑抗震设计规范》，抗震设计时，与设计有关的下述各项分类中，哪一项分类是不正确的？

A 根据使用功能的重要性，建筑的抗震设防分类有甲类、乙类、丙类、丁类四个类别

B 建筑场地类别分为Ⅰ、Ⅱ、Ⅲ、Ⅳ共四类

C 钢筋混凝土结构的抗震等级分为一、二、三、四共四个等级

D 地基液化等级分为弱液化、轻微液化、中等液化、严重液化四个等级

解析：从《抗震设防标准》第3.0.2条及《抗震规范》第4.1.6条、第6.1.2条可知，A、B、C选项正确。根据《抗震规范》第4.3.5条表4.3.5规定，液化等级划分为轻微、中等、严重；没有弱液化。

答案：D

15-75 (2006) 下列体育建筑中，不属于乙类建筑的是下列中哪一种？

A 每个区段的座位容量不少于5000人的体育场

B 观众座位容量不少于30000人的体育场

C 观众座位容量不少于4500人的体育馆

D 观众座位容量不少于3000人的甲级游泳馆

解析：根据《抗震设防标准》第6.0.3条及条文说明规定，特大型的体育场，大型、观众席位很多的中型体育场馆属于乙类建筑，观众座位容量不少于30000人或每个结构区段的座位容量不少于5000人的中型体育场和座位容量不少于4500人的中型体育馆也属于乙类建筑。

答案：D

15-76 (2006) 下列博物馆、档案馆建筑中，不属于乙类建筑的是下列中的哪一种？

A 存放国家二级文物的博物馆　　B 建筑规模大于10000m^2的博物馆

C 特级档案馆　　D 甲级档案馆

解析：根据《抗震设防标准》第6.0.6条及其条文说明可知，题中B、C、D选项建筑均为乙类建筑；而存放国家二级文物的博物馆，不属于乙类建筑。

答案：A

15-77 (2006) 抗震设防烈度为6度的地区，其对应的设计基本地震加速度值，是下列中哪一个？

A 0.05g　　B 0.10g　　C 0.20g　　D 0.40g

解析：根据《抗震规范》第3.2.2条表3.2.2（题15-77解表），如下。

抗震设防烈度和设计基本地震加速度值的对应关系　　题15-77解表

抗震设防烈度	6度	7度	8度	9度
设计基本地震加速度值	0.05g	0.10 (0.15) g	0.20 (0.30) g	0.4g

注：g——重力加速度。

答案：A

15-78 (2006)《建筑抗震设计规范》所说的地震,其造成的原因是下列中的哪一种?

A 火山活动 B 地壳断裂及断裂错动
C 水库蓄水 D 海啸

解析:地震分为天然地震和人工地震两大类。其中天然地震主要是构造地震,它是由于地下深处岩石破裂、错动把长期积累起来的能量急剧释放出来,以地震波的形式向四面八方传播出去,导致地面房屋的倒塌。构造地震约占地震总数的90%以上。其次是由火山喷发引起的地震,称为火山地震,约占地震总数的7%。此外,某些特殊情况下也会产生地震,如岩洞崩塌(陷落地震)、大陨石冲击地面(陨石冲击地震)等。B选项即属于天然地震中的构造地震,也应是造成《抗震规范》所说的地震的主要原因。

答案:B

15-79 (2006、2005)抗震设防烈度相同时,同一高度的下列各类多高层钢筋混凝土结构房屋中,如需设防震缝,缝宽最大的是( )。

A 框架结构 B 抗震墙结构
C 框架—抗震墙结构 D 框架—核心筒结构

解析:根据《抗震规范》第6.1.4条的规定,可以看出结构类型的抗侧刚度越小,防震缝的宽度越大;抗侧刚度越大,防震缝的宽度越小。

答案:A

15-80 (2006)抗震设计的A级高度钢筋混凝土高层建筑的平面布置,下列中哪一项不符合规范要求?

A 平面宜简单、规则、对称、减少偏心
B 平面长度 L 不宜过长,突出部分的长度 l 不宜过大
C 不宜采用细腰形平面图形
D 当采用角部重叠的平面图形时,其适用高度宜适当降低

解析:《高层混凝土规程》第3.4.3条第4款规定中,只提及不宜采用角部重叠的平面图形,并未提及适用高度宜适当降低。

答案:D

15-81 (2006)根据《建筑抗震设计规范》,抗震设计时,部分框支抗震墙结构底部加强部位的高度是( )。

A 框支层加框支层以上二层的高度
B 框支层加框支层以上三层的高度,且不大于15m
C 框支层加框支层以上两层的高度及落地抗震墙总高度的1/8 二者的较大值
D 框支层加框支层以上两层的高度及落地抗震墙总高度的1/10 二者的较大值

解析:根据《抗震规范》第6.1.10条第2款。

答案:D

15-82 (2006)根据《建筑抗震设计规范》,抗震设计时,一、二级抗震墙底部加强部位的厚度(不含无端柱或无翼墙者)应是下列中的哪一种?

A 不应小于140mm且不应小于层高的1/25

B 不宜小于 160mm 且不宜小于层高的 1/20

C 不宜小于 200mm 且不宜小于层高的 1/16

D 不宜小于层高的 1/12

解析：根据《抗震规范》第 6.4.1 条规定。

答案：C

15-83 （2006）抗震设防烈度 8 度时，应计算竖向地震作用的大跨度屋架结构是指下列中的哪一个跨度数值？

A 跨度大于 18mm 的屋架　　B 跨度大于 24m 的屋架

C 跨度大于 30mm 的屋架　　D 跨度大于 36m 的屋架

解析：根据《抗震规范》第 5.1.1 条的条文说明，8 度时，跨度大于 24m 的屋架。

答案：B

15-84 （2006）抗震设计时，多层砌体结构房屋中，横墙较少是指下列中的哪一种情况？

A 同一楼层内开间大于 4.2m 的房间占该层总面积的 40% 以上

B 同一楼层内开间大于 4.5m 的房间占该层总面积的 40% 以上

C 同一楼层内开间大于 4.8m 的房间占该层总面积的 35% 以上

D 同一楼层内开间大于 5.1m 的房间占该层总面积的 30% 以上

解析：根据《抗震规范》第 7.1.2 条第 2 款的注。

答案：A

15-85 （2006）抗震设计时，墙厚为 **240mm** 的多孔砖多层住宅房屋的层数限值，下列中的哪一项是不正确的？

A 6 度时为 8 层　　B 7 度（0.1g）时为 7 层

C 8 度（0.2g）时为 6 层　　D 9 度时为 3 层

解析：根据《抗震规范》表 7.1.2，墙厚为 240mm 的多孔砖多层砌体房屋的层数限值为 7 层。

答案：A

15-86 （2006）关于多层钢结构厂房的抗震设计，下面各项中哪一项是不正确的？

A 楼面荷载相差悬殊时，应设防震缝

B 楼盖采用钢铺板时，应设水平支撑

C 梁柱翼缘间采用全熔透坡口焊接，梁腹板采用摩擦型高强度螺栓通过连接板与柱连接

D 设备自承重时，应与厂房相连，共同抗震

解析：根据《抗震规范》第 8.3.4 条第 1 款 1）和 3），知 C 选项正确。从《抗震规范》附录 H 的 H.2.2 条第 1 款和 H.2.3 条第 3 款，知 A、B 选项正确。从 H.2.2 条第 3 款，当设备重量直接由基础承受，且设备竖向需要穿过楼层时，厂房楼层应与设备分开，D 选项错误。

答案：D

15-87 （2006）抗震设计时，框架扁梁截面尺寸的要求，下列中哪一项是不正确的？

A 梁截面宽度不应大于柱截面宽度的 2 倍

B 梁截面宽度不应大于柱截面宽度与梁截面高度之和

C 梁截面高度不应小于柱纵筋直径的 16 倍

D 梁截面高度不应小于净跨的 1/15

解析：根据《抗震规范》第 6.3.2 条规定，扁梁的截面尺寸应符合下列要求：

$$b_b \leqslant 2b_c$$

$$b_b \leqslant b_c + h_b$$

$$h_b \geqslant 16d$$

式中 b_c——柱截面宽度，圆形截面取柱直径的 0.8 倍；

b_b、h_b——分别为梁截面宽度和高度；

d——柱纵筋直径。

答案：D

15-88 (2006) 地震区单层钢筋混凝土厂房天窗架的设置，下列中哪一种情况是不正确的？

A 天窗宜采用突出屋面较小的避风型天窗

B 突出屋面的天窗宜采用钢天窗架

C 8 度抗震设防时，天窗宜从厂房单元端部第二柱间开始设置

D 天窗屋盖、端壁板和侧板，宜采用轻型板材

解析：根据《抗震规范》第 9.1.2 条第 1~4 款规定，8、9 度时，无窗架宜从厂房单元端部第三柱间开始设置。

答案：C

15-89 (2006) 底层框架—抗震墙砌体房屋，应在底层设置一定数量的抗震墙，下列中哪项叙述是不正确的？

A 抗震墙应沿纵横方向均匀、对称布置

B 6 度 4 层，可采用嵌砌于框架内的砌体抗震墙

C 8 度时应采用钢筋混凝土抗震墙

D 设置抗震墙后，底层的侧向刚度应大于其上层计入构造柱影响的侧向刚度

解析：根据《抗震规范》第 7.1.8 条第 2、3 款，A、B、C 选项正确，D 选项错误。

答案：D

15-90 (2006) 抗震设计时，建筑师不应采用的方案是下列中的哪一种？

A 特别不规则的建筑方案　　　B 严重不规则的建筑方案

C 非常不规则的建筑方案　　　D 不规则的建筑方案

解析：根据《抗震规范》第 3.4.1 条规定，严重不规则的建筑不应采用。

答案：B

15-91 (2006) 抗震设计时，房屋高度（见题图）是指下面哪一个高度？

241

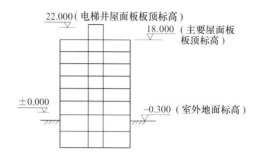

题 15-91 图

A 18.000m   B 18.300m   C 22.000m   D 22.300m

解析：见《抗震规范》第6.1.1条表6.1.1注1的规定，房屋高度是指室外地面到主要屋面板板顶的高度（不包括局部突出屋顶部分）。

答案：B

15-92 (2006) 下列中哪一类构件不属于建筑非结构构件？

A 女儿墙、雨篷等附属结构构件　　B 贴面、吊顶等装饰构件
C 建筑附属机电设备　　　　　　　D 围护墙和隔墙

解析：根据《抗震规范》第13.1.1条注1的规定。

答案：C

15-93 (2006) 抗震设防区，高层房屋的桩箱或桩筏基础的埋深与房屋高度的比值，不宜小于下列中的哪一项？

A $\dfrac{1}{12}$ B $\dfrac{1}{15}$ C $\dfrac{1}{18}$ D $\dfrac{1}{25}$

解析：根据《高层建筑筏形与箱形基础技术规范》JGJ 6—2011第5.2.3条，抗震设防区，除岩石地基外，天然地基上的筏形和箱形基础的埋置深度不宜小于建筑物高度的1/15；桩筏与桩基基础的埋置深度（不计桩长）不宜小于建筑物高度的1/18。

答案：C

15-94 (2005) 单层空旷房屋的大厅，其支撑屋盖的承重结构在下列哪种情况下可采用砖柱？

A 9度时的建筑

B 大厅内设有挑台

C 7度（0.1g）时大厅跨度15m或柱顶高度6m

D 6度时大厅跨度15m或柱顶高度8m

解析：根据《抗震规范》第10.1.3条第4款的规定，6度时大厅跨度大于15m或柱顶高度大于8m，不应采用砖柱。在D选项的情况下，可采用砖柱。

答案：D

15-95 (2005) 抗震设计时，钢结构民用房屋适用的最大高宽比采用下列中哪一个数值是不恰当的？

A 6度7.0   B 7度6.5   C 8度6.0   D 9度5.5

解析：根据《抗震规范》第8.1.2条表8.1.2（题15-95解表）的规定，如下。

钢结构民用房屋适用的最大高宽比　　　　　　　　　题15-95解表

烈　度	6、7	8	9
最大高宽比	6.5	6.0	5.5

注：计算高宽比的高度从室外地面算起。

答案：A

15-96 (2005) 下列各种钢筋混凝土结构中，抗震性能最不好的是（　　）。
A 框架结构　　　　　　　　　B 部分框支抗震墙结构
C 板柱—抗震墙结构　　　　　D 框架—抗震墙结构

解析：根据《抗震规范》第6.1.1条表6.1.1，现浇钢筋混凝土房屋适用的最大高度，可判断出适用最大高度最小的框架结构抗震性能最不好。

答案：A

15-97 (2005) 多层砌体房屋屋面为带阁楼的坡屋面时，房屋的总高度应从室外地面算到下列中哪一个位置？
A 主要屋面板板顶的高度　　　B 屋面檐口的高度
C 屋面山尖处　　　　　　　　D 屋面山尖墙的1/2高度处

解析：根据《抗震规范》第7.1.2条表7.1.2注1的规定。

答案：D

15-98 (2005) 某大城市的三级医院拟建下列四栋楼房，其中属于乙类建筑的是哪一栋？
A 30层的剪力墙结构住宅楼　　B 5层的框架结构办公楼
C 8层的框—剪结构医技楼　　　D 10层的框—剪结构科研楼

解析：根据《抗震设防标准》第4.0.3条第2款的规定，大中城市的三级医院住院部、医技楼、门诊部……抗震设防类别应划为乙类。

答案：C

15-99 (2005) 抗震设计时，下列选用的建筑非承重墙体材料中哪一项是不妥当的？
A 混凝土结构和钢结构应优先采用轻质墙体材料
B 单层钢筋混凝土柱厂房的围护墙宜采用轻质墙板或钢筋混凝土大型墙板
C 钢结构厂房的围护墙8、9度时不应采用嵌砌砌体墙
D 9度时钢结构厂房的围护墙必须采用轻质墙板

解析：根据《抗震规范》第13.3.5条第1款和第13.3.6条第1、2款，可知A、B、C选项正确。第13.3.6条第1款，钢结构厂房的围护墙，9度时宜采用轻型板材，不是必须采用轻质墙板。

答案：D

15-100 (2005) 地震区选择建筑场地时，应避开危险地段，下列中哪一个地段属危险地段？
A 地震时可能发生地裂的地段　　B 疏松的断层破碎带
C 高耸孤立的山丘　　　　　　　D 非岩质的陡坡

解析：根据《抗震规范》第4.1.1条表4.1.1的规定，地震时可能发生滑坡、崩

塌、地陷、地裂、泥石流等及发震断裂带上可能发生地表错位的部位为危险地段。
答案：A

15-101 (2005) 在抗震设防 7 度区，建造一幢 6 层中学教学楼，下列中哪一种体系较为合理？

  A 钢筋混凝土框架结构   B 钢筋混凝土框架—剪力墙结构
  C 普通砖砌体结构   D 多孔砖砌体结构

解析：根据《抗震规范》第 7.1.2 条及表 7.1.2 的规定，普通砖砌体结构的教学楼属于横墙较少的房屋，7 度区的层数限值为 6 层（18m）。且中学教学楼建筑规范规定其净高不得小于 3.4m，则 6 层的中学教学楼的总高将达到 21.6m 以上。中小学教学楼属于乙类的砌体房屋，其层数应减少一层且总高度应降低 3m，综上，故不能采用普通砖砌体结构，需采用钢筋混凝土框架结构。
答案：A

15-102 (2005) 在抗震设防 7 度区，框架—剪力墙结构的最大适用高宽比，下列中哪一个数值是恰当的？

  A 4   B 5   C 6   D 7

解析：《高层混凝土规程》表 3.3.2 规定，7 度区框—剪结构最大适用高宽比为 6。
答案：C

15-103 (2005) 框架结构抗震设计时，下列中哪一种做法是不正确的？

  A 楼梯、电梯间应采用框架承重
  B 突出屋顶的机房应采用框架承重
  C 不宜采用单跨框架结构
  D 在底部，当局部荷载较大时，可采用另加砖墙承重

解析：在同一个结构单元内，不得同时采用两种性质截然不同的材料作为承重构件。
答案：D

15-104 (2005) 在抗震设防 8 度区，高层建筑平面局部突出的长度与其宽度之比，不宜大于下列中哪一个数值？

  A 1.5   B 2.0   C 2.5   D 3.0

解析：根据《高层混凝土规程》表 3.4.3 规定。
答案：A

15-105 (2005) 在大底盘多塔楼建筑中，当塔楼布置较为对称，且均采用桩基，下列裙房与塔楼间的处理方式中，哪一种较为合理？

  A 应设沉降缝   B 在±0.000 以上应设防震缝
  C 可不设防震缝，但应加强连接 D 可不设防震缝，应采用铰接连接

解析：大底盘多塔楼建筑，当塔楼布置较为对称，且均采用桩基，因此高低层之间可不设沉降缝和防震缝，但应加强连接。
答案：C

15-106 (2004) 根据《建筑抗震设计规范》，下列建筑哪一个是属于结构竖向不规则？

  A 有较大的楼层错层

B 某层的侧向刚度小于相邻上一层的75%
C 楼板的尺寸和平面刚度急剧变化
D 某层的受剪承载力小于相邻上一楼层的80%

解析：根据《抗震规范》第3.4.3条表3.4.3-2（题15-106解表）的规定，如下。

竖向不规则的主要类型　　　　　　题15-106解表

不规则类型	定义和参考指标
侧向刚度不规则	该层的侧向刚度小于相邻上一层的70%，或小于其上相邻三个楼层侧向刚度平均值的80%；除顶层或出屋面小建筑外，局部收进的水平向尺寸大于相邻下一层的25%
竖向抗侧力构件不连续	竖向抗侧力构件（柱、抗震墙、抗震支撑）的内力由水平转换构件（梁、桁架等）向下传递
楼层承载力突变	抗侧力结构的层间受剪承载力小于相邻上一楼层的80%

答案：D

15-107 (2004) 在抗震设计中，下列哪一类不是属于建筑非结构构件的范围？

A 固定于楼面的大型储物架　　　B 幕墙
C 雨篷　　　　　　　　　　　　D 公用天线

解析：非结构构件包括建筑非结构构件和建筑附属机电设备，公用天线属于建筑附属机电设备。

答案：D

15-108 (2004) 地震作用大小的确定取决于地震影响系数曲线，地震影响系数曲线与下列哪一个因素无关？

A 建筑结构的阻尼比　　　　　　B 结构自重
C 特征周期值　　　　　　　　　D 水平地震影响系数最大值

解析：根据《抗震规范》第5.1.5条图5.1.5，地震影响系数曲线与结构的阻尼比、特征周期值及水平地震影响系数最大值等因素有关，与结构自重无关。

答案：B

15-109 (2004) 地震时使用功能不能中断的建筑应划为下列哪一个类别？

A 甲类　　　　B 乙类　　　　C 丙类　　　　D 丁类

解析：根据《抗震设防标准》第3.0.2条规定。

答案：B

15-110 (2004) 下列关于地震烈度和震级的叙述中，哪一项是正确的？

A 地震的震级是衡量一次地震大小的等级，可以用地面运动水平加速度来衡量
B 地震烈度是指地震时，在一定地点振动的强烈程度，可以用地震释放的能量来衡量
C 震级M>5的地震统称为破坏性地震
D 地震的震级是衡量一次地震大小的等级，可以用地面运动竖向加速度来衡量

解析：地震震级是衡量一次地震大小的等级，是用最大水平地动位移（单振幅）来计算。地震烈度可以用地面运动水平加速度来衡量，地震烈度是指一次地震

时某地区遭受到的影响程度。

答案：C

15-111 (2004) 地震区单层钢筋混凝土柱厂房的围护墙及隔墙的做法，下列哪一种是较好的？

A 多跨厂房两侧的砌体围护墙均采用外贴式

B 单跨厂房两侧的砌体围护墙均采用嵌砌式

C 厂房两侧的围护墙，一侧采用嵌砌砖墙，另一侧采用轻型挂板

D 砌体隔墙不宜与柱脱开

解析：根据《抗震规范》第13.3.5条第2、7款，可知C、D选项不正确。第13.3.5条第1款规定，砌体围护墙应采用外贴式并与柱可靠拉结。

答案：A

15-112 (2004) 根据现行《建筑抗震设计规范》，下列内容哪一项提法是不对的？

A 建筑场地类别划分为Ⅰ、Ⅱ、Ⅲ、Ⅳ类

B 设计地震分为第一、二、三组

C 依据震源的远近，分为设计远震与设计近震

D 建筑场地的类别划分取决于土层等效剪切波速和场地盖层厚度

解析：在本题答案中，"依据震源的远近，分为设计远震与设计近震"的提法已取消，故C选项错误。

答案：C

15-113 (2004) 框架—核心筒结构的抗震设计，下列所述的哪一项是不恰当的？

A 核心筒与框架之间的楼盖宜采用梁板体系

B 核心筒在支承楼层梁的位置宜设暗柱

C 9度时宜采用加强层

D 楼层梁不宜支在洞口连梁上

解析：根据《高层混凝土规程》第10.1.2条，9度抗震设计时不应采用带转换层的结构、带加强层的结构、错层结构和连体结构。

答案：C

15-114 (2004) 混凝土结构的抗震计算，关于轴压比限值的规定，是针对下列哪些构件的？

A 仅针对柱及连梁   B 仅针对柱及抗震墙

C 仅针对柱   D 仅针对抗震墙

解析：抗震设计中，框架柱及剪力墙均对轴压比有限值。

答案：B

15-115 (2004) 筒体结构转换层的设计，下列哪一项要求是恰当的？

A 转换层上部的墙柱宜直接落在转换层的主结构上

B 8、9度时不宜采用转换层结构

C 转换层上、下的结构质量中心的偏心距不应大于该方向平面尺寸的15%

D 当采用三级转换时，转换梁的尺寸不应小于500mm×1500mm

解析：根据《高层混凝土规程》第10.2.9条规定，转换层上部的竖向抗侧力构

件（墙、柱）宜直接落在转换层的主结构上。

答案：A

15-116 (2004) 下列哪一种情况是属于复杂高层建筑？

A 结构平面凹进一侧的尺寸大于相应投影方向总尺寸的30%

B 混凝土筒体结构

C 楼层的侧向刚度小于相邻上一层的70%

D 多塔楼结构

解析：《高层混凝土规程》第10.1.1条及条文说明，本章对复杂高层建筑结构的规定适用于带转换层的结构、带加强层的结构、错层结构、连体结构、多塔楼结构以及竖向体型收进、悬挑结构。

答案：D

15-117 (2004) 当采用梁宽大于柱宽的扁梁作为框架时，下列要求哪一项是不合理的？

A 不宜用一级框架结构　　　　B 梁中线宜与柱中线重合

C 扁梁应双向布置　　　　　　D 梁宽不应大于柱宽的二倍

解析：根据《抗震规范》第6.3.2条第1、2款，采用梁宽大于柱宽的扁梁时，楼、屋盖应现浇，梁中线宜与柱中线重合，扁梁应双向布置，且不宜用于一级框架结构。扁梁的截面尺寸应符合 b_b（梁宽）$\leqslant 2b_c$（柱宽）的要求。

答案：A

15-118 (2004) 正确设计的钢筋混凝土框架—剪力墙结构，在抵御地震作用时应具有多道防线，按结构或构件屈服的先后次序排列，下列哪一种次序是合理的？

A 框架，连梁，剪力墙　　　　B 连梁，剪力墙，框架

C 连梁，框架，剪力墙　　　　D 剪力墙，框架，连梁

解析：框架—剪力墙结构，由于墙的抗侧刚度大于框架，因此水平地震作用下，剪力墙承担的水平地震作用较大，故剪力墙内的连梁首先达到屈服，其次剪力墙进入屈服，框架最后达到屈服。

答案：B

15-119 (2004) 横墙较少的多层普通砖住宅楼，欲要使其能达到一般多层普通砖房屋相同的高度和层数，采取下列哪一项措施是不恰当的？

A 在底层和顶层的窗台标高处，设置沿纵横墙通长的水平现浇钢筋混凝土带

B 房屋的最大开间尺寸不大于6.6m

C 有错置横墙时，楼、屋面采用装配整体式或现浇混凝土板

D 在楼、屋盖标高处，沿所有纵横墙设置加强的现浇钢筋混凝土圈梁

解析：根据《抗震规范》第7.3.14条规定，丙类的多层砖砌体房屋，当横墙较少且总高度和层数接近或达到《抗震规范》表7.1.2规定限值时，应采取下列加强措施：

1 房屋的最大开间尺寸不宜大于6.6m。

2 同一结构单元内横墙错位数量不宜超过横墙总数的1/3，且连续错位不宜多于两道；错位的墙体交接处均应增设构造柱，且楼、屋面板应采用现浇钢筋混凝土板。

3 横墙和内纵墙上洞口的宽度不宜大于1.5m；外纵墙上洞口的宽度不宜大于2.1m或开间尺寸的一半；且内外墙上洞口位置不应影响内外纵墙与横墙的整体连接。

4 所有纵横墙均应在楼、屋盖标高处设置加强的现浇钢筋混凝土圈梁；圈梁的截面高度不宜小于150mm，上、下纵筋各不应少于3ϕ10，箍筋不小于ϕ6，间距不大于300mm。

5 所有纵横墙交接处及横墙的中部，均应增设满足下列要求的构造柱：在纵、横墙内的柱距不宜大于3.0m，最小截面尺寸不宜小于240mm×240mm（墙厚190mm时为240mm×190mm），配筋宜符合表（题15-119解表）要求。

增设构造柱的纵筋和箍筋设置要求　　　　　　题15-119解表

位置	纵向钢筋			箍筋		
	最大配筋率（%）	最小配筋率（%）	最小直径（mm）	加密区范围（mm）	加密区间距（mm）	最小直径（mm）
角柱	1.8	0.8	14	全高	100	6
边柱			14	上端700 下端500		
中柱	1.4	0.6	12			

6 同一结构单元的楼、屋面板应设置在同一标高处。

7 房屋底层和顶层的窗台标高处，宜设置沿纵横墙通长的水平现浇钢筋混凝土带；其截面高度不小于60mm，宽度不小于墙厚，纵向钢筋不少于2ϕ10，横向分布筋的直径不小于ϕ6且其间距不大于200mm。

上述规定中对有错置横墙时除要求应采用现浇钢筋混凝土板外还有其他要求，C选项不恰当。

答案：C

15-120 (2004) 地震区，在多层砌体房屋中设置构造柱，并与圈梁连接共同工作，其最主要的作用是什么？

A 提高墙体的水平受剪承载力　　B 提高房屋的抗倾覆能力
C 提高房屋整体抗弯承载力　　D 增加房屋延性，防止房屋突然倒塌

解析：砌体结构中的构造柱和圈梁使砌体周边受到约束，形成约束砌体，从而提高砌体的变形能力和整体性；使砌体出现裂缝后，仍有较好的竖向承载能力，防止房屋突然倒塌，D选项正确。

答案：D

15-121 (2004) 多层砌体房屋的抗震设计，下列哪一项内容是不恰当的？

A 应优先采用横墙承重或纵、横墙共同承重的方案
B 同一轴线上的窗间墙宽度宜均匀
C 规定横墙最大间距是为了保证房屋横向有足够的刚度
D 纵、横墙的布置沿平面内宜对齐

解析：《抗震规范》条文说明第7.1.5条，多层砌体房屋的横向地震力主要由横墙承担，地震中横墙间距大小对房屋倒塌影响很大，不仅横墙需具有足够的承载力，而且楼盖须具有传递地震力给横墙的水平刚度，本条规定是为了满足楼盖对传递水平地震力所需的刚度要求。故C选项是不恰当的。

答案：C

15-122 (2004) 底部框架-抗震墙房屋，下列哪一项要求是符合规范规定的？
  A 钢筋混凝土托墙梁的宽度不应小于250mm
  B 过渡层的底板应少开洞，洞口尺寸不应大于600mm
  C 过渡层墙体应在底部框架柱对应部位设构造柱
  D 钢筋混凝土抗震墙的厚度不宜小于140mm

解析：《抗震规范》有如下规定：

第7.5.1条第2款：过渡层尚应在底部框架柱、混凝土墙或约束砌体墙的构造柱所对应处设置构造柱或芯柱。

第7.5.7条第1款：过渡层的底板应采用现浇钢筋混凝土板，板厚不应小于120mm；并应少开洞、开小洞，当洞口尺寸大于800mm时，洞口周边应设置边梁。

第7.5.8条第1款：梁的截面宽度不应小于300mm，梁的截面高度不应小于跨度的1/10。

第7.5.3条第2款：底部钢筋混凝土抗震墙的厚度不宜小于160mm。

由以上规定判断，只有C选项是正确的。

答案：C

15-123 (2004) 设计配筋混凝土小型空心砌块抗震墙房屋时，下列哪一项要求是合理的？
  A 每个独立墙段的总高度与墙段长度之比不宜小于2.0
  B 当符合（规范）构造要求时，可不进行抗震承载力验算
  C 水平及竖向分布钢筋直径不应小于8mm，间距不应大于300mm
  D 灌芯混凝土的强度等级不应低于C25

解析：根据《抗震规范》附录F第F.3.1条和第F.3.3条，可知题中C、D选项不正确。另知符合构造要求不能代替抗震承载力验算。又第F.1.3条第2款规定，纵横向抗震墙宜拉通对直；每个独立墙段长度不宜大于8m，且不宜小于墙厚的5倍；墙段的总高度与墙段长度之比不宜小于2；门洞口宜上下对齐，成列布置。

答案：A

15-124 (2004) 根据《建筑抗震设计规范》，多高层钢结构房屋的抗震等级与下列何种因素无关？
  A 设防烈度　　B 设防类别　　C 结构类型　　D 房屋高度

解析：在《抗震规范》第8.1.3条表8.1.3中，多高层钢结构的抗震等级与设防烈度、设防类别、房屋高度有关，与结构类型无关。

答案：C

15-125 (2004) 当采用钢框架—支撑结构抗震时，题图所示是哪一种支撑形式？

A 单斜杆支撑　　　　B K形支撑
C V形支撑　　　　　D 偏心支撑

解析：钢支撑杆件交于框架节点时，称为中心支撑；当支撑斜杆有一端不交于节点，而与梁相交，另一端与框架节点相交时，称为偏心支撑。

答案：D

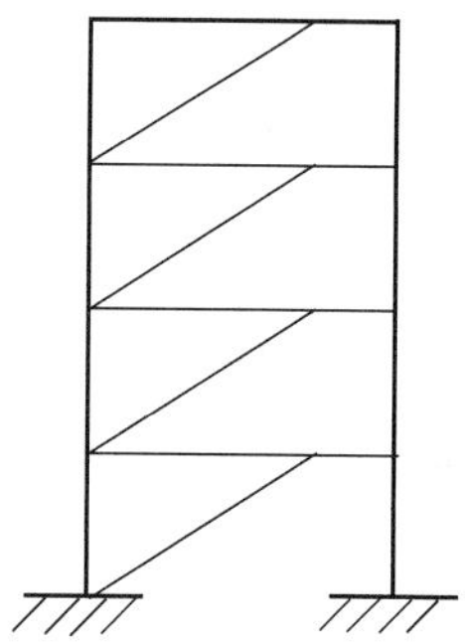

题 15-125 图

15-126 (2004) 木结构房屋的抗震设计，下列所述哪一项是正确的？

A 可不进行截面抗震验算
B 木柱木梁房屋可建二层，总高度不宜超过6m
C 木柱仅能设有一个接头
D 木柱不能设有接头

解析：《抗震规范》第11.3.3条第2款，木柱木梁房屋宜建单层，高度不宜超过3m。第11.3.9条第2款，柱子不能有接头。

答案：D

15-127 (2004) 抗震设计时，单层钢筋混凝土柱厂房的柱间支撑设置，下列所述的哪一项是正确的？

A 设防烈度为6度时，可不设柱间支撑
B 柱间支撑应采用钢拉条或型钢制作
C 一般情况，应在厂房单元两端设置柱间支撑
D 厂房单元较长可在厂房单元中部 $\frac{1}{3}$ 区段内设置两道柱间支撑

解析：从《抗震规范》第9.1.23条第1款1)、第2、3款可知，A、B、C选项均不正确。第9.1.23条第1款3)规定，厂房单元较长或8度Ⅲ、Ⅳ类场地和9度时，可在厂房单元中部 $\frac{1}{3}$ 区段内设置两道柱间支撑。

答案：D

15-128 在层数、房屋高度、平面尺寸、重量相同的情况下，有以下三种不同结构体系的房屋，其结构的基本自振周期，按从长到短排列为（　　）。

Ⅰ．框架结构；Ⅱ．框—剪结构；Ⅲ．剪力墙结构

A Ⅰ、Ⅱ、Ⅲ　　　　　　　　B Ⅱ、Ⅲ、Ⅰ
C Ⅲ、Ⅰ、Ⅱ　　　　　　　　D Ⅲ、Ⅱ、Ⅰ

解析：当房屋层数、高度、平面尺寸、重量相同时，框架结构的基本自振周期最长，框—剪结构次之，剪力墙结构最短。

答案：A

15-129 图示框支墙在框支梁上的墙体内表示了三个门洞位置：Ⅰ、Ⅱ、Ⅲ，试问哪个部位开洞是允许的？

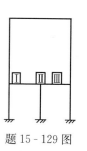

题 15-129 图

A Ⅰ、Ⅱ　　　　B Ⅰ、Ⅲ　　　　C Ⅱ、Ⅲ　　　　D Ⅰ、Ⅱ、Ⅲ

解析：框支墙在框支梁上的墙体内开洞，图示Ⅱ门洞位置是不允许的。见《高层混凝土规程》第10.2.16条第4款。

答案：B

15-130 当有管道穿过剪力墙的连梁时，应预埋套管并保持洞口上下的有效高度不小于（　　）。

A 150mm　　　　　　　　　　　B 1/4梁高，并不小于150mm
C 200mm　　　　　　　　　　　D 1/3梁高，并不小于200mm

解析：根据《高层混凝土规程》第7.2.28条第2款，当管道穿过剪力墙的连梁时，应预埋套管，且洞口上下的有效高度不宜小于梁高的1/3，并不宜小于200mm。

答案：D

15-131 高层建筑采用钢筋混凝土筒中筒结构时，外筒柱子截面设计成下列哪种截面为最好？

A 圆形截面　　　　　　　　　　B 正方形截面
C 矩形截面，长边平行外墙放置　D 矩形截面，短边平行外墙放置

解析：设计钢筋混凝土框筒时，外筒柱子一般不宜采用圆形或正方形柱，因为加大框筒壁厚对受力和刚度的效果远不如加大柱宽。框筒系空间整体受力，主要内力沿框架平面内分布，因此框筒宜采用扁宽矩形柱，柱的长边位于框架平面内。

答案：C

15-132 钢筋混凝土高层建筑的框支层楼板（即转换层楼板）应采用现浇，且应有一定厚度，最小厚度应不小于（　　）mm。

A 100　　　　B 150　　　　C 180　　　　D 200

解析：钢筋混凝土高层建筑的框支层楼板应采用现浇，且其厚度不宜小于180mm。见《抗震规范》附录E第E.1.1条。

答案：C

15-133 高层建筑采用筒中筒结构时，下列四种平面形状中，受力性能最差的是（　　）。

A 圆形　　　　B 三角形　　　　C 正方形　　　　D 正多边形

解析：高层建筑采用筒中筒结构时，为了防止产生显著的扭转，最好采用具有双对称轴的平面。首选圆形，其次是正多边形（如六边形）、正方形和矩形。相对上述平面，三角形平面的性能较差，但建筑设计出于建筑艺术和功能的要求，常广泛采用三角形。三角形平面以正三角形为好，因具有三根对称轴；有时也将正三角形演化为曲线三角形。直角三角形只有一根对称轴，且直角处的角柱受力过分集中，为了避免应力过分集中，三角形平面常将角部切去，角部常设刚度较大的角柱或角筒（见《高层混凝土规程》第9.3.1条和第9.3.4条）。

答案：B

15-134 钢筋混凝土装配整体式楼板怎样形成？

A 支模现浇混凝土

B 将预制板端胡子筋及墙头压筋砌在墙内

C 预制板缝用水泥砂浆堵实

D 预制板上再浇一层叠合层，同时板缝也加筋以混凝土灌实

解析：《高层混凝土规程》第3.6.2条，装配整体式楼盖，应符合下列要求：

1 楼盖每层宜设置钢筋混凝土现浇层；

2 楼盖的预制板缝宽度不宜小于40mm，板缝大于40mm时，应在板缝内配置钢筋。

答案：D

15-135 钢筋混凝土剪力墙，设墙长为 l，厚度为 t，则当符合下列哪个条件时应按剪力墙进行设计？

A $l>4t$ B $l \geqslant 3t$ C $l>2t$ D $t \geqslant$ 层高的 1/25

解析：《混凝土规范》第9.4.1条，当竖向构件截面的长边短边比值大于4时，宜按墙的要求进行设计。

答案：A

15-136 钢筋混凝土框架-剪力墙结构中剪力墙的最大间距，当墙间楼面无大洞口时，在下列四个因素中与哪些因素有关？

Ⅰ．楼面的宽度；Ⅱ．是否抗震以及抗震设防烈度；Ⅲ．建筑物高度；Ⅳ．楼面是现浇或是装配整体

A Ⅰ、Ⅲ、Ⅳ B Ⅰ、Ⅱ、Ⅳ C Ⅱ、Ⅲ、Ⅳ D Ⅰ、Ⅱ、Ⅲ、Ⅳ

解析：《抗震规范》第6.1.6条表6.1.6（题15-136解表），如下。

抗震墙之间楼屋盖的长宽比   题15-136解表

楼、屋盖类型		设防烈度			
		6	7	8	9
框架—抗震墙结构	现浇或叠合楼、屋盖	4	4	3	2
	装配整体式楼、屋盖	3	3	2	不宜采用
板柱—抗震墙结构的现浇楼、屋盖		3	3	2	
框支层的现浇楼、屋盖		2.5	2.5	2	—

答案：B

15-137 高层建筑钢结构，当梁柱采用刚接连接时，最常采用的做法是下列四种方法中的哪两种？

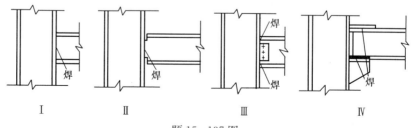

题 15-137 图

A Ⅰ、Ⅱ　　　　B Ⅰ、Ⅲ　　　　C Ⅰ、Ⅳ　　　　D Ⅱ、Ⅲ

解析：《高层钢结构规程》第8.3.3条，图8.3.3。

答案：B

15-138 位于7度（0.1g）抗震设防区的烧结普通砖砌体房屋，其层数限制为(　　)层。

A 3　　　　B 5　　　　C 7　　　　D 9

解析：《抗震规范》第7.1.2条表7.1.2（题15-138解表）。

房屋的层数和总高度限值（m）　　　　题15-138解表

房屋类别		最小抗震墙厚度(mm)	烈度和设计基本地震加速度										
			6		7				8				9
			0.05g		0.10g		0.15g		0.20g		0.30g		0.40g
			高度	层数	高度	层数	高度	层数	高度	层数	高度	层数	高度	层数
多层砌体房屋	普通砖	240	21	7	21	7	21	7	18	6	15	5	12	4
	多孔砖	240	21	7	21	7	18	6	18	6	15	5	9	3
	多孔砖	190	21	7	18	6	15	5	15	5	12	4	—	—
	小砌块	190	21	7	21	7	18	6	18	6	15	5	9	3
底部框架—抗震墙砌体房屋	普通砖 多孔砖	240	22	7	22	7	19	6	16	5	—	—	—	—
	多孔砖	190	22	7	19	6	16	5	13	4	—	—	—	—
	小砌块	190	22	7	22	7	19	6	16	5	—	—	—	—

注：1. 房屋的总高度指室外地面到主要屋面板板顶或檐口的高度，半地下室从地下室室内地面算起，全地下室和嵌固条件好的半地下室应允许从室外地面算起；对带阁楼的坡屋面应算到山尖墙的1/2高度处；
2. 室内外高差大于0.6m时，房屋总高度应允许比表中的数据适当增加，但增加量应少于1.0m;
3. 乙类的多层砌体房屋仍按本地区设防烈度查表，其层数应减少一层且总高度应降低3m；不应采用底部框架-抗震墙砌体房屋；
4. 本表小砌块砌体房屋不包括配筋混凝土小型空心砌块砌体房屋。

答案：C

15-139 有抗震要求的长矩形多层砌体房屋，应优先采用下列结构体系中的哪两种？

Ⅰ．横墙承重；Ⅱ．纵墙承重；Ⅲ．纵横墙共同承重；Ⅳ．柱及带壁柱承重

A Ⅱ、Ⅲ　　　　B Ⅰ、Ⅲ　　　　C Ⅱ、Ⅳ　　　　D Ⅰ、Ⅳ

解析：《抗震规范》第7.1.7条第1款规定："应优先采用横墙承重或纵横墙共同承重的结构体系"。

答案：B

15-140 有抗震要求的单层砖柱房屋，其屋盖形式的选用，下面几条中哪些是正确的？

Ⅰ．6～8度时宜采用轻型屋盖；Ⅱ．9度时应采用轻型屋盖；Ⅲ．6～8度时宜采用重型屋盖；Ⅳ．9度时应采用重型屋盖

A Ⅰ、Ⅱ　　　　B Ⅱ、Ⅲ　　　　C Ⅰ、Ⅲ　　　　D Ⅲ、Ⅳ

解析：《抗震规范》第9.3.3条第1款规定，"厂房屋盖宜采用轻型屋盖"。

答案：A

15-141 《高层建筑混凝土结构技术规程》对各类钢筋混凝土房屋有一个适用的最大高度。这个最大高度是根据下列各因素中哪些因素确定的？

Ⅰ．结构体系；Ⅱ．设防烈度；Ⅲ．房屋的高宽比；Ⅳ．房屋的长宽比

A Ⅰ、Ⅱ　　　　B Ⅱ、Ⅲ　　　　C Ⅱ、Ⅳ　　　　D Ⅲ、Ⅳ

解析：见《高层混凝土规程》第3.3.1条表3.3.1-1。

答案：A

15-142 为求作用于建筑物表面的风荷载为最小，应选下列几种建筑平面形式中的哪一种？

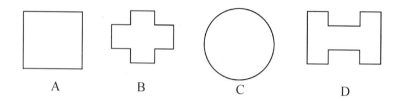

解析：《高层混凝土规程》第4.2.3条规定，风载体形系数 μ_s 可按以下规定采用：

1 圆形平面的体形系数0.8；

2 正多边形及截角三角形平面，由式 $\mu_s=0.8+1.2/\sqrt{n}$，n——多边形边数；

3 高宽比 H/B 不大于4的矩形、方形、十字形平面建筑取1.3；

4 下列建筑取1.4：

1) V形、Y形、弧形、双十字形、井字形平面建筑；2) L形、槽形和高宽比大于4的十字形平面建筑；3) 高宽比大于4、长宽比大于1.5的矩形、鼓形平面。

圆形平面的体形系数最小，风荷载最小，故应选用圆形平面。

答案：C

15-143 图示为某一位于7度抗震设防区的高层建筑平面，其中 L/B 宜控制不大于( )。

A 4 B 5 C 6 D 7

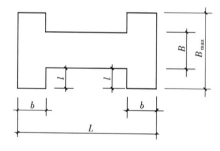

题15-143图

解析：见《高层混凝土规程》第4.3.3条表4.3.3（题15-143解表），如下。

L、l 的限值　　题15-143解表

设防烈度	L/B	l/B_{max}	l/b
6、7度	≤6.0	≤0.35	≤2.0
8、9度	≤5.0	≤0.30	≤1.5

答案：C

15-144 钢筋混凝土筒中筒结构平面应符合下列哪个要求？

A 长宽比不宜大于2　　　　B 长宽比不宜大于3

C 长宽比不宜大于 4　　　　　D 长宽比不宜大于 5

解析：《高层混凝土规程》第 9.3.2 条规定，"矩形平面的长宽比不宜大于 2"。

答案：A

15-145 根据《高层建筑混凝土结构技术规程》，下列四种结构体系中哪一种适用的最大高度最高？

A 现浇框架结构　　　　　　B 板柱—剪力墙
C 现浇框架—剪力墙结构　　D 部分框支墙现浇剪力墙结构

解析：见《高层混凝土规程》表 3.3.1-1。

答案：C

15-146 在水平荷载与垂直荷载共同作用下的钢筋混凝土框架结构，框架柱应按下列哪一种构件设计？

A 轴心受压构件
B 偏心受压构件
C 偏心受拉构件
D 根据具体情况方能确定按偏压或偏拉构件设计

解析：这时柱的内力包括竖向压力及弯矩，故应按偏心受压构件设计。

答案：B

15-147 钢筋混凝土无梁楼盖结构，采用下列哪一种方法对提高其侧向刚度最有效？

A 加厚楼板　　　　　　　　B 加大柱断面尺寸
C 提高柱混凝土强度等级　　D 增设剪力墙

解析：剪力墙是最有效的抗侧力构件。

答案：D

15-148 有抗震要求的砌体房屋，在 8 度（0.2g）设防区，当采用普通砖时，其层数限制为（　　）层。

A 2　　　　　B 4　　　　　C 6　　　　　D 8

解析：见《抗震规范》第 7.1.2 条表 7.1.2。

答案：C

15-149 有抗震要求的多层砌体房屋，位于 7 度设防区，其最大高宽比限值为（　　）。

A 3.0　　　　B 2.5　　　　C 2.0　　　　D 1.5

解析：见《抗震规范》第 7.1.4 条表 7.1.4（题 15-149 解表），如下。

房屋最大高宽比　　　　　　　　　题 15-149 解表

烈度	6	7	8	9
最大高宽比	2.5	2.5	2.0	1.5

注：1. 单面走廊房屋的总宽度不包括走廊宽度；
　　2. 建筑平面接近正方形时，其高宽比宜适当减小。

答案：B

15-150 有抗震要求的单层砖柱厂房，关于横墙形式的叙述，下列哪些是正确的？

Ⅰ．厂房两端应设置砖非承重山墙；Ⅱ．厂房两端应设置砖承重山墙；Ⅲ．横向内隔墙宜采用抗震墙；Ⅳ．横向内隔墙不宜采用抗震墙

A Ⅰ、Ⅲ　　　　B Ⅱ、Ⅳ　　　　C Ⅰ、Ⅳ　　　　D Ⅱ、Ⅲ

解析：《抗震规范》第9.3.2条第1款规定："厂房两端均应设置砖承重山墙"，第9.3.3条第4款规定："纵、横向内隔墙宜做成抗震墙"。

答案：D

15-151 图示为某一位于7度抗震设防区高层建筑的平面，其中 l/b 宜控制在下列哪个值之内？

A ≤1　　　　B ≤1.5
C ≤2　　　　D ≤2.5

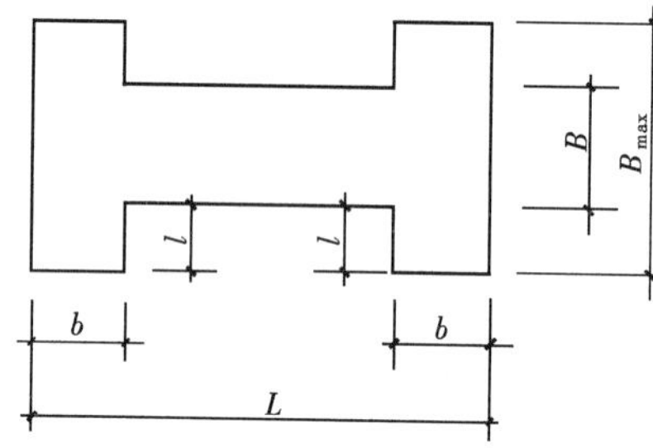

解析：见《高层混凝土规程》第3.4.3条表3.4.3。

答案：C

题 15-151 图

15-152 某一高层建筑，用防震缝分成两段，左段12层，右段16层。计算防震缝的最小宽度时，应取下列哪种高度为依据？

A 16层部分的高度　　　　B 12层部分的高度
C 两个高度的平均值　　　　D 两个高度的差值

解析：《高层混凝土规程》第3.4.10条第3款规定："防震缝两侧房屋高度不同时，防震缝宽度应按较低的房屋高度确定"。

答案：B

15-153 下列对有抗震要求的单层空旷房屋建筑结构布置的叙述，哪项是不正确的？

A 大厅与前、后厅之间不宜设防震缝
B 大厅与两侧附属房间之间应设防震缝
C 山墙应利用楼层或工作平台作为水平支撑
D 9度设防区，当房屋有舞台时，舞台口大梁上的墙体应采用轻质隔墙

解析：《抗震规范》第10.1.15条第4款及第10.1.20条，可知题中C、D选项正确。第10.1.2条规定，大厅、前厅、舞台之间，不宜设防震缝分开（A选项正确）；大厅与两侧附属房屋之间可不设防震缝，但不设缝时应加强连接（B选项错误）。

答案：B

15-154 以下关于地震震级和地震烈度的叙述，何者是错误的？

A 一次地震的震级通常用基本烈度表示
B 地震烈度表示一次地震对各个不同地区的地表和各类建筑的影响的强弱程度
C 里氏震级表示一次地震释放能量的大小
D 1976年唐山大地震为里氏7.8级，震中烈度为11度

解析：一次地震的震级是表示一次地震的大小，是用里氏震级（M）表示，不是用基本烈度表示，所以A选项是错误的。

答案：A

15-155 建筑的抗震设防烈度由以下哪些条件确定？

Ⅰ. 建筑的重要性；Ⅱ. 建筑的高度；Ⅲ. 国家颁布的烈度区划图；Ⅳ. 批准的

城市抗震设防区划

A Ⅰ   B Ⅱ   C Ⅲ或Ⅳ   D Ⅱ或Ⅳ

解析：根据抗震设防烈度的概念，C选项正确（抗震设防烈度一般即为基本烈度，但经过有关部门批准，亦可不同于基本烈度）。

答案：C

15-156 抗震设计时，建筑物应根据其重要性分为甲、乙、丙、丁四类。一幢18层的普通高层住宅应属于（　　）。

A 甲类   B 乙类   C 丙类   D 丁类

解析：根据《抗震设防标准》第6.0.12条，一幢18层的普通高层住宅属于丙类建筑。

答案：C

15-157 同为设防烈度为8度的现浇钢筋混凝土结构房屋，一栋建造于Ⅱ类场地上，另一栋建造于Ⅳ类场地上，两栋结构的抗震等级（　　）。

A Ⅱ场地的高   B 相同

C Ⅳ场地的高   D 两种之间的比较不能肯定

解析：在《抗震规范》第6.1.2条中，钢筋混凝土房屋的抗震等级是根据设防类别、烈度、结构类型和房屋高度来确定的，与建筑场地类别无关；但本题未明确两栋房屋的设防类别和高度是否相同，故无法比较，不能肯定。

答案：D

15-158 按我国抗震设计规范设计的建筑，当遭受低于本地区设防烈度的多遇地震影响时，建筑物应（　　）。

A 主体结构不受损坏或不需修理可继续使用

B 可能损坏，经一般修理或不需修理仍可继续使用

C 不致发生危及生命的严重破坏

D 不致倒塌

解析：《抗震规范》第1.0.1条规定："当遭受低于本地区抗震设防烈度的多遇地震影响时，主体结构不受损坏或不需修理可继续使用"。

答案：A

15-159 下列关于单层钢筋混凝土柱厂房抗震设计总体布置方面的叙述，何者是不适宜的？

Ⅰ．多跨厂房采用等高厂房；Ⅱ．厂房采用钢筋混凝土屋架或预应力混凝土屋架；Ⅲ．厂房采用预制腹杆工字形柱；Ⅳ．多跨厂房采用嵌砌式砌体围护墙

A Ⅰ、Ⅱ   B Ⅲ   C Ⅲ、Ⅳ   D Ⅳ

解析：根据《抗震规范》第9.1.1条第1款，单层钢筋混凝土厂房抗震设计宜采用多跨等高厂房；第9.1.3条第1款，屋盖采用普通钢筋混凝土屋架或预应力混凝土屋架；第9.1.4第1款，预制柱一般为工字形柱，不宜采用预制腹杆工字形柱；第13.3.5条第1款，厂房围护墙应采用外贴式。故Ⅲ、Ⅳ是不适宜的。

答案：C

15-160 有抗震设防要求的钢筋混凝土结构施工中，如钢筋的钢号不能符合设计要求时，则( )。

A 不允许用强度等级低的钢筋代替

B 不允许用强度等级高的钢筋代替

C 用强度等级高的但钢号不超过Ⅲ级钢的钢筋代替时，钢筋的直径和根数可不变

D 用强度等级高的但钢号不超过Ⅲ级钢的钢号代替时，应进行换算

解析：在钢筋混凝土结构施工中，常因市场供应关系，需用与原设计钢号不同的钢筋代替，这时为了保证安全，不宜用强度等级低的钢筋代替，当用强度等级高的钢号代替时，应进行换算。参考《混凝土规范》第4.2.8条和《抗震规范》第3.9.4条。

答案：D

15-161 对于有抗震设防要求的砖砌体结构房屋，砖砌体的砂浆强度等级不应低于( )。

A M2.5　　　　B M5　　　　C M7.5　　　　D M10

解析：《抗震规范》第3.9.2条第1款1)规定："普通砖和多孔砖的强度等级不应低于MU10，其砌筑砂浆强度等级不应低于M5"。

答案：B

15-162 有抗震要求的砖砌体房屋，构造柱的施工( )。

A 应先砌墙后浇混凝土柱

B 条件许可时宜先砌墙后浇柱

C 如混凝土柱留出马牙槎，则可先浇柱后砌墙

D 如混凝土柱留出马牙槎并预留拉结钢筋，则可先浇柱后砌墙

解析：在多层砖砌体房屋中设置钢筋混凝土构造柱，是提高砖砌体房屋抗震能力的有效措施，使砌体房屋在遭遇到相当于设计烈度的地震影响时，不致严重损坏或突然坍塌，从而使房屋不经修理或经一般修理后仍可继续使用。为了加强构造柱与砖砌体的共同作用，在采用构造柱的同时，一般还在砖砌体内预留马牙槎，并在砖墙的一定高度范围内（如每隔8行砖）留拉结钢筋。构造柱应分层按下列顺序进行施工：绑扎钢筋、砌砖墙、支模、浇灌混凝土。施工时切忌先浇注混凝土柱、后砌砖墙，必须先砌墙后浇混凝土柱。见《抗震规范》第3.9.6条。

答案：A

15-163 抗震砌体结构房屋的纵、横墙交接处，施工时，下列哪项措施不正确？

A 必须同时咬槎砌筑

B 采取拉结措施后可以不同时咬槎砌筑

C 房屋的四个墙角必须同时咬槎砌筑

D 房屋的四个外墙角及楼梯间处必须同时咬槎砌筑

解析：砌体房屋结构，为了加强纵、横墙的连接作用，必须在所有纵、横墙交接处同时咬槎砌筑。在房屋的四个外角、楼梯间处更应如此。另外，采取拉结措施（如在砖缝内配筋）后也应同时咬槎砌筑。

答案：B

15-164 下列哪一种地段属于对建筑抗震不利的地段？

A 稳定岩石地基的地段　　　　　　B 半挖半填的地基土地段
C 中密的砾砂、粗砂地基地段　　　D 平坦开阔的中硬土地基地段

解析：根据《抗震规范》第4.1.1条表4.1.1，题中给出的A、C、D选项均属对建筑抗震的有利地段。B选项属于不利地段。

答案：B

15-165 在抗震设防地区，建筑物场地的工程地质勘察内容，除提供常规的土层名称、分布、物理力学性质、地下水位等以外，尚提供分层土的剪切波速、场地覆盖层厚度、场地类别。根据上述内容，以下对场地的识别，何者是正确的?

Ⅰ．分层土的剪切波速（单位为m/s）越小、说明土层越密实坚硬；Ⅱ．覆盖层越薄，震害效应越大；Ⅲ．场地类别为Ⅰ类，说明土层密实坚硬；Ⅳ．场地类别为Ⅳ类，场地震害效应大

A Ⅰ、Ⅱ　　　B Ⅰ　　　C Ⅲ、Ⅳ　　　D Ⅱ

解析：根据《抗震规范》第4.1.3条表4.1.3，土层剪切波速（m/s）越小，场地土越软弱；根据第4.1.6条表4.1.6，覆盖层越薄，场地土越坚硬，因而震害效应越小；根据表4.1.6，当场地类别为Ⅰ类时，说明土层密实坚硬，当场地为Ⅳ类时，震害效应大。因此，题中Ⅰ、Ⅱ项错误，Ⅲ、Ⅳ项正确。

答案：C

15-166 以下对抗震设防地区地基土液化的叙述，何者是正确的?

Ⅰ．当地基土中存在液化土层，桩基的桩端应置于液化土层上面一定距离处；

Ⅱ．当地基土中有饱和砂土或饱和粉土时，需要进行液化鉴别；

Ⅲ．存在液化砂土层的地基，应根据其液化指数划定其液化等级；

Ⅳ．对设防烈度7度及7度以下，可不考虑液化判别和地基处理

A Ⅰ　　　B Ⅱ、Ⅲ　　　C Ⅳ　　　D Ⅰ、Ⅳ

解析：根据《抗震规范》第4.3.7条第1款，当地基土中存在液化土层时，柱基的柱端应深入液化深度以下稳定土层中一定的长度（不包括桩尖部分），伸入长度应按计算确定，并且，对碎石土，砾，粗、中砂，坚硬黏性土和密实粉土尚不应小于0.8m，对其他非岩石土尚不宜小于1.5m。因此，题中Ⅰ项是错误的。根据规范第4.3.2条，对饱和砂土或粉土，应进行液化判别。

根据规范第4.3.5条，对存在液化砂土层的地基，应根据液化指数按表4.3.5划分液化等级。根据规范第4.3.1条，6度地区，一般可不进行判别和处理；而在7度及以上地区，乙类建筑可按要求进行判别和处理。

答案：B

15-167 抗震规范限制了多层砌体房屋总高度与总宽度的最大比值。这是为了(　　)。

A 避免内部非结构构件的过早破坏

B 满足在地震作用下房屋整体弯曲的强度要求

C 保证房屋在地震作用下的稳定性

D 限制房屋在地震作用下过大的侧向位移

解析：根据《抗震规范》条文说明第7.1.4条，限制多层砌体房屋总高度与总宽度的最大比值，是为了满足在地震作用下房屋的稳定性。

答案：C

15-168 抗震规范对多层砌体房屋抗震横墙的最大间距作出了规定，例如：对烧结普通砖房，7度设防时，按不同楼、屋盖类别分别规定抗震横墙的最大间距为15m、11m和9m。其中11m适用于下列几种房屋中的哪一种？

A 现浇钢筋混凝土楼、屋盖房屋　　B 装配整体式楼、屋盖房屋
C 装配式楼、屋盖房屋　　　　　　D 木楼、屋盖房屋

解析：此题关键词是："烧结普通砖房""7度设防""11m"。根据《抗震规范》第7.1.5条表7.1.5，对采用装配式钢筋混凝土楼、屋盖的多层砌体房屋，7度设防时，抗震横墙最大间距不应超过11m。

答案：C

15-169 在划分现浇钢筋混凝土结构的抗震等级时，应考虑：
Ⅰ．设防烈度；Ⅱ．场地类别；Ⅲ．结构类别；Ⅳ．房屋高度；Ⅴ．建筑物的重要性类别。下列何者是正确的？

A Ⅰ、Ⅱ、Ⅲ　　B Ⅰ、Ⅲ、Ⅳ　　C Ⅰ、Ⅲ、Ⅴ　　D Ⅱ、Ⅳ、Ⅴ

解析：根据《抗震规范》等6.1.2条，现浇钢筋混凝土房屋，应根据设防类别、烈度、结构类型和房屋高度采用不同的抗震等级。

答案：B

15-170 抗震规范规定了有抗震设防要求的钢筋混凝土结构高层建筑柱子轴压比限值，这是为了（　　）。

A 减少柱子的配筋量
B 增加柱子在地震时的安全度
C 使柱子的破坏形式和变形能力符合抗震要求
D 防止柱子在地震时的纵向屈曲

解析：抗震规范对钢筋混凝土结构高层建筑柱子的轴压比限值作了规定，是为了保证框架柱的必要延性，使柱子的破坏形式和变形能力符合抗震要求。参见《抗震规范》条文说明第6.3.6条。

答案：C

15-171 在设计一个有抗震设防要求的框架结构中，有的设计人员在绘制施工图时，任意增加计算和构造所需的钢筋面积，认为"这样更安全"。但是下列各条中，哪一条会由于增加了钢筋面积反而可能使结构的抗震能力降低？

A 增加柱子的纵向钢筋面积　　　　B 增加柱子的箍筋面积
C 增加柱子核心区的箍筋面积　　　D 增加梁的箍筋面积

解析：在设计有抗震设防要求的框架结构中，如果任意增加柱子的纵向钢筋面积，可能反而使结构的抗震能力降低。

答案：A

15-172 在设计一个有抗震设防要求的剪力墙结构中，有的设计人员在绘制施工图时，任意增加设计和构造所需的钢筋面积，认为"这样更安全"。但是下列各条中，哪一条会由于增加了钢筋面积反而可能使结构的抗震能力降低？

A 增加剪力墙的水平钢筋和纵向分布钢筋面积

B 增加剪力墙的水平钢筋面积

C 增加剪力墙连梁的纵向钢筋和箍筋面积

D 增加剪力墙连梁的纵向钢筋面积

解析：在设计有抗震设防要求的剪力墙结构中，如果任意增加剪力墙连梁的纵向钢筋面积，可能使连梁不能先形成塑性铰，反而使结构的抗震能力降低。

答案：D

15-173 《高层建筑混凝土结构技术规程》对各类钢筋混凝土结构房屋有一个适用的最大高度。这个规定是根据以下诸因素中的哪些因素确定的？

Ⅰ．结构体系；Ⅱ．设防烈度；Ⅲ．房屋的高宽比；Ⅳ．房屋的长宽比

A Ⅰ、Ⅱ
B Ⅰ、Ⅱ、Ⅲ
C Ⅰ、Ⅱ、Ⅳ
D Ⅰ、Ⅱ、Ⅲ、Ⅳ

解析：根据《高层混凝土规程》第3.3.1条表3.3.1-1，各类钢筋混凝土结构房屋适用的最大高度与结构体系、设防烈度有关。

答案：A

15-174 下列各钢筋混凝土剪力墙结构布置的"原则"中，哪一项是错误的？

A 剪力墙应双向或多向布置，宜拉通对直

B 较长的剪力墙可开洞后设连梁，连梁应有足够的刚度，不得仅用楼板连接

C 剪力墙的门窗洞口宜上下对齐，成列布置

D 墙肢截面高度与宽度之比不宜过小

解析：根据《高层混凝土规程》第7.1.2条，在钢筋混凝土剪力墙结构布置中，当剪力墙过长（如超过8m）时，可以开构造洞将剪力墙分成长度合适的均匀的墙肢，用连梁拉结，连梁的跨高比宜大些，其刚度不一定要求很大，可用楼板连接，也可做成高度较小的弱梁。

答案：B

15-175 图示高层建筑由防震缝分成Ⅰ、Ⅱ两部分，当Ⅰ、Ⅱ两部分各为下列何种结构时，要求的防震缝宽度最大？

A Ⅰ——框架；Ⅱ——框—剪

B Ⅰ——框—剪；Ⅱ——框—剪

C Ⅰ——框—剪；Ⅱ——剪力墙

D Ⅰ——剪力墙；Ⅱ——剪力墙

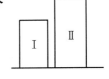

题 15-175 图

解析：根据《高层混凝土规程》第3.4.10条第1、2款，框架结构防震缝最小宽度值为最大，框架—剪力墙结构次之，剪力墙最小。

答案：A

15-176 有抗震设防的钢筋混凝土结构构件箍筋的构造要求，下列何者是正确的？

Ⅰ．框架梁柱的箍筋为封闭式；Ⅱ．仅配置纵向受压钢筋的框架梁的箍筋为封闭式；Ⅲ．箍筋的末端做成135°弯钩；Ⅳ．箍筋的末端做成直钩（90°弯钩）

A Ⅱ
B Ⅰ、Ⅲ
C Ⅱ、Ⅳ
D Ⅰ、Ⅱ

解析：有抗震设防的钢筋混凝土结构构件的箍筋构造，对框架梁柱应做成封闭式，箍筋的末端应做成135°弯钩。

答案：B

15-177 题图所示钢筋混凝土高层建筑的剪力墙，何者对抗震最不利？

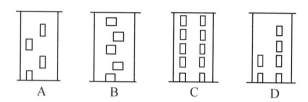

解析：根据《高层混凝土规程》第7.1.1条，A选项为一般叠合错洞墙，B选项为叠合错洞墙，C选项可称为规则开洞墙，D选项为底层局部错洞墙。第7.1.1条指出，对抗震设计及非抗震设计，均不宜采用叠合错洞墙。在题示给出的4种开洞形式的剪力墙中，对抗震最有利的是C选项，其次是D选项，再次是A选项，B选项为最不利。

答案：B

15-178 用未经焙烧的土坯、灰土和夯土作承重墙体的房屋及土窑洞、土拱房，只能用于（　　）。

A　无抗震设防的地区
B　抗震设防烈度为6度及以下的地区
C　抗震设防烈度为6～7度及以下的地区
D　抗震设防烈度为6～8度及以下的地区

解析：根据《抗震规范》第11.2.1条，用未经焙烧的土坯、灰土和夯土作承重墙体的房屋及土窑洞、土拱房，只能适用于抗震设防为6度、7度（0.1g）的地区。

答案：C

15-179 用未经焙烧的土坯建造的房屋，其最大适宜高度为（　　）。

A　在设防烈度为6～7度时，建两层
B　在设防烈度为6～7度时，建单层
C　在设防烈度为6～8度时，建两层
D　只能在设防烈度为6度及以下时建单层

解析：根据《抗震规范》第11.2.2条第1款，用未经焙烧的土坯（生土）建造的房屋，只宜建单层。

答案：B

15-180 有抗震设防要求的房屋，各种变形缝之间应满足：

Ⅰ．伸缩缝应符合沉降缝的要求；Ⅱ．伸缩缝应符合防震缝的要求；Ⅲ．沉降缝应符合防震缝的要求；Ⅳ．防震缝应符合沉降缝的要求。下列何者是正确的？

A　Ⅰ、Ⅱ　　　　B　Ⅱ、Ⅲ　　　　C　Ⅲ、Ⅳ　　　　D　Ⅰ、Ⅳ

解析：在有抗震设防要求的房屋，伸缩缝、沉降缝、防震缝三种变形缝的作用是：伸缩缝是为了温度变化而设置，沉降缝是为了相邻结构单元不均匀沉降而设置，防震缝是为了将体形复杂、平立面不规则的建筑形成多个较规则的抗侧力结构单元而设置。温度伸缩缝一般只在结构上部设置，沉降缝应从房屋顶部至基础分开,防震缝一般可以在±0.000以上设置,但当地基不好,房屋沉降可能较大时,应贯通至基底。对于有抗震设防要求的房屋,上述三种变形缝,伸缩缝和沉降缝应符合防震缝的要求。

答案:B

15-181 《建筑抗震设计规范》规定:同一结构单元不宜部分采用天然地基,部分采用桩基。试问,如不可避免则宜采取下列哪项措施?

A 设防震缝　　B 设伸缩缝　　C 设沉降缝　　D 设箱形基础

解析:在同结构单元,不宜部分采用天然地基部分采用桩基,如不可避免,则宜设置沉降缝分成两个结构单元以解决不均匀沉降引起的问题,此缝尚应满足防震缝的要求。

答案:C

15-182 在一栋有抗震设防要求的建筑中,如需设防震缝应按下列哪条设防震缝?

A 防震缝应将其两侧房屋的上部结构完全分开

B 防震缝应将其两侧房屋的上部结构连同基础完全分开

C 只有在设地下室的情况下,防震缝才可以将其两侧房屋的上部结构分开

D 只有在不设地下室的情况下,防震缝才可只将其两侧房屋的上部结构分开

解析:根据《抗震规范》第3.4.5条第2款的规定。

答案:A

15-183 对有抗震设防要求的影剧院建筑,大厅与两侧附属房间之间(　　)。

A 应设防震缝

B 可不设防震缝

C 当为砌体结构时,应设防震缝

D 当为钢筋混凝土结构时,可不设防震缝

解析:根据《抗震规范》第10.1.2条规定,对有抗震设防要求的影剧院建筑,在大厅与两侧附属房之间,可不设防震缝。

答案:B

15-184 对于砌体结构,现浇钢筋混凝土楼、屋盖房屋,设置顶层圈梁,主要是在下列哪一种情况发生时起作用?

A 发生地震时

B 发生温度变化时

C 在房屋中部发生比两端大的沉降时

D 在房屋两端发生比中部大的沉降时

解析:见《地基规范》第7.4.4条第1款。

答案:D

15-185 按照我国现行抗震设计规范的规定,位于下列何种基本烈度幅度地区内的建筑物应考虑抗震设防?

A 基本烈度为5~9度　　　　B 基本烈度为6~9度

C 基本烈度为5~10度　　　D 基本烈度为6~10度

解析:根据我国现行建筑抗震设计规范的规定,对基本烈度为6度和6度以上

地区的建筑物，应考虑抗震设防。

答案：B

15-186 在地震区建造房屋，下列结构体系中何者能建造的高度最高？

A 框架　　　B 筒中筒　　　C 框架筒体　　　D 剪力墙

解析：根据《高层混凝土规程》第3.3.1条表3.3.1-1，框架的适用最大高度最小，框架筒体次之，现浇剪力墙较高，筒中筒最高。但如以8度设防为例，无框支墙的现浇剪力墙与现浇框架筒体相同，而带部分框支墙的现浇剪力墙却比现浇框架筒体低。

答案：B

15-187 高层建筑防震缝的最小宽度，与下列哪些因素有关？

Ⅰ.结构体系；Ⅱ.房屋平面形式；Ⅲ.设防烈度；Ⅳ.房屋高度

A Ⅰ、Ⅱ　　　B Ⅲ、Ⅳ　　　C Ⅱ、Ⅲ、Ⅳ　　　D Ⅰ、Ⅲ、Ⅳ

解析：见《高层混凝土规程》第3.4.10条。

答案：D

15-188 对于7度抗震设防的底层大空间剪力墙结构（框支剪力墙结构）的布置，下列哪项要求是不正确的？

A 在平面为长矩形的建筑中，落地剪力墙的数目与全部横向剪力墙数目之比不宜小于50%

B 底层落地剪力墙应加厚以补偿底层的刚度

C 上下层剪切刚度比宜接近于1

D 落地剪力墙的间距应小于5倍楼面宽度或60m

解析：见《高层混凝土规程》第10.2.16条5款2）。

答案：D

15-189 下列是关于高层建筑筒中筒结构的叙述，哪两条是不正确的？

Ⅰ.筒中筒结构宜采用对称平面；Ⅱ.当为矩形平面时，长宽比不宜大于2；Ⅲ.筒中筒结构的高宽比不宜大于3；Ⅳ.外筒的柱距应大于层高

A Ⅰ、Ⅱ　　　B Ⅱ、Ⅲ　　　C Ⅲ、Ⅳ　　　D Ⅱ、Ⅳ

解析：《高层混凝土规程》第9.1.2条、第9.3.1条、第9.3.2条及第9.3.5条。

答案：C

15-190 下列对有抗震要求的单层礼堂的结构布置的叙述，哪项是不正确的？

A 大厅与前、后厅之间应设抗震缝

B 基本烈度为9度时，大厅应采用钢筋混凝土结构

C 大厅柱顶标高处应设置现浇圈梁

D 山墙应沿屋面设置钢筋混凝土卧梁

解析：从《抗震规范》第10.1.3条、第10.1.16条和第10.1.19条可知，题中B、C、D选项正确。第10.1.2条，大厅与前厅、舞台之间不宜设防震缝分开。

答案：A

15-191 地震发生时第一个地震波的发源点称为（　　）。

A 震中　　　B 震源　　　C 震中区　　　D 发震区

答案：B

15-192 作抗震变形验算时，下列何种结构的层间弹性位移角限值最大？
A 框架结构
B 框架—抗震墙结构
C 抗震墙结构
D 筒中筒结构
解析：见《抗震规范》第5.5.1条表5.5.1。
答案：A

15-193 《建筑抗震设计规范》规定，对于黏土砖砌体承重的房屋，当设防烈度为7度时，房屋总高度的限值为( )m。
A 27   B 24   C 21   D 18
解析：见《抗震规范》第7.1.2条表7.1.2。
答案：C

15-194 在地震区，下列各类砌体结构中哪类结构可以建造的高度相对最高？
A 烧结普通砖砌体房屋
B 混凝土小砌块房屋
C 混凝土中砌块房屋
D 粉煤灰中砌块房屋
解析：见《抗震规范》第7.1.2条表7.1.2。
答案：A

15-195 《建筑抗震设计规范》规定了钢筋混凝土房屋抗震墙之间无大洞口的楼、屋盖的长宽比，是因为下列何种原因？
A 使楼、屋盖具有传递水平地震作用力的足够刚度
B 使楼、屋盖具有传递水平地震作用力的足够强度
C 使抗震墙具有承受水平地震作用力的足够刚度
D 使抗震墙具有承受水平地震作用力的足够强度
解析：见《抗震规范》条文说明第6.1.6条，为使楼、屋盖具有传递水平地震剪力的刚度，规定了不同烈度下抗震墙之间不同类型楼屋盖的长宽比限值。
答案：A

15-196 对于有抗震要求的框架结构填充墙，下列要求中哪一项是不正确的？
A 砌体填充墙在平面和竖向的布置，宜均匀对称
B 砌体填充墙应与框架柱用钢筋拉结
C 宜采用与框架柔性连接的墙板
D 宜采用与框架刚性连接的墙板
解析：见《抗震规范》第13.3.4条第1款和第13.3.3条第1款，知题中A、B选项正确。第13.3.5条第7款要求："砌体隔墙与柱宜脱开或柔性连接"。
答案：D

15-197 有抗震设防要求并对建筑装修要求较高的房屋和高层建筑，应优先采用下列何种结构？
Ⅰ．框架结构；Ⅱ．框架—抗震墙结构；Ⅲ．抗震墙结构
A Ⅰ   B Ⅰ或Ⅱ   C Ⅱ或Ⅲ   D Ⅲ
解析：见《抗震规范》表5.5.1，采用结构抗侧刚度大、位移小，满足装修要求较高的房屋和高层建筑。

答案：C

15-198 有抗震要求时，当砌体填充墙长度大于( )m时，墙顶宜与梁有拉结。
A 3　　　　　　B 4　　　　　　C 5　　　　　　D 6
解析：见《抗震规范》第13.3.4条第4款。
答案：C

15-199 抗震墙的两端有翼墙或端柱时，其墙板厚度，对于一级抗震墙，除不应小于层高的1/20外，还不应小于( )m。
A 120　　　　　B 160　　　　　C 200　　　　　D 250
解析：见《抗震规范》第6.4.1条。
答案：B

15-200 设防烈度为6度时的毛料石砌体房屋总高度和层数不宜超过多少？
A 7m、二层　　B 10m、三层　　C 13m、四层　　D 16m、五层
解析：见《抗震规范》第11.4.2条表11.4.2。
答案：C

15-201 《高层建筑混凝土结构技术规程》规定，抗震设防烈度为8度时，高层剪力墙结构房屋的高宽比不宜超过( )。
A 4　　　　　　B 5　　　　　　C 6　　　　　　D 7
解析：见《高层混凝土规程》表3.3.2。
答案：B

15-202 《建筑抗震设计规范》限制了多层砌体房屋横墙的最大间距。这是为了( )。
A 避免内部非结构构件过早破坏
B 保证装修不会损坏
C 满足楼盖对传递水平地震力所需的刚度要求
D 限制房屋在地震作用下产生过大的侧向位移
解析：见《抗震规范》条文说明第7.1.5条，地震中横墙间距大小对房屋倒塌影响很大，不仅横墙须具有足够的承载力，而且楼盖须具有传递地震力给横墙的水平刚度。
答案：C

15-203 关于地震震源和震中的关系，下列哪一条叙述是正确的？
A 震源和震中是同一个概念
B 震中是震源在地球表面上的竖直投影点
C 震中是指震源周围一定范围内的地区
D 震源是震中在地球表面上的竖直投影点
解析：根据地震基本知识。
答案：B

15-204 "抗震设防烈度为6度地区的建筑物可按非抗震设防地区的建筑物计算和构造"的概念是否正确？
A 正确
B 不正确

C 对甲类建筑不正确，但对乙、丙、丁类建筑正确
D 对甲、乙类建筑不正确，但对丙、丁类建筑正确

解析：《抗震规范》规定6度区已是设防区，需进行抗震设计。

答案：B

15-205 对框架结构作抗震变形验算时，下列概念何者为正确？
A 结构的层间弹性位移限值与结构的层高有关
B 结构的层间弹性位移限值与结构的层高无关
C 结构的层间弹性位移限值与结构的总高无关
D 结构的层间弹性位移限值与建筑的装修标准有关

解析：见《高层混凝土规程》第3.7.3条表3.7.3、条文说明第3.7.1条，以及《抗震规范》第5.5.1条表5.5.1、条文说明第5.5.1条。

答案：A

15-206 当钢筋混凝土房屋抗震墙之间无大洞口的楼、屋盖，其长宽比超过《建筑抗震设计规范》的规定时，应采取下列何项措施？
A 增加楼板厚度 B 在楼板的两个侧边增加配筋
C 增加剪力墙的厚度 D 考虑楼盖平面内变形的影响

解析：见《抗震规范》第6.1.6条，抗震墙之间无大洞口的楼、屋盖的长宽比，不宜超过表6.1.6的规定；超过时，应计入楼盖平面内变形的影响。

答案：D

15-207 《高层建筑混凝土结构技术规程》规定，有抗震设防要求的底层大空间剪力墙结构，当设防烈度为7度时，当底部框支层为3层及3层以上时，落地剪力墙的间距 L 应符合下列何种关系？（式中 B 为楼面宽度）
A $L \leq 2.5B$ B $L \leq 1.5B$，$L \leq 20m$
C $L \leq 2.0B$ D $L \leq 2.0B$，$L \leq 24m$

解析：见《高层混凝土规程》第10.2.5条及第10.2.16条第5款2），抗震设防为7度，底部框支层为3层及3层以上时，落地剪力墙的间距不宜大于1.5B和20m。

答案：B

15-208 对于钢筋混凝土房屋，当必须设置防震缝时，其宽度应根据哪些因素确定？
Ⅰ.结构类别；Ⅱ.房屋高度；Ⅲ.设防烈度；Ⅳ.场地类别
A Ⅰ、Ⅱ、Ⅲ B Ⅰ、Ⅱ、Ⅳ
C Ⅱ、Ⅲ、Ⅳ D Ⅰ、Ⅱ、Ⅲ、Ⅳ

解析：见《高层混凝土规程》第3.4.10条或《抗震规范》第6.1.4条。

答案：A

15-209 有抗震设防要求四级或不超过2层时，框架柱截面宽度不宜小于(   )mm。
A 250 B 300 C 400 D 500

解析：见《抗震规范》第6.3.5条第1款。

答案：B

15-210 有抗震要求时，砌体填充墙应沿墙高每隔(   )mm距离配置拉结钢筋。

A 400～500　　　B 500～600　　　C 600～700　　　D 700

解析：见《抗震规范》第13.3.3条第1款。

答案：B

15-211　对于三级抗震墙，两端有翼墙或端柱时的墙板厚度，除不应小于层高的1/20外，还不应小于(　　)mm。

　　　A 120　　　　B 140　　　　C 160　　　　D 200

解析：见《抗震规范》第6.4.1条。

答案：B

15-212　设防烈度为7度（0.1g）时的底层框架—抗震墙普通砖房总高度和层数不宜超过多少？

　　　A 22m、七层　　　　　　　　B 19m、六层
　　　C 16m、五层　　　　　　　　D 11m、三层

解析：见《抗震规范》第7.1.2条表7.1.2。

答案：A

15-213　《建筑抗震设计规范》规定，对于黏土砖砌体承重的房屋，当设防烈度为9度时，房屋总层数的限值为(　　)层。

　　　A 5　　　　　　　　　　　　B 4
　　　C 3　　　　　　　　　　　　D 2

解析：见《抗震规范》第7.1.2条表7.1.2。

答案：B

15-214　在地震区，用灰土作承重墙体的房屋，当设防烈度为7度（0.1g）时，最多宜建几层？

　　　A 不允许　　　　　　　　　　B 单层
　　　C 二层　　　　　　　　　　　D 二层，但总高度不应超过6m

解析：见《抗震规范》第11.2.1条及注1、第11.2.2条第1款，灰土墙指掺石灰（或其他粘结材料）的土筑墙和掺石灰土坯墙，适用于6度、7度（0.10g），可建二层，但总高度不应超过6m。

答案：D

15-215　设防烈度为7度时的毛料石砌体房屋总高度和层数不宜超过多少？

　　　A 7m、二层　　　　　　　　B 10m、三层
　　　C 13m、四层　　　　　　　　D 16m、五层

解析：见《抗震规范》第11.4.2条表11.4.2。

答案：B

15-216　《高层建筑混凝土结构技术规程》规定，抗震设防烈度为8度时，高层框架—剪力墙结构的高宽比不宜超过(　　)。

　　　A 4　　　　B 5　　　　C 6　　　　D 7

解析：见《高层混凝土规程》第3.3.2条表3.3.2。

答案：B

15-217　《高层建筑混凝土结构技术规程》规定，抗震设防烈度为8度的矩形平面高层建

筑，其平面长度和宽度之比不宜超过( )。

A 4 B 5 C 6 D 7

解析：见《高层混凝土规程》第3.4.3条第2款表3.4.3。

答案：B

15-218 框架结构中梁柱的连接构造要求为下列哪一条？

A 可以任意相交

B 梁柱中心线应一致不能偏心

C 框架梁与柱中心线之间偏心距不宜大于柱宽1/4

D 框架梁与柱中心线之间偏心距不宜大于梁宽1/4

解析：见《抗震规范》第6.1.5条规定。

答案：C

15-219 多层和高层钢筋混凝土结构抗震房屋的立面尺寸，可按规则结构进行抗震分析的是图示中的哪两种体形？

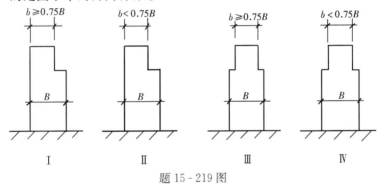

题 15-219 图

A Ⅰ、Ⅲ B Ⅰ、Ⅳ C Ⅱ、Ⅲ D Ⅱ、Ⅳ

解析：见《高层混凝土规程》第3.5.5条，Ⅱ、Ⅲ体形不合理，可直接排除。

答案：A

15-220 钢筋混凝土框架或框—剪结构房屋当必须设置防震缝时，若高度不超过15m，缝宽不应小于( )mm。

A 90 B 70 C 100 D 50

解析：见《抗震规范》第6.1.4条第1款1)。

答案：C

15-221 抗震设防烈度为8度时，多层砌体房屋的最大高宽比应是( )。

A 2.0 B 2.5 C 3.0 D 不受限制

解析：见《抗震规范》第7.1.4条表7.1.4。

答案：A

15-222 对抗震要求属于危险地段的是下列哪种地质类型？

A 软弱土、液化土

B 河岸、不均匀土层

C 可能发生滑坡、崩塌、地陷、地裂

D 湿陷性黄土

解析：见《抗震规范》第4.1.1条表4.1.1（题15-222解表），如下。

有利、一般、不利和危险地段的划分 题15-222解表

地段类别	地质、地形、地貌
有利地段	稳定基岩，坚硬土，开阔、平坦、密实、均匀的中硬土等
一般地段	不属于有利、不利和危险的地段
不利地段	软弱土，液化土，条状突出的山嘴，高耸孤立的山丘，陡坡，陡坎，河岸和边坡的边缘，平面分布上成因、岩性、状态明显不均匀的土层（含故河道、疏松的断层破碎带、暗埋的塘浜沟谷和半填半挖地基），高含水量的可塑黄土，地表存在结构性裂缝等
危险地段	地震时可能发生滑坡、崩塌、地陷、地裂、泥石流等及发震断裂带上可能发生地表错位的部位

答案：C

15-223 抗震设防烈度为7度时，框架抗震墙及抗震墙结构的适用最大高度为（　　）。

A 均为120m　　　　　　　　B 框剪100m、剪力墙80m

C 框剪80m、剪力墙100m　　D 均为80m

解析：见《抗震规范》第6.1.1条表6.1.1。

答案：A

15-224 要求抗震的单层工业厂房，其平面布置宜采取下列哪两项措施？

Ⅰ．多跨厂房宜等高；Ⅱ．多跨厂房优先采用高低跨；Ⅲ．厂房贴建房屋宜在厂房角部；Ⅳ．厂房贴建房屋宜避开角部

A Ⅱ、Ⅲ　　　B Ⅰ、Ⅲ　　　C Ⅱ、Ⅳ　　　D Ⅰ、Ⅳ

解析：见《抗震规范》第9.1.1条第1、2款，多跨厂房宜等高和等长，厂房的贴建房屋和构筑物，不宜布置在厂房角部和紧邻防震缝处。

答案：D

15-225 下列哪类建筑可不考虑天然地基及基础的抗震承载力？

A 砌体房屋

B 地基主要受力层范围内存在软弱黏性土的单层厂房

C 9度时高度不超过100m的烟囱

D 7度时高度为150m的烟囱

解析：见《抗震规范》第4.2.1条第2款。

答案：A

15-226 考虑地震时建筑场地的类别按下列哪条原则划分？

A 根据场地土类别划分

B 根据土层的剪切波速划分

C 根据场地覆盖层厚度划分

D 根据土层等效剪切波速和场地覆盖层厚度划分

解析：见《抗震规范》第4.1.6条表4.1.6。

答案：D

15-227 7度地震区，最小墙厚为190mm的配筋砌块砌体剪力墙房屋适用的最大高度为以下何值？

A 24m　　　　B 30m　　　　C 45m　　　　D 54m

解析：根据《抗震规范》附录F表F.1.1-1（题15-227解表），如下。

配筋混凝土小型空心砌块抗震墙房屋适用的最大高度（m）

题15-227解表

最小墙厚(mm)	6度	7度		8度		9度
	0.05g	0.10g	0.15g	0.20g	0.30g	0.40g
190	60	55	45	40	30	24

注：1. 房屋高度超过表内高度时，应进行专门研究和论证，采取有效的加强措施；
  2. 某层或几层开间大于6.0m以上的房间建筑面积占相应层建筑面积40%以上时，表中数据相应减少6m；
  3. 房屋高度指室外地面到主要屋面板板顶的高度（不包括局部突出屋顶部分）。

答案：C

15-228 7度地震区，建筑高度为80m的办公楼，采用以下何种钢筋混凝土结构体系较为合适？

A 框架结构　　　　　　　　B 剪力墙结构
C 框架—剪力墙结构　　　　D 板柱—抗震墙结构

解析：根据《抗震规范》表6.1.1（题15-228解表），如下。

现浇钢筋混凝土房屋适用的最大高度（m）　　题15-228解表

结构类型		烈 度				
		6	7	8 (0.2g)	8 (0.3g)	9
框 架		60	50	40	35	24
框架—抗震墙		130	120	100	80	50
抗 震 墙		140	120	100	80	60
部分框支抗震墙		120	100	80	50	不应采用
筒体	框架—核心筒	150	130	100	90	70
	筒中筒	180	150	120	100	80
板柱—抗震墙		80	70	55	40	不应采用

注：1. 房屋高度指室外地面到主要屋面板板顶的高度（不包括局部突出屋顶部分）；
  2. 框架—核心筒结构指周边稀柱框架与核心筒组成的结构；
  3. 部分框支抗震墙结构指首层或底部两层为框支层的结构，不包括仅个别框支墙的情况；
  4. 表中框架，不包括异形柱框架；
  5. 板柱—抗震墙结构指板柱、框架和抗震墙组成抗侧力体系的结构；
  6. 乙类建筑可按本地区抗震设防烈度确定其适用的最大高度；
  7. 超过表内高度的房屋，应进行专门研究和论证，采取有效的加强措施。

答案：C

15-229 多层普通砖，多孔砖房屋的构造柱柱底构造应满足以下何种要求？

A 单独设置基础
B 锚入深于室外地面1000mm以下的基础板内
C 伸入室外地面下500mm，或锚入浅于500mm的基础圈梁内
D 伸入室外地面下1000mm即可

解析：根据《抗震规范》第7.3.2条第4款，构造柱可不单独设置基础，但应伸入室外地面下500mm，或与埋深小于500mm的基础圈梁相连。

271

答案：C

15-230 多遇地震作用下结构层间弹性变形验算的主要目的是什么？

Ⅰ．防止结构倒塌；Ⅱ．防止主体结构损坏；Ⅲ．防止非结构部分发生过重的破坏；Ⅳ．防止人员惊慌

A Ⅰ、Ⅱ　　　　B Ⅰ、Ⅲ　　　　C Ⅱ、Ⅲ　　　　D Ⅲ、Ⅳ

解析：抗震设防目标是：当遭受低于本地区抗震设防烈度的多遇地震影响时，建筑物一般不受坏或不需修理可继续使用。也就是说，建筑物的结构与维护构件都不能产生太大的裂缝与损坏，规范规定的结构层间弹性变形的限值就是为了保证上述的要求。参见《抗震规范》条文说明第5.5.1条，或《高层混凝土规程》条文说明第3.7.1条。

答案：C

15-231 多层砌体房屋抗震承载力验算是为了防止何种破坏？

A 剪切破坏　　B 弯曲破坏　　C 压弯破坏　　D 弯剪破坏

解析：在水平地震作用下，地震作用主要由墙体承受，并使墙体受到剪切作用；故对墙体应验算在水平地震作用下墙体的剪切承载力。

答案：A

15-232 框架—剪力墙结构，若剪力墙部分承受的地震倾覆力矩与结构总地震倾覆力矩之比不大于以下何值时，其框架部分的抗震等级应按框架结构确定？

A 40%　　　　B 50%　　　　C 60%　　　　D 70%

解析：《抗震规范》第6.1.3条第1款规定，设置少量抗震墙的框架结构，在规定的水平力作用下，底层框架部分承受的地震倾覆力矩大于结构总地震倾覆力矩的50%，其框架部分的抗震等级应按框架结构确定。

答案：B

15-233 在地震区，多层多孔砖砌体房屋，当圈梁未设在板的同一标高时，装配式钢筋混凝土板在内墙上的最小支承长度不应小于下列哪一个数值？

A 80mm　　　B 90mm　　　C 100mm　　　D 120mm

解析：根据《抗震规范》第7.3.5条第2款规定，装配式钢筋混凝土楼板或屋面板，当圈梁未设在板的同一标高时，板端伸进外墙的长度不应小于120mm，伸进内墙的长度不应小于100mm。

答案：C

15-234 拟在7度地震区建造一幢8层商场，柱网尺寸为9m×9m，采用框架—剪力墙结构体系，相同柱承受轴向压力设计值为13900kN，柱轴压比限值为0.9，混凝土强度等级为C40，$f_c = 19.1 \text{N/mm}^2$，下列柱截面尺寸哪一个是经济合理的？

A 650mm×650mm　　　　B 750mm×750mm
C 900mm×900mm　　　　D 1100mm×1100mm

解析：柱轴压比 $= \dfrac{\text{轴压力设计值}}{\text{柱全截面} A \times f_c} = \dfrac{13900\text{kN} \times 10^3}{A \times 19.1} = 0.9$

∴ $A = \dfrac{13900 \times 10^3}{0.9 \times 19.1} = 80.86 \times 10^4 \text{mm}^2$

$$a=\sqrt{A}=\sqrt{80.86\times10^4}=899\text{mm}，故柱断面取 900\text{mm}\times900\text{mm}。$$

答案：C

15-235 现浇剪力墙结构，在未采取可靠措施时，其伸缩缝最大间距，下列哪一个数值是正确的？

A 45m　　　　B 50m　　　　C 55m　　　　D 60m

解析：根据《高层混凝土规程》第3.4.12条表3.4.12（题15-235解表）。

伸缩缝的最大间距　　　　题15-235解表

结构体系	施工方法	最大间距(m)
框架结构	现浇	55
剪力墙结构	现浇	45

答案：A

15-236 对于地震区底层大空间剪力墙结构的设计，下列哪一种说法是不正确的？

A 在框支梁上的一层墙体内不宜设置边门洞

B 框支梁上的一层墙体内，在对应中柱上方可设门洞

C 落地剪力墙和筒体的洞口宜设置在墙体中部

D 框支梁截面宽度不小于400mm，高度不应小于跨度的 $\frac{1}{6}$

解析：根据《高层混凝土规程》第10.2.16条第4款规定，框支梁上一层墙体内不宜设置边门洞，也不宜在框支中柱上方设置门洞。

答案：B

15-237 高层钢筋混凝土房屋，当需设置防震缝时，其最小宽度，下列何种说法是不正确的？

A 与结构房屋的高度有关

B 与抗震设防烈度有关

C 高度相同的框架结构和框架—抗震墙结构房屋，其防震缝最小宽度是相同的

D 高度相同的抗震墙结构和框架—抗震墙结构房屋，其防震缝最小宽度前者比后者应小

解析：根据《高层混凝土规程》第3.4.10条第1款规定，防震缝宽度应符合下列规定：

1）框架结构房屋，高度不超过15m时，不应小于100mm；超过15m时，6度、7度、8度和9度分别每增加高度5m、4m、3m和2m，宜加宽20mm；

2）框架—剪力墙结构房屋不应小于第1项规定数值的70%采用，剪力墙结构房屋不应小于第1项规定数值的50%采用，且二者均不宜小于100mm。

答案：C

15-238 高层钢结构房屋与钢筋混凝土房屋的性能比较，下列哪一种说法是不正确的？

A 钢结构房屋比钢筋混凝土房屋的刚度大

B 钢结构房屋比钢筋混凝土房屋振动周期长

C 钢结构房屋比钢筋混凝土房屋的阻尼比小

D 钢结构房屋比钢筋混凝土房屋风振效应大

解析：钢结构房屋比钢筋混凝土房屋刚度小，振动周期长，风振效应大。根据《抗震规范》第8.2.2条，钢结构在多遇地震下的阻尼比为0.04（高度小于50m）～0.02（高度大于200m）。第5.1.5条第1款，除有专门规定外，建筑结构的阻尼比应取0.05，钢筋混凝土结构的阻尼比为0.05。

答案：A

15-239 钢结构房屋的防震缝宽度，至少应不小于相应钢筋混凝土结构房屋的若干倍，下列哪一个数值是正确的？

A 1.0　　　　B 1.2　　　　C 1.5　　　　D 1.8

解析：根据《抗震规范》第8.1.4条规定，钢结构房屋需要设置防震缝时，缝宽应不小于相应钢筋混凝土结构房屋的1.5倍。

答案：C

15-240 关于钢结构梁柱板件宽厚比的规定，下列哪一种说法是不正确的？

A 控制板件宽厚比限值，主要保证梁柱具有足够的强度

B 控制板件宽厚比限值，主要防止构件局部失稳

C 箱形截面壁板宽厚比限值，比工字形截面翼缘外伸部分宽厚比限值大

D Q345钢材比Q235钢材宽厚比限值小

解析：根据《抗震规范》第8.3.2条及表8.3.2的规定，可知题中C、D选项正确。再依据条文说明第8.3.2条判断，控制板件宽厚比限值，主要是防止构件局部失稳，与钢材构件强度无关。

答案：A

十六 地 基 与 基 础

16-1 (2009) 在地基土的工程特性指标中,地基土的载荷试验承载力应取( )。
A 标准值　　　B 平均值　　　C 设计值　　　D 特征值
解析:见《地基规范》第4.2.2条的规定。
答案:D

16-2 (2009) 在一般土层中,确定高层建筑筏形和箱形基础的埋置深度时可不考虑( )。
A 地基承载力　　　　　　　B 地基变形
C 地基稳定性　　　　　　　D 建筑场地类别
解析:见《地基规范》第5.1.3条,建筑场地类别是在建筑结构抗震设计中考虑。
答案:D

16-3 (2009) 在同一非岩地基上,有相同埋置深度 d、基础底面宽度 b 和附加压力的独立基础和条形基础,其地基的最终变形量分别为 S_1 和 S_2,关于二者大小判断正确的是( )。

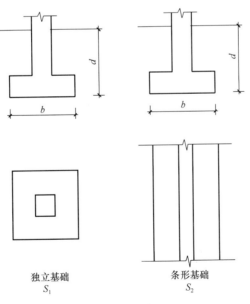

题 16-3 图

A $S_1<S_2$　　　B $S_1=S_2$　　　C $S_1>S_2$　　　D 不能确定
解析:因为条形基础附加应力的影响深度大于独立基础,故条形基础的最终变形 S_2 大于独立基础的最终变形 S_1。
答案:A

16-4 (2009) 某六层砌体结构住宅,采用墙下钢筋混凝土条形基础,如题图所示,根据公式 $f_a = f_{ak} + \eta_b \gamma (b-3) + \eta_d \gamma_m (d-0.5)$ 计算修正的地基承载力特征值 f_a 为( )。(假定 $b<3\text{m}$,按3m取值,$\eta_b=0.5$,$\eta_d=2$,基础底面以上土的加权平均重度 $\gamma_m=18\text{kN/m}^3$)

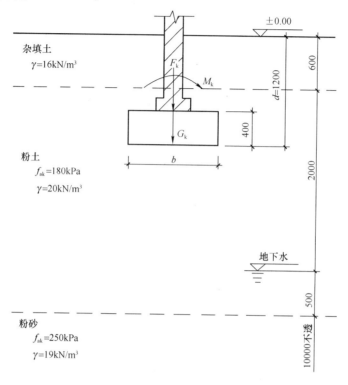

题 16-4 图

A 205.2kPa   B 208.0kPa   C 215.2kPa   D 218.0kPa

解析:由《地基规范》第 5.2.4 条式(5.2.4):

$$f_a = f_{ak} + \eta_b \gamma (b-3) + \eta_d \gamma_m (d-0.5)$$
$$= 180 + 0.5 \times 20(3.0 - 3.0) + 2 \times 18(1.2 - 0.5)$$
$$= 180 + 36 \times 0.7$$
$$= 180 + 25.2 = 205.2\text{kPa}$$

答案:A

16-5 (2009) 条件同上题,$f_a = 250\text{kPa}$,$F_k = 360\text{kN/m}$,$M_k = 0$,基础自重与其上土自重的折算平均重度 $\gamma_g = 20\text{kN/m}^3$,则基础的最小宽度 b 与下列何值最为接近?(计算公式:$F_k + \gamma_g \cdot d \cdot b = f_a \cdot b$)

A 1.45m   B 1.60m   C 1.95m   D 2.20m

解析:《地基规范》第 5.2.1-1 条式(5.2.1-1)及第 5.2.2-1 条式(5.2.2-1):

$$b=\frac{F_k}{f_a-\gamma_g d}=\frac{360}{250-20\times1.2}=1.593\text{m}$$

答案：B

16-6 (2009) 条件同上题，已知 $F_k=300\text{kN/m}$，$M_k=50\text{kN}\cdot\text{m/m}$，基础自重与其上土自重的折算平均重度 $\gamma_g=20\text{kN/m}^3$，基础宽度 $b=2.0\text{m}$，则基础底面的最大压力 p_{kmax} 与下列何值最为接近？（计算公式：$P_{kmax}=\dfrac{F_k+\gamma_g\cdot d\cdot b}{b}+\dfrac{M_k}{W}$，基础底面抵抗矩 $W=\dfrac{b^2}{6}$）

A 174kN/m²/m
B 225kN/m²/m
C 249kN/m²/m
D 362kN/m²/m

解析：《地基规范》第 5.2.2-2 条式(5.2.2-2)：

$$W=\frac{1}{6}\times2.0^2=0.667$$

$$P_{kmax}=\frac{300+20\times1.2\times2}{2}+\frac{50}{0.667}=\frac{348}{2}+75=249\text{kN/m}^2/\text{m}$$

答案：C

16-7 (2009) 条件同上题，钢筋混凝土条形基础底板中的主要受力钢筋的布置，下列图中哪一个是错误的？

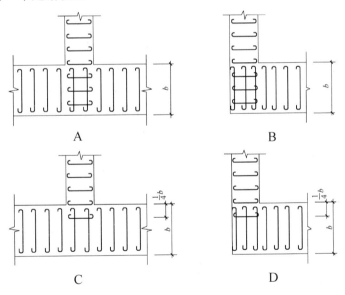

解析：对比《地基规范》第 8.2.1 条图 8.2.1-2，可知 A、D 选项都是错误的，但 A 选项是安全的，D 选项将造成不安全。

答案：D

16-8 (2009) 在如下抗震设防烈度时，下列哪种桩可以不必通长配筋？

A 7度时，桩径 500mm 的嵌岩灌注桩
B 8度时，桩径 1000mm 的沉管灌注桩
C 7度时，桩径 800mm 的钻孔灌注桩

D 6度时，桩径700mm的抗拔桩

解析：见《地基规范》第8.5.3条第8款3)的规定，8度及8度以上地震区的桩、抗拔桩、嵌岩端承桩应通长配筋。第8款4)规定，钻孔灌注桩构造钢筋的长度不宜小于桩长的2/3；桩施工在基坑开挖前完成时，其钢筋长度不宜小于基坑深度的1.5倍。

答案：C

16-9 (2009) 对于桩基的承台，可以不用进行的验算为(　　)。

A 抗弯承载力验算　　　　　　B 变形验算
C 抗冲切验算　　　　　　　　D 抗剪切验算

解析：《地基规范》第8.5.17条，桩基承台只需进行抗弯、冲切和抗剪等验算，不必进行变形计算。

答案：B

16-10 (2009) 在挡土高度、挡土墙重量及土质条件均相同的情况下，下列哪种挡土墙的抗滑移稳定性最好？

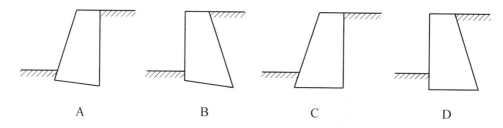

A　　　　　　B　　　　　　C　　　　　　D

解析：挡土墙底为逆坡，墙背为斜面时，可提高抗滑移的能力。

答案：B

16-11 (2009) 对于压实填土地基，下列哪种材料不适宜作为压实填土的填料？

A 砂土　　　　B 碎石土　　　　C 膨胀土　　　　D 粉质黏土

解析：见《地基规范》第6.3.6条第5款的规定。压实填土的填料，不得使用淤泥、膨胀土等。

答案：C

16-12 (2008) 土的含水量的定义，正确的是(　　)。

A 单位体积土的总质量中所含水的质量的比例
B 单位体积土的总重量中所含水的重量的比例
C 土中水的质量与颗粒质量之比
D 土中水的重量与颗粒重量之比

解析：土的含水量的定义是：土中水的质量与土中岩石颗粒的质量之比。

答案：C

16-13 (2008) 防治滑坡的措施，不正确的是(　　)。

A 采取排水和支挡措施　　　　B 在滑体的主动区卸载
C 在滑体的阻滑区增加竖向荷载　D 在滑体部分灌注水泥砂浆

解析：见《地基规范》第6.4.1条、第6.4.2条，可知题中A、B、C选项正确。

答案：D

16-14 (2008) 机械压实地基措施，一般适用下列哪一种地基？
A 含水量较大的黏性土地基　　　　B 淤泥地基
C 淤泥质土地基　　　　　　　　　D 建筑垃圾组成的杂填土地基

解析：见《地基规范》第7.2.4条，含水量较大的黏土和淤泥类地基，不适合采用机械压实处理，杂填土地基适用。

答案：D

16-15 (2008) 土的十字板剪切试验适用于下列哪一种黏性土？
A 硬塑　　　B 可塑　　　C 软塑　　　D 流塑

解析：《岩土工程勘察规范》GB 50021—2001(2009年版)第10.5.1条规定："十字板剪切试验可用于测定饱和软性黏土($\varphi\approx0$)的不排水抗剪强度和灵敏度"。可用于流塑和软塑性黏土。

答案：D

16-16 (2008) 土的强度实质上是下列哪一种强度？
A 土的黏聚力强度　　　　　　　　B 土的抗剪强度
C 土的抗压强度　　　　　　　　　D 土的抗拉强度

解析：作为建筑物地基的土层，在地基承载力计算时，起控制作用的强度是土的抗剪强度。

答案：B

16-17 (2008、2004) 扩展基础钢筋的最小保护层厚度，在有垫层和无垫层时，下列哪一组数值是正确的？
A 25，50　　　B 35，60　　　C 40，70　　　D 45，75
（注：2005年、2007年均考过有垫层时钢筋最小保护层厚度的题。）

解析：《地基规范》第8.2.1条第3款中规定：当有垫层时钢筋保护层的厚度不应小于40mm；无垫层时不应小于70mm。

答案：C

16-18 (2008) 对一般建筑的梁板式筏基，筏板厚度受以下哪项影响最小？
A 正截面受弯承载力　　　　　　　B 地基承载力
C 冲切承载力　　　　　　　　　　D 受剪承载力

解析：筏板厚度的大小是由冲切承载力及受剪承载力计算确定的，与地基反力的大小也有关。正截面受弯承载力是确定板的配筋量，对板厚的确定影响最小。

答案：A

16-19 (2008) 关于扩底灌注柱的中心距，以下说法正确的是（　　）。
A 与桩身直径、扩底直径均无关
B 与桩身直径有关，与扩底直径无关
C 与桩身直径无关，与扩底直径有关
D 与桩身直径、扩底直径均有关

解析：见《建筑桩基技术规范》JGJ 94—2008 第3.3.3条表3.3.3-1的规定，扩底灌注桩的最小中心距只与扩孔端直径有关，与桩径无关。

答案：C

16-20 （2008）下列关于桩和桩基础的说法，何项是不正确的？
A 桩底进入持力层的深度与地质条件及施工工艺等有关
B 布置桩位时宜使桩基承载力合力点与竖向永久荷载合力作用点重合
C 桩顶应嵌入承台一定长度，主筋伸入承台长度应满足锚固要求
D 任何种类及长度的桩，其桩侧纵筋都必须沿桩身通长配置

解析：从《地基规范》第8.5.3条第3、4、10款可知，题中A、B、C选项正确。第8款要求，配筋长度应通过计算确定。

答案：D

16-21 （2008）施工完成后的工程桩应进行竖向承载力检验，检验桩数占同条件下总桩数的最小比例和最小根数，下列哪一组数值是正确的？
A 0.5%，2   B 0.5%，3   C 1%，2   D 1%，3

解析：见《地基规范》第8.5.6条第1款的规定。

答案：D

16-22 （2008）关于建筑物桩基的沉降验算，以下说法不正确的是（　　）。
A 嵌岩桩可不进行沉降验算
B 当有可靠经验时，对地质条件不复杂、荷载均匀、对沉降无特殊要求的端承型桩基可不进行沉降验算
C 摩擦型桩基可不进行沉降验算
D 地基基础设计等级为甲级的建筑物桩基必须进行沉降验算

解析：见《地基规范》第8.5.13条可知，题中A、B、D选项正确，同时可知摩擦型桩基要进行沉降计算。

答案：C

16-23 （2008）关于建筑物的地基变形计算及控制，以下说法正确的是（　　）。
A 砌体承重结构应由沉降差控制
B 高耸结构应由倾斜值及沉降量控制
C 框架结构应由局部倾斜控制
D 单层排架结构仅由沉降量控制

解析：见《地基规范》第5.3.3条第1款，可知题中A、C、D选项错误。高耸结构应由倾斜值控制，必要时还应控制平均沉降量。

答案：B

16-24 （2008）以下哪类建筑在施工及使用期间可不进行沉降观测？
A 地基基础设计等级为甲级的建筑
B 天然地基土设计等级为乙级的建筑
C 复合地基土设计等级为乙级的建筑
D 软弱地基土设计等级为乙级的建筑

解析：《地基规范》第10.3.8条规定，题中A、C、D选项的情况均应进行沉降观测。

答案：B

16-25 (2007) 岩土的压缩系数，下列哪一种说法是正确的？

A 是单位压力下的变形 B 是单位压力下的体积变化
C 是单位压力下的孔隙比变化 D 是单位变形需施加的压力

解析：土的压缩系数是单位压力下的变形。

答案：A

16-26 (2007) 沉积土由不同粗细的颗粒组成，其承载力和压缩性不同，下列何种说法是不正确的？

A 细颗粒组成的土层，其压缩性高 B 细颗粒组成的土层，其承载力低
C 粗颗粒组成的土层，其压缩性高 D 粗颗粒组成的土层，其承载力高

解析：细颗粒组成的土，承载力低，压缩性高；粗颗粒组成的土，承载力高，压缩性小。

答案：C

16-27 (2007) 高层建筑的地基变形控制，主要是控制（　　）。

A 最大沉降量 B 整体倾斜值
C 相邻柱基的沉降差 D 局部倾斜值

解析：根据《地基规范》第5.3.3条第1款，对于多层或高层建筑和高耸结构应由倾斜值控制，必要时尚应控制平均沉降量。

答案：B

16-28 (2007) 挡土墙有可能承受静止土压力、主动土压力、被动土压力，这三种土压力的大小，下列何种说法是正确的？

A 主动土压力最大 B 被动土压力最小
C 静止土压力居中 D 静止土压力最大

解析：三种土压力中主动土压力最小，静止土压力居中，被动土压力最大。

答案：C

16-29 (2007) 在土质地基中，重力式挡土墙的基础埋置深度不宜小于（　　）。

A 0.5m　　B 0.8m　　C 1.0m　　D 1.2m

解析：根据《地基规范》第6.7.4条第4款。

答案：A

16-30 (2007) 地基变形计算深度应采用下列何种方法计算？

A 应力比法 B 修正变形比法
C 按基础面积计算 D 按基础宽度计算

解析：根据《地基规范》条文说明第5.3.7条的要求。

答案：B

16-31 (2007) 根据《建筑地基基础设计规范》，下列何种建筑物的桩基可不进行沉降验算？

A 地基基础设计等级为甲级的建筑物

B 桩端以下存在软弱土层的设计等级为丙级的建筑物

C 摩擦型桩基

D 体形复杂、设计等级为乙级的建筑物

解析：根据《地基规范》第 8.5.13 条第 1 款。
答案：B

16-32 (2007) 软弱土层的处理办法，下列哪一种做法是不恰当的？
A 淤泥填土可以采用水泥深层搅拌法
B 杂填土可采用强夯法处理
C 杂填土必须采用桩基
D 堆载预压，可用于处理有较厚淤泥层的地基
（注：此题 2004 年考过。）

解析：软弱土层的处理方法很多，对于杂填土可采用桩基，但并非必须采用桩基。参见《地基规范》第 7.2.1~7.2.5 条。
答案：C

16-33 (2007) 山区地基的设计，可不考虑下列何种因素？
A 建筑地基的不均匀性
B 岩洞、土洞的发育程度
C 中等风化程度的基岩变形
D 在自然条件下，有无滑坡现象
（注：此题 2004 年考过。）

解析：根据《地基规范》第 6.1.1 条规定，山区（包括丘陵地带）地基的设计，应对下列设计条件分析认定：

1. 建设场区内，在自然条件下，有无滑坡现象，有无影响场地稳定性的断层破碎带；
2. 在建设场地周围，有无不稳定的边坡；
3. 施工过程中，因挖方、填方、堆载和卸载等对山坡稳定性的影响；
4. 地基内岩石厚度及空间分布情况、基岩面的起伏情况、有无影响地基稳定性的临空面；
5. 建筑地基的不均匀性；
6. 岩溶、土洞的发育程度，有无采空区；
7. 出现危岩崩塌、泥石流等不良地质现象的可能性；
8. 地面水、地下水对建筑地基和建设场区的影响。

对于中等风化程度的基岩的变形较小，可不考虑其影响，C 选项符合题意。
答案：C

16-34 (2005) 建造在软弱地基上的建筑物，在适当部位宜设置沉降缝，下列中哪一种说法是不正确的？
A 建筑平面的转折部位
B 长度大于 50m 的框架结构的适当部位
C 高度差异处
D 地基土的压缩性有明显差异处

解析：根据《地基规范》第 7.3.2 条的规定，长高比过大的砌体承重结构或钢筋混凝土框架结构的适当部位应设置沉降缝。

答案：B

16-35 (2005) 土的强度实质上是由下列中哪一种力学特征决定的？
A 土的抗压强度　　　　　　　B 土的抗剪强度
C 土的内摩擦角 φ 角　　　　　D 土的黏聚力 C 值
解析：土的强度，实质上是由土的抗剪强度决定的。
答案：B

16-36 (2005) 当新建建筑物的基础埋深大于旧有建筑物基础，且距离较近时，应采取适当的施工方法，下列中哪一种说法是不正确的？
A 打板桩　　　　　　　　　　B 做地下连续墙
C 加固原有建筑物地基　　　　D 减少新建建筑物层数
解析：本题是指应采取适当的施工方法。D 选项不属于施工方法，而是调整设计。
答案：D

16-37 (2005) 在工程中，压缩模量作为土的压缩性指标，下列中哪种说法是不正确的？
A 压缩模量大，土的压缩性高
B 压缩模量大，土的压缩性低
C 密实粉砂比中密粉砂压缩模量大
D 中密粗砂比稍密中砂压缩模量大
解析：土的压缩模量的物理意义是指土产生单位压缩变形所需的力。因此压缩模量越大，土的压缩性越低；反之则土的压缩性越高。土的密实性好，土的压缩模量大；反之则土的压缩模量小。
答案：A

16-38 (2005) 摩擦型桩的中心距与桩身直径的最小比值，下列中哪一个数值是恰当的？
A 2 倍　　　　B 2.5 倍　　　　C 3 倍　　　　D 3.5 倍
解析：根据《地基规范》第 8.5.3 条第 1 款的规定。
答案：C

16-39 (2005) 岩石按风化程度的划分，下列中哪一种说法是正确的？
A 可分为强风化、中风化和微风化
B 可分为强风化、中风化、微风化和未风化
C 可分为强风化、中风化和未风化
D 可分为全风化、强风化、中风化、微风化和未风化
提示：《地基规范》第 4.1.2 条规定，岩石的风化程度可分为未风化、微风化、中等风化、强风化和全风化。
答案：D

16-40 (2005) 钢筋混凝土承台之间连系梁的高度与承台中心距的比值，下列中哪一个数值范围是恰当的？

A $\dfrac{1}{8} \sim \dfrac{1}{6}$ B $\dfrac{1}{10} \sim \dfrac{1}{8}$ C $\dfrac{1}{15} \sim \dfrac{1}{10}$ D $\dfrac{1}{18} \sim \dfrac{1}{15}$

解析：根据《地基规范》第8.5.23条第4款的规定，连系梁顶面宜与承台位于同一标高，连系梁的宽度不应小于250mm，梁的高度可取承台中心距的1/10～1/15，且不小于400mm。

答案：C

16-41 (2005) 土的力学性质与内摩擦角 φ 值和黏聚力 C 值的关系，下列中哪种说法是不正确的？

A 土粒越粗，φ 值越大 B 土粒越细，φ 值越大
C 土粒越粗，C 值越小 D 土的抗剪强度取决于 C、φ 值

解析：土粒越粗 φ 值越大，土粒越细 φ 值越小，土粒越粗 C 值越小，土粒越细 C 值越大。

答案：B

16-42 (2005) 某幢18层剪力墙结构住宅，基础底板下30m深度内为黏性土，采用 ϕ500、长度26m的预制混凝土管桩，试问下列中哪一种布桩方式合理？

A 满堂梅花状布桩 B 满堂正交方格布桩
C 尽可能在墙下布桩 D 剪力墙转角处布桩

解析：对于剪力墙结构，宜尽可能在墙下布桩。

答案：C

16-43 (2005) 钢筋混凝土框架结构，当采用等厚度筏板不满足抗冲切承载力要求时，应采取合理的方法，下列中哪一种方法不合理？

A 筏板上增设柱墩 B 筏板下局部增加板厚度
C 柱下设置桩基 D 柱下筏板增设抗冲切箍筋

解析：天然地基的筏板基础，不宜局部采用桩基，故在筏板基础的柱下设置桩基是不合理的。

答案：C

16-44 (2004) 在冻胀地基上，房屋散水坡的坡度不宜小于下列哪一个数值？

A 1.0% B 1.5% C 2.0% D 3.0%

解析：《地基规范》第5.1.9条第6款规定，外门斗、室外台阶和散水坡等部位宜与主体结构断开，散水坡分段不宜超过1.5m，坡度不宜小于3%，其下宜填入非冻胀性材料。

答案：D

16-45 (2004) 一建筑物，主楼为16层，裙房为3层，且主楼和裙房连成一体，其地基基础设计等级，下列何种说法是正确的？

A 设计等级为甲级 B 设计等级为乙级
C 设计等级为丙级 D 设计等级为丁级

解析：可根据《地基规范》第3.0.1条表3.0.1确定地基基础设计等级。

第3.0.1条规定，根据地基复杂程度、建筑物规模和功能特征以及由于地基问题可能造成建筑物破坏或影响正常使用的程度，将地基基础分为三个设计

等级，设计时应根据具体情况，按表 3.0.1（题 16-45 解表）选用，如下。

题 16-45 解表

地基基础设计等级

设计等级	建 筑 和 地 基 类 型
甲级	重要的工业与民用建筑物 30 层以上的高层建筑 体形复杂，层数相差超过 10 层的高低层连成一体建筑物 大面积的多层地下建筑物（如地下车库、商场、运动场等） 对地基变形有特殊要求的建筑物 复杂地质条件下的坡上建筑物（包括高边坡） 对原有工程影响较大的新建建筑物 场地和地基条件复杂的一般建筑物 位于复杂地质条件及软土地区的二层及二层以上地下室的基坑工程 开挖深度大于 15m 的基坑工程 周边环境条件复杂、环境保护要求高的基坑工程
乙级	除甲级、丙级以外的工业与民用建筑物 除甲级、丙级以外的基坑工程
丙级	场地和地基条件简单，荷载分布均匀的七层及七层以下民用建筑及一般工业建筑；次要的轻型建筑物 非软土地区且场地地质条件简单、基坑周边环境条件简单、环境保护要求不高且开挖深度小于 5.0m 的基坑工程

答案：A

16-46 (2004) 柱下条形基础梁的高度宜在柱距的下列何种比值范围内？

A 柱距的 $\frac{1}{3} \sim \frac{1}{6}$ B 柱距的 $\frac{1}{6} \sim \frac{1}{10}$

C 柱距的 $\frac{1}{8} \sim \frac{1}{12}$ D 柱距的 $\frac{1}{4} \sim \frac{1}{8}$

解析：根据《地基规范》第 8.3.1 条第 1 款规定：柱下条形基础梁的高度宜为柱距的 $\frac{1}{4} \sim \frac{1}{8}$。

答案：D

16-47 (2004) 钻孔灌注桩构造钢筋的长度不宜小于下列哪一个数值？

A 桩长的 $\frac{1}{3}$ B 桩长的 $\frac{1}{2}$ C 桩长的 $\frac{2}{3}$ D 桩长的 $\frac{3}{4}$

解析：根据《地基规范》第 8.5.3 条第 8 款第 4）项规定：钻孔灌注桩构造钢筋长度不宜小于桩长的 2/3。

答案：C

16-48 (2004) 扩底灌注桩的中心距，不宜小于下列哪一个数值？

A 扩底直径的 1.2 倍 B 扩底直径的 1.5 倍
C 扩底直径的 2.0 倍 D 扩底直径的 2.5 倍

解析：根据《地基规范》第 8.5.3 条第 1 款，扩底灌注桩的中心距不宜小于扩底直径的 1.5 倍。

答案：B

16-49 (2004) 无筋砖扩展基础的台阶宽高比允许值，砖不低于MU10，砂浆不低于M5时，为下列哪一个数值？

A 1∶1.30　　　　B 1∶1.40　　　　C 1∶1.50　　　　D 1∶1.20

解析：根据《地基规范》第8.1.1条表8.1.1（题16-49解表），如下。

无筋扩展基础台阶宽高比的允许值　　　　　　　题16-49解表

基础材料	质量要求	台阶宽高比的允许值		
		$p_k \leqslant 100$	$100 < p_k \leqslant 200$	$200 < p_k \leqslant 300$
混凝土基础	C15 混凝土	1∶1.00	1∶1.00	1∶1.25
毛石混凝土基础	C15 混凝土	1∶1.00	1∶1.25	1∶1.50
砖基础	砖不低于MU10、砂浆不低于M5	1∶1.50	1∶1.50	1∶1.50
毛石基础	砂浆不低于M5	1∶1.25	1∶1.50	—
灰土基础	体积比为3∶7或2∶8的灰土，其最小干密度： 粉土 1550kg/m³ 粉质黏土 1500kg/m³ 黏土 1450kg/m³	1∶1.25	1∶1.50	
三合土基础	体积比1∶2∶4～1∶3∶6（石灰∶砂∶骨料），每层约虚铺220mm，夯至150mm	1∶1.50	1∶2.00	

注：1. p_k 为作用的标准组合时基础底面处的平均压力值（kPa）；
2. 阶梯形毛石基础的每阶伸出宽度，不宜大于200mm；
3. 当基础由不同材料叠合组成时，应对接触部分作抗压验算；
4. 混凝土基础单侧扩展范围内基础底面处的平均压力值超过300kPa时，尚应进行抗剪验算；对基底反力集中于立柱附近的岩石地基，应进行局部受压承载力验算。

答案：C

16-50 (2004) 在抗震设防区，天然地基上高层建筑的箱形和筏形基础其最小埋置深度，下列何种说法是恰当的？

A 建筑物高度的 $\frac{1}{12}$　　　　B 建筑物高度的 $\frac{1}{15}$

C 建筑物高度的 $\frac{1}{18}$　　　　D 建筑物高度的 $\frac{1}{20}$

解析：根据《地基规范》第5.1.3条、第5.1.4条要求，高层建筑筏形和箱形基础的埋置深度应满足地基承载力、变形和稳定性要求。在抗震设防区，除岩石地基外，天然地基上的箱形和筏形基础，其埋置深度不宜小于建筑物高度的1/15。

答案：B

16-51 (2004) 对于低压缩性黏土地基，建筑物在施工期间完成的沉降量与最终沉降量的比值，在下列何种数值范围之内？

A 5%～20%　　　　　　　　　B 20%～40%
C 50%～80%　　　　　　　　　D 90%～100%

提示：《地基规范》条文说明第5.3.3条中提到，一般多层建筑物在施工期间完成的沉降量：对于碎石或砂土可认为其最终沉降量已完成80%以上；对于其他低压缩性土，可认为已完成最终沉降量的50%～80%；对于中压缩性土，可认为已完成20%～50%；对于高压缩性土，可认为已完成5%～20%。

答案：C

16-52 (2004) 关于黏性土的液性指数I_L，下列何种说法是不正确的？

A 土的液性指数是天然含水量与塑限的差，再除以塑性指数之商

B 土的液性指数$I_L \leqslant 0$时，表示土处于坚硬状态

C 土的液性指数$I_L \leqslant 1$时，表示土处于软塑状态

D 土的液性指数$I_L \leqslant 1$时，表示土处于流塑状态

解析：根据土力学知识可知 A 选项正确。又从《地基规范》第4.1.10条表4.1.10（题16-52解表）可判断 B、C 选项说法正确，D 选项说法错误。

黏 性 土 状 态　　　　　　题16-52解表

液性指数I_L	状 态	液性指数I_L	状 态
$I_L \leqslant 0$	坚硬	$0.75 < I_L \leqslant 1$	软塑
$0 < I_L \leqslant 0.25$	硬塑	$I_L > 1$	流塑
$0.25 < I_L \leqslant 0.75$	可塑		

答案：D

16-53 (2004) 土的抗剪强度取决于下列哪一组物理指标？

Ⅰ．土的内摩擦角φ值；Ⅱ．土的抗压强度；Ⅲ．土的黏聚力C值；Ⅳ．土的塑性指数

A Ⅰ、Ⅱ　　B Ⅱ、Ⅲ　　C Ⅲ、Ⅳ　　D Ⅰ、Ⅲ

解析：土的抗剪强度取决于颗粒之间摩擦力（内摩擦角φ）的大小及颗粒之间黏聚力（C）的大小。

答案：D

16-54 (2004) 土的含水量ω的定义，下列何种说法是正确的？

A 土的含水量ω是土中水的质量与土的全部质量之比

B 土的含水量ω是土中水的质量与土的颗粒质量之比

C 土的含水量ω是土中水的质量与土的干密度之比

D 土的含水量ω是土中水的质量与土的重力密度之比

解析：土的含水量的定义是：土体中水的质量与土的颗粒质量之比的百分数。

答案：B

16-55 无筋扩展基础的选用范围是下列哪一项？

A 五至六层房屋的三合土基础

B 多层民用建筑和轻型厂房

C 五层和五层以下的工业建筑和单层钢筋混凝土厂房

D 七至十层规则平面的房屋

解析：无筋扩展基础因为基础内无筋故基础平面尺寸不能太大，只适用于上部结构竖向总荷载较小的多层民用建筑和轻型厂房。

答案：B

16-56 下列建筑中的哪种建筑在施工期间和使用期间不要求沉降观测？
A 地基基础设计等级为甲级的建筑物
B 软弱土地上的设计等级为乙级的建筑物
C 单桩承载力在4000kN以上的建筑
D 荷载分布均匀、地基条件简单的七层及七层以下民用建筑及一般工业建筑

解析：见《地基规范》第10.3.8条、第3.0.1条，D选项的设计等级为丙级。
答案：D

16-57 软弱地基上建房时，对体型复杂、荷载差异较大的框架结构可选用下列哪种基础？
A 独立柱基加基础拉梁　　　　B 钢筋混凝土条形基础
C 箱基、桩基、筏基　　　　　D 壳体基础

解析：《地基规范》第7.4.2条："对于建筑体形复杂，荷载差异较大的框架结构，可采用箱基、桩基、筏基等加强基础整体刚度，减少不均匀沉降"。
答案：C

16-58 为增强整体刚度，在软弱地基上的多层砌体房屋，其长高比（房屋长度与高度之比）宜小于或等于(　　)。
A 3　　　　　B 2　　　　　C 2.5　　　　　D 1.5

解析：根据《地基规范》第7.4.3条第1款，为了增加整体刚度，对于3层或3层以上的多层砌体房屋的长高比，宜小于或等于2.5。
答案：C

16-59 以下有关在现浇钢筋混凝土结构中设置后浇带的叙述，何者是不适宜的？
A 在大面积筏形基础中，每隔20～40m留一道后浇带，可以减少混凝土硬化过程中的收缩应力
B 高层主楼与裙房之间，在施工阶段设置后浇带有适应调整两者之间的沉降差的作用
C 长宽很大的上部结构每隔30～40m设置施工后浇带，是为了减少混凝土硬化过程中的收缩应力
D 大面积基础的后浇带和上部结构的后浇带均可以在混凝土浇筑完成10天后将其填灌

解析：在高层建筑与裙房之间，为了建筑立面处理方便以及地下室防水要求，可以不设沉降缝而采用后浇带，但后浇带原则上应在高层部分主体结构完工，沉降基本稳定后灌缝。见《地基规范》第8.4.20条第2款。
答案：D

16-60 地基土的冻胀性类别可分为：不冻胀，弱冻胀，冻胀、强冻胀和特强冻胀五类，碎石土属于(　　)类土。
A 非冻胀　　　　　　　　　　B 弱冻胀
C 冻胀　　　　　　　　　　　D 按冻结期间的地下水位而定

解析：根据《地基规范》附录G表G.0.1注6，碎石土按不冻胀考虑。

答案：A

16-61 以下关于在寒冷地区考虑冻土地基的基础埋置深度的叙述，哪些是正确的？
Ⅰ．对各类地基土，均须将基础埋置在冻深以下；Ⅱ．地基土天然含水量小且冻结期间地下水位低于冻深大于 2m 时，均可不考虑冻胀的影响；Ⅲ．黏性土可不考虑冻胀对基础埋置深度的影响；Ⅳ．碎石土、细砂土可不考虑冰胀对基础埋置深度的影响

A Ⅰ　　　　　B Ⅱ、Ⅲ　　　　　C Ⅲ　　　　　D Ⅱ、Ⅳ

解析：根据《地基规范》附录 G 表 G.0.2，碎石土、细砂土属不冻胀或弱冻胀，可不考虑冻胀对基础埋置深度的影响，并且，当地基土天然含水量小（表 G.0.2 对各类土天然含水量有具体规定），只要冻结期间地下水位低于冻深大于 2m 时，不论是粉砂、粉土或黏性土，均可不考虑冻胀的影响。综上所述，题中给出的第Ⅱ、Ⅳ项叙述是正确的。

答案：D

16-62 除淤泥和淤泥质土外，相同地基上的基础，当宽度相同时，则埋深愈深地基的承载力（　　）。

A 愈大　　　　　　　　　　　B 愈小
C 与埋深无关　　　　　　　　D 按不同土的类别而定

解析：根据《地基规范》第 5.2.4 条，相同地基上的基础，当宽度相同时，埋深愈深地基的承载力愈大。

答案：A

16-63 预估一般建筑物在施工期间和使用期间地基变形值之比时，可以认为砂土地基上的比黏性土地基上的（　　）。

A 大　　　　　　　　　　　　B 小
C 按砂土的密实度而定　　　　D 按黏性土的压缩性而定

解析：根据《地基规范》条文说明第 5.3.3 条，一般多层建筑物在施工期内的沉降量，对于砂土可认为其最终沉降量已完成 80% 以上，对于低压缩性黏性土可认为已完成最终沉降量的 50%～80%，对于中压缩性黏性土可认为已完成 20%～50%，对于高压缩性黏性土可认为已完成 5%～20%，未完成的沉降量在建筑物建成后继续沉降。因此，一般建筑物在施工期间和使用期间地基变形之比值，砂土地基的比黏性土地基的大。

答案：A

16-64 两个埋深和底面压力均相同的单独基础，在相同的非岩石类地基土情况下，基础面积大的沉降量比基础面积小的要（　　）。

A 大　　　　　　　　　　　　B 小
C 相等　　　　　　　　　　　D 按不同的土类别而定

解析：两个埋深相同、底面土反力相同的单独基础，如基础下为非岩石类地基，则基础底面积大的压缩土层厚度大，因此沉降量大。

答案：A

16-65 对于砂土地基上的一般建筑，其在施工期间完成的沉降量为（　　）。

A 已基本完成其最终沉降量

B 已完成其最终沉降量的50%~80%

C 已完成其最终沉降量的20%~50%

D 只完成其最终沉降量的20%以下

解析：根据《地基规范》条文说明第5.3.3条。

答案：A

16-66 刚性砖基础的台阶宽高比最大允许值为(　　)。

A 1∶0.5　　　　B 1∶1.0　　　　C 1∶1.5　　　　D 1∶2.0

解析：根据《地基规范》第8.1.1条表8.1.1，刚性砖基础台阶宽高比最大允许值为1∶1.5。

答案：C

16-67 在设计柱下条形基础的基础梁最小宽度时，下列何者是正确的?

A 梁宽应大于柱截面的相应尺寸

B 梁宽应等于柱截面的相应尺寸

C 梁宽应大于柱截面宽度尺寸中的小值

D 由基础梁截面强度计算确定

解析：根据《地基规范》第8.3.1条第3款图8.3.1，设计时，柱下条形基础梁宽度一般比柱宽每侧宽50mm。但当柱宽度大于400mm（特别是当柱截面更大）时，梁宽如仍每侧比柱宽50mm，将不经济且无必要，此时，梁宽可不一定大于柱宽，可在柱附近做成八字形过渡，由基础梁截面强度计算确定。

答案：D

16-68 桩基础用的桩，按其受力情况可分为摩擦桩和端承桩两种，摩擦桩是指(　　)。

A 桩上的荷载全部由桩侧阻力承受　　B 桩上的荷载主要由桩侧阻力承受

C 桩端为锥形的预制桩　　　　　　　D 不要求清除桩端虚土的灌注桩

解析：根据《地基规范》第8.5.1条，摩擦桩是指桩上的荷载主要由桩侧阻力承受。

答案：B

16-69 安全等级为一级的建筑物采用桩基时，单桩的承载力特征值，应通过现场静荷载试验确定。根据下列何者决定同一条件的试桩数量是正确的?

A 总桩数的0.5%

B 应不少于2根，并不宜少于总桩数的0.5%

C 总桩数的1%

D 应不少于3根，并不宜少于总桩数的1%

解析：对于一级建筑物，单桩的竖向承载力特征值，应通过现场静荷载试验确定。根据《地基规范》第8.5.8条，在同一条件下的试桩数量，不宜少于总桩数的1%，并不应少于3根。

答案：D

16-70 确定房屋沉降缝的宽度应根据下列中哪个条件?

A 房屋的高度或层数　　　　　　　　B 结构类型

C 地基土的压缩性　　　　　　　D 基础形式

解析：根据《地基规范》第7.3.2条表7.3.2，房屋沉降缝的宽度应根据房屋层数确定，而房屋的高度一般随层数增加而增加，因此，也可以认为，房屋沉降缝的宽度根据房屋的高度或层数确定。

答案：A

16-71 在冻土地基上不供暖房屋的条形基础基底平均压力为170kPa，当土的冻胀性类别为强冻胀土时，其基础的最小埋深应为(　　)。

A 深于冰冻深度　　　　　　　B 等于冰冻深度
C 浅于冰冻深度　　　　　　　D 与冰冻深度无关

解析：根据《地基规范》第5.1.8条，对于埋置在强冻胀土中的基础，其最小埋深按下式计算：

$$d_{min} = Z_d - h_{max}$$

式中　d_{min}——基础最小埋深；
　　　Z_d——场地冻结深度；按规范第5.1.7条式（5.1.7）确定；
　　　h_{max}——基底下允许残留冻土层的最大厚度，由规范附录G.0.2查取，对强冻胀土，$h_{max}=0$，则 $d_{min}=Z_d$。

答案：B

16-72 砂土的密实度分为松散、稍密、中密与密实，它是根据下列哪一个指标来划分的？

A 砂的颗粒形状　　　　　　　B 标准贯入击数 N
C 砂土的重度　　　　　　　　D 砂土的含水量

解析：见《地基规范》第4.1.8条表4.1.8。

答案：B

16-73 下列各种人工填土中，哪一种属于素填土？

A 由碎石、砂土、粉土、黏性土等组成的填土
B 含有建筑垃圾、工业废料、生活垃圾等的填土
C 由水力冲填泥沙形成的填土
D 经长期雨水冲刷的人工填土

解析：见《地基规范》第4.1.14条。

答案：A

16-74 利用压实填土作地基时，下列各种土中哪种是不能使用的？

A 黏土　　　　B 淤泥　　　　C 粉土　　　　D 碎石

解析：见《地基规范》第6.3.6条第1、3、5款。

答案：B

16-75 除岩石地基外，修正后的地基承载力特征值与下列各因素中的哪几项有关？

Ⅰ.地基承载力特征值；Ⅱ.基础宽度；Ⅲ.基础埋深；Ⅳ.地基土的重度

A Ⅰ、Ⅳ　　　　　　　　　　B Ⅰ、Ⅱ、Ⅲ
C Ⅱ、Ⅲ、Ⅳ　　　　　　　　D Ⅰ、Ⅱ、Ⅲ、Ⅳ

解析：见《地基规范》第5.2.4条。

答案：D

16-76 考虑地基变形时，对于砌体承重结构，应由下列地基变形特征中的哪一种来控制？

A 沉降量　　　　B 沉降差　　　　C 倾斜　　　　D 局部倾斜

解析：见《地基规范》第5.3.3条第1款，对于砌体结构应由局部倾斜控制。

答案：D

16-77 对山区（包括丘陵地带）地基的设计，下列各因素中哪一种是应予考虑的主要因素？

A 淤泥层的厚度　　　　　　　　B 熔岩、土洞的发育程度
C 桩类型的选择　　　　　　　　D 深埋软弱下卧层的压缩

解析：见《地基规范》第6.1.1条第6款，对于砌体结构应由局部倾斜控制。

答案：B

16-78 下面关于一般基础埋置深度的叙述，哪一项是不适当的？

A 应根据工程地质和水文地质条件确定
B 埋深应满足地基稳定和变形的要求
C 应考虑冻涨的影响
D 任何情况下埋深不能小于 2.5m

解析：见《地基规范》第5.1.1条、第5.1.2条，除岩砌基外，基础埋深不宜小于0.5m。

答案：D

16-79 刚性矩形基础如图所示。为使基础底面不出现拉力，则偏心距 $e=M/N$ 必须满足(　　)。

A $e \leqslant b/3$　　　B $e \leqslant b/4$　　　C $e \leqslant b/5$　　　D $e \leqslant b/6$

解析：见《地基规范》第5.2.2条第2、3款。

答案：D

16-80 墙体下的刚性条形混凝土（C15）基础如图所示。当基础厚度为 H 时，则台阶宽度 b 的最大尺寸为(　　)。

A 不作限制　　　B $0.5H$　　　C $1.0H$　　　D $2.0H$

解析：见《地基规范》表8.1.1。

答案：C

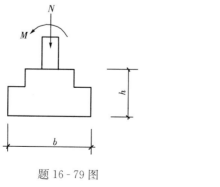

题 16-79 图

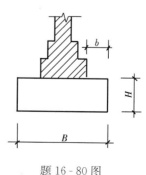

题 16-80 图

16-81 下列关于高层建筑箱形基础的叙述,其中哪一项是不正确的?
A 设置了地下室的高层建筑,该地下室就成为它的箱形基础
B 箱形基础基底平面形心宜与结构竖向长期荷载重心相重合
C 箱形基础的高度应满足结构承载力和刚度需要
D 箱形基础的底板厚度应根据受力情况、整体刚度和防水要求确定
解析:只有地下室的墙体数量和布置满足箱形基础的要求时,才是箱形基础。
答案:A

16-82 下列关于桩的承载力的叙述,其中哪一项是不恰当的?
A 对于一级建筑物,桩的竖向承载力应通过荷载试验来确定
B 桩没有抗拔能力
C 配了纵向钢筋的桩有一定的抗弯能力
D 桩的承载力与其截面的大小有关
解析:桩是有抗拔能力的。
答案:B

16-83 某工程采用400mm×400mm、长26m(有一个接头)的钢筋混凝土打入式预制方桩。设计中采取了下列设计参数,其中哪些项不符合规范要求?
Ⅰ.混凝土强度等级为C15;Ⅱ.桩中心距0.8m;Ⅲ.桩端进入硬黏土层1.2m;Ⅳ.配筋率0.8%
A Ⅰ、Ⅱ B Ⅲ、Ⅳ
C Ⅰ、Ⅲ D Ⅱ、Ⅳ
解析:见《地基规范》第8.5.3条第3、5、7款。
答案:A

16-84 有抗震要求的某多层房屋(无地下室),采用单桩支承独立柱。下列关于桩承台之间构造连系的要求,哪项是正确的?
A 应用厚板把各承台连接成一整体
B 承台间可不作任何连系梁
C 各承台均应有一个方向的连系梁
D 各承台均应有两个方向的连系梁
解析:见《建筑桩基技术规范》JGJ 94—2008第4.2.5条第3款;《地基规范》第8.5.23条第1款,单桩承台,应在两个互相垂直的方向上设置连系梁。
答案:D

16-85 下列关于桩承台构造方面的叙述,哪项是不正确的?
A 当环境类别为二$_a$时,混凝土强度等级不应低于C25
B 桩嵌入承台的深度不应小于300mm
C 桩的纵向钢筋应锚入承台内
D 方形四桩承台底部钢筋应双向布置
解析:见《建筑桩基技术规范》JGJ 94—2008第4.2.4条第1款。
答案:B

16-86 计算挡土墙的土压力时,对会向外(非挡土一侧)移动或转动的挡土墙,应采

用下列哪一种土压力?

A 主动土压力
B 主动土压力的1/2
C 静止土压力
D 被动土压力

解析：见《地基规范》第6.7.3条，对含向外（非挡土一侧）移动或转动的挡土墙，采用主动土压力计算，土压力值最小。

答案：A

16-87 下列各种人工填土中，哪一种属于杂填土?

A 由碎石、砂土、粉土、黏性土等组成的填土
B 含有建筑垃圾、工业废料、生活垃圾等的填土
C 由水力冲填泥沙形成的填土
D 经长期雨水冲刷的人工填土

解析：见《地基规范》第4.1.14条，杂填土为含有建筑垃圾、工业废料、生活垃圾等杂物的填土。

答案：B

16-88 利用压实填土作地基时，下列各种填土中哪种是不得使用的?

A 粉质黏土
B 卵石
C 耕植土
D 砂夹石（石占40%）

解析：见《地基规范》第6.3.6条第1、3、5款，压实填土的填料不得使用淤泥、耕土、冻土、膨胀土等。

答案：C

16-89 黏性土的状态分为坚硬、可塑、软塑和流塑。它是根据下列哪个指标来划分的?

A 塑性指数
B 含水量
C 孔隙比
D 液性指数

解析：见《地基规范》第4.1.10条表4.1.10，黏性土的状态是根据液性指数来划分的

答案：D

16-90 考虑地基变形时，对于一般框架结构应由下列地基变形特征中的哪一种来控制?

A 沉降量
B 沉降差
C 倾斜
D 局部倾斜

解析：见《地基规范》第5.3.3条第1款，对于框架结构和平层排架结构应由相邻柱基的沉降差控制。

答案：B

16-91 下面关于一般基础埋置深度的叙述，哪一项是不适当的?

A 应考虑相邻基础的埋深
B 应埋置在地下水位以下
C 应考虑地基土冻涨和融陷的影响
D 位于岩石地基上的高层建筑，其埋深应满足抗滑移的要求。

解析：见《地基规范》第5.1.1条第4、5款和第5.1.3条。

答案：B

16-92 刚性矩形基础如图示，经计算发现基底右侧出现拉力，为使基底不出现拉力，下列哪种措施是有效的？

A 缩小基础宽度 b

B 增加基础宽度 b

C 增加基础厚度 h

D 调整两级厚度 h_1 和 h_2 的比值

解析：根据《地基规范》第 5.2.2 条第 2 款公式 (5.2.2-2) 可知，应加大基础宽度 b，使偏心距 $e \leqslant \dfrac{1}{6}b$，则可使基底不出现拉力，但仍要满足刚性角要求。

答案：B

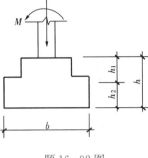

题 16-92 图

16-93 下面关于墙下钢筋混凝土条形基础（扩展基础）构造的叙述中，哪一项是不正确的？

A 某截面为阶梯形时，每台阶高度宜为 300～500mm

B 每台阶的高宽比不应大于 1.0

C 混凝土强度等级不应低于 C20

D 无垫层时，钢筋保护层不宜小于 70mm

解析：见《地基规范》第 8.2.1 条第 1、3、4 款及第 8.1.1 条表 8.1.1，钢筋混凝土扩展基础不受刚性角（台阶高宽比）限制。

答案：B

16-94 下面关于高层建筑箱形基础的叙述，哪一项是不正确的？

A 高层建筑，当其层数超过 30 层时应采用箱形基础

B 箱形基础的高度不宜小于 3m

C 箱形基础的外墙宜沿建筑的四周布置

D 箱形基础墙体水平截面积不宜小于基础面积的 1/10

解析：见《高层混凝土规程》第 12.3.16 条、第 12.3.17 条，高层建筑层数超过 30 层时，不是"应采用箱基"，也可采用筏基。

答案：A

16-95 下列关于桩的承载力的叙述，哪一项是不恰当的？

A 桩的水平承载力宜通过现场试验确定

B 对于预制桩，应进行运输和起吊过程中的强度验算

C 灌注桩即使配有纵向钢筋也不能承担弯矩

D 桩的承载力除根据地基条件确定外，尚应验算桩身材料强度

解析：配有纵向钢筋的桩是能抗弯的。

答案：C

16-96 某工程采用 $\phi 480$ 锤击沉管混凝土灌注桩，桩长 14m，并采取了下列设计参数，其中哪项不符合设计规范的要求？

A 桩身混凝土强度等级为 C25　　B 桩中心距 1.0m

C 配筋率0.5% D 纵筋通长配置

解析：《地基规范》第8.5.3条第1款规定，桩中心距不宜小于3倍的桩身直径。

答案：B

16-97 设计桩承台时，下列哪些项目属于应验算的内容？

Ⅰ．抗扭验算；Ⅱ．抗冲切验算；Ⅲ．抗剪验算；Ⅳ．桩嵌入承台深度验算

A Ⅰ、Ⅱ B Ⅱ、Ⅲ C Ⅲ、Ⅳ D Ⅰ、Ⅳ

解析：见《地基规范》第8.5.17条，桩基承台的构造，应满足受冲切、受剪切、受弯承载力和上部结构等的要求。

答案：B

16-98 有地下室（底板厚400mm）的高层建筑，采用桩基时，桩承台面标高与地下室底板面标高的关系，下列哪项是恰当的？

A 此时可不设桩承台

B 承台面应低于地下室底板面1.5m

C 可取承台面标高与地下室底板面标高相同

D 为满足承台强度要求，承台面可高于地下室底板面

解析：底板可作为桩的承台，故底板应满足受冲切承载力及抗弯、抗剪的要求。

答案：A

16-99 天然状态下的土的密度，通常在下列中哪个数值范围内？

A 1.2～1.5t/m³ B 1.6～2.0t/m³
C 1.7～2.2t/m³ D 2.0～2.5t/m³

解析：天然状态下的土的密度，黏性土较小，砂土和卵石较大，通常为1700～2200kg/m³。

答案：C

16-100 钢筋混凝土柱下条形基础，基础梁的宽度，应每边比柱边宽出一定距离，下列中哪一个数值是适当的？

A ≥30mm B ≥40m
C ≥50mm D ≥60mm

解析：根据《地基规范》第8.3.1条第3款图8.3.1的规定，柱的边缘至基础梁边缘的距离不得小于50mm。

答案：C

16-101 关于柱下钢筋混凝土扩展基础受力状态的描述，下列何者正确？

A a处钢筋受压，b处混凝土受压

B a处钢筋受压，b处混凝土受拉

C a处钢筋受拉，b处混凝土受压

D a处钢筋受拉，b处混凝土受拉

解析：基础底板a处钢筋应为受拉，b处混凝土应为受压。

答案：C

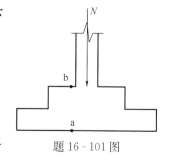

题16-101图

2021年试题、解析及答案

2021年试题[1]

1. 下图零杆数量为（　　）。
   A 2　　　　B 3　　　　C 4　　　　D 5

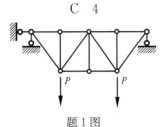

题1图

2. 下图超静定次数为（　　）。
   A 1　　　　B 2　　　　C 3　　　　D 4

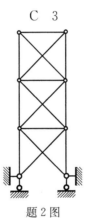

题2图

3. 下图超静定次数为（　　）。
   A 3　　　　B 4　　　　C 5　　　　D 6

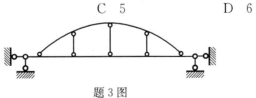

题3图

4. 下图体系在外力P作用下，支座反力正确的是（　　）。
   A ABC都有　　B 仅AB有　　C 仅BC有　　D 仅B有

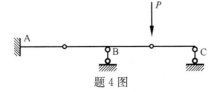

题4图

---

[1] 注：2021年试题缺39、52、65、71四道题，以2009年真题补充。

5. 仅截面惯性矩不同，其他条件相同，下列说法正确的是(　　)。
   A　内力（a）＝内力（b）　　　　B　应力（a）＝应力（b）
   C　位移（a）＝位移（b）　　　　D　变形（a）＝变形（b）

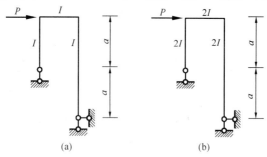

题 5 图

6. 下图轴力最大的是(　　)。
   A　$1/2P$　　　　B　P　　　　C　$(1+\sqrt{2}/2)P$　　　　D　$2P$

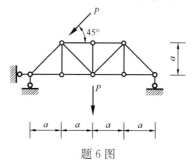

题 6 图

7. B 点支座反力是(　　)。
   A　0　　　　B　$P/2$　　　　C　P　　　　D　$2P$

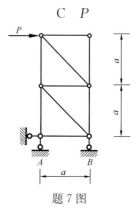

题 7 图

8. 支座 A 的反力（向上为正）为(　　)。
   A　$R_A=0$　　B　$R_A=\dfrac{1}{2}qa$　　C　$R_A=qa$　　D　$R_A=2qa$

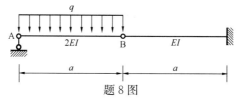

题 8 图

9. 下列结构弯矩图正确的是（   ）。

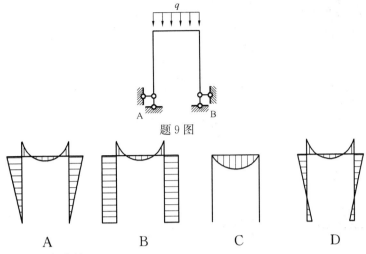

题 9 图

A　　B　　C　　D

10. 图示结构弯矩图正确的是（   ）。

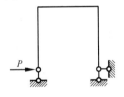

题 10 图

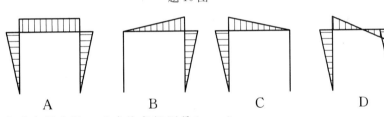

A　　B　　C　　D

11. 图示梁跨中受力偶作用，正确的弯矩图是（   ）。

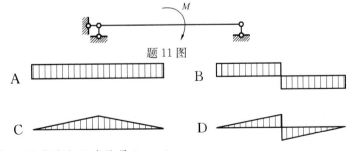

题 11 图

A　　B

C　　D

12. 根据结构荷载，下列说法正确的是（   ）。

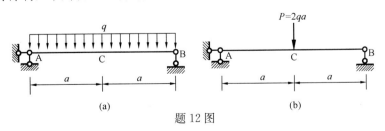

(a)　　(b)

题 12 图

A 两者剪力相同 B 两者支座反力相同
C 图（a）跨中弯矩大 D 图（b）跨中挠度小

13. 以下轴力图，正确的是（压力为负）（　　）。

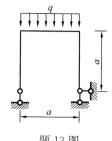

题 13 图

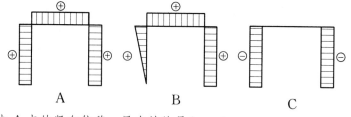
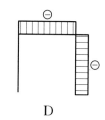

14. 减少 A 点的竖向位移，最有效的是（　　）。
    A AB 长度减少一半　　　　　B BC 长度减少一半
    C AB 刚度 EI 加一倍　　　　D BC 刚度加一倍

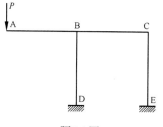

题 14 图

15. 受到集中力 P 作用，如 BC 杆刚度 EI 增大，下列错误是（　　）。
    A 支座水平反力减少　　　　B 支座竖向反力增加
    C BC 杆跨中竖向位移减小　　D BC 杆跨中弯矩增加

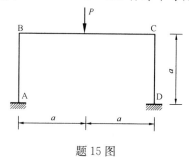

题 15 图

16. 图示刚架在 P 作用下，下列说法正确的是（　　）。

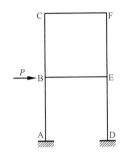

题16图

A CF杆中没有弯矩 　　　　　　B BC杆中没有弯矩
C AB杆中，A端弯矩大于B端弯矩　D C点水平位移等于B点水平位移

17. 下列哪种情况下排架左上角A点的位移最大？

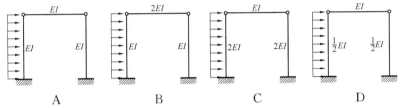

18. 一批混凝土试件，实验室测得其立方体抗压强度标准值为35.4MPa，下列哪个说法是正确的？

A 该混凝土强度等级为C35

B 该混凝土轴心抗压强度标准值为35MPa

C 该混凝土轴心抗压强度标准值为35.4MPa

D 该混凝土轴心抗压强度设计值为35MPa

19. 关MU15的烧结普通砖与MU5的水泥砂浆形成的砌体强度最有可能是(　　)。

A 15MPa　　　B 10MPa　　　C 5MPa　　　D 2MPa

20. 抗震设防烈度8度区的钢结构房屋，建筑高度80m，其构件钢材选用错误的是(　　)。

A 转换桁架弦杆采用Q355GJ　　B 框架柱采用Q355C

C 框架梁采用Q355A　　　　　　D 幕墙龙骨采用Q235B

21. 使用年限是50年，关于混凝土最低强度等级正确的是(　　)。

A 室内干燥C15　　　　　　　　B 非严寒和非寒冷C20

C 室内潮湿C25　　　　　　　　D 室外海风C25

22. 抗震设计中钢筋混凝土结构的框支梁、框支柱的混凝土强度等级不小于(　　)。

A C25　　　B C30　　　C C35　　　D C40

23. 海边墙体不选用(　　)。

A 蒸压加气灰砂砖　　　　　　　B 混凝土砖

C 毛石　　　　　　　　　　　　D 烧结普通砖

24. 施工时用高强度钢筋代替原设计中的纵向受力钢筋，在保证规范要求下，正确的代替方式是(　　)。

A 构件裂缝宽度相同　　　　　　B 受拉钢筋配筋率相同
C 受拉钢筋承载力设计值相同　　D 构件挠度相同

25. 露天工作环境钢结构焊接吊车梁，北京比广州对钢材质量等级要求(　　)。
A 高　　　　B 低　　　　C 相同　　　　D 与钢材强度有关

26. 关于钢筋混凝土屋面结构梁的裂缝，说法正确的是(　　)。
A 不允许有裂缝
B 允许有裂缝，但要满足梁挠度的要求
C 允许有裂缝，但要满足裂缝宽度的要求
D 允许有裂缝，但要满足裂缝深度的要求

27. 某大跨钢筋混凝土结构，楼盖竖向舒适度不足，改善舒适度的最有效方法是(　　)。
A 提高钢筋级别
B 提高混凝土强度等级
C 增大梁配筋量
D 增大梁截面高度

28. 木结构抗震设计错误的是(　　)。
A 木柱不能有接头　　　　　　B 木结构可木柱、砖柱混合承重
C 木柱木梁房屋宜建单层　　　D 木柱与屋架间应设置斜撑

29. 下列旨在防止砌体房屋顶层墙体开裂的措施，无效的是(　　)。
A 屋面板下设置现浇钢筋混凝土圈梁
B 提高屋面板混凝土强度等级
C 屋面保温（隔热）层和砂浆找平层适当设置分隔缝
D 屋顶女儿墙设置构造柱与现浇钢筋混凝土压顶整浇在一起

30. 关于建筑砌体结构房屋高厚比的说法，错误的是(　　)。
A 与墙体的构造柱无关
B 与砌体的砂浆强度有关
C 砌体自承重墙时，限值可提高
D 砌体墙开门、窗洞口时，限值应减小

31. 以下选项选择错误的一项为(　　)。

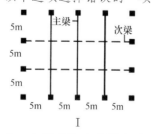　　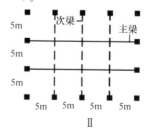　　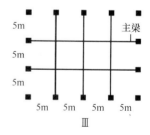

　　　　Ⅰ　　　　　　　　　　　　Ⅱ　　　　　　　　　　　　Ⅲ

A 方案Ⅰ比方案Ⅱ经济
B 方案Ⅰ比方案Ⅲ经济
C 方案Ⅰ比方案Ⅱ能获得更高的净空高度
D 方案Ⅰ比方案Ⅲ能获得更高的净空高度

32. 混凝土框架—核心筒结构，仅抵抗水平力，有利的框架柱布置为(　　)。

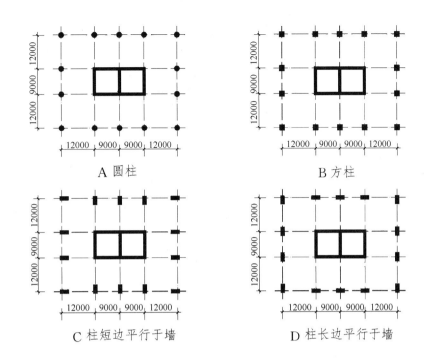

33. 在水平地震作用下,图示结构变形曲线对应的结构形式为( )。

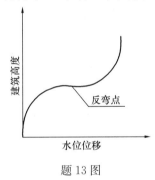

题 13 图

A 框架 B 剪力墙
C 框架—剪力墙 D 部分框架—剪力墙

34. 关于桁架结构说法错误的是( )。

A 荷载应尽量布置在节点上,防止杆件受弯
B 腹杆布置时,短杆受拉,长杆受压
C 桁架整体布置宜与弯矩图相似
D 桁架坡度宜与排水坡度相适宜

35. 高层钢筋混凝土建筑剪力墙开洞,对抗震影响最不利的是( )。

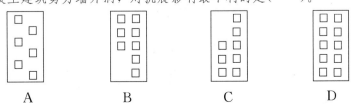

36. 关于建筑物的伸缩缝、沉降缝、防震缝的说法,错误的是( )。
   A 不能仅在建筑物顶部各层设置防震缝
   B 可以仅在建筑物顶层设置伸缩缝
   C 沉降缝两侧建筑物不可共用基础
   D 伸缩缝宽度应满足防震缝的要求

37. 钢筋混凝土结构,控制轴压比主要是为了( )。
   A 防止地震破坏下屈曲   B 减少纵筋配筋
   C 减少箍筋配筋   D 保证塑性变形能力

38. 关于适宜的轴向力对混凝土柱的承载力的影响,正确的是( )。
   A 拉力提高柱的抗剪承载力
   B 压力提高柱的抗剪承载力
   C 拉力提高柱的抗弯承载力
   D 压力不能提高柱的抗弯承载力

39. (2009) 超高层建筑平面布置宜( )。
   A 简单,长宽比一般大于6:1
   B 简单,规则对称
   C 对称,局部伸出部分大于宽度的1/3
   D 主导风方向加强刚度

40. 钢筋混凝土结构构件抗连续倒塌概念设计,错误的是( )。
   A 增加结构构件延性   B 增加结构整体性
   C 主体结构采用超静定   D 钢梁柱框架采用铰接

41. 关于带转换层高层建筑结构设计的说法,错误的是( )。
   A 转换层上部的墙,柱宜直接落在转换层的主要转换构件上
   B 8度抗震设计时,不应采用带转换层的结构
   C 转换梁不宜开洞
   D 转换梁与转换柱截面中线宜重合

42. 根据抗震设计规范关于超高层设置加强层,下列说法错误的是( )。
   A 结合设备层、避难层
   B 设置一层加强层,应在建筑屋面设置
   C 设置多个加强层时宜均匀规则布置
   D 设置两个加强层,可在顶层和0.5倍房屋高度设置

43. 关于高层建筑装配整体式结构,应采用现浇混凝土的部分是( )。
   A 剪力墙结构的标准楼板   B 框架结构的框架梁
   C 剪力墙结构的楼梯   D 部分框支剪力墙结构的框支层

44. 9度抗震设防区,建设高度65m的高层混凝土办公建筑,最适宜采用的结构形式是( )。
   A 框架结构   B 框剪混凝土结构
   C 框架—核心筒结构   D 落地剪力墙结构

45. 框架—核心筒抗震设计错误的是( )。

A 为增加建筑净高，外筒不设框架梁
B 核心筒剪力墙宜贯通建筑全高
C 核心筒宽度不超 1/12
D 剪力墙宜设置均匀对称

46. 关于钢筋混凝土框架结构抗震设计说法，下列正确的是( )。
    A 框架结构中可采用部分砌体承重的混合形式
    B 框架结构中楼梯，电梯间采用砌体墙承重
    C 框架结构中突出屋面的电梯机房采用砌体墙
    D 框架结构砌体填充墙应满足抗震构造和自身稳定性的要求

47. 某框架结构位于8度（0.3g）设防区，为减小地震作用最有效的措施是( )。
    A 增加竖向杆件配筋率   B 填充墙与主体结构采用刚性连接
    C 设置隔震层   D 增设钢支撑

48. 36m跨度排架厂房，采用轻型屋盖，其屋盖结构形式为( )。
    A 预应力钢筋混凝土   B 型钢
    C 实腹   D 梯形钢屋架

49. 关于大跨度空间抗震设计，下列说法错误的是( )。
    A 布置宜均匀、对称，合理刚度承载力分布
    B 优先选用两个方向刚度均衡的空间传力体系
    C 避免局部削弱、突变而导致出现薄弱部位
    D 不得分区采用不同的结构体系

50. 某无上部结构的纯地下车库，位于7度抗震设防区，3类场地，关于其抗震设计的要求，下列说法不正确的是( )。
    A 建筑平面布置应力求对称规则
    B 结构体系应具有良好的整体性，避免侧向刚度和承载力突变
    C 按规范要求采取抗震措施即可，可不进行地震作用计算
    D 采用梁板结构

51. 多层砌体建筑的圈梁，下列选项不正确的是( )。
    A 屋顶要加圈梁
    B 6、7级抗震，在内纵墙与外墙交接处可以不设圈梁
    C 圈梁高度不小于120mm
    D 圈梁应闭合，被门窗洞口截断时应设附加圈梁搭接

52. (2009)下述钢筋混凝土柱的箍筋作用的叙述中，不对的是( )。
    A 纵筋的骨架   B 增强斜截面抗剪能力
    C 增强正截面抗弯能力   D 增强抗震中的延性

53. 框架剪力墙不适宜( )。
    A 平面简单规则，剪力墙均匀布置
    B 剪力墙间距不宜过大
    C 建筑条件受限时，可仅单向有墙的结构
    D 剪力墙通高，防止刚性突变

54. 50m×60m 网架结构屋面，屋面排水找坡方式不宜（　　）。
    A 轻质加气混凝土找坡　　　B 网架高度找坡
    C 等高网架变坡　　　　　　D 上弦节点上加小立柱找坡

55. 在下图结构体系中，受压构件 AB 截面最合适的是（　　）。

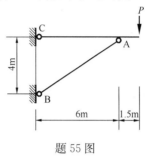

题 55 图

    A 角钢 140mm×10mm
    B 十字型钢 140mm×140mm×10mm
    C H 型钢 140mm×140mm×6mm×8mm
    D 方钢管 140mm×10mm

56. 抗震设防烈度为 7 度的框架剪力墙结构，建筑高度 50m，下列最合理的剪力墙形式为（　　）。

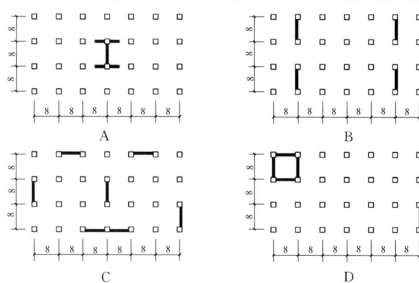

57. 抗震设防 8 度的两栋教学楼，采用了钢框架结构，建筑高度分别为 21.7m 和 13m，其防震缝宽度应设置为（　　）。
    A 50mm　　　B 100mm　　　C 120mm　　　D 150mm

58. 抗震区高层混凝土框架结构房屋，正确的是（　　）。
    A 砌体填充刚度较大时，可采用单跨框架结构
    B 主体不应采用滑动支座
    C 框梁柱中心宜重合
    D 宜同一层中布置截面尺寸相差较大的两种形成两道防线

59. 楼盖开洞位置，对楼板结构承载力影响最大的是( )。

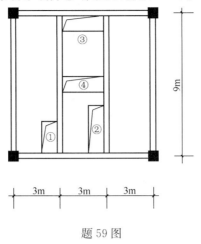

题 59 图

A ① B ② C ③ D ④

60. 抗震设防砌体结构中，以下说法错误的是( )。
A 不可采用部分框架、部分砌体结构
B 宜采用横纵墙布置或横墙布置
C 不应设置转角窗
D 楼梯间宜设在建筑端部

61. 抗震设防区，设置隔墙，围护墙会对主体结构产生不利影响，影响最小的结构体系是( )。
A 钢混凝土框架结构 B 钢结构
C 钢混凝土剪力墙结构 D 木结构

62. 抗震概念错误的是( )。
A 我国无非抗震区
B 抗震只考虑水平地震作用
C 风荷载有时大于水平地震作用
D 6度时，乙类建筑可不进行地震作用计算

63. 对于抗震设防高烈度地区的高层建筑设计，下列哪项措施对于提高抗震性能的作用最小？
A 建筑内隔墙采用轻质墙板 B 采用平面立面较规则的结构
C 楼板采用装配式叠合板 D 采用有利的抗震结构形式

64. 抗震设防烈度6度，除抗震设计规范另有规定外，以下哪类设防类别的类型不用进行地震力计算？
A 甲、乙、丙、丁 B 乙、丙、丁
C 丙、丁 D 仅丁类

65. (2009) 钢筋混凝土抗震墙设置约束边缘构件的目的，下列哪一种说法是不正确的？
A 提高延性性能 B 加强对混凝土的约束
C 提高抗剪承载力 D 防止底部纵筋首先屈服

66. 抗震设防烈度7度区某高层建筑采用部分框支剪力墙结构，一定存在的结构不规则

是( )。
A 扭转不规则 B 凹凸不规则
C 平面不规则 D 竖向不规则

67. 9度地区20m的建筑不应采用以下哪种形式？
A 框架—剪力墙 B 全部落地剪力墙
C 板柱—剪力墙 D 框架

68. 钢筋混凝土结构的抗震设计中，多遇地震下层间弹性位移角限值最小的是( )。
A 剪力墙 B 框架—核心筒
C 框架—剪力墙 D 框架

69. 以下平面对抗风最有利的是( )。
A 矩形 B 圆形
C 三角形 D 正方形

70. 高层混合结构说法错误的是( )。
A 钢框架有斜支撑时，斜支撑宜伸至基础
B 局部楼层刚度不足时，应采取加强措施
C 整体侧向刚度不足时，应放宽水平层间位移角限值
D 钢框架与核心筒连接可以用刚接或铰接

71. (2009) 对于压实填土地基，下列哪种材料不适宜作为压实填土的填料？
A 砂土 B 碎石土
C 膨胀土 D 粉质黏土

72. 某土层地基承载力300kPa，问该土层可能是以下哪一个？
A 淤泥 B 粉质黏土 C 稍密细砂 D 卵石

73. 某多层建筑含一层地下室，地下室深度范围内为松软填土层，底板距离天然地基持力层为3m。可采用的地基处理方式错误的是( )。
A 增加底板深度
B 增加底板厚度，使底板刚度增加
C 对填土层进行地基处理，加强到特征值满足要求
D 改用桩基础，桩端伸至天然地基可持力层

74. 当水位上升时，挡土墙所承受的土压力、水压力、总压力的变化正确的是( )。

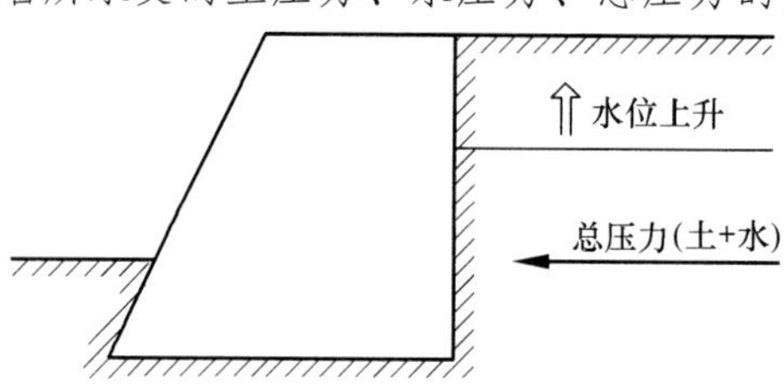

题74图

A 总压力升高 B 总压力不变
C 土压力增高 D 土压力不变

75. 下列筏形基础底板配筋（粗线代表钢筋），合理的是( )。

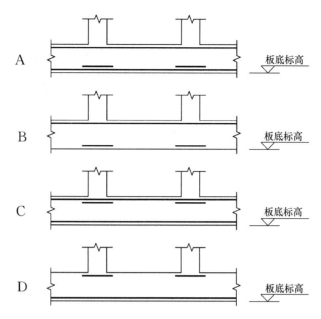

76. 下列独立基础的地基反力 P，作用的荷载 F、M 均大于 0，正确的是（　　）。

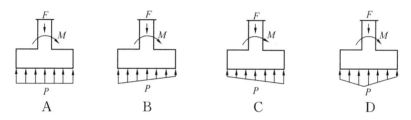

77. 地下室无上部结构，筏形基础，持力层为卵石，抗浮水位上升，则基础（　　）。
    A 上浮变形　　B 倾覆　　　　C 下沉变形　　D 侧移

78. 新建建筑为框架结构，贴邻原建筑建造，已知原建筑为独立基础，持力层压缩性较高，新建建筑最适宜的基础形式为下列哪种？
    A 独立基础，基础底标高低于原基础
    B 独立基础，基础底标高不低于原基础
    C 桩基础，承台底标高低于原基础
    D 桩基础，承台底标高不低于原基础

79. 某三桩承台桩基础，已知单桩最大承载力特征值为 800kN，则该基础可以承受最大竖向力的标准值是多少？
    A 800kN　　　B 1600kN　　　C 2400kN　　　D 3200kN

80. 下列关于绿色建筑说法，错误的是（　　）。
    A 空调室外机位等外部设施与建筑主体结构统一设计、施工，并应具备安装、检修与维护的条件
    B 通过合理分析，可采用建筑形体和布置严重不规则的建筑结构
    C 建筑内部的非结构构件、设备及附属设施等应连接牢固并能适应主体结构变形
    D 合理选用高强度建筑结构材料

81. 悬臂梁根部 B 处弯矩为( )。
    A 90kNm
    B 450kNm
    C 540kNm
    D 820kNm

82. 混凝土强度等级 C30，悬臂梁根部 $M=700\text{kN}\cdot\text{m}$，截面尺寸 400mm×700mm，HRB400 钢筋（$f_y=360\text{N/mm}^2$），直径 25mm，箍筋直径 10mm，保护层 25mm，悬臂梁上端钢筋至少选用( )。
    A 5ϕ25　　　B 6ϕ25　　　C 7ϕ25　　　D 8ϕ25

83. 施工过程，堆载太多剪切斜裂缝的是( )。

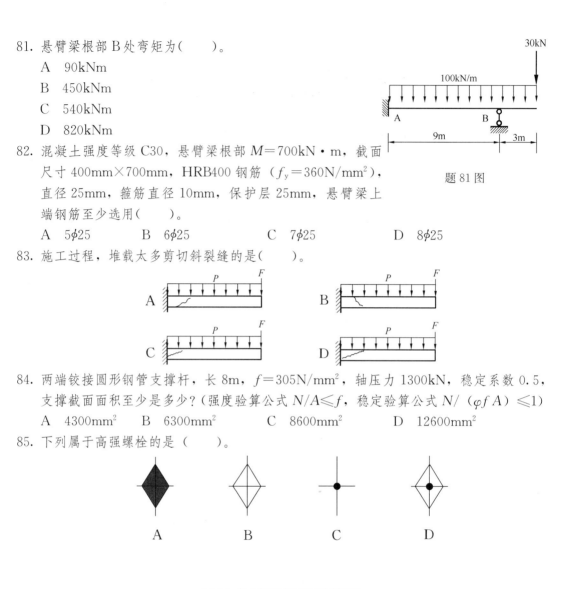

题 81 图

84. 两端铰接圆形钢管支撑杆，长 8m，$f=305\text{N/mm}^2$，轴压力 1300kN，稳定系数 0.5，支撑截面面积至少是多少？（强度验算公式 $N/A\leqslant f$，稳定验算公式 $N/(\varphi f A)\leqslant1$）
    A 4300mm²　　B 6300mm²　　C 8600mm²　　D 12600mm²

85. 下列属于高强螺栓的是（ ）。

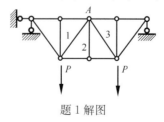

2021 年试题解析及答案

1. 解析：由桁架结构的零杆判别法可知，解图中的三根竖杆 1、2、3 杆为零杆。去掉这三根零杆以后，节点 A 成为一个反对称的 K 型节点。在如解图对称结构、对称荷载作用下，对称轴上的 K 型节点 A 的两个斜杆必为零杆。图示结构共 5 个零杆。

题 1 解图

答案：D

2. 解析：去掉三根横杆，原结构就成为 6 个二元体的静定结构，如解图所示，所以有 3

个多余约束。

答案：C

3. 解析：去掉3根竖杆，再去掉上面这根曲杆，相当于去掉4个多余约束，就得到一个静定的简支梁结构，所以是4次超静定。

答案：B

4. 解析：最右侧附属结构无荷载，无自重，不受力，支座C反力为零。其余支座A、B都有支座反力。

答案：B

5. 解析：图示为静定刚架结构，内力计算与刚度EI无关，而应力、位移、变形的计算都与刚度EI有关。

答案：A

6. 解析：原题图可以分解为解图（a）和解图（b）的叠加。

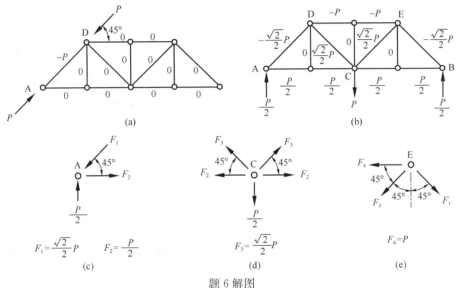

题6解图

可以看到AD杆轴力的绝对值最大，等于C。

答案：C

7. 解析：如解图所示，取整体为研究对象，对支座A求矩，列平衡方程可得B反力为2P。

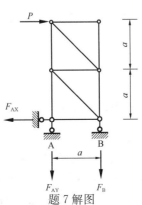

题7解图

$\sum M_A=0$,$F_B \cdot a = P \cdot 2a$,得 $F_B=2P$。

答案：D

8. 解析：静定结构的支座反力与抗弯刚度无关。先算附属结构AB，如解图所示。

取 AB：$\sum M_B=0$,

$$R_A \cdot a = qa \cdot \frac{a}{2}, R_A = \frac{qa}{2}。$$

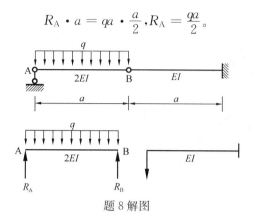

题 8 解图

答案：B

9. 解析：这是一次超静定结构，两个铰链支座有水平反力，所以两个竖杆应该有弯矩，可以排除C选项，两个铰支座弯矩为0，又可以排除B选项和D选项。只有A选项是正确的。

答案：A

10. 解析：首先进行受力分析。向右的水平力P在右面的支座处要产生一个向左的水平力，因此这是一个对称结构受对称荷载，所产生的弯矩图也一定是对称的。A选项正确。

答案：A

11. 解析：简支梁两端无集中力偶作用、弯矩为零，所以可以排除A选项和B选项，而梁的跨中作用的集中力偶要产生弯矩的突变。D选项正确。

答案：D

12. 解析：两者所受的荷载合力大小相同，支座反力均为 q_a 但是两者的剪力分布不同、剪力图不同。图（b）受集中荷载作用，跨中弯矩大、跨中挠度也大，只有B选项是正确的。

答案：B

13. 解析：本题是一个静定的简支刚架，水平支座反力为零。轴力等于截面一侧所有轴向外力的代数和，可以得到横梁上没有轴力。C选项正确。

答案：C

14. 解析：AB段可以看作悬臂梁，如果A端受集中力作用，其端点A的竖向位移主要为 $\Delta = \frac{Pl^3}{3EI}$，与AB的长度$l$的3次方成正比，显然A选项符合题意。

答案：A

15. 解析：图示超静定刚架，如果横梁BC杆刚度EI增大，则BC杆跨中弯矩增大，BC杆跨中竖向位移减小，而竖杆弯矩减小，相应的剪力也减小，所以支座水平反力减小。由于结构对称，两个支座竖向反力也对称，都等于P/2不变，所以B选项是错误的。

答案：A

16. 解析：图示结构是对称结构受水平荷载 P 作用，弯矩图也是反对称的，如解图所示。其中刚节点 B、E 连接三个杆，由于刚节点的平衡，BCFE 这部分刚架虽然没有外力，但是仍然有弯矩，C 点水平位移也不等于 B 点水平位移。因此 A、B、D 选项错误，C 选项正确。

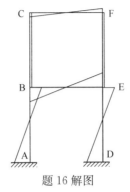

题 16 解图

答案：C

17. 解析：在 D 选项图中，横梁和竖杆的刚度都是最小的，所以在同样的荷载作用下其端点的位移最大。

答案：D

18. 解析：根据《混凝土规范》第 4.1.1 条，混凝土强度等级应按立方体（边长 150mm 的立方体）抗压强度标准值（取整）确定。轴心抗压强度应由棱柱体试件测量。

答案：A

19. 解析：由砌块和砂浆形成的砌体，其抗压强度一定低于砌块与砂浆的强度，根据《砌体规范》第 3.2.1 条表 3.2.1-1，MU15 的烧结普通砖与 MU5 的水泥砂浆形成的砌体的抗压强度为 1.83MPa，D 选项正确。

答案：D

20. 解析：《高层钢结构规程》第 4.1.2 条第 4 款规定，承重构件所用钢材的质量等级不宜低于 B 级；抗震等级为二级及以上的高层民用建筑钢结构，其框架梁、柱和抗侧力支撑等主要抗侧力构件钢材的质量等级不宜低于 C 级（Q355GJ 级钢的化学成分与 Q355E 接近，其力学性能与 Q355E 完全相同）。C 选项错误。

答案：C

21. 解析：根据《混凝土规范》第 3.5.2 条表 3.5.2、第 3.5.3 条表 3.5.3，室内干燥环境（环境类别为一类）：C20，室内潮湿环境和非严寒和非寒冷环境（环境类别二 a 类）：C25，海风环境（环境类别为三 a 类）：C35。选项 C 正确。

答案：C

22. 解析：《抗震规范》第 3.9.2 条第 2 款 1）规定，框支梁、框支柱及抗震等级为一级的框架梁、柱、节点核心区，混凝土的强度等级不应低于 C30。

答案：B

23. 解析：《砌体规范》第 4.3.5 条第 2 款规定，处于环境类别 3～5 等有侵蚀性介质的砌体，不应采用蒸压灰砂普通砖、蒸压粉煤灰普通砖。海边的环境类别属于4。

答案：A

24. 解析：《抗震规范》第3.9.4条规定，应按照钢筋受拉承载力设计值相等的原则换算，并应满足最小配筋率要求。

    答案：C

25. 解析：由于室外北京比广州的气温低很多，对钢材的质量等级有更高的要求。

    答案：A

26. 解析：普通钢筋混凝土梁允许出现裂缝，但最大裂缝宽度不应超过规范规定的最大裂缝宽度限值。

    答案：C

27. 解析：增加梁截面高，可有效增加楼盖的刚度，改善舒适度。

    答案：D

28. 解析：《抗震规范》第11.3.2条规定，木结构房屋不应采用木柱与砖柱或砖墙等混合承重，选项B错误。

    答案：B

29. 解析：根据《砌体规范》第6.5.2条，A、C、D选项是防止顶层墙体开裂的措施。提高屋面混凝土强度等级对抗裂没有帮助。

    答案：B

30. 解析：增设构造柱可以提高砌体墙的允许高厚比值，选项A错误。

    答案：A

31. 解析：方案Ⅰ为短跨主梁受力，方案Ⅱ为长跨主梁受力。比较Ⅰ、Ⅱ方案，方案Ⅰ主梁为短跨，梁高低、经济，能获得较高的净空高度，故A、C选项正确。

    方案Ⅲ为双向主梁受力的井字梁结构，是三个方案中梁高最低、净空高度最高的，故D项错误为答案。方案Ⅰ最经济，B选项正确。

    答案：D

32. 解析：框架—核心筒结构是由周边外框架和剪力墙核心筒组成，最有利的框架柱布置是长边平行于墙，增加外周刚度，D选项正确。

    答案：D

33. 解析：框架—剪力墙结构在水平地震作用下，结构变形是具有反弯点的变形曲线。

    答案：C

34. 解析：桁架结构杆件相交的节点按铰接考虑，各杆件均受轴向力，因此荷载应尽量布置在节点上，防止杆件受弯，A选项正确。

    桁架在节点竖向荷载作用下，杆件受轴向力，其上弦受压、下弦受拉，主要抵抗弯矩，因此桁架整体布置宜与弯矩图相似，C选项正确。

    桁架的腹杆布置应尽量减小压杆的长细比，使短杆受压，长杆受拉。B选项错误。

    桁架坡度宜与排水坡度相适宜，D选项正确。

    答案：B

35. 解析：《高层混凝土规程》第7.1.1条第3款规定，门窗洞口宜上下对齐、成列布置，形成明确的墙肢和连梁；抗震设计时，一、二、三级剪力墙的底部加强部位不宜采用上下洞口不对齐错洞墙，全高均不宜采用洞口局部重叠的叠合错洞墙。A 选项属于洞口局部重叠的叠合错洞墙。

答案：A

36. 解析：伸缩缝、沉降缝、防震缝均应沿建筑物整个高度设置，沉降缝还应将基础断开（不可共用基础），伸缩缝、防震缝只需将基础以上建筑分开。

    答案：B

37. 解析：控制轴压比主要是为了提高柱的延性，保证其塑性变形能力。

    答案：D

38. 解析：压力的存在可以抑制斜裂缝的开展，当压力适当时可以提高柱的抗剪承载力。

    答案：B

39. 解析：《高层混凝土规程》要求，超高层建筑的结构一般采用筒体结构，其平面布置宜满足规范第 9.3.2、第 3.4.1 和第 3.4.2 条的规定。

    答案：B

40. 解析：防连续倒塌设计一个重要的原则是增加冗余约束，梁柱采用铰接是约束最弱的连接形式，对抗连续倒塌不利，D 选项错误。

    答案：D

41. 解析：《高层混凝土规程》第 10.1.2 条规定，9 度抗震设计时不应采用带转换层的结构，B 选项错误。

    答案：B

42. 解析：《高层混凝土规程》第 10.3.2 条第 1 款规定，应合理设计加强层的数量、刚度和设置位置，当布置 1 个加强层时，可设置在 0.6 倍房屋高度附近；当布置 2 个加强层时，可分别设置在顶层和 0.5 倍房屋高度附近；当布置多个加强层时，宜沿竖向从顶层向下均匀布置。B 选项错误。

    答案：B

43. 解析：根据《装配式混凝土结构技术规程》JGJ 1—2014 6.1.9 条，当采用部分框支剪力墙结构时，底部框支层不宜超过 2 层，且框支层及相邻上一层应采用现浇结构。

    答案：D

44. 解析：根据《高层混凝土规程》第 3.3.1 条表 3.3.1-1，9 度抗震设防区，不允许采用框架结构，框剪结构、落地剪力墙结构、框架核心筒结构的最大适用高度分别为 50m、60m、70m。C 选项正确。

    答案：C

45. 解析：《高层混凝土规程》第 9.2.3 条规定，框架—核心筒结构的周边柱必须设置框架梁。

    答案：A

46. 解析：《高层混凝土规程》第 6.1.5 条规定，抗震设计时，砌体填充墙及隔墙应具有自身稳定性。第 6.1.6 条规定，抗震设计时，不应采用部分由砌体墙承重的混合形式。框架结构中的楼、电梯间及局部出屋面的电梯机房、楼梯间、水箱间等，应采用框架承重，不应采用砌体墙承重。

答案：D

47. 解析：设置隔震层可以阻止并减轻地震作用向上部结构的传递。

    答案：C

48. 解析：跨度较大，采用梯形钢屋架是最经济的结构形式。

    答案：D

49. 解析：《抗震规范》第10.2.4条规定，当屋盖分区域采用不同的结构形式时，交界区域的杆件和节点应加强；也可设置防震缝，缝宽不宜小于150mm。选项D错误。

    答案：D

50. 解析：根据《抗震规范》第14.2.1条，设防烈度为7度时Ⅰ、Ⅱ类场地的地下丙类建筑，抗震设计中可不进行地震作用计算。C选项不正确。

    答案：C

51. 解析：根据《抗震规范》第7.3.3条表7.3.3，A选项正确，B选项错误；根据第7.3.4条，C、D选项正确。

    答案：B

52. 解析：钢筋混凝土柱中箍筋的作用是：形成柱中纵向钢筋的骨架；当柱作用剪力时，增强斜截面的抗剪能力，同时增强抗震中的延性；但与柱的正截面抗弯能力无关（正截面抗弯能力依靠柱的纵向钢筋）。

    答案：C

53. 解析：《高层混凝土结构技术规程》第8.1.5条，框架—剪力墙结构应设计成双向抗侧力体系；抗震设计时，结构两主轴方向均应布置剪力墙，故C选项"可仅有单向墙"的说法错误。

    第8.1.7条第1款，框架—剪力墙结构中剪力墙的布置宜均匀布置在建筑物的周边附近、楼梯间、平面形状变化及恒载较大的部位，剪力墙间距不宜过大，A、B选项正确。

    第8.1.7条第5款，剪力墙宜贯通建筑物的全高，宜避免刚度突变，D选项正确。

    答案：C

54. 解析：《空间网格结构技术规程》第3.2.10条，网架屋面排水找坡可采用下列方式：上弦节点上设置小立柱找坡（当小立柱较高时，应保证小立柱自身的稳定性并布置支撑）；网架变高度；网架结构起坡。故B、C、D选项正确；不宜采用轻质加气混凝土找坡，A选项错误。

    答案：A

55. 解析：压杆的临界力与压杆横截面的最小惯性矩成正比，如果要截面的两个对称轴方向稳定性能相同，就需要对两个轴的惯性矩相同并且惯性矩尽可能大。显然D选项最好。

    答案：D

56. 解析：根据《抗震规范》第3.4.1和第3.4.2条要求："建筑设计应根据抗震概念设计的要求明确建筑形体的规则性"，"抗侧力构件的平面布置宜规则对称"。框架剪力墙结构中剪力墙为主要抗侧力构件之一，其布置的合理性对结构的平面规则性和结构平面抗侧刚度的均匀性影响很大。C选项两方向剪力墙布置均匀，且剪力墙主要沿结构外围布置，对控制结构扭转有利。

答案：C

57. 解析：根据《抗震规范》第6.1.4条，钢筋混凝土框架结构房屋的防震缝宽度，"当高度不超过15m时不应小于100mm"，又根据第8.1.4条："钢结构房屋需要设置防震缝时，缝宽不应小于相应钢筋混凝土结构房屋的1.5倍"。

答案：D

58. 解析：根据《高层混凝土规程》第6.1.1条、第6.1.2条、第6.1.6条和第6.1.7条要求，"主体结构除个别部位外，不应采用铰接"，"抗震设计的框架结构不应采用单跨框架"，"不应采用部分由砌体墙承重之混合形式"（A选项错误），"框架梁、柱中心线宜重合（C选项正确）。当梁柱中心线不能重合时，在计算中应考虑偏心对梁柱节点核心区受力和构造的不利影响，以及梁荷载对柱子偏心的影响"。单跨框架结构冗余度低，实际工程震害严重，因此不应采用，但不包含仅局部为单跨框架的框架结构。截面尺寸相差较大，但结构体系没有变化，不能形成两道防线（D选项错误）。

答案：C

59. 解析：开洞位置②为单向板长边开洞，对楼板结构承载力影响最大。

答案：B

60. 解析：根据根据《抗震规范》第7.1.7条，"应优先采用横墙承重或纵横墙共同承重的结构体系"（B选项正确），"楼梯间不宜设置在房屋的尽端或转角处"（D选项错误），"不应在房屋转角处设置转角窗"（C选项正确）。框架结构与砌体结构抗侧刚度和变形能力相差很大，两种结构在同一建筑中混合使用，对建筑物的抗震性能将产生很不利的影响，甚至造成严重破坏（A选项正确）。

答案：D

61. 解析：剪力墙结构侧向刚度大，围护墙的影响相对较小。相同截面尺寸的钢筋混凝土墙的刚度比砌体墙的刚度大约10倍，故剪力墙结构中砌体墙对结构整体刚度的影响可以忽略。

答案：C

62. 解析：根据根据《抗震规范》第5.1.1条，"8、9度时的大跨度和长悬臂结构及9度时的高层建筑，应计算竖向地震作用"。

答案：B

63. 解析：装配式叠合板的楼板整体性低于现浇楼板，故楼板采用装配式叠合板对提高抗震性能不利。

答案：C

64. 解析：B选项符合《抗震规范》第3.1.2条规定，6度设防的房屋建筑，其地震作用往往不属于结构设计的控制作用，因此，除有明确规定的情况外，其抗震设计可只进行抗震措施的设计而不进行地震作用的计算。

答案：B

65. 解析：钢筋混凝土抗震墙设置约束边缘构件的目的与提高抗剪承载力无关。规范要求抗震墙两端和洞口两侧应设置边缘构件，边缘构件包括暗柱、端柱和翼墙，目的是使墙肢端部成为箍筋约束混凝土，提高受压变形能力，有助于防止底部纵筋首先屈服，提高构件延性和耗能能力。C选项不正确。
    答案：C

66. 解析：竖向抗侧力构件不连续，属于竖向不规则。
    答案：D

67. 解析：《抗震规范》第6.1.1条表6.1.1中规定了各类结构的最大适用高度。表中最大适用高度是从安全、经济等多方面综合考虑的，当高度超过表中规定时，需要进行专门研究。
    答案：C

68. 解析：《抗震规范》第5.5.1条表5.5.1规定了各类结构形式的弹性层间位移角的限值，结构抗侧刚度越大，则其弹性层架位移角限值越小，其中，剪力墙为1/1000；框剪、框筒为1/800；框架为1/550。
    答案：A

69. 解析：根据《高层混凝土规程》第4.2.1条和第4.2.3条，不同平面形状的建筑的风荷载体形系数不同，体型系数越大，则风荷载越大。圆形平面风荷载体型系数为0.8，三角形平面风荷载体型系数为1.5，正方形平面风荷载体型系数为1.4。
    答案：B

70. 解析：根据《高层混凝土规程》第11.2.3条，混合结构竖向布置时，当钢框架部分采用支撑时，"框架支撑宜延伸至基础"（A选项正确）；局部楼层刚度不足时应采取加强措施，避免结构竖向刚度突变（B选项正确）；根据第10.2.5条"楼面梁与钢筋混凝土筒体及外围框架柱的连接可采用刚接或铰接"（D选项正确）；楼层的层间位移角是反映结构刚度的重要指标，不应随意调整，而应采取措施提高结构刚度（C选项错误）。
    答案：C

71. 解析：《地基规范》第6.3.6条第5款，压实填土的填料，不得使用淤泥、膨胀土等。
    答案：C

72. 解析：300kPa是承载力很高的土层，应为D选项卵石。
    答案：D

73. 解析：增加底板厚度，不能解决基础底面未到持力层的问题。
    答案：B

74. 解析：总压力增加，土压力减少。
    答案：A

75. 解析：根据筏板基础受力特点，板底板面均需拉通钢筋，排除B、D选项，又因为底筋在柱底位置为弯矩最大位置，钢筋不能断开，排除A选项。
    答案：C

76. 解析：独立基础中心受力的情况下，当柱底只有竖向轴力时，基底反力才会均匀分布，A选项错误；当基础中心除承受竖向集中力外还承受柱底弯矩时，相当于基底受偏心荷载作用，基底反力不均匀，且呈直线变化，D选项错误；最大和最小地基反力发生在弯矩作用方向的基底两边缘上，其值按《地基规范》第5.2.2条第2款计算，以柱为中心，基底反力与弯矩作用方向相同的一侧为最大地基反力位置，而基底反力与弯矩作用方向相反一侧为最小地基反力位置，B选项错误，C选项正确。

答案：C

77. 解析：地下室四周有土约束，不会产生倾覆与侧移，B、D选项错误；抗浮水位上升，地下室受到向上的水浮力，故地下室不会下沉，C选项错误；地下水位上升，当地下水位高于筏板底部时地下室受到水的浮力，浮力大于地下室竖向荷载时，则地下室结构会上浮变形，A选项正确。

答案：A

78. 解析：采用独立基础贴邻原建筑基础时，不管基底标高低于、高于或与原基础相同，均会由于基底应力的扩散作用而影响原独立基础地基，采用桩基础可将上部结构荷载直接传递给深层土层，对原结构地基影响最小，承台标高低于原基础，开挖时会对原基础产生影响。

答案：D

79. 解析：单桩承载力特征值800kN，三桩承台最大能承受的竖向力为2400kN。

答案：C

80. 解析：合理选用高强度建筑结构材料，D选项正确。

《绿色建筑评价标准》第4.1.3条，外遮阳、太阳能设施、空调室外机位、外墙花池等外部设施应与建筑主体结构统一设计、施工，并应具备安装、检修与维护条件。A选项正确。

第4.1.4条，建筑内部的非结构构件、设备及附属设施等应连接牢固并能适应主体结构变形。C选项正确。

第3.4.1条、第3.4.2条，建筑设计应根据抗震概念设计的要求明确建筑形体的规则性。对严重不规则的建筑不应采用。建筑设计宜择优选用规则的形体，其抗侧力构件的平面布置宜规则对称。B选项错误。

答案：B

81. 解析：用直接法求弯矩，B选项截面的弯矩等于其截面左侧所有外力对B点力矩的代数和，其绝对值大小为：$M_B = 30 \times 3 + 100 \times 3 \times 1.5 = 540 \text{kN} \cdot \text{m}$。

答案：C

82. 解析：截面有效高度（按一排钢筋考虑）$h_0 = 700 - 25 - 10 - 12.5 = 652.5 \text{mm}$，$A_s = M / 0.9 f_y h_0 = 700 \times 10^6 / (0.9 \times 360 \times 652.5) = 3311 \text{mm}^2$，选择7$\phi$25，实配钢筋$A_s = 3436 \text{mm}^2$。

答案：C

83. 解析：悬臂梁的固定端内力最大，且上部受拉，剪切斜裂缝应由固定端上部斜向悬臂端发展。

答案：B

84. 解析：根据压杆的稳定验算公式，可得：

$$A \geqslant \frac{N}{\varphi f} = \frac{1300000}{0.5 \times 305} = 8524 \text{ mm}^2$$

答案: C

85. **解析:** 根据《结构制图标准》第 4.2.1 条表 4.2.1,高强度螺栓表示方法是 A 选项,B 选项为永久螺栓,C 选项为圆形螺栓孔,D 选项为安装螺栓。

    答案: A

2020年试题、解析及答案

2020年试题

1. 图示结构的零杆数量为（　　）。
   A 1　　　　　　B 2　　　　　　C 3　　　　　　D 5
2. 图示结构在外力作用下，零杆数量为（　　）。
   A 2　　　　　　B 3　　　　　　C 4　　　　　　D 5

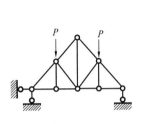

题1图

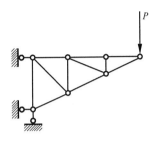

题2图

3. 图中多余约束的数量为（　　）。
   A 1　　　　　　B 2　　　　　　C 3　　　　　　D 4
4. 图示结构的超静定次数为（　　）。
   A 2次　　　　　B 3次　　　　　C 4次　　　　　D 5次

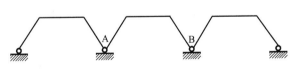

题3图

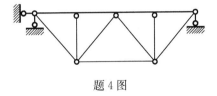

题4图

5. 如图所示，说法正确的是（　　）。
   A D处有支座反力　　　　　　　　B 仅BC段有内力
   C AB、BC有内力　　　　　　　　D AB、BC、CD段有内力
6. 求题6图A点的支座反力（　　）。
   A 0　　　　　　B $P/2$　　　　C P　　　　　D $2P$

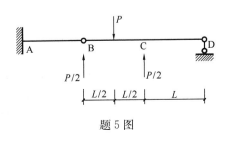

题5图

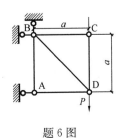

题6图

7. 图示结构正确的弯矩图是(   )。

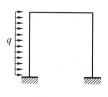

题 7 图

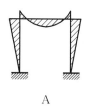 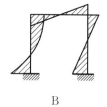 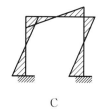 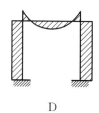

A　　　　　　　B　　　　　　　C　　　　　　　D

8. 题 8 图所示弯矩图，正确的是(   )。

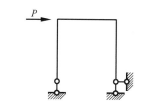

题 8 图

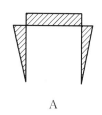   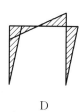

A　　　　　　　B　　　　　　　C　　　　　　　D

9. 图示结构在外力作用下，正确的轴力图是(   )。

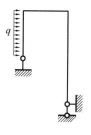

题 9 图

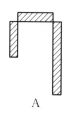 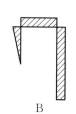 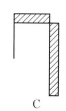 

A　　　　　　　B　　　　　　　C　　　　　　　D

10. 图示结构A点的支座反力为(　　)。
    A $P/2$　　　　　B P　　　　　C $\sqrt{2}P$　　　　　D $2P$
11. 在P作用下，A点支座反力为（上为正）(　　)。
    A 0　　　　　　B $P/2$　　　　　C P　　　　　　D P
12. 为减小A点的竖向位移，增加哪根杆的刚度EI最有效?
    A AC　　　　　B BC　　　　　　C BD　　　　　　D CE

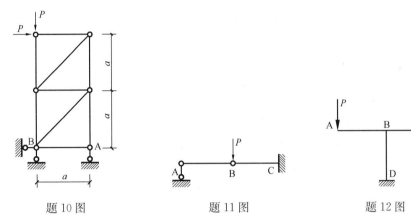

题10图　　　　　　题11图　　　　　　题12图

13. 使A点位移减小的最有效措施是增大(　　)。
    A EI_1　　　　B EI_2　　　　C EA_1　　　　D EA_2
14. 圆弧拱结构，拱高h小于半径r，在荷载P作用下，下列说法正确的是(　　)。
    A 拱中有轴力、弯矩、剪力　　　　　B 拱中无弯矩
    C 拱中无剪力　　　　　　　　　　　D 拱中仅有轴力

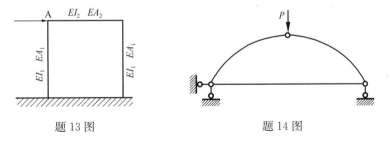

题13图　　　　　　　　题14图

15. 图示结构跨中受集中荷载P作用，当截面刚度EI、EA增大为$2EI$、$2EA$时，下列选项哪项正确?
    A 跨中竖向位移不变
    B 跨中竖向位移增大
    C 跨中竖向位移减小
    D 跨中竖向位移无法判断
16. 图示刚架结构支座A向左发生水平滑移，在结构中形成的弯矩图，正确的是(　　)。

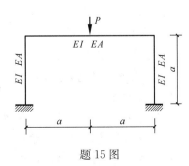

题15图

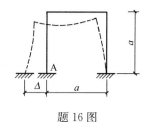

题 16 图

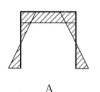 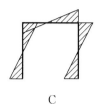

     A   B   C   D

17. 关于混凝土强度等级，以下说法正确的是（　　）。
   A 混凝土强度等级由立方体抗压强度标准值确定
   B 混凝土强度等级由棱柱体抗压强度标准值确定
   C 混凝土轴心抗压强度标准值等于立方体抗压强度标准值
   D 混凝土轴心抗压强度标准值等于棱柱体抗压强度标准值

18. 关于砌体弹性模量，下面说法正确的是（　　）。
   A 烧结普通砖的弹性模量大于烧结多孔砖的弹性模量
   B 砌体弹性模量取决于砌块弹性模量
   C 砌体弹性模量与砌块抗压强度有关
   D 砌体弹性模量与砂浆强度无关

19. 混凝土叠合板中，预应力预制板的混凝土强度等级宜选择（　　）。
   A C20　　　　　B C25　　　　　C C30　　　　　D C40

20. 电梯机房的设备吊环应选用（　　）。
   A Q235B 圆钢　　　　　　　　B HRB335 钢筋
   C HEB400 钢筋　　　　　　　D HRB500 钢筋

21. 提高钢筋混凝土受弯构件截面抗弯刚度最有效的方法是（　　）。
   A 增大构件截面高度　　　　　B 增大截面配筋率
   C 提高钢筋级别　　　　　　　D 提高混凝土强度等级

22. 下列地下室混凝土底板防渗措施无效的是（　　）。
   A 采用抗渗混凝土　　　　　　B 增大底板厚度
   C 采用高强度钢筋　　　　　　D 控制混凝土最大水胶比

23. 下列同等截面的受压构件中，能显著提高混凝土抗压性能的是（　　）。
   A 现浇钢筋混凝土柱　　　　　B 预制钢筋混凝土柱
   C 钢骨混凝土柱　　　　　　　D 圆形钢管混凝土柱

24. 钢—混凝土组合楼盖，充分发挥了钢材和混凝土的哪些性能？
   A 钢材抗拉，混凝土抗压　　　B 钢材抗压，混凝土抗扭
   C 钢材抗拉，混凝土抗弯　　　D 钢材抗压，混凝土抗剪

25. 下列钢材中，不宜用于焊接钢结构的是（　　）。
    A　Q235A　　　　B　Q235B　　　　C　Q235C　　　　D　Q235D

26. 下列与原木强度设计值无关的是（　　）。
    A　使用环境　　　B　组别　　　　　C　受力状态　　　D　防火性能

27. 关于钢材选用的说法，错误的是（　　）。
    A　承重结构所用的钢材应具有屈服强度、抗拉强度、断后伸长率和硫、磷含量的合格证
    B　对焊接结构应具有碳当量的合格保证
    C　对焊接承重结构，应具有冷拉试验的合格保证
    D　对需验算疲劳的构件，应具有冲击韧性的合格保证

28. 自然地面以下的砌体不宜采用（　　）。
    A　烧结普通砖　　B　蒸压普通砖　　C　石材　　　　　D　多孔砖

29. 下述防止砌体房屋开裂的措施，无效的是（　　）。
    A　增大圈梁刚度
    B　提高现浇混凝土屋面板的强度等级
    C　屋面设置保温隔热层
    D　提高顶层砌体砂浆的强度等级

30. 工字钢框架梁腹板开孔，下列错误的是（　　）。
    A　圆孔的直径宜小于梁高的70%
    B　矩形孔口高度宜小于梁高的70%
    C　不应在距梁端相当于梁高范围设孔
    D　不应在隅撑与梁柱连接区范围内设孔

31. 跨度为48m的主桁架，侧向支撑点间距12m，节间长度4m，不考虑美观和构造，钢材用量最少的受压桁架截面形式是（　　）。
    A　圆形　　　　　B　正方形　　　　C　矩形　　　　　D　工字钢

32. 在多遇地震作用下，弹性层间位移角限值最大的是（　　）。
    A　钢筋混凝土框架结构　　　　　　B　框架—核心筒结构
    C　剪力墙结构　　　　　　　　　　D　钢框架支撑结构

33. 为减小钢筋混凝土结构矩形受弯梁的裂缝宽度，下列最有效的措施是（　　）。
    A　加密箍筋间距　　　　　　　　　B　提高钢筋强度
    C　加大钢筋直径　　　　　　　　　D　加大主筋配筋率

34. 为降低框架结构柱的轴压比，以下效率最低的是（　　）。
    A　提高纵筋配筋率　　　　　　　　B　提高混凝土强度
    C　加大柱截面　　　　　　　　　　D　柱中央加型钢

35. 在常用合理数值范围内，关于柱的延性，正确的说法是（　　）。
    A　柱轴压比越小，延性越好
    B　柱剪跨比越小，延性越好
    C　柱配箍筋率越小，延性越好
    D　高纵筋配筋率（3%～5%）柱比低纵筋配筋率（1%～2%）柱延性好

36. 钢筋混凝土穿层受压柱长细比不宜过大，截面宜加大，其原因是（　　）。
    A 防止正截面受压破坏　　　　　　　B 防止斜截面受剪破坏
    C 防止混凝土受压破坏　　　　　　　D 防止因稳定性而使承载力降低过多

37. 钢筋混凝土的配筋有严格的计算要求，有时增加钢筋面积可能影响结构的抗震性能，以下哪项增加钢筋面积会严重影响结构的抗震性能？
    A 增加梁箍筋面积　　　　　　　　　B 增加梁腰筋面积
    C 增加梁跨中受拉钢筋面积　　　　　D 增加梁端受拉钢筋面积

38. 关于钢筋混凝土梁箍筋作用的说法，以下描述错误的是（　　）。
    A 提高梁的抗弯承载力　　　　　　　B 提高梁的抗剪承载力
    C 提高梁的抗扭承载力　　　　　　　D 方便绑扎架立钢筋的需要

39. 规定钢筋混凝土受弯构件的受剪截面限制条件（$V \leqslant 0.25\beta_c f_c b h_0$）的目的是（　　）。
    A 防止出现受弯裂缝　　　　　　　　B 防止出现斜拉破坏
    C 防止出现斜压破坏　　　　　　　　D 防止出现剪压破坏

40. 桁架结构的基本受力特点是（　　）。
    A 节点刚接，杆件承受轴力为主　　　B 节点刚接，杆件承受弯矩为主
    C 节点铰接，杆件承受轴力为主　　　D 节点铰接，杆件承受弯矩为主

41. 与普通钢筋混凝土梁相比，预应力混凝土梁的特点，以下说法错误的是（　　）。
    A 开裂所需荷载明显提高　　　　　　B 使用阶段的刚度提高
    C 抗震性能提高　　　　　　　　　　D 框架梁的挠度更小

42. 关于高层抗震结构，以下说法错误的是（　　）。
    A 应减轻建筑自重　　　　　　　　　B 增加结构刚度
    C 刚度中心与质量中心重合　　　　　D 抗侧力刚度应下大上小，竖向均匀

43. 下列无梁楼盖顶面布置局部荷载，对楼板受力影响最小的是（　　）。

    A　　　　　　B　　　　　　C　　　　　　D

44. 下列转换结构，竖向变形最小的是（　　）。

    A　　　　　　B　　　　　　C　　　　　　D

45. 下列钢筋混凝土框架—剪力墙结构，布置合理的是（ ）。

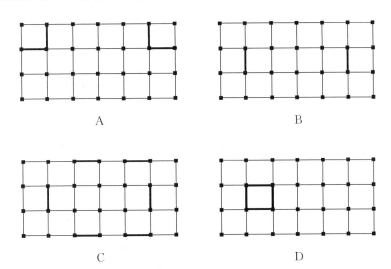

46. 抗震设防7度（0.15g）地区，某30m高的钢筋混凝土框架结构房屋，相邻高度15m的钢框架结构，抗震缝的宽度为（ ）。

  A 70mm   B 100mm   C 120mm   D 150mm

47. 抗震烈度为7度（0.1g）地区的装配整体式混凝土结构房屋，建筑高度为36m，以下说法正确的是（ ）。

  A 地下室外墙宜采用现浇混凝土，内部构件宜预制
  B 剪力墙结构底部加强部位宜采用装配式结构
  C 框架结构的首层柱子宜采用现浇混凝土
  D 屋盖宜采用混凝土叠合板

48. 抗震烈度为6度地区的钢筋混凝土框架结构房屋，以下做法正确的是（ ）。

  A 主体可采用部分由砌体墙承重的做法
  B 局部出屋面的电梯机房可采用砌体墙承重
  C 局部出屋面的排烟机房应采用框架结构承重
  D 局部出屋面的水箱间可采用砌体墙承重

49. 抗震设防烈度9度地区的高层建筑结构，下列描述错误的是（ ）。

  A 不应采用带转换层的结构
  B 不应采用连体结构
  C 可采用带加强层的结构
  D 可采用隔震设计

50. 为了减小温度变化、混凝土收缩对超长混凝土结构的影响，下列措施无效的是（ ）。

  A 合理设置结构温度缝，以减小温度区段长度
  B 顶层加强保温隔热措施，外墙设置外保温层
  C 顶层、底层受温度变化影响较大的部位应当提高配筋率
  D 顶部楼层采用比下部楼层刚度大的结构形式

51. 关于板柱—剪力墙结构的概念设计，下列说法错误的是(　　)。
   A 平面两主轴方向均应布置适量剪力墙
   B 房屋周边不宜设置边梁
   C 房屋的顶层及地下室顶板宜采用梁板结构
   D 有楼、电梯间等较大开洞时，洞口周边宜设置框架梁或边梁

52. 某50m高层框架—剪力墙结构位于8度（0.3g）抗震设防区，Ⅲ类场地，为有效减小地震作用，下列措施最佳的是(　　)。
   A 增加竖向构件截面尺寸   B 增加水平构件截面尺寸
   C 上部结构隔震   D 适当提高构件配筋率

53. 关于大底盘多塔楼结构的抗震设计，下列说法错误的是(　　)。
   A 各塔楼的层数、平面和刚度宜接近
   B 各塔楼应采用连体结构相连
   C 转换层不宜设置在底盘屋面的上层塔楼内
   D 各塔楼对底盘宜对称布置

54. 抗震设计的钢框架-支撑体系房屋，下列何种支撑形式不宜采用？

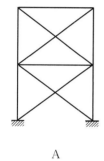 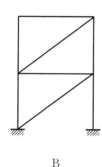 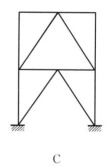 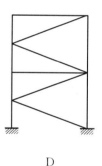

　　　　A　　　　　　　B　　　　　　　C　　　　　　　D

55. 某地区举办园艺博览会，需快速完成一单层大跨度临时建筑，下列结构形式最为适宜的是(　　)。
   A 钢筋混凝土柱＋钢屋盖   B 预应力混凝土
   C 索膜结构   D 型钢混凝土＋钢桁架

56. 关于多层砌体房屋建筑布置和结构体系，下列说法错误的是(　　)。
   A 优先选用横墙承重的结构体系
   B 可采用砌体墙和混凝土墙混合承重的结构体系
   C 墙体布置宜均匀对称
   D 纵横墙的数量不宜相差过大

57. 关于砌体结构中的构造柱，下列说法错误的是(　　)。
   A 构造柱的设置可提高墙体在使用阶段的整体性和稳定性
   B 在使用阶段的高厚比验算中，可以考虑构造柱的有利影响
   C 构造柱应单独设置基础
   D 构造柱的设置能提高结构的延性

58. 关于我国建筑工程抗震设防类别划分正确的是(　　)。

A 甲类、乙类、丙类、丁类   B 甲类、乙类、丙类
C Ⅰ、Ⅱ、Ⅲ、Ⅳ   D Ⅰ、Ⅱ、Ⅲ

59. 我国建筑主体结构的基本抗震设防目标是（　　）。
   A 多遇地震、设防烈度地震不坏，罕遇地震可修
   B 多遇地震不坏，设防烈度地震可修，罕遇地震不倒
   C 多遇地震不坏，设防烈度地震不倒
   D 多遇地震不坏，罕遇地震可修

60. 关于地震作用的大小，以下正确的是（　　）。
   A 与建筑物自振周期近似成正比
   B 与建筑物主体抗侧刚度近似成正比
   C 与建筑物自重近似成正比
   D 与建筑物结构体系无关

61. 我国抗震设防烈度的确定，以下正确的是（　　）。
   A 由设计人员根据建筑的重要性来确定
   B 由投资方根据项目投入的资金情况来确定
   C 由施工图审查单位根据建筑的重要性来确定
   D 按国家规定的权限审批、颁发的文件（图件）确定

62. 关于特别不规则的建筑，以下说法正确的是（　　）。
   A 经结构计算，满足规范可以采用
   B 设计人员采取结构加强措施后可以采用
   C 经专门研究论证后，采取相应的加强措施后可以采用
   D 不应采用

63. 根据相关资料，拟建中学场地被评定为抗震危险地段，选址方案正确的是（　　）。
   A 严禁建造   B 不应建造
   C 不宜建造   D 无法避开时，应采取有效措施

64. 拟在边坡坡顶附近建造某5层建筑，错误的做法是（　　）。
   A 建筑远离边坡
   B 根据建筑专业要求确定建筑基础与边坡边缘的距离
   C 进行地基基础抗震稳定性验算
   D 重新选址

65. 高层建筑采用部分框支—剪力墙，当托墙转换梁承受剪力较大时，不适用的做法是（　　）。
   A 转换梁端上部剪力墙开洞   B 转换梁端部加腋
   C 适当加大转换梁截面高度   D 转换梁端部加型钢

66. 关于高层建筑楼板开洞，错误的做法是（　　）。
   A 有效楼板宽度不宜小于该层楼板宽度的50%
   B 楼板开洞总面积不宜超过楼面面积的30%
   C 在扣除凹入和开洞后，楼板在任一方向的最小净宽度不宜小于5m，且开洞后每边的楼板净宽度不应小于1m

D 转换层楼板不应开大洞

67. 某建筑物的高度为 100m，立面收进如下图所示，属于竖向不规则的是（　　）。（单位为 mm）。

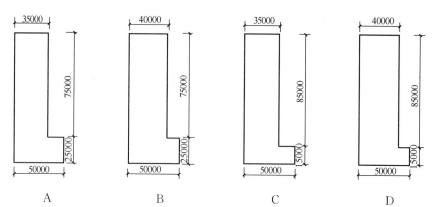

68. 相同设防烈度下，高层建筑结构适用高宽比限值最大的是（　　）。
   A 框架—剪力墙结构　　　　　　B 剪力墙结构
   C 框架—核心筒结构　　　　　　D 异形柱框架结构

69. 关于某中学的框架结构设计，错误的是（　　）。
   A 不应用单跨框架
   B 填充墙布置应避免形成短柱
   C 楼梯结构应有足够的抗倒塌能力
   D 楼梯间填充墙用钢丝网砂浆加强时，可不设构造柱

70. 关于剪力墙结构，说法正确的是（　　）。
   A 抗震设计时，不应只在单方向设置剪力墙
   B 楼面梁宜支撑在连梁上
   C 剪力墙墙段长度不大于 9m
   D 底部加强部位的高度应从地下室底板算起

71. 关于抗震设防的高层剪力墙结构房屋采用短肢剪力墙，正确的是（　　）。
   A 短肢剪力墙截面厚度应大于 300mm
   B 短肢剪力墙墙肢截面高度与厚度之比应大于 8
   C 高层建筑结构可以全部采用短肢剪力墙
   D 具有较多短肢剪力墙的剪力墙结构房屋适用高度较剪力墙结构适当降低

72. 8 度抗震设防区，4 层幼儿园建筑不应采取的结构形式是（　　）。
   A 普通砌体结构　　　　　　　　B 底部框架-抗震墙砌体结构
   C 钢筋混凝土框架结构　　　　　D 钢筋混凝土抗震墙结构

73. 某土层的地基承载力特征值 $f_{ak}=50$kPa，其最可能的土层是（　　）。
   A 淤泥质土　　B 粉土　　　C 砂土　　　D 碎石土

74. 题 74 图所示悬臂式挡土墙，当抗滑移验算不足时，在挡土墙埋深不变的情况下，下列措施最有效的是（　　）。
   A 仅增加 a　　B 仅增加 b　　C 仅增加 c　　D 仅增加 d

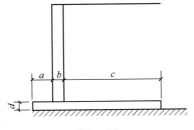

题 74 图

75. 下列图示中，存在地基稳定性隐患的是（   ）。

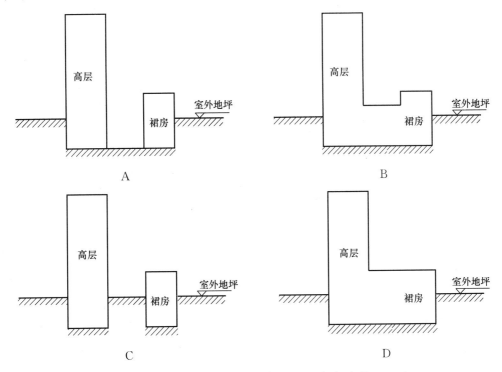

76. 某钢筋混凝土浅基础，通过地基的承载力验算，可以确定的是（   ）。
    A 基础的底面面积　　　　　　　　B 基础的混凝土强度
    C 基础的高度　　　　　　　　　　D 基础的配筋

77. 某3层砌体住宅，无地下室，场地地表至地面以下10m为压缩性较低的粉土层，其下为砂石层，则该建筑宜采用哪种基础形式？
    A 独立基础　　　B 条形基础　　　C 筏形基础　　　D 桩基础

78. 关于地基处理的作用，下列说法错误的是（   ）。
    A 提高地基承载能力　　　　　　　B 加强基础的刚度
    C 改善地基变形能力　　　　　　　D 改变地基土的渗透性能

79. 下列各项措施中，不能全部消除地基液化沉陷的是（   ）。
    A 用非液化土替换全部液化土
    B 采用强夯法对液化土层进行处理，处理深度至液化深度下界
    C 采用深基础，基础底面埋入液化土层下

D 加强基础的整体性和刚度

80. 求题80图B点右侧的剪力(   )。

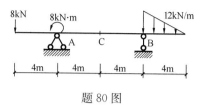

题80图

A 96kN   B 48kN   C 32kN   D 24kN

81. 求题81图B点右侧的弯矩(   )。

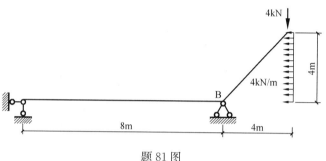

题81图

A 4kN·m   B 8kN·m   C 16kN·m   D 32kN·m

82. 简支工字形截面钢梁在均布荷载作用下，绕强轴的弯矩设计值$M_x=114.0$kN·m，钢材牌号为Q235B，$f=215$N/mm²，不考虑截面塑性发展系数，至少应选用的工字钢型号为(   )。($M_x/(\gamma_x W_{nx}) \leq f$，$W_{nx}=\dfrac{2I}{h}$；$h$为截面高度，取$\gamma_x=1.0$)

A Ⅰ28a（截面惯性矩$I=7115$cm⁴）   B Ⅰ28b（截面惯性矩$I=7481$cm⁴）
C Ⅰ32a（截面惯性矩$I=11080$cm⁴）   D Ⅰ32b（截面惯性矩$I=11626$cm⁴）

83. 钢筋混凝土框架支座截面尺寸及配筋如题83图所示，混凝土强度等级C30（$f_c=14.3$N/mm²），HRB335钢筋（$f_y=300$N/mm²）。当不计入梁下部纵向受力钢筋的受力作用时，要使梁端截面混凝土受压区高度满足$x \leq 0.35h_0$的要求，梁的截面高度不应小于(   )。(截面内力的平衡条件：$f_y A_s = f_c b x$，图中长度单位为mm)

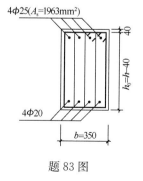

题83图

A 400mm   B 450mm   C 500mm   D 550mm

84. 实心矩形截面钢梁受弯剪时，其剪应力沿截面高度的分布图为(   )。

85. 下列属于固定铰支座的是( )。

2020 年试题解析及答案

1. **解析**：仅2根竖杆为零杆。
   答案：B
2. **解析**：如题2解图所示，杆1、2、3、4、5均为零杆。
   答案：D

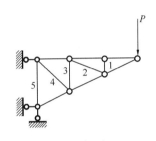

题2解图

3. **解析**：方法一：去掉3个折杆，相当于去掉3个多余约束，成为4个固定铰链，每个固定铰支座都可以看作是静定结构。方法二：将3个折杆中间相当于刚结点处都变成中间铰链，相当于去掉了3个多余约束，成为3个三铰刚架，每个三铰刚架也都是静定结构。
   答案：C
4. **解析**：去掉最下面一根横杆以及与其相连的两根竖杆，则原结构成为一根简支梁带2个二元体的静定结构。
   答案：B
5. **解析**：图示结构外荷载为一组自相平衡的力系，作用在BCD杆（含铰链B）上，所以B、D处无支座反力，AB杆也无外力、无内力，只有BC杆有内力。
   答案：B
6. **解析**：取整体为研究对象，对B点取力矩$\sum M_B = 0$，$R_A \times a = P \times a$，得$R_A = P$。
   答案：C
7. **解析**：根据"零、平、斜；平、斜，抛"的微分规律，左边竖杆弯矩图应该是抛物线；故B选项正确。
   答案：B

8. **解析**：根据受力分析可知，左下角支座无水平力，所以左边的竖杆无弯矩；而右下角的支座水平力向左，故右边竖杆右侧受拉。

    答案：B

9. **解析**：根据受力分析，可知左侧竖杆的轴力等于左侧支座的竖向力（拉力），且是常数。

    答案：A

10. **解析**：取图示整体为研究对象，对左下角取矩：$\sum M_B = 0, R_A \times a = P \times 2a$，可得：$R_A = 2P$。

    答案：D

11. **解析**：取 AB 为研究对象，A 点可看作一个链杆支座，由 $\sum M_B = 0$，可知 A 点的支座反力为 0。

    答案：A

12. **解析**：类比外伸梁的竖向位移曲线和公式，可知应增加 AC 杆的刚度 EI。

    答案：A

13. **解析**：影响 A 点水平位移的因素类似悬臂梁，主要取决于两根竖杆的刚度 EI_1，故 A 选项正确。

    答案：A

14. **解析**：此题为普通带拉杆的三铰拱，且不是合理拱轴线，所以有轴力、弯矩和剪力。

    答案：A

15. **解析**：当荷载不变时，竖向位移与刚度成反比；故当刚度增大时，跨中竖向位移减小。

    答案：C

16. **解析**：图示刚架结构支座 A 向左发生水平滑移，相当于受到一个向左的水平力，属于对称结构受对称荷载，弯矩图应该是对称的，所以可排除 C 选项。由于支座有水平力，故竖杆弯矩为斜线，可以排除 B 选项和 D 选项；故 A 选项正确。

    答案：A

17. **解析**：根据《混凝土规范》第 4.1.1 条，混凝土强度等级应按立方体抗压强度标准值确定。故 A 选项正确。

    答案：A

18. **解析**：根据《砌体规范》第 3.2.5 条表 3.2.5-1 可知，烧结普通砖与烧结多孔砖的弹性模量相同（A 选项错误）；砌体弹性模量与砌块弹性模量无关（B 选项错误）；砌体的弹性模量与砌体抗压强度设计值有关，又由表 3.2.1-7 可知，砌体抗压强度设计值与砌块强度有关（C 选项正确）；砌体弹性模量与砂浆强度等级有关（D 选项错误）。

    答案：C

19. **解析**：根据《装配式混凝土结构技术规程》JGJ 1—2014 第 4.1.2 条规定，预制构件的混凝土强度等级不宜低于 C30；预应力混凝土预制构件的混凝土强度等级不宜低于 C40，且不应低于 C30。

    答案：D

20. **解析**：根据《混凝土规范》第 9.7.6 条，吊环应采用 HPB300 钢筋或 Q235B 圆钢。

答案：A

21. 解析：根据《混凝土规范》第7.2.3条公式（7.2.3-1），钢筋混凝土受弯构件的刚度与截面计算高度的平方成正比，所以增大截面高度是提高截面抗弯刚度最有效的方法。

    答案：A

22. 解析：采用强度等级较高的混凝土可以适当增加混凝土的密实性；但混凝土在硬化过程中可能会产生较大的温度和收缩裂缝，降低了混凝土的抗渗性。

    答案：C

23. 解析：在圆形钢管或矩形钢管中浇筑混凝土，由于混凝土受到钢管的约束，处于三向受压状态，可以显著提高混凝土的抗压强度。

    答案：D

24. 解析：钢-混凝土组合楼盖充分发挥了钢材的抗拉和混凝土的抗压性能。

    答案：A

25. 解析：根据《钢结构标准》第4.3.3条第1款，A级钢仅可用于结构工作温度高于0℃的不需要验算疲劳的结构，且Q235A钢不宜用于焊接结构。

    答案：A

26. 解析：根据《木结构标准》第4.3.1条表4.3.1-1、表4.3.1-2，不同的木材树种强度等级和组别不同，其强度设计值也不同。由表4.3.1-3可知，木材受力状态（如抗弯、抗压、抗拉、抗剪等）和分类组别（A、B）不同，强度设计值均不相同。另从4.3.9表4.3.9-1可知，木材的使用条件（环境条件）不同，强度设计值应乘以相应的调整系数，故强度设计值也会不同。

    答案：D

27. 解析：根据《钢结构标准》第4.3.2条，承重结构所用的钢材应具有屈服强度、抗拉强度、断后伸长率和硫、磷含量的合格保证（A选项正确），对焊接结构尚应具有碳当量的合格保证（B选项正确）。焊接承重结构以及重要的非焊接承重结构采用的钢材应具有冷弯试验的合格保证（C选项错误）；对直接承受动力荷载或需验算疲劳的构件所用钢材尚应具有冲击韧性的合格保证（D选项正确）。

    答案：C

28. 解析：根据《砌体规范》第4.3.5条表4.3.5中所列地面以下砌体材料中不包含多孔砖；且表4.3.5注1规定：在冻胀地区，地面以下或防潮层以下的砌体，不宜采用多孔砖。

    答案：D

29. 解析：根据《砌体规范》第6.5条，设置圈梁对砌体具有约束作用，并可承受拉力，对砌体抗裂有利（A选项正确）；设置保温、隔热层可减轻砌体的温度应力，对防止开裂有利（C选项正确）；提高砂浆强度，对提高砌体强度、抵抗开裂有利（D选项正确）。而提高现浇屋面混凝土的强度等级，对防止或减轻砌体房屋的墙体开裂没有帮助（B选项错误）。

    答案：B

30. 解析：根据《钢结构标准》第6.5.2条，腹板开孔梁，当孔型为圆形或矩形时，应符

335

合下列规定：

1 圆孔孔口直径不宜大于梁高的 0.70 倍，矩形孔口高度不宜大于梁高的 0.50 倍，矩形孔口长度不宜大于梁高及 3 倍孔高；故 A 选项正确，B 选项错误。

5 不应在距梁端相当于梁高范围内设孔，抗震设防的结构不应在隅撑与梁柱连接区域范围内设孔；故 C、D 选项正确。

答案：B

31. 解析：桁架上弦杆受压，在受压构件强度满足要求的前提下，构件的承载力一般由受压杆件的稳定性控制，受压构件的稳定性取决于计算长度和长细比，桁架上弦节间长度 4m，而桁架平面外的侧向支承点间距为 12m，故上弦计算长度受平面外稳定控制。相同计算长度下，构件的长细比取决于构件截面的回转半径，而当截面面积相同的情况下，工字钢强轴方向的回转半径最大，故其长细比最小，稳定承载力最高。故当工字钢强轴方向为桁架平面外方向时，稳定性最好。

答案：D

32. 解析：根据《抗震规范》第 5.5.1 条表 5.5.1（题 32 解表），在抗震设防地区，钢筋混凝土弹性层间位移角限值最大的是多、高层钢结构(1/250)；故 D 选项正确。

弹性层间位移角限值　　　　　　　　　　　　　题 32 解表

结构类型	$[\theta_e]$
钢筋混凝土框架	1/550
钢筋混凝土框架—抗震墙、板柱—抗震墙、框架—核心筒	1/800
钢筋混凝土抗震墙、筒中筒	1/1000
钢筋混凝土框支层	1/1000
多、高层钢结构	1/250

答案：D

33. 解析：根据《混凝土规范》第 7.1.2 条，提高纵向受力钢筋的配筋率可以降低钢筋的应力，也可以增加钢筋与混凝土之间的粘结力，是减小受弯构件正截面裂缝宽度的有效措施。

答案：D

34. 解析：根据《高层混凝土规程》第 6.4.2 条表 6.4.2 注 1，柱轴压比指柱考虑地震作用组合的轴压力设计值与柱全截面面积和混凝土轴心抗压强度设计值乘积的比值。对于有抗震设防要求的框架结构，为保证柱有足够的延性，需要限制柱的轴压比，普通钢筋混凝土柱轴压比应满足式 $\mu \leqslant N/(f_c \times A)$ 的要求。从上式可知，在轴力 N 一定的情况下，提高混凝土抗压强度设计值 f_c，或增大柱截面尺寸 A，均可降低轴压比；而纵向钢筋配筋率与轴压比的关系则较为间接。

第 11.4.4 条，抗震设计时，混合结构中型钢混凝土柱的轴压比计算公式为：$\mu_N = N/(f_c A_c + f_a A_a)$；该公式考虑了型钢的作用，即在柱中配置型钢可降低轴压比。

答案：A

35. 解析：轴压比等于轴向压力设计值与柱的全截面面积和混凝土抗压强度设计值乘积之

比值。抗震设计时,限制框架柱的轴压比主要是为了保证柱的延性要求和框架的抗倒塌能力;所以在合理数值范围内,柱的轴压比越小,其延性性能越好。

答案:A

36. 解析:根据《混凝土规范》第6.2.15条式(6.2.15)和表6.2.15,可知柱的长细比越大(可通过加大截面尺寸减小长细比),其稳定系数越小(稳定性越差),承载力越低。

答案:D

37. 解析:框架结构梁柱节点的抗震设计要求保证破坏首先发生在梁端,而不是柱端,即"强柱弱梁"的原则。为了保证实现这一目标,《抗震规范》第6.2.2条规定,对柱端组合的弯矩设计值进行放大。而增加梁端部钢筋会增加梁端的抗弯承载力,不符合"强柱弱梁"的抗震设计原则。

答案:D

38. 解析:箍筋是混凝土梁抗剪、抗扭的受力钢筋,纵向钢筋是抗弯的受力钢筋;故A选项错误。

答案:A

39. 解析:其目的是防止构件的截面尺寸过小,出现斜压破坏。

答案:C

40. 解析:桁架结构的基本受力特点是:外荷载作用在节点上,节点和杆是铰链连接;各个杆件自重忽略不计,均为二力杆;主要承受轴向拉力或压力。

答案:C

41. 解析:普通钢筋混凝土梁施加预应力后,提高了梁的抗裂性(开裂荷载明显提高),在使用荷载作用下,构件不开裂或裂缝较小;使用阶段的刚度显著提高,挠度减小;但对构件的抗震性能影响不大。

答案:C

42. 解析:高层抗震结构的水平地震作用与结构刚度、自重成正比关系;增大自重或增大结构刚度,均会加大水平地震作用;故A选项正确,B选项错误。

另据《抗震规范》第3.4.2条,建筑设计应重视其平面、立面和竖向剖面的规则性对抗震性能及经济合理性的影响,宜择优选用规则的形体,抗侧力构件的平面布置宜规则对称、侧向刚度沿竖向宜均匀变化、竖向抗侧力构件的截面尺寸和材料强度宜自下而上逐渐减小、避免侧向刚度和承载力突变。故D选项正确。提倡平面布置规则对称是为了使结构的刚度中心和质量中心基本重合,这样可以避免地震时带来的扭转效应,避免扭转破坏;故C选项正确。

答案:B

43. 解析:如图所示,荷载为局部荷载,荷载距离柱越近,对楼板的受力影响越小,答案为D。

答案:D

44. 解析:D选项通过斜撑直接传力到柱,传力路径简洁且兼顾两层,竖向变形最小。其余选项均需通过梁或桁架二次传力到竖向构件。

答案:D

45. 解析：根据《高层混凝土规程》第8.1.5条，框架—剪力墙结构应设计成双向抗侧力体系；抗震设计时，结构两主轴方向均应布置剪力墙。C选项中的剪力墙双向、均衡，布置合理。

　　答案：C

46. 解析：根据《抗震规范》第6.1.4条第1款3），钢筋混凝土房屋需要设置防震缝时，防震缝两侧结构类型不同时，宜按需要较宽防震缝的结构类型和较低房屋高度确定缝宽。本题应按15m钢框架结构设置防震缝。

　　第8.1.4条，钢结构房屋需要设置防震缝时，缝宽应不小于相应钢筋混凝土结构房屋的1.5倍。

　　第6.1.4条第1款1），框架结构房屋的防震缝宽度，当高度不超过15m时不应小于100mm。钢结构防震缝宽取其1.5倍，即150mm。

　　答案：D

47. 解析：根据《装配式混凝土结构技术规程》JGJ 1—2014第6.1.8条，高层装配整体式结构应符合下列规定：

　　1 宜设置地下室，地下室宜采用现浇混凝土；A选项错误。

　　2 剪力墙结构底部加强部位的剪力墙宜采用现浇混凝土；B选项错误。

　　3 框架结构首层柱宜采用现浇混凝土，顶层宜采用现浇楼盖结构；C选项正确，D选项错误。

　　答案：C

48. 解析：根据《高层混凝土规程》第6.1.6条，框架结构按抗震设计时，不应采用部分由砌体墙承重之混合形式。框架结构中的楼、电梯间及局部出屋顶的电梯机房、楼梯间、水箱间等，应采用框架承重，不应采用砌体墙承重。故C选项做法正确。

　　答案：C

49. 解析：根据《高层混凝土规程》第10.1.2条，9度抗震设计时不应采用带转换层的结构、带加强层的结构、错层结构和连体结构；故C选项"可采用"描述错误。

　　答案：C

50. 解析：根据《高层混凝土规程》第3.4.13条，当采用有效的构造措施和施工措施减小温度和混凝土收缩对结构的影响时，可适当放宽伸缩缝的间距（伸缩缝又称温度缝，A选项正确）。这些措施可包括但不限于下列方面：

　　1 顶层、底层、山墙和纵墙端开间等受温度变化影响较大的部位提高配筋率（C选项正确）；

　　2 顶层加强保温隔热措施，外墙设置外保温层（B选项正确）；

　　顶部楼层刚度越大，变形越小，与下部结构之间的自由伸缩变形能力越差，越易开裂，故D选项的措施无效且不利。

　　答案：D

51. 解析：根据《高层混凝土规程》第8.1.9条，板柱—剪力墙结构的布置应符合下列规定：

　　1 应同时布置两个主轴方向的剪力墙以形成双向抗侧力体系，并应避免结构刚度偏心；故A选项正确。

  2 抗震设计时，房屋的周边应设置边梁，形成周边框架，房屋的顶层及地下室顶板宜采用梁板结构；B选项错误，C选项正确。

  3 有楼、电梯间等较大开洞时，洞口周围宜设置框架梁或边梁；D选项正确。

  答案：B

52. 解析：隔震体系通过延长结构的自振周期，能够减少结构的水平地震作用。根据《抗震规范》第12.1.1条注1：隔震设计指在房屋基础、底部或下部结构与上部结构之间设置由橡胶隔震支座和阻尼装置等部件组成的具有整体复位功能的隔震层，以延长整个结构体系的自振周期，减少输入上部结构的水平地震作用，达到预期防震要求。C选项采用"上部结构隔震"可有效减小地震作用。

  答案：C

53. 解析：抗震设计时，多塔楼高层建筑结构应符合《高层混凝土规程》第10.6.3条第1款，各塔楼的层数、平面和刚度宜接近；塔楼对底盘宜对称布置；上部塔楼结构的综合质心与底盘结构质心的距离不宜大于底盘相应边长的20%；A、D选项正确。

  第10.6.3.2款：转换层不宜设置在底盘屋面的上层塔楼内；C选项正确。

  大底盘多塔楼结构采用连体结构设计对抗震不利；B选项错误。

  答案：B

54. 解析：根据《高层钢结构规程》第7.5.1条，高层民用建筑钢结构的中心支撑宜采用：十字交叉斜杆、单斜杆、人字形斜杆或V形斜杆体系。中心支撑斜杆的轴线应交会于框架梁柱的轴线上。抗震设计的结构不得采用K形斜杆体系。

  答案：D

55. 解析：最为适宜的是索膜结构。索膜结构是一种张拉体系，以立柱、压杆、预应力拉索为主要承重构件，上表面覆以紧绷的膜材。其造型轻巧，具有阻燃、制作简单、安装快捷、易于使用、安全等优点，适于建造临时性大跨建筑。

  答案：C

56. 解析：根据《抗震规范》第7.1.7条第1款，多层砌体房屋的建筑布置和结构体系应优先采用横墙承重或纵横墙共同承重的结构体系（A选项正确）。不应采用砌体墙和混凝土墙混合承重的结构体系（B选项错误）。

  第7.1.7条第2款1），纵横向砌体抗震墙的布置，宜均匀对称（C选项正确），沿平面内宜对齐，沿竖向应上下连续；且纵横向墙体的数量不宜相差过大（D选项正确）。

  答案：B

57. 解析：构造柱一般设置在楼梯间、外墙转角、内外墙交接处等部位；带构造柱的砌体结构，其变形能力和延性得到较大的提高，因此建筑的稳定性和抗震性得以加强（A、B选项正确）。另据《砌体规范》第10.2.5条第4款，多层砌体房屋的构造柱可不单独设置基础（C选项错误）。由式（6.1.1）可知，在使用阶段的高厚比验算中考虑了构造柱的有利影响（B选项正确）。

  答案：C

58. 解析：根据《抗震设防标准》第3.0.2条，建筑工程抗震应分为4个抗震设防类别：特殊设防类（甲类）、重点设防类（乙类）、标准设防类（丙类）和适度设防类（丁类）；故 A 选项正确。

答案：A

59. 解析：根据《抗震设防标准》条文说明第 3.0.2 条，我国的抗震设防目标是：多遇地震不坏，设防烈度地震可修和罕遇地震不倒。故 B 选项正确。

答案：B

60. 解析：地震作用的大小与建筑物结构体系有关，与建筑物主体抗侧刚度及自振周期近似成反比，与建筑物自重近似成正比。故 C 选项说法正确。

答案：C

61. 解析：根据《抗震规范》第 1.0.4 条，抗震设防烈度必须按国家规定的权限审批、颁发的文件（图件）确定。故 D 选项正确。

答案：D

62. 解析：根据《抗震规范》第 3.4.1 条，特别不规则的建筑应进行专门研究和论证，采取特别的加强措施。故 C 选项正确。

答案：C

63. 解析：根据《抗震设防标准》第 6.0.8 条，教育建筑中，幼儿园、小学、中学的教学用房以及学生宿舍和食堂，抗震设防类别应不低于重点设防类（乙类）。另据《抗震规范》第 3.3.1 条，对危险地段，严禁建造甲、乙类的建筑，不应建造丙类的建筑。故 A 选项正确。

答案：A

64. 解析：根据《抗震规范》第 3.3.5 条第 3 款，边坡附近的建筑基础应进行抗震稳定性设计。建筑基础与土质、强风化岩质边坡的边缘应留有足够的距离，其值应根据设防烈度的高低确定，并采取措施避免地震时地基基础破坏。未经结构专业验算，B 选项"根据建筑专业要求确定建筑基础与边坡边缘的距离"说法不科学，不能保证结构安全。

答案：B

65. 解析：当框支梁上开有门洞，尤其是边门洞时，会形成应力集中；尤其是边门洞形成的小墙肢，应力集中尤为突出，使得门洞部位托墙转换梁的局部剪力急剧增加。

根据《高层混凝土规程》第 10.2.22 条第 1 款：部分框支剪力墙结构，当框支梁上部墙体开有边门洞时（题 65 解图），洞边墙体宜设置翼墙、端柱或加厚；当洞口靠近梁端部且梁的受剪承载力不满足要求时，可采取框支梁加腋或增大框支墙洞口连梁刚度等措施。故当托墙转换梁承载力不满足要求时，A 选项做法不适用。

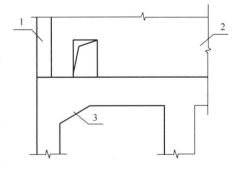

题 65 解图　框支梁上墙体有边门洞时洞边墙体的构造要求

1—翼墙或端柱；2—剪力墙；3—框支梁加腋

答案：A

66. 解析：根据《高层混凝土规程》第 3.4.6 条，当楼板平面比较狭长、有较大的凹入或开洞时，应在设计中考虑其对结构产生的不利影响。有效楼板宽度不宜小于该层楼面宽度的50%（A选项正确）；楼板开洞总面积不宜超过楼面面积的30%（B选项正确）；在扣除凹入或开洞后，楼板在任一方向的最小净宽度不宜小于5m，且开洞后每一边的楼板净宽度不应小于2m；C选项"1m"错误。

另据《抗震规范》第E.2.4条，筒体结构转换层楼盖不应有大洞口；D选项正确。

答案：C

67. 解析：根据《高层混凝土规程》第3.5.5条，抗震设计时，当结构上部楼层收进部位到室外地面的高度H_1与房屋高度H之比大于0.2时，上部楼层收进后的水平尺寸B_1不宜小于下部楼层水平尺寸的75%。在A、B选项中，$H_1/H=25/100=0.25>0.2$；A选项：$B_1/B=35/50=0.7<0.75$；B选项：$B_1/B=40/50=0.8>0.75$。在C、D选项中，$H_1/H=15/100=0.15<0.2$（单位：mm）。故A选项属于竖向不规则。

答案：A

68. 解析：根据《高层混凝土规程》第3.3.2条，钢筋混凝土高层建筑结构的高宽比不宜超过表3.3.2的规定。相同设防烈度下，高宽比限值由大到小排序：筒中筒＞框架—核心筒＞框架—剪力墙、剪力墙＞板柱—剪力墙＞框架。故C选项正确。

答案：C

69. 解析：根据《抗震设防标准》第6.0.8条，教育建筑中，幼儿园、小学、中学的教学用房以及学生宿舍和食堂，抗震设防类别应不低于重点设防类（乙类）。

《抗震规范》第6.1.5条，甲、乙类建筑以及高度大于24m的丙类建筑，不应采用单跨框架结构；高度不大于24m的丙类建筑不宜采用单跨框架结构。A选项正确。第13.3.4.1款：填充墙在平面和竖向的布置，宜均匀对称，宜避免形成薄弱层或短柱；B选项正确。

另据《高层混凝土规程》第6.1.4条第2款，抗震设计时框架结构的楼梯间宜采用现浇钢筋混凝土楼梯，楼梯结构应有足够的抗倒塌能力；C选项正确。第6.1.5条第4款，楼梯间采用砌体填充墙时，应设置间距不大于层高且不大于4m的钢筋混凝土构造柱，并应采用钢丝网砂浆面层加强；故D选项"可不设构造柱"说法错误。

答案：D

70. 解析：根据《高层混凝土规程》第7.1.1条第1款，剪力墙结构应具有适宜的侧向刚度，平面布置宜简单、规则，宜沿两个主轴方向或其他方向双向布置，两个方向的侧向刚度不宜相差过大。抗震设计时，不应采用仅单向有墙的结构布置。A选项正确。

第7.1.2条，剪力墙不宜过长，较长剪力墙宜设置跨高比较大的连梁将其分成长度较均匀的若干墙段，各墙段的高度与墙段长度之比不宜小于3，墙段长度不宜大于8m；C选项错误。

第7.1.4条第1款，底部加强部位的高度，应从地下室顶板算起；D选项错误。

第7.1.5条，楼面梁不宜支承在剪力墙或核心筒的连梁上；B选项错误。

答案：A

71. 解析：根据《高层混凝土规程》第7.1.8条注1，短肢剪力墙是指截面厚度不大于300mm、各肢截面高度与厚度之比的最大值大于4但不大于8的剪力墙；A、B选错误。

第7.1.8条，抗震设计时，高层建筑结构不应全部采用短肢剪力墙；C选项错误。

第7.1.8条第2款，当采用具有较多短肢剪力墙的剪力墙结构时，房屋适用高度应比剪力墙结构的最大适用高度适当降低；D选项正确。

答案：D

72. 解析：根据《抗震设防标准》第6.0.8条，教育建筑中，幼儿园、小学、中学的教学用房以及学生宿舍和食堂，抗震设防类别应不低于重点设防类（乙类）。另据《抗震规范》表7.1.2注3，乙类的多层砌体房屋不应采用底部框架-抗震墙砌体房屋。

答案：B

73. 解析：根据《地基规范》第5.2.3条，地基承载力特征值可由载荷试验或其他原位测试、公式计算，并结合工程实践经验等方法综合确定。规范没有给出相应的特征值表格。

工程中各种土质的承载力特征值：碎石土高于砂土，砂土高于粉土，粉土高于淤泥质土。题中的土层地基承载力特征值只有 $f_{ak}=50kPa$，较小，只能是淤泥质土。

答案：A

74. 解析：对悬臂式挡土墙，当抗滑移验算不足时，在挡土墙埋深不变的情况下，增加 c，其上有更多的土覆盖，可提高抗倾覆和抗滑移能力；故C选项措施最有效。

答案：C

75. 解析：根据《高层混凝土规程》第12.1.9条，高层建筑的基础和与其相连的裙房的基础，设置沉降缝时，应考虑高层主楼基础有可靠的侧向约束及有效埋深；不设沉降缝时，应采取有效措施减少差异沉降及其影响。A选项高层建筑一侧无可靠的侧向约束及有效埋深，存在稳定性隐患。

答案：A

76. 解析：由《地基规范》第5.2.2条式（5.2.2-1）、式（5.2.2-2）可知，通过地基的承载力验算，可以确定基础的底面面积。

答案：A

77. 解析：低层砌体住宅，墙承载结构体系，压缩性较低的粉土层，土质良好，宜采用条形基础。

答案：B

78. 解析：根据《建筑地基处理技术规范》JGJ 79—2012第2.1.1条，地基处理是提高地基承载力、改变其变形性能或渗透性能而采取的技术措施；与基础的刚度无关，故B选项说法错误。

答案：B

79. 解析：根据《抗震规范》第4.3.7条，全部消除地基液化沉陷的措施，应符合下列要求：

2 采用深基础时，基础底面应埋入液化深度以下的稳定土层中，其深度不应小于0.5m；C选项正确。

3 采用加密法（如振冲、振动加密、挤密碎石桩、强夯等）加固时，应处理至液化深度下界；B 选项正确。

　　4　用非液化土替换全部液化土层，或增加上覆非液化土层的厚度；A 选项正确。

　　第 4.3.9 条第 3 款，减轻液化影响的基础和上部结构处理的措施之一是加强基础的整体性和刚度；故 D 选项只是减轻液化影响的措施，但不是全部消除地基液化沉陷的措施。

　　答案：D

80. 解析：B 点右侧剪力为悬臂端荷载，即三角形面积：$V_{B右}=\dfrac{4\times 12}{2}=24\text{kN}$

　　答案：D

81. 解析：B 点右侧的弯矩为 B 点右侧外力对 B 点的力矩的代数和，即：
$$M_{B右}=(4\times 4)\times 2-4\times 4=16\text{kN}\cdot\text{m}$$

　　答案：C

82. 解析：28a 计算最大应力为 224N/mm^2，大于 215N/mm^2；不满足。

　　28b 计算最大应力为 213N/mm^2，小于 215N/mm^2；满足。

　　32a 计算最大应力为 164N/mm^2，小于 215N/mm^2；满足。

　　32b 计算最大应力为 156N/mm^2，小于 215N/mm^2；满足。

　　故 28b 为满足要求的最小截面型号。

　　答案：B

83. 解析：框架梁支座承受的是负弯矩，截面上侧受拉。根据截面平衡条件，$f_y A_s = f_c b x$，且要求 $x\leq 0.35h_0$，代入得：$f_y A_s\leq 0.35 f_c b h_0$，则有：$h_0\geq f_y A_s/(0.35 f_c b)$ $=300\times 1963/(0.35\times 14.3\times 350)=336.18\text{mm}$；考虑保护层厚度：$h\geq h_0+40=376.18\text{mm}$，则梁的截面高度 h 不应小于 400mm。

　　答案：A

84. 解析：矩形截面剪应力沿截面高度是抛物线形分布，在中间剪应力最大，上下两端为 0，故 A 选项正确。

　　答案：A

85. 解析：A 选项是固定端，B 选项是链杆支座，D 选项是定向支座；只有 C 选项是固定铰支座。

　　答案：C

2019年试题、解析及答案

2019年试题

1. 图示结构为( )超静定结构。
   A 0次　　　　　　B 1次　　　　　　C 2次　　　　　　D 3次

2. 图示结构为( )超静定结构。
   A 1次　　　　　　B 2次　　　　　　C 3次　　　　　　D 4次

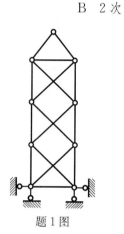

题1图

题2图

3. 图示结构零杆有( )。
   A 0根　　　　　　B 2根　　　　　　C 3根　　　　　　D 4根

4. 图示结构内力不为0的杆是( )。
   A AE段　　　　　B AD段　　　　　C CE段　　　　　D BD段

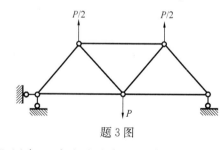

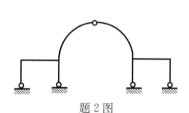

题3图

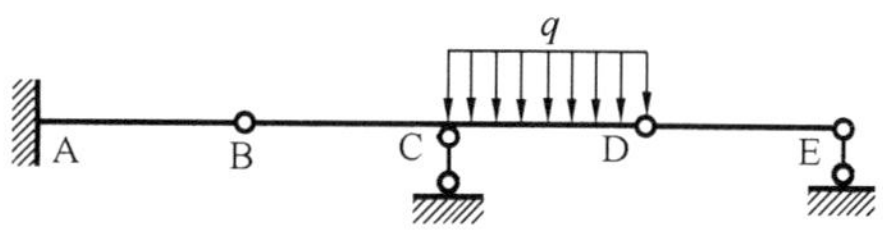

题4图

5. 题图中A支座处的弯矩值为( )。
   A 8kN·m　　　　B 16kN·m　　　　C 32kN·m　　　　D 48kN·m

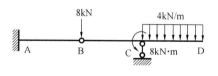

题5图

344

6. 下图所示结构在外部荷载作用下，弯矩图错误的是( )。

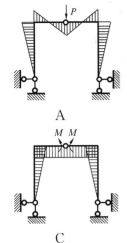
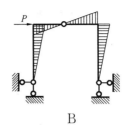
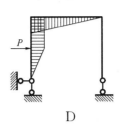

7. 图示对称结构在外力作用下，零杆的数量是( )。
   A 1　　　　　　B 2　　　　　　C 3　　　　　　D 4

8. 图示结构 A 点的支座反力是（向上为正）( )。

   A $R_A=0$　　　B $R_A=\dfrac{1}{2}P$　　　C $R_A=P$　　　D $R_A=-\dfrac{1}{2}P$

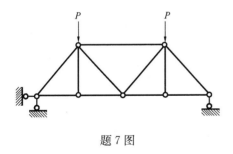
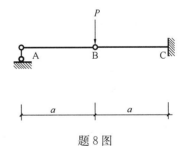

题7图　　　　　　　　　　　　题8图

9. 图示框架结构的弯矩图，正确的是( )。

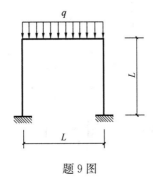

题9图

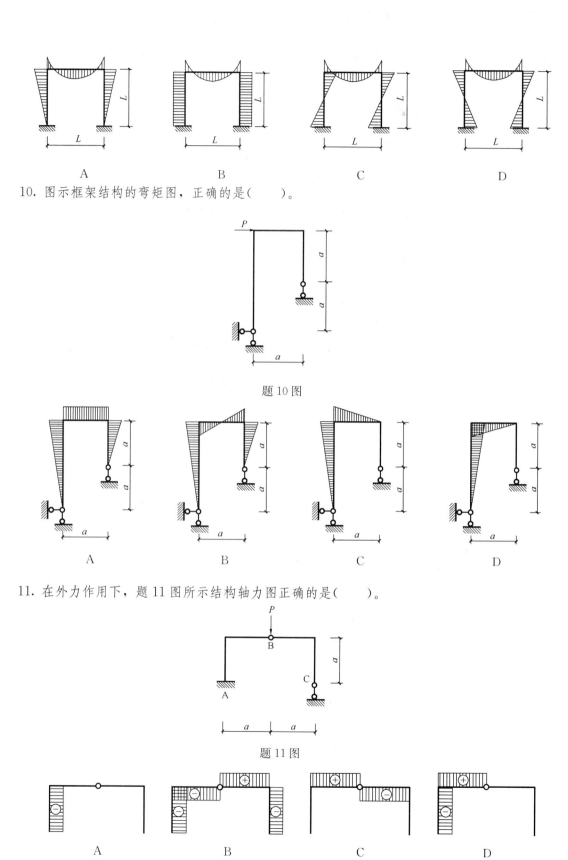

10. 图示框架结构的弯矩图，正确的是（   ）。

题 10 图

11. 在外力作用下，题 11 图所示结构轴力图正确的是（   ）。

题 11 图

12. 图示结构有多少根零杆?

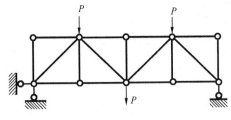

题12图

A 4根　　　　　B 5根　　　　　C 6根　　　　　D 7根

13. 图示简支梁在两种荷载作用下,以下说法错误的是(　　)。

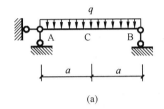
(a)

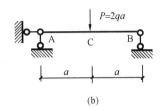
(b)

题13图

A 图(b)C点弯矩大　　　　　B 图(b)C点挠度大
C 二者剪力图相同　　　　　D 二者支座反力相同

14. 图示结构弯矩正确的是(　　)。

题14图

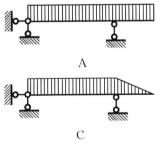

A　　　　　　　　　　　　B

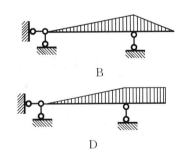

C　　　　　　　　　　　　D

15. 如题15图所示,为减少B点的水平位移,最有效的是增加哪个杆的轴向刚度EA?
　　A AB杆　　　B BC杆　　　C BD杆　　　D CD杆

16. 图示结构跨中弯矩值为M,在截面刚度E扩大1倍变为$2E$时,M值为多少?
　　A $\frac{1}{2}M$　　　B $1M$　　　C $2M$　　　D $4M$

347

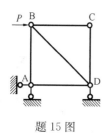
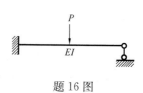

题15图　　　　　　　　题16图

17. O点水平位移最小的是(　　)。

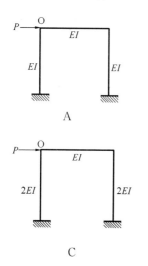

18. 半径为R的圆弧拱结构，在均布荷载q作用下，下列说法错误的是(　　)。
    A　减少矢高H，支座水平推力变大
    B　$L=2R$，$H=R$时，水平推力为0
    C　支座竖向反力比同等条件简支梁的竖向反力小
    D　跨中点的弯矩比同条件下的简支梁跨中弯矩小

19. 刚架结构发生竖向沉降ΔL，轴力图正确的是(　　)。

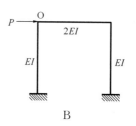
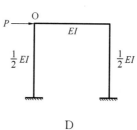

题18图　　　　　　　　题19图

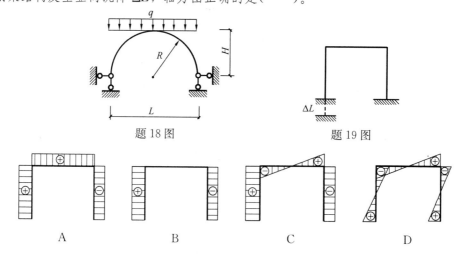

20. 单层多跨框架，温度均匀变化（Δt 不等于 0），A、B、C 三点的弯矩大小排序是（　）。

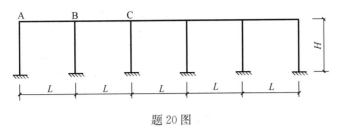

题 20 图

  A $M_A=M_B=M_C$ B $M_A>M_B>M_C$ C $M_A<M_B<M_C$ D 不确定

21. 关于 28 天龄期的混凝土，正确的是（　）。
  A 混凝土的受拉和受压弹性模量相等
  B 混凝土的剪切变形模量等于其受压弹性模量
  C 混凝土的抗拉和抗压强度相等
  D 混凝土的轴心抗压强度与立方体抗压强度相等

22. 关于烧结普通砖砌体的抗压强度，错误的是（　）。
  A 提高砖的强度可以提高砌体的抗压强度
  B 提高砂浆的强度可以提高砌体的抗压强度
  C 加大灰缝厚度可以提高砌体的抗压强度
  D 提高砌筑质量等级可以提高砌体的抗压强度

23. 砌体结构墙体，在地面以下含水饱和环境中所用砌块和砂浆最低强度等级正确的是（　）。
  A MU10 烧结普通砖＋M5 水泥砂浆
  B MU10 烧结多孔砖（灌实）＋M10 混合砂浆
  C MU10 混凝土空心砌块（灌实）＋M5 混合砂浆
  D MU15 混凝土空心砌块（灌实）＋M10 水泥砂浆

24. 某大型博物馆建筑，在一类环境中楼板的混凝土强度等级最低可采用（　）。
  A C20   B C25   C C30   D C40

25. 钢筋混凝土轴心受压柱，混凝土强度等级采用 C25，纵筋采用 HRB500 级钢筋，正确的是（　）。
  A 纵筋的抗压和抗拉强度设计值不相等
  B 纵筋的屈服强度值不相等于牌号
  C 混凝土强度等级低于规范规定值
  D 纵筋可提高混凝土的抗压强度

26. 某报告厅屋面承重结构采用铝合金桁架，其材料牌号为 6061，错误的是（　）。
  A 铝合金材料的强度设计值低于 Q235 钢材
  B 铝合金材料的线膨胀系数低于 235 钢材
  C 铝合金材料的弹性模量低于 Q25 钢材
  D 铝合金材料的耐高温性能低于 235 钢材

27. 现有一批方木原木，目测材质等级为 I_a。适用于木结构的主要受力构件是(　　)。
    A 受拉杆件　　　　　　　　　　B 压弯杆件
    C 受弯杆件　　　　　　　　　　D 受压杆件

28. 某3层钢筋混凝土框架结构，框架柱抗震等级为三级，最小截面是(　　)。
    A 300mm×300mm　　　　　　　B 350mm×350mm
    C 400mm×400mm　　　　　　　D 450mm×450mm

29. 关于楼梯梯段板受力钢筋的抗震性能控制指标不包括(　　)。
    A 抗拉强度实测值与屈服强度实测值之比
    B 屈服强度实测值与屈服强度标准值之比
    C 最大拉力下总伸长率实测值
    D 焊接性能和冲击韧性

30. 轴心受压承载力相同时，下列截面积最小的是(　　)。
    A 圆形钢管混凝土　　　　　　　B 方形钢管混凝土
    C 矩形钢管混凝土　　　　　　　D 八边形钢管混凝土

31. 影响钢结构钢材设计强度指标的，不包括(　　)。
    A 受力分类　　　B 板厚　　　C 钢材牌号　　　D 质量等级

32. 同等级的钢筋混凝土指标最低的是(　　)。
    A 轴心抗拉强度标准值　　　　　B 轴心抗拉强度设计值
    C 轴心抗压强度标准值　　　　　D 轴心抗压强度设计值

33. 影响混凝土材料耐久性的因素不包括(　　)。
    A 最大氯离子含量　　　　　　　B 混凝土强度等级
    C 保护层厚度　　　　　　　　　D 环境分类

34. 某海岛上的钢结构观光塔，从耐久性和竣工后的维护方面考虑，在下列钢材中宜优先采用(　　)。
    A 碳素结构钢　　　　　　　　　B 低合金高强度结构钢
    C 铸铁　　　　　　　　　　　　D 耐候钢

35. 我国古代著名的赵州桥，其结构体现了砌体材料的下列哪种性能？
    A 抗拉　　　　　　　　　　　　B 抗压
    C 抗弯　　　　　　　　　　　　D 抗剪

36. 蒸压灰砂砖砌体，应用专用的砌筑砂浆，下列哪种砂浆不能使用？
    A Ms25　　　　　　　　　　　　B Ms5
    C Ms7.5　　　　　　　　　　　　D Ms10

37. 关于钢筋混凝土结构隔震设计的作用的说法，下列错误的是(　　)。
    A 自振周期长，隔震效率高　　　B 抗震设防烈度高，隔震效率高
    C 钢筋混凝土结构高宽比宜小于4　D 风荷载水平力不宜超过结构总重的10%

38. 如图所示，下列桩基础深度错误的是(　　)。
    A A　　　　　　　　　　　　　B B
    C C　　　　　　　　　　　　　D D

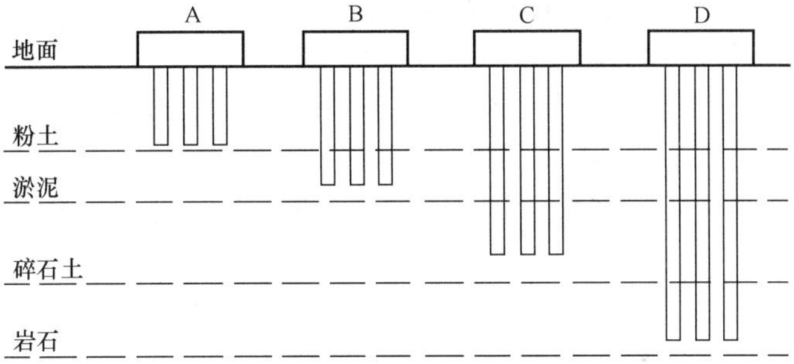

题38图

39. 跨度48m的羽毛球场使用平面网架，其合理网架高度是（ ）。
    A 2m   B 4m   C 6m   D 8m

40. 8度（0.30g）抗震设防，现浇钢筋混凝土医院建筑，建筑高度48m，一层为门诊，以上为住院部，结构可选择（ ）。
    A 框架结构   B 框架—剪力墙   C 剪力墙   D 板柱—剪力墙

41. 7度抗震设防地区，关于双塔连体建筑说法错误的是（ ）。
    A 平面布局、刚度相同或相近
    B 抗侧力构件沿周边布置
    C 采用刚性连接
    D 外围框架和塔楼刚性连接时，不伸入塔楼内部结构

42. 8度抗震设防高层商住，部分框支剪力墙转换层结构说法错误的是（ ）。
    A 转换梁不宜开洞
    B 转换梁截面高度不小于计算跨度的1/8
    C 可以用厚板
    D 位置不超过3层

43. 下列关于建筑隔震后水平地震作用减小的原因，正确的是（ ）。
    A 结构阻尼减小   B 延长结构的自振周期
    C 支座水平刚度增加   D 支座竖向刚度增大

44. 抗震7度设防钢筋混凝土框架-剪力墙住宅呈十字形，说法错误的是（ ）。
    A 突出长度不宜过长   B 突出宽度不宜过窄
    C 结构扭转位移不宜过大   D 剪力墙不宜布置在端部

45. 7度抗震设防钢筋混凝土弹性位移转角限值最大的是（ ）。
    A 框架   B 框剪   C 筒中筒   D 板柱—剪力墙

46. 组合工字形截面的钢梁验算腹板高厚比的目的是（ ）。
    A 控制刚度   B 控制强度
    C 控制整体稳定   D 控制局部稳定

47. 关于钢框架结构，说法错误的是（ ）。
    A 自重轻，其基础的造价低   B 延性好，抗震好
    C 变形小，刚度大   D 地震时弹塑性变形阶段耗能大，阻尼比小

48. 采用梁宽大于柱宽的扁梁作为框架时,错误的是( )。
   A 扁梁宽不应大于柱宽的二倍　　　　B 扁梁不宜用于一、二级框架结构
   C 扁梁应双向布置,梁中线与柱中线重合　D 扁梁楼板应现浇

49. 型钢混凝土梁在型钢上设置栓钉受的力是( )。
   A 拉力　　　B 压力　　　C 弯力　　　D 剪力

50. 高层防震缝缝宽可不考虑( )。
   A 结构类型　　B 场地类别　　C 不规则程度　　D 技术经济因素

51. 建筑形式严重不规则的说法正确的是( )。
   A 不能建　　　　　　　　　　B 专门论证,采取加强措施
   C 按规定采取加强措施　　　　D 抗震性能强化设计

52. 下列构造柱设置的说法,错误的是( )。
   A 可以提高墙体的刚度和稳定性
   B 应与圈梁可靠连接
   C 施工时应先现浇构造柱,后砌筑墙体,从而保证构造柱的密实性
   D 可提高砌体结构的延性

53. 下列无梁楼盖开洞的形式,对结构竖向承载力影响最小的是( )。

54. 下列为框架体系结构的立面,其中抗震最好的是( )。

55. 下列对地震烈度和地震震级的说法正确的是( )。
   A 一次地震可以有不同地震震级　　B 一次地震可以有不同地震烈度
   C 一次地震的震级和烈度相同　　　D 我国地震划分标准同其他国家一样

56. 结构体中,与建筑水平地震作用成正比的是( )。
   A 自振周期　　B 自重　　C 结构阻尼比　　D 材料强度

57. 对建筑场地危险地段说法错误的是( )。
   A 禁建甲类　　　　　　　　B 禁建乙类

C 不应建丙类   D 采取措施可以建丙类

58. 如图所示建筑，其结构房屋高度为（　　）。

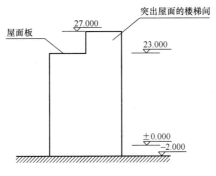

题 58 图

A 23m   B 25m   C 27m   D 29m

59. 抗震性能延性最差的是（　　）。
   A 钢筋混凝土结构   B 钢结构
   C 钢柱混凝土结构   D 砌体结构

60. 下图中存在地基稳定性隐患的是（　　）。

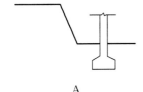　　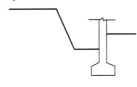
　　A　　　　　　　　　B

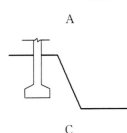　　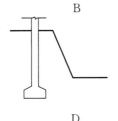
　　C　　　　　　　　　D

61. 底面为正方形的独立基础，边长2m，已知修正后的地基承载力特征值为150kPa，其最大可承担的竖向力标准值是（　　）。
   A 150kN   B 300kN   C 600kN   D 1200kN

62. 9层的医院，标准层荷载设计值19.7kN/m²，柱网为8.4m×8.4m，$\mu=0.85$，公式：$\mu=N/(f_c \times A)$，其中$f_c=23.1\text{N/mm}^2$，柱子边长大小为（　　）。
   A 600mm   B 700mm   C 800mm   D 900mm

63. 叠合板正确的后浇叠合层最小厚度为（　　）。
   A 50mm   B 60mm   C 70mm   D 80mm

64. 抗震设防地区，烧结普通砖和砌筑砂浆的强度等级分别不应低于（　　）。
   A MU15，M5   B MU15，M7.5   C MU10，M5   D MU10，M7.5

65. 关于立体桁架，说法错误的是（　　）。
   A 截面可为矩形、正三角形或者倒三角形

B 下弦节点支撑时，应设置可靠的防侧倾体系
C 平面外刚度较大，有利于施工吊装
D 具有较大的侧向刚度，可取消平面外稳定支撑

66. 抗震设计时，混凝土高层建筑大底盘多塔结构的以下说法，错误的是（   ）。
    A 上部塔楼结构的综合质心与底盘结构质心的距离不宜大于底盘相应边长的20%
    B 各塔楼的层数、平面和刚度宜接近，塔楼对底盘宜对称布置
    C 当塔楼结构相对于底盘结构偏心收进时，应加强底盘周边竖向构件的配筋构造措施
    D 转换层设置在底盘上层的塔楼内

67. 8度抗震区，两栋40m的建筑，抗震缝最大的是（   ）。
    A 两栋为框架结构
    B 两栋为抗震墙结构
    C 两栋为框架-抗震墙结构
    D 一栋为抗震墙结构，一栋为框架-抗震墙结构

68. 下列屋架受力特性从好到差，排序正确的是（   ）。
    A 拱屋架、梯形屋架、三角屋架   B 三角屋架、拱屋架、梯形屋架
    C 拱屋架、三角屋架、梯形屋架   D 三角屋架、梯形屋架、拱屋架

69. 7度抗震条件下，3层学校的建筑结构适合用（   ）。
    A 剪力墙   B 框架—剪力墙   C 框架   D 框筒

70. 下列框架—核心筒平面不可能的是（   ）。

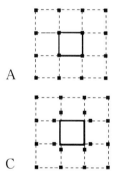

71. 下图哪一个剪力墙的布置合理？

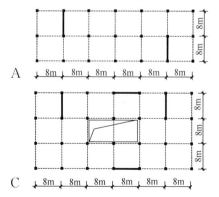

72. 最适合斜杆截面的材料是( )。

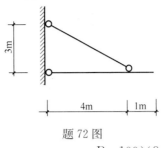

题 72 图

A ϕ50 圆钢 B 100×8 扁钢
C ϕ216 预应力钢绞线 D ϕ102×6 钢管

73. 钢筋混凝土简支梁截面尺寸如下图,混凝土为 C30,HRB335 钢筋,梁能承受的弯矩设计值为( )。

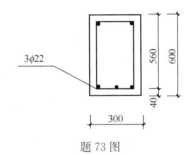

题 73 图

A 30kN·m B 50kN·m C 100kN·m D 172kN·m

74. 高层混凝土装配整体式结构的说法,错误的是( )。

A 所有楼板(楼盖)使用装配式以提高装配率
B 剪力墙结构底部加强部位的剪力墙宜采用现浇混凝土
C 框架结构首层柱宜采用现浇混凝土
D 宜设置地下室,地下室宜采用现浇混凝土

75. 抗震设计中,箍筋需要全高加密的框架柱,正确的是( )。

A 特一级框架中柱,一级框架边柱,一级和二级框架角柱
B 剪跨比不大于2的短柱,一级框架边柱,一级和二级框架角柱
C 框支柱,一级框架边柱,剪跨比不大于2的短柱
D 框支柱,一级和二级框架角柱,剪跨比不大于2的短柱

76. 仅可用先张法施工的是( )。

A 预制预应力梁
B 无粘结预应力混凝土板柱结构
C 在预制构件厂批量制造,便于运输的中小型构件
D 纤维增强复合材料预应力筋

77. 单层钢结构厂房,下列说法错误的是( )。

A 横向抗侧力体系,可采用铰接框架
B 纵向抗侧力体系,必须采用柱间支撑
C 屋盖横梁与柱顶铰接时,宜采用螺栓连接

D 设置防震缝时,其缝宽不宜小于单层混凝土柱厂房防震缝宽度的1.5倍

78. 压缩性高的地基,为了减少沉降,以下说法错误的是(　　)。
   A 减少主楼及裙房自重
   B 不设置地下室或半地下室
   C 采用覆土少、自重轻的基础形式
   D 调整基础宽度或埋置深度

79. 重载钢结构楼盖,采用H型钢,能有效增强钢结构整体稳定性的是(　　)。
   A 受压翼缘增加刚性铺板并牢固粘接
   B 采用腹板开孔梁
   C 增加支承加劲肋
   D 配置横向加劲肋和纵向加劲肋

80. 简支工字形截面钢梁,型号Ⅰ28a,$I_x=7115cm^4$,Q235B,钢材的抗弯强度设计值 $f=215N/mm^2$,在均布荷载作用下,绕x轴的抗弯承载设计值为(　　)。
   A 109kN·m   B 153kN·m
   C 219kN·m   D 455kN·m

81. 关于抗震设计的高层框架结构房屋结构布置,说法正确的是(　　)。
   A 框架应设计成双向梁柱抗侧力体系,梁柱节点可以采用铰接
   B 任何部位都不可采用单跨框架
   C 可不考虑砌体填充墙布置对建筑结构抗震的影响
   D 楼梯间布置应尽量减小其造成的结构平面不规则

82. 在部分框支剪力墙结构中,关于转换层楼板的描述,错误的是(　　)。
   A 楼板厚度不小于150mm
   B 落地剪力墙和筒体外围的楼板不宜开洞
   C 楼板边缘设置边梁
   D 应双层双向配筋

83. 对抗震最有利的场地为(　　)。
   A I_0 B I_1 C Ⅱ   D Ⅲ

84. 抗震钢框架柱,对下面哪个参数不作要求?
   A 剪压比   B 长细比   C 侧向支承   D 宽厚比

85. 关于抗震区超高层建筑设置结构转换层的表述,错误的是(　　)。
   A 转换层可结合设备层设置
   B 采用转换厚板时,楼板厚度不宜小于150mm
   C 地面设置转换层时,转换结构构件可采用厚板
   D 转换梁截面高度不宜小于计算跨度的1/8

86. 关于级配砂石,说法正确的是(　　)。
   A 粒径小于20mm的砂石   B 粒径大于20mm的砂石
   C 天然形成的砂石   D 各种粒径按一定比例混合后的砂石

87. 图示基础地下水位上升超过设计水位时,不可能发生的变形是(　　)。
   A 滑移   B 墙体裂缝   C 倾覆   D 上浮

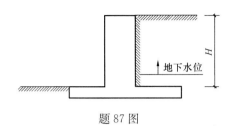

题87图

88. 某3层框架结构宿舍楼,地下一层经地勘表明,该建筑场地范围-2m到-20m均为压缩性轻度非液化黏土层,其下为砂土层、砂石层,建筑最佳的地基方案是( )。
   A 天然地基　　　B CFG转换地基　　C 夯实地基　　　D 换填地基

89. 高度为230m的高层建筑,其基础埋深不宜小于多少?
   A 11m　　　　　B 12m　　　　　　C 13m　　　　　D 14m

90. 医院的住院病房楼不适用哪种剪力墙形式?
   A 一字形　　　　B L形　　　　　　C T形　　　　　D 〔形

91. 图示结构C点处的轴力为( )。

   A 40kN　　　　　B $\frac{80}{3}\sqrt{3}$kN

   C 10kN　　　　　D $\frac{20}{3}\sqrt{3}$kN

92. 基坑支护的设计使用年限为( )。
   A 1年　　　　　　B 10年
   C 30年　　　　　 D 50年

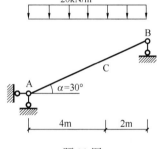

题91图

93. 下述关于建筑高度不大于120m的幕墙平面内变形,说法正确的是( )。
   A 幕墙变形限值大于主体结构弹性变形限值
   B 幕墙变形限值宜取主体结构弹性变形限值
   C 建筑高度越高对幕墙变形性能限值要求越高
   D 钢结构的幕墙变形限值高于钢筋混凝土结构的幕墙变形限值

94. 120m跨度的体育馆采用什么结构,钢用量最省?
   A 悬索结构　　　B 桁架结构　　　C 网架结构　　　D 网壳结构

95. 预应力混凝土结构的混凝土强度等级不宜低于( )。
   A C20　　　　　　B C30
   C C35　　　　　　D C40

96. 图示结构中C点内力为( )。
   A 无内力　　　　　B 有剪力
   C 有剪力、轴力　　D 有剪力、弯矩、轴力

97. 结构设计中,无屈服点钢筋单调加载的应力—应变关系曲线为( )。

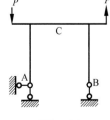

题96图

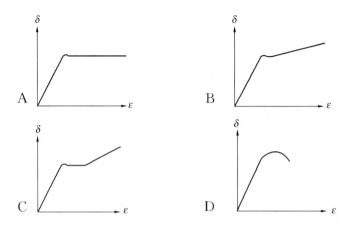

98. 三铰拱的受力特点是(   )。
   A 在竖向荷载作用下,除产生竖向反力外,还产生水平推力
   B 竖向反力为 0
   C 竖向反力随着拱高增大而增大
   D 竖向反力随着拱高增大而减小

99. 现场焊接的单面角焊缝是(   )。

100. 图示钢结构属于什么连接?

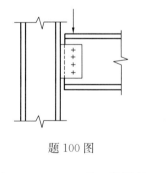

题 100 图

   A 刚接   B 铰接   C 半刚接   D 半铰接

2019 年试题解析及答案

1. **解析**:去掉上、下两根横杆,则成为由 7 个二元体组成的静定结构,故有两个多余约束,属于 2 次超静定结构。

答案：C

2. **解析**：去掉左、右两端的两个固定铰支座（即去掉 4 个多余约束）后，成为一个静定的三铰结构；故有 4 个多余约束，属于 4 次超静定结构。

   答案：D

3. **解析**：题图所示桁架受到一组相互平衡的力系作用，根据"加减平衡力系原理"，这一组力系不会产生支座反力。因此，两个端点都可以看作无外力作用的两杆节点，故与这两个端点相连的 4 根杆都是零杆。

   答案：D

4. **解析**：首先分析 DE 杆的受力，可知其受力为 0。再依次分析 BCD 杆和 AB 杆的受力，可知其受力图如题 4 解图所示，故 AB 杆和 BC 杆受力不为 0，内力也不为 0。

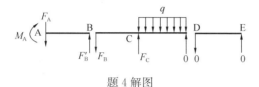

题 4 解图

   答案：B

5. **解析**：首先从中间铰链处断开，为方便起见，把中间铰链 B 连同其上作用的集中力 8kN 放在 AB 杆上，把均布力的合力用集中力 16kN 代替，作用在 CD 段的中点，如题 5 解图所示。

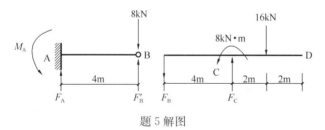

题 5 解图

   取 BCD 杆为研究对象，$\sum M_C=0$，可得到：$F_B\times 4+8=16\times 2$，所以，$F_B=6$。再取 AB 杆为研究对象，由直接法可得：$M_A=6\times 4-8\times 4=-8$kN·m（绝对值为 8kN·m）。

   答案：A

6. **解析**：题目中所列四个结构在外部荷载作用下的弯矩图，A 选项显然是错误的，因为在中间铰链处，没有集中力偶作用，弯矩应该是 0，不是 0 就是错误的。其他三个弯矩图正确。

   答案：A

7. **解析**：此题为对称结构受对称荷载作用，对称轴上 K 形节点的 2 根斜杆为反对称内力的杆，这 2 根杆为零杆。再根据三杆节点的零杆判别法可知，2 根竖杆也是零杆，故有 4 根零杆。

   答案：D

8. **解析**：A 点可以看作是桁架结构中的两杆节点，无外力作用，所以 A 点的链杆支座是零杆，A 点的支座反力是 0。

答案：A

9. 解析：根据本丛书教材上图 8-89 有关利用对称性求解超静定结构的有关分析结果可知，只有 D 选项是正确的。

答案：D

10. 解析：根据受力分析可知，右下角的链杆支座只有一个垂直向上的支座反力，所以右侧的杆没有弯矩，故排除 A、B 选项；而 C 选项不符合把弯矩画在受拉一侧的规律，故 D 选项正确。

答案：D

11. 解析：根据 BC 段的受力分析，可知 BC 杆上没有任何外力，所以原结构受力相当于一个悬臂刚架 AB 受一个集中力 P 作用，而且横梁上没有轴力，故 A 选项正确。

答案：A

12. 解析：如题 12 解图所示，节点 A 和 B 是属于两杆节点，故杆 1、2、3、4 均为零杆；而 C、D、E 3 个节点均属于三杆节点，故杆 5、6、7 亦为零杆。共有 7 根零杆。

答案：D

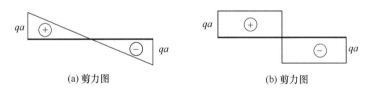

题 12 解图

13. 解析：图示两根梁的支座反力相同，都是 qa；最大剪力相同，也都是 qa，但是剪力图不同，如解图所示；故 A、B、D 选项都是正确的。

题 13 解图

答案：C

14. 解析：根据梁的弯矩图的端点规律，左端没有集中力偶，故弯矩为零；右端有集中力偶，右端弯矩就是集中力偶的力偶矩 M；故 D 选项正确。

答案：D

15. 解析：由节点法，可以从节点 C 求出 $N_{BC}=N_{CD}=0$，从节点 B 求出 $N_{BA}=P$，$N_{BD}=-\sqrt{2}P$；从节点 D 求出 $N_{AD}=P$；可见 BD 杆的轴力最大，杆件最长。由胡克定律可知：$\Delta l=\dfrac{Nl}{EA}$，所以最有效的方法是增加 BD 杆的轴向刚度 EA。

答案：C

16. 解析：从超静定结构的有关例题可以看出，超静定梁的弯矩大小与其本身的抗弯刚度 EI 的大小无关。

答案：B

17. 解析：图示刚架 O 点的水平位移和刚架的总体刚度（特别是两个竖杆的刚度）成反

比。由于 C 选项的总体刚度之和最大，为 $5EI$，所以 C 选项中 O 点的水平位移最小。

答案：C

18. 解析：题图所示两铰拱水平推力不是 0，而且支座竖向反力和同等条件简支梁的竖向反力相同，所以 B、C 选项的说法都是错误的。

    答案：B、C

19. 解析：图示刚架左侧支座发生沉降，相当于在左侧支座产生一个向下的垂向力，相应地右侧支座也要产生一个向上的垂向力，而水平横梁上则无轴向力，故 B 选项正确。

    答案：B

20. 解析：因为结构对称，环境温度变化 Δt 也是对称的，所以题图所示超静定结构的变形也是对称的。由于变形的累积效应，越往外累积的变形越大，相应的弯矩也越大，故 B 选项正确。

    答案：B

21. 解析：根据《混凝土规范》第 4.1.5 条，相同强度等级混凝土的受压和受拉弹性模量相等，A 选项正确。

    答案：A

22. 解析：影响砌体强度的主要因素为砌块和砂浆的强度、砌块的表面平整度和几何尺寸，以及砌筑质量；C 选项加厚灰缝对提高砌体的抗压强度并无帮助。C 选项错误。

    答案：C

23. 解析：由《砌体规范》第 4.3.5 条表 4.3.5 可知，地面以下含水饱和环境中所用砌块和砂浆的最低强度等级分别为 MU15 和 M10。D 选项正确。

    答案：D

24. 解析：大型博物馆建筑属于特别重要的建筑结构，设计使用年限应为 100 年。根据《混凝土规范》第 3.5.5 条，一类环境中，设计使用年限为 100 年的钢筋混凝土结构的最低强度等级为 C30。

    答案：C

25. 解析：根据《混凝土规范》第 4.2.3 条，对轴心受压构件，当采用 HRB500、HRBF500 钢筋时，钢筋的抗压强度设计值应取 400N/mm^2，而抗拉强度设计值为 435 N/mm^2。

    答案：A

26. 解析：6061 铝合金的线膨胀系数为 $1.881 \times 10^{-5} \sim 2.360 \times 10^{-5}/℃$，钢材的线膨胀系数为 $1.2 \times 10^{-5}/℃$；故 B 选项错误，其他选项均正确。

    答案：B

27. 解析：根据《木结构标准》第 3.1.3 条，方木原木结构的构件设计时，应根据构件的主要用途选用相应的材质等级。当采用目测分级木材时，不应低于表 3.1.3-1（题 27 解表）的要求。经查表可知，题目中的方木原木目测材质等级为 I_a 级，适用于受拉或拉弯构件。

方木原木构件的材质等级要求　　　　题 27 解表

项次	主要用途	最低材质等级
1	受拉或拉弯构件	I$_a$
2	受弯或压弯构件	II$_a$
3	受压构件及次要受弯构件	III$_a$

答案：A

28. **解析**：根据《抗震规范》第 6.3.5 条第 1 款，柱的截面尺寸，宜符合下列要求：框架柱的截面宽度和高度，四级或不超过 2 层时不宜小于 300mm，一、二、三级且超过 2 层时不宜小于 400mm；圆柱的直径，四级或不超过 2 层时不宜小于 350mm，一、二、三级且超过 2 层时不宜小于 450mm。

本题是 3 层，抗震等级为三级的框架柱最小截面不宜小于 400mm×400mm，故 C 选项为最小截面。

（注：柱截面长边与短边的边长比不宜大于 3。）

答案：C

29. **解析**：根据《抗震规范》第 3.9.2 条第 2 款 2)，抗震等级为一、二、三级的框架和斜撑构件（包括梯段），其纵向受力钢筋采用普通钢筋时，钢筋的抗拉强度的实测值与屈服强度实测值的比值不应小于 1.25；钢筋的屈服强度实测值与屈服强度标准值的比值不应大于 1.3，且钢筋在最大拉力下的总伸长率实测值不应小于 9%，不包括 D 选项。

答案：D

30. **解析**：圆形截面受力性能最好，在受压承载力相同的条件下，圆形钢管混凝土的截面面积最小。

答案：A

31. **解析**：根据《钢结构标准》第 4.4.1 条，钢材的设计用强度指标，应根据钢材牌号、厚度或直径按表 4.4.1 采用。由此可知，钢材的设计强度与质量等级无关。

答案：D

32. **解析**：同等级的混凝土，强度设计值低于强度标准值，抗拉强度低于抗压强度，因此轴心抗拉强度设计值最低。

答案：B

33. **解析**：根据《混凝土规范》第 3.5.3 条表 3.5.3，影响混凝土材料耐久性的因素包括：环境等级、最大水胶比、最低强度等级、最大氯离子含量以及最大碱含量，不包括混凝土保护层厚度。

答案：C

34. **解析**：根据《耐候结构钢》GB/T 4171—2008 第 3.1 条，耐候钢是通过添加少量合金元素，如 Cu、P、Cr、Ni 等，使其在金属基体表面形成保护层，以提高耐大气腐蚀性能的钢；因此，适用于车辆、集装箱、建筑、塔架和其他结构。海岛上的钢结构观光塔应采用具有耐大气腐蚀性能的热轧和冷轧钢板、钢带和型钢，故 D 选项正确。

答案：D

35. **解析**：赵州桥为拱结构，拱结构是以受压为主的结构形式。

答案：B

36. **解析**：根据《砌体规范》第3.1.3条第1款，蒸压灰砂普通砖和蒸压粉煤灰普通砖砌体采用的专用砌筑砂浆强度等级：Ms15、Ms10、Ms7.5、Ms5.0；其中没有Ms25，A选项符合题意。

    答案：A

37. **解析**：根据《抗震规范》第12.1.1条注1，隔震设计是指在房屋基础、底部或下部结构与上部结构之间设置由橡胶隔震支座和阻尼装置等部件组成的具有整体复位功能的隔震层，以延长整个结构体系的自振周期，减少输入上部结构的水平地震作用，从而消除或有效地减轻结构和非结构的地震损坏，达到预期的防震要求。故A项正确。

    第12.1.3条第1款，建筑结构采用隔震设计时，结构高宽比宜小于4；故C选项正确。

    第12.1.3条第3款，风荷载和其他非地震作用的水平荷载标准值产生的总水平力不宜超过结构总重力的10%；故D选项正确。

    B选项抗震设防烈度高，隔震效率高的说法错误。

    答案：B

38. **解析**：《地基规范》第7.2.1条第1款，淤泥和淤泥质土（属于软弱地基），宜利用其上覆较好土层作为持力层，当上覆土层较薄，应采取避免施工时对淤泥和淤泥质土扰动的措施。

    第8.5.2条第4款，桩基宜选用中、低压缩性土层作桩端持力层；故桩基础深度错误的是B选项。

    答案：B

39. **解析**：根据《网格规程》第3.2.5条，网架的网格高度与网格尺寸应根据跨度大小、荷载条件、柱网尺寸、支承情况、网格形式以及构造要求和建筑功能等因素确定，网架的高跨比可取1/10~1/18。题目中的羽毛球场地跨度为48m，根据规范要求，跨度应为2.6~4.8m，故B选项正确。

    答案：B

40. **解析**：根据《高层混凝土规程》第3.3.1条表3.3.1-1、《抗震规范》第6.1.1条表6.1.1，对医院建筑高度48m的要求，在8度（0.30g）结构体系适用的最大高度分别是：框架—剪力墙80m，框架35m，板柱—剪力墙40m，剪力墙80m。考虑医院建筑功能的多样化需求，只有框架—剪力墙结构能同时满足抗震设防、建筑高度和医院建筑功能的要求。

    答案：B

41. **解析**：根据《高层混凝土规程》第10.5.1条，连体结构各独立部分宜有相同或相近的体型、平面布置和刚度；故A选项正确。

    第10.5.4条，连体结构的连体部位受力复杂，连体部分的跨度一般也大，因此宜采用刚性连接的连体形式（故C选项正确）。刚性连接时，连接体结构的主要结构构件应至少伸入主体结构一跨并可靠连接；必要时可延伸至主体部分的内筒，并与内筒可靠连接。D选项"不伸入塔楼内部结构"说法错误。

    答案：D

42. **解析**：根据《高层混凝土规程》第10.2.4条，带转换层的剪力墙结构（部分框支剪力墙结构),非抗震设计和6度抗震设计时可采用厚板,7、8度抗震设计时地下室的转换结构构件可采用厚板,本题是8度抗震设防;故C选项错误。

第10.2.5条,部分框支剪力墙结构在地面以上设置转换层的位置,8度时不宜超过3层,7度时不宜超过5层,6度时可适当提高;故D选项正确。

第10.2.8条第2、6款:转换梁截面高度不宜小于计算跨度的1/8。转换梁不宜开洞;若必须开洞时,洞口边离开支座柱边的距离不宜小于梁截面高度。故A、B选项正确。

答案:C

43. 解析:《抗震规范》第12.1.1条注1,隔震设计是指在房屋基础、底部或下部结构与上部结构之间设置由橡胶隔震支座和阻尼装置等部件组成的具有整体复位功能的隔震层,通过延长整个结构体系的自振周期,减少输入上部结构的水平地震作用,以达到预期的防震要求;故B选项正确。

答案:B

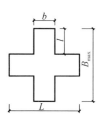

题43解图 建筑平面示意

44. 解析:根据《高层混凝土规程》第3.4.3条第3款,平面突出部分的长度 l 不宜过大、宽度 b 不宜过小(图3.4.3,即题44解图), l/B_{max}、l/b 宜符合表3.4.3(题44解表)的要求。故A、B选项正确。

平面尺寸及突出部位尺寸的比值限值　　　　题44解表

设防烈度	L/B	l/B_{max}	l/b
6、7度	≤6.0	≤0.35	≤2.0
8、9度	≤5.0	≤0.30	≤1.5

第8.1.7条第2款,框架—剪力墙结构中剪力墙的布置,当平面形状凹凸较大时,宜在凸出部分的端部附近布置剪力墙;故D选项"不宜布置在端部"错误。

答案:D

45. 解析:根据《抗震规范》第5.5.1条表5.5.1(题45解表),在抗震设防地区,钢筋混凝土弹性层间位移角限值最大的是框架结构,其次是框架—剪力墙结构和板柱—剪力墙结构,最小的是筒中筒结构;故A选项正确。

弹性层间位移角限值　　　　题45解表

结构类型	$[\theta_e]$
钢筋混凝土框架	1/550
钢筋混凝土框架—抗震墙、板柱—抗震墙、框架—核心筒	1/800
钢筋混凝土抗震墙、筒中筒	1/1000
钢筋混凝土框支层	1/1000
多、高层钢结构	1/250

答案:A

46. 解析:钢梁腹板的高厚比超过限值后,板件会发生局部失稳,导致梁的承载力无法得到充分利用。根据《钢结构标准》第8.4.1条，实腹压弯构件要求不出现局部失稳者，其腹板高厚比、翼缘宽厚比应符合本标准表3.5.1规定的压弯构件S4级截面要求。故D选项正确。

答案：D

47. 解析：钢结构的受力特点是：强度高，自重轻；震动周期长，阻尼比小；刚度小，弹塑性变形大，但破坏程度小，故C选项错误。

（注：阻尼指使振幅随时间衰减的各种因素。阻尼比指实际的阻尼与临界阻尼的比值，表示结构在受激振后振动的衰减形式。）

答案：C

48. 解析：根据《抗震规范》第6.3.2条第1款，采用扁梁的楼、屋盖应现浇，梁中线宜与柱中线重合，扁梁应双向布置（C、D选项正确）。扁梁的截面宽度b_b不应大于柱截面宽度b_c的二倍（A选项正确）。

第6.3.2条第2款，扁梁不宜用于一级框架结构（B选项错误）。

答案：B

49. 解析：型钢混凝土梁受弯时，型钢上设置栓钉是为了阻止型钢与混凝土之间的相对滑移错动，使横截面保持平截面，此滑移错动在栓钉上产生的是剪力。

答案：D

50. 解析：根据《高层混凝土规程》第3.4.9条，抗震设计时，体型复杂、平立面不规则的高层建筑，应根据不规则的程度、地基基础条件和技术经济等因素比较分析，确定是否设置防震缝。

条文说明第3.4.10条，防震缝宽度原则上应大于两侧结构允许的地震水平位移之和。

另据《抗震规范》第3.4.5条第2款，防震缝应根据抗震设防烈度、结构材料种类、结构类型、结构单元的高度和高差以及可能的地震扭转效应的情况，留有足够的宽度，其两侧的上部结构应完全分开。

高层建筑防震缝的设置宽度与场地类别无关，B选项符合题意。

答案：B

51. 解析：根据《抗震规范》第3.4.1条，建筑设计应根据抗震概念设计的要求明确建筑形体的规则性。不规则的建筑应按规定采取加强措施；特别不规则的建筑应进行专门研究和论证，采取特别的加强措施；严重不规则的建筑不应采用。

答案：A

52. 解析：根据《抗震规范》第3.9.6条，为确保砌体抗震墙与构造柱、底层框架柱的连接，以提高抗侧力砌体墙的变形能力，其施工应先砌墙后浇构造柱和框架梁柱；故C选项说法错误。

答案：C

53. 解析：本题考核的是"板柱—剪力墙"结构，根据《高层混凝土规程》第8.2.4条第3款，板的构造设计应符合：无梁楼板开局部洞口时，应验算承载力及刚度要求。当未作专门分析时，在板的不同部位开单个洞的大小应符合图8.2.4（题53解图）的要求。所有洞边均应设置补强钢筋。

365

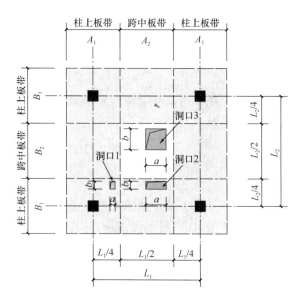

题 53 解图　无梁楼板开洞要求

注：a 为洞口短边尺寸，b 为洞口长边尺寸，a_c 为相应于洞口短边方向的柱宽，b_c 为相应于洞口长边方向的柱宽，t 为板厚；洞口 1：$a \leqslant a_c/4$ 且 $a \leqslant t/2$，$b \leqslant b_c/4$ 且 $b \leqslant t/2$；洞口 2：$a \leqslant A_2/4$ 且 $b \leqslant B_1/4$；洞口 3：$a \leqslant A_2/4$ 且 $b \leqslant B_2/4$

图中柱中心线两侧各 $L_1/4$ 或 $L_2/4$ 宽的板称为柱上板带；柱距中间 $L_1/2$ 或 $L_2/2$ 宽的板称为跨中板带。A 选项洞口位于跨中板带，B、C、D 选项洞口均位于柱上板带。在实际工程中，柱上板带通常为配筋加强区，不宜开洞或只能开较小尺寸的洞。

规程要求：柱托板的长度和厚度应按计算确定，且每方向长度不宜小于板跨度的 1/6，其厚度不宜小于板厚度的 1/4。7 度时宜采用有柱托板，8 度时应采用有柱托板。板柱结构的板柱节点破坏较为严重，包括板的冲切破坏或柱端破坏。D 选项的洞口与柱托（柱帽）相交，削弱了抗冲切承载力。

答案：A

54. **解析：**根据《抗震规范》第 3.4.2 条，建筑设计宜择优选用规则的形体，其抗侧力构件的平面布置宜规则对称、侧向刚度沿竖向宜均匀变化、竖向抗侧力构件的截面尺寸和材料强度宜自下而上逐渐减小、避免侧向刚度和承载力突变。

另据《高层混凝土规程》第 3.5.4 条，抗震设计时，结构竖向抗侧力构件宜上、下连续贯通；故抗震效果最好的是 D 选项。

答案：D

55. **解析：**地震震级代表地震本身的大小强弱，由震源发出的地震波能量来决定；地震烈度指地震时某一地区的地面和各类建筑物遭受一次地震影响的强弱程度。对于同一次地震，只有一个震级，但可以有不同地震烈度。

答案：B

56. **解析：**下述各项与建筑水平地震作用之间的关系是：地震烈度增大一度，地震作用增大一倍；建筑的自重越大，地震作用越大；建筑结构的自振周期越小，地震作用越大；结构阻尼比越大，地震作用越小；地震作用与材料强度无关。故与建筑水平地震作用成正比关系的是 B 选项。

答案：B

57. 解析：根据《抗震规范》第 3.3.1 条，选择建筑场地时，应根据工程需要和地震活动情况、工程地质和地震地质的有关资料，对抗震有利、一般、不利和危险地段做出综合评价。对不利地段，应提出避开要求；当无法避开时应采取有效的措施。对危险地段，严禁建造甲、乙类的建筑，不应建造丙类的建筑。

答案：D

58. 解析：根据《抗震规范》第 6.1.1 条表 6.1.1 注 1，房屋高度是指室外地面（−2.000m）到主要屋面板板顶的高度（23.000m）（不包括局部突出屋顶部分），因此建筑高度为 23m+2m=25m。

答案：B

59. 解析：砌体结构的块材是刚性材料，自重大，砂浆与砖石等块体之间的粘结力弱，无筋砌体的抗拉、抗剪强度低，整体性、延性差，所以抗震性能延性最差的是砌体结构。

答案：D

60. 解析：如本题 C 选项所示，由于一侧开挖很深，造成开挖侧的土压力减小，地基两侧受力不平衡，有可能导致房屋向开挖的一侧倾斜，存在地基稳定性隐患。

答案：C

61. 解析：《地基规范》第 5.2.1 条第 1 款，对基础底面为正方形的独立基础，当轴心荷载作用时，应满足：

$$p_k \leq f_a \qquad (5.2.1\text{-}1)$$

式中 f_a——修正后的地基承载力特征值（kPa）：$f_a=150$kPa；

p_k——相应于作用的标准组合时，基础底面处的平均压力值（kPa）：$p_k=N_k/A$。

代入相应数据：$p_k=N_k/A \leq f_a$，其中基础面积 $A=2\times 2=4\text{m}^2$；

则：$N_k \leq f_a \times A=150\times 4=600$kN；即最大可承担的竖向力标准值 N_k 为 600kN。

答案：C

62. 解析：根据《抗震规范》第 6.3.6 条，对于有抗震设防要求的框架结构，为保证柱有足够的延性，需要限制柱轴压比，柱轴压比不宜超过表 6.3.6（题 62 解表）的规定。

柱轴压比限值　　　　　　　　　　　　　　　　　　题 62 解表

结构类型	抗震等级			
	一	二	三	四
框架结构	0.65	0.75	0.85	0.90
框架—抗震墙、板柱—抗震墙、框架—核心筒及筒中筒	0.75	0.85	0.90	0.95
部分框支抗震墙	0.60	0.70	—	—

根据题意，应满足：$\mu=N/(f_c \times A)=0.85$；

其中，轴向压力设计值：$N=19.7\text{kN/m}^2 \times 8.4\text{m} \times 8.4\text{m} \times 9$（层）$=12510.288$kN（因未给出屋面荷载设计值，按标准层荷载设计值计算）；

代入轴压比公式，则：$b \times h = A = N/(\mu \times f_c) = 637.142 \times 10^3 \text{ mm}^2$，$b = h = 798.2 \text{mm}$；

规范规定此计算结果是最小值。柱子边长取 C 选项 800mm 合适。

注：柱轴压比指柱考虑地震作用组合的轴压力设计值与柱的全截面面积和混凝土轴心抗压强度设计值乘积的比值。

答案：C

63. **解析**：根据《混凝土规范》第 9.5.2 条第 2 款，混凝土叠合板的叠合层混凝土的厚度不应小于 40mm，混凝土强度等级不宜低于 C25。

另根据《装配式混凝土结构技术规程》JGJ 1—2014 第 6.6.2 条第 1 款，叠合板的预制板厚度不宜小于 60mm，后浇混凝土叠合层厚度不应小于 60mm。

答案：B

64. **解析**：根据《抗震规范》第 3.9.2 条第 1 款 1)，砌体结构普通砖和多孔砖的强度等级不应低于 MU10，其砌筑砂浆强度等级不应低于 M5。

（注：混凝土小型空心砌块的强度等级不应低于 MU7.5，其砌筑砂浆强度等级不应低于 Mb7.5。）

答案：C

65. **解析**：根据《网格规程》第 2.1.20 条，立体桁架是由上弦、腹杆与下弦杆构成的横截面为三角形或四边形的格构式桁架。故 A 选项正确。

第 3.4.4 条，立体桁架支承于下弦节点时桁架整体应有可靠的防侧倾体系，曲线形的立体桁架应考虑支座水平位移对下部结构的影响。故 B 选项正确。

第 3.4.5 条，对立体桁架、立体拱架和张弦立体拱架应设置平面外的稳定支撑体系。故 D 选项"可取消平面外稳定支撑"的说法错误。当立体桁架应用于大、中跨度屋盖结构时，其平面外的稳定性应引起重视，应在上弦设置水平支撑体系（结合檩条）以保证立体桁架（拱架）平面外的稳定。

答案：D

66. **解析**：根据《高层混凝土规程》第 10.6.3 条第 1、2 款及其条文说明，转换层宜设置在底盘楼层范围内，不宜设置在底盘以上的塔楼内。若转换层设置在底盘屋面的上层塔楼内时，易形成结构薄弱部位，不利于结构抗震。故 D 选项说法错误。

答案：D

67. **解析**：根据《抗震规范》第 6.1.4 条第 1 款，钢筋混凝土房屋需要设置防震缝时，其防震缝宽度应分别符合下列要求：

1) 框架结构（包括设置少量抗震墙的框架结构）房屋的防震缝宽度，当高度不超过 15m 时不应小于 100mm；高度超过 15m 时，6 度、7 度、8 度和 9 度分别每增加高度 5m、4m、3m 和 2m，宜加宽 20mm；

2) 框架—抗震墙结构、抗震墙结构房屋的防震缝宽度分别不应小于本款 1) 项规定数值的 70% 和 50%，且均不宜小于 100mm；

3) 防震缝两侧结构类型不同时，宜按需要较宽防震缝的结构类型和较低房屋高度确定缝宽。

综上所述，8 度抗震区，两栋 40m 的框架结构建筑需要的抗震缝最大。

答案：A

68. 解析：受力性能最合理的是拱屋架，其屋架形式与受力弯矩图形状最符合；其次是梯形屋架；最差的是三角形屋架，其构造与制作简单，但受力极不均匀。

    答案：A

69. 解析：根据《抗震设防标准》第6.0.8条，教育建筑中，幼儿园、小学、中学的教学用房以及学生宿舍和食堂，抗震设防类别应不低于重点设防类（乙类）。

    第3.0.3条第2款，对重点设防类，应按高于本地区抗震设防烈度一度的要求加强其抗震措施，但抗震设防烈度为9度时应按比9度更高的要求采取抗震措施。因此7度的学校建筑应满足8度抗震设防要求加强其抗震措施。

    另据《抗震规范》第6.1.2条表6.1.2及其条文说明，钢筋混凝土房屋结构应根据设防类别、烈度、结构类型和房屋高度四个因素确定抗震等级，抗震等级的划分，体现了对不同抗震设防类别、不同结构类型、不同烈度、同一烈度但不同高度的钢筋混凝土房屋结构延性要求的不同，以及同一种构件在不同结构类型中的延性要求的不同。

    钢筋混凝土房屋结构应根据抗震等级采取相应的抗震措施，包括抗震计算时的内力调整和各种抗震构造措施。因此乙类建筑应提高一度查表6.1.2（题69解表）确定其抗震等级。

现浇钢筋混凝土房屋的抗震等级　　　　　　　　题69解表

结构类型		设防烈度						
		6		7		8		9
		≤24	>24	≤24	>24	≤24	>24	≤24
框架结构	高度（m）	≤24	>24	≤24	>24	≤24	>24	≤24
	框架	四	三	三	二	二	一	一
	大跨度框架	三		二		一		一
框架—抗震墙结构	高度（m）	≤60	>60	≤24	25～60	>60	≤24	25～60	>60	≤24	25～50
	框架	四	三	四	三	二	三	二	一	二	一
	抗震墙	三		三	二		二	一		一	
抗震墙结构	高度（m）	≤80	>80	≤24	25～80	>80	≤24	25～80	>80	≤24	25～60
	剪力墙	四	三	四	三	二	三	二	一	二	一

在7度抗震条件下，3层的学校建筑按8度抗震设防，高度24m以下时，抗震等级低（三级）的结构体系有剪力墙结构和框架—剪力墙结构。根据学校建筑大空间的功能需要，适合采用框架—剪力墙结构。

答案：B

70. 解析：根据《抗震规范》第6.7.1条第1款，核心筒与框架之间的楼盖宜采用梁板体系；B选项中核心筒与周边框架柱没有框架梁连系。

    答案：B

71. 解析：根据《高层混凝土规程》第8.1.5条，框架—剪力墙结构应设计成双向抗侧力体系；抗震设计时，结构两主轴方向均应布置剪力墙。使结构各主轴方向的侧向刚度接近。故A选项剪力墙单向布置且不对称，不合理。

第8.1.7条，框架—剪力墙结构中剪力墙的布置宜符合下列规定：

1 剪力墙宜均匀布置在建筑物的周边附近、楼梯间、电梯间、平面形状变化大及恒载较大的部位，剪力墙间距不宜过大；

2 平面形状凹凸较大时，宜在凸出部分的端部附近布置剪力墙；

3 纵、横剪力墙宜组成L形、T形和［等形式；

4 剪力墙宜贯通建筑物的全高，宜避免刚度突变；剪力墙开洞时，洞口宜上下对齐；

5 楼、电梯间等竖井宜尽量与靠近的抗侧力结构结合布置；

6 抗震设计时，剪力墙的布置宜使结构各主轴方向的侧向刚度接近。

第8.1.8条，长矩形平面或平面有一部分较长的建筑中，其剪力墙的布置尚宜符合下列规定：

1 横向剪力墙沿长方形的间距宜满足表8.1.8（题71解表）的要求，当这些剪力墙之间的楼盖有较大开洞时，剪力墙的间距应适当减小；

2 纵向剪力墙不宜集中布置在房间的进端。

剪力墙间距（m） 题71解表

楼盖形式	非抗震设计（取较小值）	抗震设防烈度		
		6度、7度（取较小值）	8度（取较小值）	9度（取较小值）
现浇	5.0B, 60	4.0B, 50	3.0B, 40	2.0B, 30
装配整体	3.5B, 50	3.0B, 40	2.5B, 30	—

从表中看出剪力墙间距还与抗震设防烈度和楼盖形式有关，B选项的剪力墙布置在端部，间距过大，不满足抗震设防烈度8度、9度时现浇楼盖剪力墙最大间距的要求，也不满足装配整体式楼盖的剪力墙间距要求（具体抗震条件本题不够明确）；故B选项不合理。

D选项的剪力墙布置不对称均匀，导致刚度与质量偏心；故D选项不合理。

C选项的洞口位置在中心，剪力墙均匀布置在建筑物的周边附近，纵横方向均有墙，但不够对称。如果将仅有的4道剪力墙布置在洞口，又会带来刚度过于集中在中心而造成的结构扭转刚度不足问题。相比之下，四幅平面图中，C选项与规范的符合度更好，较为合理。

答案：C

72. **解析**：斜杆为轴心受拉构件，最适合的材料应为圆钢，其次是圆钢管。

    答案：A

73. **解析**：根据已知条件，$f_c = 14.3\text{N/mm}^2$，$f_y = 300\text{N/mm}^2$，$A_s = 1140\text{mm}^2$，$h_0 = 560\text{mm}$。混凝土受压区高度 $x = f_y A_s / f_c b = 300 \times 1140 / 14.3 \times 300 = 79.72\text{mm}$，$M = f_y A_s (h_0 - \frac{x}{2}) = 300 \times 1140 \times (560 - \frac{79.72}{2}) = 177.9\text{kN} \cdot \text{m}$。如按简化公式计算 $M = 0.9 f_y A_s h_0 = 0.9 \times 300 \times 1140 \times 560 = 172.4 \text{ kN} \cdot \text{m}$。

    答案：D

74. **解析：**《装配式混凝土结构技术规程》JGJ 1—2014 第 6.1.8 条规定：①高层装配整体式结构宜设置地下室，地下室宜采用现浇混凝土；②剪力墙结构底部加强部位的剪力墙宜采用现浇混凝土；③框架结构首层柱宜采用现浇混凝土，顶层宜采用现浇楼盖结构。因此 A 选项错误。

    答案： A

75. **解析：**《抗震规范》第 6.3.9 条第 1 款 4)，柱的箍筋配置需要全高加密的框架柱包括：剪跨比不大于 2 的柱、因设置填充墙等形成的柱净高与柱截面高度之比不大于 4 的柱、框支柱、一级和二级框架的角柱；故 D 选项正确。

    答案： D

76. **解析：** 先张法施工时，由于台座或钢模承受预应力筋张拉力的能力受到限制，并考虑到构件的运输条件，所以一般适用于生产中小型预应力混凝土构件，如预应力空心板、预应力屋面板、中小型预应力吊车梁等构件。

    答案： C

77. **解析：** 根据《抗震规范》第 9.2.2 条第 1 款，厂房的横向抗侧力体系，可采用刚接框架、铰接框架、门式刚架或其他结构体系；A 选项正确。厂房的纵向抗侧力体系，8、9 度应采用柱间支撑；6、7 度宜采用柱间支撑，也可采用刚接框架；B 选项中"必须采用"说法错误。

    第 9.2.2 条第 3 款，屋盖应设置完整的屋盖支撑系统。屋盖横梁与柱顶铰接时，宜采用螺栓连接；C 选项正确。

    第 9.2.3 条，当设置防震缝时，其缝宽不宜小于单层混凝土柱厂房防震缝宽度的 1.5 倍；D 选项正确。

    答案： B

78. **解析：** 根据《地基基础规范》第 7.1.1 条，当地基压缩层主要由淤泥、淤泥质土、冲填土、杂填土或其他高压缩性土层构成时，应按软弱地基进行设计；第 7.4.1 条，为减少建筑物沉降和不均匀沉降，可采用下列措施：

    1 选用轻型结构，减轻墙体自重，采用架空地板代替室内填土；故 A 选项正确。

    2 设置地下室或半地下室，采用覆土少、自重轻的基础形式；故 C 选项正确，B 选项错误。

    3 调整各部分的荷载分布、基础宽度或埋置深度；故 D 选项正确。

    4 对不均匀沉降要求严格的建筑物，可选用较小的基底压力。

    答案： B

79. **解析：** 根据《钢结构标准》第 6.2.1 条，当铺板密铺在梁的受压翼缘上并与其牢固相连，能阻止梁受压翼缘的侧向位移时，可不计算梁的整体稳定性。由此可知，A 选项在梁的受压翼缘增设刚性铺板，可增强钢结构梁的整体稳定性。B 选项梁腹板开孔对梁的整体刚度有削弱；而 C、D 选项仅对增加梁的局部稳定有利。

    答案： A

80. **解析：** 受弯构件强度计算公式为：$\dfrac{M_x}{\gamma_x W_{nx}} \leqslant f$，$W_{nx}=\dfrac{2I}{h}$，$h$ 为截面高度（$h=280\text{mm}$），取 $\gamma_x=1.0$，则 $M_x \leqslant \dfrac{2\gamma_x If}{h}=\dfrac{2\times 1.0\times 7115\times 10^4\times 215}{280}=109.3\text{kN}\cdot\text{m}$。

答案：A

81. 解析：根据《高层混凝土规程》第6.1.1条，框架结构应设计成双向梁柱抗侧力体系。主体结构除个别部位外，不应采用铰接；A选项"可以采用铰接"说法错误。

第6.1.2条及其条文说明，抗震设计的框架结构不应采用单跨框架。单跨框架结构是指整栋建筑全部或绝大部分采用单跨框架的结构，不包括仅局部为单跨框架的框架结构；因此B项"任何部位都不可采用"说法错误。

第6.1.3条及其条文说明，框架结构的填充墙及隔墙宜选用轻质隔墙。如采用砌体填充墙，要注意防止砌体（尤其是砖砌体）填充墙对结构抗震设计的不利影响；C选项"可不考虑"说法错误。

第6.1.4条第1款，抗震设计时，框架结构的楼梯间的布置应尽量减小其造成的结构平面不规则；D选项正确。

答案：D

82. 解析：根据《高层混凝凝土规程》第10.2.23条，部分框支剪力墙结构中，框支转换层楼板厚度不宜小于180mm，应双层双向配筋；故A选项"不小于150mm"错误，D选项正确。落地剪力墙和筒体外围的楼板不宜开洞；楼板边缘和较大洞口周边应设置边梁；故B、C选项正确。

答案：A

83. 解析：根据《抗震规范》第4.1.6条表4.1.6，建筑的场地类别，应根据土层等效剪切波速和场地覆盖层厚度按表4.1.6划分为四类，其中Ⅰ类分为I_0、I_1两个亚类。

场地条件对震害的主要影响因素是：场地土的坚硬、密实程度及场地覆盖层厚度，土越软、覆盖层越厚，震害越严重。因此对抗震有利的场地类别是I_0，A选项正确。

答案：A

84. 解析：根据《抗震规范》第8.3.1～8.3.3条，钢框架结构的抗震构造措施包括框架柱的长细比，框架梁、柱板件宽厚比，以及梁柱构件的侧向支撑等要求；未对剪压比作出要求。

答案：A

85. 解析：根据《高层混凝土规程》第10.2.4条，转换结构构件可采用转换梁、桁架、空腹桁架、箱形结构、斜撑等，非抗震设计和6度抗震设计时可采用厚板，7、8度抗震设计时地下室的转换结构构件可采用厚板；故C选项错误。

第10.2.8条第2款，转换梁截面高度不宜小于计算跨度的1/8；故D选项正确。

第10.2.14条第6款，转换厚板上、下一层的楼板应适当加强，楼板厚度不宜小于150mm；故B选项正确。

在超高层建筑设计中，转换层结合设备层设置是合理利用转换层空间的常见做法。

答案：C

86. 解析：级配砂石包括天然级配砂石和人工级配砂石。天然级配砂石是指连砂石；人工级配砂石是指人为将不同粒径（颗粒大小）的天然砂和砾石按一定比例混合后，用来做基础或其他用途的混合材料。

答案：D

87. 解析：当基础的埋置深度在地下水位以下，当地下水位上升超过设计水位时，基础有可能发生滑移和上浮，以及由此造成的墙体开裂；但不会发生倾覆。根据《地基规范》第5.4.3条，建筑物基础存在浮力作用时，应进行抗浮稳定性验算。

答案：C

88. 解析：在建筑场地下－2m到－20m为压缩性很小的非液化黏土层，其下为砂土层、砂石层，建筑最佳的地基方案是天然地基。

答案：A

89. 解析：根据《高层混凝土规程》第12.1.8条和《地基基础规范》第5.1.3条、第5.1.4条，高层建筑基础的埋置深度应满足地基承载力、变形和稳定性要求，位于岩石地基上的高层建筑，还应满足抗滑稳定性要求。在抗震设防区，应综合考虑建筑物的高度、体型、地基土质、抗震设防烈度等因素，并宜符合下列规定：

1 天然地基或复合地基，可取房屋高度的1/15；
2 桩基础，不计桩长，可取房屋高度的1/18。

因此对于230m的建筑高度，桩基埋深不宜小于$H/18＝230/18＝12.78$m。

答案：C

90. 解析：根据《高层混凝土规程》第7.1.1条第1款、第7.2.2条第2、6款，剪力墙结构应具有适宜的侧向刚度，其平面布置宜简单、规则，宜沿两个主轴方向或其他方向双向布置，两个方向的侧向刚度不宜相差过大。抗震设计时，不应采用仅单向有墙的结构布置。一字形剪力墙布置最不利，不宜采用一字形短肢剪力墙。

第8.1.7条第3款，框架—剪力墙结构中，纵、横剪力墙宜组成L形、T形和［形等形式。

答案：A

91. 解析：首先求支座反力：$F_A＝F_B＝\dfrac{1}{2}\times 20\times 6＝60$kN。

取C截面右侧，见题91解图可知：
$F_N＝60\times\cos60°－20\times 2\times\cos60°＝10$kN。

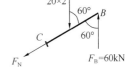

题91解图

答案：C

92. 解析：根据《建筑基坑支护技术规程》JGJ 120—2012第3.1.1条，基坑支护设计应规定其设计使用期限。基坑支护的设计使用期限不应小于一年。

答案：A

93. 解析：《建筑幕墙》GB/T 21086—2007第5.1.6条第2款，建筑幕墙平面内变形性能以建筑幕墙层间位移角为性能指标。在非抗震设计时，指标值应不小于主体结构弹性层间位移角控制值；在抗震设计时，指标值应不小于主体结构弹性层间位移角控制值的3倍。主体结构楼层最大弹性层间位移角控制值可按表20（题93解表）的规定执行。当建筑高度$H\leqslant 150$m时，钢结构的最大弹性层间位移角（1/300）高于钢筋混凝土结构的最大弹性层间位移角（1/550～1/1000）；故D选项说法正确。

主体结构楼层最大弹性层间位移角   题93解表

结构类型		建筑高度 H (m)		
		H≤150	150＜H≤250	H＞250
钢筋混凝土结构	框架	1/550	—	—
	板柱—剪力墙	1/800	—	—
	框架—剪力墙、框架—核心筒	1/800	线性插值	—
	筒中筒	1/1000	线性插值	1/500
	剪力墙	1/1000	线性插值	—
	框支层	1/1000	—	—
多、高层钢结构		1/300		

注：1. 表中弹性层间位移角=Δ/h，Δ为最大弹性层间位移量，h为层高。
　　2. 线性插值系指建筑高度为150～250m，层间位移角取1/800（1/1000）与1/500线性插值。

答案：D

94. 解析：120m跨度的体育馆采用悬索结构钢用量最省。根据《索结构技术规程》JGJ 257—2012第2.1.4条，悬索结构是由一系列作为主要承重构件的悬挂拉索按一定规律布置而组成的结构体系。拉索由索体与锚具组成，索体可采用钢丝束、钢绞线、钢丝绳或钢拉杆。

    答案：A

95. 解析：根据《混凝土规范》第4.1.2条，预应力混凝土结构的混凝土强度等级不宜低于C40，且不应低于C30。

    答案：D

96. 解析：根据结构的对称性和反对称性规律可知，如果结构对称、荷载反对称，则轴力图、弯矩图反对称，剪力图对称；在对称轴上轴力、弯矩均为0。此题就是结构对称、荷载反对称的情况，所以在对称轴上轴力、弯矩均为0，只有剪力不为0。

    答案：B

97. 解析：参见本套丛书教材图11-6，D选项为无明显屈服点钢筋的应力—应变曲线；A、B、C选项为有明显屈服点钢筋的应力—应变曲线。

    答案：D

98. 解析：拱结构与梁结构的区别，在于拱结构在竖向荷载作用下，除产生竖向反力外，还产生水平推力，所以A选项是正确的。竖向反力与拱高的值无关，均为竖向荷载值的一半。故B、C、D选项都是错误的。

    答案：A

99. 解析：根据《结构制图标准》第4.3.9条图4.3.9，A选项为现场焊缝的标注方法。

    答案：A

100. 解析：根据本套丛书教材"第五节　构件的连接构造"，钢结构构件间的连接可分为铰接、刚接和介于二者之间的半刚接三种类型。题图梁与柱仅梁腹板采用螺栓连接，属于铰接做法。

    答案：B

2018年试题、解析及答案

2018年试题

1. 关于结构荷载的表述，错误的是(　　)。
   A　结构自重、土压力为永久荷载
   B　雪荷载、吊车荷载、积灰荷载为可变荷载
   C　电梯竖向撞击荷载为偶然荷载
   D　屋顶花园活荷载包括花园土等材料自重

2. 图示零杆数量是(　　)。
   A　1根　　　　　B　2根　　　　　C　3根　　　　　D　4根

3. 图示结构超静定次数为(　　)。
   A　1次　　　　　B　2次　　　　　C　3次　　　　　D　4次

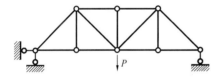

题2图　　　　　　　　　　　　题3图

4. 图示结构在外荷载 q 作用下，产生内力的杆件是(　　)。
   A　AE　　　　　B　BC　　　　　C　AC　　　　　D　BE

5. 如图所示结构，在外力 P 作用下，正确弯矩图是(　　)。

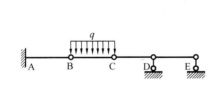
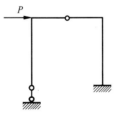

题4图　　　　　　　　　　　　题5图

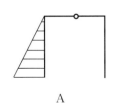
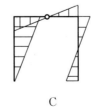
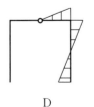

　　A　　　　　　　B　　　　　　　C　　　　　　　D

6. 图示结构在外力 P 作用下，正确的剪力图为(　　)。

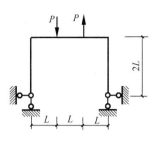

题 6 图

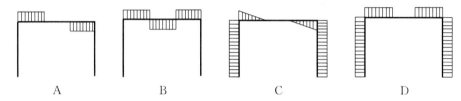

  A   B   C   D

7. 图示简支梁在外力 P 作用下，跨中 A 点左侧的内力是（ ）。

 A $M_{AB}=PL$ $Q_{AB}=P$ B $M_{AB}=PL$ $Q_{AB}=\dfrac{P}{2}$

 C $M_{AB}=\dfrac{PL}{2}$ $Q_{AB}=\dfrac{P}{2}$ D $M_{AB}=\dfrac{PL}{2}$ $Q_{AB}=0$

8. 图示简支梁在荷载 q 作用下，跨中 A 点的弯矩是（ ）。

 A $\dfrac{1}{8}qL^2$ B $\dfrac{1}{8}qL^2\left(\dfrac{1}{\cos\alpha}\right)^2$ C $\dfrac{1}{8}qL(L\cdot\cos\alpha)^2$ D $\dfrac{1}{8}\left(\dfrac{qL^2}{\cos\alpha}\right)$

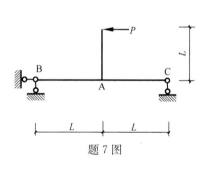
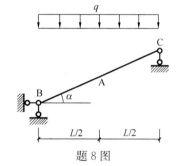

    题 7 图   题 8 图

9. 图示结构在外力作用下，支座 A 的竖向反力是（ ）。

 A 0   B $\dfrac{P}{2}$ C P D $\dfrac{3P}{2}$

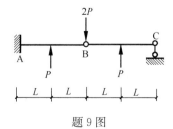

题 9 图

10. 图示结构中，杆 AB 的轴力是(　　)。

   A　$N_{AB}=P$　　　B　$N_{AB}=\dfrac{1}{2}P$　　　C　$N_{AB}=0$　　　D　$N_{AB}=\sqrt{2}P$

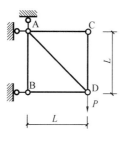

题 10 图

11. 图示结构在外力作用下，支座 D 的反力是(　　)。

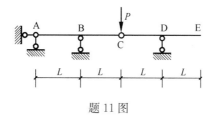

题 11 图

   A　$R_D=0$　　　B　$R_D=\dfrac{1}{2}P$　　　C　$R_D=P$　　　D　$R_D=-\dfrac{1}{2}P$

12. 图示结构体系，在不同荷载作用下，内力改变的杆件数量是(　　)。

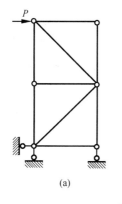 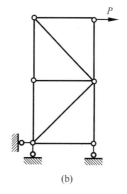

(a)　　　　　　　(b)

题 12 图

   A　0 根　　　　B　1 根　　　　C　2 根　　　　D　3 根

13. 图示结构体在外力 q 作用下，弯矩图正确的是(　　)。

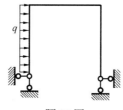

题 13 图

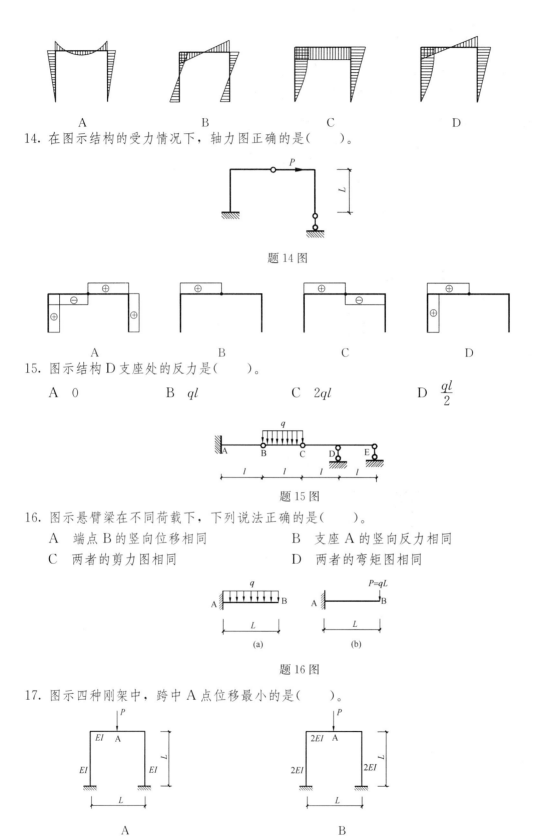

| A | B | C | D |

14. 在图示结构的受力情况下,轴力图正确的是(　　)。

题 14 图

| A | B | C | D |

15. 图示结构 D 支座处的反力是(　　)。

  A　0   B　ql C　$2ql$ D　$\dfrac{ql}{2}$

题 15 图

16. 图示悬臂梁在不同荷载下,下列说法正确的是(　　)。

  A　端点 B 的竖向位移相同   B　支座 A 的竖向反力相同

  C　两者的剪力图相同   D　两者的弯矩图相同

题 16 图

17. 图示四种刚架中,跨中 A 点位移最小的是(　　)。

      A   B

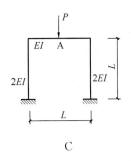
C

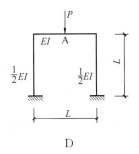
D

18. 图示刚架O点位移最大的是( )。

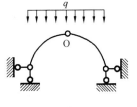
A

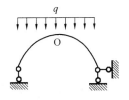
B

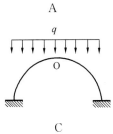
C

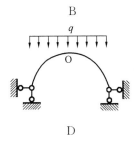
D

19. 图示结构温度变化后引起的内力变化正确的是( )。

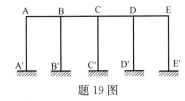

题19图

    A $M_{C'C}>M_{B'B}$且$N_{BC}>N_{BA}$ B $M_{C'C}>M_{B'B}$且$N_{BC}<N_{BA}$

    C $M_{C'C}<M_{B'B}$且$N_{BC}<N_{BA}$ D $M_{C'C}<M_{B'B}$且$N_{BC}>N_{BA}$

20. 底部框架—抗震墙砌体房屋过渡层的砌体墙洞口大于2.1m时，洞口两侧宜增设( )。

    A 构造柱   B 圈梁   C 连梁   D 过梁

21. 关于砌体强度的说法正确的是( )。

    A 块体强度、砂浆相同的烧结普通砖和烧结多孔砖抗压强度不同

    B 块体强度、砂浆相同的蒸压灰砂砖和烧结多孔砖抗压强度不同

    C 块体强度、砂浆相同的单排孔混凝土砌块、轻集料混凝土砌块对孔砌筑的抗压强度不同

    D 砂浆强度为0的毛料石砌体抗压强度为0

22. 砌体结构设计中砌体强度平均值的大小，说法正确的是( )。

Ⅰ．轴心抗拉强度；

Ⅱ．弯曲抗拉强度（沿齿缝）；

Ⅲ．弯曲抗拉强度（沿通缝）

A Ⅰ＞Ⅱ＞Ⅲ　　B Ⅰ＜Ⅱ＜Ⅲ　　C Ⅱ＜Ⅲ＜Ⅰ　　D Ⅲ＜Ⅰ＜Ⅱ

23. 办公楼楼盖采用 H 型钢做次梁，并采用栓固安装，不需要保证以下哪个数据？

A 伸长率　　B 碳当量　　C 硫、磷含量　　D 抗弯强度

24. 关于钢筋强度，说法正确的是（　　）。

A 钢筋强度标准值低于疲劳应力幅限值　B 钢筋强度设计值低于疲劳应力幅限值

C 钢筋强度设计值低于钢筋强度标准值　D 钢筋强度标准值低于钢筋强度设计值

25. 我国评定混凝土强度等级用的是下列哪个值？

A 立方体抗压强度标准值　　　　　　B 棱柱体抗压强度标准值

C 圆柱体抗压强度标准值　　　　　　D 立方体抗压强度设计值

26. 关于轻骨料混凝土，说法错误的是（　　）。

A 轻骨料混凝土强度等级不大于 LC15

B 轻骨料混凝土由轻粗骨料、轻细骨料、胶凝材料配置而成

C 轻骨料混凝土由轻粗骨料、普通砂、胶凝材料配置而成

D 轻骨料混凝土表观密度不大于 1950kg/m³

27. 木屋架做坡屋顶的承重结构，充分利用材料，下列屋架材料布置选择正确的是（　　）。

A 木材强度和受力方向无关，可随意布置

B 木材顺纹抗压大于顺纹抗拉，宜布置受力大的杆件为压杆

C 木材顺纹抗压小于顺纹抗拉，宜布置受力大的杆件为拉杆

D 木材顺纹抗压小于横纹抗压，支座处应尽量横纹受压

28. 抗震设防的钢筋混凝土剪力墙，混凝土强度等级不宜超过（　　）。

A C50　　B C60　　C C70　　D C80

29. 地下室平面尺寸 200m×300m，外墙厚 400mm，水平钢筋应选择（　　）。

A 普通热轧带肋钢筋，细而密　　B 高强热轧带肋钢筋，细而密

C 普通热轧带肋钢筋，粗而疏　　D 高强热轧带肋钢筋，粗而疏

30. 抗震等级为一级的框架柱，纵向受力钢筋宜优先选择（　　）。

A HRB335　　B HRB400　　C RRB400　　D HRB400E

31. 工字钢梁挠度为 1/380，规范要求 1/400，可采用以下哪个办法？

A 增加长度　　B 增加钢材强度　　C 预起拱　　D 加大钢梁截面

32. 抗震设防区不应采用下面何种结构形态？

A 扭转不规则　　B 凹凸不规则　　C 严重不规则　　D 特别不规则

33. 在 8 度抗震设防地区，3 层幼儿园不宜采用的抗震结构方式是（　　）。

A 多层砌体房屋　　　　　　B 钢筋混凝土框架

C 底部框架—抗震墙砌体　　D 抗震墙

34. 设计使用年限为 70 年，位于地下的潮湿卫生间，使用的混凝土砌块强度应为（　　）。

A MU5　　B MU7.5

C MU10　　　　　　　　　　　　　D MU15

35. 6～8度抗震设防地区，木结构房屋的最大高度能做到（　　）。
    A　3层9m　　　B　2层6m　　　C　单层3.3m　　　D　单层3m

36. 采用原木做木结构房屋时，不应用作承重柱的木材是（　　）。
    A　云杉　　　B　桦木　　　C　水曲柳　　　D　马尾松

37. 砌体填充墙高厚比限值的目的是（　　）。
    A　块材强度要求　　　　　　　　B　砂浆强度要求
    C　稳定性要求　　　　　　　　　D　减少开洞要求

38. 下列关于叠合板的要求，错误的是（　　）。
    A　叠合层厚度不小于60mm
    B　跨度大于6m的叠合板宜采用预应力混凝土板
    C　板厚大于180mm的叠合板宜采用混凝土空心板
    D　不能按双向板计算

39. 预应力混凝土梁设置预应力的目的，下列说法哪个错误？
    A　增大梁的载荷能力　　　　　　B　减小梁的截面尺寸
    C　没有裂缝　　　　　　　　　　D　提高抗弯承载力

40. 下列木结构的防护措施中，错误的是（　　）。
    A　利用悬挑结构、雨篷等设施对外墙面和门窗进行保护
    B　与土壤直接接触的木构件，应采用防腐木材
    C　将木柱砌入砌体中
    D　底层采用木楼盖时，木构件的底部距离室外地坪的高度不应小于300mm

41. 露天环境下，对普通钢筋混凝土梁的裂缝要求是（　　）。
    A　不允许出现裂缝
    B　允许出现裂缝，但是要满足宽度限制
    C　允许出现裂缝，但是要进行验算
    D　裂缝宽度根据计算确定

42. 高层框架房屋突出屋顶的单层楼梯间不应采用哪种结构形式？
    A　混凝土框架结构　　　　　　　B　抗震墙结构
    C　框架—抗震墙结构　　　　　　D　砌体结构

43. 钢筋混凝土结构的高层建筑设置防震缝，防震缝宽度要求最大的是（　　）。
    A　框架—抗震墙结构　　　　　　B　抗震墙结构
    C　框架结构　　　　　　　　　　D　抗震墙结构与框架—抗震墙结构相邻时

44. 关于钢筋混凝土结构伸缩缝最大间距的说法，错误的是（　　）。
    A　同类环境中，排架结构伸缩缝最大间距大于框架结构
    B　同类环境中，剪力墙结构伸缩缝最大间距大于挡土墙结构
    C　同类结构中，装配式伸缩缝最大间距大于现浇式
    D　同类结构中，土环境小于露天环境

45. 框架梁柱中，配筋不得超配的是（　　）。
    A　框架梁的纵向钢筋　　　　　　B　框架梁的箍筋

C 框架柱的纵向钢筋　　　　　　　D 框架柱的箍筋

46. 抗震设防地区，高层钢结构不得选用的支撑类型是（　　）。
    A 交叉支撑　　B K形支撑　　C 人字形支撑　　D 单斜杆支撑

47. 钢结构受力构件中，不得采用的材料是（　　）。
    A 厚度小于3mm的钢管　　　　　B 壁厚10mm的无缝钢管
    C 厚度100mm的铸钢件　　　　　D 厚30mm的Q345GJ钢板

48. 关于钢筋混凝土框架梁的开洞位置，下列论述正确的是（　　）。
    A 可在梁端部开洞　　　　　　　B 洞口高度不应大于梁高的50%
    C 在梁中部1/3区段开洞　　　　D 洞口周边不需要附加纵向钢筋

49. 砌体厚度不满足高厚比时，下列提高高厚比的方法中错误的是（　　）。
    A 改变墙厚　　　　　　　　　　B 改变柱子高度
    C 增设构造柱　　　　　　　　　D 改变门窗位置

50. 下列减轻砌体结构裂缝的措施中，无效的是（　　）。
    A 在墙体中设置伸缩缝
    B 增大基础圈梁的刚度
    C 减少基础圈梁的结构尺寸
    D 屋面刚性面层及砂浆找平层应设置分隔缝

51. 抗震设防地区的高层混凝土结构中，核心筒外墙与外框柱间距离，一般不大于（　　）。
    A 10m　　　　　　　　　　　　B 12m
    C 15m　　　　　　　　　　　　D 18m

52. 9度抗震地区可选用下列哪种结构体系？
    A 加强层　　　　　　　　　　　B 连体结构
    C 带转换层和错层的结构　　　　D 大底盘多塔结构

53. 抗震设防8度（0.2g）建造一栋70m高的商住楼，底部3层需要商业大空间，4层以上为住宅楼，合理的结构体系是（　　）。
    A 钢筋混凝土框架　　　　　　　B 板柱—剪力墙
    C 底部全部框支剪力墙　　　　　D 底部部分框支剪力墙

54. 确定网架结构的网格高度和网格尺寸与下列哪个因素无关？
    A 网架跨度　　　　　　　　　　B 屋面材料
    C 荷载大小　　　　　　　　　　D 支座材料

55. 大学篮球馆屋盖需要大跨度，以下哪种可以选用（　　）。
    A 平板网架　　　　　　　　　　B 网壳结构
    C 悬索结构　　　　　　　　　　D 膜结构

56. 下列结构体系，不属于混合结构体系的是（　　）。
    A 外围钢框架与钢筋混凝土核心筒组合的结构体系
    B 型钢钢筋混凝土框架与钢筋混凝土核心筒组合
    C 钢管混凝土柱、钢筋混凝土框架与钢筋混凝土核心筒组合
    D 外围钢框筒与钢筋混凝土核心筒组合

57. 多层砌体防震缝设置，不符合要求的是( )。
    A 防震缝两侧均应设置墙体
    B 房屋立面高差在 6m 以上要设置防震缝
    C 房屋有错层且楼板高差大于层高的 1/4 时，设置防震缝
    D 防震缝不小于 100mm

58. 多层砌体构造柱的以下说法，错误的是( )。
    A 楼、电梯间四角   B 外墙四角
    C 大房间内外墙交接处   D 洞口超过 2.1m 时，不设构造柱

59. 钢框架柱的抗震构造措施中，不属于控制项目的是( )。
    A 构件长细比   B 剪跨比   C 板件宽厚比   D 侧向支承

60. 框架—剪力墙结构的剪力墙布置，错误的是( )。
    A 均匀布置在建筑周边   B 剪力墙间距不宜过大
    C 长方形房屋布置在两端，提高效率 D 贯通全高，避免刚度突变

61. 高层建筑设置加强层的合理位置是( )。

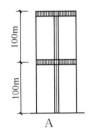
A
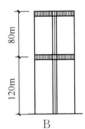
B
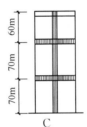
C
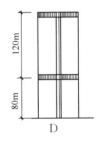
D

62. 3 层幼儿园不适合采用以下哪个结构布局？

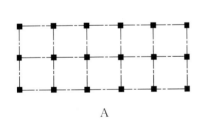
A

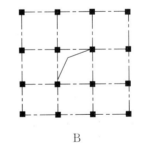
B

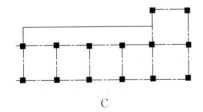
C

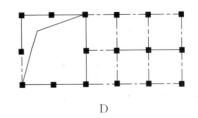
D

63. 下列结构布局中，属于平面不规则的是( )。

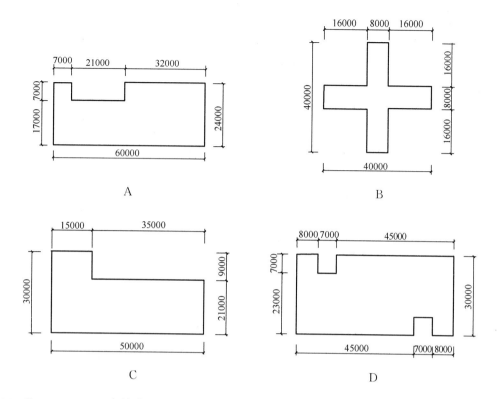

64. 某 50m×50m 的篮球馆建筑屋盖宜选用哪种结构形式？
   A 钢筋混凝土井字梁　　　　　B 平板网架
   C 预应力钢筋混凝土屋盖　　　D 钢筋混凝土主次梁

65. 以下单层网壳体，跨度从小到大排列正确的是（　　）。
   A 圆柱壳体＜椭圆壳体＜双曲面壳体＜球面壳体
   B 圆柱壳体＜双曲面壳体＜椭圆壳体＜球面壳体
   C 球面壳体＜圆柱壳体＜椭圆壳体＜双曲面壳体
   D 圆柱壳体＜椭圆壳体＜球面壳体＜双曲面壳体

66. 抗震设计中，以下图中抗震剪力墙平面布置合理的是（　　）。

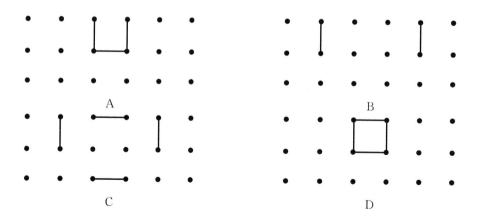

67. 7 度抗震设防地区，普通砌体修建的宿舍，下列说法正确的是（　　）。

A 最大高度是21m B 最大层高3.6m
C 最大开间4.5m D 承重窗间墙最小宽度1m

68. 带转换层的装配整体式部分框支剪力墙结构的房屋，下列说法正确的是(　　)。
   A 底部框支层不宜超过2层，且框支层及相邻上一层应采用现浇结构
   B 转换梁、转换柱可采用装配式
   C 非抗震设计时，最大高度130m
   D 7度抗震设防时，最大高度100m

69. 地震震级和烈度的关系是(　　)。
   A 震级与地震烈度既有区别又有联系
   B 地震烈度取决于地震震级
   C 地震震级取决于地震烈度
   D 地震震级与地震烈度相互独立

70. 抗震设计中，场地选择表述正确的是(　　)。
   A 对危险地段，严禁建造甲、乙、丙类的建筑
   B 建筑场地为Ⅰ类时，对甲、乙、丙类的建筑应允许仍按本地区抗震设防烈度的要求采取抗震构造措施
   C 建筑场地为Ⅲ、Ⅳ类时，基本地震加速度为$0.15g$和$0.30g$的地区按相应等级采取抗震构造措施
   D 对不利地段，应提出避让场地要求，无法避开时采取措施

71. 我国地震抗震设防区域说法正确的是(　　)。
   A 我国所有地区均为抗震设防区域
   B 绝大部分地区需要抗震设防
   C 地震带区域需要抗震设防
   D 极少部分区域不需要抗震设防

72. 我国抗震设防等级分类正确的是(　　)。
   A 特殊设防、重点设防、标准设防、一般设防
   B 重点设防、标准设防、一般设防、适度设防
   C 特殊设防、重点设防、标准设防、适度设防
   D 重点设防、标准设防、适度设防、一般设防

73. 关于砌体结构非承重填充墙的说法，错误的是(　　)。
   A 填充墙砌筑砂浆的强度等级不宜低于M5
   B 填充墙墙体墙厚不应小于90mm
   C 填充墙墙高不宜大于6m
   D 墙高超过3m时，宜在墙高中部设置与柱连通的水平系梁

74. 8度抗震设防要求下，医院16层住院楼不应采用的结构体系是(　　)。
   A 抗震墙　　B 框架—核心筒　　C 板柱剪力墙　　D 筒中筒

75. 抗震设防框架剪力墙结构平面尺寸40m×40m，局部收进的最大尺寸是(　　)。
   A 8m　　　　B 10m　　　　C 12m　　　　D 15m

76. 在同一场地条件下，结构体系最大适用高度错误的是(　　)。

A 钢梁—钢管混凝土柱＞钢梁—钢筋混凝土柱
B 型钢混凝土框架—钢筋混凝土剪力墙＞钢框架—钢筋混凝土剪力墙
C 型钢混凝土框架—钢筋混凝土核心筒＞钢框架—钢筋混凝土核心筒
D 钢框架—钢筋混凝土核心筒＞型钢混凝土框架—钢筋混凝土核心筒

77. 下列关于钢筋混凝土框架核心筒结构的说法，错误的是(　　)。
    A 核心筒边长不宜小于外框架或外框筒的1/3
    B 核心筒宽度不小于高度1/15
    C 建筑平面布置与核心筒位置宜规则、对称
    D 核心筒的周边宜闭合，楼梯、电梯间应布置混凝土内墙

78. 结构体系应设为双向抗侧力体系的是(　　)。
    A 剪力墙　　　　　　　　　　B 筒中筒
    C 框架—核心筒　　　　　　　D 钢筋混凝土框架—剪力墙

79. 下列结构体系抗震设计不正确的是(　　)。
    A 薄弱体系大幅度提高承载力
    B 建筑平面宜简单、规则
    C 建筑竖向宜规则，不宜突变
    D 适当处理结构构件强弱关系，使得"有约束屈服"保持较长时间

80. 7度抗震设防地区不宜采用的结构形式是(　　)。
    A 带转换层的框架—核心筒结构
    B 带加强层的筒中筒结构
    C 大底盘多塔结构
    D 错层加悬挑结构

81. 钢筋混凝土框架办公楼柱网8m×8m，层高5m，框架梁高800mm，以下说法正确的是(　　)。
    A 梁中线与柱中线之间的偏心距不宜大于柱宽的1/3
    B 填充墙应沿框架柱全高每隔600mm设2ϕ6拉筋
    C 砌体的砂浆强度等级不应低于M7.5
    D 墙体半高宜设置与柱连接且沿墙全长贯通的钢筋混凝土水平系梁

82. 要新建办公楼，在7度抗震区，3类场地，建筑高度210m，最适合的结构是(　　)。
    A 钢框架体系　　　　　　　　B 钢框架—中心支撑体系
    C 钢框架—偏心支撑体系　　　D 筒中筒体系

83. 大跨度屋盖布置的下列说法，错误的是(　　)。
    A 宜采用轻型屋面系统
    B 屋盖及其支承的布置宜均匀对称
    C 宜优先采用单向传力体系
    D 结构布置宜避免因局部削弱或突变形成薄弱部位

84. 下列哪个属于竖向不规则结构？
    A 连体结构　　B 错层结构　　C 多塔结构　　D 悬挑结构

85. 3层15m和6层30m的钢结构框架相邻，其抗震缝宽度是(　　)。

A 50mm　　　　B 100mm　　　　C 150mm　　　　D 200mm

86. 不适合做地基的土是(　　)。

　　A 碎石土　　　B 黏性土　　　C 杂填土　　　D 粉土

87. 图示场地地基情况，新建某办公楼高度40m，没有地下室，采用何种基础最好？

题 87 图

　　A 筏板基础　　　B 桩基础　　　C 柱下条形基础　　　D 锚杆基础

88. 图示挡土墙的土压力，关系正确的是(　　)。

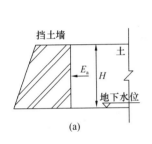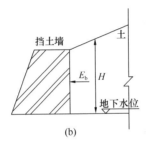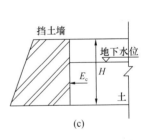

题 88 图

A $E_a>E_b$，$E_a>E_c$　　　　　　B $E_a<E_b$，$E_a>E_c$
C $E_a<E_b<E_c$　　　　　　　　D $E_a>E_b>E_c$

89. 图示桩基础，桩顶的竖向压力 N 之间的关系是(　　)。

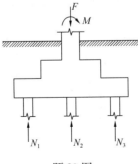

题 89 图

A $N_1>N_2>N_3$　　B $N_2>N_1=N_3$　　C $N_3>N_2>N_1$　　D $N_1=N_2=N_3$

90. 普通高层带地下室，采用何种基础形式较好？

　　A 钢筋混凝土条形基础　　　　　　B 岩石锚杆基础

C 筏板基础 D 桩基础

91. 单层工业厂房,场地土均匀,为回填的4m密实粉土,设独立基础,地基该采用以下哪种处理?
    A 预压   B 夯实地基   C 桩基   D CFG桩

92. 某砌体结构采用钢筋混凝土条形基础,$f_a=150\text{kPa}$,$F_k=220\text{kN/m}$,$M_k=0$,基础自重与其上土重的折算平均重度$\gamma_g=20\text{kN/m}^3$,基础埋深$d=2.5\text{m}$,计算公式:$F_k+\gamma_g \times d \times b = f_a \times b$,条形基础的最小宽度$b$为(   )。
    A 2.0m   B 2.5m   C 2.8m   D 3.0m

93. 复合地基的下列说法,错误的是(   )。
    A 复合地基是用桩的方式处理的软弱地基
    B 基土为欠固结土、膨胀土、湿陷性黄土、可液化土等特殊性土时,采用复合地基
    C 复合地基承载力特征值应通过计算确定
    D CFG桩为复合地基

94. 图示多跨静定梁,B支座左侧截面剪应力为(   )。

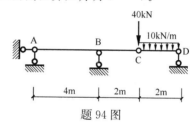

题94图

    A −15kN   B −25kN   C −40kN   D −50kN

95. 图示C点处截面的弯矩(   )。

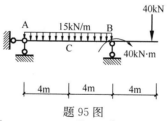

题95图

A 10kN·m   B 20kN·m   C 30kN·m   D 40kN·m

96. 图示三种砌体,在砌块种类、砂浆强度相同的情况下,强度比较正确的是(   )。

题96图

    A a>b>c   B b>a>c   C c>a>b   D a>c>b

97. 钢筋混凝土矩形截面梁如题97图所示,混凝土强度等级C30,$f_c=14.3\text{N/mm}^2$,构件剪力设计值860kN,根据受剪要求,梁高h至少为下列哪个值?(提示:$V \leqslant 0.25\beta_c f_c b h_0$,

其中 $\beta_c=1$)

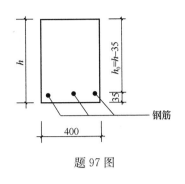

题 97 图

A 550mm B 600mm
C 650mm D 700mm

98. 题 98 图所示支座可以简化为（　　）。

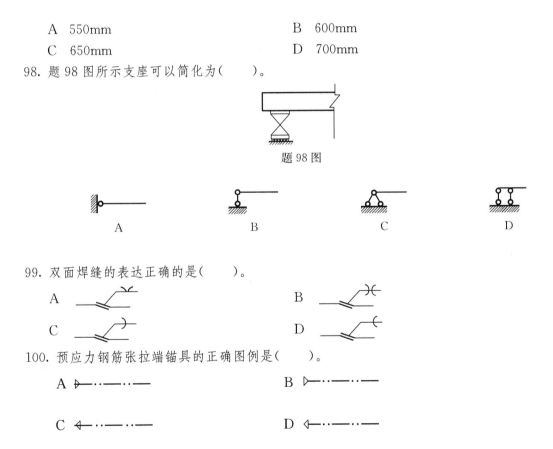

题 98 图

99. 双面焊缝的表达正确的是（　　）。

100. 预应力钢筋张拉端锚具的正确图例是（　　）。

2018 年试题解析及答案

1. **解析**：根据《荷载规范》第 3.1.1 条，建筑结构的荷载可分为下列三类：①永久荷载包括结构自重、土压力、预应力等（A 选项正确）；②可变荷载包括楼面活荷载、屋面活荷载和积灰荷载、吊车荷载、风荷载、雪荷载、温度作用等（B 选项正确）；③偶然荷载包括爆炸力、撞击力等（C 选项正确）。

第5.3.1条表5.3.1注4，屋顶花园活荷载不应包括花圃土石等材料自重；D选项错误。

答案：D

2. **解析**：根据桁架结构的零杆判别法，考察题2解图中的3个节点A、B、C可知，三根竖杆1、2、3是零杆。

   答案：C

3. **解析**：原结构去掉右下角的固定端D支座（相当于去掉3个约束），再把上面C点的中间铰链变成链杆支座（相当于去掉1个约束），就变成了如题3解图所示的静定结构——悬臂刚架ABCD加简支钢架BC。共去掉了4个多余约束，为4次超静定结构。

   答案：D

4. **解析**：首先分析BC杆，可知B、C两点都有支座反力；再把B、C两点的支座反力的反作用力加在AB杆和CDE杆上，如题4解图所示，可见各杆上均有力的作用，故各杆都要产生内力。

   答案：A

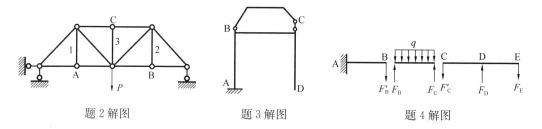

题2解图　　　　　题3解图　　　　　题4解图

5. **解析**：首先进行左半部分AC杆的受力分析，再对右半部分BC杆进行受力分析，如题5解图所示。可见AC杆上没有弯矩，正确的弯矩图为B选项。

   答案：B

6. **解析**：首先进行受力分析，画出图示结构的受力图，如题6解图所示。由于外荷载是一对力偶（逆时针转），所以支座反力为一对反方向的力偶（顺时针转）。

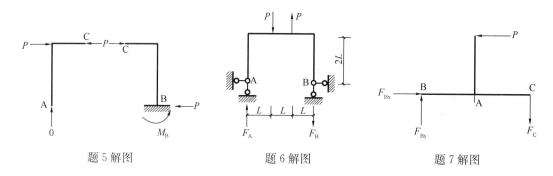

题5解图　　　　　题6解图　　　　　题7解图

$\sum M = 0$：$F_A \times 3L = P \times L$

故 $F_A = \dfrac{P}{3} = F_B$

由此可知正确的剪力图为B选项。

答案：B

7. **解析**：取整体为研究对象，画其受力图如题7解图所示。

$$\sum M_C = 0: F_{By} \times 2L = P \times L$$

$$\therefore F_{By} = \frac{P}{2}$$

再用直接法求跨中A点左侧的内力：

$$Q_{AB} = F_{By} = \frac{P}{2}$$

$$M_{AB} = F_{By} \cdot L = \frac{PL}{2}$$

答案：C

8. **解析**：此题虽然梁的轴线是斜的，但是荷载分布仍为垂直于水平轴均匀分布，支座反力也是垂向分布的。跨中的弯矩计算和水平轴受均布荷载作用的简支梁相同。

$$M_A = \frac{1}{2}qL \cdot \frac{L}{2} - \frac{1}{2}qL \cdot \frac{L}{4} = \frac{1}{8}qL^2$$

答案：A

9. **解析**：首先取BC杆为研究对象如题9解图所示，不难求出B点的约束反力为$\frac{P}{2}$，然后取AB杆（含中间铰链B）为研究对象：

$$\sum F_y = 0: F_A + P + \frac{P}{2} = 2P$$

$$F_A = \frac{P}{2}$$

答案：B

10. **解析**：利用桁架结构的零杆判别法，考察三杆节点B，可知AB杆为零杆。

答案：C

11. **解析**：取CDE杆（含铰链C）为研究对象，如题11解图所示。

$$\sum M_C = 0: R_D \times L = 0 \quad \therefore R_D = 0$$

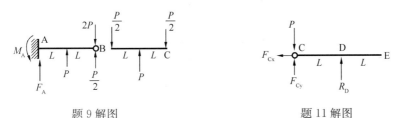

题9解图　　　　　　　　题11解图

答案：A

12. **解析**：两个图的外力作用线相同，所以产生的支座反力也相同。题图（a）中可知顶上横杆是零杆。题图（b）中可知顶上横杆受拉力P。只有P力作用线上的横杆内力有改变，其余杆内力都不变。

答案：B

13. **解析**：A选项横梁弯矩图为抛物线不对，B选项左下角、右下角弯矩不为零错误，C

选项右上角弯矩的平衡关系不对；只有 D 选项是完全正确的。

答案：D

14. 解析：为了方便分析，把中间铰链和其上作用的集中力 P 放在左侧，首先分析右边的刚架，可知其既无外力又无重力，支座反力为 0，内力亦为 0。而左边的刚架是一个受水平力 P 作用的悬臂刚架，其水平杆上有受拉的轴力，竖杆上无轴力。

答案：B

15. 解析：首先取 BC 杆为研究对象，画出其受力图如解图所示。不难求得：
$$F_B = F_C = \frac{ql}{2}$$

再取 CDE 杆为研究对象，画出其受力图如解图所示。

由 $\sum M_E = 0$：$F_D \cdot l = F'_C \cdot 2l$

可知：$F_D = 2F'_C = ql$

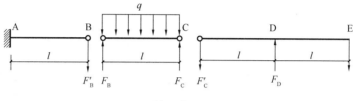

题 15 解图

答案：B

16. 解析：题图所示悬臂梁在均布荷载 q 和集中力 P=ql 作用下，只有支座 A 的竖向反力相同，两者的剪力图、弯矩图和端点 B 的竖向位移都是不同的。

答案：B

17. 解析：图示刚架跨中 A 点位移与刚架的总刚度，尤其是横梁的刚度大小成反比。可以设想刚度 EI 的变化是从零到无穷大。其中 B 选项刚架的总刚度和横梁的刚度都是最大的，故 B 选项跨中 A 点位移最小。

答案：B

18. 解析：一般来说，超静定次数越低，跨中弯矩越大，跨中 O 点的竖向位移也越大。图示 4 种拱形结构，C 选项是 3 次超静定，D 选项是 1 次超静定，只有 A 选项和 B 选项是静定结构。而 A 选项是三铰拱，中点铰链弯矩为零，整体结构的弯矩要比 B 选项弯矩小；所以 B 选项超静定次数最低，弯矩最大，位移也最大。

答案：B

19. 解析：图示超静定结构是对称结构，引起变形的外因——温度变化也是对称的，故其变形也是对称的，而且横杆越接近外侧变形积累越大，故竖杆的底部弯矩也越大。同时，由于横杆越靠近外侧，其所受的约束越少，轴力也越小。D 选项正确。

答案：D

20. 解析：在砌体墙洞口两侧宜增设的只能是竖向构件，除构造柱之外，其他选项均为水平构件；由此可判断只能选 A。

根据《抗震规范》第 7.5.2 条第 5 款，过渡层的砌体墙，凡宽度不小于 1.2m 的门洞和 2.1m 的窗洞，洞口两侧宜增设截面不小于 120mm×240mm（墙厚 190mm 时为 120mm×190mm）的构造柱或单孔芯柱。

答案：A

21. 解析：根据《砌体规范》第 3.2 节表 3.2.1-1，烧结普通砖和烧结多孔砖的抗压强度设计值相同；A 选项错误（但当烧结多孔砖的孔洞率大于 30% 时，抗压强度设计值应乘以 0.9，故本题的表述不够严谨，应补充烧结多孔砖的孔洞率）。

根据表 3.2.1-4，单排孔混凝土砌块和轻集料混凝土砌块对孔砌筑砌体的抗压强度设计值相同；C 选项错误。

根据表 3.2.1-6，当砂浆强度为 0 时，毛料石砌体仍然具有抗压强度；D 选项错误。

根据表 3.2.1-3 和表 3.2.1-1，蒸压灰砂普通砖砌体和烧结多孔砖砌体的抗压强度设计值不同；B 选项正确。

答案：B

22. 解析：根据《砌体规范》第 3.2.2 条表 3.2.2，砌体墙沿齿缝弯曲抗拉强度 b 最大，其次是沿齿缝轴心抗拉强度 a，强度最小的是沿通缝弯曲抗拉强度 c。D 选项正确。

答案：D

23. 解析：根据《钢结构标准》第 4.3.2 条，承重结构所用的钢材应具有屈服强度、抗拉强度、断后伸长率和硫、磷含量的合格保证，对焊接结构尚应具有碳当量的合格保证。本题中办公楼楼盖次梁属于承重结构，需要满足屈服强度、抗拉强度、断后伸长率和硫、磷含量的要求；采用栓接，而非焊接，故不需满足碳当量的合格保证。

答案：B

24. 解析：同等级的钢筋，疲劳应力幅限值低于强度设计值，强度设计值低于强度标准值，因此 C 选项正确。

答案：C

25. 解析：根据《混凝土规范》第 4.1.1 条，混凝土强度等级应按立方体抗压强度标准值确定。立方体抗压强度标准值系指按标准方法制作、养护的边长为 150mm 的立方体试件，在 28d 或设计规定龄期以标准试验方法测得的具有 95% 保证率的抗压强度值。

答案：A

26. 解析：根据《轻骨料混凝土应用技术标准》JGJ/T 12—2019 第 2.1.1 条，轻骨料混凝土是用轻粗骨料、轻砂或普通砂、胶凝材料、外加剂和水配制而成的干表观密度不大于 1950kg/m³ 的混凝土。第 3.0.1 条，轻骨料混凝土的强度等级应划分为：LC5.0～LC60 共 13 个强度等级。A 选项错误。

答案：A

27. 解析：由于木材为非均质材料，木材抗压、受拉和抗剪强度均与受力方向密切相关。根据《木结构标准》表 4.3.1-3，木材的抗弯强度＞顺纹抗压及承压强度＞顺纹抗拉强度＞横纹承压强度＞顺纹抗剪强度；故 B 选项正确。

答案：B

28. 解析：因高强度混凝土表现出明显的脆性，且随强度等级的提高而增加，因此规范对钢筋混凝土结构中的混凝土强度等级作了必要的限制：混凝土抗震墙的强度等级不宜超过 C60；其他构件，9 度时不宜超过 C60，8 度时不宜超过 C70。参见《抗震规范》

第3.9.3条第2款及其条文说明。

答案：B

29. 解析：(1) 地下室外墙一般在地下室底板（或基础）施工完成并达到强度后才施工，因此，墙体混凝土收缩或温度变形与基础底板不一致，受到基础底板的约束，墙体很容易产生竖向裂缝；墙体厚，散热差，更容易产生裂缝。外墙配置水平钢筋就是为了控制竖向裂缝的开展。

(2) 严格地说，配筋并不能阻止混凝土收缩或温度应力产生裂缝。配筋的目的是分散裂缝开展的位置，避免裂缝在一个位置开展致裂缝宽度过大，不满足裂缝宽度要求。当收缩或温度应力超过混凝土抗拉强度时，混凝土就会开裂，混凝土中的拉应力就转移到钢筋中，混凝土中的应力得到释放，此时混凝土会在下一个应力超过抗拉强度的位置开裂，由钢筋承担拉应力。由此，裂缝不断得到分散，直到混凝土拉应力小于混凝土抗拉强度为止，使得混凝土内裂缝不集中在一个位置，从而将混凝土的裂缝宽度控制在允许范围内。

(3) 当混凝土开裂时，拉应力传递给附近的钢筋；如果附近没有钢筋，则会继续开裂，直到裂缝发展至钢筋位置。因此，钢筋距离越大，对控制裂缝越不利。由于高强度钢筋强度设计值高，采用高强度钢筋时，计算钢筋面积少，钢筋间距加大，因此对控制裂缝不利。

(4) 混凝土的应力是通过混凝土与钢筋的握裹力传递到钢筋上的，而握裹力与钢筋的表面积有关。在配筋面积相同的情况下，直径越小，表面积越大；所以，当配筋面积相同时，采用细钢筋抗裂效率更高。

答案：A

30. 解析：对要求较高的抗震结构，适用钢筋牌号为已有钢筋牌号后加"E"（如HRB400E），因此答案为D。其具体设计要求是：对有抗震设防要求的结构，当设计无具体要求时，对按一、二、三级抗震等级设计的框架和斜撑构件（含梯段）中的纵向受力钢筋应采用HRB335E、HRB400E、JHRB500E、HRBF335E、HRBF400E或HRBF500E钢筋。

带"E"钢筋和普通钢筋之间的区别，主要是对钢筋强度和伸长率的实测值在技术指标上作了一定的提升，以使钢筋获得更好的延性；从而能够更好地保证重要结构构件在地震时具有足够的塑性变形能力和耗能能力。

答案：D

31. 解析：钢梁的挠度与截面的抗弯刚度EI有关，其中弹性模量E与钢号无关，惯性矩I与截面的几何尺寸有关。加大钢梁截面可以增大惯性矩I，减小挠度。

答案：D

32. 解析：根据《抗震规范》第3.4.1条，建筑设计应根据抗震概念设计的要求明确建筑形体的规则性。不规则的建筑应按规定采取加强措施；特别不规则的建筑应进行专门研究和论证，采取特别的加强措施；严重不规则的建筑不应采用，答案为C。其中平面不规则的情况又分为扭转不规则、凹凸不规则和楼板局部不连续。

答案：C

33. 解析：根据《抗震设防标准》第6.0.8条，《抗震规范》第7.1.2条第1款表7.1.2

注3，教育建筑中，幼儿园、小学、中学的教育用房以及学生宿舍和食堂，抗震设防类别不低于重点设防类（乙类）；乙类的多层砌体房屋不应采用底部框架—抗震墙砌体房屋。

答案：C

34. 解析：根据《砌体规范》第4.3.5条第1款，设计使用年限为50年时，地面以下或防潮层以下的砌体、潮湿房间的墙或环境类别2的砌体，所用材料的最低强度等级应符合表4.3.5（题34解表）的规定。

地面以下或防潮层以下的砌体、潮湿房间的墙所用材料的最低强度等级　　题34解表

潮湿程度	烧结普通砖	混凝土普通砖、蒸压普通砖	混凝土砌块	石材	水泥砂浆
稍潮湿的	MU15	MU20	MU7.5	MU30	M5
很潮湿的	MU20	MU20	MU10	MU30	M7.5
含水饱和的	MU20	MU25	MU15	MU40	M10

注：1. 在冻胀地区，地面以下或防潮层以下的砌体，不宜采用多孔砖，如采用时，其孔洞应用不低于M10的水泥砂浆预先灌实；当采用混凝土空心砌块时，其孔洞应采用强度等级不低于Cb20的混凝土预先灌实；

2. 对安全等级为一级或设计使用年限大于50年的房屋，表中材料强度等级应至少提高一级。

题中的地下卫生间应属于很潮湿的程度，其混凝土砌块的最低强度等级应为MU10；又根据表4.3.5附注2，设计使用年限大于50年时，材料强度等级应至少提高一级，故应为MU15。

答案：D

35. 解析：根据《抗震规范》第11.3.3条，木结构房屋的高度应符合下列要求：

1 木柱木屋架和穿斗木构架房屋，6~8度时不宜超过二层，总高度不宜超过6m；9度时宜建单层，高度不应超过3.3m；

2 木柱木梁房屋宜建单层，高度不宜超过3m。

由此可知，6~8度设防时，木柱木屋架的房屋不宜超过2层，高度不宜超过6m。

答案：B

36. 解析：根据《木结构标准》第3.1.4条，方木和原木应从本标准表4.3.1-1和表4.3.1-2所列的树种中选用。主要的承重构件应采用针叶材；重要的木制连接件应采用细密、直纹、无节和无其他缺陷的耐腐硬质阔叶材。故A、D选项可采用。

根据条文说明第4.3.1条第2款，对自然缺陷较多的树种木材，如落叶松、云南松和马尾松等，不能单纯按其可靠性指标进行分级，需根据主要使用地区的意见进行调整，以使其设计指标的取值，与工程实践经验相符。第11.4.4条，当承重结构使用马尾松、云南松、湿地松、桦木，并位于易腐朽或易遭虫害的地方时，应采用防腐木材。故B、D选项可采用。

（注：云杉—TC13B；桦木、水曲柳—TB15；马尾松—TC13A。）

答案：C

37. 解析：根据《砌体规范》第2.1.32条，框架填充墙指的是框架结构中砌筑的墙体，属于自承重墙。自承重墙一般荷载较小，除了要满足承载力要求外，还必须保证其稳定

性要求，应防止截面尺寸过小。故砌体填充墙的稳定性主要是通过限制墙体高厚比来实现的。

答案：C

38. 解析：根据《装配式混凝土结构技术规程》JGJ 1—2014 第6.6.2条第1款，叠合板的预制板厚度不宜小于60mm，后浇混凝土叠合层厚度不应小于60mm；A选项正确。第6.6.2条第4款，跨度大于6m的叠合板，宜采用预应力混凝土预制板；B选项正确。第6.6.2条第5款，板厚大于180mm的叠合板，宜采用混凝土空心板；C选项正确。第6.6.3条，叠合板可根据预制板接缝构造、支座构造、长宽比按单向板或双向板设计；D选项错误。

答案：D

39. 解析：施加预应力后可以提高构件的抗裂度和刚度，因此可适当减小构件的截面尺寸，也可以适当提高构件的抗剪承载力。当构件按正截面受力裂缝控制等级为一级设计时，在使用荷载作用下，可以不出现裂缝。但施加预应力不能提高构件的抗弯承载能力，D选项错误。

答案：D

40. 解析：根据《木结构标准》第11.2.2条，木结构建筑应有效利用悬挑结构、雨篷等设施对外墙面和门窗进行保护，宜减少在围护结构上开窗开洞的部位；故A选项正确。

第11.4.2条，所有在室外使用，或与土壤直接接触的木构件，应采用防腐木材；故B选项正确。

第11.2.9条第3款，支承在砌体或混凝土上的木柱底部应设置垫板，严禁将木柱直接砌入砌体中，或浇筑在混凝土中；故C选项错误。

第11.2.5条，当建筑物底层采用木楼盖时，木构件的底部距离室外地坪的高度不应小于300mm；故D选项正确。

答案：C

41. 解析：根据《混凝土规范》表3.5.2，露天环境属于二a、二b环境类别；再依据表3.4.5可知，二a、二b环境类别裂缝控制等级为三级；第3.4.4条：裂缝控制三级允许出现裂缝的构件，对钢筋混凝土构件，按荷载准永久组合并考虑长期作用影响计算时，构件的最大裂缝宽度不应超过本规范表3.4.5规定的最大裂缝宽度限值。故选项B正确。

答案：B

42. 解析：根据《高层混凝土规程》第6.1.6条，框架结构按抗震设计时，不应采用部分由砌体墙承重之混合形式。框架结构中的楼、电梯间及局部出屋顶的电梯机房、楼梯间、水箱间等，应采用框架承重，不应采用砌体墙承重。故D选项符合题意。

答案：D

43. 解析：框架结构抗侧刚度最小，故要求的防震缝宽度最大。根据《高层混凝土规程》第3.4.10条第1、2款；《抗震规范》第6.1.4条。

答案：C

44. 解析：查《混凝土结构设计规范》第8.1.1条表8.1.1(题41解表)可知，D选项错误。

钢筋混凝土结构伸缩缝最大间距(m)　　　题41解表

结构类别		室内或土中	露天
排架结构	装配式	100	70
框架结构	装配式	75	50
	现浇式	55	35
剪力墙结构	装配式	65	40
	现浇式	45	30
挡土墙、地下室墙壁等类结构	装配式	40	30
	现浇式	30	20

答案：D

45. 解析：梁中的纵向受力钢筋若超筋配置，破坏形式将是脆性的超筋破坏，在结构设计中是不允许的，所以A选项错误。

答案：A

46. 解析：根据《高层钢结构规程》第7.5.1条，高层民用建筑钢结构的中心支撑宜采用：十字交叉斜杆（题46解图1a），单斜杆（题46解图1b），人字形斜杆（题46解图1c）或V形斜杆体系。中心支撑斜杆的轴线应交汇于框架梁柱的轴线上。抗震设计的结构不得采用K形斜杆体系（题46解图1d）。当采用只能受拉的单斜杆体系时，应同时设不同倾斜方向的两组单斜杆（题46解图2），且每层不同方向单斜杆的截面面积在水平方向的投影面积之差不得大于10%。

 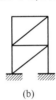   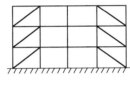

(a)　　　(b)　　　(c)　　　(d)　　　题46解图2　单斜杆支撑

题46解图1　中心支撑类型

(a)十字交叉斜杆；(b)单斜杆；(c)人字形斜杆；(d)K形斜杆

答案：B

47. 解析：根据《钢结构标准》第15.3.2条，圆形钢管混凝土柱截面直径不宜小于180mm，壁厚不应小于3mm。A选项符合题意。

答案：A

48. 解析：按照受弯构件梁的正应力分布，梁截面的中性轴正应力为0，所以在中性轴位置附近开洞对梁抗弯能力的影响最小，答案为C。

根据《高层混凝土规程》第6.3.7条，钢筋混凝土框架梁上开洞时，洞口位置宜位于梁跨中1/3区段，洞口高度不应大于梁高的40%；开洞较大时应进行承载力验算。梁上洞口周边应配置附加纵向钢筋和箍筋，并应符合计算及构造要求。

答案：C

49. 解析：由砌体高厚比的计算公式：

$$\beta = \frac{H_0}{h} \leqslant \mu_1 \mu_2 [\beta]$$

可知高厚比只与墙、柱的计算高度（H_0）和厚度（h）有关，式中μ_2为有门窗洞口墙允许高厚比的修正系数。

$$\mu_2 = 1 - 0.4\frac{b_s}{s}$$

由上式可知，μ_2 只与宽度 s 范围内的门窗洞口总宽度(b_s)和相邻横墙或壁柱之间的距离(s)有关，而与门窗位置无关；D 选项错误。

答案：D

50. 解析：增大基础圈梁的刚度可有效控制底层墙体的裂缝开展，而减少基础圈梁的结构尺寸会减小基础圈梁刚度。

    答案：C

51. 解析：根据《高层混凝土规程》第 9.1.5 条，核心筒或内筒的外墙与外框柱间的中距，非抗震设计大于 15m，抗震设计大于 12m，宜采取增设内柱等措施。

    答案：B

52. 解析：根据《高层混凝土规程》第 10.1.2 条，9 度抗震设计时不应采用带转换层的结构、带加强层的结构、错层结构和连体结构。

    答案：D

53. 解析：根据《抗震规范》第 6.1.1 条表 6.1.1，抗震设防 8 度(0.2g)，结构体系的适用高度分别是：框架结构 40m，板柱—抗震墙结构 55m，均不满足 70m 高度要求。全部落地剪力墙结构 100m，但不满足底层商业大空间要求。部分框支剪力墙结构适用高度 80m，是同时满足功能需要和适用高度的合理结构体系；D 选项正确。

    答案：D

54. 解析：根据《网格规程》第 3.2.5 条，网架的网格高度与网格尺寸应根据跨度大小、荷载条件、柱网尺寸、支承情况、网格形式以及构造要求和建筑功能等因素确定，与支座材料无关。

    答案：D

55. 解析：50m×50m 篮球体育馆跨度较大，若采用钢筋混凝土结构将导致自重在整个荷载中所占比重过大而不经济，采用钢结构的平板网架结构最合适。B 选项正确。

    答案：B

56. 解析：根据《高层混凝土规程》第 11.1.1 条，混合结构系指由外围钢框架或型钢混凝土、钢管混凝土框架与钢筋混凝土核心筒所组成的框架—核心筒结构，以及由外围钢框筒或型钢混凝土、钢管混凝土框筒与钢筋混凝土核心筒所组成的筒中筒结构。

    另据第 11.1.2 条表 11.1.2（题 56 解表），C 选项不属于混合结构体系。

    混合结构高层建筑适用的最大高度　　　　　　题 56 解表

结构体系		非抗震设计	抗震设防烈度				
			6 度	7 度	8 度		9 度
					0.2g	0.3g	
框架—核心筒	钢框架—钢筋混凝土核心筒	210	200	160	120	100	70
	型钢(钢管)混凝土框架—钢筋混凝土核心筒	240	220	190	150	130	70
筒中筒	钢外筒—钢筋混凝土核心筒	280	260	210	160	140	80
	型钢(钢管)混凝土外筒—钢筋混凝土核心筒	300	280	230	170	150	90

注：平面和竖向均不规则的结构，最大适用高度应适当降低。

    答案：C

57. **解析**：《抗震规范》第7.1.7条第3款，多层砌体房屋有下列情况之一时宜设置防震缝，缝两侧均应设置墙体，缝宽应根据烈度和房屋高度确定，可采用70~100mm：

    1) 房屋立面高差在6m以上；
    2) 房屋有错层，且楼板高差大于层高的1/4；
    3) 各部分结构刚度、质量截然不同。

    综上所述，D选项中"不小于100mm"不符合要求。

    答案：D

58. **解析**：根据《抗震规范》第7.3.1条表7.3.1(题58解表)注，多层砌体房屋在较大洞口两侧要求设置构造柱。较大洞口，内墙指不小于2.1m的洞口；外墙在内外墙交接处已设置构造柱时应允许适当放宽，但洞侧墙体应加强。D选项"不设置"说法错误。

    多层砖砌体房屋构造柱设置要求   题58解表

房屋层数				设置部位	
6度	7度	8度	9度		
四、五	三、四	二、三	—	楼、电梯间四角，楼梯斜梯段上下端对应的墙体处；	隔12m或单元横墙与外纵墙交接处； 楼梯间对应的另一侧内横墙与外纵墙交接处
六	五	四	二	外墙四角和对应转角； 错层部位横墙与外纵墙交接处；	隔开间横墙(轴线)与外墙交接处； 山墙与内纵墙交接处
七	≥六	≥五	≥三	大房间内外墙交接处； 较大洞口两侧	内墙(轴线)与外墙交接处； 内墙的局部较小墙垛处； 内纵墙与横墙(轴线)交接处

    注：较大洞口，内墙指不小于2.1m的洞口；外墙在内外墙交接处已设置构造柱时应允许适当放宽，但洞侧墙体应加强。

    答案：D

59. **解析**：剪跨比(λ)指构件截面弯矩与剪力和有效高度乘积的比值，是钢筋混凝土构件设计的控制指标，钢结构设计无此控制项目。

    答案：B

60. **解析**：纵向剪力墙布置在平面的尽端时，会造成对楼盖两端的约束作用，楼盖中部的梁板容易因混凝土收缩和稳定变化而出现裂缝，因此长矩形平面或平面有一部分较长的建筑中，纵向剪力墙不宜集中布置在房屋的两尽端；故C选项错误。

    《高层混凝土规程》第8.1.7条第1款，在框架—剪力墙结构中，剪力墙宜均匀布置在建筑物的周边附近、楼梯间、电梯间、平面形状变化及恒载较大的部位，剪力墙间距不宜过大；故A、B选项正确。

    第8.1.7条第5款，剪力墙宜贯通建筑物的全高，宜避免刚度突变；剪力墙开洞时，洞口宜上下对齐；故D选项正确。

    答案：C

61. **解析**：根据《高层混凝土规程》第10.3.2条第1款，带加强层的高层建筑结构应合理设计加强层的数量、刚度和设置位置：

    1) 当布置1个加强层时，可设置在0.6倍房屋高度附近。

2)当布置2个加强层时,可分别设置在顶层和0.5倍房屋高度附近;故A选项合理。

3)当布置多个加强层时,宜沿竖向从顶层向下均匀布置。

答案:A

62. 解析:根据《抗震设防标准》第6.0.8条,教育建筑中,幼儿园、小学、中学的教学用房以及学生宿舍和食堂,抗震设防类别应不低于重点设防类(乙类建筑)。

另据《抗震规范》第6.1.5条,对甲、乙类建筑以及高度大于24m的丙类建筑,不应采用单跨框架结构;C选项为单跨框架结构,不应采用。

答案:C

63. 解析:根据《抗震规范》第3.4.3条第1款表3.4.3-1,根据平面凹凸不规则要求,平面凹进的尺寸,大于相应投影方向总尺寸的30%,为平面不规则。另据条文说明图2(题63解图)可知,在4个选项中,B选项属于平面不规则的情况。

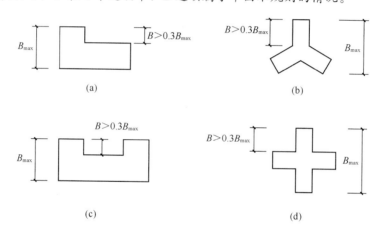

题63解图 建筑结构平面的凸角或凹角不规则示例

答案:B

64. 解析:50m×50m体育馆跨度较大,若采用钢筋混凝土结构,将导致自重在整个荷载中所占比重过大而不经济,采用钢结构的平板网架结构最合适。

答案:B

65. 解析:根据《网格规程》第3.3.1条第3款,单层球面网壳的跨度(平面直径)不宜大于80m;第3.3.2条第4款,沿两纵向边支承的单层圆柱面网壳,其跨度(宽度)不宜大于30m;第3.3.3条第4款,单层双曲抛物面网壳的跨度不宜大于60m;第3.3.4条第4款,单层椭圆抛物面网壳的跨度不宜大于50m。

答案:A

66. 解析:参见《高层混凝土规程》第8.1.5条,框架—剪力墙结构应设计成双向抗侧力体系;抗震设计时,结构两主轴方向均应布置剪力墙。第8.1.7条第1款,剪力墙宜均匀布置在建筑物的周边附近、楼梯间、电梯间、平面形状变化及恒载较大的部位,剪力墙间距不宜过大。

A、B选项剪力墙布置不够均匀对称,B选项只有横向有剪力墙,均不符合规范要求。C选项采用缩进一跨布置剪力墙,均匀。D选项利用电梯井布置剪力墙,但过于集中，不利于结构受力。综上所述，C选项的剪力墙布置更为合理。

答案：C

67. 解析：根据《抗震设防标准》第6.0.8条，教育建筑中，幼儿园、小学、中学的教学用房以及学生宿舍和食堂，抗震设防类别应不低于重点设防类（乙类）。

另据《抗震规范》第7.1.2条表7.1.2注3，乙类的多层砌体房屋，总高度应比表中的规定降低3m，层数相应减少一层；本题为7度抗震设防地区，查表可知总高度为21m，层数为7层；总高度降低3m后为18m，层数减少一层后为6层。故A选项错误。

第7.1.3条，多层砌体承重房屋的层高，不应超过3.6m；故B选项正确。

第7.1.5条，多层砌体房屋，木屋盖时的抗震横墙间距不应超过4m；故C选项错误。

第7.1.6条，承重窗间墙最小宽度为1.2m；故D选项错误。

答案：B

68. 解析：1.《装配式混凝土结构技术规程》JGJ 1—2014第6.1.1条表6.1.1，非抗震设计时最大适用高度为120m，C选项错误。7度抗设防时为90m，D选项错误。

第6.1.9条第1、2款，当采用部分框支剪力墙结构时，底部框支层不宜超过2层，且框支层及相邻上一层应采用现浇结构；部分框支剪力墙以外的结构中，转换梁、转换柱宜现浇；B选项错误，A选项正确。

答案：A

69. 解析：根据《地震震级的规定》GB 17740—2017第2.16条、《中国地震烈度表》第2.1条，地震震级是对地震大小的量度，与一次地震所释放的能量有关。释放能量越大，地震震级也越大。

地震烈度是指地震引起的地面震动及其影响的强弱程度。一个地区的烈度，不仅与这次地震的释放能量（即震级）、震源深度、距离震中的远近有关，还与地震波传播途径中的工程地质条件和工程建筑物的特性有关。我国地震烈度划分为12个等级。

地震震级与地震烈度既有区别又有联系。一次地震只有一个震级，但在不同的地区造成的破坏程度不同，即一次地震在不同地区可以划分出不同的烈度。

答案：A

70. 解析：根据《抗震规范》第3.3.1条、第3.3.3条、第6.1.2条表6.1.2注1、第6.1.3条第4款：

1. 对不利地段，应提出避开要求；当无法避开时应采取有效的措施。对危险地段，严禁建造甲、乙类的建筑，不应建造丙类的建筑。A选项错误，D选项正确。

2. 建筑场地为Ⅰ类时，除6度外应允许按表内降低一度所对应的抗震等级采取抗震构造措施，但相应的计算要求不应降低。B选项错误。

3. 建筑场地为Ⅲ、Ⅳ类时，对设计基本地震加速度为0.15g和0.30g的地区，除本规范另有规定外，宜分别按抗震设防烈度8度（0.20g）和9度（0.40g）时各抗震设防类别建筑的要求采取抗震构造。C选项错误。

答案：D

71. 解析：根据第五代《中国地震动参数区划图》GB 18306—2015，国家对地震安全提出了更高的要求，相较于第四代区划图，有两大变化：

1. 取消了地震动峰值加速度 0.05g 分区，即取消了不设防区域，全国所有地区均为抗震设防区域。A 选项正确。

2. 在附录中新增了县级以下乡镇的地震动参数列表，将地震动参数明确到乡镇，能够便于城镇和农村地区抗震设防要求的确定和管理，有利于提高广大城镇和农村地区一般建设工程的抗震设防水平。新的地震动参数区划结果适当提高了我国的整体抗震设防要求。

答案：A

72. 解析：《抗震设防标准》第 3.0.2 条，建筑工程应分为以下四个抗震设防类别：特殊设防类、重点设防类、标准设防类和适度设防类，没有一般设防类，故 C 选项正确。

答案：C

73. 解析：根据《砌体规范》第 6.3.3 条第 2 款，填充墙砌筑砂浆的强度等级不宜低于 M5（Mb5、Ms5）；A 选项正确。

第 6.3.3 条第 3 款，墙体高度超过 4m 时，填充墙墙体墙厚不应小于 90mm；B 选项正确。

第 6.3.4 条第 1 款 4)，墙体高度超过 4m 时，宜在墙高中部设置与柱连通的水平系梁；水平系梁的截面高度不小于 60mm。填充墙高不宜大于 6m。C 选项正确，D 选项错误。

答案：D

74. 解析：初步判断，医院 16 层住院楼不得采用四个选项相比抗震性能最弱的板柱—抗震墙结构体系。具体分析如下：

1.《抗震设防标准》第 4.0.3 条，医疗建筑的抗震设防类别，应符合下列规定：

(1) 三级医院中承担特别重要医疗任务的门诊、医技、住院用房，抗震设防类别应划为特殊设防类（甲类）。

(2) 二、三级医院的门诊、医技、住院用房，具有外科手术室或急诊室的乡镇卫生院的医疗用房，县级及以上急救中心的指挥、通信、运输系统的重要建筑，县级及以上的独立采供血机构的建筑，抗震设防类别应划为重点设防类（乙类）。

2.《抗震设防标准》第 3.0.3 条，各抗震设防类别建筑的抗震设防标准，重点设防类（甲类）、特殊设防类（乙类）应按高于本地区抗震设防烈度一度的要求加强其抗震措施

因此，8 度抗震设防要求的医院 16 层住院楼应按 9 度抗震设计要求加强抗震措施。

3.《抗震规范》第 6.1.1 条表 6.1.1（题 74 解表）、《高层混凝土规程》第 3.3.1 条表 3.3.1-1，9 度抗震设防要求的医院住院楼不应采用板柱—抗震墙结构。

故确定答案为 C。

现浇钢筋混凝土房屋适用的最大高度(m)   题 74 解表

结构类型		烈度				
		6	7	8(0.2g)	8(0.3g)	9
框架		60	50	40	35	24
框架—抗震墙		130	120	100	80	50
抗震墙		140	120	100	80	60
部分框支抗震墙		120	100	80	50	不应采用
筒体	框架—核心筒	150	130	100	90	70
	筒中筒	180	150	120	100	80
板柱—抗震墙		80	70	55	40	不应采用

答案：C

75. **解析**：《抗震规范》第 3.4.3 条表 3.4.3-1，平面凹进的尺寸不宜过大，不宜大于相应投影方向总尺寸的 30%，否则属于平面不规则。对 40m×40m 平面尺寸，局部收进的最大尺寸是 12m。C 选项正确。

答案：C

76. **解析**：分析答案选项，C、D 选项只能取其一。见《高层混凝土规程》第 11.1.2 条表 11.1.2(题 76 解表)，在同一场地条件下，D 选项错误。

混合结构高层建筑适用的最大高度(m)   题 76 解表

结构体系		非抗震设计	抗震设防烈度				
			6 度	7 度	8 度		9 度
					0.2g	0.3g	
框架—核心筒	钢框架—钢筋混凝土核心筒	210	200	160	120	100	70
	型钢(钢管)混凝土框架—钢筋混凝土核心筒	240	220	190	150	130	70
筒中筒	钢外筒—钢筋混凝土核心筒	280	260	210	160	140	80
	型钢(钢管)混凝土外筒—钢筋混凝土核心筒	300	280	230	170	150	90

注：平面和竖向均不规则的结构，最大适用高度应当降低。

答案：D

77. **解析**：1.《高层混凝土规程》第 9.2.1 条，核心筒宜贯通建筑物全高。核心筒的宽度不宜小于筒体总高的 1/12。B 选项"1/15"说法错误。

2.《全国民用建筑工程设计技术措施结构(结构体系)》第 2.7.3 条第 1 款，框架核心筒结构的平面布置宜符合以下要求：建筑平面形状及核心筒布置与位置宜规则、对称；第 2 款 2)、3)，框架—核心筒结构的筒体应符合下列要求：

核心筒的高宽比不宜大于 12，边长不宜小于外框架或外框筒相应边长的 1/3；

核心筒的周边宜闭合，楼梯、电梯间应布置混凝土内墙。故A、C、D选项说法正确。

答案：B

注：筒中筒结构的内筒宽度可为高度的1/12～1/15。

78. 解析：《高层混凝土规程》第8.1.5条，框架—抗震墙结构是框架和剪力墙共同承担竖向和水平作用的结构体系，布置适量的剪力墙是其基本特点。为了发挥框架—剪力墙结构的优势，应设计成双向抗侧力体系，且结构在两个主轴方向的刚度和承载力不宜相差过大；抗震设计时，结构两主轴方向均应布置剪力墙，以体现多道防线的要求。故D选项正确。

答案：D

79. 解析：《抗震规范》第3.5.2条第4款及条文说明，对可能出现的薄弱部位，应采取措施提高其抗震能力，而不是"大幅度提高承载力"，抗震设计要防止在局部上加强而忽视整个结构各部位刚度、强度的协调。故A选项不正确。

答案：A

80. 解析：《高层混凝土规程》第10.1.1条，复杂高层建筑结构有带转换层的结构、带加强层的结构、错层结构、连体结构以及竖向体型收进、悬挑结构。第10.1.4条，7度和8度抗震设计的高层建筑不宜同时采用超过两种的复杂高层建筑结构。D选项符合题意。

答案：D

注：9度抗震设计时不应采用带转换层的结构、带加强层的结构、错层结构和连体结构。

81. 解析：《高层混凝土规程》第6.1.5条第1~3款，抗震设计时，砌体填充墙及隔墙应具有自身稳定性，并应符合下列规定：

1. 砌体的砂浆强度等级不应低于M5；C选项"不应低于M7.5"说法错误。

2. 砌体填充墙应沿框架柱全高每隔500mm左右设置2ϕ6的拉筋；B选项"每隔600mm"说法错误。

3. 墙高超过4m时，墙体半高处（或门洞上皮）宜设置与柱连接且沿墙全长贯通的钢筋混凝土水平系梁；本题层高5m，减去框计梁高800mm，实际墙高4.2m＞4m，D选项正确。

第6.1.7条，框架梁、柱中心线宜重合。不能重合时，梁、柱中心线之间的偏心距不宜大于柱宽的1/4。A选项"不宜大于柱宽的1/3"说法错误。

答案：D

注：当砌体填充墙长大于5m时，墙顶与梁宜有拉结；墙长超过8m或层高2倍时，宜设置钢筋混凝土柱。

82. 解析：1. 钢结构设置隔震层是通过延长结构的自振周期来减少结构的水平地震作用，达到预期抗震要求，与适用高度无关。

2. 《高层钢结构规程》第3.2.2条表3.2.2（题82解表），抗震设防烈度为7度的乙类和丙类高层民用建筑钢结构采用钢框架—偏心支撑结构体系，适用的最大高度为220m，满足210m高度要求。框架结构适用的最大高度是90m，框架—中心支撑是 200m。

所以，C 选项正确。

高层民用建筑钢结构适用的最大高度(m) 题82解表

结构体系	6度 7度(0.10g)	7度 (0.15g)	8度 (0.20g)	8度 (0.30g)	9度 (0.40g)	非抗震设计
框架	110	90	90	70	50	110
框架—中心支撑	220	200	180	150	120	240
框架—偏心支撑 框架—屈曲约束支撑 框架—延性墙板	240	220	200	180	160	260
筒体(框筒、筒中筒、桁架筒、束筒) 巨型框架	300	280	260	240	180	360

注：1. 房屋高度指室外地面到主要屋面板板顶的高度(不包括局部突出屋顶部分)；
2. 超过表内高度的房屋，应进行专门研究和论证，采取有效的加强措施；
3. 表内筒体不包括混凝土筒；
4. 框架柱包括全钢柱和钢管混凝土柱；
5. 甲类建筑，6、7、8度时宜按本地区抗震设防烈度提高1度后符合本表要求，9度时应专门研究。

答案：C

83. 解析：根据《抗震规范》第10.2.2条第5款，大跨屋盖宜采用轻型屋面系统；A选项正确。

第10.2.2条第2款，屋盖及其支承的布置宜均匀对称；B选项正确。

第10.2.2条第3款，屋盖及其支承结构宜优先采用两个水平方向刚度均衡的空间传力体系；C选项错误。

第10.2.2条第4款，大跨屋盖建筑结构布置宜避免因局部削弱或突变形成薄弱部位，产生过大的内力、变形集中。对于可能出现的薄弱部位，应采取措施提高其抗震能力。D选项正确。

答案：C

84. 解析：《抗震规范》第3.4.3条表3.4.3-1(题84解表1)、表3.4.3-2(题84解表2)，建筑形体及构件布置分平面、竖向不规则的类型，悬挑结构属于竖向不规则。D选项符合题意。

平面不规则的主要类型 题84解表1

不规则类型	定义和参考指标
扭转不规则	在具有偶然偏心的规定水平力作用下，楼层两端抗侧力构件弹性水平位移(或层间位移)的最大值与平均值的比值大于1.2
凹凸不规则	平面凹进的尺寸，大于相应投影方向总尺寸的30%
楼板局部不连续	楼板的尺寸和平面刚度急剧变化，例如，有效楼板宽度小于该层楼板典型宽度的50%，或开洞面积大于该层楼面面积的30%，或较大的楼层错层

竖向不规则的主要类型　　　　　　　　　　　　题84解表2

不规则类型	定义和参考指标
侧向刚度不规则	该层的侧向刚度小于相邻上一层的70%，或小于其上相邻三个楼层侧向刚度平均值的80%，除顶层或出屋面小建筑外，局部收进的水平向尺寸大于相邻下一层的25%
竖向抗侧力构件不连续	竖向抗侧力构件(柱、抗震墙、抗震支撑)的内力由水平转换构件(梁、桁架等)向下传递
楼层承载力突变	抗侧力结构的层间受剪承载力小于相邻上一楼层的80%

答案：D

85. **解析：** 钢结构防震缝的宽度不应小于钢筋混凝土框架结构缝宽的1.5倍。

《抗震规范》第6.1.4条、第8.1.4条，钢筋混凝土框架结构房屋防震缝设置要求：高度不超过15m时不应小于100mm；超过15m时，6度、7度、8度和9度分别每增加高度5m、4m、3m和2m，宜加宽20mm。

防震缝两侧的房屋高度不同时，防震缝宽度可按较低的房屋高度确定。因此本题按15m框架结构防震缝宽度取100mm的1.5倍，即按150mm确定，C选项正确。

详见《高层钢结构规程》第3.3.5条、第3.3.6条，《高层混凝土规程》第3.4.10条第1款1)，《抗震规范》第6.1.4条、第8.1.4条。

答案：C

注：高层民用钢结构建筑宜不设缝，提倡避免采用不规则建筑结构方案。

86. **解析：** 根据《地基规范》第4.1.1条，作为建筑地基的岩土，可分为岩石、碎石土、砂土、粉土、黏性土和人工填土。

第4.1.14条，人工填土根据其组成和成因，可分为素填土、压实填土、杂填土、冲填土。杂填土为含有建筑垃圾、工业废料、生活垃圾等杂物的填土。

第6.3.5条，对含有生活垃圾或有机质废料的填土，未经处理不宜作为建筑物地基使用。

第7.2.1条第2款，冲填土、建筑垃圾和性能稳定的工业废料，当均匀性和密实度较好时，可利用作为轻型建筑物地基的持力层，说明一般不适合直接用作建筑物地基持力层。

答案：C

87. **解析：** 分析办公楼场地地基情况，地下有淤泥属于软弱地基，上覆土层较薄，建筑高度40m，没有地下室，采用桩基础最为合适。

答案：B

88. **解析：** 本题主要考核挡土墙后的主动土压力——刚性挡土墙离开土体向前移动或转动，墙后土体达到极限平衡状态时，作用在墙背上的土压力，参见《地基规范》的下述条款。

第6.7.3条第1款，重力式挡土墙土压力计算应符合下列规定：对土质边坡，边坡主动土压力应按下式进行计算。当填土为无黏性土时，主动土压力系数可按库仑土压力理论确定。当支挡结构满足朗肯条件时，主动土压力系数可按朗肯土压力理论确定。

$$E_{\mathrm{a}} = \frac{1}{2}\psi_{\mathrm{a}}\gamma h^{2}k_{\mathrm{a}}$$

第9.3.2条，主动土压力、被动土压力可采用库仑或朗肯土压力理论计算……

第9.3.3条，作用于支护结构的土压力和水压力，对砂性土宜按水土分算计算；对黏性土宜按水土合算计算；也可按地区经验确定。

条文说明第9.3.3条，高地下水位地区土压力计算时，常涉及水土分算与水土合算两种算法。

根据公式及题目条件图(b)边坡对水平面的坡角约为20°，图(b)相当于在图(a)的填土上增加一部分(三角形)附加填土，可判断出主动土压力合力 $E_{\mathrm{a}} < E_{\mathrm{b}}$（题目没有给出土的种类，但不影响定性判断的结果）。

根据《建筑基坑支护技术规程》JGJ 120—2012 第3.4.2条，作用在支护结构上的土压力应按下列规定确定……其计算公式表明：支护结构上的土压力应是土压力与水压力的合力；在实际工程中，支护结构上的土压力的计算必须包括水压力。

地下水位升高，土颗粒产生的压力会适度减小，但由于水压力的加入，导致水土压力总和仍远大于无水时的土压力，由此判断出 $E_{\mathrm{a}} < E_{\mathrm{c}}$。对于图(c)与图(b)，虽因土的种类及坡角没有给出，具有不确定性，但仍可通过 $E_{\mathrm{a}} < E_{\mathrm{b}}$、$E_{\mathrm{a}} < E_{\mathrm{c}}$，用排除法直接选出 C 选项。

定量计算涉及诸多公式，计算过程也较为复杂，故仅供感兴趣的读者作进一步了解。定量计算中挡土墙高度、坡度、水位高度等参数按考题中的图示比例确定，并且考虑了如下两种土的类型：

1. 挡土墙后为密实细砂土

(1)地下水位以上的计算公式：

$$E_{\mathrm{a1}} = \frac{1}{2}\gamma H^{2} K_{\mathrm{a}}$$

$$K_{\mathrm{a}} = \tan^{2}\left(\frac{\pi}{4} - \frac{\varphi}{2}\right)$$

(2)地下水位以下的简化计算公式：

$$E_{\mathrm{a2}} = \frac{1}{2}\gamma' H^{2} K'_{\mathrm{a}} + \frac{1}{2}\gamma_{\mathrm{w}} H_{\mathrm{w}}^{2}$$

$$\gamma' = \gamma_{\mathrm{sat}} - \gamma_{\mathrm{w}}$$

$$K'_{\mathrm{a}} = \tan^{2}\left(\frac{\pi}{4} - \frac{\varphi'}{2}\right)$$

式中　H—挡土墙高度；H_{w}—地下水位高度；γ—土的重度；γ'—土的有效重度(浮重度)；γ_{sat}—土的饱和重度；γ_{w}—地下水的重度；φ—砂土内摩擦角；φ'—饱和砂土内摩擦角。

计算条件：挡土墙的墙背竖直光滑，墙后填土为密实细砂土；填土表面水平，具体计算参数为：$H = 5.0\mathrm{m}$；$H_{\mathrm{w}} = 4.0\mathrm{m}$；$\gamma = 19.0\mathrm{kN/m^{3}}$；$\gamma_{\mathrm{sat}} = 21.0\mathrm{kN/m^{3}}$；$\gamma_{\mathrm{w}} = 9.8\mathrm{kN/m^{3}}$；$\varphi = 33°$；$\varphi' = 28°$。

$$E_{\mathrm{a1}} = \frac{1}{2} \times 19.0 \times 5.0^{2} \tan^{2}\left(45° - \frac{33°}{2}\right) = 70.02\mathrm{kN/m}$$

$$E_{a2} = \frac{1}{2} \times 11.2 \times 5.0^2 \tan^2\left(45° - \frac{28°}{2}\right) + \frac{1}{2} \times 9.8 \times 4.0^2 = 128.80 \text{kN/m}$$

$$\gamma' = 21 - 9.8 = 11.2 \text{kN/m}^3$$

注：1. 若 $\beta = 20°$（β—边坡对水平面的坡角）；经计算，土压力将增至 90.17kN/m。

2. 因计算公式简化（实际工程需分层叠加计算），地下水位以上部分使用了砂土有效重度（浮重度）值，所以计算出的 E_{a2} 值会略偏小，准确分层叠加计算后 E_c 将增至 141kN/m。

3. 不考虑地下水渗流的影响。

计算结果：$E_a = 70.02$ kN/m；$E_b = 90.17$ kN/m；$E_c = 128.80$ kN/m。

2. 挡土墙后为粉质黏土

简化计算公式：

$$P_a = \sigma_z K_a - 2c\sqrt{K_a}$$

$$K_a = \tan^2\left(\frac{\pi}{4} - \frac{\varphi}{2}\right)$$

$$\sigma_{z1} = \gamma \times z;\ \sigma_{z2} = \gamma_{sat} \times z$$

式中 P_a—土压力强度；σ_z—深度为 z 处的应力（水位以下采用饱和重度）。

计算条件：挡土墙的墙背竖直光滑，墙后填土为粉质黏土；图(b)填土表面坡度如题目所示约为 20°，具体计算参数为：$H = 5.0$m；$H_w = 4.0$m；$\gamma = 19.0$ kN/m³；$\gamma_{sat} = 17.6$ kN/m³；$\varphi = 21°$；$\varphi' = 18°$；$c = 12.0$ kPa；$c' = 5.0$ kPa。

注：H—挡土墙高度；H_w—地下水位高度；γ—土的重度；γ_{sat}—土的饱和重度；φ—含水率 23%～25% 的黏土内摩擦角；φ'—含水率 35%～40% 的黏土内摩擦角；c—含水率 23%～25% 的黏土黏聚力；c'—含水率 35%～40% 的黏土黏聚力。

采用水土合算计算（土压力中已经包含水压力）$P_w = 0$，在实际工程中需采用分层叠加计算，地下水位以下的总应力采用固结不排水抗剪强度指标（c_{cu}，φ_{cu}）计算。

计算结果：$E_a \approx 29.71$ kN/m；$E_b \approx 40.15$ kN/m；$E_c \approx 79.80$ kN/m。

因此，为了减少水压力，规范第 6.7.1 条第 6 款规定：边坡的支挡结构应进行排水设计。对于可以向坡外排水的支挡结构，应在支挡结构上设置排水孔。排水孔应沿着横竖两个方向设置，其间距宜取 2～3m，排水孔外斜坡度宜为 5%，孔眼尺寸不宜小于 100mm。支挡结构后面应做好滤水层，必要时应做排水暗沟。支挡结构后面有山坡时，应在坡脚处设置截水沟。对于不能向坡外排水的边坡，应在支挡结构后面设置排水暗沟。

答案：C

89. **解析**：因为有弯矩作用，属于偏心受力状态，右侧第 3 根桩的反力 N_3 最大，N_1 最小。

答案：C

90. **解析**：普通高层带地下室，采用筏板基础形式较好。

答案：C

91. **解析**：本题考核大面积地面荷载，参见《地基规范》的如下条款。

第7.5.1条，在建筑范围内有地面荷载的单层工业厂房、露天车间和单层仓库的设计，应考虑由于地面荷载所产生的地基不均匀变形及其对上部结构的不利影响。当有条件时，宜利用堆载预压过的建筑场地。

注：地面荷载系指生产堆料、工业设备等地面堆载和天然地面上的大面积填土。

第7.5.5条，对于在使用过程中允许调整吊车轨道的单层钢筋混凝土工业厂房和露天车间的天然地基设计，除应遵守本规范第5章的有关规定外，尚应符合下式要求……

注：第7.5.5条给出了地基附加沉降量允许值。

第7.5.7条，具有地面荷载的建筑地基遇到下列情况之一时，宜采用桩基：

1　不符合本规范第7.5.5条要求；
2　车间内设有起重量300kN以上、工作级别大于A5的吊车；
3　基底下软土层较薄，采用桩基经济者。

值得注意的是：本题若为重工业厂房，地面堆载荷载不能满足地基承载力、变形、稳定性要求时，也可以采用CFG桩复合地基。

本题对密实粉土的具体条件未作表述，如规范要求饱和度$S_r<60\%$的粉土。粉土强夯可能会产生液化，《强夯地基处理技术规程》CECS 279规定：对砂土、粉土等可液化地基，应采用标准贯入试验、黏粒含量测定，评价液化消除深度，提供地基承载力、地基强度、变形参数等指标。

答案：A

92. 解析：本题由题目所给公式：$F_k+\gamma_g \times d \times b = f_a \times b$

得：$b = F_k/(f_a - \gamma_g \times d) = 220/(150-20\times2.5) = 220/100 = 2.2m$

计算所得最小宽度b与B项2.5m最接近；故取$b=2.5m$。

答案：B

93. 解析：根据《地基规范》第7.2.7条，复合地基设计应满足建筑物承载力和变形要求。当地基土为欠固结土、膨胀土、湿陷性黄土、可液化土等特殊性土时，设计采用的增强体和施工工艺应满足处理后地基土和增强体共同承担荷载的技术要求。故B选项正确。

第7.2.8条，复合地基承载力特征值应通过现场复合地基载荷试验确定，或采用增强体载荷试验结果和其周边土的承载力特征值结合经验确定；故C选项错误。

复合地基是天然地基在地基处理过程中，部分土体得到增强，或被置换，或在天然地基中设置加筋体，由天然地基土体和增强体两部分组成共同承担荷载的人工地基。CFG桩是水泥粉煤灰碎石桩的简称，是由水泥、粉煤灰、碎石、石屑或砂，加水拌和形成的高粘结强度桩，和桩间土、褥垫层一起形成复合地基。故A、D选项正确。

答案：C

94. 解析：

首先从中间铰链C处断开，为便于分析，把中间铰链C及作用在C铰链上的集中力40kN都放在ABC杆上，如解图所示。

从CD杆的受力图，不难求出：

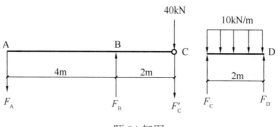

题 94 解图

$$F_C = F_D = \frac{1}{2} \times 10 \times 2 = 10 \text{kN}$$

然后把 $F'_C = F_C = 10\text{kN}$ 按照图示方向加到 ABC 杆上，

$$\sum M_B = 0: F_A \times 4 = (40+10) \times 2$$

$$\therefore F_A = 25\text{kN}$$

最后由直接法，得到：$V_{B左} = -F_A = -25\text{kN}$

答案：B

95. 解析：首先进行受力分析，由于没有水平力，所以 A 点的水平支座反力为 0，梁的受力图如解图所示。

$$\sum M_B = 0: F_A \times 8 + 40 + 40 \times 4 = 15 \times 8 \times 4$$

得到 $F_A = 35\text{kN}$

再由直接法求 C 截面的弯矩：

$$M_C = 35 \times 4 - (15 \times 4) \times 2 = 20\text{kN} \cdot \text{m}$$

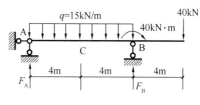

题 95 解图

答案：B

96. 解析：根据《砌体规范》表 3.2.2，在相同砂浆强度等级、相同砌块种类的条件下进行比较，沿齿缝弯曲抗拉强度(图 b)＞沿齿缝轴心抗拉强度(图 a)＞沿通缝弯曲抗拉强度(图 c)。

答案：B

97. 解析：根据公式：$V \leq 0.25 \beta_c f_c b h_0$

则：$h_0 \geq V / 0.25 \beta_c f_c b = 860 \times 10^3 / 0.25 \times 1 \times 14.3 \times 400 = 601.4\text{mm}$

$h \geq 601.4 + 35 = 636.4 \text{ mm}$，取 $h = 650\text{mm}$

答案：C

98. 解析：题图所示支座是典型的辊轴支座，只有一个竖直向上的支座反力，和链杆支座即 B 选项相同。

答案：B

99. 解析：根据《结构制图标准》第 3.1.1 条表 3.1.1-4，A 选项为单面焊接的钢筋接头，B

选项为双面焊接的钢筋接头；没有 C、D 选项的标注方法。B 选项正确。

答案：B

100. **解析**：根据《结构制图标准》第 3.1.1 条表 3.1.1-2，预应力张拉端锚具表示见 A 选项，固定端锚具表示见 B 选项。

答案：A

2014年试题、解析、答案及考点

2014年试题

1. 图示平面体系的几何组成为(　　)。

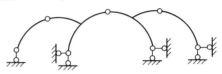

题1图

A 几何可变体系　　　　　　　　B 几何不变体系,无多余约束
C 几何不变体系,有1个多余约束　　D 几何不变体系,有2个多余约束

2. 图示结构的超静定次数为(　　)。

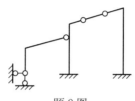

题2图

A 1次　　　　B 2次　　　　C 3次　　　　D 4次

3. 图示几何不变体系,其多余约束为(　　)。

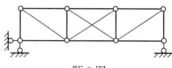

题3图

A 1个　　　　B 2个　　　　C 3个　　　　D 4个

4. 图示结构的超静定次数为(　　)。

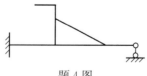

题4图

A 1次　　　　B 2次　　　　C 3次　　　　D 4次

5. 图示对称桁架,在两种荷载作用下,内力不同的杆件数量为(　　)。

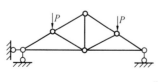 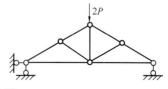

题5图

A 1根　　　　　　　B 3根　　　　　　　C 5根　　　　　　　D 7根

6. 图示结构在外力 P 作用下，零杆数量为(　　)。

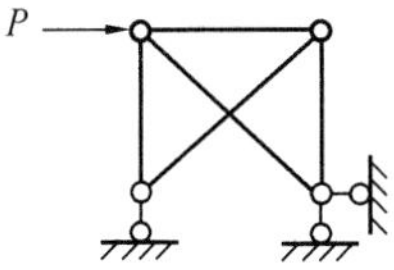

题6图

A 0　　　　　　　B 1根　　　　　　　C 2根　　　　　　　D 3根

7. 图示结构在外力 P 作用下，BC杆有(　　)。

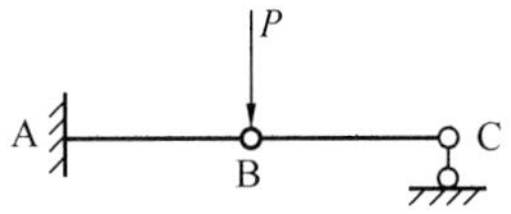

题7图

A 拉力　　　　　　B 压力　　　　　　C 变形　　　　　　D 位移

8. 图示静定结构在外力作用下，支座C反力为(　　)。

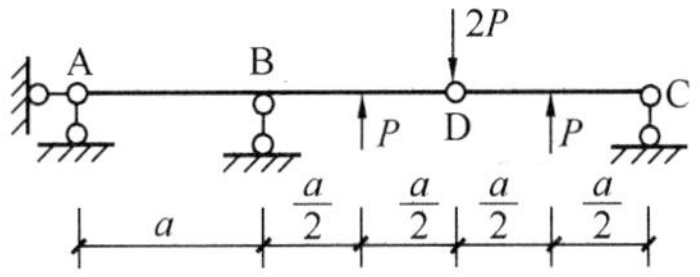

题8图

A $R_C=0$　　　　　B $R_C=P/2$　　　　C $R_C=P$　　　　　D $R_C=2P$

9. 图示结构在外力 P 作用下，正确的剪力图形是(　　)。

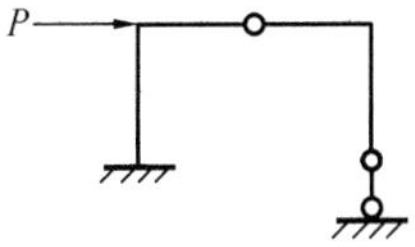

题9图

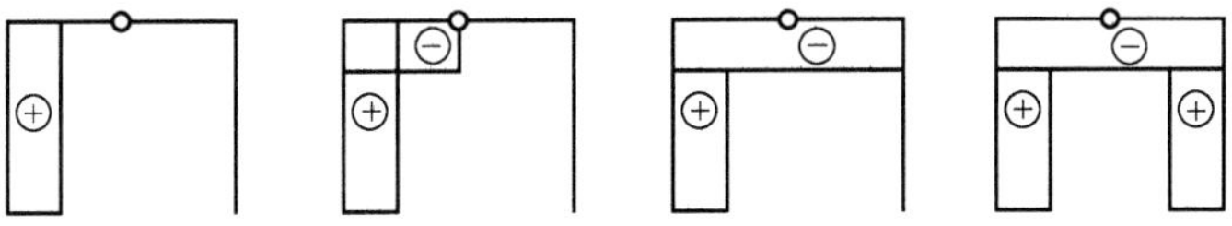

A　　　　　B　　　　　C　　　　　D

10. 图示结构在外力 M 作用下，正确的弯矩图形是(　　)。

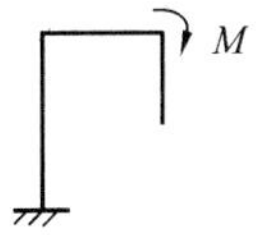

题10图

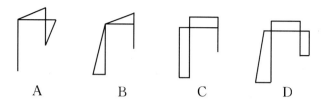

A　　　　　　B　　　　　　C　　　　　　D

11. 图示两结构材质相同，在外力 P 作用下，下列相同项是(　　)。

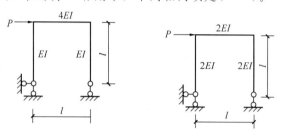

题 11 图

A　内力　　　　B　应力　　　　C　位移　　　　D　变形

12. 四跨连续梁，各跨材料及截面相同，在下图荷载布置下，各跨中点弯矩最大的是(　　)。

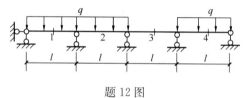

题 12 图

A　M_1　　　　B　M_2　　　　C　M_3　　　　D　M_4

13. 图示简支梁在两种荷载作用下，跨中点弯矩值的关系为(　　)。

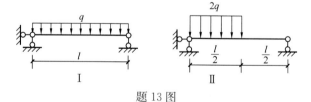

题 13 图

A　$M_I = \frac{1}{2}M_{II}$　　　B　$M_I = M_{II}$　　　C　$M_I = 2M_{II}$　　　D　$M_I = 4M_{II}$

14. 图示刚架，各杆刚度相同，若 BC 杆均匀加热，温度上升 $t\,^\circ\!C$，AB、CD 两杆温度无变化，其正确的弯矩图为(　　)。

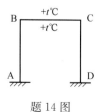

题 14 图

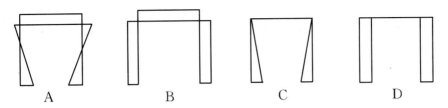

A   B   C   D

15. 图示连续梁的线刚度均相同，则梁的变形形式为(   )。

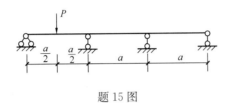

题 15 图

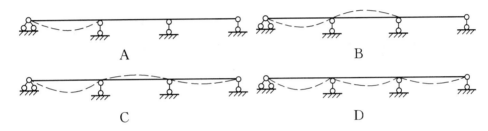

A   B
C   D

16. 图示桁架结构中，零杆数量为(   )。

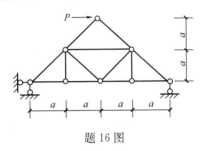

题 16 图

A 2根　　　　　B 3根　　　　　C 4根　　　　　D 5根

17. 图示结构中各杆的 EA、EI 值均相同，在外力 P 作用下，A、B 两点竖向位移关系正确的是(   )。

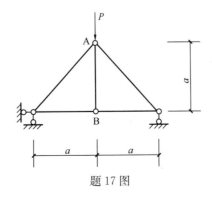

题 17 图

A $\Delta_A=\sqrt{2}\Delta_B$ B $\Delta_A=\Delta_B$ C $\Delta_A=\frac{\sqrt{2}}{2}\Delta_B$ D $\Delta_A=2\Delta_B$

18. 图示结构各杆刚度均相同，与其弯矩图形对应的受力结构为(   )。

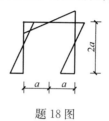

题 18 图

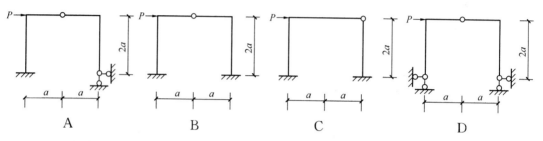

A   B   C   D

19. 图示刚架中，杆CA的C端弯矩为(   )。

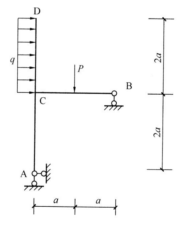

题 19 图

A $M_{CA}=0$ B $M_{CA}=Pa$ C $M_{CA}=6qa^2$ D $M_{CA}=4qa^2$

20. 图示刚架中，A点的弯矩为(以A点左侧受拉为正)(   )。

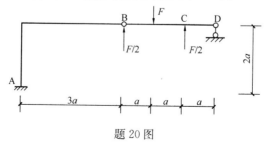

题 20 图

A $M_A=\frac{3}{2}Fa$ B $M_A=Fa$ C $M_A=0$ D $M_A=-Fa$

21. 图示多跨梁体系中，E点的反力是(   )。

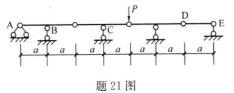

题 21 图

A $R_E=2P$　　　　B $R_E=0$　　　　C $R_E=\frac{1}{2}P$　　　　D $R_E=P$

22. 图示结构，B点的反力是(   )。

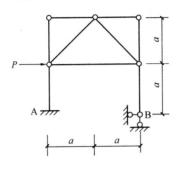

题 22 图

A $R_B=P$　　　　B $R_B=\frac{1}{2}P$　　　　C $R_B=2P$　　　　D $R_B=0$

23. 图示结构的弯矩图，正确的是(   )。

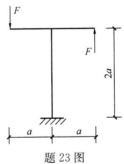

题 23 图

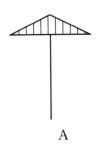
A

B

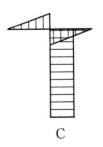
C

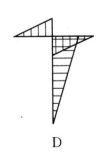
D

24. 图示结构的弯矩图，正确的是(   )。

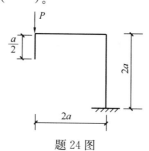

题 24 图

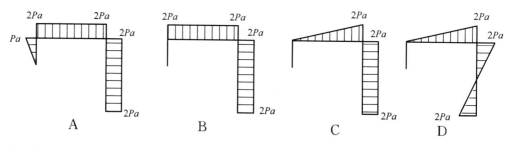

A   B   C   D

25. 图示结构的弯矩图，正确的是(   )。

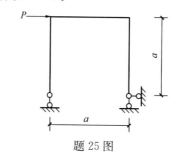

题 25 图

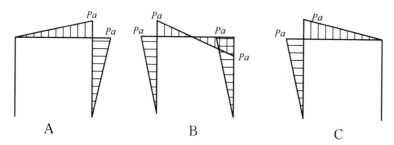

A   B   C   D

26. 图示桁架中零杆数量为(   )。

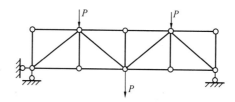

题 26 图

A 4根 B 5根
C 6根 D 7根

27. 图示结构,在弹性状态下,当1点作用 $P_1=1$ 时,2点产生位移 δ_{21};而当2点作用 $P_2=1$ 时,1点产生位移 δ_{12},其关系为( )。

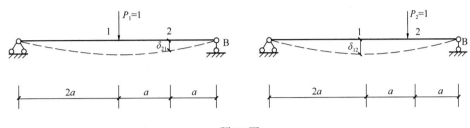

题 27 图

A $\delta_{12}=\delta_{21}$ B $\delta_{12}=0.5\delta_{21}$
C $\delta_{12}=2\delta_{21}$ D $\delta_{12}=0.25\delta_{21}$

28. 图示刚架右支座发生水平向右位移 Δ,则结构弯矩图正确的是( )。

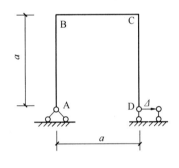

题 28 图

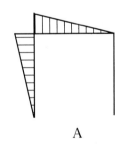  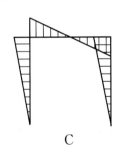 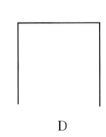

A   B   C   D

29. 图示结构的弯矩图,正确的是( )。

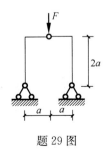

题 29 图

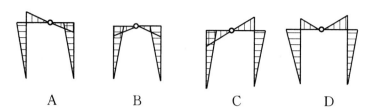

| A | B | C | D |

30. 对图示悬臂梁,当外力 P 作用在 A 点时(图 I),已知对应位移 Δ_A,而当外力 P 作用在 B 点时(图 II),对应位移 Δ_B 为(   )。

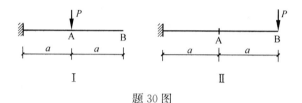

题 30 图

A $\Delta_B=2\Delta_A$ B $\Delta_B=4\Delta_A$ C $\Delta_B=8\Delta_A$ D $\Delta_B=16\Delta_A$

31. 图示简支架在两种受力状态下,跨中 I、II 点的剪力关系为(   )。

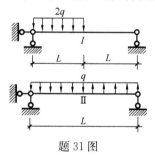

题 31 图

A $V_I=\dfrac{1}{2}V_{II}$ B $V_I=V_{II}$ C $V_I=2V_{II}$ D $V_I=4V_{II}$

32. 图示不同支座条件下的单跨梁,在跨中集中力 P 作用下,跨中 a 点弯矩最小的是(   )。

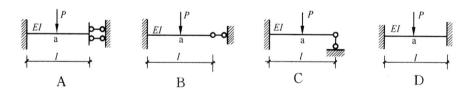

| A | B | C | D |

33. 图示单层多跨框架,温度均匀变化 Δt 引起的 a、b、c 三点的弯矩 M 的绝对值大小关系为(   )。

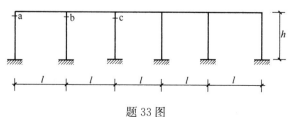

题 33 图

A $M_a=M_b=M_c$ B $M_a>M_b>M_c$
C $M_a<M_b<M_c$ D 不确定

34. 图示五跨等跨等截面连续梁，在支座 a 产生最大弯矩的荷载布置为（   ）。

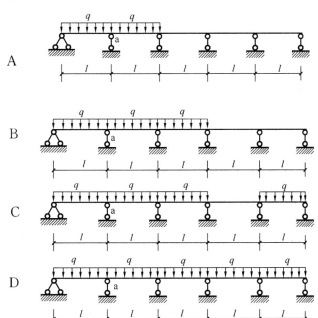

35. 图示刚架，当中支座产生竖向位移 Δ 时，正确的弯矩图是（   ）。

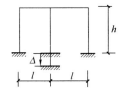

题 35 图

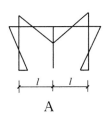 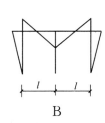 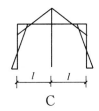 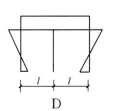

A   B   C   D

36. 图示口字形刚架，当侧向荷载 q 增大时，顶部支座 a 点、跨中 b 点的弯矩绝对值 M_a、M_b 将发生变化，正确的说法是（   ）。

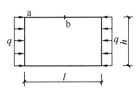

题 36 图

A M_a 增大，M_b 增大 B M_a 增大，M_b 减小
C M_a 减小，M_b 增大 D M_a 减小，M_b 减小

37. 图示刚架，梁柱轴向刚度为无穷大，当柱抗弯刚度 EI_1 与梁抗弯刚度 EI_2 之比趋于无穷大时，柱底 a 点弯矩 M_a 趋向于何值？

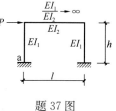

题 37 图

A $M_a = Ph$
B $M_a = Ph/2$
C $M_a = Ph/4$
D $M_a = Ph/8$

38. 图示桁架，正确的内力说法是(　　)。

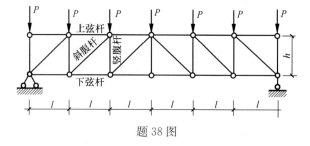

题 38 图

A 斜腹杆受压，高度 h 增大时压力不变
B 斜腹杆受拉，高度 h 增大时拉力减小
C 斜腹杆受压，高度 h 增大时压力减小
D 斜腹杆受拉，高度 h 增大时拉力不变

39. 图示双跨刚架，正确的弯矩图是(　　)。

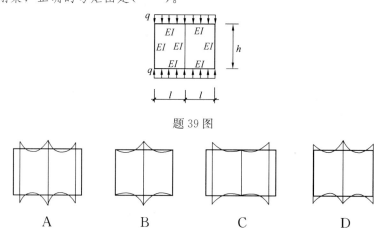

题 39 图

A　　　　B　　　　C　　　　D

40. 图示单层单跨框架，柱底 a 点弯矩最小的是(　　)。

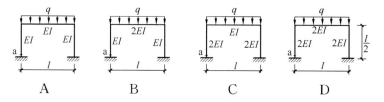

A　　　　B　　　　C　　　　D

41. 图示单跨双层框架，正确的弯矩图是(   )。

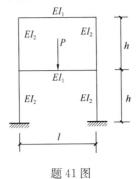

题 41 图

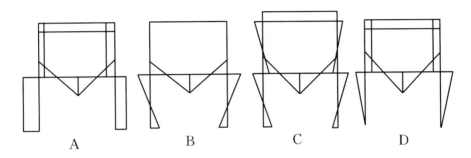

42. 图示钢筋混凝土框架结构，框架主梁双向布置，次梁十字布置，仅受竖向荷载作用，当次梁 L2 断面增大而抗弯刚度增大时，梁弯矩变化的正确说法是(   )。

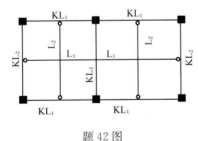

题 42 图

A 框梁 KL_1 跨中弯矩增大　　　　　　B 框梁 KL_2 支座弯矩增大
C 框梁 KL_3 跨中弯矩增大　　　　　　D 次梁 L_1 支座弯矩增大

43. 地下室混凝土外墙常见的竖向裂缝，主要是由下列哪种因素造成的？
    A 混凝土的徐变　　　　　　　　　　B 混凝土的收缩
    C 混凝土的膨胀　　　　　　　　　　D 混凝土拆模过晚

44. 混凝土结构中，图示曲线是哪种钢筋的应力—应变关系？

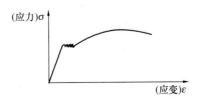

题 44 图

A 普通热轧钢筋 B 预应力螺纹钢筋
C 消除应力钢丝 D 钢绞线

45. 控制木材含水率的主要原因是(   )。
A 防火要求 B 防腐要求
C 控制木材收缩 D 保障木材的强度

46. 衡量钢材塑性性能的指标是(   )。
A 抗拉强度 B 伸长率
C 屈服强度 D 冲击韧性

47. 关于砌体强度的说法，错误的是(   )。
A 砌体强度与砌块强度有关 B 砌体强度与砌块种类有关
C 砌体强度与砂浆强度有关 D 砂浆强度为0时，砌体强度为0

48. 下列因素中，不影响钢筋与混凝土粘结力的是(   )。
A 混凝土的强度 B 钢筋的强度
C 钢筋的表面形状 D 钢筋的保护层厚度

49. 随着钢板板材厚度的增加，下列说法正确的是(   )。
A 钢材的强度降低 B 钢材的弹性模量增大
C 钢材的线膨胀系数增大 D 钢材的Z向性能增强

50. 关于钢筋混凝土柱下独立基础及其下垫层的混凝土强度等级的要求，正确的说法是(   )。
A 独立基础不应低于C25，垫层不宜低于C15
B 独立基础不应低于C25，垫层不宜低于C10
C 独立基础不应低于C20，垫层不宜低于C15
D 独立基础不应低于C20，垫层不宜低于C10

51. 受力预埋件的锚筋不应采用下列哪种钢筋？
A HPB300 B HRB335
C HRB400 D 冷加工钢筋

52. 混凝土结构对氯离子含量要求最严(即最小)的构件是(   )。
A 露天环境中的混凝土构件 B 室内环境中的混凝土构件
C 海岸海风环境中的混凝土构件 D 室内环境中的预应力混凝土构件

53. 轴心抗压承载力相同的下列柱，截面积可做到最小的是(   )。
A 普通钢筋混凝土柱 B 型钢混凝土柱
C 圆形钢管混凝土柱 D 方形钢管混凝土柱

54. 关于钢材的选用，错误的说法是(   )。
A 需要验算疲劳的焊接结构的钢材应具有常温冲击韧性的合格保证
B 需要验算疲劳的非焊接结构的钢材可不具有常温冲击韧性的合格保证
C 焊接结构的钢材应具有碳含量的合格保证
D 焊接承重结构的钢材应具有冷弯试验的合格保证

55. 抗震钢结构构件不宜采用下列哪种钢材？
A Q345A B Q345B
C Q235C D Q235D

56. 8度抗震设计的钢筋混凝土结构，框架柱的混凝土强度等级不宜超过(　　)。
    A C60   B C65
    C C70   D C75

57. 在钢筋混凝土抗震框架梁施工中，当纵向受力钢筋需要以 HRB400 代替原设计 HRB335 钢筋时，下列说法错误的是(　　)。
    A 应按钢筋面积相同的原则替换
    B 应按受拉承载力设计值相等的原则替换
    C 应满足最小配筋率和钢筋间距构造要求
    D 应满足挠度和裂缝宽度要求

58. 用于框架填充内墙的轻集料混凝土空心砌块和砌筑砂浆的强度等级不宜低于(　　)。
    A 砌块 MU5，砂浆 M5   B 砌块 MU5，砂浆 M3.5
    C 砌块 MU3.5，砂浆 M5   D 砌块 MU3.5，砂浆 M3.5

59. 预应力混凝土框架梁构件必须加非预应力钢筋，其主要作用是(　　)。
    A 增强延性   B 增加刚度
    C 增加强度   D 增强抗裂性

60. 钢筋混凝土叠合梁的叠合层厚不宜小于(　　)。
    A 80mm   B 100mm
    C 120mm   D 150mm

61. 预应力混凝土梁哪种孔道成型方式，张拉时摩擦系数最小？
    A 预埋塑料波纹管   B 预埋金属波纹管
    C 预埋钢管   D 抽芯成型

62. 在钢筋混凝土结构内力分析时，可以考虑塑性内力重分布的构件是(　　)。
    A 框架梁   B 悬臂梁
    C 简支板   D 简支梁

63. 高层建筑部分框支剪力墙混凝土结构，当托墙转换梁承受剪力较大时，采用下列哪一种措施是不恰当的？
    A 转换梁端上部剪力墙开洞   B 转换梁端部加腋
    C 适当加大转换梁截面   D 转换梁端部加型钢

64. 在地震区钢结构建筑不应采用 K 形斜杆支撑体系，其主要原因是(　　)。
    A 框架柱易发生屈曲破坏   B 受压斜杆易剪坏
    C 受拉斜杆易拉断   D 节点连接强度差

65. 钢结构焊接梁的横向加劲肋板与翼缘板和腹板相交处应切角，其目的是(　　)。
    A 防止角部虚焊   B 预留焊接透气孔
    C 避免焊缝应力集中   D 便于焊工施焊

66. 钢结构框架柱节点板与钢梁腹板连接采用的摩擦型连接高强度螺栓，主要承受(　　)。
    A 扭矩   B 拉力
    C 剪力   D 压力

67. 型钢混凝土梁在型钢上设置的栓钉，其受力特征正确的是(　　)。

A 受剪
B 受拉
C 受压
D 受弯

68. 砌体结构夹芯墙的夹层厚度不宜大于( )。
   A 90mm
   B 100mm
   C 120mm
   D 150mm

69. 关于我国传统木结构房屋梁柱榫接节点连接方式的说法,正确的是( )。
   A 铰接连接
   B 滑动连接
   C 刚性连接
   D 半刚性连接

70. 普通木结构采用方木梁时,其截面高宽比一般不宜大于( )。
   A 2
   B 3
   C 4
   D 5

71. 地震区轻型木结构房屋梁与柱的连接做法,正确的是( )。
   A 螺栓连接
   B 钢钉连接
   C 齿板连接
   D 榫式连接

72. 下列三种类型的抗震设防高层钢结构房屋,按其适用的最大高度从小到大排列,正确的顺序为( )。
   A 框架—中心支撑、巨型框架、框架
   B 框架、框架—中心支撑、巨型框架
   C 框架、巨型框架、框架—中心支撑
   D 巨型框架、框架—中心支撑、框架

73. 关于抗震设防烈度为8度的筒中筒结构,下列说法错误的是( )。
   A 高度不宜低于80m
   B 外筒高宽比宜为2~8
   C 内筒高宽比可为12~15
   D 矩形平面的长宽比不宜大于2

74. 基础置于湿陷性黄土的某大型拱结构,为避免基础不均匀沉降使拱结构产生附加内力,宜采用( )。
   A 无铰拱
   B 两铰拱
   C 带拉杆的两铰拱
   D 三铰拱

75. 某48m高,设防烈度为8度(0.30g)的现浇钢筋混凝土医院建筑,底部三层为门诊医技(楼),上部为住院楼,其最合理的结构形式为( )。
   A 框架结构
   B 框架—剪力墙结构
   C 剪力墙结构
   D 板柱—剪力墙结构

76. 设防烈度为8度的单层钢结构厂房,正确的抗侧力结构体系是( )。
   A 横向采用刚接框架,纵向采用铰接框架
   B 横向采用铰接框架,纵向采用刚接框架
   C 横向采用铰接框架,纵向采用柱间支撑
   D 横向采用柱间支撑,纵向采用刚接框架

77. 三铰拱分别在沿水平方向均布的竖向荷载和垂直于拱轴的均布压力作用下,其合理拱轴线是( )。
   A 均为抛物线
   B 均为圆弧线
   C 分别为抛物线和圆弧线
   D 分别为圆弧线和抛物线

78. 抗震设防烈度为8度,高度为60m,平面及竖向为规则的钢筋混凝土框架—剪力墙结构，关于其楼盖结构的说法正确的是（　　）。

A 地下室应采用现浇楼盖，其余楼层可采用装配式楼盖
B 地下室及房屋顶层应采用现浇楼盖，其余楼层可采用装配式楼盖
C 地下室及房屋顶层应采用现浇楼盖，其余楼层可采用装配整体式楼盖
D 所有楼层均应采用现浇楼盖

79. 关于立体桁架的说法，错误的是（　　）。
    A 截面形式可为矩形，正三角形或倒三角形
    B 下弦节点支承时应设置可靠的防侧倾体系
    C 平面外刚度较大，有利于施工吊装
    D 具有较大的侧向刚度，可取消平面外稳定支撑

80. 下图所示三种高层建筑迎风面面积均相等，在相同风环境下其所受水平风荷载合力大小，正确的是（　　）。
    A Ⅰ＝Ⅱ＝Ⅲ
    B Ⅰ＝Ⅱ＜Ⅲ
    C Ⅰ＜Ⅱ＝Ⅲ
    D Ⅰ＜Ⅱ＜Ⅲ

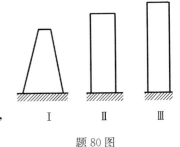

题80图

81. 某钢筋混凝土框架结构，对减小结构的水平地震作用，下列措施错误的是（　　）。
    A 采用轻质隔墙
    B 砌体填充墙与框架主体采用柔性连接
    C 加设支撑
    D 设置隔震支座

82. 某跨度为120m的大型体育馆屋盖，下列结构用钢量最省的是（　　）。
    A 悬索结构　　　　　　　　　B 钢网架
    C 钢网壳　　　　　　　　　　D 钢桁架

83. 抗震设防烈度为7的现浇钢筋混凝土高层建筑结构，按适用的最大高宽比从大到小排列，正确的是（　　）。
    A 框架—核心筒、剪力墙、板柱—剪力墙、框架
    B 剪力墙、框架—核心筒、板柱—剪力墙、框架
    C 框架—核心筒、剪力墙、框架、板柱—剪力墙
    D 剪力墙、框架—核心筒、框架、板柱—剪力墙

84. 高层建筑中现浇预应力混凝土楼板厚度不宜小于150mm，其厚度与跨度的合理比值为（　　）。
    A 1/25～1/30　　　　　　　　B 1/35～1/40
    C 1/45～1/50　　　　　　　　D 1/55～1/60

85. 关于高层建筑连体结构的说法，错误的是（　　）。
    A 各独立部分应有相同或相近的体形、平面布置和刚度
    B 宜采用双轴对称的平面
    C 连接体与主体应尽量采用滑动连接
    D 连接体与主体采用滑动连接时，支座滑移量应满足罕遇地震作用下的位移要求

86. 关于抗震设防多层砌体房屋的结构布置,错误的是(   )。
    A 应优先采用横墙承重或纵横墙承重体系
    B 当抗震承载力不满足要求时,可将部分承重墙设置为混凝土墙
    C 砌体抗震墙布置宜均匀对称,沿竖向应上下连续
    D 楼梯间不宜设置在房屋的尽端或转角处

87. 关于地震震级与地震烈度的说法,正确的是(   )。
    A 一次地震可能有不同地震震级
    B 一次地震可能有不同地震烈度
    C 一次地震的地震震级和地震烈度相同
    D 我国地震烈度划分与其他国家均相同

88. 中国地震动参数区划图确定的地震基本烈度共划分为多少度?
    A 10   B 11   C 12   D 13

89. 在进行建筑结构多遇地震抗震分析时,抗震设防烈度由7度增加为8度,其水平地震作用增大了几倍?
    A 0.5   B 1.0   C 1.5   D 2.0

90. 关于抗震设防区对采用钢筋混凝土单跨框架结构的限制,说法错误的是(   )。
    A 甲、乙类建筑不应采用
    B 高度大于24m的丙类建筑不应采用
    C 高度不大于24m的丙类建筑不宜采用
    D 甲、乙、丙类建筑均不应采用

91. 对于钢筋混凝土结构高层建筑而言,下列措施中对减小水平地震作用最有效的是(   )。
    A 增大竖向结构构件截面尺寸   B 增大水平结构构件截面尺寸
    C 增大结构构件配筋   D 减小建筑物各楼层重量

92. 关于建筑形体与抗震性能关系的说法,正确的是(   )。
    A 《建筑抗震设计规范》对建筑形体规则性的规定为非强制性条文
    B 建筑设计应重视平面、立面和剖面的规则性对抗震性能及经济合理性的影响
    C 建筑设计可不考虑围护墙、隔墙布置对房屋抗震的影响
    D 建筑设计不考虑建筑形体对抗震性能的影响

93. 关于确定钢筋混凝土结构房屋防震缝宽度的原则,正确的是(   )。
    A 按防震缝两侧较高房屋的高度和结构类型确定
    B 按防震缝两侧较低房屋的高度和结构类型确定
    C 按防震缝两侧不利的结构类型及较低房屋高度确定,并满足最小宽度要求
    D 采用防震缝两侧房屋结构允许地震水平位移的平均值

94. 关于多层砌体房屋纵横向砌体抗震墙布置的说法,正确的是(   )。
    A 纵横墙宜均匀对称,数量相差不大,沿竖向可不连续
    B 同一轴线上的窗间墙宽度均匀,墙面洞口面积不宜大于墙面总面积的80%
    C 房屋宽度方向的中部应设置内纵墙,其累计长度不宜小于房屋总长度的60%
    D 砌体墙段的局部尺寸限制不满足规范要求时,除房屋转角处,可不采取局部加强措施

95. 关于抗震设计的底部框架—抗震墙砌体房屋结构的说法，正确的是（   ）。
    A 抗震设防烈度6～8度的乙类多层房屋可采用底部框架-抗震墙砌体结构
    B 底部框架—抗震墙砌体房屋指底层或底部两层为框架-抗震墙结构的多层砌体房屋
    C 房屋的底部应沿纵向或横向设置一定数量抗震墙
    D 上部砌体墙与底部框架梁或抗震墙宜对齐

96. 关于抗震设计的高层框架结构房屋结构布置的说法，正确的是（   ）。
    A 框架应设计成双向梁柱抗侧力体系，梁柱节点可以采用铰接
    B 任何部位均不可采用单跨框架
    C 可不考虑砌体填充墙布置对建筑结构抗震的影响
    D 楼梯间布置应尽量减小其造成的结构平面不规则

97. 关于抗震设计的高层剪力墙结构房屋剪力墙布置的说法，正确的是（   ）。
    A 平面布置宜简单、规则，剪力墙宜双向、均衡布置，不应仅在单向布墙
    B 沿房屋高度视建筑需要可截断一层或几层剪力墙
    C 房屋全高度均不得采用错洞剪力墙及叠合错洞剪力墙
    D 剪力墙段长度不宜大于8m，各墙段高度与其长度之比不宜大于3

98. 下列所述的高层结构中，属于混合结构体系的是（   ）。
    A 由外围型钢混凝土框架与钢筋混凝土核心筒体所组成的框架—核心筒结构
    B 为减少柱子尺寸或增加延性，采用型钢混凝土柱的框架结构
    C 钢筋混凝土框架+大跨度钢屋盖结构
    D 在结构体系中局部采用型钢混凝土梁柱的结构

99. 关于抗震设防的高层剪力墙结构房屋采用短肢剪力墙的说法，正确的是（   ）。
    A 短肢剪力墙截面厚度应大于300mm
    B 短肢剪力墙墙肢截面高度与厚度之比应大于8
    C 高层建筑结构不宜全部采用短肢剪力墙
    D 具有较多短肢剪力墙的剪力墙结构，房屋适用高度较剪力墙结构适当降低

100. 关于抗震设计的大跨度屋盖及其支承结构选型和布置的说法，正确的是（   ）。
    A 宜采用整体性较好的刚性屋面系统
    B 宜优先采用两个水平方向刚度均衡的空间传力体系
    C 采用常用的结构形式，当跨度大于60m时，应进行专门研究和论证
    D 下部支承结构布置不应对屋盖结构产生地震扭转效应

101. 地震区房屋如图，两楼之间防震缝的最小宽度 Δ_{min} 按下列何项确定？

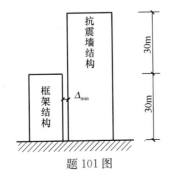

题101图

A 按框架结构 30m 高确定   B 按框架结构 60m 高确定
C 按抗震墙结构 30m 高确定   D 按抗震墙结构 60m 高确定

102. 关于抗震设计的 B 级高度钢筋混凝土高层建筑的说法，正确的是(　　)。
    A 适用的结构体系与 A 级高度钢筋混凝土高层建筑相同
    B 适用于抗震设防烈度 6～9 度的乙、丙类高层建筑
    C 平面和竖向均不规则的高层建筑的最大适用高度可不降低
    D 应按有关规定进行超限高层建筑的抗震设防专项审查复核

103. 抗震设计的钢框架—支撑体系房屋，下列支撑形式何项不宜采用？

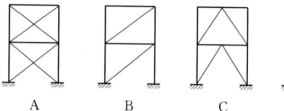

104. 某悬臂式挡土墙，如图所示，当抗滑移验算不足时，在挡土墙埋深不变的情况下，下列措施最有效的是(　　)。

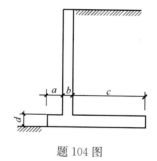

题 104 图

A 仅增加 a B 仅增加 b
C 仅增加 c D 仅增加 d

105. 某建筑一侧 30m 长窗井墙，埋深 6m，其挡土承载力不足，应采取的最合理的措施是(　　)。

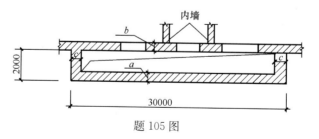

题 105 图

A 增加窗井墙壁厚 a
B 增加地下室外墙壁厚 b
C 增加侧墙壁厚 c
D 在窗井墙与地下室外墙之间对应内墙位置增设隔墙

106. 某新建建筑的基坑工程，如图所示，距基坑6米处有一高度50米的既有建筑物，下列护坡措施中，正确的是(　　)。

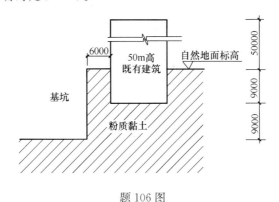

题106图

　　A　简单放坡　　　　　　　　　　B　土钉墙
　　C　锚杆护坡　　　　　　　　　　D　护坡桩＋内支撑

107. 关于柱下独立基础之间设置的基础连系梁，下列说法正确的是(　　)。
　　A　加强基础的整体性，平衡柱底弯矩
　　B　为普通框架梁，参与结构整体抗震计算
　　C　等同于地基梁，按倒楼盖设计
　　D　连系梁上的荷载总是直接传递到地基

108. 某框架结构四层公寓，无地下室，地面以下土层分布均匀，地下10m范围内为非液化粉土，地基承载力特征值为200kPa，其下为坚硬的基岩，最适宜的基础形式是(　　)。
　　A　独立基础　　　　　　　　　　B　筏形基础
　　C　箱型基础　　　　　　　　　　D　桩基础

109. 下列措施中，哪种不适合用于全部消除地基液化沉陷？
　　A　换填法　　　　　　　　　　　B　强夯法
　　C　真空预压法　　　　　　　　　D　挤密碎石桩法

110. 关于地基处理的作用，下列说法错误的是(　　)。
　　A　提高地基承载力
　　B　改善场地条件，提高场地类别
　　C　减小地基变形，减小基础沉降量
　　D　提高地基稳定性，减少不良地质隐患

111. 地基的主要受力层范围内不存在软弱黏性土层，下列哪种建筑的天然地基需要进行抗震承载力验算？
　　A　6层高度18m砌体结构住宅
　　B　4层高度20m框架结构教学楼
　　C　10层高度40m框剪结构办公楼
　　D　24m跨单层门式刚架厂房

112. 图示建筑基础平面，其基础形式为(　　)。

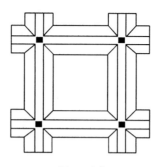

题 112 图

A 柱下独立基础 B 柱下条形基础
C 筏形基础 D 桩基础

113. 某带裙房的高层建筑筏形基础，主楼与裙房之间设置沉降后浇带，该后浇带封闭时间至少应在(　　)。

A 主楼基础施工完毕之后两个月
B 裙房基础施工完毕之后两个月
C 主楼与裙房基础均施工完毕之后两个月
D 主楼与裙房结构均施工完毕之后

114. 如图所示，平板式筏基下天然地基土层均匀，压缩性较高，在图示荷载作用下，筏基下各点的沉降量(S)关系正确的是(　　)。

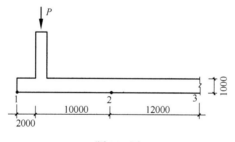

题 114 图

A $S_2 \geqslant S_1 \geqslant S_3$ B $S_2 \leqslant S_1 \leqslant S_3$
C $S_1 \geqslant S_2 \geqslant S_3$ D $S_1 \leqslant S_2 \leqslant S_3$

115. 如图所示外伸梁，C处截面剪力、弯矩分别为(　　)。

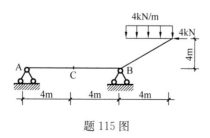

题 115 图

A $-2kN$，$-8kN \cdot m$ B $-4kN$，$-8kN \cdot m$

C 4kN, 16kN·m   D 2kN, −16kN·m

116. 如图所示多跨静定梁，A 支座处左侧截面剪力及弯矩分别为( )。

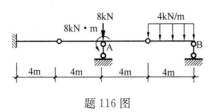

题 116 图

A 8kN, −32kN·m   B −6kN, −24kN·m
C 12kN, −36kN·m   D −14kN, −32kN·m

117. 在钢筋混凝土矩形截面梁的斜截面承载力计算中，验算剪力 $V \leqslant 0.25\beta_c f_c b h_0$ 的目的是( )。

A 防止斜压破坏   B 防止斜拉破坏
C 控制截面的最大尺寸   D 控制箍筋的最小配箍率

118. 钢筋混凝土受拉构件的截面尺寸如图所示，混凝土强度等级 C30（$f_t = 1.43\text{N/mm}^2$），配 HRB400 级钢筋 4⊕20（$A_s = 1256\text{mm}^2$，$f_y = 360\text{N/mm}^2$），不考虑裂缝控制时其最大受拉承载力设计值最接近( )。

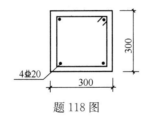

题 118 图

A 550kN   B 450kN
C 380kN   D 250kN

119. 图示结构支座计算简图，不属于固定铰支座的是( )。

120. 图示工字钢梁，弹性受弯时，其截面上正应力沿截面高度的分布图，正确的是( )。

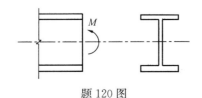

题 120 图

433

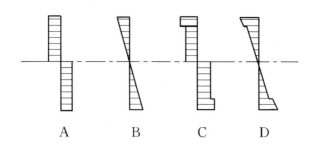

A　　B　　C　　D

2014年试题解析、答案及考点

1. **解析**：如题1解图所示，ABC是一个三铰拱，是属于静定结构，而铰链D和链杆E边是一个静定结构。FG可以看作一个二力杆，属于多余约束。

   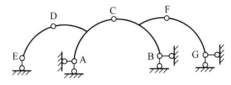

   题1解图

   答案：C

   考点：几何组成分析。

2. **解析**：如题2解图所示，去掉2个二力杆AB和CD，就可以得到两个悬臂刚架AE和BG，故有2个多余约束。

   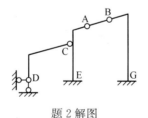

   题2解图

   答案：B

   考点：超静定次数。

3. **解析**：如题3解图所示，去掉一个链杆AB，就得到一个由标准铰接三角形组成的静定桁架结构，与地面以简支梁的方式连接，故AB杆为多余约束。

   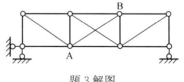

   题3解图

   答案：A

   考点：几何组成分析。

4. **解析**：如题4解图所示，去掉一个支座链杆A，相当于去掉1个约束，再从刚结点B处截开，相当于去掉3个约束，就可以得到一个静定的悬臂结构。

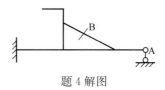

题 4 解图

答案：D

考点：几何组成分析。

5. **解析**：首先由整体受力分析可知，结构对称、荷载对称，支座反力是对称的，两个桁架支座反力相同。因此两个支座连系的 4 根杆件内力相同，而其余 5 根杆则受力不同，内力也不同。

答案：C

考点：桁架内力的计算。

6. **解析**：首先，对整个结构进行受力分析，可知其支座反力的方向如题 6 解图所示。其中 A 点可以看作是无外力作用的三杆节点。由桁架结构的零杆判别法可知，AD 杆是零杆。把零杆 AD 杆去掉之后，再看 D 点则是无外力作用的两杆节点。由零杆判别法可知，CD 杆和 BD 杆均为零杆。共有 3 根零杆。

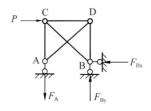

题 6 解图

答案：D

考点：桁架零杆的判别法。

7. **解析**：图中 C 点可看作是一个二杆节点无外力作用，因此 BC 杆是零杆，无外力作用，故无变形。但 AB 杆是一个悬臂梁，在集中力 P 作用下会发生弯曲变形如题 7 解图所示。由于 B 点有向下的挠度变形和位移 BB′，所以带动了 BC 有一个向下的位移。

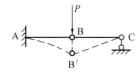

题 7 解图

答案：D

考点：梁的位移。

8. **解析**：取 CD 杆（含铰链 D）为研究对象，如题 8 解图所示。

$$\sum M_D = 0, \quad R_C \times a = P \times \frac{a}{2}$$

可得，$R_C = \dfrac{P}{2}$

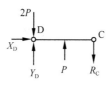

题 8 解图

答案: B

考点: 多跨静定梁的受力分析。

9. **解析:** 首先分析右半部分,可知右下角支反力为零,右半部分无外荷载作用,也无支反力作用,可以去掉不要。左半部分横梁上也无剪力,只有左半部分竖杆上有剪力。

    答案: A

    考点: 刚架的剪力图。

10. **解析:** 首先分析右边竖杆上无外力作用,故无弯矩。再用求弯矩的直接法可求得横梁和左边竖杆上的弯矩都是 M,为一常数,故其弯矩图都是一条水平线。应选 C。

    答案: C

    考点: 静定刚架的弯矩图。

11. **解析:** 图示两结构都是静定结构,都是简支刚架,只是刚度不同。静定结构的内力只与外荷载 P 和结构尺寸 l 有关,与刚度无关,故两结构内力相同,而应力、位移、变形与刚度有关,两结构不同。

    答案: A

    考点: 静定结构的特点。

12. **解析:** 对于多跨连续梁,产生各跨跨中点弯矩最不利的位置是本跨和隔跨布满荷载。图中第2跨和第4跨都属于这种情况,但是第2跨有左边第1跨的荷载有利于缓解第2跨的跨中弯矩,相对于第4跨的缓解作用就小得多,故第4跨弯矩最大。

    答案: D

    考点: 多跨连续梁。

13. **解析:** 如题13解图所示,在图 I 中由对称性得:$F_A = F_B = \dfrac{ql}{2}$

    C_1 点 $\qquad\qquad M_I = F_A \cdot \dfrac{l}{2} - \dfrac{ql}{2} \cdot \dfrac{l}{4} = \dfrac{ql^2}{8}$

    在图 II 中,由 $\sum M_A = 0$,$F_B \times l = \left(2q \times \dfrac{l}{2}\right) \times \dfrac{l}{4}$,得 $F_B = \dfrac{ql}{4}$

    C_2 点 $\qquad\qquad M_{II} = F_B \times \dfrac{l}{2} = \dfrac{ql^2}{8}$

    所以 $\qquad\qquad M_I = M_{II}$

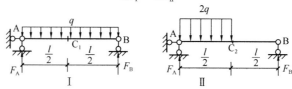

题 13 解图

答案: B

考点：梁的弯矩计算。

14. **解析**：这是一个超静定刚架，在温度变化时，横梁必定有弯矩产生，同时在两个竖杆上的弯矩应该画在内外两侧。A选项正确。

    答案：A

    考点：超静定刚架的弯矩图。

15. **解析**：由于连续梁是一个整体，左边第一跨在荷载作用下向下变形，则必然引起第2跨向上翘。C选项正确。

    答案：C

    考点：多跨连续梁的变形。

16. **解析**：此桁架受水平荷载作用可以看作是一个对称结构受反对称荷载作用，在对称轴上对称内力为零，即杆1内力为零。再根据桁架结构的零杆判别法，依次考察节点A、B、C、D，可知杆2、杆3、杆4、杆5分别为零杆，故共有5根零杆。见题16解图。

    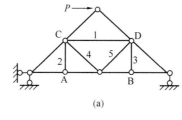

    (a)

    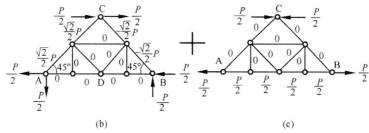

    题16解图

    答案：D

    考点：桁架零杆的判别法。

17. **解析**：首先根据对称性可知，结构对称、荷载对称，则位移是沿荷载P的方向对称向下的。然后根据桁架结构的零杆判别法，由节点B可以判定AB杆是零杆，AB杆内力为零、变形也为零。所A点和B点竖向位移相同。

    答案：B

    考点：桁架的位移。

18. **解析**：A选项和D选项右下角支座是个铰链支座，不能产生弯矩，故可以排除A选项和D选项；而C选项右上角是个中间铰链，也不能产生弯矩，不符合弯矩图的对应位置的弯矩。只有B选项是对称结构，水平力可看作反对称荷载，可以产生反对称的弯矩图。

    答案：B

    考点：超静定结构的弯矩图。

19. **解析**：首先取整体平衡，求支座反力。

   由 $\sum F_x = 0$，可得 $X_A = 2qa$（向左）

   故 $M_{CA} = X_A \cdot 2a = 4qa^2$

   答案：D

   考点：静定结构弯矩的计算。

20. **解析**：首先取 BD 杆(含中间铰 B)为研究对象，可见 3 个主动力是一组平衡力系，不会产生约束反力。因此中间铰 B 对刚架 AB 的反作用力也是零，刚架 AB 无外力作用，也无任何支座反力，A 点的弯矩必为零。

    答案：C

    考点：加减平衡力系原理。

21. **解析**：此题可用反证法。取 DE 杆为研究对象，画 DE 杆的受力图，如题 21 解图所示。图中假设 E 点有约束反力 R_E 存在。再通过平衡方程 $\sum M_D = 0$，得到 $R_E \cdot a = 0$，显然 $R_E = 0$，反力 R_E 实际上并不存在。反证法的口诀是：先设其有，后证其无。

    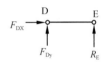

    题 21 解图

    答案：B

    考点：多跨静定梁的受力分析。

22. **解析**：根据桁架结构的零杆判别法，节点 1 为无外力作用的两杆节点，故节点 1 联结的两杆为零杆，可以去掉。同理可证，节点 2、3、4 所联结的 6 根杆也都是零杆，都可以去掉。B 点无任何外力作用，B 点也无约束反力。

    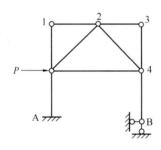

    题 22 解图

    答案：D

    考点：桁架零杆的判别法。

23. **解析**：如题 23 解图所示，由于主动力是一个逆时针转的力偶，所以在固定端 A 处的约束反力必是一个顺时针的力偶，在固定端处右侧受拉，C 选项正确。

    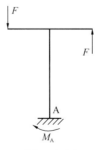

    题 23 解图

答案：C

考点：静定刚架的弯矩图。

24. 解析：首先取整体平衡，求支座反力。由$\sum M_A = 0$，可知固定端A的反力偶$M_A = 2Pa$（顺时针），故在固定端右侧受拉，弯矩图画在右侧，如题24解图所示。再根据横梁上无均布荷载，由"零、平、斜"的规律，可知横梁上弯矩图是斜直线，C选项正确。

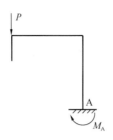

题24解图

答案：C

考点：静定刚架的弯矩图。

25. 解析：首先分析支座反力。左侧竖杆支反力是垂直力，方向是沿轴线方向，不会在左侧竖杆上产生弯矩，A选项正确。

答案：A

考点：静定结构的弯矩图。

26. 解析：根据桁架结构的零杆判别法，A、B两点是两杆节点无外力作用，所以杆1、2和杆3、4都是零杆。节点C、D、E是三杆节点无外力作用，所以5、6、7杆也都是零杆。共有7根零杆。

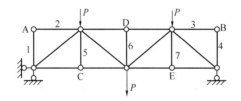

题26解图

答案：D

考点：桁架零杆的判别法。

27. 解析：根据位移互等定理，在任一线性变形体系中，由力$P_1 = 1$所引起的与力P_2相应的位移δ_{21}，等于由力$P_2 = 1$所引起的与P_1相应的位移δ_{12}，A选项正确。

答案：A

考点：位移互等定理。

28. 解析：图示刚架为一静定的简支刚架。静定结构的支座支承方向上发生的沉降（例如D点的铅垂位移），不会产生反力和内力；但是D点水平方向的位移，相当于另外加了一个水平外力，所以会产生附加的支座反力，并产生弯矩，如B选项所示。

答案：B

考点：静定结构的特点。

29. 解析：图示结构是对称结构、对称荷载、弯矩图应当是对称的，只能够选B或D，又根据外荷载P力向下，经过中间铰链传递到左、右两边，也应是向下的荷载，两边各为$\frac{P}{2}$，故在横梁上的弯矩为负值，画在外侧（受拉一侧），D选项正确。

答案：D

考点：三铰刚架的弯矩图。

30. 解析：悬臂梁的挠度，当受集中力作用时，挠度（垂直位移）与跨长的3次方成正比。

$$\Delta_A = \frac{Pa^3}{3EI}, \quad \Delta_B = \frac{P(2a)^3}{3EI} = 8\frac{Pa^3}{3EI} = 8\Delta_A$$

答案：C

考点：静定梁的位移。

31. 解析：在题31解图Ⅰ中，由$\sum M_A = 0$，$F_B \times 2l = 2ql \times \frac{l}{2}$，得$F_B = \frac{ql}{2}$。

在题31解图Ⅱ中，由$\sum M = 0$，$F_B \times l = \frac{ql}{2} \times \frac{l}{2}$，得$F_B = \frac{ql}{4}$。

在图Ⅰ中，$V_Ⅰ = -F_B = -\frac{ql}{2}$

在图Ⅱ中，$V_Ⅱ = F_B - \frac{ql}{2} = \frac{ql}{4} - \frac{ql}{2} = -\frac{ql}{4}$

所以，$|V_Ⅰ| = 2|V_Ⅱ|$

答案：C

考点：静定梁的剪力计算。

32. 解析：此题与2012年第32题类似。只是a点的位置不同，所求的最大弯矩和最小弯矩不同。A选项是2次超静定，B、C选项是1次超静定，D选项是3次超静定。在B选项中右端横杆是多余约束，但是这根横杆对于减少弯矩不起作用，所以B选项的弯矩图和没有这根横杆的悬臂梁相同，如题32解图所示，a点的弯矩为零，而A、C、D选项中a点的弯矩都不为零，故选B。

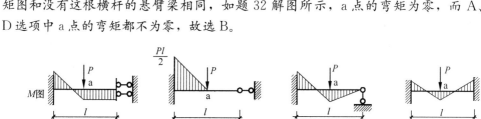

题32解图

答案：B

考点：超静定梁的特点。

33. 解析：图示超静定结构是对称结构，引起变形的外因是温度均匀变化 Δt，也是对称的，故产生的变形也是对称的。由于变形是由中间向两侧逐渐积累并逐渐增大的，所以变形引起的内力也是由中间向两侧逐渐增大的。因此 B 选项正确。

    答案：B

    考点：超静定结构的特点。

34. 解析：A 选项中 a 点两侧布满载荷，邻跨和隔跨都无荷载。

    B 选项中 a 点两侧布满载荷，邻跨有荷载（可缓解）。

    C 选项中 a 点两侧布满载荷，邻跨和再一个邻跨有荷载（可缓解）。

    D 选项中 a 点两侧布满载荷，邻跨和再一个邻跨有荷载（可缓解）。

    同时隔跨有荷载，对 a 点产生弯矩有加大作用，但总的来说，对 a 点产生最大弯矩，还是比 A 选项缓解作用大。

    答案：A

    考点：多跨连续梁。

35. 解析：图示刚架，属于超静定结构，当支座位移时，会产生内力。当中支座产生位移 Δ 时，相当于在位移方向有一个向下的集中力，对应的弯矩图上应有一个向下的尖角。同时因为两边的支座是固定端，必有相应的弯矩，所以 A 选项正确。

    答案：A

    考点：双跨对称超静定刚架。

36. 解析：图示结构是单跨对称结构，跨中无竖杆，跨中弯矩无变化，弯矩图也是对称的，如题 36 解图所示。故有 $M_a = M_b$，当侧向荷载 q 增大时，顶部支座 a 点，跨中 b 点的弯矩绝对值 M_a、M_b 将同时增大。A 选项正确。

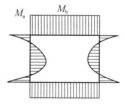

题 36 解图

    答案：A

    考点：单跨对称超静定刚架。

37. 解析：图示结构，当柱抗弯刚度 EI_1 与梁抗弯刚度 EI_2 之比趋于无穷大时，就相当于梁抗弯刚度 EI_2 与柱抗弯刚度之比趋于零。也就是说梁的抗弯作用完全没有，不能把 P 力传递过去。左、右两个柱子的弯曲变形和一个悬臂梁相同，柱底 a 点的弯矩相当于悬臂梁的弯矩 Ph，A 选项正确。

    答案：A

    考点：超静定结构的特点。

38. 解析：首先取整体平衡，依对称性，可知支反力为$\frac{7}{2}P$。然后用截面法截开上弦杆、下弦杆和斜腹杆，如题38解图所示。由平衡方程$\Sigma F_y=0$，可得

$$\frac{7}{2}P+N_1\cos\alpha=2P$$

$$N_1=-\frac{3P}{2\cos\alpha}（压力）$$

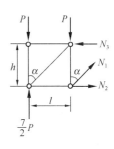

题38解图

当高度 h 增大时，α 减小，$\cos\alpha$ 增大，压力 N_1 减小，C 选项正确。

答案：C

考点：静定桁架内力的计算。

39. 解析：图示双跨刚架，中间的杆对应的负弯矩应该是顶起来的曲线；而左上角、右上角刚结点应该有约束弯矩，刚结点处横梁和竖杆的弯矩应该相同。A 选项正确。

答案：A

考点：双跨对称超静定刚架。

40. 解析：图示结构是超静定结构，超静定结构各杆的弯矩之比等于其抗弯刚度之比。A、B、C、D 各选项中，横梁和立柱抗弯刚度之比依次为：1∶1，2∶1，1∶2，1∶1；所以抗弯刚度之比最大的是 B 选项，也就是说 B 选项中横梁的弯矩最大，立柱的弯矩最小，B 选项正确。

答案：B

考点：超静定结构的特点。

41. 解析：图示单跨双层框架，是超静定结构，一般情况下弯矩图是分布在杆的两侧的，而且在固定端支座是有弯矩的，因此只能选 B 或 C。同时由于横梁与立柱是刚性连接，横梁受力引起横梁和下面立柱的变形会连带影响上部刚架的变形并产生弯矩，所以上部刚架虽然不受力也会产生变形并有弯矩作用，C 选项正确。

答案：C

考点：对称超静定结构。

42. 解析：超静定结构各部分的内力与刚度成正比。当次梁 L_2 断面增大而抗弯刚度增大时，次梁 L_2 承担的内力及竖向荷载也会增大。同时传递给框架主梁 KL_1 的内力也相应增大，因此是框架主梁 KL_1 跨中弯矩增大。

答案：A

考点：超静定结构的特点。

43. 解析：竖向裂缝主要是由混凝土的收缩造成的。混凝土收缩时产生的收缩应力为拉应力，由于混凝土抗拉强度很低，当收缩拉应力大于外墙混凝土抗拉强度就会产生竖向裂缝，B 选项正确。

答案：B

考点：混凝土性能。

44. 解析：建筑结构用钢筋分两类：普通钢筋（普通热轧钢筋）和预应力筋（包括预应力螺纹钢筋、消除应力钢丝和钢绞线）。普通钢筋的应力应变曲线有明显的屈服点，预

应力筋属于高强钢筋,没有明显屈服点。

答案:A

考点:钢筋的性能。

45. **解析**:根据《木结构标准》条文说明第 3.1.12 条,木结构若采用较干的木材制作,在相当程度上减小了因木材干缩造成的松弛变形和裂缝的危害,对保证工程质量作用很大。

    答案:C

    考点:木材的特性。

46. **解析**:衡量钢材塑性性能指标的是伸长率和冷弯性能。冷弯性能同时也是衡量钢材质量的一个综合性指标。在一定程度上也是鉴定焊接性能的一个指标。

    答案:B

    考点:钢材的物理力学性能。

47. **解析**:根据《砌体规范》第 3.2.1 条,砌体的强度设计值与块体的种类(砖、砌块、石材)、块体的强度等级、砂浆的强度等级有关。当砂浆强度为 0 时(施工阶段尚未硬化的砂浆),各类砌体的抗压强度均大于 0。所以 A、B、C 选项正确,D 选项错误。

    答案:D

    考点:影响砌体强度的因素。

48. **解析**:钢筋与混凝土的粘结力与混凝土强度、钢筋的表面形状及钢筋的保护层厚度有关,与钢筋强度无关。

    答案:B

    考点:钢筋与混凝土之间的粘结力。

49. **解析**:根据《钢结构标准》第 4.4.1 条表 4.4.1,钢材厚度(或直径)与钢材的强度有关,钢材厚度(或直径)越大,钢材的强度越低。

    答案:A

    考点:厚度对钢材强度的影响。

50. **解析**:根据《地基规范》第 8.2.1 条第 2、4 款,钢筋混凝土柱下独立基础及其下垫层,其混凝土强度等级的要求分别为:独立基础不应低于 C20,垫层不宜低于 C10,且垫层的厚度不宜小于 70mm。

    答案:D

    考点:基础对混凝土强度的要求。

51. **解析**:根据《混凝土规范》第 9.7.1 条,受力预埋件的锚筋不应采用冷加工钢筋。预埋件的锚固破坏,不应先于连接件,而经过冷加工的钢筋,强度提高但塑性降低、延性差,易发生脆性断裂破坏。

    答案:D

    考点:预埋件的锚筋要求。

52. **解析**:设计使用年限为 50 年的混凝土结构,其混凝土材料宜符合耐久性基本要求,其中对最大氯离子含量的要求根据环境等级不同而不同,详见《混凝土规范》表 3.5.3(题 52 解表);预应力混凝土中的最大氯离子含量最小为 0.06%,详见注 2,说明要求最严,其最低混凝土强度等级宜按表中的规定提高两个等级,D 选项正确。

结构混凝土材料的耐久性基本要求 题 52 解表

环境等级	最大水胶比	最低强度等级	最大氯离子含量（%）	最大碱含量（kg/m³）
一	0.60	C20	0.30	不限制
二 a	0.55	C25	0.20	3.0
二 b	0.50（0.55）	C30（C25）	0.15	3.0
三 a	0.45（0.50）	C35（C30）	0.15	3.0
三 b	0.40	C40	0.10	3.0

注：1. 氯离子含量系指其占胶凝材料总量的百分比；
   2. 预应力构件混凝土中的最大氯离子含量为 0.06%；其最低混凝土强度等级宜按表中的规定提高两个等级。

答案：D

考点：混凝土耐久性要求。

53. 解析：当轴心受压构件三向受压时，纵向开裂得到约束，塑性性能提高，混凝土受压承载力提高。因此轴心受压柱承载力相同时，因圆形钢管混凝土受到的钢管约束力最强，其截面积可做得最小。

    答案：C

    考点：混凝土三向受压的受力特点。

54. 解析：根据《钢结构标准》第 4.3.2 条，承重结构所用的钢材应具有屈服强度、抗拉强度、断后伸长率和硫、磷含量的合格保证，对焊接结构尚应具有碳当量的合格保证，C 选项正确。焊接承重结构以及重要的非焊接承重结构采用的钢材应具有冷弯试验的合格保证，D 选项正确；对直接承受动力荷载或需验算疲劳的构件所用钢材尚应具有冲击韧性的合格保证。所以对需验算疲劳的焊接结构及非焊接结构均应具有冲击韧性的合格保证，A 选项正确，B 选项错误。

    答案：B

    考点：钢材的选用。

55. 解析：根据《钢结构标准》第 17.1.6 条第 1 款 1），采用抗震性能化设计的钢结构构件，当工作温度高于 0℃时，钢材的质量等级不应低于 B 级。（Q345 钢质量等级由低到高分 A、B、C、D、E 五个等级，Q235 钢分 A、B、C、D 四个等级。）

    答案：A

    考点：抗震钢结构对钢材的要求。

56. 解析：根据《高层混凝土规程》第 3.2.2 条第 8 款、《抗震规范》第 3.9.3 条第 2 款及对应条文说明、《混凝土规范》第 11.2.1 条第 1 款，抗震设计时，对钢筋混凝土结构中的混凝土强度等级有所限制，因为高强度混凝土具有脆性性质，且随强度等级提高而增加，因此对混凝土抗震墙的强度等级不宜超过 C60；其他构件，9 度时不宜超过 C60，8 度时不宜超过 C70。

    答案：C

    考点：抗震设计对混凝土强度等级的要求。

57. 解析：根据《抗震规范》第 3.9.4 条及《混凝土规范》第 4.2.8 条，在施工中，当需要以强度等级较高的钢筋替代原设计中的纵向受力钢筋时，替代后的纵向钢筋的总承载力设计值不应高于原设计的纵向钢筋总承载力设计值，以免造成薄弱部位的转移，以及构件在有影响的部位发生混凝土的脆性破坏（混凝土先于钢筋压碎、剪切破坏等），因此应按照钢筋受拉承载力设计值相等的原则换算，A选项错误，B选项正确，还应满足最小配筋率要求，并应注意由于钢筋的强度和直径改变会影响使用阶段的挠度和裂缝宽度，C、D选项正确。

答案：A

考点：受力钢筋的代换原则。

58. 解析：根据《砌体规范》第6.3.3条第1、2款，框架填充墙宜选用轻质块体材料，其强度等级不应低于MU3.5；填充墙砌筑砂浆的强度等级不宜低于M5（Mb5、Ms5）。根据《抗震规范》第13.3.4条第2款，钢筋混凝土结构中的砌体填充墙，砌体的砂浆强度等级不应低于M5；实心块体的强度等级不宜低于MU2.5，空心块体的强度等级不宜低于MU3.5。

答案：C

考点：框架填充墙对其材料的要求。

59. 解析：根据《抗震规范》第3.5.4条第3款、《混凝土规范》第11.8.4条第2款，预应力混凝土结构作为抗侧力构件时，因预应力筋是高强钢筋，应采用预应力筋和普通钢筋混合配筋的方式，以保证结构构件的延性，改善预应力混凝土结构的抗震性能。

答案：A

考点：预应力混凝土结构构件中的非预应力钢筋。

60. 解析：根据《混凝土规范》第9.5.2条第1款，钢筋混凝土叠合梁的叠合层混凝土厚度不宜小于100mm，混凝土强度等级不宜低于C30。

答案：B

考点：叠合梁的构造要求。

注：混凝土叠合板的叠合层混凝土厚度不应小于40mm，混凝土强度等级不宜低于C25。

61. 解析：塑料波管预留孔道的摩擦系数明显小于金属波纹管预留孔道的摩擦系数，减小了张拉过程中预应力的摩擦损失，详见表10.2.4题61解表。

题61解表 摩擦系数

孔道成型方式	k	μ	
		钢绞线、钢丝束	预应力螺纹钢筋
预埋金属波纹管	0.0015	0.25	0.50
预埋塑料波纹管	0.0015	0.15	—
预埋钢管	0.0010	0.30	—
抽芯成型	0.0014	0.55	0.60
无粘结预应力筋	0.0040	0.09	—

注：摩擦系数也可根据实测数据确定。

答案：A

考点：预应力损失。

62. 解析：根据《混凝土规范》第5.4.1条，超静定混凝土结构在出现塑性铰的情况下，会发生内力重分布，可利用这一特点进行构件截面之间的内力调幅，以达到简化构造、节约钢筋的目的。框架梁是超静定结构，其余选项均为静定结构，A 选项正确。

答案： A

考点： 超静定混凝土结构的塑性内力重分布。

63. **解析：** 《高层混凝土规程》第 10.2.8 条第 7 款及条文说明第 10.2.16 条，当托墙转换梁承受较大剪力时，需要相应部位加强，B、C、D 选项措施均可行，但转换梁端上剪力墙开洞会形成小墙肢，应力集中严重，故 A 选项措施不恰当。

　　具体分析：转换梁受力复杂，承受较大的剪力，开洞会对转换梁的受力造成很大影响，尤其是转换梁端部剪力最大的部位开洞，应力集中现象严重，应采取特别加强措施，如设置加腋等。

答案： A

考点： 带转换层的高层结构。

64. **解析：** 根据《高层钢结构规程》条文说明第 7.5.1 条，K 形支撑体系在地震作用下，可能因受压斜杆屈曲或受拉斜杆屈服，引起较大的侧向变形，使柱发生屈曲甚至造成倒塌，故不应在抗震结构中采用。

答案： A

考点： 高层钢结构的支撑系统。

65. **解析：** 为了避免三向焊缝交叉引起应力集中，加劲肋与翼缘板和腹板相交处应切成斜角。

答案： C

考点： 焊接的应力集中。

66. **解析：** 框架柱节点板与钢梁腹板间摩擦型连接的高强度螺栓主要承受剪力，通过螺栓的抗剪将梁端集中力传递给柱。

答案： C

考点： 钢结构紧固件连接构造要求。

67. **解析：** 根据《钢结构标准》第 14.3.1 条，钢与混凝土组合梁的抗剪连接件宜采用圆柱头焊钉（栓钉），也可采用槽钢，或有可靠依据的其他类型连接件。顾名思义，组合梁的抗剪连接件的主要受力特征为受剪。

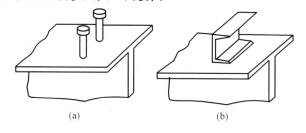

题 67 解图　连接件的外形
(a) 圆柱头焊钉连接件；(b) 槽钢连接件

答案： A

考点： 组合梁的抗剪连接件。

68. **解析：** 根据《砌体规范》第 6.4.1 条，夹芯墙的夹层厚度，不宜大于 120mm。

答案： C

考点：夹心墙的构造要求。

69. 解析：根据《木结构标准》条文说明第7.2.1条，方木原木结构中的柱一般按两端铰连接的受压构件设计，梁一般按单跨简支受弯构件设计。所以梁柱榫连节点连接方式属于铰接连接。

    答案：A

    考点：木结构连接节点的计算假定。

70. 解析：根据《木结构标准》第7.2.5条，当梁采用方木制作时，其截面高宽比不宜大于4，对于高宽比大于4的木梁应根据稳定承载力的验算结果，采取必要的保证侧向稳定的措施。

    答案：C

    考点：方木梁的截面尺寸构造要求。

71. 解析：根据《木结构设备规范》GB 50005—2003第9.3.15条，轻型木结构构件之间应有可靠连接，其连接主要是钉连接。有抗震设防要求的轻型木结构，连接中关键部位应采用螺栓连接。（《木结构标准》GB 50005—2017没有相关的要求。）

    答案：A

    考点：轻型木结构的连接。

72. 解析：根据《抗震规范》第8.1.1条表8.1.1（题72解表），或《高层钢结构规程》第3.2.2条表3.2.2，钢结构房屋适用的最大高度，从小到大排序正确的是B选项。

    钢结构房屋适用的最大高度（m）   题72解表

结构类型	6、7度 (0.10g)	7度 (0.15g)	8度 (0.20g)	8度 (0.30g)	9度 (0.40g)
框架	110	90	90	70	50
框架—中心支撑	220	200	180	150	120
框架—偏心支撑（延性墙板）	240	220	200	180	160
筒体（框筒、筒中筒、桁架筒、束筒）和巨型框架	300	280	260	240	180

注：1. 房屋高度指室外地面到主要屋面板板顶的高度（不包括局部突出屋顶部分）；
2. 超过表内高度的房屋，应进行专门研究和论证，采取有效的加强措施；
3. 表内的筒体不包括混凝土筒。

    答案：B

    考点：钢结构房屋适用的最大高度。

73. 解析：根据《高层混凝土规程》第9.1.2条、第9.3.3条、第9.3.2条，筒中筒结构高度不宜低于80m，高宽比不宜小于3，B选项错误。

    答案：B

    考点：筒中筒结构设计。

74. 解析：为避免基础不均匀沉降使拱结构产生附加内力，宜采用静定结构三铰拱。

    答案：D

    考点：静定与超静定结构受力特点。

75. **解析**：1.《抗震设防标准》第4.0.3条，医疗建筑的抗震设防类别，应符合下列规定：

（1）三级医院中承担特别重要医疗任务的门诊、医技、住院用房，抗震设防类别应划为特殊设防类（甲类）。

（2）二、三级医院的门诊、医技、住院用房，具有外科手术室或急诊室的乡镇卫生院的医疗用房，县级及以上急救中心的指挥、通信、运输系统的重要建筑，县级及以上的独立采供血机构的建筑，抗震设防类别应划为重点设防类（乙类）。

2.《抗震设防标准》第3.0.3条，各抗震设防类别建筑的抗震设防标准，重点设防类（甲类）、特殊设防类（乙类）应按高于本地区抗震设防烈度一度的要求加强其抗震措施。

因此，48m高。设防烈度为8度（0.3g）的医院建筑，应按9度抗震烈度要求加强抗震措施。

3.《抗震规范》第6.1.1条表6.1.1、《高层混凝土规程》第3.3.1条表3.3.1-1（题75解表），9度抗震设防要求的是B、C选项，对医院建筑满足底部大空间功能要求的合理结构形式只有框架—剪力墙结构，B选项正确。

A级高度钢筋混凝土高层建筑的最大适用高度（m） 题75解表

结构体系		非抗震设计	抗震设防烈度				
			6度	7度	8度		9度
					0.20g	0.30g	
框架		70	60	50	40	35	—
框架—剪力墙		150	130	120	100	80	50
剪力墙	全部落地剪力墙	150	140	120	100	80	60
	部分框支剪力墙	130	120	100	80	50	不应采用
筒体	框架—核心筒	160	150	130	100	90	70
	筒中筒	200	180	150	120	100	80
板柱—剪力墙		110	80	70	55	40	不应采用

答案：B

考点：高层建筑适用的最大高度与结构选型。

76. **解析**：根据《抗震规范》第9.2.2条第1款，单层钢结构厂房的横向抗侧力体系，可采用刚接框架、铰接框架、门式刚架或其他结构体系。厂房的纵向抗侧力体系，8、9度应采用柱间支撑；6、7度宜采用柱间支撑，也可采用刚接框架。

答案：C

考点：钢结构厂房抗震设计。

77. **解析**：拱在给定荷载作用下，截面只产生轴向压力，弯矩和剪力为零，称为与该荷载对应的合理拱轴线，使截面材料能充分发挥作用。不同荷载作用下三铰拱的合理拱轴线不同，按三铰拱合理拱轴线上的截面弯矩$M=0$的条件，可分别求得三铰拱在沿水平方向均布的竖向荷载和垂直于拱轴的均布压力作用下，其合理拱轴线分别为抛物线和圆弧线。

答案：C

考点：合理拱轴线。

78. 解析：根据《高层混凝土规程》第3.6.1条、第3.6.3条，房屋高度超过50m时，框架—剪力墙结构、筒体结构及复杂高层建筑结构应采用现浇楼盖结构，剪力墙结构和框架结构宜采用现浇楼盖结构。本题高度为60m的框架—剪力墙结构，因此D选项满足规范要求。

答案：D

考点：楼盖结构设计基本规定。

注：房屋高度不超过50m时，8、9度抗震设计时宜采用现浇楼盖结构；6、7度时可采用装配式楼盖，且应符合相应的规范要求。

79. 解析：立体桁架的截面形式有矩形、正三角形、倒三角形，A选项正确。立体桁架本身具有足够的侧向刚度与稳定性，有利于吊装和使用，C选项正确。《网格规程》第3.4.4条规定，立体桁架支承于下弦节点时，桁架整体应有可靠的防侧倾体系，B选项正确；第3.4.5条规定，立体桁架、立体拱架和张弦立体拱架应设置平面外的稳定支撑体系，D选项错误。

答案：D

考点：立体桁架设计的基本规定。

80. 解析：根据《荷载规范》第8.1.1条、第8.2.1条，垂直于建筑物表面上的风荷载标准值，与基本风压、高度Z处的风振系数、风荷载体型系数及风压高度变化系数有关。在相同环境下，迎风面面积相等时，风速随离地面高度增加而提高，即建筑所受水平风荷载合力大小与建筑高度有关，因此D选项正确。

答案：D

考点：建筑结构风荷载。

81. 解析：根据《抗震规范》第13.2.1条第2款，结构的水平抗震作用与结构刚度成正比。对柔性连接的建筑构件，可不计入刚度；设置隔震支座可减少结构的地震作用；采用轻质隔墙不会增大结构刚度，但加设支撑的措施会加大结构的刚度，增大水平地震作用。C选项错误。

答案：C

考点：地震作用影响因素。

注：对嵌入抗侧力构件平面内的刚性建筑非结构构件，应计入其刚度影响。

82. 解析：悬索结构是由柔性受拉索及其边缘构件所形成的承重结构，用钢量最省，A选项正确。索的材料可以采用钢丝束、钢丝绳、钢绞线、链条、圆钢以及其他受拉性能良好的线材。

答案：A

考点：悬索结构设计。

83. 解析：根据《高层混凝土规程》第3.3.2条表3.3.2（题83解表），设防烈度为7度时按适用的最大高宽比从大到小正确的排序，A选项正确。

钢筋混凝土高层建筑结构适用的最大高宽比　　　　　　题 83 解表

结构体系	非抗震设计	抗震设防烈度		
		6 度、7 度	8 度	9 度
框架	5	4	3	—
板柱—剪力墙	6	5	4	—
框架—剪力墙、剪力墙	7	6	5	4
框架—核心筒	8	7	6	4
筒中筒	8	8	7	5

答案：A

考点：高层建筑结构适用的最大高宽比。

84. 解析：根据《高层混凝土规程》第 3.6.4 条及相应的条文说明，现浇预应力混凝土楼板厚度与跨度的合理比值为 1/45～1/50，且不宜小于 150mm，C 选项正确。

  答案：C

  考点：楼板厚度设计。

85. 解析：根据《高层混凝土规程》第 10.5.1 条、第 10.5.4 条，连体结构各独立部分宜有相同或相近的体型、平面布置和刚度，宜采用双轴对称的平面形式，故 A、B 选项正确。

  因为连体结构的连体部位受力复杂，连体部分的跨度也较大，因此要保证连体部分与两侧主体结构的可靠连接，宜采用刚性连接的连体形式，C 选项"尽量采用滑动连接"错误，为答案。

  当采用滑动连接时，滑移量较大支座易发生破坏，因此支座滑移量应能满足两个方向在罕遇地震作用下的位移要求，并应采取防坠落、撞击措施，D 选项正确。

  答案：C

  考点：复杂高层建筑结构设计（连体结构）。

86. 解析：根据《抗震规范》第 7.1.7 条第 1 款、第 2 款 1）及第 4 款。多层砌体房屋的结构布置和结构体系，应优先采用横墙承重或纵横墙承重的结构体系，不应采用砌体墙和混凝土墙混合承重的结构体系，A 选项正确，B 选项错误。砌体抗震墙布置宜均匀对称，沿平面内宜对齐，沿竖向应上下连续，C 选项正确。楼梯间不宜设置在房屋的尽端或转角处，D 选项正确。

  答案：B

  考点：砌体房屋抗震设计一般规定。

87. 解析：地震烈度与地震震级有严格的区别，地震烈度是指地震时某一地区的地面和各类建筑物遭受到一次地震影响的强弱程度。震级代表地震本身的大小强弱，它由震源发出的地震波能量来决定，对于同一次地震只应有一个数值。

  答案：B

  考点：震级与地震烈度。

88. 解析：我国地震动参数区划图确定的地震基本烈度共划分为 12 度。

  答案：C

考点：地震基本烈度划分。

89. 解析：进行建筑结构多遇地震分析时，抗震设防烈度增加1度，其水平地震作用增大一倍。

    答案：B

    考点：水平地震作用。

90. 解析：根据《抗震规范》第6.1.5条，抗震设防区对采用钢筋混凝土单跨框架结构的限制与抗震设防类别、建筑高度有关：甲、乙类建筑以及高度大于24m的丙类建筑，不应采用单跨框架结构；高度不大于24m的丙类建筑不宜采用单跨框架结构。

    答案：D

    考点：单跨框架结构设计规定。

91. 解析：钢筋混凝土高层建筑的水平地震作用与建筑物质量成正比例关系，要减小水平地震作用，最有效的措施是减小建筑物各楼层质量。

    答案：D

    考点：水平地震作用。

92. 解析：《抗震规范》第3.4.1条规定，建筑设计应根据抗震概念设计的要求明确建筑形体的规则性（为强制性条文），A选项错误；第3.4.2条要求，建筑设计应重视其平面、立面和剖面的规则性对建筑抗震性能及经济合理性的影响，B选项正确；第3.4.4条规定，建筑形体及其构件布置不规则时，应按规范要求进行地震作用计算和内力调整，D选项错误；第3.7.4条规定，框架结构的围护墙和隔墙，应估计其设置对结构抗震的不利影响，避免不合理设置而导致主体结构的破坏，D选项错误。

    答案：B

    考点：建筑形体与抗震性能关系。

93. 解析：根据《抗震规范》第6.1.4条第1款1)、2)、3)，当防震缝两侧结构类型不同时，宜按需要较宽防震缝的结构类型和较低房屋高度确定缝宽，并满足最小宽度要求。

    答案：C

    考点：建筑结构防震缝设置要求。

94. 解析：根据《抗震规范》第7.1.7条第2款1)、5)、6)、第7.1.6条表7.1.6（题94解表）注1，多层砌体房屋的纵横向砌体抗震墙布置宜均匀对称，沿平面内宜对齐，沿竖向应上下连续，A选项"可不连续"错误。

    同一轴线上的窗间墙宽度宜均匀；在满足墙段局部尺寸限值要求的前提下，墙面洞口的立面面积，6、7度时不宜大于墙面总面积的55%，8、9度时不宜大于50%。B选项"80%"过大，错误。

    在房屋宽度方向的中部应设置内纵墙，其累计长度不宜小于房屋总长度的60%，C选项正确。

    多层砌体房屋中砌体墙段的局部尺寸限制，宜符合规范要求。局部尺寸不足时，应采取局部加强措施弥补，且最小宽度不宜小于1/4层高和表7.1.6数据的80%。D选项"可不采取加强措施"说法错误。

房屋的局部尺寸限值（m）　　　　题94解表

部位	6度	7度	8度	9度
承重窗间墙最小宽度	1.0	1.0	1.2	1.5
承重外墙尽端至门窗洞边的最小距离	1.0	1.0	1.2	1.5
非承重外墙尽端至门窗洞边的最小距离	1.0	1.0	1.0	1.0
内墙阳角至门窗洞边的最小距离	1.0	1.0	1.5	2.0
无锚固女儿墙（非出入口处）的最大高度	0.5	0.5	0.5	0.0

注：1. 局部尺寸不足时，应采取局部加强措施弥补，且最小宽度不宜小于1/4层高和表列数据的80%；
　　2. 出入口处的女儿墙应有锚固。

答案： C

考点： 砌体房屋抗震设计一般规定。

95. **解析：** 《抗震规范》第7.1.2条表7.1.2注3规定，乙类的多层房屋不应采用底部框架—抗震墙砌体房屋，A选项错误；根据第7.1.1条，底部框架—抗震墙砌体房屋指底层或底部两层为框架—抗震墙结构的多层砌体房屋，B选项正确；第7.1.8条第2款要求，房屋的底部应沿纵横两方向设置一定数量的抗震墙，并应均匀对称布置，C选项错误；第7.1.8条第1款要求，上部的砌体墙与底部框架梁或抗震墙，除楼梯间附近的个别墙段外均应对齐，D选项错误。

答案： B

考点： 砌体房屋抗震设计一般规定。

96. **解析：** 根据《高层混凝土规程》第6.1.1条、第6.1.2条及条文说明、第6.1.3条、第6.1.4条第1款，《抗震规范》第6.1.5条、第6.1.15条第2款、第3.7.4条，框架结构应设计成双向梁柱抗侧力体系。主体结构除个别部位外，不应采用铰接，A选项"可以采用"错误。

抗震设计的高层框架结构不应采用冗余度低的单跨框架。单跨框架结构是指整栋建筑全部或绝大部分采用单跨框架的结构，不包括仅局部为单跨框架的框架结构，故B选项"任何部位均不可采用"错误。

框架结构的围护墙和隔墙，应估计其设置对结构抗震的不利影响，避免不合理设置而导致主体结构的破坏，C选项"可不考虑"错误。

框架结构楼梯间的布置不应导致结构平面特别不规则，D选项正确。

答案： D

考点： 框架结构抗震设计一般规定。

97. **解析：** 根据《高层混凝土规程》第7.1.1条第1～3款及第7.1.2条，剪力墙结构应具有适宜的侧向刚度，平面布置宜简单、规则，宜沿两个主轴方向或其他方向双向、均衡布置，不应采用仅单向有墙的结构布置，A选项正确为答案。

剪力墙布置宜自下到上连续布置，避免刚度突变，B选项"视需要可截断一层或几层剪力墙"，会造成刚度突变，错误。

门窗洞口宜自上到下对齐、成列布置，形成明确的墙肢和连梁，宜避免造成墙肢宽度相差悬殊的洞口设置；对一、二、三级剪力墙的底部加强部位不宜采用上下洞口不对齐的错洞墙，全高均不宜采用洞口局部重叠的叠合错洞墙，C选项"不得采用"

错误。

剪力墙段长度不宜大于8米，各墙段高度与其长度之比不宜小于3，D选项错误，不宜"大于3"应为"小于3"。

答案：A

考点：剪力墙结构抗震设计一般规定。

98. 解析：根据《高层混凝土规程》第11.1.1条，混合结构系指由外围钢框架或型钢混凝土、钢管混凝土框架与钢筋混凝土核心筒所组成的框架—核心筒结构，以及由外围钢框筒或型钢混凝土、钢管混凝土框筒与钢筋混凝土核心筒所组成的筒中筒结构。故A选项表述正确。

答案：A

考点：混合结构。

99. 解析：根据《高层混凝土规程》第7.1.8条第2款注1，短肢剪力墙是指截面厚度不大于300mm、各肢截面高度与厚度之比的最大值大于4但不大于8的剪力墙，A、B选项错误；第7.1.8条规定，抗震设计时，高层建筑结构不应全部采用短肢剪力墙，C选项错误；第7.1.8条第2款规定，当采用具有较多短肢剪力墙的剪力墙结构时，房屋的最大适用高度应适当降低，D选项正确。

答案：D

考点：剪力墙结构抗震设计一般规定。

100. 解析：根据《抗震规范》第10.2.1条、第10.2.2条第3、5、6款，大跨度屋盖宜优先采用两个水平方向刚度均衡的空间传力体系，符合结构均衡性要求，B选项正确，为答案。

对大跨度屋盖及其支承结构选型和布置，宜采用轻型屋面系统，A选项宜采用"刚性屋面系统"错误。

为保证结构的安全性，采用常用的结构形式，避免抗震性能差、受力很不合理的结构形式被采用。对超出适用范围的屋盖结构，即对跨度大于120m、结构单元长度大于300m或悬挑长度大于40m的大型建筑屋盖结构，应进行专门研究和论证，采取有效的加强措施，C选项"60m"应为"120m"，错误。

屋盖结构的地震作用不仅与屋盖自身结构有关，而且还与支承条件以及下部结构有关。根据抗震概念设计的基本原则，屋盖结构及其支承点的布置宜均匀对称，具有合理的刚度与承载力分布，同时下部支承结构应合理布置，避免采用很不规则的结构布置而使屋盖产生过大的地震扭转效应，D选项"不应"应是"避免"，错误。

答案：B

考点：大跨屋盖建筑抗震设计一般规定。

101. 解析：根据《抗震规范》第6.1.4条第1款3)，当防震缝两侧结构类型不同时，宜按需要较宽防震缝的结构类型和较低房屋高度确定缝宽，并满足最小宽度要求，因此应按抗侧刚度较小需要抗震缝较宽的框架结构及较低的30m高度确定。

答案：A

考点：防震缝设置要求。

102. **解析**：根据《高层混凝土规程》第3.3.1条表3.3.1-1、表3.3.1-2及条文说明第3.3.1条，钢筋混凝土高层建筑的最大适用高度分A级高度和B级高度。A级和B级高度钢筋混凝土乙类和丙类高层建筑的最大适用高度应分别符合表3.3.1-1（题102解表1）、表3.3.1-2（题102解表2）的规定。

A级高度钢筋混凝土高层建筑的最大适用高度（m） 题102解表1

结构体系		非抗震设计	抗震设防烈度				
			6度	7度	8度		9度
					0.20g	0.30g	
框架		70	60	50	40	35	—
框架—剪力墙		150	130	120	100	80	50
剪力墙	全部落地剪力墙	150	140	120	100	80	60
	部分框支剪力墙	130	120	100	80	50	不应采用
筒体	框架—核心筒	160	150	130	100	90	70
	筒中筒	200	180	150	120	100	80
板柱—剪力墙		110	80	70	55	40	不应采用

B级高度钢筋混凝土高层建筑的最大适用高度（m） 解102题表2

结构体系		非抗震设计	抗震设防烈度			
			6度	7度	8度	
					0.20g	0.30g
框架—剪力墙		170	160	140	120	100
剪力墙	全部落地剪力墙	180	170	150	130	110
	部分框支剪力墙	150	140	120	100	80
筒体	框架—核心筒	220	210	180	140	120
	筒中筒	300	280	230	170	150

对房屋高度超过A级高度高层建筑最大适用高度的框架结构、板柱—剪力墙结构以及9度抗震设计的各类结构，因研究成果和工程经验尚显不足，在B级高度高层建筑中未予列入，即B级高度适用的结构体系与A级有所不同，也未列入9度抗震设计的各类结构，故A、B选项错误。

为保证B级高度高层建筑的设计质量，应按有关规定进行超限高层建筑的抗震设防专项审查复核，D选项正确。

平面和竖向均不规则的高层建筑结构，其最大适用高度宜适当降低，C选项"可不降低"错误。

答案：D

考点：高层建筑的A级、B级高度。

103. **解析**：根据《抗震规范》第8.1.6条第3款，抗震设计的钢框架—支撑体系房屋，中心支撑框架宜采用交叉支撑，也可采用人字支撑或单斜杆支撑，不宜采用K形支撑。

答案： D

考点： 钢框架支撑形式。

104. **解析：** 悬臂式挡土墙的墙底板是由墙趾板a和墙踵板c两部分组成。增加a可提高抗倾覆能力；增加c，其上有更多的土覆压，可提高抗倾覆和抗滑移承载力。因此当抗滑移验算不足时，增加c的措施最有效。

    答案： C

    考点： 悬臂式挡土墙。

105. **解析：** 在窗井墙与地下室外墙之间对应内墙位置增设隔墙，相当于对墙加了支承，可提高墙体稳定性和承载力，是最合理的措施。

    答案： D

    考点： 提高墙体稳定性措施。

106. **解析：** 按基坑工程条件，有高度50m既有建筑物，A选项简单放坡、C选项锚杆护坡不合适；另基坑高度为18m，土钉墙适用于小于12m的边坡稳定，B选项也不合适；因此护坡措施中正确的是D选项。

    答案： D

    考点： 基坑工程护坡措施。

107. **解析：** 基础连系梁不是结构分析意义上的"基础梁"，是"基础拉梁""基础连梁"，不受地基反力作用，或者地基反力仅仅是由地下梁及其覆土的自重产生，因此并不能等同于基础梁，也不参与结构整体抗震设计，但可加强基础的整体性，平衡柱底弯矩。

    答案： A

    考点： 基础梁受力特点。

    注： 基础梁是受地基反力作用的梁。在地基反力的作用下，跨中无墙区域，产生向上隆起的变形趋势，与上部结构的框架梁在受到向下的竖向荷载作用后产生的向下弯曲变形正好相反。

108. **解析：** 对四层框架结构，无地下室，土层分布均匀，地基承载力特征值较大，其下为坚硬的基岩，最适宜的基础形式是采用最简单经济的柱下独立基础，A选项正确。

    答案： A

    考点： 基础形式选择。

109. **解析：** 根据《抗震规范》第4.3.2条、第4.3.6条表4.3.6、第4.3.7条、第4.3.8条及《地基基础规范》第7.2.3条，地面下存在饱和砂土和饱和粉土时，除6度外，应进行液化判别；存在液化土层的地基，应根据建筑的抗震设防类别、地基的液化等级，结合具体情况采取相应的措施，见表4.3.6（题109解表）。

抗液化措施   题109解表

建筑抗震设防类别	地基的液化等级		
	轻微	中等	严重
乙类	部分消除液化沉陷，或对基础和上部结构处理	全部消除液化沉陷，或部分消除液化沉陷且对基础和上部结构处理	全部消除液化沉陷

续表

建筑抗震	地基的液化等级		
丙类	基础和上部结构处理，亦可不采取措施	基础和上部结构处理，或更高要求的措施	全部消除液化沉陷，或部分消除液化沉陷且对基础和上部结构处理
丁类	可不采取措施	可不采取措施	基础和上部结构处理，或其他经济的措施

注：甲类建筑的地基抗液化措施应进行专门研究，但不宜低于乙类的相应要求。

当液化砂土层、粉土层较平坦且均匀时，宜按表4.3.6选用地基液化措施，不宜将未经处理的液化土层作为天然地基持力层。具体抗液化措施分全部地基液化沉陷措施和部分消除地基液化沉陷措施。

换填法、强夯法、挤密碎石桩法是全部消除液化沉陷措施，可使液化砂土骨架挤密，排去孔隙水，使土的密度增加，成为不液化地基，详见《抗震规范》第4.3.7条、第4.3.8条。

真空预压是地基处理加密法的一种，在地基承载力或变形不能满足设计要求时采用，不是消除地基液化沉陷措施，故C选项不适合。

答案：C

考点：地基液化措施。

110. **解析**：根据《抗震规范》第4.1.2条，地基处理是为了提高地基的承载力，减小地基的变形，减小基础沉降量，提高地基稳定性，与场地条件、类别无关。B选项错误。建筑场地类别，是抗震设计时根据土层等效剪切波速和场地覆盖层厚度的类别划分。

答案：B

考点：地基处理与建筑场地类别。

111. **解析**：根据《抗震规范》第4.2.1条，天然地基一般都具有较好的抗震性能，在遭受破坏的建筑中，因地基失效导致的破坏要少于上部结构惯性力的破坏，因此符合条件的地基（尤其是天然地基）可不进行抗震承载力验算。具体规范要求可按题111解表理解：

可不进行天然地基及基础抗震承载力验算的建筑 题111解表

序号	结构类型	可不验算的房屋	
1	单层结构	一般的单层厂房和单层空旷房屋	地基主要受力层范围内不存在软弱黏土层
2	砌体结构	全部砌体房屋	
3	框架、框架—抗震墙结构	不超过8层且高度在24m以下的	
4	多层框架厂房与抗震墙结构	基础荷载与3相当的	
5	其他	上部结构可不进行验算的	

答案：C

考点：地基及基础抗震承载力验算。

112. **解析**：图示为柱下条形基础。

答案: B

考点: 柱下条形基础。

113. 解析: 根据《地基规范》第8.4.20条第2款, A、B、C选项均是在主楼或裙房基础施工完毕之后两个月,高层主楼沉降尚未完成,此时封闭不合适;D选项是在结构均施工完毕后,一般沉降基本会在施工期间内完成,由此可判断D选项为答案。

沉降后浇带是当高层建筑与相连的裙房之间不设置沉降缝时,宜在裙房一侧设置用于控制沉降差。后浇带的封带时间可根据工程进展的具体情况确定。一般情况下,沉降后浇带的封带时间,主要取决于高层建筑的沉降完成情况。当沉降实测值和计算确定的后期沉降差满足设计要求后,方可进行后浇带混凝土浇筑。

答案: D

考点: 沉降后浇带设置施工要求。

注: 后浇带分为伸缩后浇带和沉降后浇带,注意设置要求的区别。伸缩后浇带封带时间较易满足,在完成封带时间要求后,可由下而上逐层浇筑后浇带混凝土。

114. 解析: 根据筏板基础基底压力分布规律进行简单分析,距集中荷载P作用点越远,基础的基底压力影响越小,这样就很容易判断出三点的沉降量大小关系为 S1>S2>S3。

答案: C

考点: 筏形基础沉降。

115. 解析: $\sum M_B = 0$,

$$F_{Ay} \times 8 + 4 \times 4 = 4 \times 4 \times 2$$

$$F_{Ay} = 2kN$$

直接法求C处截面的剪力 $V_C = -2kN$

弯矩 $M_C = -2 \times 4 = -8kN \cdot m$

答案: A

考点: 静定梁剪力、弯矩的计算。

116. 解析: 取BC杆,由对称性可知,

$$F_B = F_C = \frac{1}{2} \times 4 \times 4 = 8kN$$

取CD杆, $\sum M_A = 0$, $F_D \times 4 + 8 = 8 \times 4$ ∴ $F_D = 6kN$

由直接法求A支座处左侧截面的剪力

$$V_{A左} = -6kN$$

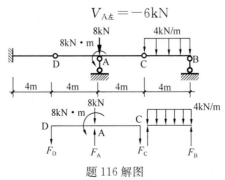

题116解图

$$M_{A左} = -6 \times 4 = -24 \text{kN} \cdot \text{m}$$

答案：B

考点：多跨静定梁剪力、弯矩的计算。

117. **解析**：根据《混凝土规范》第6.3.1条及条文说明，混凝土受弯构件规定受剪截面限制条件，验算剪力 $V \leqslant 0.25\beta_c f_c b h_0$，其目的首先是控制截面尺寸不能过小，以防截面尺寸过小导致配箍率过高，引起脆性的斜压破坏。故A选项正确。

其次是限制在使用阶段可能发生的斜裂缝宽度，同时也是构件斜截面受剪破坏的最大配箍率条件。

答案：A

考点：混凝土受弯构件受剪截面限制条件。

118. **解析**：钢筋混凝土受拉构件不考虑裂缝控制时，混凝土开裂后只有钢筋承担拉力，因此最大受拉承载力为 $f_y A_s = 1256 \text{mm}^2 \times 360 \text{ N/mm}^2 = 452160 \text{N} = 452.160 \text{kN}$，最接近的是B选项。

答案：B

考点：混凝土受拉构件承载力计算。

119. **解析**：D选项是定向支座计算简图，不属于固定铰支座。

答案：D

考点：结构支座简图。

120. **解析**：由梁的弯曲正应力公式 $\sigma = \dfrac{M}{I_z} y$ 可知，横截面上的正应力与坐标 y 成正比，呈线性分布，故B选项正确。

答案：B

考点：工字钢梁受弯正应力的分布。

2013年试题、解析、答案及考点

2013年试题

1. 图示结构的超静定次数为(　　)。
   A　0次　　　　　　　　　　　　B　1次
   C　2次　　　　　　　　　　　　D　3次

2. 图示结构属于何种体系?
   A　无多余约束的几何不变体系　　B　有多余约束的几何不变体系
   C　常变体系　　　　　　　　　　D　瞬变体系

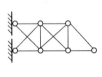

题1图

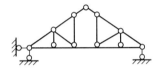

题2图

3. 图示体系的几何组成为(　　)。
   A　几何可变体系
   B　无多余约束的几何不变体系
   C　有1个多余约束的几何不变体系
   D　有2个多余约束的几何不变体系

4. 图示桁架在外力 P 作用下的零杆数为(　　)。
   A　2根　　　　　　　　　　　　B　3根
   C　4根　　　　　　　　　　　　D　5根

5. 图示结构在外力 P 作用下的零杆数为(　　)。
   A　无零杆　　　　　　　　　　　B　1根
   C　2根　　　　　　　　　　　　D　3根

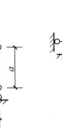

题3图

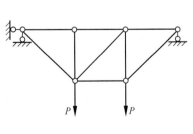

题4图　　　　　　题5图

6. 图示T形截面弹性受弯梁,其横截面上正应力沿截面高度方向的分布为(　　)。

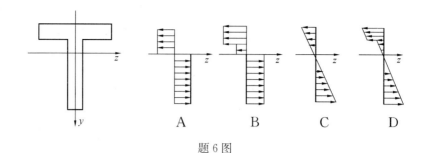

题6图

7. 图示相同结构，在外力 P 不同位置作用下，两结构内力有何变化？
   A 所有杆件内力均相同
   B 所有杆件内力均不同
   C 仅横杆内力不同
   D 仅竖杆内力不同

8. 图示简支梁在两种受力状态下，跨中Ⅰ、Ⅱ点的剪力关系为（　　）。
   A $V_{\mathrm{I}} = \dfrac{1}{2}V_{\mathrm{II}}$
   B $V_{\mathrm{I}} = V_{\mathrm{II}}$
   C $V_{\mathrm{I}} = 2V_{\mathrm{II}}$
   D $V_{\mathrm{I}} = 4V_{\mathrm{II}}$

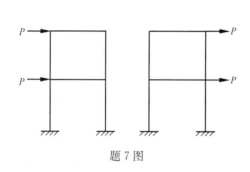

题7图

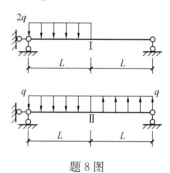

题8图

9. 图示结构在外力偶 M 作用下正确的弯矩图是（　　）。

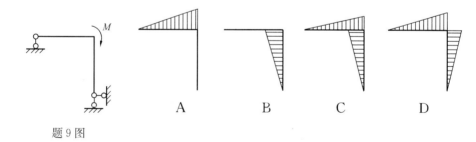

题9图

10. 图示结构在外力 F 作用下，正确的剪力图形是（　　）。

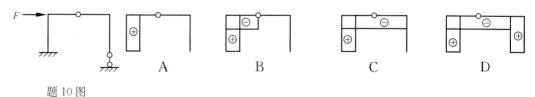

题10图

11. 图示结构在外力偶 M 作用下正确的弯矩图是(　　)。

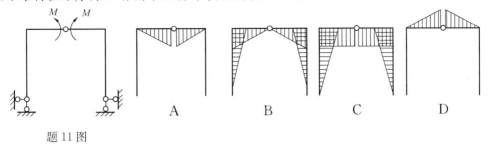

题 11 图

12. 图示连续梁，在哪种荷载作用下 a 点的弯矩最大？

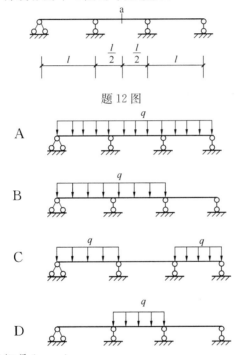

13. 图示斜梁跨中 a 的弯矩是(　　)。

    A $M_a = \dfrac{1}{8}ql^2\cos\alpha$ B $M_a = \dfrac{1}{8}ql^2$

    C $M_a = \dfrac{1}{8}ql^2 \cdot \dfrac{1}{\cos\alpha}$ D $M_a = \dfrac{1}{8}ql^2\left(\dfrac{1}{\cos\alpha}\right)^2$

14. 图示结构在外荷载 q 作用下，支座 A 的弯矩为(　　)。

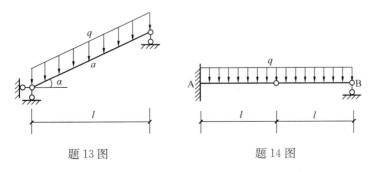

题 13 图   题 14 图

A $M_A = \frac{1}{2}ql^2$ B $M_A = ql^2$

C $M_A = 2ql^2$ D $M_A = 4ql^2$

15. 图示结构 A 点的弯矩为( )。

 A $\frac{1}{2}M$ B M

 C $\frac{3}{2}M$ D $2M$

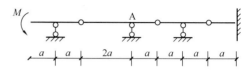

题 15 图

16. 图示结构在不同荷载作用下，顶点水平位移最大的是( )。

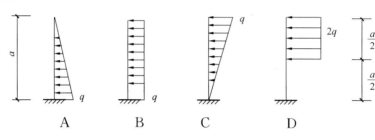

题 16 图

17. 图示结构支座 B 点的弯矩为( )。

 A $\frac{Pl}{2}$ B   0

 C Pl D $2Pl$

18. 图示结构跨中 C 点的弯矩为( )。

 A $12 \text{kN} \cdot \text{m}$ B $10 \text{kN} \cdot \text{m}$

 C $8 \text{kN} \cdot \text{m}$ D $6 \text{kN} \cdot \text{m}$

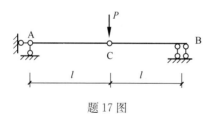

题 17 图

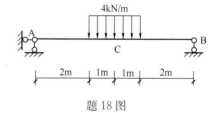

题 18 图

19. 图示结构 B 点的弯矩为( )。

 A $2qh^2$ B $\frac{3}{2}qh^2$

 C qh^2 D $\frac{1}{2}qh^2$

20. 图示结构梁 AB 跨中 D 点的弯矩是( )。

 A $18 \text{kN} \cdot \text{m}$ B $12 \text{kN} \cdot \text{m}$

 C $10 \text{kN} \cdot \text{m}$ D $8 \text{kN} \cdot \text{m}$

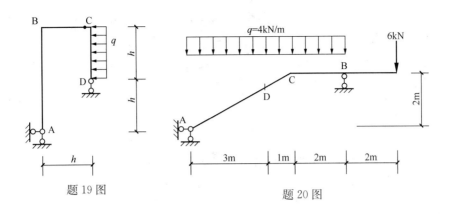

题 19 图　　　　　　　　题 20 图

21. 关于图示结构 AB 杆受力，正确的是（　　）。

   A　轴力 $N_{AB}=P$，剪力 $V_{AB}=\dfrac{1}{2}P$
   B　轴力 $N_{AB}=P$，剪力 $V_{AB}=P$

   C　轴力 $N_{AB}=0$，剪力 $V_{AB}=\dfrac{1}{2}P$
   D　轴力 $N_{AB}=0$，剪力 $V_{AB}=P$

22. 关于题 22 图结构受力，正确的是（　　）。

   A　$R_A=R_B$、$V_A=V_B$
   B　$R_A<R_B$、$V_A>V_B$
   C　$R_A<R_B$、$V_A=V_B$
   D　$R_A>R_B$、$V_A=V_B$

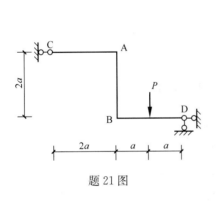
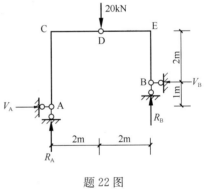

题 21 图　　　　　　　　题 22 图

23. 已知结构的弯矩图，其荷载应为下列何图？

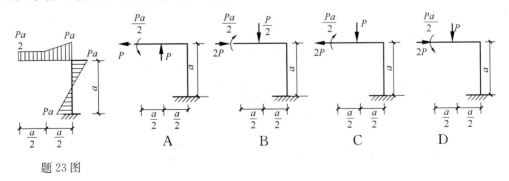

题 23 图

24. 下图结构受力的弯矩图，正确的是（　　）。

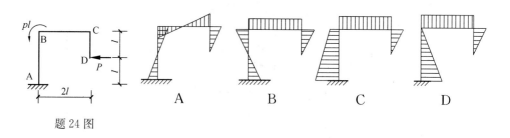

题 24 图

25. 根据图示梁的弯矩图和剪力图，判断为下列何种外力产生的？

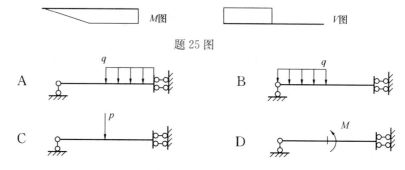

题 25 图

26. 图示桁架的支座反力为下列何值？

A $R_A = R_B = P$
B $R_A = R_B = \dfrac{P}{2}$
C $R_A = R_B = 0$
D $R_A = P, R_B = -P$

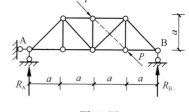

题 26 图

27. 关于图示桁架指定杆件的内力绝对值的比较，正确的是（　　）。

A $N_1 < N_2 < N_3 = N_4$　　　B $N_2 = N_1 > N_3 = N_4$
C $N_1 > N_2 > N_3 = N_4$　　　D $N_2 > N_1 > N_3 = N_4$

28. 图示结构中杆 b 的内力 N_b 应为下列何项数值？

A $N_b = 0$　　B $N_b = P/2$　　C $N_b = P$　　D $N_b = \sqrt{2}P$

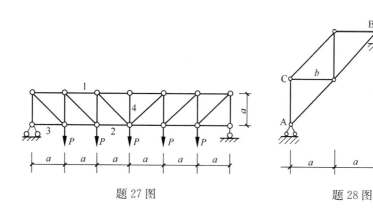

题 27 图　　　　　　　题 28 图

29. 图示结构，若右端支座发生下沉Δ，下列关于梁弯矩的描述，正确的是（　　）。

   A　$M_A = 0, M_C < 0$（上部受拉）
   B　$M_A < 0$（上部受拉）
   C　$M_A > 0$（下部受拉）
   D　$M_A = 0, M_C > 0$（下部受拉）

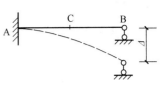

题29图

30. 图示悬臂梁在外力P作用下，B端竖向位移为Δ_B，若梁截面高度h增加一倍，则B端竖向位移Δ'_B为下列何值？

   A　$\Delta'_B = 2\Delta_B$　　　　　　　　B　$\Delta'_B = \dfrac{1}{2}\Delta_B$

   C　$\Delta'_B = \dfrac{1}{4}\Delta_B$　　　　　　　　D　$\Delta'_B = \dfrac{1}{8}\Delta_B$

31. 关于图示刚架C点的水平位移$\Delta_平$及竖向位移$\Delta_竖$，正确的是（　　）。

   A　$\Delta_竖 > \Delta_平 = 0$　　　　　　B　$\Delta_竖 = \Delta_平 > 0$
   C　$\Delta_平 > \Delta_竖 > 0$　　　　　　D　$\Delta_竖 > \Delta_平 > 0$

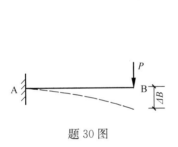

题30图　　　　题31图

32. 图示不同支座条件下的单跨梁，在均布荷载作用下，a点弯矩M_a最小的是（　　）。

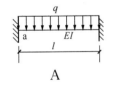 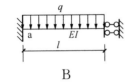 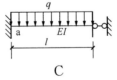 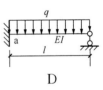

　　A　　　　　　　B　　　　　　　C　　　　　　　D

33. 图示单层多跨钢筋混凝土框架结构，温度均匀变化时楼板将产生应力，对应力的说法正确的是（　　）。

   A　升温时，楼板产生压应力，应力绝对值中部小，端部大
   B　升温时，楼板产生压应力，应力绝对值中部大，端部小
   C　升温时，楼板产生拉应力，应力绝对值中部小，端部大
   D　升温时，楼板产生拉应力，应力绝对值中部大，端部小

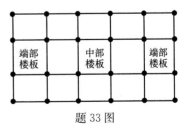

题33图

34. 图示带悬挑等跨等截面连续梁，在均布荷载q作用下，支座处弯矩最大的是（　　）。

A M_1　　　　B M_2　　　　C M_3　　　　D M_4

35. 图示结构中，杆 a 的内力 N_a (kN) 应为下列何项？

 A $N_a=0$　　　　　　　　B $N_a=10$（拉力）

 C $N_a=10$（压力）　　　 D $D_a=10\sqrt{3}$（拉力）

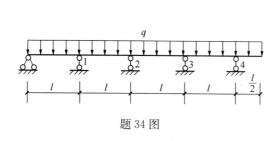
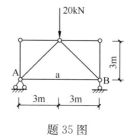

题 34 图　　　　　　　　题 35 图

36. 图示结构支座 a 发生沉降 Δ 时，正确的剪力图是(　　)。

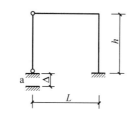

题 36 图

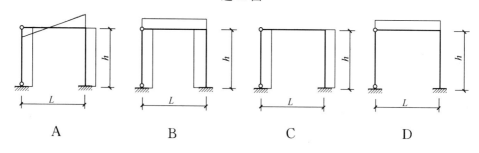

A　　　　　B　　　　　C　　　　　D

37. 图示刚架，当横梁刚度 EI_2 与柱刚度 EI_1 之比趋于无穷大时，柱底 a 点弯矩 M_a 趋向于以下哪个数值？

 A $M_a=Ph$　　　　　　　B $M_a=\dfrac{Ph}{2}$

 C $M_a=\dfrac{Ph}{4}$　　　　　D $M_a=\dfrac{Ph}{8}$

38. 图示二种桁架，在荷载作用下弦中点 A 的位移分别为 Δ_{I} 和 Δ_{II}，它们的大小关系正确的是(　　)。

 A $\Delta_{\mathrm{I}}>\Delta_{\mathrm{II}}$　　　　　　B $\Delta_{\mathrm{I}}=\Delta_{\mathrm{II}}$

 C $\Delta_{\mathrm{I}}<\Delta_{\mathrm{II}}$　　　　　　D 无法判断

题 37 图

39. 图示三铰拱，在竖向荷载作用下，下列说法错误的是(　　)。

A 在不同竖向荷载作用下,其合理拱轴线不同
B 在竖向均布荷载作用下,其合理拱轴线为抛物线
C 拱推力与拱高成反比,即拱越高推力越小
D 在相同 l、h 的情况下,拱推力与拱轴的曲线形式有关

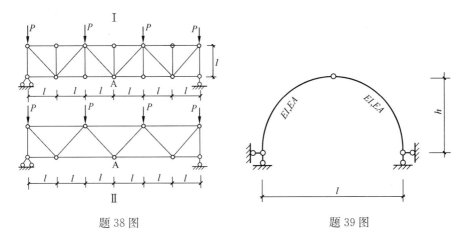

题 38 图   题 39 图

40. 图示刚架,内力分布相同的是(   )。

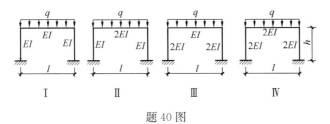

题 40 图

A Ⅰ和Ⅱ   B Ⅰ和Ⅲ
C Ⅰ和Ⅳ   D Ⅲ和Ⅳ

41. 图示单跨双层框架,正确的弯矩图是(   )。

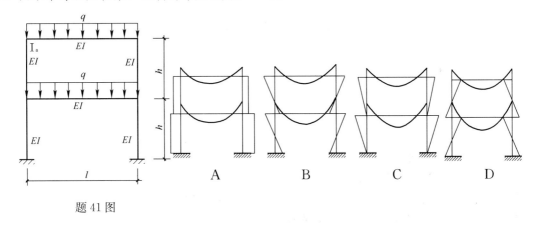

题 41 图

42. 图示单跨两层框架,因梁高宽不同而造成抗弯刚度不同,梁支座弯矩最小的位置是(   )。

467

A I_a B I_b C II_a D II_b

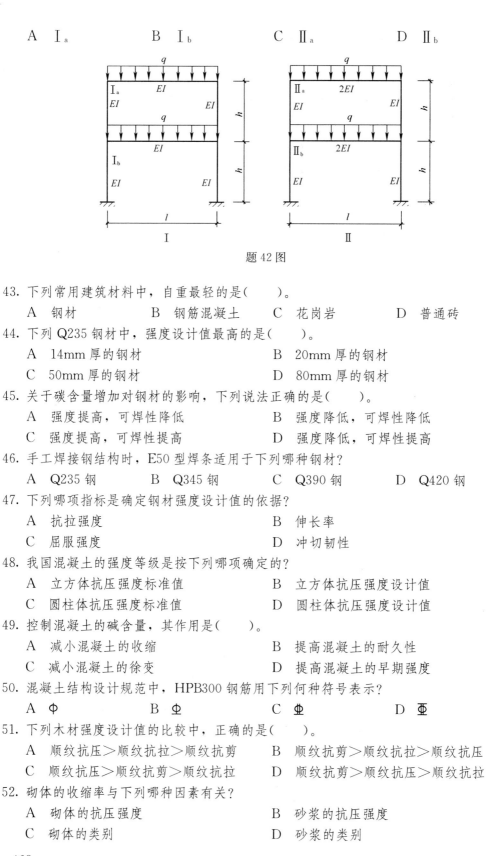

题 42 图

43. 下列常用建筑材料中，自重最轻的是(　　)。
   A 钢材   B 钢筋混凝土   C 花岗岩   D 普通砖

44. 下列 Q235 钢材中，强度设计值最高的是(　　)。
   A 14mm 厚的钢材   B 20mm 厚的钢材
   C 50mm 厚的钢材   D 80mm 厚的钢材

45. 关于碳含量增加对钢材的影响，下列说法正确的是(　　)。
   A 强度提高，可焊性降低   B 强度降低，可焊性降低
   C 强度提高，可焊性提高   D 强度降低，可焊性提高

46. 手工焊接钢结构时，E50 型焊条适用于下列哪种钢材？
   A Q235 钢   B Q345 钢   C Q390 钢   D Q420 钢

47. 下列哪项指标是确定钢材强度设计值的依据？
   A 抗拉强度   B 伸长率
   C 屈服强度   D 冲切韧性

48. 我国混凝土的强度等级是按下列哪项确定的？
   A 立方体抗压强度标准值   B 立方体抗压强度设计值
   C 圆柱体抗压强度标准值   D 圆柱体抗压强度设计值

49. 控制混凝土的碱含量，其作用是(　　)。
   A 减小混凝土的收缩   B 提高混凝土的耐久性
   C 减小混凝土的徐变   D 提高混凝土的早期强度

50. 混凝土结构设计规范中，HPB300 钢筋用下列何种符号表示？
   A Φ   B $\underline{\Phi}$ C $\underline{\Phi}$ D $\overline{\Phi}$

51. 下列木材强度设计值的比较中，正确的是(　　)。
   A 顺纹抗压＞顺纹抗拉＞顺纹抗剪   B 顺纹抗剪＞顺纹抗拉＞顺纹抗压
   C 顺纹抗压＞顺纹抗剪＞顺纹抗拉   D 顺纹抗剪＞顺纹抗压＞顺纹抗拉

52. 砌体的收缩率与下列哪种因素有关？
   A 砌体的抗压强度   B 砂浆的抗压强度
   C 砌体的类别   D 砂浆的类别

53. 采用 MU10 烧结普通砖，M5 水泥砂浆的砌体的抗压强度为（   ）。
    A 10.0N/mm²   B 7.5N/mm²   C 5.0N/mm²   D 1.5N/mm²

54. 受力预埋件的锚筋不应采用下列哪种钢筋？
    A HPB300   B HRB335   C HRB400   D 冷加工钢筋

55. 有抗震要求的钢筋混凝土框支梁的混凝土强度等级不应低于（   ）。
    A C25   B C30   C C35   D C40

56. 钢筋混凝土结构在非严寒和非寒冷地区的露天环境下的最低混凝土强度等级为（   ）。
    A C25   B C30   C C35   D C40

57. 地震区钢框架结构中，不宜采用下列哪种钢材？
    A Q235A   B Q235B   C Q345B   D Q345C

58. 设计使用年限为 50 年，安全等级为二级，地面以下与含水饱和的地基土直接接触的混凝土砌块砌体，所用材料的最低强度等级（   ）。
    A 砌块为 MU7.5，水泥砂浆为 M5   B 砌块为 MU10，水泥砂浆为 M5
    C 砌块为 MU10，水泥砂浆为 M7.5   D 砌块为 MU15，水泥砂浆为 M10

59. 关于混凝土受弯构件设定受剪截面限制条件的机理，下列说法错误的是（   ）。
    A 防止构件截面发生斜截面受弯破坏   B 防止构件截面发生斜压破坏
    C 限制在使用阶段的斜裂缝宽度   D 限制最大配箍率

60. 关于影响钢筋混凝土梁斜截面抗剪承载力的主要因素，错误的是（   ）。
    A 混凝土强度等级   B 纵筋配筋率
    C 剪跨比   D 箍筋配筋率

61. 关于控制钢筋混凝土框架柱轴压比的主要作用，下列说法正确的是（   ）。
    A 提高轴向承载力   B 提高抗剪承载力
    C 提高抗弯承载力   D 保证框架柱的延性要求

62. 钢筋混凝土剪力墙发生脆性破坏的形式，错误的是（   ）。
    A 弯曲破坏   B 斜压破坏   C 剪压破坏   D 剪拉破坏

63. 地震区房屋如图，两楼之间防震缝的最小宽度 Δ_{min} 按下列何项确定？
    A 按框架结构 30m 高确定   B 按框架结构 60m 高确定
    C 按抗震墙结构 30m 高确定   D 按抗震墙结构 60m 高确定

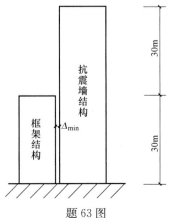

题 63 图

64. 关于增强钢结构箱形梁整体稳定的措施，正确的是(　　)。
    A 增加梁截面宽度　　　　　　　　B 增加梁截面高度
    C 增加梁内横加劲肋　　　　　　　D 增加梁内纵加劲肋

65. 关于减小混凝土楼板收缩开裂的技术措施，错误的是(　　)。
    A 钢筋直径适度粗改细加密　　　　B 适度增加水泥用量
    C 适度增加钢筋配筋率　　　　　　D 加强混凝土的养护

66. 关于地震区钢框架梁与柱的连接构造的说法，错误的是(　　)。
    A 宜采用梁贯通型
    B 宜采用柱贯通型
    C 柱在两个相互垂直的方向都与梁刚接时，宜采用箱形截面
    D 梁翼缘与柱翼缘间应采用全熔透坡口焊缝

67. 采用角钢焊接的梯形屋架，在进行内力和挠度分析时，杆件连接节点一般采用下列哪一种连接模型？
    A 铰接　　　　　　　　　　　　　B 刚接
    C 半刚接　　　　　　　　　　　　D 弹性连接

68. 钢网架可预先起拱，起拱值可取与短向跨度的比值不大于下列哪一个数值？
    A 1/200　　　　　　　　　　　　B 1/250
    C 1/300　　　　　　　　　　　　D 1/350

69. 关于砌体结构设置构造柱的主要作用，下列说法错误的是(　　)。
    A 增强砌体结构的刚度　　　　　　B 增强砌体结构的抗剪强度
    C 增强砌体结构的延性　　　　　　D 增强砌体结构的整体性

70. 关于钢筋混凝土板柱结构设置柱帽和托板的主要目的，正确的是(　　)。
    A 防止节点发生抗弯破坏　　　　　B 防止节点发生抗剪破坏
    C 防止节点发生冲切破坏　　　　　D 减少板中弯矩和挠度

71. 胶合木构件的木板接长一般应采用下列哪一种？
    A 单齿或双齿连接　　　　　　　　B 螺栓连接
    C 指接连接　　　　　　　　　　　D 钉连接

72. 关于复杂高层建筑结构，下列说法错误的是(　　)。
    A 9度抗震设计时不应采用带转换层的结构、带加强层的结构、错层结构和连体结构
    B 抗震设计时，B级高度高层建筑不宜采用连体结构
    C 7度和8度抗震设计的高层建筑不宜同时采用超过两种复杂结构
    D 抗震设计时，地下室的转换结构不应采用厚板转换

73. 120m跨度的屋盖结构，下列结构形式中，不宜采用的是(　　)。
    A 空间管桁架结构　　　　　　　　B 双层网壳结构
    C 钢筋混凝土板上弦组合网架结构　D 悬索结构

74. 下列四种建筑平面，在图示方向风荷载作用下，风荷载体型系数从大到小排列应为(　　)。

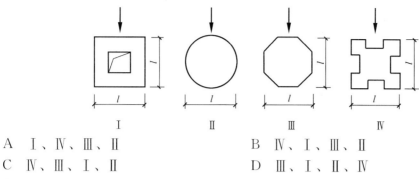

A Ⅰ、Ⅳ、Ⅲ、Ⅱ B Ⅳ、Ⅰ、Ⅲ、Ⅱ
C Ⅳ、Ⅲ、Ⅰ、Ⅱ D Ⅲ、Ⅰ、Ⅱ、Ⅳ

75. 抗震设防区的高层建筑，下列平面形状对抗震最不利的是(   )。

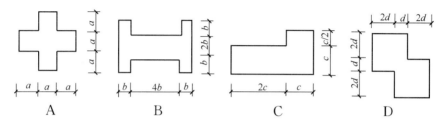

76. 下列四种屋架形式，受力最合理的是(   )。
   A 三角形桁架   B 梯形桁架
   C 折线形上弦桁架   D 平行弦桁架

77. 某工业厂房楼盖，柱网尺寸6m×9m，楼面使用荷载5.0kN/m²，为使楼面结构经济合理且尽量获得较大的建筑净高，宜选择下列哪种次梁布置方案？

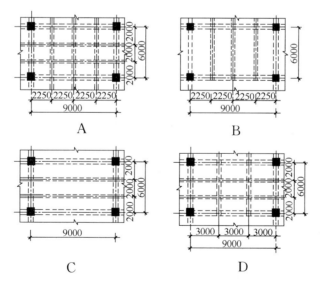

78. 28m高、7度抗震设防的办公楼，下列四种结构形式中，适宜采用的是(   )。
   A 板柱—剪力墙结构   B 砌体结构
   C 排架结构   D 单跨框架结构

79. 要提高高层建筑的抗倾覆稳定性，下列措施正确的是(   )。
   A 加大建筑高宽比，降低建筑物重心

B 加大建筑高宽比，抬高建筑物重心
C 减小建筑高宽比，降低建筑物重心
D 减小建筑高宽比，抬高建筑物重心

80. 关于由中央剪力墙内筒和周边外框筒组成的筒中筒结构的说法，错误的是(　　)。
    A 平面宜选用方形、圆形和正多边形，采用矩形平面时长宽比不宜大于2
    B 高度不宜低于80m，高宽比不宜小于3
    C 外框筒巨型柱宜采用截面短边沿筒壁方向布置，柱距不宜大于4m
    D 外框筒洞口面积不宜大于墙面面积的60%

81. 在7度抗震设防区建造一座220m高的钢筋混凝土超高层建筑，采用下列哪种结构形式抗震性能最佳？
    A 筒中筒结构   B 框架—核心筒结构
    C 剪力墙结构   D 框架—剪力墙结构

82. 高层钢筋混凝土框架结构抗震设计时，下列规定是正确的是(　　)。
    A 应设计成双向梁柱抗侧力体系
    B 主体结构可采用铰接
    C 可采用单跨框架
    D 可采用部分由砌体墙承重的混合形式

83. 用压型钢板做屋面板的36m跨厂房房屋，采用下列哪种结构形式为佳？
    A 三角形钢屋架   B 预应力混凝土大梁
    C 梯形钢屋架   D 平行弦钢屋架

84. 某地区要尽快建造一单层大跨度的临时展览馆，下列结构形式哪种最为适宜？
    A 预应力混凝土结构   B 混凝土柱—钢屋盖结构
    C 索膜结构   D 型钢混凝土组合梁结构

85. 跨度为60m的平面网架，其合理的网架高度为(　　)。
    A 3m   B 5m   C 8m   D 10m

86. 关于钢筋混凝土框架—核心筒的加强层设置，下列说法错误的是(　　)。
    A 布置1个加强层时，可设置在0.6倍房屋高度附近
    B 布置2个加强层时，分别设置在房屋高度的1/3和2/3处效果最好
    C 布置多个加强层时，宜沿竖向从顶层向下均匀设置
    D 不宜布置过多的加强层

87. 我国建筑物的抗震设防烈度由下列哪种方式确定？
    A 由设计方确定
    B 由业主方确定
    C 由建筑所在地政府部门确定
    D 按国家规定的权限审批、颁发的文件（图件）确定

88. 关于抗震设计对建筑形式要求的说法，下列哪项全面且正确？
    Ⅰ．建筑设计宜择优选用规则形体；
    Ⅱ．不规则建筑应按规定采取加强措施；
    Ⅲ．特别不规则的建筑应进行专门研究和论证，采取特别加强措施；

Ⅳ. 不应采用严重不规则的建筑
A Ⅰ+Ⅱ+Ⅲ+Ⅳ B Ⅰ+Ⅱ+Ⅳ
C Ⅰ+Ⅲ+Ⅳ D Ⅰ+Ⅱ+Ⅲ

89. 建筑场地所处地段分为对抗震有利、一般、不利和危险地段，对危险地段上建筑的限制，下列说法正确的是(　　)。
    A 严禁建造甲类建筑，不应建造乙、丙类建筑
    B 严禁建造甲、乙类建筑，不应建造丙类建筑
    C 严禁建造甲、乙、丙类建筑
    D 严禁建造甲、乙、丙、丁类建筑

90. 抗震设计时可不计算竖向地震作用的建筑结构是(　　)。
    A 8、9度时的大跨度结构和长悬臂结构
    B 9度时的高层建筑结构
    C 8、9度时采用隔震设计的建筑结构
    D 多层砌体结构

91. 多层砌体房屋，其主要抗震措施是(　　)。
    A 限值高度和层数
    B 限值房屋的高宽比
    C 设置构造柱和圈梁
    D 限值墙段的最小尺寸，并规定横墙最大间距

92. 钢筋混凝土结构中采用砌体填充墙，下列说法错误的是(　　)。
    A 填充墙的平面和竖向布置，宜避免形成薄弱层或短柱
    B 楼梯间和人流通道的填充墙，尚应采用钢丝网砂浆面层加强
    C 墙顶应与框架梁、楼板密切结合，可不采取拉结措施
    D 墙长超过8m，宜设置钢筋混凝土构造柱

93. 抗震设防的高层建筑，下列情况属于特别不规则的结构是(　　)。
    A 框支结构的转换构件，7度设在4层或8度设在2层
    B 单塔质心或多塔合质心与大底盘的质心偏心距大于底盘相应边长的20%
    C 6度设防的厚板转换结构
    D 同时具有加强层、错层的结构

94. 抗震设防的多层砌体房屋其结构体系和结构布置，下列说法正确的是(　　)。
    A 优先采用纵墙承重的结构体系
    B 房屋宽度方向中部内纵墙累计长度一般不宜小于房屋总长度的50%
    C 不应采用砌体墙和混凝土墙混合承重的结构体系
    D 可在房屋转角处设置转角窗

95. 抗震设计时，确定带阁楼坡屋顶的多层砌体房屋高度上端的位置，下列说法正确的是(　　)。
    A 山尖墙的檐口高度处 B 山尖墙的1/3高度处
    C 山尖墙的1/2高度处 D 山尖墙的山尖高度处

96. 确定重点设防类（乙类）现浇钢筋混凝土房屋不同结构类型适用的最大高度时，下列

说法正确的是(　　)。

A 按本地区抗震设防烈度确定适用的最大高度
B 按本地区抗震设防烈度确定适用的最大高度后适当降低采用
C 按本地区抗震设防烈度专门研究论证，确定适用的最大高度
D 按本地区抗震设防烈度提高一度确定适用的最大高度

97. 关于钢筋混凝土高层建筑的层间最大位移与层高之比的限值，下列的比较中错误的是(　　)。

A 框架结构＞框架—抗震墙结构
B 框架—抗震墙结构＞抗震墙结构
C 抗震墙结构＞框架—核心筒结构
D 框架结构＞板柱—抗震墙结构

98. 抗震设防的钢筋混凝土大底盘上的多塔楼高层建筑结构，下列说法正确的是(　　)。

A 整体地下室与上部两个或两个以上塔楼组成的结构是多塔楼结构
B 各塔楼的层数、平面和刚度宜相近，塔楼对底盘宜对称布置
C 当裙房的面积和刚度相对塔楼较大时，高宽比按地面以上高度与塔楼宽度计算
D 转换层结构可设置在塔楼的任何部位

99. 抗震设防的钢筋混凝土筒中筒结构，下列说法正确的是(　　)。

A. 结构平面外形宜选用圆形、正多边形、椭圆形或矩形等，不应采用切角三角形平面
B 结构平面采用矩形时，长宽比不宜大于2
C 结构内筒的宽度不宜小于全高的1/12，并宜贯通建筑物全高
D 结构的高度不宜低于60m，高宽比不宜大于3

100. 抗震设防的钢筋混凝土高层连体结构，下列说法错误的是(　　)。

A 连体结构各独立部分宜有相同或相近的体型、平面布置和刚度，宜采用双轴对称的平面形式
B 7度、8度抗震设计时，层数和刚度相差悬殊的建筑不宜采用连体结构
C 7度（0.15g）和8度抗震设计时，连体结构的连接体应考虑竖向地震的影响
D 连接体结构与主体结构不宜采用刚性连接，不应采用滑动连接

101. 抗震设防的钢—混凝土混合结构高层建筑，下列说法正确的是(　　)。

A 框架—核心筒及筒中筒混合结构体系在工程中应用最多
B 平面和竖向均不规则的结构，不应采用
C 当侧向刚度不足时，不宜采用设置加强层的结构
D 不应采用轻质混凝土楼板

102. 抗震设防的钢结构房屋，下列说法正确的是(　　)。

A 钢框架—中心支撑结构比钢框架—偏心支撑结构适用高度大
B 防震缝的宽度可较相应钢筋混凝土房屋较小
C 楼盖宜采用压型钢板现浇钢筋混凝土组合楼板或钢筋混凝土楼板
D 钢结构房屋的抗震等级应依据设防分类、烈度、房屋高度和结构类型确定

103. 钢支撑—混凝土框架结构应用于抗震设防烈度6～8度的高层房屋，下列说法正确的

是( )。

A 钢筋混凝土框架结构超过其最大使用高度时,优先采用钢支撑—混凝土框架组成的抗侧力体系

B 可只在结构侧向刚度较弱的主轴方向布置钢支撑框架

C 当为丙类建筑时,钢支撑框架部分的抗震等级按相应钢结构和混凝土框架结构的规定确定

D 适用的最大高度不宜超过钢筋混凝土框架结构和框架—抗震墙结构二者最大适用高度的平均值

104. 通常情况下,工程项目基槽开挖后,对地基土应在槽底普通钎探(轻型圆锥动力触探),当基底土确认为下列何种土质时,可不进行钎探?

A 黏土　　　　B 粉土　　　　C 粉砂　　　　D 碎石

105. 下列地基处理方法中,哪种方法不适宜对淤泥质土进行处理?

A 换填垫层法　　　　　　　B 强夯法
C 预压法　　　　　　　　　D 水泥土搅拌法

106. 由水泥、粉煤灰、碎石、石屑或砂加水拌和形成高粘接强度桩,桩、桩间土和褥垫层一起构成复合地基,上述地基处理方法简述为( )。

A CFG桩法　　　　　　　　B 砂石桩法
C 碎石桩法　　　　　　　　D 水泥土桩法

107. 某30层高度120m办公楼,地下3层,埋置深度10m。经勘察表明,该建筑物场地范围内地表以下30m均为软弱的淤泥质土,其下为坚硬的基岩,则该建筑最适宜的基础形式为( )。

A 独立基础　　　　　　　　B 筏形基础
C 箱型基础　　　　　　　　D 桩基础

108. 下列图中关于筏形基础底板配筋示意正确的是( )。

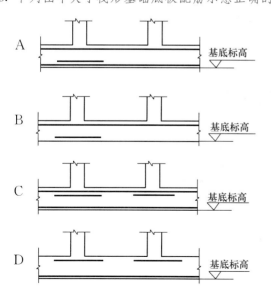

109. 下列图中所示为钢筋混凝土条形基础,在T形及L形交接处,受力钢筋设置错误

是(   )。

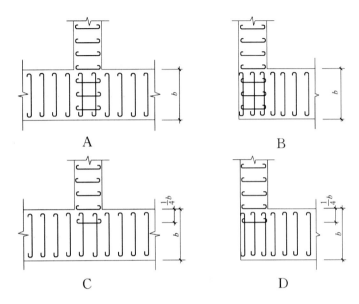

110. 下列图中关于独立基础的地基反力示意正确的是(   )。

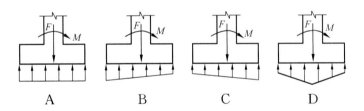

111. 某柱下独立基础，由上部结构传至基础顶面的轴心竖向力标准值 $F_k=500$ kN，基础自重及其上的土重 G_k 为 100kN，基础底面为正方形如下图所示，$b=2$m，则该基础下允许的修正后的最小地基承载力特征值 f_a 为(   )。

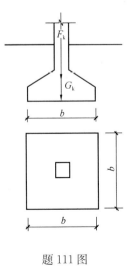

题 111 图

A 125kPa B 150kPa
C 175kPa D 200kPa

112. 某一桩基础,已知由承台传来的全部轴心竖向标准值为5000kN,单桩竖向承载力特征值 R_a 为1000kN,则该桩基础应布置的最少桩数为( )。
A 4 B 5
C 6 D 7

113. 如图所示,某重力式挡土墙,墙背垂直光滑,墙后土层均匀,无地下水,则下列选项中关于挡土墙后的土压力分布示意正确的是( )。

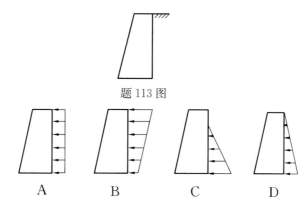

题113图

114. 下列建筑采用非液化砂土做天然地基,必须进行地基及基础的抗震承载力验算的是( )。
A 5层砌体住宅 B 单层工业排架厂房
C 10层钢筋混凝土剪力墙公寓 D 3层钢筋混凝土框架办公楼

115. 如图所示多跨静定梁,B支座处截面弯矩为( )。
A －60kN·m B －100kN·m
C －120kN·m C －160kN·m

116. 如图所示外伸梁,C处截面剪力为( )。
A －125kN B －25kN
C －60kN D －35kN

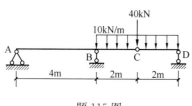

题115图

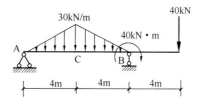

题116图

117. 简支工字形截面钢梁在均布荷载作用下绕强轴的弯矩设计值 $M_x=109.0$ kN·m,钢材牌号为Q235B,$f=215$ N/mm^2,抗弯强度验算时不考虑截面塑性发展系数,选用的最经济工字钢型号为( )。
A I28a(净截面模量508.2cm^3) B I28b(净截面模量534.4cm^3)

C I32a（净截面模量 692.5cm³）   D I32b（净截面模量 726.6cm³）

118. 钢筋混凝土矩形截面大偏心受压构件的轴力和弯矩分别为 N、M，关于其计算配筋面积，下列说法正确的是(　　)。
   A 仅与 N 大小有关，与 M 无关
   B 仅与 M 大小有关，与 N 无关
   C 当 M 不变时，随 N 的减小而减小
   D 当 M 不变时，随 N 的减小而增加

119. 刚架承受如图所示均布荷载作用，下列弯矩图中正确的是(　　)。

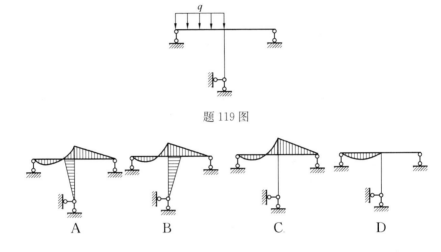

题 119 图

120. 如图所示刚架在荷载 P 作用下的变形曲线，正确的是(　　)。

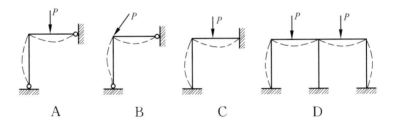

2013 年试题解析、答案及考点

1. **解析**：这是一道以前考过的重复题。去掉右边两个正方形中多余的两根斜杆，就得到一个由标准的铰接三角形组成的静定的桁架结构，故为 2 次超静定结构。
   答案：C
   考点：超静定次数。

2. **解析**：这也是一道以前考过的重复题。去掉中间两根多余的斜杆，就得一个简支梁，增加 5 个二元体，是一个静定的结构，故为 2 次超静定结构，即是有多余约束的几何不变体系。
   答案：B
   考点：几何组成分析。

3. **解析**：如题3解图所示，去掉一个二元体1，显然 A、B、C、D 就是一个典型的四铰结构连接四个刚片，尽管上边两个正方形中有两个多余约束，整体来说仍然是属于几何可变体系。

   答案：A

   考点：几何组成分析。

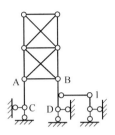

题3解图

4. **解析**：首先取桁架整体进行受力分析，如题4解图所示，这是一个力偶系平衡，由 $\sum M=0$ 可知：

$$P \cdot 2a = \frac{P}{2} \cdot 4a$$

   然后，根据三杆节点（三力节点）的零杆判别法，由 A、B、C 三点可知，杆1、2、3为零杆。

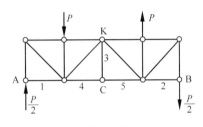

题4解图

   最后，根据对称性和反对称性的规律，这是一个对称结构，受反对称荷载作用，内力均是反对称的，在对称轴上对称的内力为零，故杆4、杆5亦为零杆。这个特点也可以通过截面法得到验证。所以有5根零杆，D选项正确。

   顺便说一下，去掉零杆3之后，K形节点的两根斜杆是反对称的内力，在本题反对称荷载作用下不是零杆。

   答案：D

   考点：桁架零杆的判别法。

5. **解析**：首先取桁架整体进行受力分析，由于结构对称、荷载对称，则支座反力是对称的，左右两支座反力都是 P 力向上。然后从中间截开，用截面法求斜杆内力 F_1，如题5解图所示。

   由 $\sum F_y = 0$，$P + F_1 \cos\alpha - P = 0$

   可知：$F_1 = 0$

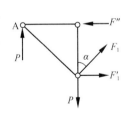

题5解图

   最后，由零杆判别法，可知两根竖杆为零杆。

   所以，共有3根零杆。

   答案：D

   考点：桁架的截面法，零杆的判别法。

6. **解析**：由弯曲梁横截面上的正应力公式 $\sigma = \dfrac{M}{I_z} \cdot y$ 可知，在横截面上的弯矩 M 和截面对中性轴 z 的惯性矩 I_z 均为常数，σ 与坐标 y 成正比，呈线性分布，只能选C。

答案：C

考点：弯曲正应力。

7. 解析：从教材中有关对称性的例题中我们知道，对称结构受水平荷载可以看作是对称结构受反对称荷载作用，内力是反对称的；但是这种方法对力的作用线上的轴力会产生影响并发生改变。因此横杆的轴力是不同的。

    答案：C

    考点：结构的对称性。

8. 解析：此题与2011年第8题相同。

    答案：B

    考点：梁的剪力计算。

9. 解析：首先考虑刚架的整体平衡，求支座反力。由$\sum F_x = 0$，可知刚架右下支座的水平反力为零。因此右边竖杆上没有弯矩，A选项正确。

    答案：A

    考点：刚架的弯矩图。

10. 解析：首先分析右半部分，可知右下角支反力为零，右半部分无外荷载作用，也无支反力作用，可以去掉不要。左半部分横梁上也无剪力，只有左半部分竖杆上有剪力。

    答案：A

    考点：刚架的弯矩图。

11. 解析：首先由整体平衡求两个支座的竖直反力，可知两个支座的竖直反力均为零。然后从中间铰链断开，取右半个刚架进行受力分析，可知右下支座有水平支反力存在，它必然产生竖杆上的弯矩，如题11解图所示。由于在中间铰链右侧有集中力偶M作用，所以中间铰链右侧的弯矩就是M。左半个刚架的弯矩图与右半个刚架是对称的，C选项正确。

    答案：C

    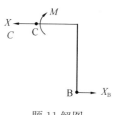

    题11解图

    考点：三铰刚架的弯矩图。

12. 解析：A、B、D选项在跨中产生最大正弯矩，根据该跨布满荷载、其余隔跨布置荷载最不利，而邻跨布置荷载有利的规律性，可知D选项的最大正弯矩最大。而C选项在跨中产生最大负弯矩，根据"边际效应"递减的原理，"远亲不如近邻"，"近邻不如本身"，还是中间跨本跨荷载产生的位移和弯矩的绝对值最大。用弯矩分配法计算的结果也可以验证这个结论，如题12解图所示。

    答案：D

    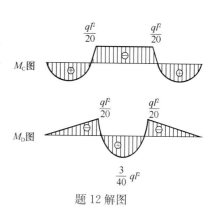

    题12解图

    考点：多跨超静定连续梁。

13. 解析：此题虽然梁的轴线是斜的，但是荷载分布还是垂直于水平轴均匀分布的，支座反力也是铅垂方向分布的。跨中的弯矩计算和水平轴受均布荷载的简支梁相同。

$$M_a = \frac{1}{2}ql \cdot \frac{l}{2} - \frac{1}{2}ql \cdot \frac{l}{4} = \frac{ql^2}{8}$$

答案：B

考点：斜梁的弯矩计算。

14. **解析**：首先从中间铰链断开，先分析BC段的支座反力，如题14解图所示。然后再取AC段求 $|M_A| = \frac{ql}{2} \cdot l + ql \cdot \frac{l}{2} = ql^2$，故B选项正确。

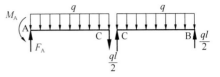

题14解图

答案：B

考点：多跨静定梁。

15. **解析**：首先断开中间铰链B，取左边BC段进行受力分析，如题15解图所示，可以求出B点的约束力为 $\frac{M}{a}$，然后取BD段研究，可以求出 $M_A = \frac{M}{a} \cdot 2a = 2M$

题15解图

答案：D

考点：多跨静定梁。

16. **解析**：一般情况下，位移的大小与弯矩成正比。D选项的最大弯矩 $M_D = qa \cdot \frac{3}{4}a = \frac{3}{4}qa^2$，所以D选项的顶点水平位移最大。

答案：D

考点：梁的弯矩和位移。

17. **解析**：首先分析整体受力，可知，A点水平约束力为零，所以C点水平约束力也为零。

然后取AC段杆进行受力分析，可知 $F_A = F_C = 0$。

最后取BC杆连同铰链C（含P力）进行受力分析，由 $\sum M_B = 0$，可知 $M_B = Pl$。

题17解图

答案：C

考点：多跨静定梁。

18. **解析**：首先进行整体受力分析，可知A、B两支座反力是对称的，向上的，
$$F_A = F_B = \frac{1}{2} \times 4 \times 2 = 4kN$$

根据求弯矩的直接法，C点的弯矩等于截面一侧（左侧或右侧）所有外力对C点力矩的代数和：
$$M_C = 4 \times 3 - (4 \times 1) \times \frac{1}{2} = 10kN \cdot m$$

答案：B

考点：梁的弯矩计算。

19. **解析**：首先进行整体受力分析，由 $\sum F_x = 0$，可知A点的水平约束反力为 qh（向右）。

然后根据求弯矩的直接法：
$$M_{BA} = qh \cdot 2h = 2qh^2$$

答案：A

考点：刚架的弯矩计算。

20. **解析**：首先进行整体受力分析，可知支座 A 的水平反力为零，如题 20 解图所示。由 $\sum M_B = 0$，可知：

    $F_A \times 6 + 6 \times 2 = (4 \times 6) \times 3$
    $F_A = 10\text{kN}$

    再由直接法可得：
    $M_D = 10 \times 3 - (4 \times 3) \times \dfrac{3}{2}$
    $= 12\text{kN} \cdot \text{m}$

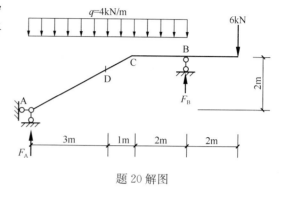

题 20 解图

答案：B

考点：梁的弯矩计算。

21. **解析**：首先由整体受力分析，
    $\sum M_D = 0, F_C \cdot 2a = P \cdot a$

    $\therefore \quad F_C = \dfrac{P}{2}$

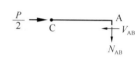

题 21 解图

再由截面法平衡，如题 21 解图所示，可知：

$$\sum F_x = 0, V_{AB} = \dfrac{P}{2}$$

$$\sum F_y = 0, N_{AB} = 0$$

答案：C

考点：折梁的弯矩计算。

22. **解析**：首先从整体受力分析可知 $V_A = V_B$，再把中间铰链拆开，分别画出 AD 杆和 BD 杆的受力图，如题 22 解图所示。取 BD 杆，由 $\sum M_D = 0$，得：$R_B \times 2 = V_B \times 2$，所以 $R_B = V_B$，也即 $R_B = V_B = V_A$，再取 AD 杆，由 $\sum M_D = 0$，得：$R_A \times 2 = V_A \times 3$，所以 $R_A = \dfrac{3}{2} V_A$，也即 $R_A = \dfrac{3}{2} R_B$。

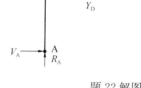

题 22 解图

答案：D

考点：刚架的受力分析。

23. **解析**：首先分析整体受力图，如题 23 解图所示。由 $\sum M_A = 0$，可得：

$$M_A + P \cdot \dfrac{a}{2} + \dfrac{Pa}{2} = 2P \cdot a$$

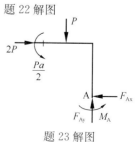

题 23 解图

482

∴ $M_A = Pa$（逆时针）

由于弯矩要画在受拉一侧，所以只有 D 选项符合题目要求。

答案：D

考点：刚架的弯矩图。

24. **解析**：首先分析整体受力，根据约束反力的方向永远与主动力的运动趋势相反的规律，可以判断固定端的反力偶 M_A 为顺时针方向，如题 24 解图所示，A 端右侧受拉，M 图在 A 端应画在右侧，故可排除 A 和 C；然后再根据刚节点 B 的平衡关系，可见 D 选项是正确的。

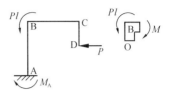

题 24 解图

答案：D

考点：刚架的弯矩图。

25. **解析**：根据"零平斜、平斜抛"的规律，可知外力图中不应有均布荷载，A、B 选项不对。又根据剪力图（V 图）中间截面上有突变，在外力图上要对应有集中力 P，故 C 选项正确。

答案：C

考点：梁的剪力图、弯矩图。

26. **解析**：取桁架整体进行受力分析，主动力是两个大小相等、方向相反的力组成的平衡力系，根据加减平衡力系原理，加上或减去一个平衡力系，不改变原力系对刚体的作用效应。因此，可以去掉这一对 P 力，支座反力是零。

答案：C

考点：加减平衡力系原理。

27. **解析**：首先分析整体受力，左右对称，两端支座反力是对称的、向上的 $\frac{5}{2}P$，然后用截面法把杆1、杆2和竖杆截开，取截面左侧如题 27 解图所示，由 $\sum F_x = 0$，可知 $N_1 = N_2$；再用零杆判别法可知，杆3和杆4均为零杆：$N_3 = N_4 = 0$。

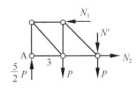

题 27 解图

答案：B

考点：桁架的内力计算。

28. **解析**：取整体为研究对象，$\sum M_A = 0$，$F_B \cdot 2a = 0$，所以 $F_B = 0$。再考虑二力平衡，可知 F_A 与 P 大小相等，方向相反，在同一直线上。然后考虑 A 点的受力如题 28 解图所示。根据零杆判别法可知，$N_a = 0$。再考虑节点 C，可知 $N_b = 0$。

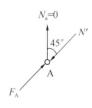

题 28 解图

答案：A

考点：桁架的内力计算。

29. **解析**：图示为超静定结构，支座位移会产生弯矩，$M_A \neq 0$；又从变形曲线可以看出是上凸的曲线，故上部受拉，$M_A < 0$。

答案：B

考点：梁的弯矩和位移。

30. 解析：悬臂梁杆端位移 $\Delta_B = \dfrac{Pl^3}{3EI}$，$I = \dfrac{bh^3}{12}$（横截面为矩形）

   若梁截面高度 h 增加一倍，$I' = \dfrac{b(2h)^3}{12} = 8I$

   则 $\Delta'_B = \dfrac{Pl^3}{3EI'} = \dfrac{1}{8} \cdot \dfrac{Pl^3}{3EI} = \dfrac{1}{8}\Delta_B$

   答案：D

   考点：梁的位移。

31. 解析：图示刚架在外荷载 q 作用下，C 点会产生水平位移和竖向位移，由于主动力 q 的运动趋势是向下的，而且 BC 杆的长度远大于 AB 杆的高度，所以 $\Delta_\text{竖} > \Delta_\text{平} > 0$，D 选项正确。

   答案：D

   考点：刚架的位移。

32. 解析：图示单跨超静定梁，在 EI 和 l 相同的条件下，固定端 a 点弯矩与超静定次数成反比。其中 A 选项是 3 次，B 选项是 2 次，C 选项和 D 选项均为 1 次，故 A 选项超静次数最大，a 点弯矩 M_a 最小。

   答案：A

   考点：超静定结构的特点。

33. 解析：图示结构升温时，所有的楼板都要向四周膨胀，但是其位移要受到周围楼板膨胀的压力，所以要产生压应力。由于中部楼板膨胀受到的约束多，阻力大，故其压应力大；而端部楼板有向外膨胀的余地，受到的约束少，阻力小，故其压应力小。

   答案：B

   考点：超静定结构的特点。

34. 解析：根据多跨超静定连续梁，求其支座的最大负弯矩时，应在该支座相邻两跨布满荷载，其余每隔一跨布满荷载最不利，而相邻跨有利的原则，分析列表见题 34 解表。可以明显看出，支座 1 的弯矩 M_1 最大。

题 34 解表

支座	两侧荷载	隔跨（敌）	邻跨（友）
1	2 跨	1 跨	1.5 跨（远）
2	2 跨	0.5 跨	2 跨
3	2 跨	1 跨	1.5 跨（近）
4	1.5 跨	1 跨	2 跨

按照一般情况，应当选 A，但是此题右边的悬臂梁外伸长度达到了 $\dfrac{l}{2}$，其合力为 $\dfrac{1}{2}ql$，可以平移到支座 4 处，还要对支座 4 附加一个力偶矩，这样支座 4 处的弯矩就是最大的，故选 D。

答案：D

考点：多跨超静定连续梁。

35. 解析：根据对称性，可知左右两个支反力相等，都等于10kN。再用零杆判别法，可知左上角两根杆和右上角两根杆都是零杆可以去掉。最后取节点B为研究对象，画出其受力图如题35解图所示。根据三角形比例关系，可知 $N_a=10$kN（拉力）。

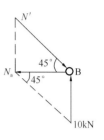

题35解图

答案：B

考点：桁架的内力计算。

36. 解析：如解图所示，刚架支座a发生沉降Δ，相当于左柱存在一个向下的拉力，将使横梁bc产生剪力，柱ab产生拉力。A、B、C选项柱子产生剪力是错误的，D选项所示剪力图是正确的。

答案：D

考点：超静定结构。

37. 解析：当横梁刚度EI_2与柱刚度EI_1之比趋于无穷大时，横梁和柱底对柱子的约束都是无穷大，立柱两端的直角要保持不变，中间$\frac{h}{2}$处反弯点弯矩为零，剪力左右相等都等于$\frac{P}{2}$，如题37解图所示，故柱底a点弯矩M_a趋向于$\frac{P}{2}\times\frac{h}{2}=\frac{Ph}{4}$。

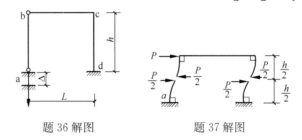

题36解图　　　题37解图

答案：C

考点：超静定结构。

38. 解析：图Ⅰ中比图Ⅱ中多出的5根竖杆，用零杆判别法可以得到这5根竖杆都是零杆，内力为零，变形也为零，在计算位移时不起作用，因此$\Delta_Ⅰ=\Delta_Ⅱ$，B选项正确。

答案：B

考点：桁架的位移。

39. 解析：图示三铰拱的水平推力F_x等于相应简支梁上与拱的中间铰位置相对应的截面C的弯矩M_C^0除以拱高$f(f=h)$，即$F_x=\frac{M_C^0}{f}$。在相同l、h的情况下，M_C^0和f是确定的，与拱轴的曲线形式无关，所以拱推力与拱轴的曲线形式无关，D选项错误。

答案：D

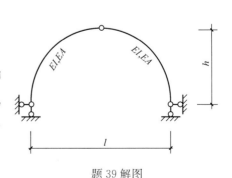

题39解图

考点：三铰拱。

40. **解析**：图示超静止结构各部分内力分布和各部分的相对刚度比有关，横梁和立柱的弯矩之比等于其刚度之比，其中Ⅰ图和Ⅳ图中横梁和立柱的刚度比相同（1：1＝2：2），故Ⅰ和Ⅳ内力分布相同，C选项正确。

    答案：C

    考点：超静定结构的特点。

41. **解析**：图示单跨双层框架是对称结构对称荷载，弯矩图是对称的，和教材例题中单跨单层框架的弯矩图是类似的，只是多一层而已，故B选项正确。

    答案：B

    考点：超静定刚架。

42. **解析**：超静定结构弯矩的分布与各部分之间的刚度比有关。图Ⅰ中立柱与横梁的刚度比是1：1，而图Ⅱ中立柱与横梁的刚度比是1：2；因此图Ⅱ的立柱对横梁的约束弯矩要小。在图Ⅱ中Ⅱ$_a$的位置横梁受到一根刚度为EI的杆约束，而Ⅱ$_b$的位置横梁则受到两根刚度为EI的杆约束，所以Ⅱ$_a$的位置对横梁的约束弯矩最小。

    答案：C

    考点：超静定刚架。

43. **解析**：根据《荷载规范》附录A，自重最轻的是普通砖19kN/m³，其他材料自重：钢筋混凝土24～25kN/m³、花岗岩28kN/m³、钢材78.5kN/m³。

    答案：D

    考点：建筑材料自重。

44. **解析**：根据《钢结构标准》第4.4.1条表4.4.1，钢材辊轧次数越多板越薄，强度越高，即板厚与强度设计值成反比。

    答案：A

    考点：钢材厚度对其强度的影响。

45. **解析**：碳含量增加，钢材的强度提高，但塑性、韧性下降，可焊性变差。故A选项说法正确。

    答案：A

    考点：含碳量对钢材性能的影响。

46. **解析**：按新的《钢结构标准》第4.4.5条表4.4.5、《钢结构焊接规范》第7.2.1条表7.2.1，焊缝的强度指标应符合：手工焊用焊条、自动焊和半自动焊所采用的焊丝和焊剂，应保证其熔敷金属的力学性能不低于母材的性能。因此E50焊条适用于Q345、Q390钢材。

题46解表

焊接方法和焊条型号	构件钢材牌号
自动焊、半自动焊和E43型焊条手工焊	Q235
自动焊、半自动焊和E50、E55型焊条手工焊	Q345、Q390
自动焊、半自动焊和E55、E60型焊条手工焊	Q420
自动焊、半自动焊和E55、E60型焊条手工焊	Q460
自动焊、半自动焊和E50、E55型焊条手工焊	Q345GJ

答案：B、C（按老规范为 B)

考点：焊接钢结构焊条的选用方法。

47. 解析：确定钢材强度设计值的依据是屈服强度。

    答案：C

    考点：钢材的力学性能。

48. 解析：根据《混凝土规范》第 4.1.1 条，混凝土强度等级按立方体抗压强度标准值确定。

    答案：A

    考点：混凝土强度等级。

49. 解析：《混凝土规范》第 3.5.3 条表 3.5.3，控制混凝土的最大碱含量，是结构混凝土材料的耐久性基本要求。碱含量过高，可能发生碱骨料反应，引起混凝土结构破坏，影响耐久性。

    答案：B

    考点：混凝土材料的耐久性。

50. 解析：《混凝土规范》表 4.2.2-1，HPB300 钢筋用符号Φ表示，其他钢筋符号见规范表。

    答案：A

    考点：制图符号。

51. 解析：根据《木结构标准》第 4.3.4 条表 4.3.4，木材顺纹强度设计值的比较，正确的是 A 选项：顺纹抗压＞顺纹抗拉＞顺纹抗剪。

    答案：A

    考点：木材的强度。

52. 解析：根据《砌体规范》第 3.2.5 条表 3.2.5-2，砌体结构的收缩率与砌体类别有关。

    答案：C

    考点：砌体的收缩率。

53. 解析：根据《砌体规范》第 3.2.1-1 条表 3.2.1-1（题 53 解表），烧结普通砖砌体的抗压强度设计值为 1.5N/mm²。

烧结普通砖和烧结多孔砖砌体的抗压强度设计值（MPa）　　题 53 解表

砖强度等级	砂浆强度等级					砂浆强度
	M15	M10	M7.5	M5	M2.5	0
MU30	3.94	3.27	2.93	2.59	2.26	1.15
MU25	3.60	2.98	2.68	2.37	2.06	1.05
MU20	3.22	2.67	2.39	2.12	1.84	0.94
MU15	2.79	2.31	2.07	1.83	1.60	0.82
MU10	—	1.89	1.69	1.50	1.30	0.67

答案：D

考点：砌体的抗压强度。

54. **解析**：根据《混凝土规范》第9.7.1条，不应采用冷加工钢筋。预埋件的锚固破坏，不应先于连接件，而经过冷加工的钢筋，强度提高但塑性降低、延性差，易发生脆性断裂破坏。

    答案：D

    考点：对预埋件及连接件的要求。

55. **解析**：根据《抗震规范》第3.9.2条第2款1)、《混凝土规范》第11.2.1条第2款，有抗震要求的混凝土结构材料应符合下列最低要求：框支梁、框支柱及抗震等级为一级的框架梁、柱、节点核芯区，混凝土强度等级不应低于C30，故B选项正确。

    答案：B

    考点：抗震设计对混凝土材料的要求。

56. **解析**：根据《混凝土规范》第3.5.2条表3.5.2、第3.5.3条表3.5.3，混凝土结构在非严寒和非寒冷地区的露天环境下，属于二 a 的环境类别。根据结构混凝土材料的耐久性基本要求，环境等级为二 a 时，混凝土最低强度等级为C25。

    答案：A

    考点：混凝土材料的耐久性。

57. **解析**：《抗震规范》第3.9.3条第3款规定，钢结构的钢材宜采用Q235等级B、C、D的碳素结构钢及Q345等级B、C、D、E的低合金高强度结构钢。

    注：Q235钢分A、B、C、D四个等级，Q345钢分A、B、C、D、E五个等级，其中A级钢不要求冲击韧性的合格保证。

    答案：A

    考点：钢材的性能等级。

58. **解析**：根据《砌体规范》第4.3.5条第1款表4.3.5（题58解表）及注2中砌体结构耐久性设计要求，关于材料的最低强度等级要求，D选项正确。

    地面以下或防潮层以下的砌体、潮湿房间的墙所用材料的最低强度等级　　题58解表

潮湿程度	烧结普通砖	混凝土普通砖、蒸压普通砖	混凝土砌块	石材	水泥砂浆
稍潮湿的	MU15	MU20	MU7.5	MU30	M5
很潮湿的	MU20	MU20	MU10	MU30	M7.5
含水饱和的	MU20	MU25	MU15	MU40	M10

    注：1. 在冻胀地区，地面以下或防潮层以下的砌体，不宜采用多孔砖，如采用时，其孔洞应用不低于M10的水泥砂浆预先灌实。当采用混凝土空心砌块时，其孔洞应采用强度等级不低于Cb20的混凝土预先灌实；
    　　2. 对安全等级为一级或设计使用年限大于50a的房屋，表中材料强度等级应至少提高一级。

    注：对安全等级为一级或设计使用年限大于50年的房屋，表中材料强度等级应至少提高一级。

    答案：D

    考点：砌体结构的耐久性规定。

59. **解析**：根据《混凝土规范》第6.3.1条及条文说明，混凝土受弯构件设定受剪截面限制条件，其目的首先是防止构件截面发生斜压破坏（或腹板压坏），其次是限制在使

用阶段斜裂缝的宽度，同时也是构件斜截面受剪破坏的最大配箍率条件，A 选项说法错误。

答案：A

考点：混凝土受弯构件受剪截面限制条件。

60. 解析：根据《混凝土规范》第 6.3.5 条，区分钢筋混凝土梁正截面受弯承载力与斜截面受剪承载力，纵筋配筋率是影响梁正截面受弯承载力的主要因素。

    答案：B

    考点：混凝土受弯斜截面抗剪承载力。

61. 解析：根据《抗震规范》第 6.3.6 条及条文说明，限制框架柱的轴压比主要是为了保证柱的塑性变形能力和保证框架的抗倒塌能力，与构件承载力无关，D 选项说法正确。

    答案：D

    考点：框架柱的轴压比。

62. 解析：根据《高层混凝土规程》第 7.1.2 条及条文说明，剪力墙结构应具有延性，细高的剪力墙（高宽比大于 3）容易设计成具有延性的弯曲破坏剪力墙。因此钢筋混凝土剪力墙发生脆性破坏的形式，A 选项错误。

    答案：A

    考点：剪力墙设计规定。

63. 解析：根据《抗震规范》第 6.1.4 条第 1 款 3)，防震缝两侧结构类型不同时，宜按需要较宽防震缝的结构类型和较低房屋高度确定缝宽。因此应按抗侧刚度较小，需要防震缝较宽的框架结构及较低的 30m 考虑。

    答案：A

    考点：防震缝。

64. 解析：梁的整体稳定与梁的侧向刚度（EI_y）、受压翼缘的自由长度等因素有关。加大侧向刚度或减小受压翼缘自由长度都可以提高梁的整体稳定性。具体措施是加大梁受压翼缘宽度或在受压翼缘平面内设置支承以减小自由长度，A 选项正确。

    注：区分钢结构整体稳定与局部稳定概念和措施。增加梁截面高度可提高梁的刚度，减小挠度。增加梁内纵、横向加劲肋，可提高梁的局部稳定。

    答案：A

    考点：提高钢梁整体稳定的措施。

65. 解析：根据混凝土收缩的影响因素，水泥用量越多，混凝土收缩越大，楼板越容易开裂。

    答案：B

    考点：减小混凝土楼板收缩开裂的措施。

66. 解析：抗震设计应满足"强柱弱梁"设计原则。《高层钢结构规程》第 8.3.1 条要求，框架梁与柱的连接宜采用柱贯通型，A 选项错误，B 选项正确。在相互垂直的两个方向都与梁刚性连接时，宜采用箱形柱，C 选项正确。第 8.3.3 条要求，梁翼缘与柱翼缘间应采用全熔透坡口焊缝，D 选项正确。

    答案：A

考点：钢框架梁柱连接构造。

67. **解析**：采用角钢焊接的梯形屋架，杆件连接节点一般采用铰接，按析架结构进行内力和挠度分析。

    答案：A

    考点：角钢屋架的计算假定。

68. **解析**：根据《网格规程》第3.5.2条表3.5.1及条文说明，网架跨度较大时可预先起拱，其起拱值可取不大于网架短向跨度的1/300。

    答案：C

    考点：网架的起拱。

69. **解析**：根据《抗震规范》第7.3.1条、条文说明第7.3.2条、第7.3.2条第5款，《砌体结构设计规范》第2.1.2条、第2.1.31条、第6.1.1条、条文说明第6.1.2条，在砌体房屋墙体的规定部位，按构造配筋，并按先砌墙后浇灌混凝土柱的施工顺序制成的混凝土柱。通常称混凝土构造柱，简称构造柱。构造柱的主要作用是：

    1. 墙中设混凝土构造柱时可提高墙体使用阶段的稳定性和刚度，A选项说法正确。

    2. 设置构造柱能够提高砌体的受剪承载力20%～30%左右，提高幅度与墙体高宽比、竖向压力和开洞情况有关，尤其当构造柱设置在墙段中部时抗剪作用更大，B选项说法正确。

    3. 约束砌体构件，是指通过在无筋砌体墙片的两侧、上下分别设置钢筋混凝土构造柱、圈梁形成的约束作用提高无筋砌体墙片延性和抗力的砌体构件。构造柱属于约束砌体构件，主要对砌体起约束作用，C选项说法正确。

    4. 构造柱与圈梁共同作用，能增强房屋的整体性，提高房屋的抗震能力，D选项说法正确。

    综上分析，答案选项说法均正确，故本题无解。

    答案：无

    考点：构造柱的作用。

70. **解析**：根据《混凝土规范》第9.1.12条，板柱结构设置柱帽或托板的主要目的是防止节点发生冲切破坏，因此板柱节点的形状、尺寸应包容45°的冲切破坏锥体，并应满足受冲切承载力的要求。

    答案：C

    考点：板的抗冲切承载力。

71. **解析**：根据《木结构标准》第8.0.8条，正交胶合木木板接长可采用指接节点进行接长。

    答案：C

    考点：胶合木板的连接。

72. **解析**：《高层混凝土规程》第10.1.2条规定，9度抗震设计时不应采用带转换层的结构、带加强层的结构、错层结构和连体结构，A选项正确。第10.1.3条规定，抗震设计时，B级高度高层建筑不宜采用连体结构，B选项正确。第10.1.4条规定，7度和8度抗震设计的高层建筑不宜同时采用超过两种复杂建筑结构，C选项正确。第10.2.4

条规定，转换结构构件，非抗震设计和6度抗震设计时可采用厚板，7、8度抗震设计时地下室的转换结构构件可采用厚板，D选项错误。

注：由于转换厚板在地震区使用经验少，因此规范规定仅在非地震区和6度抗震设防的地区采用。对于大空间地下室，因周围有约束作用，地震反应不明显，故7、8度抗震设计时地下室的转换结构构件可采用厚板。

答案：D

考点：抗震设防地区转换层设计。

73. 解析：根据《网格规程》第3.2.9条，对跨度不大于40m多层建筑的楼层及跨度不大于60m的屋盖，可采用钢筋混凝土板代替上弦的组合网架结构，本题是120m跨度的屋盖结构，故不宜采用。

答案：C

考点：大跨度屋盖结构形式。

74. 解析：根据《荷载规范》第8.3.1条第1~3款、表8.3.1及其条文说明，《高层混凝土规程》第4.2.3条第1~4款及其条文说明、附录B，风荷载体型系数是指风作用在建筑物表面上所引起的实际压力（或吸力）与大气中气流风压之比，它描述的是建筑物表面在稳定风压作用下静态压力的分布规律，主要与建筑物的体型和尺度有关，也与周围的环境和地面粗糙程度有关。

风经过建筑物时，迎风面总为正压，在房屋中部为最大；背风面总为负压，在房屋的角区为最大。

平面形状越是流线型，则风压越小，如圆形平面建筑属于流线型，风荷载体型系数最小；反之，迎风面凹向于风向的，气流难以流通，此迎风面上的风值将增大。按此规律，风荷载体型系数从大到小排列，答案为B。

具体风载体型系数μ_s应根据建筑物平面形状按规定采用：

1 圆形平面建筑取0.8；

2 正多边形及截角三角形平面建筑，由下式计算：

$$\mu_s = 0.8 + 1.2/\sqrt{n} \qquad (4.2.3)$$

式中：n——多边形的边数。

3 高宽比H/B不大于4的矩形、方形、十字形平面建筑取1.3；

4 下列建筑取1.4：

  1) V形、Y形、弧形、双十字形、井字形平面建筑；

  2) L形、槽形和高宽比H/B大于4的十字形平面建筑；

  3) 高宽比H/B大于4，长宽比L/B不大于1.5的矩形、鼓形平面建筑。

当体型与表中的不同时，可按有关资料采用；当无资料时，宜由风洞试验确定；对于重要且体型复杂不规则形状的固体，由于涉及固体与流体相互作用的流体动力学问题，尤为复杂，应由风洞试验确定。

答案：B

考点：风荷载体型系数。

75. 解析：根据《高层混凝土规程》第3.4.1条、第3.4.3条第1~4款及其条文说明，角部重叠或细腰平面图形（题75解图），在中央部位形成狭窄部分，在地震中容易产生震害，尤其在凹角部位，因为应力集中容易使楼板开裂、破坏，不宜采用。因此对抗震最不利的平面形状是D选项。

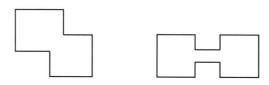

题75解图　角部重叠和细腰形平面示意

答案： D

考点： 高层建筑结构平面布置。

76. **解析：** 由受力分析可知，在其他条件相同的情况下，受力最合理的是屋架形式与受力弯矩图形状最符合的弧形或多边形桁架，但弧形桁架其上弦非直线，制作较复杂，可进一步改进使其上弦制作方便，做成折线形上弦的桁架，其高度变化接近于抛物线，但制作仍比三角形或梯形桁架复杂；三角形桁架的最大特点是上弦为两根直料，构造与制作最简单，但受力极不均匀。

综上分析，四种屋架形式中受力最合理的是C选项。

答案： C

考点： 屋架形式与受力特点。

77. **解析：** 根据题意要满足使楼面结构经济合理且尽量取得较大的建筑净高要求，宜选择井字梁楼盖方案；并根据柱网尺寸6m×9m，长短边比例为1.5，满足井字梁楼盖两个方向的跨度比要求，故A选项正确。

答案： A

考点： 井字梁楼盖设计。

78. **解析：** 根据《抗震规范》第6.1.1条表6.1.1、第7.1.2条表7.1.2、第6.1.5条：

1. 板柱—剪力墙结构，7度抗震设防时的最大高度70m，适宜28m高的办公楼采用（A选项正确）；

2. 砌体结构，7度抗震设防时的最大高度是21m，不可采用（B选项错误）；

3. 单跨框架结构，甲、乙类建筑以及高度大于24m的丙类建筑，不应采用；高度不大于24m的丙类建筑不宜采用（D选项错误）；

4. 排架结构常用于高大空旷的单层建筑物如工业厂房、飞机库和影剧院的观众厅等，办公楼不适用（C选项错误）。

答案： A

考点： 建筑结构体系适用的最大高度。

79. **解析：** 减小建筑高宽比、降低建筑物重心，可提高高层建筑的抗倾覆稳定性。

答案： C

考点： 高层建筑的抗倾覆稳定性。

80. **解析：**《高层混凝土规程》第9.3.1条、第9.3.2条规定，筒中筒结构的平面外形宜选用圆形、正多边形、椭圆形或矩形等，矩形平面的长宽比不宜大于2，A选项正确。

第 9.1.2 条规定，筒中筒结构的高度不宜低于 80m，高宽比不宜小于 3，B 选项正确。第 9.3.5 条第 1、2 款规定，外框筒柱距不宜大于 4m，框筒柱的截面长边（题中为短边）应沿筒壁方向布置，必要时可采用 T 形截面；外框筒洞口面积不宜大于墙面面积的 60%，C 选项错误，D 选项正确。

答案：C

考点：筒中筒结构设计。

81. 解析：根据《高层混凝土规程》第 3.3.1 表 3.3.1-2，7 度抗震设防区 B 级钢筋混凝土超高层建筑的最大适用高度（230m），采取筒中筒结构形式抗震性能最佳。

答案：A

考点：B 级钢筋混凝土超高层建筑适用的最大高度。

82. 解析：根据《高层混凝土规程》第 6.1.1 条第 2、6 款及《抗震规范》第 6.1.5 条，框架结构：

1. 应设计成双向梁柱抗侧力体系，主体结构除个别部位外，不应采用铰接（A 选项正确，B 选项错误）。

2. 甲乙类建筑以及高度大于 24m 的丙类建筑，不应采用单跨框架结构；高度不大于 24m 的丙类建筑不宜采用单跨框架结构（C 选项错误）。

3. 框架结构按抗震设计时，不应采用部分由砌体墙承重之混合形式。框架结构中的楼、电梯间及局部出屋顶的电梯机房、楼梯间、水箱间等，应采用框架承重，不应采用砌体墙承重。故 D 选项中"可"错误，应是"不应"。

答案：A

考点：框架结构设计。

83. 解析：对 36m 的屋盖跨度，属于中等跨度，采用网格结构的梯形钢屋架为佳，优于平行弦钢屋架；跨度大时混凝土结构不适宜。

注：对空间网格屋盖结构的跨度划分为：大跨度为 60m 以上；中跨度为 30～60m；小跨度为 30m 以下。

答案：C

考点：屋盖结构形式。

84. 解析：索膜结构是一种张拉体系，由高强度柔性薄膜材料经受其他材料的拉压作用而形成的稳定曲面，能承受一定外荷载的空间结构形式，其造型轻巧，具有阻燃、制作简易、安装快捷、易于使用、安全等优点，适于建造临时大跨建筑。

答案：C

考点：索膜结构特点。

85. 解析：根据《网格规程》第 3.2.5 条，网架的网格高度与网格尺寸应根据跨度大小、荷载条件、柱网尺寸、支承情况、网格形式以及构造要求和建筑功能等因素确定，网架的高跨比可取 1/10～1/18。所以跨度为 60m 的平面网架，则合理的网架高度在 3.3～6m 之间，B 选项正确。

答案：B

考点：网架结构设计。

86. 解析：《高层混凝土规程》第 10.3.2 条第 1 款规定，带加强层的高层建筑应合理设计加强层的数量、刚度和设置位置（有利于减少结构的侧移），D 选项正确；当布置 1 个加强层时，可设置在 0.6 倍房屋高度附近，A 选项正确；当布置 2 个加强层时，可分别设置在顶层和 0.5 倍房屋高度附近，B 选项错误；当布置多个加强层时，宜沿竖向从顶层向下均匀布置，C 选项正确。

答案： B

考点： 复杂高层建筑结构设计（带加强层）。

87. **解析：** 根据《抗震规范》第 1.0.4 条，抗震设防烈度必须按国家规定的权限审批、颁发的文件（图件）确定。

    答案： D

    考点： 抗震设防烈度。

88. **解析：** 根据《抗震规范》第 3.4.1 条、第 3.4.2 条，不规则的建筑应按规定采取加强措施；特别不规则的建筑应进行专门研究和论证，采取特别的加强措施；严重不规则的建筑不应采用。

    答案： A

    考点： 建筑抗震设计的规则性要求。

89. **解析：** 根据《抗震规范》第 4.1.1 条表 4.1.1、第 3.3.1 条，建筑场地划分为对建筑抗震有利、一般、不利和危险的地段。

    对不利地段，应提出避开要求；当无法避开时应采取有效的措施；对危险地段，严禁建造甲、乙类的建筑，不应建造丙类的建筑，故 B 选项说法正确。

    答案： B

    考点： 建筑场地划分。

90. **解析：** 根据《抗震规范》第 5.1.1 条第 4 款及第 5.1.1 条注，抗震设计时，8、9 度时的大跨度结构和长悬臂结构及 9 度时的高层建筑结构应计算竖向地震作用，不包括多层砌体结构，D 选项正确。

    8、9 度采用隔震设计的建筑结构，应按有关规定计算竖向地震作用。

    答案： D

    考点： 水平与竖向地震作用。

91. **解析：** 根据《抗震规范》第 7.1.2 条及其条文说明，多层砌体房屋，应满足建筑抗震设计规范中的各项措施要求。题中四个选项都是应满足的抗震措施。其中，砌体结构的高度限制，是十分敏感且深受关注的规定，基于砌体材料的脆性性质和震害经验，限制其层数和高度是主要的抗震措施。

    答案： A

    考点： 砌体房屋抗震设计一般规定。

92. **解析：** 根据《抗震规范》第 13.3.2 条第 1 款、第 13.3.4 条第 1、2、4、5 款，非承重墙体宜优先采用轻质墙体材料。采用砌体墙时，应采取措施减少对主体结构的不利影响，并应设置拉结筋、水平系梁、圈梁、构造柱等与主体结构可靠拉结。

    对钢筋混凝土结构中的砌体填充墙，墙顶应与框架梁密切结合。墙长大于 5m 时，墙顶与梁宜有拉结。C 选项"可不采取拉结措施"说法错误。

    答案： C

考点：建筑非结构构件的基本抗震措施。

93. **解析**：单塔质心或多塔合质心与大底盘的质心偏心距大于底盘相应边长的20%，属于特别不规则的结构，B选项正确。

为保证结构设计的安全性，在7度和8度抗震设计的高层建筑中不宜同时采用超过两种的复杂高层建筑结构。

抗震设防的建筑要区分不规则、特别不规则和严重不规则等不规则程度。三种不规则程度的主要划分方法如下。

1. 不规则，指的是超过《抗震规范》表3.4.3-1和表3.4.3-2一项及以上的不规则指标；

2. 特别不规则，指具有较明显的抗震薄弱部位，可能引起不良后果者，通常有三类：

(1) 同时具有本规范表3.4.3中六个主要不规则类型的三个或三个以上；

(2) 具有下表1所列的一项不规则；

(3) 具有本规范表3.4.3所列两个方面的基本不规则且其中一项接近表1的不规则指标。

3. 严重不规则，指的是形体复杂，多项不规则指标超过本规范3.3.4条上限值或某一项大大超过规定值，具有现有技术和经济条件不能克服的严重的抗震薄弱环节，可能导致地震破坏的严重后果者。

答案：B

考点：建筑形体及其构件布置的规则性。

94. **解析**：根据《抗震规范》第7.1.7条第1款及相应的条文说明、第3.5.3条、第7.1.7条第2款6)、第7.1.7条第5款：

1. 应优先采用横墙承重或纵横墙共同承重的结构体系。如果纵墙承重，横墙支承较少，纵墙较易受弯曲破坏而导致倒塌，所以优先横墙承重。采用纵横墙承重，纵横墙均匀布置，可使各墙垛受力基本相同，避免薄弱部位的破坏。A选项说法错误。

2. 根据结构在两个主轴方向的动力特性宜接近的要求，规定多层砌体的纵横墙数量不宜相差过大，在房屋宽度的中部（约1/3宽度范围）应设置内纵墙，且多道内纵墙累计长度不宜小于房屋总长度的60%，以保证房屋纵向抗震能力。B选项"50%"应为"60%"。

3. 不应采用砌体墙和混凝土墙混合承重的结构体系，防止不同性能材料的墙体被各个击破，故C选项正确。

4. 不应在房屋转角处设置转角窗，D选项"可"说法错误。

答案：C

考点：砌体房屋的抗震设计。

95. **解析**：根据《抗震规范》第7.1.2条注1，确定顶层带阁楼坡屋面的多层砌体结构房屋高度上端的位置，应是山尖墙的1/2高度处。

答案：C

考点：砌体房屋高度确定。

96. **解析**：根据《抗震规范》第6.1.1条表6.1.1注6、《高层混凝土规程》第3.3.1条，现浇钢筋混凝土房屋乙类建筑可按本地区抗震设防烈度确定其适用的最大高度。

495

答案：A

考点：钢筋混凝土房屋适用的最大高度。

97. 解析：根据《高层混凝土规程》第3.7.3条表3.7.3及《抗震规范》第5.5.1条表5.5.1，剪力墙结构的限值为1/1000，小于框架—核心筒结构的限值为1/800（C选项错误）。

答案：C

考点：抗震变形验算。

98. 解析：根据《高层混凝土规程》第2.1.15条、第10.6.3条第1~3款及条文说明第3.3.2条：

1. 合理的建筑形体和布置在抗震设计中是头等重要的。B选项"各塔楼的层数、平面和刚度宜相近，塔楼对底盘对称布置"说法正确。

2. 多塔楼结构是指未通过结构缝分开的裙楼上部具有两个或两个以上塔楼的结构，故A选项"整体地下室与上部"说法错误，应为"裙房上部"。

3. 对复杂体形的高层建筑如何计算高宽比比较难确定。对带有裙房的高层建筑和刚度，当裙房的面积和刚度相对于其上部塔楼的面积和刚度较大时，计算高宽比的房屋高度和宽度可按"裙房以上"塔楼结构考虑，C选项按"地面以上"错误。

4. 转换层不宜设置在底盘屋面的上层塔楼内，否则易形成薄弱部位，不利于结构抗震，D选项错误。见题98解图。

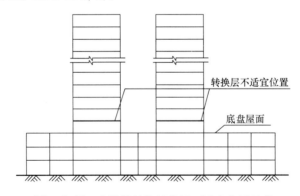

题98解图 多塔楼结构转换层不适宜位置示意

答案：B

考点：复杂高层建筑结构设计（多塔楼结构）。

99. 解析：根据《高层混凝土规程》第9.3.1条、第9.3.2条、第9.3.4条，筒中筒结构的平面外形宜选用圆形、正多边形、椭圆形或矩形。矩形平面的长宽比不宜大于2（长宽比大于2的长矩形和三角形平面"剪力滞后"现象相对严重；三角形平面宜切角，切角后可以改善空间受力性能，减小剪力滞后现象）。A选项错误，B选项正确。根据第9.3.3条，内筒的宽度可为全高的1/12~1/15，宜贯通建筑物全高，C选项错误。根据第9.1.2条，筒中筒结构的高度不宜低于80m，高宽比不宜小于3，D选项错误。

答案：B

考点：筒中筒结构设计。

100. **解析**：《高层混凝土规程》第10.5.1条规定，连体结构各独立部分宜有相同或相近的体形、平面布置和刚度，宜采用双轴对称的平面形式。7度、8度抗震设计时，层数和刚度相差悬殊的建筑不宜采用连体结构，A、B选项正确。第10.5.2条规定，7度（0.15g）和8度抗震设计时，连体结构的连接体应考虑竖向地震的影响，C选项正确。第10.5.4条规定，连接体结构与主体结构宜采用刚性连接。当采用滑动连接时，支座滑移量应能满足两个方向在罕遇地震作用下的位移要求，并应采取防坠落、撞击措施，D选项错误。

    答案：D

    考点：复杂高层建筑结构设计（连体结构）。

101. **解析**：根据《高层混凝土规程》第11.1.1条、第11.2.7条、第11.1.2条表11.1.2下注、第3.1.7条：实际工程中使用最多的是框架—核心筒及筒中筒混合结构体系，A选项说法正确；采用平面和竖向均不规则的结构时，最大适用高度应适当降低（一般可降低10%），B选项中"不应采用"说法错误；当侧向刚度不足时，混合结构可设置刚度适宜的加强层，C选项"不宜采用设置加强层的结构"说法错误；加强层宜采用伸臂桁架，以减小水平力作用下的结构侧移；高层建筑的填充墙、隔墙等非结构构件宜采用各类轻质材料，D选项"不应采用"说法错误。

    答案：A

    考点：混合结构设计。

102. **解析**：根据《抗震规范》第8.1.1条表8.1.1、第8.1.4条、第8.1.8条、第8.1.3条，《高层钢结构规程》第3.2.2条、第3.3.4、5条及第3.7.3条：中心支撑具有抗侧刚度大、加工安装简单等优点，但也有变形能力弱等不足。在水平地震作用下，中心支撑容易产生侧向屈曲，所以适用高度相对要小。偏心支撑框架的设计原则是强柱、强支撑和弱消能梁段，即在大震时消能梁段屈服形成塑性铰，支撑斜杆、柱和其余梁段仍保存弹性，所以适用高度比中心支撑大（A选项错误）。钢结构防震缝的宽度应不小于相应钢筋混凝土结构房屋的1.5倍。钢结构相对刚度小位移大，高层民用建筑宜不设防震缝（B选项错误）。钢结构房屋宜采用压型钢板现浇钢筋混凝土组合楼板或钢筋混凝土楼板，并应与钢梁有可靠连接（C选项正确）。钢结构房屋的抗震等级应根据设防分类、烈度和房屋高度确定，与结构类型无关（D选项错误）。

    答案：C

    考点：钢结构房屋抗震设计一般规定。

    注：钢筋混凝土结构抗震等级与结构类型有关，还与设防类别、烈度、房屋高度有关。

103. **解析**：根据《抗震规范》附录G.1.1条、G.1.2条、G.1.3条第1款，抗震设防烈度为6~8度且房屋高度超过钢筋混凝土框架结构最大适用高度时，可采用钢支撑—混凝土框架组成抗侧力体系的结构，注意区分"可采用"与"优先采用"不同（A选项错误）。

    钢支撑框架应在结构的两个主轴方向同时设置（B选项错误）。

    当为丙类建筑时，钢支撑框架部分的抗震等级应比钢结构和混凝土框架结构的规定提高一个等级，钢筋混凝土框架部分仍按混凝土框架结构确定（C 选项错误）。

抗震设计时其适用的最大高度不宜超过钢筋混凝土框架结构和框架—抗震墙结构二者最大适用高度的平均值。超过最大适用高度的房屋应进行专门研究和论证，采取有效地加强措施（D 选项正确）。

答案：D

考点：钢支撑—钢筋混凝土框架抗震设计要求。

104. **解析**：根据《岩土工程勘察规范》GB 50021—2001（2009 年版）第 10.4.1 条表 10.4.1，圆锥动力触探试验的类型可分为轻型、重型和超重型三种，其规格和适用土类应符合规范规定，见表 10.4.1（题 104 解表）。

轻型圆锥动力触探是利用一定的锤击能量（锤重 10kg），将一定规格的圆锥探头打入土中，根据贯入锤击数判别土层的类别，确定土的工程性质，对地基土做出综合评价，可用于推定地基的地基土承载力，鉴别地基土性状，评价处理地基的施工效果，适用于浅部的填土、砂土、粉土、黏性土。对碎石土需采用重型或超重型圆锥动力触探。

圆锥动力触探类型 题 104 解表

类型		轻型	重型	超重型
落锤	锤的质量（kg）	10	63.5	120
	落距（cm）	50	76	100
探头	直径（mm）	40	74	74
	锥角（°）	60	60	60
探杆直径（mm）		25	42	50～60
指标		贯入 30cm 的读数 N_{10}	贯入 10cm 的读数 $N_{63.5}$	贯入 10cm 的读数 N_{120}
主要适用岩土		浅部的填土、砂土、粉土、黏性土	砂土、中密以下的碎石土、极软岩	密实和很密的碎石土、软岩、极软岩

答案：D

考点：圆锥动力触探类型。

105. **解析**：地基处理指提高地基强度，改善其变形性质或渗透性而采取的技术措施。根据《地基规范》第 7.2.3 条～第 7.2.6 条，《建筑地基处理技术规范》JGJ 79—2012 第 4.1.1 条第 2 款、第 5.1.1 条、第 6.2.1 条第 2 款及第 7.3.1 条第 1、2 款，淤泥和淤泥质土地基是高压缩性软弱地基，题中地基处理方法中的强夯法不适宜，B 选项符合题意。

1. 强夯法适用于处理碎石土、砂土、低饱和度的粉土与黏性土、湿陷性黄土、杂填土和素填土等地基，一般均能取得好的效果，但对软土地基处理效果不明显。

2. 换填垫层（包括加筋垫层）可用于软弱地基的浅层处理。换填垫层根据换填材料不同可分为土、石垫层和土工合成材料。

3. 预压法是指采用堆载预压法、真空预压或真空和堆载联合预压处理淤泥、淤泥质土、冲填土等饱和黏性土地基，主要用来解决地基的沉降及稳定问题。

4. 水泥土搅拌法是用于加固饱和黏性土地基的一种新方法，分为深层搅拌法（简称湿法）和粉体喷搅法（简称干法），适用于处理正常固结的淤泥与淤泥质土、粉土等土层地基。

答案：B

考点：地基处理。

106. **解析**：根据《建筑地基处理技术规范》JGJ 79—2012 第 7.2.1 条第 1、2 款、第 7.3.1 条、第 2.1.12 条、第 2.1.13 条、第 2.1.15 条，该地基处理方法简述为 CFG 桩法，A 选项正确。

1. CFG 桩是水泥粉煤灰碎石桩的简称（即 cement flying-ash gravel pile）。它是由水泥、粉煤灰、碎石、石屑或砂加水拌和形成的高粘结强度桩，和桩间土、褥垫层一起形成复合地基。CFG 桩不仅可提高地基的承载力，而且可以有效减少地基总沉降和差异沉降，因而被广泛应用于建筑地基处理中。

2. 砂石桩法是将碎石、砂或砂石挤压入已成的孔中，形成密实砂石增强体的复合地基，适用于处理松散砂土、粉土、黏性土、挤密效果好的素填土、杂填土等地基，根据桩体材料可分为碎石桩、砂石桩和砂桩。

3. 水泥搅拌桩是以水泥为固化剂的主要材料，通过深层搅拌机械，将固化剂和地基土强制搅拌形成增强体的复合地基。

答案：A

考点：地基处理。

107. **解析**：根据建筑物设计要求及场地地基条件，在场地范围内地表以下 30m 均为软弱的淤泥质土，其下为坚硬的基岩，最适宜的基础形式为桩基础。

答案：D

考点：建筑基础形式。

108. **解析**：筏形基础在地基反力作用下承受负弯矩，犹如倒置的楼盖，两者的配筋布置正好相反，上下颠倒，顶部钢筋应按计算配筋。

根据《地基规范》第 8.4.15 条、第 8.4.16 条，《高层建筑筏形与箱形基础技术规范》第 6.2.13 条，按基底反力直线分布计算的平板式筏基，可按柱下板带和跨中板带分别进行内力分析，配筋要求是：柱下板带和跨中板带的底部钢筋应有不少于 1/3 贯通全跨，顶部钢筋应按计算配筋全部连通，筏板顶部及底部贯通钢筋的配筋率均不应小于 0.15%。

具体分析配筋示意图，B 选项板带底部缺少 1/3 的贯通钢筋，错误；C 选项顶部钢筋没有全部连通，错误；D 选项顶部没有连通钢筋，错误；综上，满足配筋要求配筋示意正确的是 A 选项。

答案：A

考点：筏形基础设计。

109. **解析**：根据《地基规范》第 8.2.1 条第 6 款图 8.2.1-2（题 109 解图），钢筋混凝土条形基础底板在 T 形及十字形交接处，底板横向受力钢筋仅沿一个主要受力方向通长布置，另一个方向的横向受力钢筋可布置到主要受力方向底板宽度 1/4 处，在拐角处底板横向受力钢筋应沿两个受力方向布置。

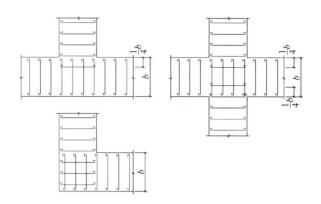

题109解图　墙下条形基础纵横交叉处底板受力钢筋布置

分析本题，A、C选项属于T形交接处，要求主要受力方向通长布置，另一个方向布置到1/4处，所以C选项正确，A选项错误。

对B、D选项配筋图，拐角处底板应沿两个方向布置，因此B选项正确，D选项错误。

综上分析，A、D选项都不符合规范要求，但A选项的配筋安全，D选项少筋不安全。D选项受力钢筋设置错误。

答案：D

考点：条形基础设计。

110. 解析：地基反力示意正确的是C选项，可根据基础承受弯矩的方向来判断地基反力分布规律。

答案：C

考点：地基反力分布规律。

111. 解析：根据《地基规范》第5.2.1条第1款、第5.2.2条第1款，轴心荷载作用下，基础底面的压力为：

$$p_k = (F_k + G_K)/A = (500+100)/2 \times 2 = 150 \text{kPa}$$

根据基础承载力计算，基础底面的压力应满足：

$$p_k = 150\text{kPa} \leqslant f_a（修正后的地基承载力特征值）$$

则该基础下允许的修正后的最小地基承载力特征值 f_a 至少应是150kPa。

答案：B

考点：地基承载力计算。

112. 解析：根据《地基规范》第8.5.4条第1款、第8.5.5条第1款，由单桩承载力在轴心竖向力作用下应满足：

$$Q_k = (F_k + G_k)/n \leqslant R_a$$

由 $R_a = 1000$kN，则任一单桩可承受的最大竖向力 Q_k 取1000kN
该桩基础应布置的桩数 n 最少应为：

$$n \geqslant (F_n + G_k)/Q_k = 5000\text{kN}/1000\text{kN} = 5$$

答案：B

考点：单桩承载力计算。

113. 解析：挡土墙后的土压力分布为三角形，示意正确的是D选项。

答案：D

考点：挡土墙的土压力分布。

114. 解析：根据《抗震规范》第4.2.1条及相应的条文说明，分析选项中结构体系和楼层数，最有可能的答案应是层数最多的抗震墙结构（C选项），因为抗震墙承受了大部分水平地震作用，设计时应特别注意加强对抗震墙下基础及地基的抗震验算。

天然地基一般都具有较好的抗震性能，在遭受破坏的建筑中，因地基失效导致的破坏要少于上部结构惯性力的破坏，因此符合条件的地基（尤其是天然地基）可不进行抗震承载力验算。具体规范要求可按题114解表理解。

可不进行天然地基及基础抗震承载力验算的建筑　　题114解表

结构类别	具体内容	
单层结构	地基主要受力层范围内不存在软弱黏土层	一般的单层厂房和单层空旷房屋
砌体结构		全部
多层框架、框架-抗震墙及抗震墙结构		不超过8层且高度在24m以下的一般民用框架和框架-抗震墙房屋
		基础荷载与3项相当的多层框架厂房和多层混凝土抗震墙房屋
其他	《抗震规范》规定的可不进行上部结构抗震验算的建筑	

答案：C

考点：天然地基和基础抗震承载力验算。

115. 解析：首先分析整体受力，可知水平支座反力均为零。从中间铰链C断开，取CD杆研究如题115解图所示，由对称性可以求出 $F_C = F_D = \frac{1}{2} \times 10 \times 2 = 10\text{kN}$ 再把 $F'_C = F_C = 10\text{kN}$ 按照与 F_C 相反的方向加在AC杆上，由题115解图用直接法可以求出：

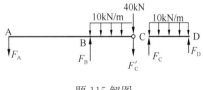

题115解图

$$M_B = -10 \times 2 + 40 \times 2 - (10 \times 2) \times 1 = -120\text{kN} \cdot \text{m}$$

答案：C

考点：多跨静定梁。

116. 解析：三角形分布的荷载其合力为 $F = \frac{1}{2} \times 8 \times 30 = 120\text{kN}$ 作用在C点处，方向向下。

首先求支反力 F_A（设其向上），由 $\Sigma M_B = 0$，可得：

$$F_A \times 8 + 40 + 40 \times 4 = 120 \times 4$$

$$\therefore F_A = 35\text{kN}（向上）$$

然后用截面法从 C 截面截开，可得：

$$Q_C = F_A - \frac{4\times 30}{2} = 35-60 = -25\text{kN}$$

答案：B

考点：梁的支反力和剪力的计算。

117. 解析：《钢结构标准》第 6.1.1 条，由钢梁的抗弯强度计算公式（绕强轴 x 时）：

$$\frac{M_x}{\gamma_x W_{nx}} \leqslant f \quad (\text{不考虑截面塑性发展系数，取 } \gamma_x = 1)$$

则净截面模量：

$$W_{nx} \geqslant M_x/f = 109\times 10^6 \text{N}\cdot\text{mm}/215\text{N/mm}^3 = 507\times 10^3 \text{mm} = 506\text{cm}^3$$

因此可选的最经济的工字钢型号应为净模量最接近的 I28a，A 选项正确。

答案：A

考点：钢梁的抗弯强度计算。

118. 解析：钢筋混凝土矩形截面大偏心受压构件属于受拉破坏，其承载力与 M、N 均有关，可先排除 A、B 选项。

由偏心距 $e = M/N$ 关系可分析，当 M 不变，N 减小而使偏心距 e 增大，说明截面偏心受拉的作用加大，则需要配置更多的钢筋，因此计算配筋面积会增加，D 选项正确。

答案：D

考点：偏心受压构件弯矩 M 与轴力 N 的相关关系。

119. 解析：首先分析支座反力，由 $\Sigma F_x = 0$，可知下面的水平支座反力为零，故竖杆上没有弯矩。再由整体的受力分析和变形分析，可知右边的支座有竖向的支座反力，因此右边的横梁上应有弯矩，C 选项正确。

答案：C

考点：刚架弯矩图。

120. 解析：刚架结构的变形曲线既与外荷载的作用方向有关，也与约束的性质有关。在刚结点要保持直角不变，在固定端转角为零，也要保持直角不变。显然，只有 A 选项是正确的。B 选项中主动力 P 作用在刚结点上，其两个分力都沿杆的轴线方向，不会产生如图所示的弯曲变形，其变形曲线显然是错误的。

答案：A

考点：刚架的变形曲线。

2012年试题、解析、答案及考点

2012年试题

1. 图示几何不变体系,其多余约束为(　　)。
   A　无　　　　B　1个　　　　C　2个　　　　D　3个

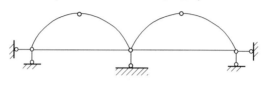

题1图

2. 图示平面体系的几何组成为(　　)。
   A　几何可变体系　　　　　　　B　几何不变体系,无多余约束
   C　几何不变体系,有1个多余约束　　D　几何不变体系,有2个多余约束

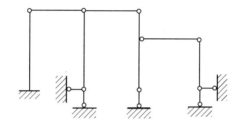

题2图

3. 图示结构的超静定次数为(　　)。
   A　0　　　　B　1次　　　　C　2次　　　　D　3次

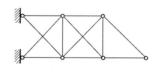

题3图

4. 图示对称桁架在外力 P 作用下,零杆的数量为(　　)。
   A　无　　　　B　1根　　　　C　2根　　　　D　3根

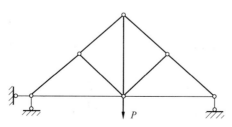

题4图

5. 三等跨连续梁在下列三种荷载作用下，错误的是（　　）。

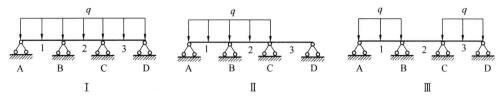

A　Ⅲ中的 M_1 最大　　　　　　　　B　Ⅱ中的 M_1 最小
C　Ⅰ中的 R_A 最大　　　　　　　　D　Ⅱ中的 R_A 最小

6. 图示结构在外力 q 作用下所产生的剪力图形状是（　　）。

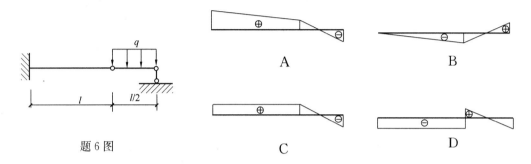

题 6 图

7. 图示结构在 M 弯矩作用下所产生的弯矩图是（　　）。

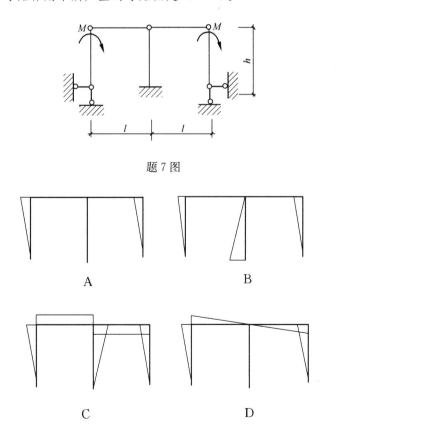

题 7 图

8. 图示二结构材质相同仅刚度不同，在外力 P 作用下，下列哪一项是错误的？
   A 内力Ⅰ≠内力Ⅱ
   B 变形Ⅰ≠变形Ⅱ
   C 位移Ⅰ≠位移Ⅱ
   D 应力Ⅰ≠应力Ⅱ

9. 图示刚架，当 BC 杆均匀加热温度上升 t℃时，其弯矩图正确的是（   ）。

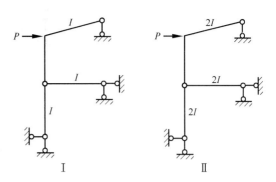

题 8 图

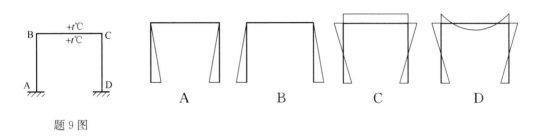

10. 图示结构在外力 P 作用下，若使 AB 杆与 BC 杆最大弯矩绝对值相等，则 a 与 b 的关系应为（   ）。

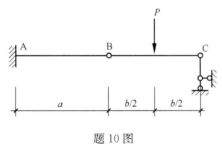

题 10 图

A $a=b/4$　　　　B $a=b/2$　　　　C $a=b$　　　　D $a=2b$

11. 图示排架结构的横杆刚度无穷大，在外力 P 作用下杆 2 的轴力为下列何值？

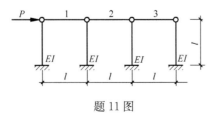

题 11 图

A P　　　　　　B $P/2$　　　　　C $P/3$　　　　　D $P/4$

12. 图示结构在外力作用下，产生内力的杆件为（   ）。
   A CD 段　　　　B BD 段　　　　C AD 杆　　　　D 所有杆件

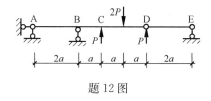

题 12 图

13. 图示结构各杆 EI 相同，其弯矩图形状所对应的受力结构是（　　）。

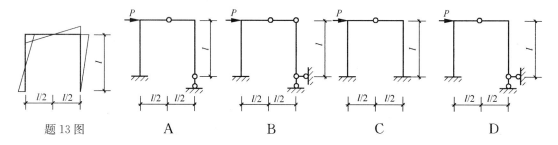

题 13 图　　A　　B　　C　　D

14. 图示结构在外力作用下，弯矩图正确的是（　　）。

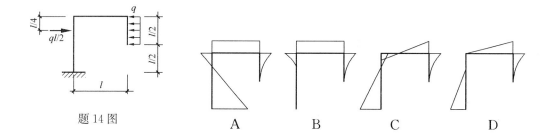

题 14 图　　A　　B　　C　　D

15. 图示结构受 P 力作用于 A 点，若仅考虑杆件的弯曲变形，则 A 点的竖向位移 Δ_A 与以下何值最为接近？

A　$\dfrac{1Pl^3}{2EI}$　　　　B　$\dfrac{1Pl^3}{3EI}$

C　0　　　　D　$\dfrac{Pl^3}{EI}$

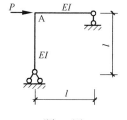

题 15 图

16. 左图结构跨中 A 点的弯矩及挠度与右图结构跨中 B 点的弯矩及挠度相比，正确的是（　　）。

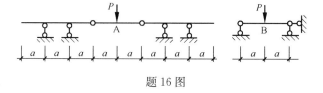

题 16 图

A　$M_A = M_B$，$\Delta_A = \Delta_B$　　　　B　$M_A \neq M_B$，$\Delta_A \neq \Delta_B$
C　$M_A = M_B$，$\Delta_A > \Delta_B$　　　　D　$M_A \neq M_B$，$\Delta_A < \Delta_B$

17. 图示结构 A 点的弯矩为以下何值?

   A Pl

   B $\frac{\sqrt{2}}{2}Pl$

   C 0

   D $2Pl$

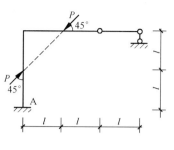

题 17 图

18. 图示结构,杆件 ED 的弯矩 M_{ED}（以 ED 左侧受拉为正，右侧受拉为负），最接近下列何值?

   A $\frac{1}{2}ql^2$

   B $-\frac{1}{2}ql^2$

   C $\frac{1}{4}ql^2$

   D $-\frac{1}{4}ql^2$

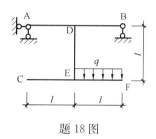

题 18 图

19. 图示结构弯矩图正确的是（   ）。

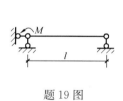

题 19 图

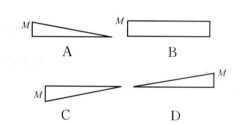

20. 图示结构在 P 作用下变形图正确的是（   ）。

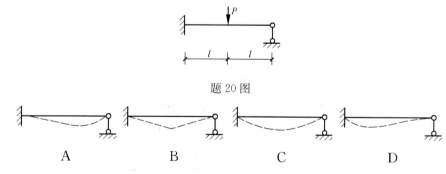

题 20 图

21. 图示对称刚架在承受反对称的两个力偶作用下弯矩图正确的是（   ）。

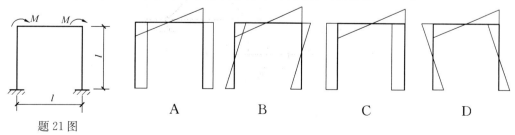

题 21 图

22. 图示结构在 q 荷载作用下弯矩图正确的是(　　)。

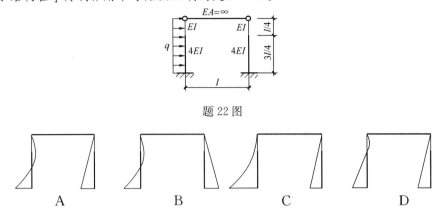

题 22 图

A　　　　　　B　　　　　　C　　　　　　D

23. 图示结构 a 杆的轴力（以拉力为正）是(　　)。

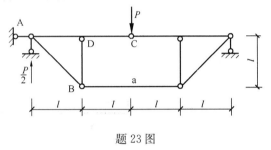

题 23 图

A　P　　　　B　$-P/2$　　　　C　0　　　　D　$P/2$

24. 图示梁截面 a 处的弯矩是(　　)。

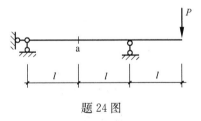

题 24 图

A　Pl　　　　B　$Pl/2$　　　　C　$2Pl$　　　　D　$Pl/4$

25. 图示桁架结构在外力 P 作用下，零杆的数量为(　　)。

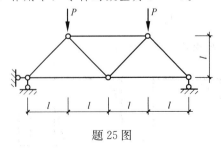

题 25 图

A　0　　　　B　1 根　　　　C　2 根　　　　D　3 根

26. 图示桁架 a 杆的轴力为以下何值?

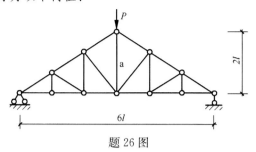

题 26 图

A P B $-P$ C $-P/2$ D 0

27. 图示结构中，轴力不为零的杆有几根？

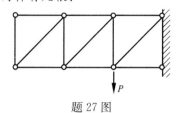

题 27 图

A 1 根   B 2 根   C 3 根   D 4 根

28. 图示结构在 P 作用下，杆 a 的轴力为以下何值（拉力为正）？

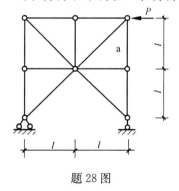

题 28 图

A P B $-P$ C $\sqrt{2}P$ D $-\sqrt{2}P$

29. 关于图示刚架 A 点的内力，以下说法正确的是(　　)。

  A $M_A=0, V_A=0$
  B $M_A\neq0, V_A\neq0$
  C $M_A=0, V_A\neq0$
  D $M_A\neq0, V_A=0$

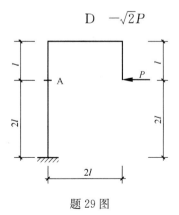

题 29 图

30. 图示结构中，杆 a 的轴力为下列何值？

  A 0   B 10kN（拉力）
  C 10kN（压力） D $10\sqrt{2}$kN（拉力）

（注：此题 2008、2010、2011 年均考过。）

31. 图示结构中，杆 b 的轴力为下列何值？

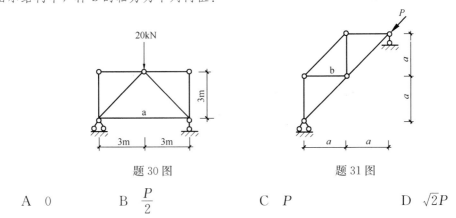

题 30 图　　　　　　　　题 31 图

A　0　　　　B　$\dfrac{P}{2}$　　　　C　P　　　　D　$\sqrt{2}P$

（注：此题 2008、2010、2011 年均考过。）

32. 图示不同支座条件下的单跨梁，在跨中集中力 P 作用下，a 点弯矩 M_a 最大的是（　　）。

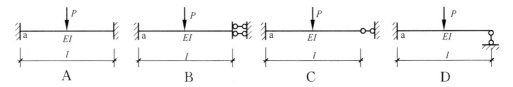

33. 图示单层多跨钢筋混凝土框架结构，温度均匀变化时梁板柱会产生内力，以下说法中错误的是（　　）。

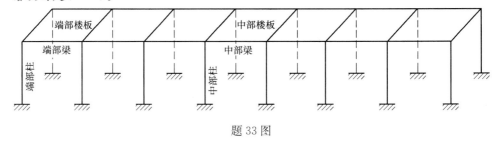

题 33 图

A　温度变化引起的梁弯矩绝对值中部大、端部小

B　温度变化引起的柱弯矩绝对值中部小、端部大

C　升温时，楼板产生压应力，应力绝对值中部大、端部小

D　降温时，楼板产生拉应力，应力绝对值中部大、端部小

34. 图示等跨等截面连续梁，在均布荷载 q 作用下，支座反力最大的是（　　）

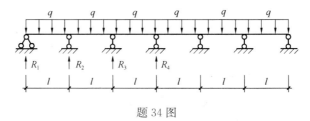

题 34 图

A R_1　　　　　　B R_2　　　　　　C R_3　　　　　　D R_4

35. 图示均为五跨等跨等截面连续梁。哪一个图中支座a产生的弯矩最大?

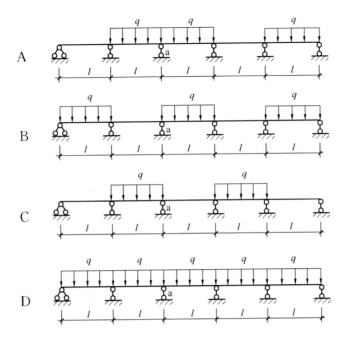

36. 图示结构支座a发生沉降Δ，剪力图正确的是(　　)。

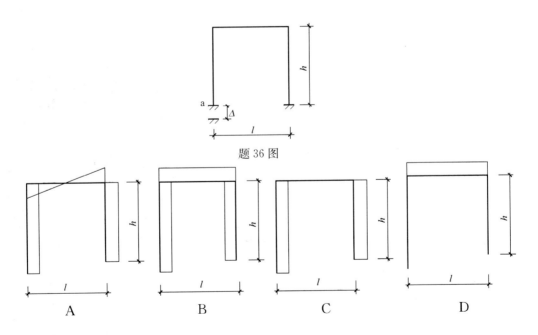

题36图

37. 图示刚架，当横梁刚度EI_2与柱刚度EI_1之比趋于无穷大时，横梁跨中a点弯矩M_a趋向于以下哪个数值?

511

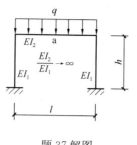

题 37 解图

A $M_a = ql^2/4$ B $M_a = ql^2/8$
C $M_a = ql^2/12$ D $M_a = ql^2/24$

38. 图示两种桁架，在荷载作用下上弦中点 A 的位移分别为 Δ_I 和 Δ_{II}，比较二者大小关系正确的是(　　)。

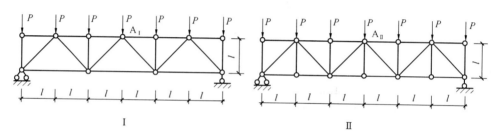

题 38 图

A $\Delta_I > \Delta_{II}$　　B $\Delta_I < \Delta_{II}$　　C $\Delta_I = \Delta_{II}$　　D 无法判断

39. 图示拱结构 I 和 II，在竖向均布荷载 q 作用下，以下关于拱轴力的说法，正确的是(　　)。

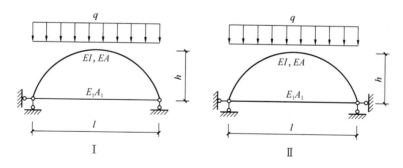

题 39 图

A 拱 I 和拱 II 的拱轴力相同
B 拱 I 的拱轴力大于拱 II 的拱轴力
C 当拉杆轴向刚度 E_1A_1 不断增大时，拱 I 和拱 II 的拱轴力趋于一致
D 当拉杆轴向刚度 E_1A_1 不断减小时，拱 I 和拱 II 的拱轴力趋于一致

40. 图示刚架，位移 Δ 最小的是(　　)。

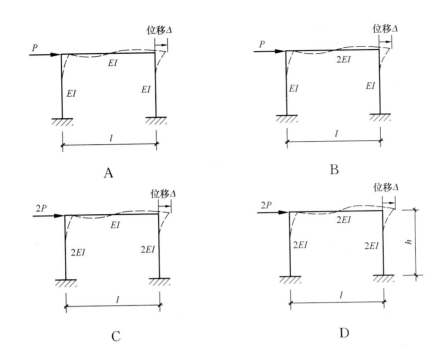

41. 图示单跨双层框架，其弯矩图正确的是(   )。

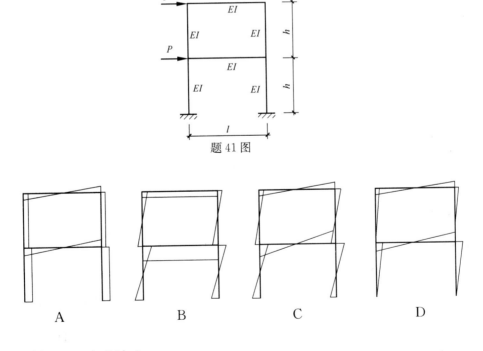

题 41 图

（注：此题 2010 年考过。）

42. 图示为单跨双层框架，因柱抗弯刚度不同，梁跨中弯矩最小的位置是(   )。

A Ⅰ中的Ⅰ$_a$点
B Ⅰ中的Ⅰ$_b$点
C Ⅱ中的Ⅱ$_a$点
D Ⅱ中的Ⅱ$_b$点

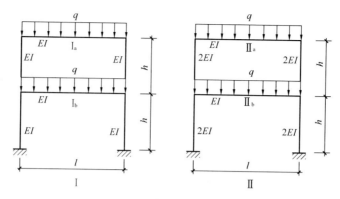

题 42 图

43. 下列常用建筑材料中,密度最小的是(　　)。
    A 钢　　　　　B 混凝土　　　　C 大理石　　　　D 铝

44. 混凝土的线膨胀系数为(　　)。
    A $1×10^{-3}/℃$　　B $1×10^{-4}/℃$　　C $1×10^{-5}/℃$　　D $1×10^{-6}/℃$

45. 控制混凝土的碱含量,其作用是(　　)。
    A 减小混凝土的收缩　　　　　　B 提高混凝土的耐久性
    C 减小混凝土的徐变　　　　　　D 提高混凝土的早期强度

46. 热轧钢筋经冷拉后,能提高下列哪种性能?
    A 韧性　　　　B 塑性　　　　C 屈服强度　　　　D 可焊性

47. 钢筋 HPB300 的抗拉强度设计值为(　　)。
    A $270N/mm^2$　　B $300N/mm^2$　　C $360N/mm^2$　　D $435N/mm^2$

48. 以下哪项不属于钢材的主要力学性能指标?
    A 抗剪强度　　B 抗拉强度　　C 屈服点　　　D 伸长率

49. 砌体的线膨胀系数与下列哪种因素有关?
    A 砌体的抗压强度　　　　　　B 砂浆的种类
    C 砌体的类别　　　　　　　　D 砂浆的强度

50. 砌体的抗压强度与下列哪项无关?
    A 砌块的强度等级　　　　　　B 砂浆的强度等级
    C 砂浆的种类　　　　　　　　D 砌块的种类

51. 下列关于木材顺纹各种强度比较的论述,正确的是(　　)。
    A 抗压强度大于抗拉强度　　　　B 抗剪强度大于抗拉强度
    C 抗剪强度大于抗压强度　　　　D 因种类不同而强度各异,无法判断

52. 承重结构用的原木,其材质等级分为(　　)。
    A 二级　　　　B 三级　　　　C 四级　　　　D 五级

53. 下列关于钢筋屈服点的叙述,正确的是(　　)。
    A 热轧钢筋、热处理钢筋有屈服点　　B 热轧钢筋、钢绞线有屈服点
    C 热处理钢筋、钢绞线无屈服点　　　D 热轧钢筋、热处理钢筋无屈服点

54. 梁柱纵向受力主筋不宜采用下列哪种钢筋?

A HPB300　　　　B HRB400　　　　C HRB500　　　　D HRBF500

55. 有抗震要求的钢筋混凝土结构，其剪力墙的混凝土强度等级不宜超过（　　）。
  A C55　　　　　B C60　　　　　　C C65　　　　　　D C70

56. 预应力混凝土框架梁的混凝土强度等级不宜低于（　　）。
  A C30　　　　　B C35　　　　　　C C40　　　　　　D C45

57. 在钢筋混凝土结构抗震构件施工中，当需要以强度等级较高的钢筋代替原设计纵向受力钢筋时，以下说法错误的是（　　）。
  A 应按受拉承载力设计值相等的原则替换
  B 应满足最小配筋率和钢筋间距构造要求
  C 应满足挠度和裂缝宽度要求
  D 应按钢筋面积相同的原则替换

58. 有抗震要求的砌体结构，其多孔砖的强度等级不应低于（　　）。
  A MU5　　　　　B MU7.5　　　　　C MU10　　　　　D MU15

59. 普通螺栓分 A、B、C 三级，通常用于建筑工程中的为（　　）。
  A A级　　　　　B B级　　　　　　C A级和B级　　　D C级

60. 设计使用年限 100 年与 50 年的混凝土结构相比，两者最外层钢筋保护层厚度的比值，正确的是（　　）。
  A 1.4　　　　　B 1.6　　　　　　C 1.8　　　　　　D 2.0

61. 钢筋混凝土剪力墙，各墙段的高度与长度之比不宜小于下列何值？
  A 1.0　　　　　B 2.0　　　　　　C 2.5　　　　　　D 3.0

62. 地震区两建筑之间防震缝的最小宽度 Δ_{min} 按下列何项确定？
  A 按框架结构 30m 高确定　　　　　B 按框架结构 60m 高确定
  C 按剪力墙结构 30m 高确定　　　　D 按剪力墙结构 60m 高确定
（注：此题从 2007 年至 2012 年，每年均有此考题。）

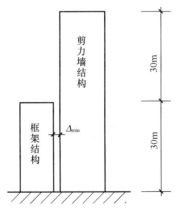

题 62 图

63. 钢框架梁与钢柱刚性连接时，下列连接方式错误的是（　　）。
  A 柱在梁翼缘对应位置应设置横向加劲肋（隔板）
  B 钢梁腹板与柱宜采用摩擦型高强度螺栓连接

C 悬臂梁段与柱应采用全焊接连接
D 钢梁翼缘与柱应采用角焊缝连接

64. 型钢混凝土梁中，型钢的混凝土保护层厚度不宜小于( )。
    A 100mm   B 120mm   C 150mm   D 200mm

65. 钢筋和混凝土两种材料能有效结合在一起共同工作，下列说法错误的是（ ）
    A 钢筋与混凝土之间有可靠的黏结强度
    B 钢筋与混凝土两种材料的温度线膨胀系数相近
    C 钢筋与混凝土都有较高的抗拉强度
    D 混凝土对钢筋具有良好的保护作用

66. 在地震区，钢框架梁与柱的连接构造，下列说法错误的是( )。
    A 宜采用梁贯通型
    B 宜采用柱贯通型
    C 柱在两个互相垂直的方向都与梁刚接时，宜采用箱形截面
    D 梁翼缘与柱翼缘间应采用全熔透坡口焊缝
    （注：此题2009、2010、2011年均考过。）

67. 普通木结构房屋的设计使用年限为( )。
    A 30年   B 50年   C 70年   D 100年

68. 钢结构构件的稳定性计算中，下列说法错误的是（ ）。
    A 工字形截面受弯构件应考虑整体稳定   B 箱形截面受弯构件可不考虑整体稳定
    C 工字形截面压弯构件应考虑稳定   D 十字形截面压弯构件应考虑稳定

69. 在砌体结构中，当挑梁上下均有砌体时，挑梁埋入砌体的长度与挑出长度之比宜大于( )。
    A 1.2   B 1.5   C 2.0   D 2.5

70. 砌体结构的圈梁被门窗洞口截断时，应在洞口上部增设相同截面的附加圈梁，其与圈梁的搭接长度不应小于其中到中垂直间距的2倍，且不得小于( )。
    A 600mm   B 800mm   C 1000mm   D 1200mm

71. 三角形木桁架的中央高度与跨度之比不应小于（ ）。
    A 1/3   B 1/4   C 1/5   D 1/6

72. 关于钢筋混凝土高层建筑的层间最大位移与层高之比的限值，下列比较中，错误的是（ ）。
    A 框架结构＞框架—剪力墙结构
    B 框架—剪力墙结构＞剪力墙结构
    C 剪力墙结构＞框架—核心筒结构
    D 框架结构＞板柱—剪力墙结构
    （注：此题2008、2009、2010年均考过。）

73. 下列非露天的50m长的钢筋混凝土结构中，宜设置伸缩缝的是( )。
    A 现浇框架结构
    B 现浇剪力墙结构
    C 装配式剪力墙结构
    D 装配式框架结构

74. 一幢位于7度设防烈度区82m高的办公楼，需满足大空间灵活布置的要求，则采用下列哪种结构类型最为合理？
    A 框架结构
    B 框架—剪力墙结构

C 剪力墙结构 D 板柱—剪力墙结构

75. 下列多层砌体房屋的结构承重方案，地震区不应采用（　　）。
   A 纵横墙混合承重　　　　　　　　B 横墙承重
   C 纵墙承重　　　　　　　　　　　D 内框架承重

76. 某36m跨度的单层厂房，其屋盖承重构件采用下列何种形式最为合理？
   A 钢筋混凝土梁　　　　　　　　　B 预应力钢筋混凝土梁
   C 实腹钢梁　　　　　　　　　　　D 钢屋架

77. 四种钢筋混凝土结构体系中，按其最大适用高度由低到高排序，正确的是（　　）。
   A 框架、板柱—剪力墙、框架—剪力墙、框架—核心筒
   B 板柱—剪力墙、框架—剪力墙、框架、框架—核心筒
   C 框架—剪力墙、框架、板柱—剪力墙、框架—核心筒
   D 框架、板柱—剪力墙、框架—核心筒、框架—剪力墙
   （注：此题2008、2009及2011年均考过近似的题。）

78. 下列关于抗震设防的高层钢结构建筑平面布置的说法中，错误的是（　　）。
   A 建筑平面宜简单规则
   B 不宜设置防震缝
   C 选用风压较小的平面形状，可不考虑邻近高层建筑对其风压的影响
   D 应使结构各层的抗侧力刚度中心与水平作用合力中心接近重合，同时各层接近在同一竖直线上

79. 一幢4层总高度为14.4m的中学教学楼，其抗震设防烈度为6度，则下列结构形式中不应采用的是（　　）。
   A 框架结构　　　　　　　　　　　B 底层框架—抗震墙砌体结构
   C 普通砖砌体结构　　　　　　　　D 多孔砖砌体结构

80. 筒中筒结构的建筑平面形状应优先选择（　　）。
   A 椭圆形　　　B 矩形　　　C 圆形　　　D 三角形

81. 某钢筋混凝土框架—核心筒结构，若其水平位移不能满足规范限值，为加强其侧向刚度，下列做法错误的是（　　）。
   A 加大核心筒配筋　　　　　　　　B 加大框架柱、梁截面
   C 设置加强层　　　　　　　　　　D 改为筒中筒结构

82. 为满足地震区高层商住楼底部大空间的需要，采用下列哪一种结构类型最为适宜？
   A 剪力墙结构　　　　　　　　　　B 部分框支—剪力墙结构
   C 框架—核心筒结构　　　　　　　D 筒中筒结构

83. 关于高层钢筋混凝土框架结构的抗震设计，下列说法错误的是（　　）。
   A 应设计成双向梁柱抗侧力体系
   B 不宜采用单跨框架结构，当采用单跨框架结构时，抗震等级宜提高一级
   C 主体结构除个别部位外，不应采用铰接
   D 不应采用部分由砌体墙承重的混合形式

84. 结构高度为120m的钢筋混凝土筒中筒结构，其内筒的适宜宽度为（　　）。
   A 20m　　　B 15m　　　C 10m　　　D 6m

85. 关于混凝土结构的设计方案,下列说法错误的是( )。
    A 应选用合理的结构体系、构件形式,并做合理的布置
    B 结构的平、立面布置宜规则,各部分的质量和刚度宜均匀、连续
    C 宜采用静定结构,结构传力途径应简捷、明确,竖向构件宜连续贯通、对齐
    D 宜采取减小偶然作用影响的措施

86. 在9度抗震设防区建一栋高度58m的钢筋混凝土高层建筑。其适宜的结构选型是( )。
    A 框架结构   B 板柱—剪力墙结构
    C 框架—剪力墙结构   D 全落地剪力墙结构

87. 建筑场地类别是建筑进行抗震设计的重要参数,按其对地震作用的影响从轻到重排序,正确的是( )。
    A Ⅰ、Ⅱ、Ⅲ、Ⅳ   B Ⅳ、Ⅲ、Ⅱ、Ⅰ
    C Ⅰ、Ⅱ、Ⅲ、Ⅳ、Ⅴ   D Ⅴ、Ⅳ、Ⅲ、Ⅱ、Ⅰ

88. 对抗震不利和危险地段建筑场地的使用,以下描述错误的是( )。
    A 对不利地段,当无法避开时应采取有效措施
    B 对不利地段,不应建造甲、乙类建筑
    C 对危险地段,严禁建造甲、乙类建筑
    D 对危险地段,不应建造丙类建筑

89. 抗震设计时,对以下哪类建筑应进行专门研究和论证,采取特殊的加强措施?
    A 规则   B 不规则   C 特别不规则   D 严重不规则

90. 为体现建筑所在区域震级和震中距离的影响,我国对建筑工程设计地震进行了分组,按其对地震作用影响由轻到重排序,正确的是( )。
    A 第一组、第二组、第三组、第四组   B 第四组、第三组、第二组、第一组
    C 第一组、第二组、第三组   D 第三组、第二组、第一组

91. 进行抗震设计的建筑应达到的抗震设防目标是( )。
    Ⅰ.当遭受多遇地震影响时,主体结构不受损坏或不需修理可继续使用;
    Ⅱ.当遭受相当于本地区抗震设防烈度的设防地震影响时,可能发生损坏,但经一般性修理可继续使用;
    Ⅲ.当遭受罕遇地震影响时,不致倒塌或发生危及生命的严重破坏
    A Ⅰ、Ⅱ   B Ⅰ、Ⅲ   C Ⅱ、Ⅲ   D Ⅰ、Ⅱ、Ⅲ

92. 根据现行《建筑抗震设计规范》,确定现浇钢筋混凝土房屋适用的最大高度与下列哪项因素无关?
    A 抗震设防烈度   B 设计地震分组
    C 结构类型   D 结构平面和竖向的规则情况

93. 框架结构按抗震要求设计时,下列表述正确的是( )。
    A 楼、电梯间及局部出屋顶的电梯机房、楼梯间、水箱间等,应采用框架承重,不应采用砌体墙承重
    B 楼梯间的布置对结构平面不规则的影响可忽略
    C 楼梯间采用砌体填充墙,宜采用钢丝网砂浆面层加强

D 砌体填充墙对框架结构的不利影响可忽略

94. 下列关于现行《建筑抗震设计规范》对现浇钢筋混凝土房屋采用单跨框架结构时的要求，正确的是（   ）。

    A 甲、乙类建筑以及高度大于24m的丙类建筑，不应采用单跨框架结构；高度不大于24m的丙类建筑不宜采用单跨框架结构
    B 框架结构某个主轴方向有局部单跨框架应视为单跨框架结构
    C 框架—抗震墙结构中不应布置单跨框架结构
    D 一、二层连廊采用单跨框架结构不需考虑加强

95. 根据现行《建筑抗震设计规范》按8度（0.2g）设防时，现浇钢筋混凝土框架—抗震墙、抗震墙、框架—核心筒结构房屋适用的最大高度分别为(   )。

    A 80m、90m、100m   B 90m、100m、110m
    C 100m、100m、110m   D 100m、100m、100m

96. A级高度的钢筋混凝土高层建筑有抗震设防要求时，以下哪一类结构的最大适用高度最低？

    A 框架结构   B 板柱—剪力墙结构
    C 框架—剪力墙结构   D 框架—核心筒结构

97. 下列关于高层建筑抗震设计时采用混凝土框架—核心筒结构体系的表述，正确的是(   )。

    A 核心筒宜贯通建筑物全高，核心筒的宽度不宜小于筒体总高度的1/12
    B 筒体角部附近不宜开洞，当不可避免时筒角内壁至洞口的距离可小于500mm，但应大于开洞墙的截面厚度
    C 框架—核心筒结构的周边柱间可不设置框架梁
    D 所有框架梁与核心筒必须采用刚性连接

98. 下列关于高层建筑抗震设计时采用混凝土筒中筒结构体系的表述，正确的是(   )。

    A 结构高度不宜低于80m，高宽比可小于3
    B 结构平面外形可选正多边形、矩形等，内筒宜居中，矩形平面的长宽比宜大于2
    C 外框筒柱距不宜大于4m，洞口面积不宜大于墙面面积的60%，洞门高宽比无特殊要求
    D 在现行规范所列钢筋混凝土结构体系中，筒中筒结构可适用的高度最大

99. 下列关于抗震设计时混凝土高层建筑多塔楼结构的表述，正确的是（   ）。

    A 上部塔楼的综合质心与底盘结构质心的距离不宜大于底盘相应边长的30%
    B 各塔楼的层数、平面和刚度宜接近，塔楼对底盘宜对称布置
    C 高宽比不应按各塔楼在裙房以上的高度和宽度计算
    D 转换层宜设置在底盘屋面的上层塔楼内

100. 抗震设计的多层普通砖砌体房屋，关于构造柱设置的下列叙述，哪项错误？

    A 楼梯间、电梯间四角应设置构造柱
    B 楼梯段上下端对应的墙体处应设置构造柱
    C 外墙四角和对应的转角应设置构造柱
    D 构造柱的最小截面可采用180mm×180mm

519

101. 《建筑抗震设计规范》中,横墙较少的多层砌体房屋是指（   ）。
    A 同一楼层内开间大于3.9m的房间占该层总面积的40%以上
    B 同一楼层内开间大于3.9m的房间占该层总面积的30%以上
    C 同一楼层内开间大于4.2m的房间占该层总面积的40%以上
    D 同一楼层内开间大于4.2m的房间占该层总面积的30%以上

102. 按现行《建筑抗震设计规范》,对底部框架—抗震墙砌体房屋结构的底部抗震墙要求,下列表述正确的是（   ）。
    A 6度设防且总层数不超过六层时,允许采用嵌砌于框架之间的约束普通砖砌体或小砌块砌体的砌体抗震墙
    B 7度、8度设防时,应采用钢筋混凝土抗震墙或配筋小砌块砌体抗震墙
    C 上部砌体墙与底部的框架梁或抗震墙可不对齐
    D 应沿纵横两方向,均匀、对称设置一定数量符合规定的抗震墙

103. 下列关于现行《建筑抗震设计规范》对高层钢结构房屋要求的表述,正确的是（   ）。
    A 平面和竖向均不规则的,其适用的最大高度不降低
    B 甲、乙类建筑不应采用单跨框架
    C 常用的结构类型有框架、框架—中心支撑、框架—偏心支撑、筒体（不包括混凝土筒）和巨型框架
    D 塔形建筑的底部有大底盘时,高宽比仍按房屋全高度和塔楼宽度计算

104. 抗震设计时,全部消除地基液化的措施中,下面哪一项是不正确的?
    A 采用桩基,桩端伸入液化土层以下稳定土层中必要的深度
    B 采用筏板基础
    C 采用加密法,处理至液化深度下界
    D 用非液化土替换全部液化土层

105. 建造在软弱地基上的建筑物,在适当部位宜设置沉降缝,下列哪一种说法是不正确的?
    A 建筑平面的转折部位
    B 长度大于50m的框架结构的适当部位
    C 高度差异处
    D 地基土的压缩性有明显差异处

106. 下列哪项属于刚性基础?
    A 无筋扩展独立柱基   B 桩基
    C 筏基   D 箱基

107. 下列关于桩和桩基础的说法,何项是错误的?
    A 桩底进入持力层的深度与地质条件及施工工艺等有关
    B 桩顶应嵌入承台一定长度,主筋伸入承台长度应满足锚固要求
    C 任何种类及长度的桩,其桩侧纵筋都必须沿桩身通长配置
    D 在桩承台周围的回填土中,应满足填土密实性的要求

108. 下列哪项是重力式挡土墙?

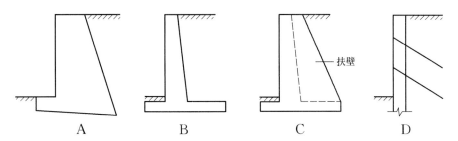

109. 对抗震设防地区建筑场地液化的叙述,下列何者是错误的?
    A 建筑场地存在液化土层对房屋抗震不利
    B 6度抗震设防地区的建筑场地一般情况下可不进行场地的液化判别
    C 饱和砂土与饱和粉土的地基在地震中可能出现液化
    D 黏性土地基在地震中可能出现液化

110. 某挡土墙如图所示,已知墙后的土层均匀且无地下水,土对墙背的摩擦角 $\delta=0$,则墙背土压力的合力 E_a 距墙底的距离 x 为(   )。

    A $\frac{1}{4}h$ B $\frac{1}{3}h$
    C $\frac{1}{2}h$ D $\frac{2}{3}h$

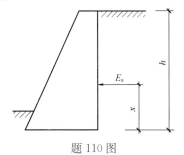

题 110 图

111. 钢筋混凝土框架结构,当采用等厚度筏板不满足抗冲切承载力要求时,应采取合理的方法,下列中哪一种方法不合理?
    A 筏板上增设柱墩   B 筏板下局部增加板厚度
    C 柱下设置桩基   D 柱下筏板增设抗冲切箍筋

112. 某柱下独立基础在轴心荷载作用下,其下地基变形曲线示意正确的是(   )。

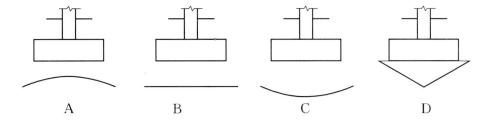

113. 已知某柱下独立基础,在图示偏心荷载作用下,基础底面的土压力示意正确的是(   )。

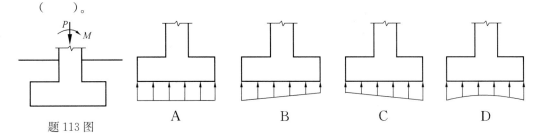

题 113 图

114. 下列关于复合地基的说法正确且全面的是(   )。

Ⅰ．复合地基设计应满足建筑物承载力要求；
Ⅱ．复合地基设计应满足建筑物的变形要求；
Ⅲ．复合地基承载力特征值应通过现场复合地基载荷试验确定；
Ⅳ．复合地基增强体顶部应设褥垫层

A Ⅰ、Ⅲ B Ⅰ、Ⅱ、Ⅲ
C Ⅰ、Ⅲ、Ⅳ D Ⅰ、Ⅱ、Ⅲ、Ⅳ

115. 如下图所示结构，截面 A 处弯矩值为（   ）。

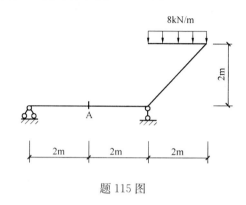

题 115 图

A 8kN·m   B $8\sqrt{2}$kN·m   C 4kN·m   D $4\sqrt{2}$kN·m

116. 如下图所示结构，多跨静定梁 B 截面的弯矩和 B 左侧截面的剪力分别为（   ）。

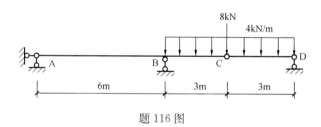

题 116 图

A 48kN·m，12kN B －50kN·m，12kN
C －60kN·m，－10kN D 60kN·m，－24kN

117. 钢筋混凝土受扭构件，其纵向钢筋的布置应沿构件截面（   ）。

A 上面布置 B 下面布置
C 上下面均匀对称布置 D 周边均匀对称布置

118. 工字形截面钢梁，假定其截面高度和截面面积固定不变，下列 4 种截面设计中抗剪承载能力最大的是（   ）。

A 翼缘宽度确定后，翼缘厚度尽可能薄
B 翼缘宽度确定后，腹板厚度尽可能薄
C 翼缘厚度确定后，翼缘宽度尽可能大
D 翼缘厚度确定后，腹板厚度尽可能薄

119. 在结构图中，永久螺栓表示方法，下列哪一种形式是正确的？

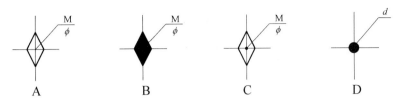

120. 钢材双面角焊缝的标注方法，正确的是下列哪一种？

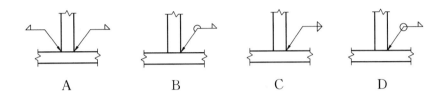

2012年试题解析、答案及考点

1. **解析**：去掉两个三元体 ABC 和 CDE，再去掉一个多余约束链杆 CE，就得到一个静定梁 AC 和二元件 E。

   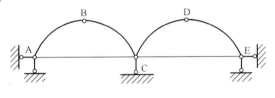

   题1解图

   答案：B

   考点：几何组成分析。

2. **解析**：如果在 B 点加一个水平支座链杆，则可以逐一去掉二元体 1、2、3，得到一个静定悬臂梁 DE。可惜 B 点少一个水平链杆约束，只能是几何可变体系。

   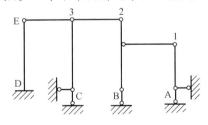

   题2解图

   答案：A

   考点：几何组成分析。

3. **解析**：去掉两根斜杆 BE 和 DG，则得到由标准铰接三角形组成的静定桁架结构。

   答案：C

   考点：超静定次数。

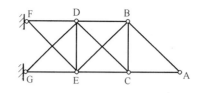

题 3 解图

4. **解析**：根据零杆判别法，A、B 两点是无外力作用的三杆节点，可见 AC 杆和 BC 杆是零杆。

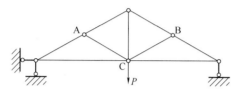

题 4 解图

答案：C

考点：桁架零杆的判别法。

5. **解析**：根据均布荷载隔跨布置最不利，邻跨布置最有利的原则，正确答案应是Ⅲ图中 M_1 最大，R_A 最大，而Ⅱ图中的 M_1 最小，R_A 最小。显然 C 选项是错误的。

答案：C

考点：多跨超静定连续梁。

6. **解析**：把结构从中间铰链 B 处断开，分别画 AB 杆和 BC 杆受力图：

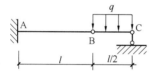 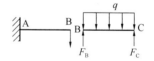

题 6 解图

可以从图中看出，AB 段杆无均布力，剪力图应为水平直线，而且剪力是正值；而 BC 杆有水平向下的均布荷载，剪力图应为向下的斜直线。

答案：C

考点：静定多跨梁。

7. **解析**：由 AB 杆受力分析可知，BC 杆受压。由 EG 杆受力分析可知，CE 杆受拉。而 CD 杆在左有压力，右有拉力的作用下，CD 杆顶端的合力是向右的，对固定端 D 的力矩是顺时针转的，故 D 点的反力偶必为逆时针方向的，D 点左侧受拉。

答案：B

考点：静定组合结构的弯矩图。

8. **解析**：图示结构为静定结构，刚度不同对内力没有影响。两图的内力是相同的。

答案：A

考点：静定结构的特点。

9. **解析**：超静定结构在变形的同时定会产生弯矩。在刚节点 B、C 处横梁和竖杆的弯矩要保持平衡，故 BC 杆内必有弯矩。但 BC 杆上无均布荷载，故不应是抛物线。C 选项正确。

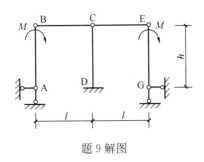

题 9 解图

答案：C

考点：温度变化对超静定结构的影响。

10. **解析**：从中间铰 B 断开，可知 B 点的支反力是 $\dfrac{P}{2}$。右边 BC 杆最大正弯矩是 $\dfrac{Pb}{4}$，左边 AB 杆最大负弯矩值是 $\dfrac{P}{2}a$，令两者相等：

$$\frac{Pa}{2}=\frac{Pb}{4}, 可知 a=\frac{b}{2}$$

答案：B

考点：多跨静定梁。

11. **解析**：超静定结构各部分所产生的内力大小与其刚度大小成正比。用截面法从杆 2 断开，左右两部分刚度相等，其受力也应相等，外荷载 P 按 1:1 比例分配给左右两部分，每部分受力都是 $\dfrac{P}{2}$。

答案：B

考点：超静定结构的特点。

12. **解析**：首先根据 DE 杆的平衡可知 DE 杆无支反力，无内力。对 ABCD 杆来说，受到三个相互平衡的力组成的平衡力系作用。根据加减平衡力系原理可知，ABCD 杆支反力均为零。所以只有 CD 段产生内力。

答案：A

考点：多跨静定梁。

13. **解析**：A 选项和 B 选项右半部分都不受力，没有弯矩。C 选项右下角是固定端支座，应当有反力偶产生的弯矩，与已知的弯矩图不对应。D 选项正确。

答案：D

考点：超静定结构的弯矩图。

14. **解析**：左边的集中力和右边的均布力的合力 $\dfrac{ql}{2}$ 是一对平衡力系。根据加减平衡力系原理，不应产生支反力和反力偶。因此在下面固定端处不应有弯矩。只能选 B。

答案：B

考点：静定刚架的弯矩图。

15. **解析**：弹性力学所研究的变形都属于小变形。本题中在 P 力作用下 A 点的水平位移本身就是很小的变形，而 A 点的竖向位移侧是一个高阶微量，可以忽略不计。用单位力法或图乘法，在 A 点加一个竖向单位力，所得结果可以验证这一结论。

    答案：C

    考点：静定刚架的位移。

16. **解析**：左图中两个中间铰断开后，中间一段的受力分析图与右图相同，A 点的弯矩和 B 点的弯矩也相同。但是左图中两个中间铰处由于有外力作用，将产生向下的挠度，再加上 A 点本身的挠度，故 $\Delta_A > \Delta_B$。

    答案：C

    考点：静定多跨梁的弯矩和位移。

17. **解析**：首先考虑 BC 段的平衡，可知 BC 段支反力为零，B 点也没有约束力。再看 AB 杆，受到一对平衡力作用。根据加、减平衡力系原理，A 点也不应有反力偶，故 A 点弯矩为零。

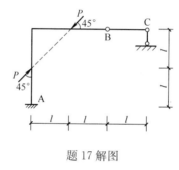

题 17 解图

    答案：C

    考点：加减平衡力系原理。

18. **解析**：把结构从 E 处截开，画出 CEF 的受力图。

    $$\sum M_E = 0, 即\ M_{ED} = ql \cdot \frac{l}{2}$$

    $$\therefore\ M_{ED} = \frac{ql^2}{2}(ED\ 杆右侧受拉)$$

    答案：B

    考点：刚架弯矩的计算。

19. **解析**：根据弯矩图的端点规律，梁左端有集中力偶 M，左端的弯矩就是 M，而且是负弯矩，画在上面。右端无集中力矩，故弯矩为零。

    答案：A

    考点：梁的弯矩图。

20. **解析**：左端是固定端支座，变形曲线在左端不能有转角。A 选项正确。

    答案：A

    考点：超静定梁的变形图。

21. **解析**：由于主动力偶方向是顺时针，故反力偶应是逆时针。在固定端处都是左侧受拉，弯矩图画在左侧。又根据角点处外力偶和内力偶（弯矩）的平衡（题 21 解图），可知，C 选项正确。

左上角点: 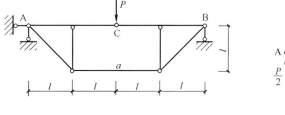　　右上角点: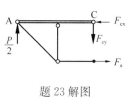

题 21 解图

答案：C

考点：超静定刚架的弯矩图。

22. **解析**：这是一次超静定结构。根据超静定结构弯矩图的特点，左边竖梁的弯矩图应是抛物线，分布在梁轴线的两侧。而右边竖梁由于受横杆压力的作用，弯矩图应画在梁轴线的左侧。

    答案：A

    考点：超静定结构的弯矩图。

23. **解析**：此题横梁 AC、BC 不是二力杆，不能用节点法。先由整体平衡求出 A、B 两端支反力为 $\frac{P}{2}$ 向上用截面法从结构中间铰 C 点截开，如题 23 解图。

    题 23 解图

    $$\sum M_C = 0$$
    $$\therefore F_a \cdot l = \frac{P}{2} \cdot 2l$$
    $$F_a = P$$

    答案：A（拉力）

    考点：截面法。

24. **解析**：取整体平衡，设 F_A 向下。

    $$\sum M_B = 0, \text{即 } F_A \cdot 2l = P \cdot l \quad \therefore F_A = \frac{P}{2}(\downarrow)$$

    则 $M_a = -\frac{P}{2} \cdot l$

    题 24 解图

    答案：B（M_a 的绝对值）

    考点：梁的弯矩计算。

25. **解析**：K点是K字形节点,是反对称节点。整个结构是对称结构,受对称荷载,在对称轴上反对称力必为零,故杆1、杆2为零杆。

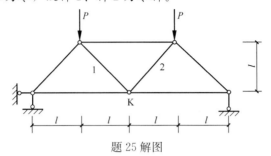

题 25 解图

答案：C

考点：桁架零杆的判别法。

26. **解析**：根据桁架结构的零杆判别法,依次考察1、2、3、4点,可知1-2杆、2-3杆、3-4杆、4-5杆为零杆。同理可知6-7杆、7-8杆、8-9杆、9-5杆也为零杆。最后考察5点,可知a杆轴力为零。

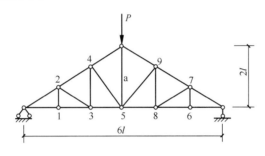

题 26 解图

答案：D

考点：桁架零杆的判别法。

27. **解析**：依次考察A、B、C、D、E各点,根据桁架结构的零杆判别法,可知除FG、FH两根杆外,其余各杆均为零杆。

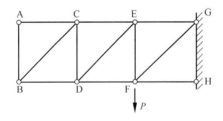

题 27 解图

答案：B

考点：桁架零杆的判别法。

28. **解析**：依次考察A、B、C、D、E各节点,根据桁架结构的零杆判别法,可知除HC、CD、HO、OG这4根杆之外各杆均为零杆。取节点H,画H点受力图如题28解图所示。根据三角形比例关系,可知$F_a = P$（拉力）。

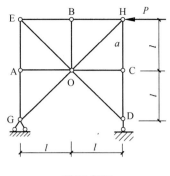
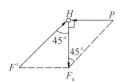

题 28 解图

答案：A

考点：桁架内力的计算。

29. 解析：用截面法从 A 点截开，取上半部，画受力图如题 29 解图所示。

题 29 解图

$$\Sigma F_X = 0 \quad \therefore V_A = P$$
$$\Sigma M_A = 0 \quad \therefore M_A = 0$$

答案：C

考点：静定刚架内力的计算。

30. 解析：解图中，杆 CA、CD、EB、DE 为零杆，两斜杆 AD、BD 为压杆，其竖向分力共同与荷载（20kN）相平衡。根据力的三角形原理，可知 $N_a = 1/2 \times 20 = 10$ kN（拉力）。

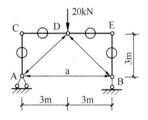

题 30 解图

答案：B

考点：桁架内力的计算。

31. 解析：取整体为研究对象，设下支座为 A，上支座为 B，$\Sigma M_A = 0$，$F_B \cdot 2a = 0$，所以 $F_B = 0$。再考虑二力平衡，可知 F_A 与 P 大小相等，方向相反，在同一直线上。然后考虑 A 点的受力。

根据零杆判别法可知，$N_a = 0$。再考虑节点 C，可知 $N_b = 0$。

答案：A

考点：桁架零杆的判别法。

32. **解析**：超静定次数越高，杆端弯矩越小。反之，超静定次数越低，杆端弯矩越大。A选项是3次超静定，B选项是2次超静次，C选项和D选项是1次超静定。但是C选项中的多余约束是一个水平力，对P作用下的弯矩无影响，C选项的弯矩M_a和静定梁相同。

    答案：C

    考点：超静定梁的弯矩图。

33. **解析**：对称结构，对称的温度变化，引起的变形也是对称的，而且从中部到端部变形的累积越来越大，对应的梁的弯矩绝对值也越往端部越大。A选项是错误的。

    答案：A

    考点：温度变化对超静定结构的影响。

34. **解析**：对支座反力最不利的荷载布置是在支座左右两跨布满荷载，然后再隔跨布置荷载。其余跨的荷载则有缓解不利的作用。

    题34解表

支座反力	两侧荷载	隔跨（敌）	邻跨（友）
R_1	1跨	2跨	3跨
R_2	2跨	2跨	2跨（1近1远）
R_3	2跨	1跨	3跨
R_4	2跨	2跨	2跨（近）

    从分析表可以看出：R_2和R_4"敌人多、朋友少"。而R_2和R_4比较，由于"远亲不如近邻"，所以R_2最不利，支座反力R_2最大。

    答案：B

    考点：多跨超静定连续梁。

35. **解析**：支座a产生最大负弯矩，即是对支座a最不利的荷载，布置形式是在支座a左右两跨布满荷载，然后再隔跨布置。A选项正确。

    答案：A

    考点：多跨超静定连续梁。

36. **解析**：这是一个超静定结构，支座沉降会产生剪力。但是左边竖杆是一个二力杆，只有轴力，不会产生剪力。D选项正确。

    答案：D

    考点：支座沉降对超静定结构的影响。

37. **解析**：当$\frac{EI_2}{EI_1} \to \infty$时，相当于$\frac{EI_2}{EI_1} \to 0$，也就是柱刚度对横梁端部的约束趋近于零，左上角和右上角的直角约束不复存在，横梁两端相当于简支，故横梁中点弯矩M_a趋向于受均布荷载简支梁的中点弯矩$\frac{1}{8}ql^2$。

    答案：B

    考点：刚度比对超静定结构的影响。

38. **解析**：两图的差别在于图Ⅱ比图Ⅰ多了3根竖杆，而这3根竖杆实际上是零杆，在桁架中点A的位移计算中不起作用。

答案：C

考点：静定桁架结构的位移。

39. 解析：图Ⅰ是一次超静定拱，图Ⅱ是二次超静定拱。超静定次数越低，拱的轴力越大，故 B 选项是正确的。当拉杆轴向刚度 E_1A_1 不断增大时，图Ⅰ中两个拱脚之间距离越来越趋于不变，拱Ⅰ和拱Ⅱ的约束趋于一致，其轴力也趋于一致，故 C 选项也是正确的。

答案：B、C

考点：超静定拱。

40. 解析：结构位移的大小与其受到的外力成正比，与其本身的刚度成反比。A 选项与 D 选项外力差一倍，而刚度也差一倍，所以 A 选项与 D 选项位移相同。C 选项与 D 选项受力相同，但是 C 选项刚度小，故位移比 D 选项要大。而 B 选项与 A 选项受力相同，但是 B 选项刚度大，故 B 选项的位移 Δ 最小。

答案：B

考点：超静定刚架的位移。

41. 解析：主动力 P 对固定支座是顺时针转动，故固定端的约束反力偶必为逆时针方向，固定端弯矩是左侧受拉。由于水平力 P 可以分解成反对称力，本结构又是对称结构，所以其弯矩图，必须是反对称的。

答案：C

考点：超静定反对称刚架的弯矩图。

42. 解析：结构各部分之间弯矩之比等于其刚度之比。图Ⅰ中横梁刚度与竖杆刚度之比是1∶1，而图Ⅱ中横梁刚度与竖杆刚度之比是1∶2，显然图Ⅱ中横梁弯矩小。

而横梁跨中弯矩的计算可由叠加法得到：

$$M_{中} = \frac{ql^2}{8} - M_{端}$$

其中 $M_{端}$ 是指横梁与竖杆刚性连接角点的约束弯矩。

由于框架中层端部约束弯矩 $M_{端}$ 比上层端部约束弯矩大，故图Ⅱ中的Ⅱ$_b$点弯矩 $M_{中}$ 最小。

答案：D

考点：刚度比对超静定刚架的影响。

43. 解析：根据《荷载规范》附录 A，题中材料重密为：钢 78.5kN/m³，混凝土 22～24kN/m³，大理石 28kN/m³，铝 27kN/m³。最轻者为混凝土。

注：一般认为铝最轻，其实是错觉，是因为平时接触的铝构件都很薄。

答案：B

考点：建筑材料的重力密度。

44. 解析：根据《混凝土规范》第 4.1.8 条，当温度在 0～100℃范围时，混凝土的线膨胀系数为 $\alpha_c = 1 \times 10^{-5}/℃$。

答案：C

考点：混凝土材料的线性膨胀系数。

45. 解析：参照《混凝土规范》第 3.5.3 条表 3.5.3，控制混凝土的碱含量，其作用是提高混凝土的耐久性。表中根据混凝土所处的环境类别，对最大水胶比、最低强度等级、最大氯离子含量、最大碱含量提出了基本要求。第 3.5.4 条，对预应力混凝土结构中的预应力筋、处于二、三类环境中的结构构件的耐久性提出了规定。第 3.5.3 条，对处于一类环境中，设计年限为 100 年的混凝土结构，其耐久性要求进一步提高。

  答案：B

  考点：混凝土的耐久性规定。

46. **解析**：热轧钢筋经冷拉后，屈服强度提高，但其塑性、韧性、可焊性降低。

  答案：C

  考点：钢筋冷加工后的性能。

47. **解析**：根据《混凝土规范》第 4.2.3 条表 4.2.3-1，钢筋 HPB300 的抗拉强度设计值为 $270N/mm^2$。

  答案：A

  考点：钢筋的抗拉强度设计值。

48. **解析**：抗剪强度不属于钢材的主要力学性能指标。

  答案：A

  考点：钢材的力学性能指标。

49. **解析**：根据《砌体规范》第 3.2.5 条第 3 款表 3.2.5-2，砌体的线膨胀系数与砌体类别有关。表中对不同的砌体类别（如烧结普通砖、烧结多孔砖、蒸压灰砂砖、蒸压粉煤灰砖、混凝土普通砖、混凝土多孔砖、混凝土砌块、轻集料混凝土砌块砌体、料石和毛石砌体等）提出了砌体的线膨胀系数和收缩率数值。

  答案：C

  考点：砌体的线膨胀系数。

50. **解析**：根据《砌体规范》第 3.2.1 条，砌体的抗压强度与砌块的强度等级、砂浆的强度等级、砌块的种类有关，而与砂浆的种类无关。

  答案：C

  考点：影响砌体抗压强度的因素。

51. **解析**：根据《木结构标准》第 4.3.1 条第 2 款表 4.3.1-3，木材的强度设计值中，顺纹抗压＞顺纹抗拉＞顺纹抗剪。三者中，以顺纹抗压强度最高，顺纹抗剪强度最低。

  答案：A

  考点：木材的各种强度。

52. **解析**：根据《木结构标准》第 3.1.1 条、第 3.1.3 条表 3.1.3-1，承重结构用的原木，其材质等级分为三级。

  答案：B

  考点：承重结构用原木的材质等级。

53. **解析**：热轧钢筋有屈服点，热处理钢筋、钢绞线无屈服点。

  答案：C

  考点：钢筋的屈服点。

54. **解析**：根据《混凝土规范》第 4.2.1 条第 2 款，梁、柱纵向受力普通钢筋应采用

HRB400、HRB500、HRBF400、HRBF500 钢筋。HPB300 钢筋强度偏低不宜采用。

答案：A

考点：梁柱中采用的纵向受力钢筋的牌号。

55. 解析：根据《高层混凝土规程》第 3.2.2 条第 8 款，设计时，剪力墙的混凝土强度等级不宜超过 C60。

答案：B

考点：剪力墙的混凝土强度等级要求。

56. 解析：根据《混凝土规范》第 4.1.2 条，预应力混凝土结构的混凝土强度等级不宜低于 C40。

答案：C

考点：预应力混凝土结构的混凝土强度等级要求。

57. 解析：根据《抗震规范》第 3.9.4 条，钢筋替换时，应按照钢筋受拉承载力设计值相等的原则换算，并应满足最小配筋率要求。故 A、B 选项正确，D 选项错误。根据《混凝土规范》第 4.2.8 条，钢筋代换时，还要满足最大力下的总伸长率、裂缝宽度的验算。故 C 选项正确。

答案：D

考点：钢筋的代换原则。

58. 解析：根据《抗震规范》第 3.9.2 条第 1 款 1)，有抗震要求的砌体结构，砌体材料采用普通砖和多孔砖时，其强度等级不应低于 MU10。

答案：C

考点：有抗震要求的砌体材料的强度等级要求。

59. 解析：普通螺栓分 A、B、C 三级。A、B 级为精制螺栓，孔径比栓径大 0.3mm，制作精度较高，变形小，因此能承受拉力、剪力，但安装困难，成本较高，较少应用。C 级螺栓为粗制螺栓，孔径比栓径大 1.0~1.5mm，受剪力作用时容易滑动，变形大，因此一般用于受拉连接，也可用于不重要的受剪连接或作为临时安装固定之用。通常用于建筑工程中的为 C 级螺栓。

答案：D

考点：普通螺栓连接。

60. 解析：根据《混凝土规范》第 8.2.1 条第 2 款，设计使用年限为 100 年的混凝土结构，最外层钢筋的保护层厚度不应小于表 8.2.1（使用年限 50 年）的 1.4 倍。

答案：A

考点：混凝土保护层厚度。

61. 解析：根据《高层混凝土规范》第 7.1.2 条，剪力墙各墙肢的高度与墙段长度之比不宜小于 3。主要是考虑剪力墙破坏时，其弯曲型破坏先于剪切型破坏。

答案：D

考点：剪力墙设计规定。

62. 解析：根据《抗震规范》第 6.1.4 条第 1 款 3)，防震缝两侧结构类型不同时，宜按需要较宽防震缝的结构类型和较低房屋高度确定缝宽。

答案：A

考点：防震缝设置要求。

63. 解析：根据《抗震规范》第8.3.4条及《高层钢结构规程》第8.3.3条，当框架梁与柱翼缘刚性连接时，梁翼缘与柱应采用全熔透焊缝连接（D选项错误），梁腹板与柱宜采用摩擦型高强度螺栓连接［题63解图（a）］，B选项正确，柱在梁翼缘对应位置应放置横向加劲肋板（隔板）［题63解图（a）］，A选项正确，悬臂梁段与柱应采用全焊接连接［题63解图（b）］，C选项正确。

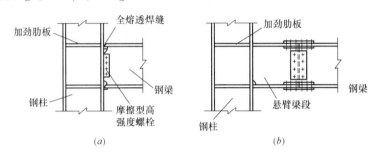

题63解图 框架梁与柱翼缘的刚性连接
(a) 框架梁与柱栓焊混合连接；(b) 框架梁与柱全焊接连接

答案：D

考点：钢框架梁柱连接节点。

64. 解析：根据《高层混凝土规程》第11.4.2条第3款，型钢混凝土梁中，型钢的混凝土保护层厚度不宜小于100mm。

答案：A

考点：型钢混凝土梁的保护层厚度。

65. 解析：钢筋与混凝土两种材料能有效结合在一起工作，是由于两者间有可靠的粘结强度，且两种材料的温度线膨胀系数相近，以及混凝土对钢筋具有良好的保护作用。二者中钢筋抗拉强度较高，混凝土抗拉强度较低（C选项错误）。

答案：C

考点：钢筋与混凝土共同工作的条件。

66. 解析：钢框架梁与柱的连接构造宜采用柱贯通型，见《高层钢结构规程》第8.3.1条、第8.3.3条。

答案：A

考点：钢框架梁柱连接构造。

67. 解析：根据《木结构标准》第4.1.2条、第4.1.3条表4.1.3，普通木结构房屋的设计使用年限为50年。

答案：B

考点：木结构房屋的设计使用年限。

68. 解析：根据《钢结构标准》第6.2节、第8.2节，钢结构构件轴压、受弯构件，均需考虑稳定问题，B选项"可不考虑"说法错误为答案。

答案：B

考点：钢结构构件的稳定计算。

69. **解析**：根据《砌体规范》第7.4.6条第2款，挑梁埋入砌体长度 l_1 与挑出长度 l 的比值（l_1/l），当挑梁上、下均有砌体时［题69解图（a），如在标准层］，宜大于1.2；当挑梁上无砌体时［题69解图（b），如屋顶层］，宜大于2.0。

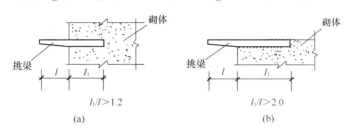

题69解图
(a) 标准层；(b) 屋顶层

答案：A

考点：挑梁的设计。

70. **解析**：根据《砌体规范》第7.1.5条第1款，当砌体结构的圈梁被门窗洞口截断时（如在楼梯间），应在洞口上部增设相同截面的附加圈梁。附加圈梁与圈梁的搭接长度，不应小于其中到中垂直间距的2倍，且不得小于1m。

答案：C

考点：圈梁的设置要求。

71. **解析**：根据《木结构标准》第7.5.3条表7.5.3，三角形木桁架的中央高度与跨度之比不应小于1/5。其余类型木桁架最小高跨比见该表。

答案：C

考点：三角形木桁架的中央高度。

72. **解析**：根据《高层混凝土规程》第3.7.3条表3.7.3及《抗震规范》第5.5.1条表5.5.1（题72解表），剪力墙结构的限值（/1000）小于框架—核心筒结构的限值（1/800）（C选项错误）。

弹性层间位移角限值　　　　　　　题72解表

结构类型	$[\theta_e]$
钢筋混凝土框架	1/550
钢筋混凝土框架—抗震墙、板柱—抗震墙、框架—核心筒	1/800
钢筋混凝土抗震墙、筒中筒	1/1000
钢筋混凝土框支层	1/1000
多、高层钢结构	1/250

答案：C

考点：多遇地震作用下的抗震变形验算。

73. **解析**：根据《混凝土规范》第8.1.1条表8.1.1，非露天的现浇钢筋混凝土剪力墙结构，伸缩缝最大间距为45m，题中50m大于45m，宜设置伸缩缝。

答案：B

考点：混凝土结构的伸缩缝设置。

74. 解析：在优选结构方案时，首先要考虑各种结构体系的最大适用高度，又要考虑建筑使用功能要求，以及施工条件、技术经济指标等因素。根据《高层混凝土规程》第3.3.1条表3.3.1-1，采用框架—剪力墙结构较为合理。题中选项框架结构、板柱—剪力墙结构允许高度不能满足要求，剪力墙结构开间较小，不能满足办公楼大空间灵活布置的要求。

    答案：B

    考点：钢筋混凝土高层建筑适用的最大高度。

75. 解析：根据《抗震规范》2010版规范第7.1.2条表7.1.2中规定的砌体房屋类别，已没有内框架承重砌体房屋，故不应采用。

    答案：D

    考点：砌体结构的承重方案。

76. 解析：《抗震规范》第9.1.3条第3款，厂房屋架的设置，跨度大于24m时，应优先采用钢屋架。36m跨度单层厂房，屋盖承重构件采用钢屋架最为合理。

    答案：D

    考点：单层厂房屋盖选型。

77. 解析：根据《高层混凝土规程》第3.3.1条表3.3.1-1，以抗震设防烈度7度为例，各种结构体系的最大适用高度为（m）：框架50；框架—剪力墙120；全部落地剪力墙120；部分框支剪力墙100；框架—核心筒130；筒中筒150；板柱—剪力墙70。

    根据上述规定，按最大适用高度由低到高排序，A选项正确。

    答案：A

    考点：混凝土结构体系适用的最大高度。

78. 解析：根据《抗震规范》第3.4.1条、第3.4.2条、第3.4.3条，有抗震设防的建筑，其平面宜简单规则，并使结构各层的抗侧力刚度中心与水平作用合力中心接近重合，同时各层接近在同一竖直线上，A、B、D选项正确。《高层钢结构规程》第5.2.6条，高层建筑宜选用风压较小的平面形状并应考虑邻近高层建筑物对该建筑物风压的影响，C选项错误。

    答案：C

    考点：建筑抗震设计基本规定。

79. 解析：中学教学楼抗震设防分类属乙类。根据《抗震规范》第7.1.2条表7.1.2注3，乙类多层砌体房屋仍按本地区设防烈度查表，其层数应减少一层且总高度应降低3m；不应采用底部框架—抗震墙结构砌体房屋。

    答案：B

    考点：建筑结构体系的层数和高度限制。

80. 解析：根据《高层混凝土规程》第9.3.1条，筒中筒结构的建筑平面应优先选用圆形、正多边形、椭圆形或矩形等。第9.3.4条规定，三角形平面宜切角，外筒的切角长度不宜小于相应边长的1/8；内筒的切角长度不宜小于相应边长的1/10。

    答案：C

    考点：筒中筒结构设计。

81. 解析：钢筋混凝土框架—核心筒结构，当其水平位移不能满足规范限值要求时，为了加强其侧向刚度，可以采用加大框架柱、梁截面，设置加强层，改为筒中筒结构。但加大核心筒配筋不起作用。故 A 选项错误。

答案：A

考点：多遇地震作用下的抗震变形要求。

82. 解析：剪力墙结构、框架—核心筒结构、筒中筒结构一般不能满足地震区高层商住楼底部大空间的需要，宜采用框支—剪力墙结构。

答案：B

考点：结构选型。

83. 解析：根据《高层混凝土规程》第 6.1.1 条，框架结构应设计成双向梁柱抗侧力体系。主体结构除个别部位外，不应采用铰接，A、C 选项正确。第 6.1.2 条，抗震设计的框架不应采用单跨框架（选项 B 中"不宜采用单跨框架结构"是错误的）。第 6.1.6 条，框架结构按抗震设计时，不应采用部分由砌体墙承重的混合形式，D 选项正确。

答案：B

考点：框架结构抗震设计要求。

84. 解析：根据《高层混凝土规程》第 9.3.3 条，筒中筒结构的内筒宽度可为高度的 1/15～1/12。因此，高度为 120m 的筒中筒结构，其内筒的适宜宽度为 120/15～120/12，即 8～10m。

答案：C

考点：筒中筒结构设计。

85. 解析：根据《混凝土规范》第 3.2.1 条第 4 款及条文说明，混凝土结构的设计方案宜采用超静定结构，重要构件和关键传力部位应增加冗余约束或有多条传力途径。传力途径和构件布置应能够保证结构的整体稳固性，避免因局部破坏引起结构的连续倒塌。

答案：C

考点：混凝土结构抗震设计基本规定（多道防线）。

86. 解析：根据《高层混凝土规程》第 3.3.1 条表 3.3.1-1，9 度抗震设防时，框架结构不能采用；板柱—剪力墙结构不应采用；框架—剪力墙结构最大适用高度为 50m（题中高度 58m 超过此值，不应采用）；全部落地剪力墙最大适用高度为 60m（题中高度 58m 小于此值，可以采用）。

答案：D

考点：高层建筑适用的最大高度。

87. 解析：参照《抗震规范》第 4.1.6 条，建筑场地类别，应根据土层等效剪切波速和场地覆盖层厚度分为四类（Ⅰ、Ⅱ、Ⅲ、Ⅳ），其中Ⅰ类分为I_0、I_1 两个亚类。题中 C、D 选项中多了一项（Ⅴ类），错误。

参照《抗震规范》条文说明第 3.3.2 条、第 3.3.3 条，历次大地震的经验表明，同样或相近的建筑，建造于Ⅰ类场地时震害较轻，建造于Ⅲ、Ⅳ类场地时震害较重。根据《抗震规范》第 3.3.2 条、第 3.3.3 条，建筑场地类别是建筑进行抗震设计的重要参数，按其对抗震作用的影响从轻到重排序是Ⅰ（I_0，I_1）、Ⅱ、Ⅲ、Ⅳ。

答案：A

考点：建筑场地类别划分。

88. 解析：根据《抗震规范》第4.1.1条表4.1.1，建筑场地按对地震的影响划分为有利地段、一般地段、不利地段和危险地段四个类别。第3.3.1条规定，对不利地段，应提出避开要求，当无法避开时，应采取有效措施（A选项正确）；同时，这里并未规定对不利地段不应建造甲、乙类建筑（B选项表述不准确）。第3.3.1条规定，对危险地段，严禁建造甲、乙类建筑，不应建造丙类建筑（C、D选项正确）。

答案：B

考点：建筑场地划分。

89. 解析：根据《抗震规范》第3.4.1条，建筑设计应根据概念设计的要求明确建筑形体的规则性（形体指建筑平面形状和立面及竖向剖面的变化）。不规则的建筑应按规定采取加强措施；特别不规则的建筑应进行专门研究和论证，采取特别的加强措施；严重不规则的建筑不应采用。

答案：C

考点：建筑抗震设计的规则性要求。

90. 解析：根据《抗震规范》第3.2.3条，设计地震共分为三组，题中A、B选项中多了第四组，错误。《抗震规范》条文说明第3.2条提出，新规范将1989年版规范的设计近震、远震改称设计地震分组，可更好地体现震级和震中距离的影响。地震分组对地震作用的影响，由轻到重排序为：第一组、第二组、第三组。

答案：C

考点：设计地震分组。

91. 解析：根据《抗震规范》第1.0.1条，按规范进行抗震设计的建筑，其基本的抗震设防目标是：当遭受低于本地区抗震设防烈度的多遇地震影响时，主体结构不受损坏或不需修理可继续使用；当遭受相当于本地区抗震设防烈度的设防地震影响时，可能发生损坏，但经一般修理仍可继续使用；当遭受高于本地区抗震设防烈度的罕遇地震影响时，不致倒塌或发生危及生命的严重破坏。综合以上，Ⅰ、Ⅱ、Ⅲ正确。

答案：D

考点：抗震设防目标（三个水准）。

92. 解析：根据《抗震规范》第6.1.1条表6.1.1，在确定现浇钢筋混凝土房屋适用的最大高度时，与抗震设防烈度、结构类型有关。第3.3.1条规定，当平面和竖向均不规则的高层建筑结构，其最大适用高度宜适当降低。而适用最大高度与设计地震分组无关。

答案：B

考点：钢筋混凝土房屋适用高度的影响因素。

93. 解析：根据《高层混凝土规程》第6.1.6条，框架结构按抗震设计时，不应采用部分由砌体墙承重的混合形式。框架结构中的楼、电梯间及局部出屋顶的电梯机房、楼梯间、水箱间等，应采用框架承重，不应采用砌体墙承重（A选项正确）。第6.1.4条第1款，楼梯间的布置应尽量减小其造成的结构平面不规则（B选项错误）。第6.1.5条第4款，楼梯间采用砌体填充墙时，应设置间距不大于层高且不大于4m的钢筋混凝土构造柱，并应采用钢丝网砂浆面层加强（C选项中"宜"应改为"应"，错误）。根据《抗震规范》第13.3.2条第1款，非承重墙体宜优先采用轻质墙体材料；采用砌体墙时，应采取措施减少对主体结构的不利影响，并应设置拉结筋、水平系梁、圈梁、构造柱等，与主体结构可靠拉结。《抗震规范》第13.3.4条第1款，填充墙在平面和竖向的布置，宜均匀对称，宜避免形成薄弱层和短柱（D选项错误）。

综上所述，只有A选项的表述正确，其余为错误或不完全正确。

答案：A

考点：框架结构非结构构件抗震设计要求。

94. 解析：根据《抗震规范》第6.1.5条，甲、乙类建筑以及高度大于24m的丙类建筑，不应采用单跨框架结构；高度不大于24m的丙类建筑不宜采用单跨框架结构，A选项正确。《抗震规范》条文说明第6.1.5条，框架结构中某个主轴方向均为单跨，也属于单跨框架结构；某个主轴方向有局部的单跨框架，可不作为单跨框架结构对待，一、二层连廊采用单跨框架时，需要注意加强。框—剪结构中的框架，可以是单跨，B、C、D选项错误。

答案：A

考点：单跨框架设计规定。

95. 解析：根据《抗震规范》第6.1.1条表6.1.1，按8度（0.2g）设防时，下列各现浇钢筋混凝土结构体系房屋的适用最大高度为：框架—抗震墙100m；抗震墙100m；框架—核心筒100m。

答案：D

考点：结构体系房屋适用的最大高度。

96. 解析：根据《高层混凝土规程》第3.3.1条表3.3-1，A级高度钢筋混凝土高层建筑有抗震设防要求时，框架结构的最大适用高度最低（不论抗震设防为哪一类）。以8度（0.2g）为例，框架结构最大适用高度为40m，板柱—剪力墙结构为55m，其他结构体系均比二者高。

答案：A

考点：A级高度的建筑结构体系适用的最大高度。

97. 解析：根据《高层混凝土规程》第9.2.1条，核心筒宜贯通建筑物全高，核心筒的宽度不宜小于筒体总高度的1/12（A选项正确）。《高层混凝土规程》第9.2.2条，筒体角部附近不宜开洞，当不可避免时，筒角内壁至洞边的距离应不小于500mm和开洞墙截面厚度（D选项中"可小于500mm"错误）。《高层混凝土规程》第9.2.3条，框架—核心筒结构的周边柱间必须设置框架梁（C选项错误），形成周边框架。《高层混凝土规程》第9.2.2条第5款，抗震设计时，核心筒的连梁宜通过配置交叉暗撑、设水平缝或减小梁截面的高宽比等措施来提高连梁的延性。框架梁与核心筒的连接可以根据具体情况采用刚接或铰接（D选项不正确）。

答案：A

考点：筒体结构设计。

98. 解析：根据《高层混凝土规程》第9.1.2条，筒中筒结构的高度不宜低于80m，高宽比不宜小于3。条文说明第9.1.2条，研究表明，筒中筒结构的空间受力性能与其高度和高宽比有关,当高宽比小于3时,就不能较好地发挥结构的整体空间作用(A选项错误)。第9.3.1条,筒中筒结构的平面外形宜选用圆形、正多边形、椭圆形或矩形等,内筒宜居中。第9.3.2条,矩形平面的长宽比不宜大于2。条文说明第9.3.1条~第9.3.5条,矩形平面的长宽比大于2时,外框筒的"剪力滞后"更突出,应尽量避免(B选项表述错误)。第9.3.5条,外框筒柱距不宜大于4m,洞口面积不宜大于墙面面积的60%,洞口高宽比宜与层高和柱距之比值相近(C选项"洞口无特殊要求"的表述错误)。根据《高层混凝土规程》第3.1.1条表3.3.1-1和表3.3.1-2,筒中筒结构可适用的高度最大,D选项正确。

答案: D

考点: 筒体结构设计。

99. **解析:** 根据《高层混凝土规程》第10.6.3条第1款,各塔楼的层数、平面和刚度宜接近;塔楼对底盘宜对称布置;上部塔楼结构的综合质心与底盘结构质心的距离不宜大于底盘相应边长的20%(A选项中,30%错;B选项正确)。条文说明第3.3.2条提到,在复杂体形的高层建筑中,如何计算高宽比是比较难以确定的问题。对带有裙房的高层建筑,当裙房的面积和刚度相对于其上部塔楼的面积和刚度较大时,计算高宽比的房屋高度和宽度可按裙房以上塔楼结构考虑(C选项错误)。第10.6.3条第2款,转换层不宜放置在底盘屋面的上部塔楼内(D选项错误)。

答案: B

考点: 复杂高层建筑结构设计。

100. **解析:** 根据《抗震规范》第7.3.1条表7.3.1,多层普通砖砌体房屋构造柱设置要求中构造柱设置部位为:楼、电梯间四角;楼梯斜梯段上、下端对应的墙体处;外墙四角和对应的转角;错层部位横墙与外纵墙交接处;大房间内外交接处;较大洞口两侧。第7.3.2条第1款,构造柱最小截面可采用180mm×240mm(D选项错误)。

答案: D

考点: 砌体房屋抗震构造。

101. **解析:** 根据《抗震规范》第7.1.2条第2款注,横墙较少是指同一楼层内开间大于4.2m的房间占该层总面积的40%以上;横墙很少是指开间不大于4.2m的房间占该层总面积不到20%且开间大于4.8m的房间占该层总面积的50%以上。

答案: C

考点: 砌体房屋横墙较少和很少的限定。

102. **解析:**《抗震规范》第7.1.8条第1款规定,上部的砌体墙体与底部的框架梁或抗震墙,除楼梯间附近的个别墙段外均应对齐(C选项错误);第2款规定房屋的底部,应沿纵横两方向设置一定数量的抗震墙,并均匀对称布置(D选项正确)。6度且总层数不超过四层的底层框架—抗震墙砌体房屋,应允许采用嵌砌于框架之间的约束普通砖砌体或小砌块砌体的砌体抗震墙(A选项总层数不超过六层错误)。……8度时应采用钢筋混凝土墙、6、7度时应采用钢筋混凝土抗震墙或配筋小砌块砌体抗震墙(B选项错误)。

答案: D

考点: 底部框架—抗震墙砌体房屋结构设计。

103. 解析：根据《抗震规范》第8.1.1条，钢结构民用房屋的结构类型和最大高度应符合第8.1.1条表8.1.1的规定。但平面和竖向均不规则的钢结构，适用的最大高度宜适当降低（A选项错误）。第8.1.5条，甲、乙类建筑和高层的丙类建筑不应采用单跨框架，多层的丙类建筑不宜采用单跨框架B选项未说明丙类建筑要求，不全面。表8.1.1中，结构类型包括框架、框架—中心支撑、框架—偏心支撑、筒体（框筒、筒中筒、框架筒、束筒）和巨型框架（C选项中"不包括混凝土筒"正确）。第8.1.2条表8.1.2注，塔形建筑底部有大底盘时，高宽比可按大底盘以上计算（D选项错误）。

答案：C

考点：高层钢结构抗震设计。

104. 解析：根据《抗震规范》第4.3.7条，全部消除地基液化措施应符合下列要求：

1 采用桩基时，桩端伸入液化深度以下稳定土层中的长度（不包括桩尖部分），应按计算确定，对碎石土，粗、中砂，坚硬黏性土和密实粉土不应小于0.5m，对其他非岩石土不应小于1.5m。

2 采用加密法（如振冲、强夯等）加固时，应处理至液化深度下界。

3 用非液化土替换全部液化土层。

第4.3.8条，采用筏板基础、箱基、独立基础和条形基础等，属于部分消除地基液化措施。

答案：B

考点：消除地基液化的措施。

105. 解析：根据《地基规范》第7.3.2条第1款，建筑物下列部位宜设置沉降缝：

1) 建筑平面的转折部位；

2) 高度差异或荷载差异处；

3) 长宽比过大的砌体承重结构或钢筋混凝土框架结构的适当部位；

4) 地基土的压缩性有显著差异处；

5) 建筑物或基础类型不同处；

6) 分期建造房屋的交界处。

根据上述，B选项不正确。

答案：B

考点：沉降缝设置。

106. 解析：根据《地基规范》第8条，无筋扩展基础属于刚性基础。上部结构荷载通过不配筋的基础（如混凝土基础、灰土基础等）的刚性角传至地基。基础的刚性角由台阶宽高比来保证，应符合第8.1.1条表8.1.1的要求。

答案：A

考点：无筋扩展基础设计。

107. 解析：根据《地基规范》第8.5.3条第8款4），钻孔灌注桩构造钢筋的长度不宜小于桩长的2/3（C选项错误）。第8.5.3条第3款，桩底进入持力层的深度，宜为桩身直径的1~3倍；在确定桩底进入持力层深度时，应考虑特殊土、岩溶以及震陷液化等的影响。嵌岩灌注桩周边嵌入完整和较完整的未风化、微风化、中风化硬质岩体的最小深度不宜小于0.5m（A选项正确）。第8.5.3条第10款，桩顶嵌入承台内的长度不应小于50mm，主筋伸入承台的锚固长度应满足钢筋直径（HRB335、HRB400：35倍）的要求（B选项正确）。第8.5.2条第10款，在柱承台周围及地下室周围的回填土中，应满足填土密实度要求（D选项正确）。第8.5.3条第8款，桩身纵向钢筋长度，应符合下列规定：

  1）受水平荷载和弯矩较大的桩，配筋长度应通过计算确定；

  2）桩承台下存在淤泥、淤泥质土或液化土层时，配筋长度应穿过淤泥、淤泥质土层和液化土层；

  3）坡地岸边的桩、8度及8度以上地震区的桩、抗拔桩、嵌岩端承桩应通长配筋。

  综上所述，C选项错误。

  答案：C

  考点：桩基础设计。

108. **解析**：A选项为重力式挡土墙，主要靠自重维持土压力作用下的自身稳定及墙身的强度，一般不配筋或局部配少量钢筋。其体积和重量较大，当挡土墙太高时耗费材料太多，不够经济，其高度可达8～10m。优点是形式简单，施工方便。当挡土墙较高时，为了节省材料，可做成半重力式挡土墙，如B选项所示，由于墙断面较薄，主要靠墙身底板上的填土重保证稳定。C选项为扶壁式轻型结构挡土墙，墙身稳定靠底板上的填土重来保证，增设扶壁可以减小挡土墙厚度和增加墙身稳定，可用于墙高大于9～15m。D选项为锚杆式挡土墙，可用于临时边坡支护和加固工程，其挡板是挡土墙的承压构件，锚杆是传力构件，通常用粗螺纹钢筋或钢绞线制成，靠锚杆与周边土层的摩阻力平衡传力。根据受力大小，锚杆可多层设置。

  答案：A

  考点：挡土墙类型。

109. **解析**：处于地下水位以下的饱和砂土和饱和粉土，在地震时容易产生液化现象，C选项正确，这是由于地震时引起的强烈地震运动使得饱和砂土或饱和粉土颗粒间产生相对位移，土颗粒结构趋于密实。如土体渗透系数较小，压密时短期内孔隙水排泄不出受到挤压，孔隙水压力急剧增加，在地震短期内不能消散，使土颗粒接触点的压力减小，当这种有效压力消失时，砂土颗粒局部或全部处于悬浮状态。土体抗剪强度等于零，形成类似液体现象，这种液化对房屋抗震不利，A选项正确。根据震害调查结果，许多资料表明，6度区液化对房屋结构造成的震害比较轻微。《抗震规范》第4.3.1条规定，饱和砂土和饱和粉土在6度时一般情况下可不进行判别和处理，B选项正确。黏性土与饱和砂土和饱和粉土性质不同，不会出现液化，D选项错误。

  答案：D

  考点：地基液化。

110. **解析**：土对挡土墙墙背的土压力呈三角形分布，墙背土压力合力 E_a 距墙底的距离 $x = h/3$。

  答案：B

考点：挡土墙的土压力分布。

111. 解析：根据《地基规范》第8.4.7条第2款，钢筋混凝土框架结构，当筏板不能满足抗冲切承载力的要求时，可在筏板上增设柱墩（犹如倒无梁楼盖的柱帽），柱墩可上反也可下反。筏板下（或上）局部增加板的厚度也可解决抗冲切承载力要求。柱下筏板增设抗冲切箍筋（犹如无梁楼盖中的剪力架）也可满足抗冲切承载力要求。至于柱下设桩基，已经是另外一种基础方案了（C选项不合理）。

    答案：C
    考点：筏式基础设计。

112. 解析：柱下独立基础在轴心荷载作用下，当基础具有足够刚度且持力层地基土层均匀时，可近似认为地基压力是均匀的，地基反力也是均匀分布的，地基变形曲线如C选项。

    答案：C
    考点：柱下独立基础地基反力分布与变形曲线。

113. 解析：轴力N作用下基础底面下的土压力呈均匀分布，弯矩M作用下土压力呈斜直线分布（按图示M方向，基底左侧产生拉力，右侧产生压力）。二者叠加，土压力呈梯形分布（左侧小，右侧大），如C选项所示。

    答案：C
    考点：基底的土压力分布。

114. 解析：根据《地基规范》第7.2.7条，复合地基设计应满足建筑物承载力和变形要求，Ⅰ、Ⅱ正确；第7.2.8条，复合地基承载力特征值应通过现场复合地基载荷试验确定，Ⅲ正确；第7.2.13条，复合地基增强体顶部应设置褥垫层，褥垫等散体材料。碎石、卵石宜掺入20%～30%的砂。褥垫层可采用中砂、粗砂、砾砂、碎石、卵石，Ⅳ正确。

    答案：D
    考点：复合地基设计。

115. 解析：取整体平衡，设支反力F_C向下，
    $$\sum M_B = 0,即 F_C \times 4 = (8 \times 2) \times 1 \quad \therefore F_C = 4\text{kN}$$
    $$A 处弯矩 |M_A| = 4 \times 2 = 8\text{kN} \cdot \text{m}(负弯矩)$$

    答案：A
    考点：静定梁的弯矩计算。

116. 解析：从中间铰C处断开，分别画左、右两部分受力图：

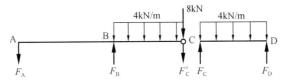

题116解图

先取CD杆平衡，显然$F_C = F_D = \dfrac{1}{2} \times 4 \times 3 = 6\text{kN}$

再取ABC杆平衡，由$\sum M_B = 0$：

$$F_A \times 6 = 8 \times 3 + 6 \times 3 + 4 \times 3 \times \frac{3}{2}$$
$$\therefore F_A = 10 \text{kN}$$

由直接法求内力：
$$M_b = -10 \times 6 = -60 \text{kN} \cdot \text{m}$$
$$Q_B \, 左 = -10 \text{kN}$$

答案： C

考点： 静定多跨梁的剪力计算。

117. **解析：** 根据《混凝土规范》第9.2.5条，沿截面周边布置受扭纵向钢筋的间距不应大于200mm及梁的短边长度，除应在梁截面四角设置受扭纵向钢筋外，其余受扭纵向钢筋宜沿截面周边均匀对称布置。受扭纵向钢筋应按受拉钢筋锚固在支座内。

    答案： D

    考点： 钢筋混凝土受扭构件的钢筋布置。

118. **解析：** 工字形截面钢梁，抗剪主要靠腹板，抗弯主要靠翼缘。此题给出的条件是钢梁截面高度和面积不变，就翼缘宽度和厚度、腹板厚度组合4种情况，要求判断哪一种截面抗剪承载能力最大。

    因截面面积不变，当翼缘宽度确定后，翼缘厚度越薄，则面积将匀给腹板，使腹板面积增加。而钢梁高度固定不变，即腹板高度基本不变，只能是腹板厚度增加，从而有利于抗剪。因此，A选项符合题意。

    答案： A

    考点： 工字梁的抗剪承载能力。

119. **解析：** 根据《制图标准》第4.2.1条表4.2.1，A选项表示永久螺栓。

    答案： A

    考点： 制图标准。

120. **解析：** 根据《制图标准》第4.3.3条图4.3.3，C选项中水平线右端全三角形表示双面角焊缝。

    答案： C

    考点： 制图标准。

2011年试题、解析、答案及考点

2011年试题

1. 建筑立面如图所示,在图示荷载作用下的基底倾覆力矩为（ ）。

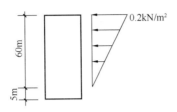

题1图

A 270kN·m/m（逆时针） B 270kN·m/m（顺时针）
C 210kN·m/m（逆时针） D 210kN·m/m（顺时针）

2. 图示悬壁结构,其正确的弯矩图和剪力图是（ ）。

题2图

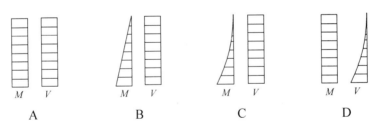

3. 图示简支梁结构,其截面最大弯矩值为（ ）。

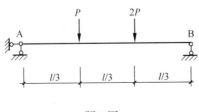

题3图

A $\dfrac{1}{3}Pl$ B $\dfrac{1}{6}Pl$ C $\dfrac{4}{9}Pl$ D $\dfrac{5}{9}Pl$

4. 图示结构的超静定次数为（   ）。

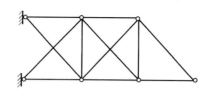

题 4 图

A 0次　　　　　　B 1次　　　　　　C 2次　　　　　　D 3次
（注：2010、2009、2008 及 2007 年试题中均有此题。）

5. 结构类型与已知条件如图示，则 A 点的弯矩值为（   ）。

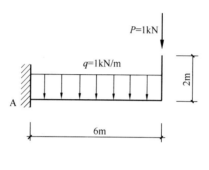

题 5 图

A 20kN·m　　　　B 24kN·m　　　　C 38kN·m　　　　D 42kN·m

6. 图示两跨连续梁，全长承受均布荷载 q，其正确的弯矩图是哪一个？

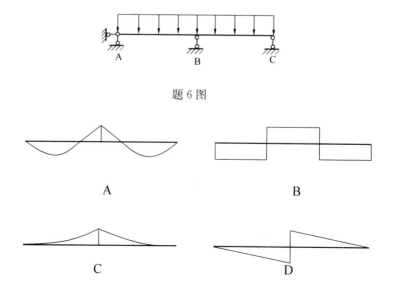

题 6 图

7. 下列图示结构属于何种体系?

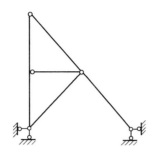

题 7 图

A 无多余约束的几何不变体系　　　　　B 有多余约束的几何不变体系
C 常变体系　　　　　　　　　　　　　D 瞬变体系

8. 图示简支梁在两种受力状态下，跨中Ⅰ、Ⅱ点的剪力关系为（　　）。

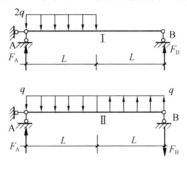

题 8 解图

A $V_Ⅰ = \dfrac{1}{2} V_Ⅱ$　　　　B $V_Ⅰ = V_Ⅱ$　　　　C $V_Ⅰ = 2V_Ⅱ$　　　　D $V_Ⅰ = 4V_Ⅱ$

（注：2013 年 2009、2008 及 2007 年试题中均有此题。）

9. 下列图示结构属于何种体系?

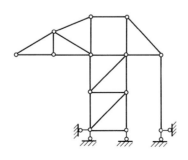

题 9 图

A 无多余约束的几何不变体系　　　　　B 有多余约束的几何不变体系
C 常变体系　　　　　　　　　　　　　D 瞬变体系

10. 图示结构的超静定次数为（　　）。

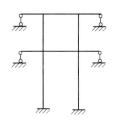

题10图

A 6次   B 8次   C 10次   D 12次

11. 下列图示结构属于何种体系?

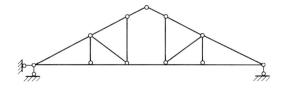

题11图

A 无多余约束的几何不变体系   B 有多余约束的几何不变体系
C 常变体系   D 瞬变体系

(注:2010、2009、2008及2007年试题中均有此题。)

12. 图示等截面梁正确的弯矩图为(   )。

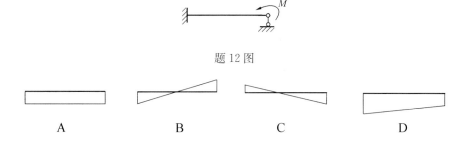

题12图

A   B   C   D

13. 伸臂梁在图示荷载作用下,其弯矩 M 图和剪力 V 图可能的形状是(   )。

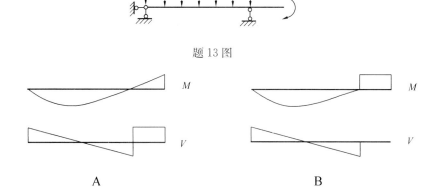

题13图

A   B

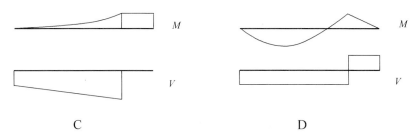

        C   D

14. 根据图示梁的弯矩图和剪力图，判断为下列何种外力产生的？

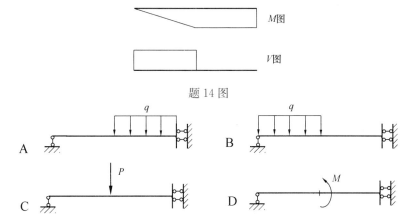

题 14 图

（注：2010、2009、2008 及 2007 年试题中均有此题。）

15. 下列图示结构属于何种体系？

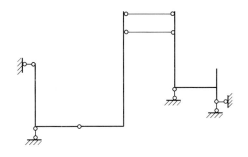

题 15 图

A 无多余约束的几何不变体系   B 有多余约束的几何不变体系
C 常变体系   D 瞬变体系

16. 图示结构正确的弯矩图是（   ）。

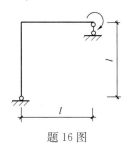

题 16 图

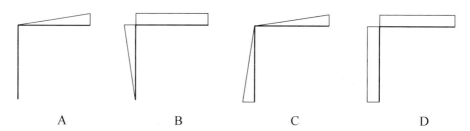

    A   B   C   D

17. 图示简支铰接钢桁架，其计算跨度 $l_0=20m$，桁架高度 $h=2.5m$，该桁架节点 7～13 均作用集中力 $P=100kN$，则桁架下弦杆杆 1-2 的轴力 N_{1-2} 为多少？

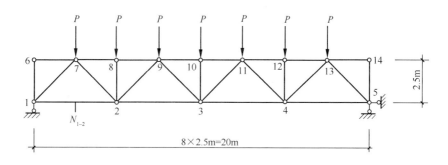

题 17 图

A 350kN   B 400kN   C 450kN   D 500kN

18. 图示桁架结构中零杆根数为（   ）。

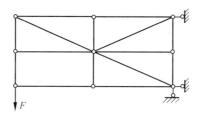

题 18 图

A 9 根   B 8 根   C 7 根   D 6 根

19. 图示桁架中斜杆 1、2 和 3 受何力作用？

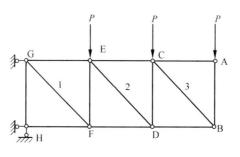

题 19 图

A 均受拉力　　　　　　　　　　　B 均受压力
C 2和3受拉力，1受压力　　　　　D 1和2受拉力，3受压力

20. 图示结构中哪根杆剪力最大？

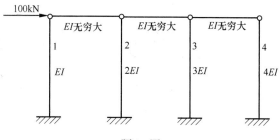

题20图

A 杆1　　　　B 杆2　　　　C 杆3　　　　D 杆4

21. 图中桁架a杆的内力为（　　）。

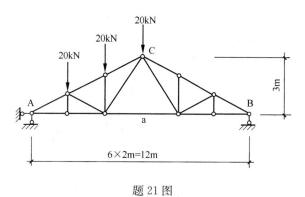

题21图

A 60kN　　　　B 40kN　　　　C 20kN　　　　D 0kN

22. 图示刚架正确的弯矩图是（　　）。

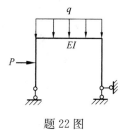

题22图

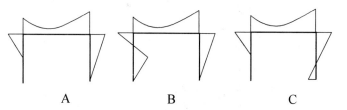

A　　　　　B　　　　　C　　　　　D

23. 图示结构中零杆根数为（　　）。
A 1根　　　　B 2根　　　　C 3根　　　　D 4根

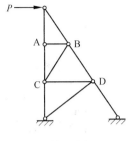

题 23 图

24. 图示两跨刚架承受竖向荷载作用，其弯矩图正确的是（   ）。（已知 $M_1 > M_2$）

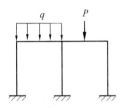

题 24 图

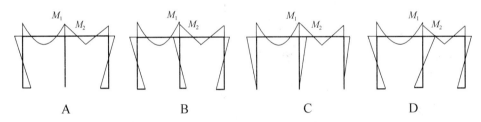

A　　　　　　B　　　　　　C　　　　　　D

25. 图示结构 B 支座水平反力 H_B 为（   ）。

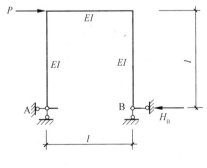

题 25 图

A　P　　　　　B　$-P/2$　　　　　C　$P/2$　　　　　D　$-P$

26. 图示结构中，杆 a 的内力 N_a（kN）应为下列何项？

A　$N_a = 0$　　　　　　　　B　$N_a = 10$（拉力）

C　$N_a = 10$（压力）　　　　D　$N_a = 10\sqrt{2}$（拉力）

（注：2013、2012、2011、2010、2009、2008 及 2007 年试题中均有此题。）

27. 图示结构中杆 b 的内力 N_b 应为下列何项数值？

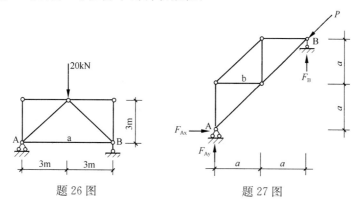

题 26 图　　　　　　　　题 27 图

A　$N_b=0$　　　B　$N_b=P/2$　　　C　$N_b=P$　　　D　$N_b=\sqrt{2}P$

（注：2013、2012、2011、2010、2009 及 2008 年试题中均有此题。）

28. 图示结构中 A、C 点的弯矩 M_A、M_C（设下面受拉为正）分别为（　　）。

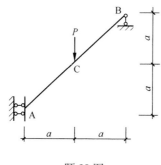

题 28 图

A　$M_A=0$，$M_C=Pa/2$　　　　　B　$M_A=2Pa$，$M_C=2Pa$
C　$M_A=Pa$，$M_C=Pa$　　　　　D　$M_A=-Pa$，$M_C=Pa$

29. 图示刚架中 A、B、C 点的弯矩 M_A、M_B、M_C 之间的关系为（　　）。

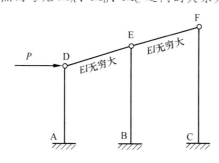

题 29 图

A　$M_A>M_B>M_C$　　　　　　B　$M_A<M_B<M_C$
C　$M_A=M_B=M_C$　　　　　　D　$M_A<M_C<M_B$

30. 图示梁支座 B 处左侧截面的剪力为（　　）。

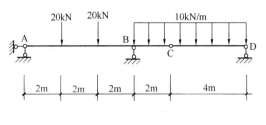

题 30 图

A －20kN　　　B －30kN　　　C －40kN　　　D －50kN

31. 柱受力如图，柱顶将产生何种变形？

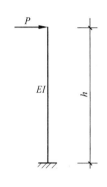

题 31 图

A 水平位移、竖向位移、转角　　　B 水平位移、转角
C 水平位移　　　　　　　　　　　D 竖向位移

（注：2010、2008 及 2006 年试题中均有此题。）

32. 图示结构，若均布荷载用其合力代替（如虚线所示），则支座反力所产生的变化为（　　）。

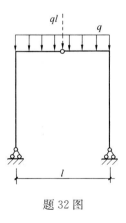

题 32 图

A 水平、竖向反力都发生变化　　　B 水平、竖向反力都不发生变化

C 水平反力发生变化　　　　　　　　D 竖向反力发生变化

33. 图示刚架若不计轴向变形，杆的弯矩图为（　　　）。

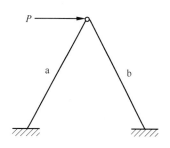

题 33 图

A 两杆均内侧受拉　　　　　　　　B 两杆均外侧受拉
C a 杆内侧受拉，b 杆外侧受拉　　　D a 杆外侧受拉，b 杆内侧受拉

34. 图示结构中零杆根数为（　　　）。

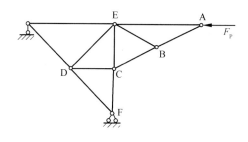

题 34 图

A 5 根　　　　　B 6 根　　　　　C 7 根　　　　　D 8 根

35. 图示桁架的杆件长度和材质均相同，K 点的竖向位移最小的是（　　　）。

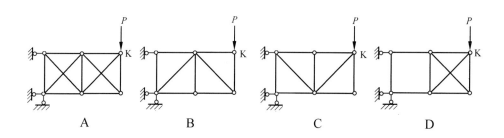

36. 对于相同材料的等截面轴心受压杆件，在以下三种情况下，其承载能力 P_1、P_2、P_3 的比较结果为（　　　）。

A $P_1=P_2<P_3$　　　　　　　　B $P_1=P_2>P_3$
C $P_1>P_2>P_3$　　　　　　　　D $P_1<P_2<P_3$

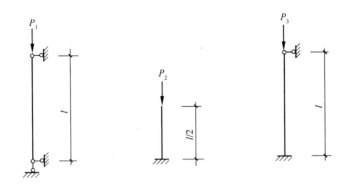

题 36 图

37. 图示带拉杆的三铰拱，杆 AB 中的轴力为（　　）。

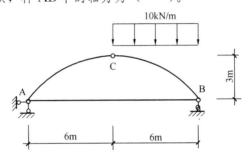

题 37 图

A　10kN　　　　B　15kN　　　　C　20kN　　　　D　30kN

38. 在承受沿水平方向均匀分布的竖向荷载作用下，三铰拱的合理轴线为（　　）。
　　A　圆弧线　　　　B　抛物线　　　　C　悬链线　　　　D　正弦曲线

39. 图示结构的超静定次数为（　　）。

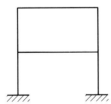

题 39 图

A　3次　　　　B　4次　　　　C　5次　　　　D　6次

40. 图示结构的超静定次数为（　　）。

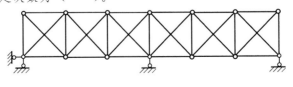

题 40 图

A 6次　　　　B 7次　　　　C 8次　　　　D 9次

41. 图示结构的超静定次数为（　　）。

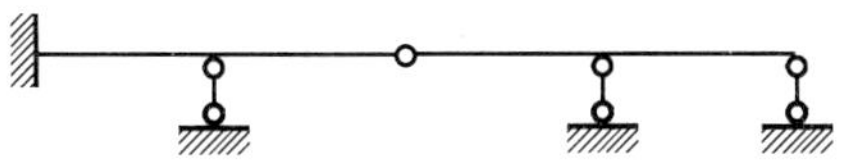

题41图

A 1次　　　　B 2次　　　　C 3次　　　　D 4次

42. 图示结构的超静定次数为（　　）。

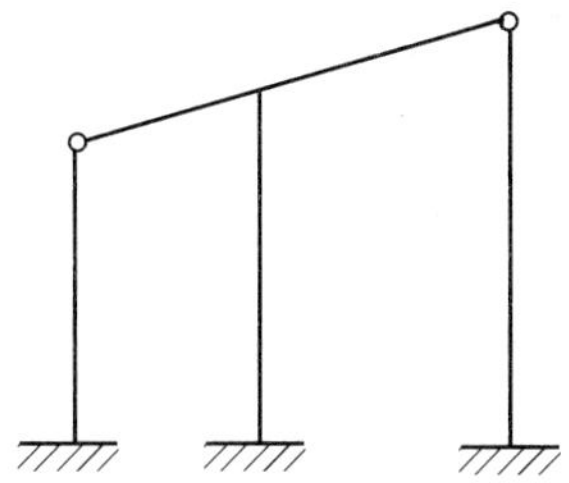

题42图

A 3次　　　　B 4次　　　　C 5次　　　　D 6次

43. 图示结构的超静定次数为（　　）。

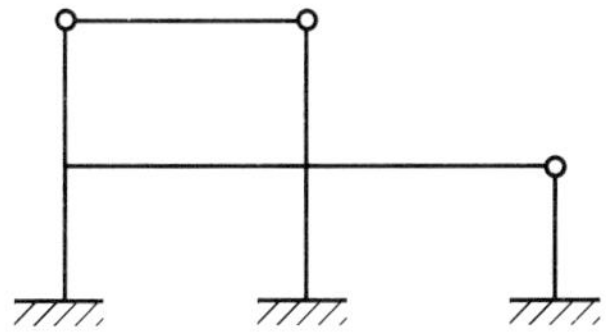

题43图

A 5次　　　　B 6次　　　　C 7次　　　　D 8次

44. 图示结构固定支座A的竖向反力为（　　）。

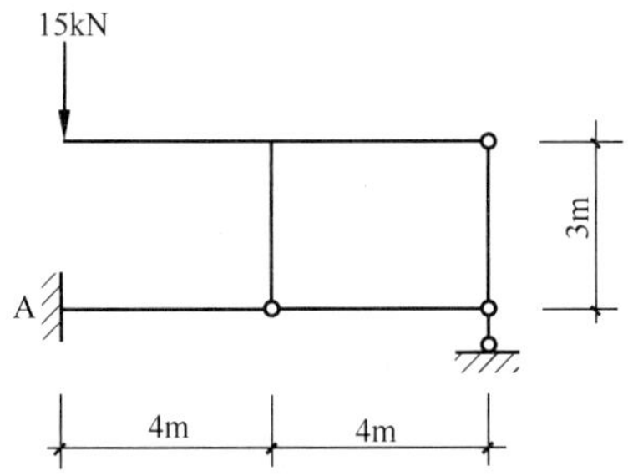

题44图

A 30kN　　　B 20kN　　　C 15kN　　　D 0kN

45. 图示结构支座a发生沉降Δ时，正确的剪力图是（　　）。
（注：2010、2009、2008及2007年试题中均有此题。）

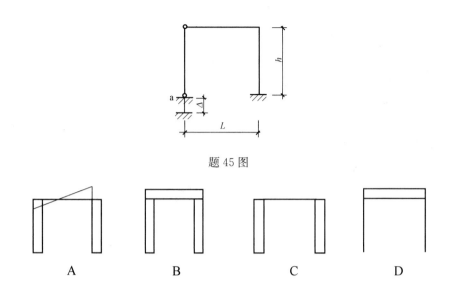

题 45 图

A　　　　　　B　　　　　　C　　　　　　D

46. 图示桁架中各杆 EA 为常量，节点 D 的位移（　　）。

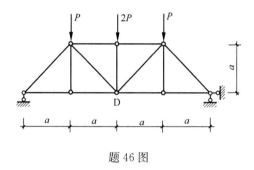

题 46 图

A　向上　　　　B　向下　　　　C　向左　　　　D　向右

47. 图中悬臂柱自由端在弯矩 M 和绕 O-O 轴的扭矩 T 作用下，柱底截面 A-A 存在哪几种内力？

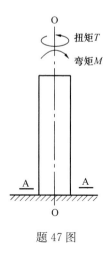

题 47 图

A 弯矩、轴力和扭矩　　　　　　　　B 弯矩、扭矩
C 弯矩、扭矩和剪力　　　　　　　　D 弯矩、剪力

48. 同牌号的碳素钢中，质量等级最高的是（　　）。
A A级　　　　B B级　　　　C C级　　　　D D级

49. 在普通碳素钢的化学成分中，碳含量增加，则钢材的（　　）。
A 强度提高，塑性、韧性降低　　　　B 强度提高，塑性、韧性提高
C 强度降低，塑性、韧性降低　　　　D 强度降低，塑性、韧性提高

50. 钢筋HRB335的抗拉和抗压强度设计值为下列哪个数值？
A 210N/mm²　　　　　　　　　　　　B 300N/mm²
C 360N/mm²　　　　　　　　　　　　D 390N/mm²

51. 热轧钢筋HRB400用下列哪个符号表示？
A ф　　　　　B Φ　　　　　C ф　　　　　D ф_R

52. 下列哪一种钢筋无明显的屈服强度？
A Ⅰ级钢筋　　B Ⅱ级钢筋　　C Ⅲ级钢筋　　D 热处理钢筋

53. 预应力混凝土结构的混凝土强度等级不应低于（　　）。
A C20　　　　B C30　　　　C C35　　　　D C40
（注：2010及2009年试题中有此题。）

54. 常用钢筋混凝土的重度为下列哪一数值？
A 15kN/m³　　　　　　　　　　　　B 20kN/m³
C 25kN/m³　　　　　　　　　　　　D 28kN/m³

55. 确定混凝土强度等级的标准试块应为下列哪个尺寸？
A 150mm×150mm×150mm　　　　　　B 150mm×150mm×300mm
C 100mm×100mm×100mm　　　　　　D 70.7mm×70.7mm×70.7mm

56. 控制混凝土的碱含量，其作用是（　　）。
A 减小混凝土的收缩　　　　　　　　B 提高混凝土的耐久性
C 减小混凝土的徐变　　　　　　　　D 提高混凝土的早期强度
（注：2010、2008及2007年试题中均有此题。）

57. 现场制作的原木结构构件的含水率不应大于下列哪个数值？
A 25%　　　　B 20%　　　　C 15%　　　　D 10%

58. 抗震设防地区承重砌体结构中使用的烧结普通砖，其最低强度等级为（　　）。
A MU20　　　B MU15　　　C MU10　　　D MU7.5

59. 建筑预埋件的锚筋不应采用下列何种钢筋？
A HPB300级　　　　　　　　　　　　B HRB335级
C HRB400级　　　　　　　　　　　　D 冷加工

60. 下列哪项与无筋砌体受压承载力无关？
A 砌体种类　　　　　　　　　　　　B 构件的支座约束情况
C 轴向力的偏心距　　　　　　　　　D 圈梁的配筋面积

61. 下列钢筋混凝土构件保护层的作用中，不正确的是（　　）。
A 防火　　　　B 抗裂　　　　C 防锈　　　　D 增加纵筋粘结力

62. 对钢筋混凝土屋面梁出现裂缝的限制是（   ）。
    A 不允许梁面有裂缝
    B 不允许梁底有裂缝
    C 允许出现裂缝，但应限制裂缝宽度
    D 允许出现裂缝，但应限制裂缝深度

63. 某楼面独立轧制工字钢梁不能满足抗弯强度的要求，为满足要求所采取的以下措施中哪项不可取？
    A 加大翼缘宽度
    B 加大梁高度
    C 加大翼缘厚度
    D 加大腹板厚度

64. 以下哪项不属于钢结构正常使用极限状态下需要考虑的内容？
    A 结构转变为可变体系
    B 钢梁的挠度
    C 人行走带来的振动
    D 腐蚀环境下涂层的材料和厚度

65. 地震区房屋如图，两楼之间防震缝的最小宽度 Δ_{min} 按下列何项确定？
    A 按框架结构30m高确定
    B 按框架结构60m高确定
    C 按抗震墙结构30m高确定
    D 按抗震墙结构60m高确定
    （注：2010、2009及2007年试题中均有此题。）

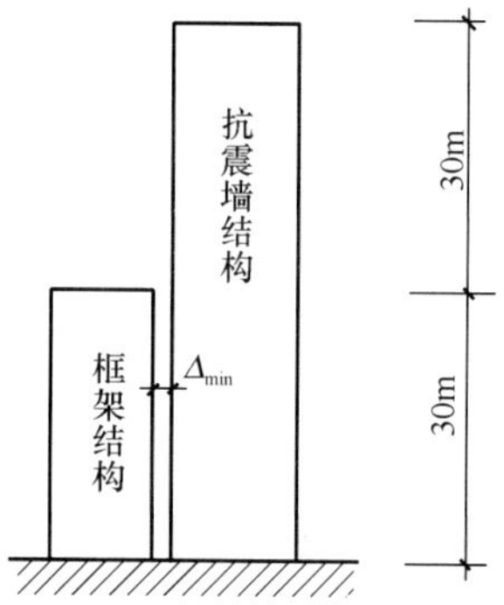

    题65图

66. 受拉钢筋的直径大于下列哪一数值时，不宜采用绑扎搭接接头？
    A 20mm
    B 22mm
    C 25mm
    D 28mm

67. 耐久性为100年的结构在室内正常环境下，其中钢筋混凝土结构的最低强度等级是（   ）。
    A C20
    B C25
    C C30
    D C35

68. 采用预应力混凝土梁的目的，下列哪种说法是错误的？
    A 减少挠度
    B 提高抗裂性能
    C 提高正截面抗弯承载力
    D 增强耐久性

69. 钢筋混凝土柱在大偏心受压情况下，下列哪种说法错误？
    A 横截面全部受压
    B 横截面部分受拉、部分受压
    C 横截面钢筋部分受压、部分受拉
    D 柱同时受压和受弯

70. 钢结构柱脚在地面以下的部分应采用混凝土包裹，保护层厚度不应小于50mm，并应使包裹混凝土高出地面至少（   ）。
    A 100mm
    B 150mm
    C 200mm
    D 250mm

71. 下列钢结构柱的防火保护方式中，哪项是错误的？
    A 厚涂型防火
    B 薄涂型防火
    C 外包混凝土防火
    D 外包钢丝网水泥砂浆防火

72. 为防止普通钢结构生锈腐蚀而影响其强度，下列几种措施中哪一种最不可取？

A 表面涂刷防锈漆 B 表面做金属镀层
C 适当加大钢材截面厚度 D 表面涂抹环氧树脂

73. 下列高层建筑钢构件除锈方式中,哪一种不应采用?
A 钢丝刷除锈 B 动力工具除锈
C 喷砂除锈 D 稀酸清洗除锈

74. 厚板焊接中产生的残余应力的方向是（　　）。
A 垂直于板面方向 B 平行于板面长方向
C 板平面内的两个主轴方向 D 板的三个主轴方向

75. 钢构件承载力计算时,下列哪种说法错误?
A 受弯构件不考虑稳定性 B 轴心受压构件应考虑稳定性
C 压弯构件应考虑稳定性 D 轴心受拉构件不考虑稳定性

76. 砌体结构钢筋混凝土圈梁的宽度宜与墙厚相同,其高度不应小于（　　）。
A 120mm　　B 150mm　　C 180mm　　D 240mm

77. 顶层带阁楼的坡屋面砌体结构房屋,其房屋总高度应按下列何项计算?
A 算至阁楼顶 B 算至阁楼地面
C 算至山尖墙的1/2高度处 D 算至阁楼高度的1/2处
（注：2010、2009、2008及2007年试题中均有此题。）

78. 木结构楼板梁,其挠度限值为下列哪一个数值（l为楼板梁的计算跨度）?
A $l/200$　　B $l/250$　　C $l/300$　　D $l/350$

79. 关于木结构的防护措施,下列哪种说法错误?
A 梁支座处应封闭好 B 梁支座下应设防潮层
C 木柱严禁直接埋入土中 D 露天木结构应进行药剂处理

80. 8度抗震砌体房屋墙体与构造柱的施工顺序正确的是（　　）。
A 先砌墙后浇柱 B 先浇柱后砌墙
C 墙柱一同施工 D 柱浇完一月后砌墙

81. 现浇钢筋混凝土框架-抗震墙结构,在抗震设防烈度为7度时的最大适用高度应（　　）。
A 满足强度要求,不限高度 B 满足刚度要求,不限高度
C 为120m D 为200m

82. 高层建筑按9度抗震设计时,梁柱中心线之间的偏心距不应大于柱截面在该方向宽度的（　　）。
A 1/10　　B 1/6　　C 1/4　　D 1/2

83. 钢筋混凝土框架—剪力墙结构在8度抗震设计中,剪力墙的间距取值（　　）。
A 与楼面宽度成正比 B 与楼面宽度成反比
C 与楼面宽度无关 D 与楼面宽度有关,且不超过规定限值

84. 抗震设计时对剪力墙的最小厚度要求（　　）。
A 无规定
B 只要能作为分隔墙即可
C 只要满足配筋要求即可
D 一、二级抗震墙不小于160mm,三、四级不小于140mm

85. 在地震区，钢框架梁与柱的连接构造，下列哪一种说法是不正确的？
    A 宜采用梁贯通型
    B 宜采用柱贯通型
    C 柱在两个互相垂直的方向都与梁刚接时，宜采用箱形截面
    D 梁翼缘与柱翼缘间应采用全熔透坡口焊缝

86. 在结构设计中，一般要遵守的原则是（　　）。
    A 强柱弱梁、强剪弱弯、强节点弱构件
    B 强梁弱柱、强剪弱弯、强构件弱节点
    C 强柱弱梁、强弯弱剪、强节点弱构件
    D 强柱弱梁、强剪弱弯、强构件弱节点

87. 在大跨度体育场设计中，以下何种结构用钢量最少？
    A 索膜结构　　　　　　　　　　B 悬挑结构
    C 刚架结构　　　　　　　　　　D 钢桁架结构

88. 下列关于单层砖柱厂房的叙述何项不正确？
    A 厂房屋盖不宜采用轻型屋盖
    B 厂房两端均应设置砖承重山墙
    C 8度抗震设防时不应采用无筋砖柱
    D 厂房天窗不应通至厂房单元的端开间

89. 某一长度为50m的单层砖砌体结构工业厂房采用轻钢屋盖，横向墙仅有两端山墙，应采用下列哪一种方案进行计算？
    A 刚性方案　　　B 柔性方案　　　C 弹性方案　　　D 刚弹性方案

90. 现浇钢筋混凝土框架结构在露天情况下伸缩缝间的最大距离为（　　）。
    A 15m　　　　　B 35m　　　　　C 80m　　　　　D 100m

91. 多层砌体房屋，其主要抗震措施是下列哪一项？
    A 限制高度和层数
    B 限制房屋的高宽比
    C 设置构造柱和圈梁
    D 限制墙段的最小尺寸，并规定横墙最大间距
    （注：2010、2009及2007年试题中均有此题。）

92. 下列关于钢筋混凝土结构构件应符合的力学要求中，何项错误？
    A 弯曲破坏先于剪切破坏
    B 钢筋屈服先于混凝土压溃
    C 钢筋的锚固粘结破坏先于构件破坏
    D 应进行承载能力极限状态和正常使用极限状态设计

93. 关于非结构构件抗震设计要求的叙述，以下哪项正确且全面？
    Ⅰ．附着于楼、屋面结构上的非结构构件，应与主体结构有可靠的连接或锚固；
    Ⅱ．围护墙和隔墙应考虑对结构抗震的不利影响；
    Ⅲ．幕墙、装饰贴面与主体结构应有可靠的连接；
    Ⅳ．安装在建筑上的附属机械、电气设备系统的支座和连接应符合地震时使用功能的

要求

A Ⅰ、Ⅱ、Ⅲ
B Ⅱ、Ⅲ、Ⅳ
C Ⅰ、Ⅱ、Ⅳ
D Ⅰ、Ⅱ、Ⅲ、Ⅳ

94. 与多层建筑地震作用有关的因素，下列哪项正确且全面？
Ⅰ．抗震设防类别；Ⅱ．建筑场地类别；Ⅲ．楼面活荷载；Ⅳ．结构体系；Ⅴ．风荷载

A Ⅰ、Ⅱ、Ⅲ
B Ⅰ、Ⅱ、Ⅳ
C Ⅰ、Ⅱ、Ⅲ、Ⅳ
D Ⅰ、Ⅱ、Ⅳ、Ⅴ

95. 抗震设计时，普通砖、多孔砖和小砌块砌体承重房屋的层高 $[h_1]$、底部框架—抗震墙砌体房屋的底部层高 $[h_2]$，应不超过下列何项数值？

A $[h_1]=4.2m$，$[h_2]=4.8m$
B $[h_1]=4.2m$，$[h_2]=4.5m$
C $[h_1]=3.6m$，$[h_2]=4.8m$
D $[h_1]=3.6m$，$[h_2]=4.5m$

96. 根据《建筑抗震设计规范》，下列哪一种结构平面属于平面不规则？

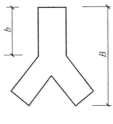

题96图

A $b\leqslant 0.25B$ B $b>0.3B$ C $b\leqslant 0.3B$ D $b>0.25B$

（注：2010、2009及2007年试题中均有此题。）

97. 关于钢筋混凝土高层建筑的层间最小位移与层高之比限值，下列比较哪一项不正确？

A 框架结构＞框架—抗震墙结构
B 框架—抗震墙结构＞抗震墙结构
C 抗震墙结构＞框架—核心筒结构
D 框架结构＞板柱—抗震墙结构

98. 抗震设计的钢筋混凝土剪力墙结构中，在地震作用下的主要耗能构件为下列何项？

A 一般剪力墙　B 短肢剪力墙　C 连梁　D 楼板

99. 高层钢筋混凝土框架结构抗震设计时，下列哪项是正确的？

A 应设计成双向梁柱抗侧力体系
B 主体结构可采用铰接
C 可采用单跨框架
D 不宜采用部分由砌体墙承重的混合形式

100. A级高度的钢筋混凝土高层建筑中，在有抗震设防要求时，以下哪一类结构的最大适用高度最低？

A 框架结构
B 抗震墙结构
C 框架—抗震墙结构
D 框架—核心筒结构

（注：2010及2007年试题中有此题。）

101. 下列钢筋混凝土结构体系中，可用于B级高度高层建筑的为下列何项？
Ⅰ．框架—抗震墙结构；Ⅱ．框架—核心筒结构；Ⅲ．短肢剪力墙较多的剪力墙结构；

Ⅳ．筒中筒结构

A Ⅰ、Ⅱ、Ⅲ、Ⅳ B Ⅰ、Ⅱ、Ⅲ
C Ⅰ、Ⅱ、Ⅳ D Ⅱ、Ⅲ、Ⅳ

102. 短肢剪力墙是指墙肢截面高度与厚度之比为下列何值的剪力墙?
A ≥12 B 12～8 C 8～5 D 5～3

103. 下列高层建筑结构中，何项为复杂高层建筑结构?
Ⅰ．连体结构；Ⅱ．多塔楼结构；Ⅲ．筒中筒结构；Ⅳ．型钢混凝土框架—钢筋混凝土筒体结构
A Ⅰ、Ⅱ、Ⅲ B Ⅰ、Ⅱ C Ⅱ、Ⅲ、Ⅳ D Ⅲ、Ⅳ

104. 黏性土的状态，可分为坚硬、硬塑、可塑、软塑、流塑，这是根据下列哪个指标确定的?
A 液性指数 B 塑性指数 C 天然含水量 D 天然孔隙比

105. 某民用建筑5层钢筋混凝土框架结构，无地下室，地方规范要求冻结深度为0.9m。地质土层剖面及土的工程特性指标如图所示，下列基础的埋置深度何为最佳?

题105图

A 0.6m B 1.0m C 1.5m D 2.5m

106. 条件同上题，选用下列何种基础形式最为适宜和经济?
A 柱下独立基础 B 柱下条形基础
C 筏形基础 D 箱形基础

107. 关于柱下桩基础独立承台和受冲切破坏锥体，下列图示正确的是（　　）。

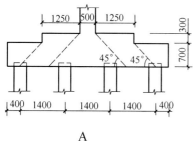

A B

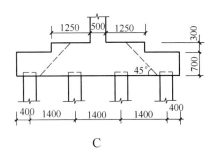
C

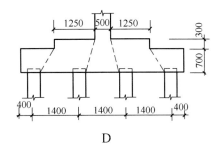
D

108. 在进行柱下独立基础的抗冲切承载力验算时，地基土的反力值应取（　　）。
   A 净反力标准值　　　　　　　　B 净反力设计值
   C 平均反力标准值　　　　　　　D 平均反力设计值

109. 柱下对称独立基础，基础宽度为 b，基础自重和其上的土重为 G_k，为使基础底面不出现拉力，基础顶面所承受的柱底竖向力 F_k 和 M_k 必须满足以下何种关系？

   A $\dfrac{M_k}{F_k} \leq \dfrac{b}{4}$　　　　　　B $\dfrac{M_k}{F_k+G_k} \leq \dfrac{b}{4}$

   C $\dfrac{M_k}{F_k} \leq \dfrac{b}{6}$　　　　　　D $\dfrac{M_k}{F_k+G_k} \leq \dfrac{b}{6}$

题 109 图

110. 某 15 层钢筋混凝土框架—抗震墙结构建筑，有 2 层地下室，采用梁板式筏形基础，下列设计中哪一项是错误的？
   A 基础混凝土强度等级 C30
   B 基础底板厚度 350mm
   C 地下室外墙厚度 300mm
   D 地下室内墙厚度 250mm

111. 下列关于高层建筑箱形基础设计的阐述中，错误的是（　　）。
   A 箱形基础的外墙应沿建筑的周边布置，可不设内墙
   B 箱形基础的高度应满足结构的承载力和刚度要求，不宜小于 3m
   C 箱形基础的底板厚度不应小于 300mm，顶板厚度不应小于 200mm
   D 箱形基础的底板和顶板均应采用双层双向配筋

112. 对于存在液化土层的地基，下列哪一项措施不属于全部消除地基液化沉陷的措施？
   A 采用桩基础，桩端伸入稳定土层
   B 用非液化土替换全部液化土层
   C 采用加密法加固，至液化深度下界
   D 采用箱基、筏基，加强基础的整体性和刚度

113. 在挡土墙设计中，可以不必进行的验算为（　　）。
   A 地基承载力验算　　　　　　　B 地基变形计算
   C 抗滑移验算　　　　　　　　　D 抗倾覆验算

114. 某 5 层框架结构教学楼，采用独立柱基础，在进行地基变形验算时，应以哪一种地基变形特征控制？
   A 沉降量　　　　B 倾斜　　　　C 沉降差　　　　D 局部倾斜

115. 题图所示的悬挑阳台及栏板剖面计算简图中,悬挑阳台受均布荷载 q 的作用,栏板顶端受集中荷载 P_1、P_2 的作用,则根部 A 所受到的力矩为下列何项?

A 20kN·m　　B 22kN·m
C 24kN·m　　D 26kN·m

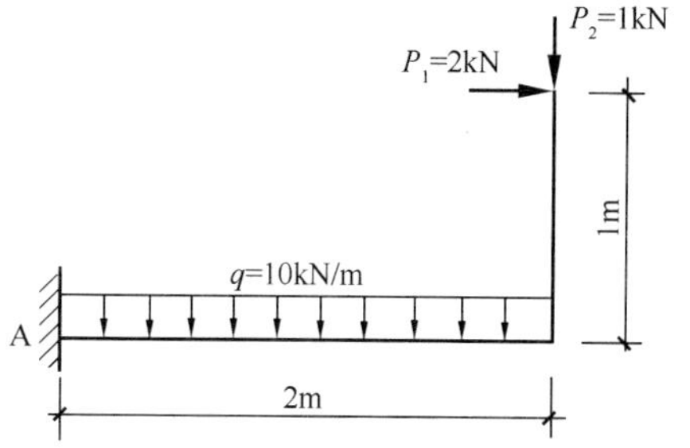

116. 4根材料和截面面积相同而截面形状不同的匀质梁,其抗弯能力最强的是下列何截面的梁?

A 圆形　　　B 正方形
C 高矩形　　D 扁矩形

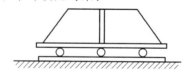

题115图

117. 采用刚性方案的砌体结构房屋,其横墙需满足的要求有哪几个方面?

Ⅰ.洞口面积;Ⅱ.横墙长度;Ⅲ.横墙厚度;Ⅳ.砌体强度

A Ⅰ、Ⅱ、Ⅲ　　B Ⅱ、Ⅲ、Ⅳ　　C Ⅰ、Ⅲ、Ⅳ　　D Ⅰ、Ⅱ、Ⅳ

118. 下列关于钢筋混凝土偏心受压构件的抗弯承载力的叙述,哪一项是正确的?

A 大、小偏压时均随轴力增加而增加
B 大、小偏压时均随轴力增加而减小
C 小偏压时随轴力增加而增加
D 大偏压时随轴力增加而增加

119. 钢筋混凝土结构中Φ12代表直径为12mm的何种钢筋?

A HPB300 钢筋　　B HPB335 钢筋　　C HRB400 钢筋　　D RRB400 钢筋

120. 下图所示钢结构支座对以下哪项无约束?

题120图

A 竖向位移　　　B 水平位移　　　C 转动位移　　　D 扭转位移

2011 年试题解析、答案及考点

1. **解析**:三角形分布荷载的合力为一个集中力,$F = \frac{1}{2} \times 60 \times 0.2 = 6$ kN(每延米);这个力的作用线距上边为 $\frac{1}{3} \times 60 = 20$m,距下边为 45m,$M_O(\vec{F}) = Fh = 6 \times 45 = 270$ kN·m/m(逆时针)。

答案:A

考点:力对点之矩。

2. **解析**:根据外力、剪力、弯矩的图形"零、平、斜","平、斜、抛"的规律,可知只有B图是正确的。

答案：B

考点：梁的剪力图和弯矩图。

3. **解析**：首先取整体平衡，设A、B两点的支反力F_A和F_B向上。

$$\sum M_A = 0: F_B l = P\frac{l}{3} + 2P\frac{2}{3}l \quad 得 F_B = \frac{5}{3}P$$

$$\sum F_y = 0: F_B + F_B = P + 2P \quad 得 F_A = \frac{4}{3}P$$

由直接法，$M_C = F_A \cdot \frac{l}{3} = \frac{4}{9}Pl$

$\qquad\qquad M_D = F_B \cdot \frac{l}{3} = \frac{5}{9}Pl$

显然最大弯矩是$\frac{5}{9}Pl$。

答案：D

考点：梁的弯矩计算。

4. **解析**：去掉两根斜杆后，结构变成右图所示的典型的三角形静定桁架结构，故有2个多余约束。

答案：C

考点：超静定次数。

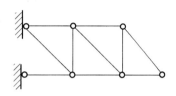

题4解图

5. **解析**：根据求弯矩值的直接法，A点的弯矩等于截面一侧所有外力对该截面形心力矩的代数和。

$$M_A = -1 \times 6 - (1 \times 6) \times 3 = -24 \text{kN} \cdot \text{m}$$

答案：B

考点：刚架弯矩的计算。

6. **解析**：根据荷载图、剪力图、弯矩图之间"零、平、斜"，"平、斜、抛"的关系，受均布荷载梁的弯矩图应为抛物线，而这又是一个1次超静定梁，应该满足弯矩图均匀分布在轴线两侧的规律，A选项正确。

答案：A

考点：超静定梁的弯矩图。

7. **解析**：去掉一根中间的横杆，则得到一个典型的三角形桁架结构，是静定的。故有1个多余约束。

答案：B

考点：几何组成分析。

8. **解析**：在图Ⅰ中求支反力：

$$\sum M_A = 0: F_B \cdot 2l = 2ql \cdot \frac{l}{2}, \text{得} F_B = \frac{ql}{2}(\uparrow), 则 V_I = -F_B = -\frac{ql}{2};$$

在图Ⅱ中求支反力：

$$\sum M_A = 0: F_B \cdot 2l = Q \cdot l, 得 F_B = \frac{ql}{2}(\downarrow), 则 V_{II} = F_B - ql = -\frac{ql}{2}。$$

答案：B

考点：静定梁的剪力。

9. **解析**：如解图所示，按照1、2、3、4、5、6、7、8、9、10、11的顺序依次去掉二元体，得到一个静定的简支梁。

答案：A

考点：几何组成分析。

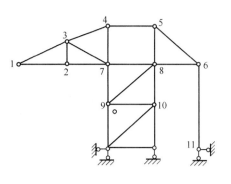

题9解图

10. **解析**：从中间两个横梁截开，相当于各去掉3个约束，再去掉上面4个链杆，相当于各去掉1个约束，共去掉10个约束后，得到两个悬臂刚架，是静定的。

答案：C

考点：超静定次数。

11. **解析**：解图所示为一个静定简支梁加二元体组合而成的无多余约束的几何不变体系。原图示结构显然比此图多2个多余约束。

答案：B

考点：几何组成分析。

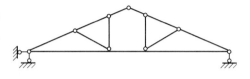

题11解图

12. **解析**：此梁为一个超静定结构，弯矩图应为一个分布在轴线两侧的斜直线，而且弯矩图应画在受拉一侧，根据右端的外力偶M的方向，可知右端弯矩应画在下面。

答案：C

考点：超静定梁的弯矩图。

13. **解析**：在此梁右边外伸段只有弯矩，没有剪力，属于纯弯曲，荷载图、剪力图、弯矩图应呈"零、零、平"的规律；同时在右边的支座所在截面处不应有弯矩的突变。故C选项正确。

答案：C

考点：静定梁的剪力弯矩图。

14. **解析**：根据荷载图、剪力图、弯矩图之间"零、平、斜"，"平、斜、抛"的规律，可知在外力图中不应有均布荷载q。又根据剪力图上的突变可知，在外力图中应有向下的集中力P。故C选项正确。

答案：C

考点：静定梁的剪力弯矩图。

15. **解析**：图示结构右边的L形杆通过简支连在地球上作为刚片Ⅰ，中间的L形杆作为刚片Ⅱ，左边的L形杆作为刚片Ⅲ，通过铰链1（左边两根链杆的交点）、铰链2（中间铰）、铰链3（上边两根平行杆在无穷远处的交点）相连，组成一个三铰结构，是无多余约束的几何不变体系。

答案：A

考点：几何组成分析。

16. **解析**：首先进行受力分析。由于主动力是一个顺时针力偶，所以支反力也必定是一个逆时针的力偶，左下边的铰链支反力向下，右边链杆支反力向上。由此可知结构左边竖杆只有轴力，没有弯矩。A选项正确。

答案： A

考点： 静定刚架的弯矩图。

17. **解析：** 根据结构的对称性，可知左右两边的支座反力相等，都等于 $\frac{7}{2}p = 350\text{kN}$。

    再由零杆判别法，得到杆 6-1 和 6-7 为零杆，可以去掉。取节点 1 为研究对象，画出节点 1 的受力图，如解图所示。根据三角形的比例关系，可知 $N_{1\text{-}2} = 350\text{kN}$（拉力）。

    答案： A

    考点： 桁架内力的计算。

18. **解析：** 如解图所示，首先根据 1、2、3、4、5 各节点，由零杆判别法可知 1-6、2-6、3-6、4-6 和 5-2 这五根杆都是零杆。再由 2 点可知 2-8 杆是零杆，由 6 点可知 6-7 杆是零杆。最后由节点 7 可知 7-4 是零杆，由 4 点可知 4-8 是零杆。

    答案： A

    考点： 桁架零杆的判别法。

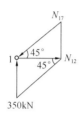

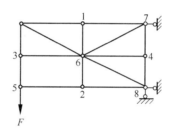

题 17 解图 　　　　　　　　　题 18 解图

19. **解析：** 首先分析 A 点受力，可知 AB 杆受压力 P，AC 杆为零杆。再分析节点 B，画出 B 点的受力图如解图（a），可知 N_3 为拉力。再分析节点 C，画出 C 点的受力图如解图（b），可知 CD 杆受压力。以同样的方法分析节点 D、节点 E、节点 F，可知杆 2、杆 1 均受拉力。

    答案： A

    考点： 桁架内力的计算。

20. **解析：** 这是一个超静定结构，各杆所产生的内力与杆的刚度成正比。由于杆 4 的刚度最大，故其剪力最大。

    答案： D

    考点： 超静定结构的特点。

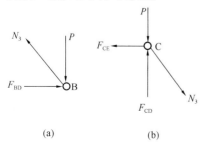

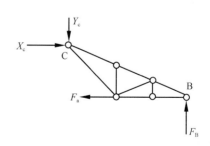

题 19 解图 　　　　　　　　　题 21 解图

21. **解析**：首先考虑整体平衡求支反力。$\sum M_A = 0$：$F_B \times 12 = 20 \times 2 + 20 \times 4 + 20 \times 6$，得：$F_B = 20\text{kN}$。然后用截面法从中间铰链和杆 a 处截开，取截面右半边为研究对象，画出受力图如解图所示。$\sum M_C = 0$：$F_a \cdot 3 = F_B \cdot 6$，所以，$F_a = 2F_B = 40\text{kN}$。

    答案：B

    考点：截面法解析架内力。

22. **解析**：由受力分析可知，图示刚架左边竖杆 p 力下边部分只有轴力，没有弯矩，而且刚架右下角铰链支座处也不应该有弯矩，故 A 选项正确。

    答案：A

    考点：静定刚架弯矩图。

23. **解析**：根据零杆判别法，依次考查节点 A、B、C、D，可知杆 AB、BC、CD、DE 均为零杆。

    答案：D

    考点：桁架零杆的判别法。

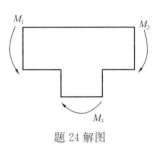

题 24 解图

24. **解析**：图示两跨刚架荷载不对称，则中间杆下端弯矩不为零。同时根据弯矩画在受拉一侧，并且刚节点受力矩要平衡的原则，只有 D 选项中间刚节点的弯矩是平衡的，如解图所示（$M_1 > M_2$）。

    答案：D

    考点：超静定结构的弯矩图。

25. **解析**：图示结构为一次超静定结构，各杆的内力和反力与其刚度成正比。由于左右两杆抗弯刚度相同，所以两杆所受的水平反力应相等，都等于 $\dfrac{P}{2}$，方向都是向左的。

    答案：C

    考点：超静定结构的支反力。

26. **解析**：根据对称性，可知左右两个支反力相等，都等于 10kN。再用零杆判别法，可知左上角两根杆和右上角两根杆都是零杆可以去掉。最后取节点 B 为研究对象，画出其受力图如解图所示。根据三角形比例关系，可知 $N_a = 10\text{kN}$（拉力）。

    答案：B

    考点：桁架内力的计算。

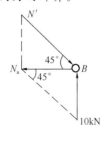

题 26 解图

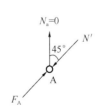

题 27 解图

27. **解析**：取整体为研究对象，$\sum M_A = 0$，$F_B \cdot 2a = 0$，所以 $F_B = 0$。再考虑二力平衡，可知 F_A 与 p 大小相等，方向相反，在同一直线上。然后考虑 A 点的受力如解图所示。

根据零杆判别法可知，$N_a=0$。再考虑节点C，可知$N_b=0$。

答案：A

考点：桁架零杆的判别法。

28. 解析：取整体求支反力：$\sum F_y=0$，$F_B=p$（↑）
   用直接法求弯矩：$M_A=F_B \cdot 2a-p \cdot a=pa$
   $M_C=F_B \cdot a=pa$

   答案：C

   考点：静定梁的弯矩计算。

29. 解析：超静定结构弯矩与各杆的线刚度$i=\dfrac{EI}{l}$成正比，当各种EI相同时，各杆弯矩与其长度l成反比。

   答案：A

   考点：超静定梁的弯矩。

30. 解析：从中间铰链处断开，分别画出AC杆和CD杆的受力如解图所示。

   首先分析CD杆的受力。根据对称性可知C、D两端的支反力相等，都等于20kN。

   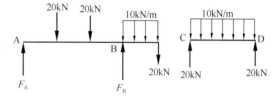
   题30解图

   再分析AC杆的受力，$\sum M_A=0$：$F_B \times 6=20 \times 2+20 \times 4+20 \times 8+(10 \times 2) \times 7$，可得到$F_B=70$kN。

   用直接法求$V_{B左}=10 \times 2+20-70=-30$kN。

   答案：B

   考点：多跨静定梁的剪力计算。

31. 解析：在建筑力学中研究的是小变形，只考虑荷载p方向的水平位移和转角，不考虑更高阶的微量——竖向位移。

   答案：B

   考点：梁的位移。

32. 解析：若均布荷载用其合力代替，则会影响结构各个部分的受力而不影响整体受力平衡。竖向反力是由整体平衡计算的，故不发生变化。而水平反力的计算则要发生变化，因为水平反力的计算是中间铰链拆开后由一部分的受力来计算的。

   答案：C

   考点：三铰刚架的支座反力。

33. 解析：图示刚架为对称结构受反对称荷载，则其支反力和反力偶也必然是反对称的。同时反力偶的方向也要和主动力p对固定端支座的力矩方向相反。由于主动力矩是顺时针的，故两个固定端支座的反力矩是逆时针的，也即是a杆外侧受拉，b杆内侧受拉。

   答案：D

   考点：超静定结构的弯矩图。

34. 解析：根据零杆判别法，依次考查节点A、B、C、D、E，可以判定AB、BC、BE、

CD、DE、EC各杆为零杆,把这些零杆去掉后,剩下的CF杆当然也是零杆了。

答案:C

考点:桁架零杆的判别法。

35. 解析:图示桁架为右侧悬臂、左侧简支的结构,K点的位移与结构的几何组成有关。A选项是2次超静定结构,B选项和C选项是静定结构,而D选项是几何可变体系。A选项的约束最强,其K点的竖向位移最小。

    答案:A

    考点:超静定结构的特点。

36. 解析:压杆的承载能力取决于压杆的临界力。由压杆临界力的计算公式 $P_{cr} = \dfrac{\pi^2 EI}{(\mu l)^2}$ 可知,在 P_1 的计算公式中 $\mu l = 1 \times l$,在 P_2 中 $\mu l = 2 \times \dfrac{l}{2} = l$,在 P_3 中 $\mu l = 0.7l$,可见 $P_1 = P_2 < P_3$。

    答案:A

    考点:压杆的临界力。

37. 解析:首先画出图示带拉杆的三铰拱相应的简支梁,如解图所示。求支反力,$\sum M_B = 0$:$F_A \times 12 = (10 \times 6) \times 13$,得到 $F_A = 15 \text{kN}$。中点弯矩 $M_C^0 = F_A \times 6 = 90 \text{kN} \cdot \text{m}$,原三铰拱的水平杆AB中的轴力 $F_N = \dfrac{M_C^0}{f} = \dfrac{90 \text{kN} \cdot \text{m}}{3 \text{m}} = 30 \text{kN}$。

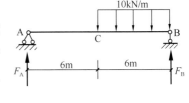

题37解图

    答案:D

    考点:三铰拱的水平推力。

38. 解析:根据三铰拱的合理轴线定义:弯矩 $M = 0$,可以证明在承受沿水平方向均匀分布的竖向荷载作用下,三铰拱的合理轴线为抛物线。

    答案:B

    考点:三铰拱的合理轴线。

39. 解析:把两根横梁中部截断,相当于去掉6个多余约束后,则原结构变成为两个悬臂刚架,是静定的。

    答案:D

    考点:超静定次数。

40. 解析:去掉6根斜杆,并去掉中间下面的支座链杆,则原结构成为一个标准的三角形组成的、简支的静定桁架,故有7个多余约束。

    答案:B

    考点:超静定次数。

41. 解析:去掉2个中间的链杆约束,相当于去掉2个多余约束,则原结构成为一个带中间铰链的静定梁。

    答案:B

    考点:超静定次数。

42. **解析**：去掉左上角和右上角两个中间铰链，相当于去掉 4 个多余约束，则原结构成为三个悬臂结构，是静定的。

    答案：B

    考点：超静定次数。

43. **解析**：去掉上边一根链杆，相当于去掉 1 个多余约束；截断左边一根变弯杆，相当于去掉 3 个多余约束；再去掉右上角的中间铰链，相当于去掉 2 个多余约束，共去掉 6 个多余约束，则原结构成为三个悬臂结构，是静定的。

    答案：B

    考点：超静定次数。

44. **解析**：首先研究 T 型杆 BDE，画出其受力图，如解图（a）所示。

    由 $\sum F_x=0$，得 $X_B=0$，故 BC 杆为零杆。

    由 $\sum M_D=0$，$Y_B\times 4=15\times 8$，得 $Y_B=30\mathrm{kN}$。

    再研究 AB 杆，画 AB 杆受力图，如解图（b）所示。

    由 $\sum F_y=0$，得 $F_A=Y_B=30\mathrm{kN}$。

    答案：A

    考点：物体系统的受力分析。

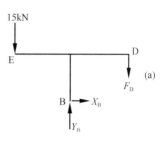

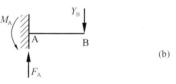

题 44 解图

45. **解析**：图示结构左侧杆为二力杆，当支座 a 发生沉降 Δ 时，左侧二力杆只承受轴力，故此杆应无剪力。

    答案：D

    考点：超静定结构的剪力图。

46. **解析**：图示桁架是对称结构，受对称荷载作用，故位移也应是对称的，位移方向与荷载方向相同，也是向下的。

    答案：B

    考点：桁架的位移。

47. **解析**：内力是由外力作用引起的。作用在自由端的弯矩 M 在柱底截面引起弯矩，作用在自由端的绕 O-O 轴的扭矩 T 在柱底截面引起扭矩。没有轴力和剪力。

    答案：B

    考点：杆的内力。

48. **解析**：同牌号的碳素钢中，质量分 A、B、C、D 四级。D 级最高。

    答案：D

    考点：钢材的质量等级。

49. **解析**：碳素钢随含碳量的增加，其强度提高，但塑性和韧性将降低。

    答案：A

    考点：含碳量对钢材性能的影响。

50. **解析**：根据《混凝土规范》第 4.2.3 条表 4.2.3-1，普通钢筋 HRB335 的抗拉和抗压强度设计值（f_y、f_y'）为 $300\mathrm{N/mm^2}$。

    答案：B

考点：钢筋的强度设计值。

51. 解析：根据《混凝土规范》第4.2.2条表4.2.2-1，热轧钢筋的符号为HPB300（Φ），其余钢筋符号为：HRB335（Φ）、HRB400（Φ）、RRB400（Φ^R）。

    答案：C

    考点：钢筋符号。

52. 解析：热处理钢筋属硬钢，无明显的屈服点。

    答案：D

    考点：钢筋的屈服点。

53. 解析：根据《混凝土规范》第4.1.2条，预应力混凝土结构的混凝土强度等级不宜低于C40，且不应低于C30。

    答案：B

    考点：预应力混凝土结构的混凝土强度等级要求。

54. 解析：据《荷载规范》附录A表A，常用钢筋混凝土的重度为25kN/m³。

    答案：C

    考点：混凝土材料的重力密度。

55. 解析：根据《混凝土规范》第4.1.1条，混凝土强度等级应按立方体抗压强度标准值确定。立方体抗压强度标准值系指按标准方法制作、养护的边长为150mm的立方体试件，在28天或设计规定龄期以标准试验方法测得的具有95%保证率的抗压强度值。

    注：《混凝土规范》条文说明第4.1.1条，由于粉煤灰等矿物掺合料在水泥及混凝土中大量应用，以及近年混凝土工程发展的实际情况，确定混凝土立方体抗压强度标准值的试验龄期不仅限于28天，可由设计根据具体情况适当延长。

    答案：A

    考点：混凝土强度等级。

56. 解析：根据《混凝土规范》第3.5.3条，控制混凝土的碱含量，其作用是提高混凝土的耐久性。

    答案：B

    考点：混凝土耐久性要求。

57. 解析：根据《木结构标准》3.1.13条规定，现场制作的方木、原木构件的木材含水率不应大于25%。

    答案：A

    考点：木材的含水率。

58. 解析：根据《抗震规范》第3.9.2第1款1），抗震设防地区承重砌体结构中使用的普通砖和多孔砖，其强度等级不应低于MU10。

    答案：C

    考点：抗震区砌体结构的材料强度等级要求。

59. 解析：根据《混凝土规范》第9.7.1条，受力预埋件的锚筋应采用HRB400、HRB335或HPB300钢筋，不应采用冷加工钢筋。受力预埋件的锚板宜采用Q235、Q345级钢（新规范中HPB235级钢筋已改为HPB300级钢筋）。

答案：D

考点：预埋件的锚筋。

60. 解析：无筋砌体受压承载力与圈梁的配筋面积无关。

    答案：D

    考点：无筋砌体的受压承载力。

61. 解析：钢筋混凝土构件保护层，对防火、防锈、增加纵筋粘结力有好处，但保护层越厚，构件越容易开裂。

    答案：B

    考点：混凝土保护层的作用。

62. 解析：根据《混凝土规范》第3.4.1条、第3.4.4条及第3.4.5条表3.4.5，对钢筋混凝土屋面梁，允许其出现裂缝，但应限制裂缝宽度。

    答案：C

    考点：混凝土构件的裂缝控制等级。

63. 解析：当独立轧制的工字钢梁不能满足抗弯强度要求时，最有效的措施是加大梁的高度，其次是加大翼缘的厚度和宽度。而加大腹板的厚度主要对抗剪有利。

    答案：D

    考点：钢筋的抗弯强度。

64. 解析：根据《钢结构标准》第3.1.3条第1、2款，结构转变为机动体系属于承载能力极限状态，不属于正常使用极限状态需要考虑的内容。

    答案：A

    考点：两种极限状态。

65. 解析：根据《抗震规范》第6.1.4条第3款，不同结构类型及房屋高度不同的两个建筑物之间的防震缝的宽度，应按抗侧刚度较小的结构和高度较小的房屋高度确定防震缝的宽度。

    答案：A

    考点：防震缝设置规定。

66. 解析：根据《混凝土规范》第8.4.2条，钢筋采用绑扎搭接时，受拉钢筋直径不宜大于25mm，受压钢筋直径不宜大于28mm。

    答案：C

    考点：钢筋的搭接连接。

67. 解析：根据《混凝土规范》第3.5.5条第1款，一类环境中，设计使用年限为100年的钢筋混凝土结构的最低强度等级为C30；预应力混凝土结构的最低强度等级为C40。

    答案：C

    考点：混凝土强度等级要求。

68. 解析：采用预应力混凝土梁的目的，可以减少梁的挠度，提高抗裂性能和耐久性。

    答案：C

    考点：采用预应力混凝土的目的。

69. 解析：钢筋混凝土柱在大偏心受压情况下柱同时受压和受弯。横截面部分受拉、部分受压；横截面钢筋部分受拉、部分受压。

答案：A

考点：大偏心受压构件的受力特点。

70. 解析：根据《钢结构标准》第18.2.4条第6款，当钢结构柱脚在地面以下时，应采用强度等级较低的混凝土包裹（保护层厚度不应小于50mm），并应使包裹的混凝土高出地面不小于150mm。

    答案：B

    考点：钢结构柱脚的防护。

71. 解析：钢结构柱的防火保护方法可采用厚涂型防火、薄涂型防火、外包混凝土防火，外包钢丝网水泥砂浆防火的方式是错误的。

    答案：D

    考点：钢柱的防火措施。

72. 解析：《钢结构标准》第18.2.1条，除有特殊需要外，设计中一般不应因考虑锈蚀而再加大钢材截面的厚度。

    答案：C

    考点：钢结构的防锈措施。

73. 解析：建筑钢构件除锈方式可采用手工除锈和机械除锈，如用钢丝刷除锈、动力工具除锈、喷砂除锈。而用稀酸清洗会腐蚀钢结构构件，不应采用。

    答案：D

    考点：钢结构的除锈方法。

74. 解析：残余应力是指钢结构构件在受力前，构件就已经存在自相平衡的初应力。钢结构构件在焊接、钢材轧制、火焰切割时会产生残余应力。残余应力通常不会影响构件的静力强度承载力，因其本身自相平衡。但是，残余应力将使其所处的截面提早发展塑性，导致轴心受压构件的刚度和稳定承载力下降。

    钢结构构件厚板在焊接中，将在板的三个主轴方向产生残余应力。

    答案：D

    考点：焊接残余应力。

75. 解析：根据《钢结构标准》第6.2节、第6.3节，受弯构件（如梁）的计算，包括强度、整体稳定、局部稳定和刚度（用变形来衡量）。题中A选项错误。

    钢结构构件计算的基本内容参见下表。

钢结构构件计算的基本内容　　　　　　　　　　题75解表

序号	构件类别	强度计算	整体稳定计算	局部稳定计算	长细比计算	挠度位移等变形计算	疲劳计算
1	轴心受拉构件	●			●		
2	轴心受压构件	●	●	●	●		
3	受弯构件	●	●	●		●	
4	拉弯构件	●			●		
5	压弯构件	●	●	●	●		
6	受重级吊车荷载的吊车梁	●	●	●	●	●	●

答案：A

考点：钢结构构件的稳定计算。

76. 解析：据《砌体规范》第 7.1.5 条第 3 款及《抗震规范》第 7.3.4 条第 3 款规定，圈梁的截面高度不应小于 120mm。

    答案：A

    考点：圈梁的截面尺寸。

77. 解析：根据《抗震规范》第 7.1.2 条表 7.1.2 注 1，确定顶层带阁楼坡屋面的多层砌体结构房屋高度时，应算到山尖墙的 1/2 高度处。

    答案：C

    考点：砌体房屋总高度计算。

78. 解析：根据《木结构标准》第 4.3.15 条表 4.3.15，木结构楼板梁的挠度限值为 $l/250$。

    答案：B

    考点：木结构梁的挠度限值。

79. 解析：根据《木结构标准》第 11.2.9 条第 2 款，木结构的桁架、大梁的支座节点或其他承重木构件不得封闭在墙、保温层内，A 选项错误；第 11.2.9 条第 1 款，在桁架和大梁的支座下应设置防潮层，B 选项正确；第 11.11.9 条第 3 款，支承在砌体或混凝土上的木柱底部应设置垫板，严禁将木柱直接埋入砌体中，或浇筑在混凝土中，C 选项正确；第 11.0.3 条第 1 款，露天木结构，除结构上采取通风防潮措施外，尚应进行药剂处理，D 选项正确。

    答案：A

    考点：木结构的防护措施。

80. 解析：《抗震规范》第 3.9.6 条要求，构造柱的施工应先砌墙后浇构造柱。

    答案：A

    考点：砌体房屋抗震设计构造要求。

81. 解析：根据《抗震规范》第 6.1.1 条表 6.1.1，现浇钢筋混凝土框架—抗震墙结构在抗震设防烈度为 7 度时，最大适用高度应为 120m。

    答案：C

    考点：钢筋混凝土结构体系适用的最大高度。

82. 解析：根据《抗震规范》第 6.1.5 条，框架结构和框架—抗震墙结构中，当柱中心线与抗震墙中心线、梁中心线与柱中心线之间偏心距大于柱宽的 1/4 时，应计入偏心的影响。

    答案：C

    考点：钢筋混凝土房屋抗震设计一般规定。

83. 解析：根据《抗震规范》第 6.1.6 条表 6.1.6，对钢筋混凝土框—剪结构剪力墙的间距取值与楼盖形式、抗震设防烈度及剪力墙间距之间的楼盖宽度有关，同时还应满足剪力墙间距的限值。

    答案：D

    考点：钢筋混凝土房屋抗震设计一般规定。

84. 解析：根据《抗震规范》第6.4.1条，抗震设计对剪力墙的最小厚度要求是：一、二级不应小于160mm且不宜小于层高或无支长度的1/20；三、四级时不应小于140mm且不宜小于层高或无支长度的1/25（D选项正确）。

    答案：D

    考点：抗震墙结构的基本抗震构造措施。

85. 解析：根据《高层钢结构规程》第8.3.1条，框架梁与柱的连接宜采用柱贯通型。在相互垂直的两个方向都与梁刚性连接时，宜采用箱形柱，A选项错误，B、C选项正确。第8.3.3条，梁翼缘与柱翼缘间应采用全熔透坡口焊缝，D选项正确。

    答案：A

    考点：钢框架结构的抗震构造措施。

86. 解析：《抗震规范》第3.5.4条第2款规定，混凝土结构构件应控制截面尺寸和受力钢筋、箍筋的设置，防止剪切破坏先于弯曲破坏、混凝土的压溃先于钢筋的屈服、钢筋的锚固粘结破坏先于钢筋破坏。第3.5.5条第1款规定，构件节点的破坏，不应先于其连接的构件；预埋件的锚固破坏，不应先于连接件。综合以上，A选项正确。

    答案：A

    考点：钢筋混凝土房屋结构体系抗震设计要求。

87. 解析：索膜结构用钢量最少。索膜结构是一种张拉体系，用高强柔性薄膜材料及加强构件（钢架、钢柱或钢索）通过一定方式使其内部产生一定的预张应力以形成某种稳定空间形状，作为覆盖结构，并能承受一定外荷载作用的空间结构形式。其造型轻巧，具有阻燃、制作简单、安装快捷、易于使用、安全等优点。

    答案：A

    考点：索膜结构特点。

88. 解析：根据《抗震规范》第9.3.3条第1款，厂房屋盖宜采用轻型屋盖，A选项错误；第9.3.2条第1款，厂房两端均应设置砖承重山墙，B选项正确；第9.3.3条第2款，8度抗震设防时不应采用无筋砖柱，C选项正确；第9.3.2条第4款，厂房天窗不应通至厂房单元的端开间，D选项正确。

    答案：A

    考点：单层砖柱厂房抗震设计一般规定。

89. 解析：根据《砌体规范》第4.2.1条表4.2.1，当屋盖为轻钢屋盖，横墙间距$s>48m$时，应按弹性方案进行计算。本题厂房长度为50m，应按弹性方案计算。

    答案：C

    考点：砌体房屋的静力计算方案。

90. 解析：根据《混凝土规范》第8.1.1条表8.1.1，现浇钢筋混凝土框架结构在露天环境下，其伸缩缝的最大间距为35m。

    答案：B

    考点：框架结构伸缩缝最大间距。

91. 解析：多层砌体房屋，应满足《抗震规范》中的各项抗震措施要求。题中4个选项都是应满足的抗震措施。根据《抗震规范》条文说明第7.1.2条，砌体结构的高度限制，是十分敏感且深受关注的规定。基于砌体材料的脆性性质和震害经验，限制其层数和高度是主要的抗震措施。

答案：A

考点：砌体房屋抗震规定。

92. 解析：根据《抗震规范》第3.5.4条第2款、第3.5.5条第2款，钢筋混凝土结构构件应符合弯曲破坏先于剪切破坏；钢筋屈服先于混凝土压溃，A、B选项正确；钢筋的锚固粘结破坏晚于构件破坏，C选项错误；并应进行承载能力极限状态和正常使用极限状态设计，D选项正确。

答案：C

考点：钢筋混凝土结构抗震设计基本规定（结构体系）。

93. 解析：根据《抗震规范》第3.7.3条，附着于楼、屋面结构上的非结构构件，以及楼梯间的非承重墙体，应与主体结构有可靠的连接或锚固，第Ⅰ项正确。第3.7.4条，框架结构的围护墙和隔墙，应估计其设置对结构抗震的不利影响，避免不合理设置而导致主体结构的破坏，第Ⅱ项正确。第3.7.5条，幕墙、装饰贴面与主体结构应有可靠的连接，避免地震时脱落伤人，第Ⅲ项正确。第3.7.6条，安装在建筑上的附属机械、电气设备系统的支座和连接，应符合地震时使用功能的要求，且不应导致相关部件的损坏，第Ⅳ项正确。

答案：D

考点：钢筋混凝土非结构构件抗震设计要求。

94. 解析：地震作用的大小与以下因素有关：抗震设防类别、场地类别、楼面荷载、结构体系等，与风荷载的大小无关。

答案：C

考点：地震作用的影响因素。

95. 解析：根据《抗震规范》第7.1.3条，多层砌体承重房屋的层高不应超过3.6m（A、B选项错误）；底部框架—抗震墙砌体房屋的底部层高不应超过4.5m（C选项错误，D选项正确）。

答案：D

考点：砌体房屋抗震设计一般规定。

96. 解析：根据《抗震规范》第3.4.3条第1款及表3.4.3，抗震设计时高层建筑平面突出部分的长度与建筑的最大长度之比超出0.3时为平面不规则（B选项正确）。

答案：B

考点：建筑抗震设计一般规定。

97. 解析：根据《抗震规范》表5.5.1，剪力墙结构的层间最大位移与层高之比限值为1/1000小于框架—核心筒结构的限制1/800，故C选项错误。

答案：C

考点：多遇地震作用下的抗震变形验算。

98. 解析：剪力墙结构的主要抗侧力构件为一般剪力墙，连梁是剪力墙结构的第一道抗剪防线，是主要的耗能构件。

答案：C

考点：剪力墙的抗震设计。

99. 解析：根据《高层混凝土规程》第6.1.1条，框架结构应设计成双向梁柱抗侧力体系。主体结构除个别部位外，不应采用铰接；A选项正确，B选项错误。第6.1.2条，抗震设计的框架不应采用单跨框架；C选项错误。第6.1.6条，框架结构按抗震设计时，不应（题中为"不宜"）采用部分由砌体墙承重的混合形式；D选项错误。

    答案：A

    考点：框架结构抗震设计一般规定。

100. 解析：根据《高层混凝土规程》表3.3.1-1，框架结构的最大适用高度最低。

     答案：A

     考点：钢筋混凝土结构体系适用的最大高度。

101. 解析：根据《高层混凝土规程》第3.3.1条表3.3.1-2可知，Ⅰ、Ⅱ、Ⅳ项可用。根据第7.1.8条，B级高度高层建筑不宜布置短肢剪力墙，不应采用具有较多短肢剪力墙的剪力墙结构。

     答案：C

     考点：B级高度高层建筑结构体系。

102. 解析：根据《高层混凝土规程》第7.1.8条注1，短肢剪力墙是指截面厚度不大于300mm，各肢截面高度与厚度之比的最大值大于4但不大于8的剪力墙。

     答案：C

     考点：短肢剪力墙。

103. 解析：根据《高层混凝土规程》第10.1.1条，复杂高层建筑结构为带转换层的结构、带加强层的结构、错层结构、连体结构以及竖向体型收进、悬挑结构。多塔楼结构属于带转换层的结构。

     答案：B

     考点：复杂高层建筑结构。

104. 解析：根据《地基规范》第4.1.10条表4.1.10，黏性土的状态，按液性指数确定。

     答案：A

     考点：黏性土的分类。

105. 解析：由本题土层分布情况，基础埋置深度应满足：①大于冻结深度（0.9m）；②持力层应为黏质粉土；③基底宜在水位以上。故C选项（1.5m）能满足要求。

     答案：C

     考点：基础的埋置深度。

106. 解析：本题建筑物层数仅5层，柱的竖向荷载不会很大，而地基承载特征值 f_{ak} = 160kPa，因此采用柱下独立基础最为适宜和经济。

     答案：A

     考点：基础形式选择。

107. 解析：根据《地基规范》第8.5.19条图8.5.19-1，冲切破坏锥体应采用自柱边、承台变阶处至相应桩顶边缘连线构成的锥体，夹角不小于45°。

     答案：D

     考点：桩基础设计。

108. 解析：根据《地基规范》第8.2.8条，进行柱下独立基础的抗冲切承载力验算时，地基土的反力值取地基土净反力设计值。

答案：B

考点：扩展基础设计。

109. 解析：根据《地基规范》第5.2.2条第2、3款。为避免基础底面出现拉力，要求偏心距（$e=M_k/G_k+F_k$）不应过大，即$e\leq b/6$。

答案：D

考点：地基承载力计算。

110. 解析：《地基规范》第8.4.4条、第8.4.5条要求，筏形基础混凝土强度等级不应低于C30；筏形基础地下室外墙厚度不应小于250mm；内墙厚度不宜小于200mm，因此该设计A、C、D选项无误。第8.4.12条第2、4款要求，梁板式筏形基础底板的最小厚度不应小于400mm，B选项错误。

答案：B

考点：筏形基础设计。

111. 解析：根据《高层混凝土规程》第12.3.16条，箱形基础外墙宜沿建筑物周边布置，内墙应沿上部结构的柱网或剪力墙位置纵横均匀布置，A选项错误。第12.3.17条，箱形基础的高度应满足结构的承载力、刚度及建筑使用功能要求，一般不宜小于箱基长度的1/20，且不宜小于3m，B选项正确。第12.3.18条，无人防设计要求的箱基，基础底板厚度不应小于300mm，外墙厚度不应小于250mm，内墙厚度、顶板厚度不应小于200mm，C选项正确。第12.3.22条，箱形基础的顶板、底板及墙体均应采用双层双向配筋，D选项正确。

答案：A

考点：高层建筑箱形基础设计。

112. 解析：根据《抗震规范》第4.3.7条，全部消除地基液化沉陷的措施，应符合下列要求：

1 采用桩基时，桩端伸入液化深度以下稳定土层中的长度（不包括桩尖部分），应按计算确定。对碎石土，粗、中砂，坚硬黏性土和密实粉土不小于0.5m，对其他非岩石土不宜小于1.5m。

2 采用加密法（如振冲、强夯等）加固时，应处理至液化深度下界。

3 用非液化土替换全部液化土层。

根据第4.3.8条，采用筏板基础、箱型基础、独立基础和条形基础等，属于部分消除地基液化措施。

答案：D

考点：地基液化。

113. 解析：《地基规范》第6.7.1条第4款规定，支挡结构（挡土墙）设计应进行整体稳定性验算、局部稳定性验算、地基承载力计算、抗倾覆稳定性验算、抗滑移稳定性验算及结构强度计算。不包括B选项。

答案：B

考点：挡土墙设计。

114. 解析：根据《地基规范》第5.3.3条第1款，对5层框架结构独立柱基础，应以沉降差控制。

答案：C

考点：地基变形验算特征控制。

115. **解析**：根据整体受力平衡，$\sum M_A=0$，得：
$$M_A = M_A(P_1) + M_A(P_2) + M_A(q)$$
$$= 2\times1 + 1\times2 + (10\times2)\times1 = 24\text{kN}\cdot\text{m}$$

答案：C

考点：刚梁的受力分析。

116. **解析**：高矩形截面梁的抗弯能力最强。

答案：C

考点：梁的合理截面。

117. **解析**：根据《砌体规范》第 4.2.2 条，刚性和刚弹性方案的砌体结构房屋，其横墙应符合下列要求：

1 横墙洞口水平截面面积不应超过横墙截面面积的 50%；

2 横墙厚度不宜小于 180mm；

3 单层房屋的横墙长度不宜小于其高度，多层房屋的横墙长度不宜小于 $H/2$（H 为横墙总高度）。

对砌体结构房屋，在确定是否可按刚性方案考虑时，与其砌体强度无关。

答案：A

考点：砌体结构房屋的静力计算方案。

118. **解析**：根据混凝土结构设计原理，钢筋混凝土偏压构件可以在不同的轴力和弯矩组合下破坏。从解图可以看出在不同的 $\overline{M}$、$\overline{N}$ 的组合下偏压构件的破坏形态。规律如下：

1. 当 $\overline{M}$、$\overline{N}$ 的组合在 ξ_b 上方时（$\xi_b=x_b/h_0$，界限相对受压区高度），破坏形态为小偏心受压破坏，如图中 1、2、3 点；当 $\overline{M}$、$\overline{N}$ 的组合在 ξ_b 下方时，破坏形态为大偏心受压破坏，如 4、5、6 点；当 $\overline{M}$、$\overline{N}$ 的组合落在 $\overline{N}=\xi_b$ 的水平虚线上，则为大小偏压的分界，即界限破坏。

2. 小偏心受压构件在 $\overline{M}$ 相同时，如图中 1、3 点所示，$\overline{N}$ 越大，配筋量越大，也可说 $\overline{N}$ 越大越危险。

3. 大偏心受压构件 $\overline{M}$ 相同时，$\overline{N}$ 越大，配筋量越小，如图中 4、6 点所示，也可说 $\overline{N}$ 越大越安全。

4. 无论大、小偏压，在 $\overline{N}$ 相同时，$\overline{M}$ 越大，配筋量越大，如图中 1、2 和 4、5 所示。

根据以上规律可以判定，对大偏压构件来说，当轴力增大时，其抗弯承载力也随之增加，也就是说，轴力增大对大偏压构件的安全是有利的。题中 D 选

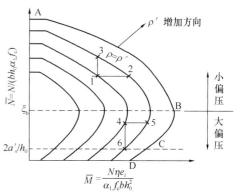

题 118 解图　对称配筋 $\overline{N}$-$\overline{M}$ 相关曲线

项的表述是正确的。

答案：D

考点：偏心受压构件 $\overline{N}$-$\overline{M}$ 的相关性。

119. 解析：根据《混凝土规范》第 4.2.2 条表 4.2.2-1，普通钢筋牌号的符号为：HPB300（Φ）；HRB335（Φ）；HRB400（Φ）；RRB400（Φ^R）。题中Φ12代表直径为 12mm 的 HPB300 钢筋（新规范中 HPB235 级钢筋已改为 HPB300 级钢筋）。

    答案：A

    考点：钢筋符号。

120. 解析：图示钢结构支座对水平位移无约束。

    答案：B

    考点：钢支座的形式。

2010年试题、解析、答案及考点

2010年试题[1]

1. 在下列荷载中，哪一项为活荷载？
   A 风荷载　　　　　　　　　　　　B 土压力
   C 结构自重　　　　　　　　　　　D 结构的面层作法

2. 下列对楼梯栏杆顶部水平荷载的叙述，何项正确？
   A 所有工程的楼梯栏杆顶部都不需要考虑
   B 所有工程的楼梯栏杆顶部都需要考虑
   C 学校等人员密集场所楼梯栏杆顶部需要考虑，其他不需要考虑
   D 幼儿园、托儿所等楼梯栏杆顶部需要考虑，其他不需要考虑

3. 对于特别重要或对风荷载比较敏感的高层建筑，确定基本风压的重现期应为下列何值？
   A 10年　　　　　B 25年　　　　　C 50年　　　　　D 100年

4. 某办公楼设计中将楼面混凝土面层厚度由原来的50mm调整为100mm，调整后增加的楼面荷载标准值与下列何项最为接近？
   （提示：混凝土容重按20kN/m³计算）
   A 0.5kN/m²　　　B 1.0kN/m²　　　C 1.5kN/m²　　　D 2.0kN/m²

5. 某屋顶女儿墙周围无遮挡，当风荷载垂直墙面作用时，墙面所受的风压力（　　）。
   A 小于风吸力　　　　　　　　　　B 大于风吸力
   C 等于风吸力　　　　　　　　　　D 与风吸力的大小无法比较

6. 图示结构属于何种体系？

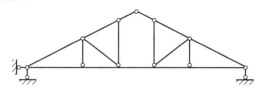

题6图

   A 无多余约束的几何不变体系　　　B 有多余约束的几何不变体系
   C 常变体系　　　　　　　　　　　D 瞬变体系

7. 图示结构为几次超静定？
   A 二次　　　　　B 三次
   C 四次　　　　　D 五次

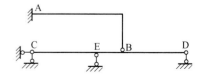

题7图

---

[1] 《高层建筑混凝土结构技术规程》JGJ 3—2010、《砌体结构设计规范》GB 50003—2011、《建筑抗震设计规范》GB 50011—2010（2016年版）和《建筑地基基础设计规范》GB 50007—2011均已实施，但本套试题中第3、72、94和132题仍按原规范作答，请读者注意。

8. 图示结构的超静定次数为( )。

   A 零次
   B 一次
   C 二次
   D 三次

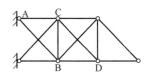

题 8 图

9. 图示结构在两种外力作用下，哪些杆件内力发生了变化？

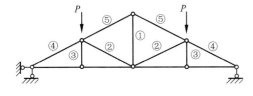 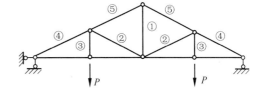

题 9 图

A ①杆　　　　B ③杆　　　　C ②④杆　　　　D ②③④⑤杆

10. 图示桁架在竖向外力 P 作用下的零杆根数为( )。

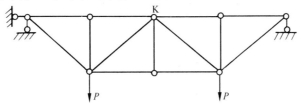

题 10 图

A 1 根　　　　B 3 根　　　　C 5 根　　　　D 7 根

11. 判断下列四个结构体系哪一个不是静定结构？

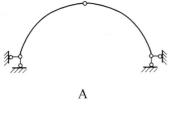 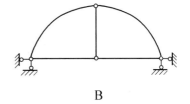

A　　　　　　　　　　　　　　　B

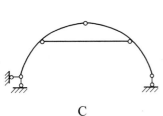 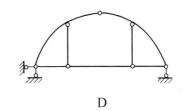

C　　　　　　　　　　　　　　　D

585

12. 图示结构在竖向荷载 P 作用下，A 支座反力应为（　）。

　　A　$M_A=0$，$R_A=P/2$（↑）
　　B　$M_A=0$，$R_A=P$（↑）
　　C　$M_A=Pa$，$R_A=P/2$（↑）
　　D　$M_A=Pa$，$R_A=P$（↑）

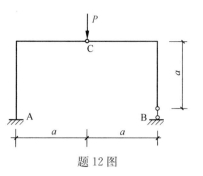

题 12 图

13. 根据图示梁的弯矩图和剪力图，判断为下列何种外力产生的？

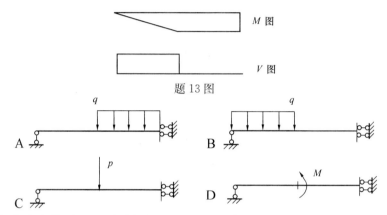

题 13 图

14. 图示刚架在外力作用下，下列何组 M、Q 图正确？

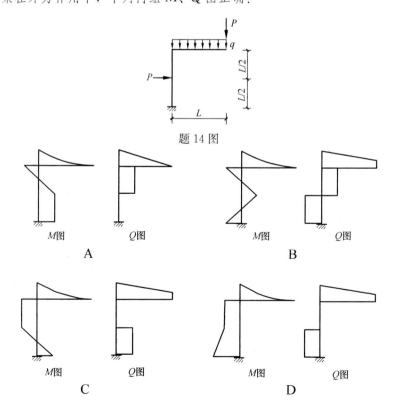

题 14 图

15. 图示梁在所示荷载作用下，其剪力图为下列何项？
（提示：梁自重不计）

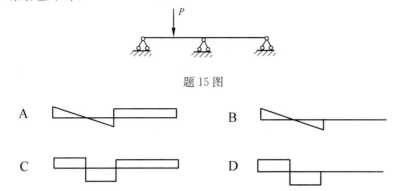

题15图

16. 图示刚架在外力作用下（刚架自重不计），判断下列弯矩图哪一个正确？

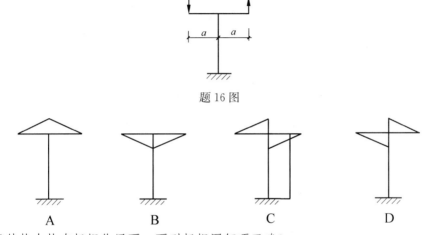

题16图

17. 图示结构在均布扭矩作用下，下列扭矩图何项正确？

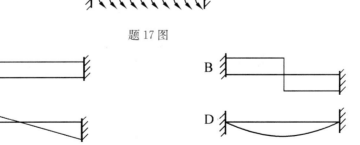

题17图

18. 图示结构在外力 q 作用下，下列弯矩图何项正确？

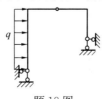

题18图

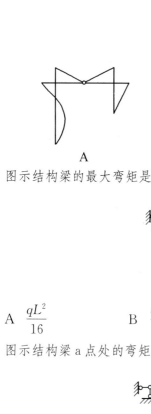

A B C D

19. 图示结构梁的最大弯矩是( )。

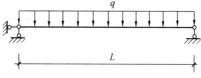

题 19 图

A $\dfrac{qL^2}{16}$ B $\dfrac{qL^2}{8}$ C $\dfrac{qL^2}{4}$ D $\dfrac{qL^2}{2}$

20. 图示结构梁 a 点处的弯矩是( )。

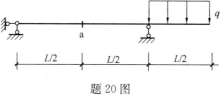

题 20 图

A $\dfrac{qL^2}{16}$ B $\dfrac{qL^2}{12}$ C $\dfrac{qL^2}{8}$ D $\dfrac{qL^2}{4}$

21. 图示梁的最大剪力是( )。

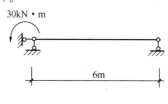

题 21 图

A 20kN   B 15kN   C 10kN   D 5kN

22. 图示结构的等效图是( )。

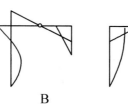

题 22 图

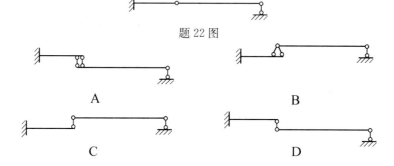

A   B

C   D

23. 图示结构的弯矩图正确的是( )。

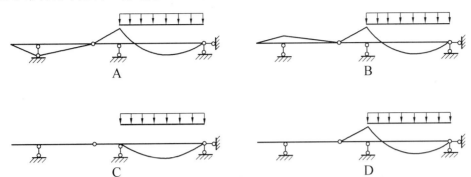

24. 下列图示结构在荷载作用下的各弯矩图中何者为正确?

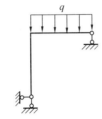

题 24 图

25. 图示结构中杆 a 的内力 N_a（kN）应为下列何项?

  A $N_a=0$
  B $N_a=10$（拉力）
  C $N_a=10$（压力）
  D $N_a=10\sqrt{2}$（拉力）

题 25 图

26. 图示结构的弯矩图正确的是( )。

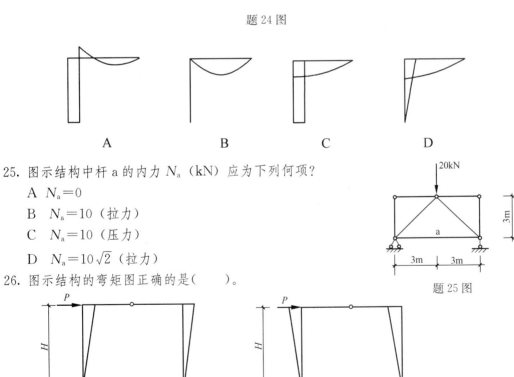

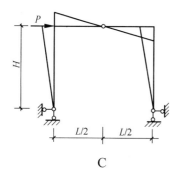

C

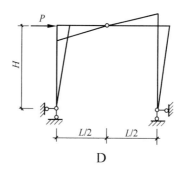

D

27. 图示结构连续梁的刚度为 EI，梁的变形形式为（　　）。

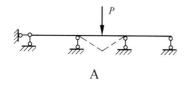

A

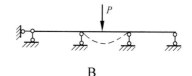

B

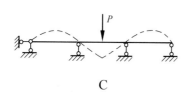

C

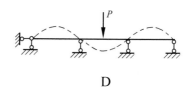

D

28. 图示结构弯矩图正确的是（　　）。

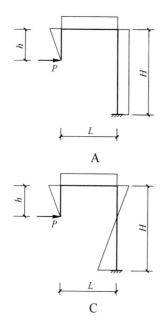

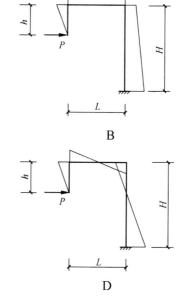

29. 图示结构弯矩图正确的是(　　)。

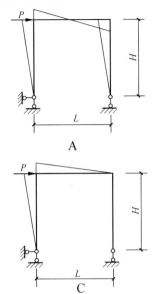
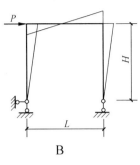
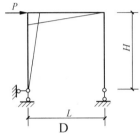

30. 图示结构弯矩图正确的是(　　)。

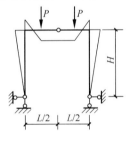
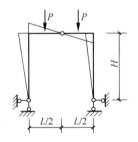
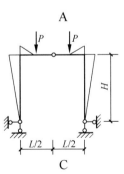
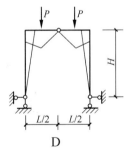

31. 图示三铰拱支座的水平推力是(　　)。
　　A　$P/4$
　　B　P
　　C　$2P$
　　D　$3P$

32. 图示结构弯矩图正确的是(　　)。

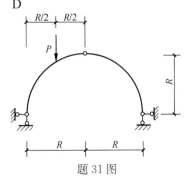

题31图

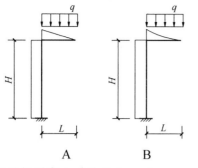
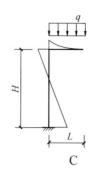
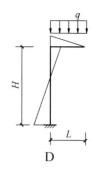

33. 图示桁架零杆判定全对的是( )。

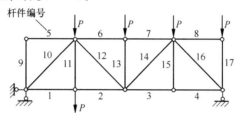

题 33 图

 A 5、8、9、15   B 5、9、11、13
 C 9、11、15、17   D 无零杆

34. 图示结构，杆 I 的内力为下列何值？

 A 拉力 $\dfrac{P}{2}$

 B 压力 $\dfrac{P}{2}$

 C 拉力 P

 D 压力 P

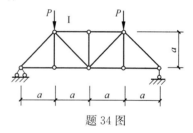

题 34 图

35. 图示结构中，哪种结构柱顶水平位移最小？

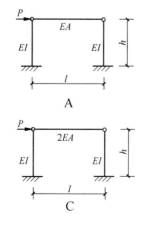
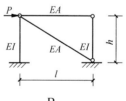
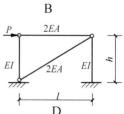

36. 图示结构中，杆 b 的内力 N_b 应为下列何项数值？

 A $N_b = 0$ B $N_b = P/2$ C $N_b = P$ D $N_b = \sqrt{2}P$

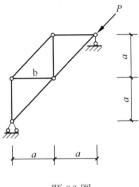

题 36 图

37. 图示框架结构弯矩图正确的是( )。

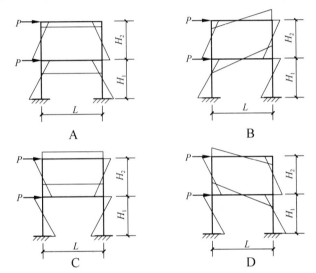

38. 图示刚架结构右支座竖向下沉 Δ，则结构的弯矩图是( )。

题 38 图

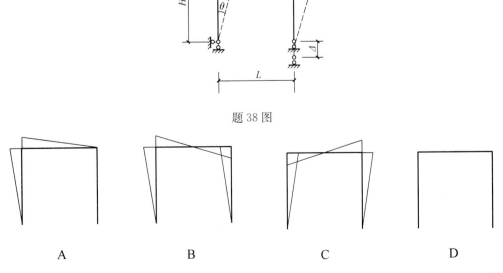

39. 图示框架结构中，柱的刚度均为 $E_c I_c$，梁的刚度为 $E_b I_b$，当地面以上结构温度均匀升高 t℃时下列表述正确的是（　　）。

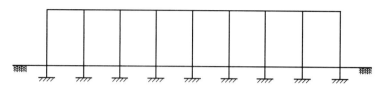

题 39 图

A 温度应力由结构中间向两端逐渐增大
B 温度应力由结构中间向两端逐渐减小
C 梁、柱的温度应力分别相等
D 结构不产生温度应力

40. 图示两结构因梁的高宽不同而造成抗弯刚度的不同，梁跨中弯矩最大的位置是（　　）。

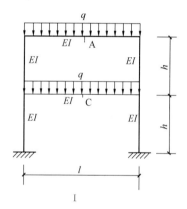
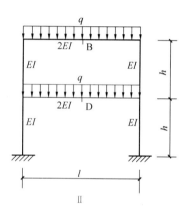

题 40 图

A A点　　　　B B点
C C点　　　　D D点

41. 柱受力如图，柱顶将产生下列何种变形？
A 水平位移
B 竖向位移
C 水平位移＋转角
D 水平位移＋竖向位移＋转角

42. 图示结构在水平外力 P 作用下，各支座竖向反力哪组正确？
A $R_A=0$，$R_B=0$
B $R_A=-P/2$，$R_B=P/2$
C $R_A=-P$，$R_B=P$
D $R_A=-2P$，$R_B=2P$

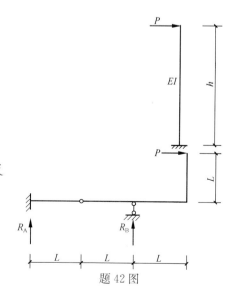

题 42 图

43. 图示单层大跨框架结构，当采用多桩基础时，由桩的水平位移Δ引起的附加弯矩将使框架的哪个部位因弯矩增加而首先出现抗弯承载力不足？

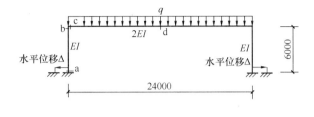

题 43 图

A a   B b   C c   D d

44. 图示四种门式刚架的材料与构件截面均相同，哪种刚架柱顶 a 点弯矩最小？

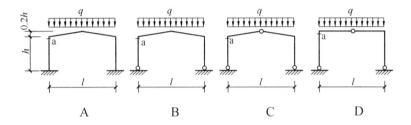

45. 图示四种刚架中，哪一种横梁跨中 a 点弯矩最大？

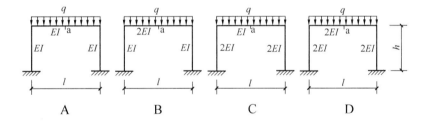

46. 屋架在外力 P 作用下时，下列关于各杆件的受力状态的描述，哪一项正确？
　　Ⅰ. 上弦杆受压、下弦杆受拉；Ⅱ. 上弦杆受拉、下弦杆受压；Ⅲ. 各杆件均为轴力杆；Ⅳ. 斜腹杆均为零杆

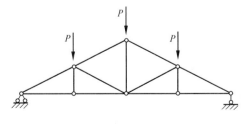

题 46 图

A Ⅰ、Ⅲ   B Ⅱ、Ⅲ   C Ⅰ、Ⅳ   D Ⅱ、Ⅳ

47. 图示双跨刚架各构件刚度相同，正确的弯矩图是（　　）。

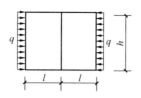

题 47 图

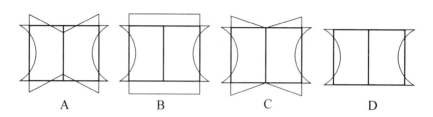

A   B   C   D

48. 图示刚架，位移 Δ 相同的是(　　)。

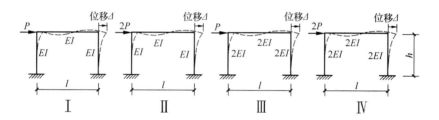

题 48 图

A Ⅰ与Ⅲ   B Ⅰ与Ⅳ   C Ⅱ与Ⅳ   D Ⅲ与Ⅳ

49. 图示结构支座 a 发生沉降 Δ 时，正确的剪力图是(　　)。

题 49 图

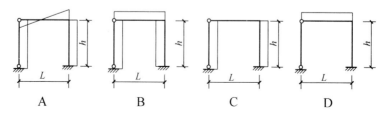

A   B   C   D

50. 图示桁架杆件的内力规律，以下论述哪一条是错误的？

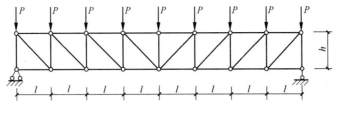

题 50 图

A 上弦杆受压且其轴力随桁架高度 h 增大而减小
B 下弦杆受拉且其轴力随桁架高度 h 增大而减小
C 斜腹杆受拉且其轴力随桁架高度 h 增大而减小
D 竖腹杆受压且其轴力随桁架高度 h 增大而减小

51. 图示双层框架，正确的弯矩图是(　　)。

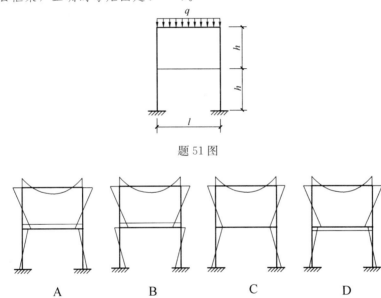

题 51 图

A　　　B　　　C　　　D

52. 图示双层框架杆件刚度相同，则正确的弯矩图是(　　)。

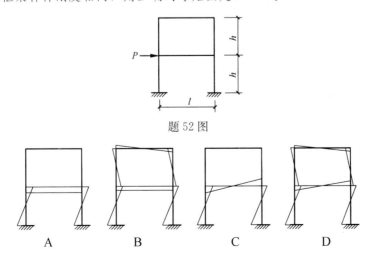

题 52 图

A　　　B　　　C　　　D

53. 图示结构各杆温度均匀降低 Δt，引起杆件轴向拉力最大的是(　　)。

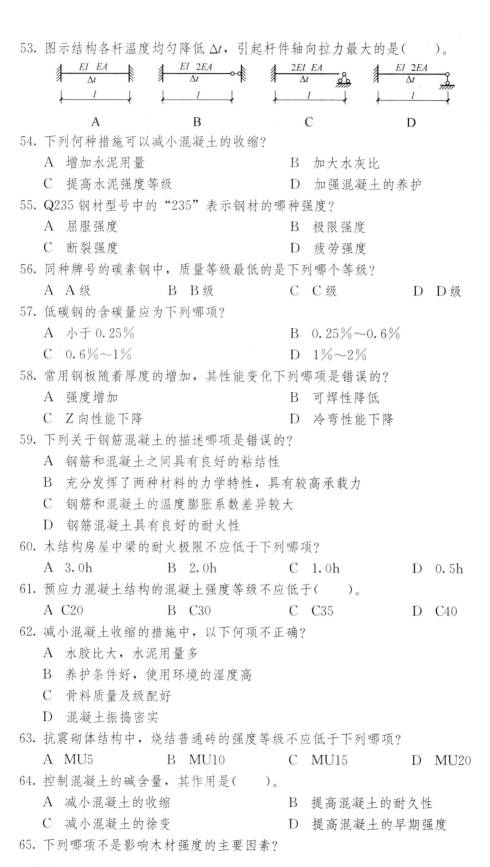

54. 下列何种措施可以减小混凝土的收缩?
    A　增加水泥用量　　　　　　　B　加大水灰比
    C　提高水泥强度等级　　　　　D　加强混凝土的养护

55. Q235钢材型号中的"235"表示钢材的哪种强度?
    A　屈服强度　　　　　　　　　B　极限强度
    C　断裂强度　　　　　　　　　D　疲劳强度

56. 同种牌号的碳素钢中，质量等级最低的是下列哪个等级?
    A　A级　　　　B　B级　　　　C　C级　　　　D　D级

57. 低碳钢的含碳量应为下列哪项?
    A　小于0.25%　　　　　　　　B　0.25%～0.6%
    C　0.6%～1%　　　　　　　　D　1%～2%

58. 常用钢板随着厚度的增加，其性能变化下列哪项是错误的?
    A　强度增加　　　　　　　　　B　可焊性降低
    C　Z向性能下降　　　　　　　D　冷弯性能下降

59. 下列关于钢筋混凝土的描述哪项是错误的?
    A　钢筋和混凝土之间具有良好的粘结性
    B　充分发挥了两种材料的力学特性，具有较高承载力
    C　钢筋和混凝土的温度膨胀系数差异较大
    D　钢筋混凝土具有良好的耐火性

60. 木结构房屋中梁的耐火极限不应低于下列哪项?
    A　3.0h　　　　B　2.0h　　　　C　1.0h　　　　D　0.5h

61. 预应力混凝土结构的混凝土强度等级不应低于(　　)。
    A　C20　　　　B　C30　　　　C　C35　　　　D　C40

62. 减小混凝土收缩的措施中，以下何项不正确?
    A　水胶比大，水泥用量多
    B　养护条件好，使用环境的湿度高
    C　骨料质量及级配好
    D　混凝土振捣密实

63. 抗震砌体结构中，烧结普通砖的强度等级不应低于下列哪项?
    A　MU5　　　　B　MU10　　　C　MU15　　　D　MU20

64. 控制混凝土的碱含量，其作用是(　　)。
    A　减小混凝土的收缩　　　　　B　提高混凝土的耐久性
    C　减小混凝土的徐变　　　　　D　提高混凝土的早期强度

65. 下列哪项不是影响木材强度的主要因素?

A 构件截面尺寸 B 含水率
C 疵点、节疤 D 温度、负荷时间

66. 木材的抗弯强度（f_m）、顺纹抗拉强度（f_t）、顺纹抗剪强度（f_v）相比较，下列哪项是正确的？
A $f_m > f_t > f_v$ B $f_t > f_m > f_v$
C $f_m < f_t < f_v$ D $f_m = f_t = f_v$

67. 寒冷地区某地下室长100m、宽90m，水土无侵蚀性，仅考虑混凝土收缩问题，地下室外墙混凝土强度等级最适宜的是( )。
A C20 B C30 C C40 D C50

68. 24m跨后张有粘结预应力的一级抗震框架梁，其最低混凝土强度等级是( )。
A C30 B C35 C C40 D C45

69. 在钢筋混凝土结构构件施工中，当需要以高等级强度钢筋代替原设计纵向受力钢筋时，应满足以下哪些要求？
Ⅰ. 受拉承载力设计值不降低；Ⅱ. 最小配筋率；Ⅲ. 地震区需考虑抗震构造措施；
Ⅳ. 钢筋面积不变
A Ⅰ、Ⅱ、Ⅳ B Ⅱ、Ⅲ、Ⅳ
C Ⅰ、Ⅲ、Ⅳ D Ⅰ、Ⅱ、Ⅲ

70. 现场两根Q345B钢管手工对接焊，应选择哪种型号的焊条与之相适应？
A E43 B E50 C E55 D ER55

71. 对最常用的Q235钢和Q345钢，下列选用的基本原则哪项是正确的？
Ⅰ. 当构件为强度控制时，应优先采用Q235钢；
Ⅱ. 当构件为强度控制时，应优先采用Q345钢；
Ⅲ. 当构件为刚度或稳定性要求控制时，应优先采用Q235钢；
Ⅳ. 当构件为刚度或稳定性要求控制时，应优先采用Q345钢
A Ⅰ、Ⅲ B Ⅰ、Ⅳ C Ⅱ、Ⅲ D Ⅱ、Ⅳ

72. 在一般地区，处于地面以下与很潮湿地基土直接接触的砌体，所用蒸压灰砂砖与水泥砂浆的最低等级分别为( )。
A MU10，M5 B MU10，M7.5
C MU15，M5 D MU15，M7.5

73. 采用方木作为木桁架下弦时，其桁架跨度不应大于以下何值？
A 5m B 8m
C 10m D 12m

74. 地震区房屋如图，两楼之间防震缝的最小宽度Δ_{min}按下列何项确定？
A 按框架结构30m高确定
B 按框架结构60m高确定
C 按抗震墙结构30m高确定
D 按抗震墙结构60m高确定

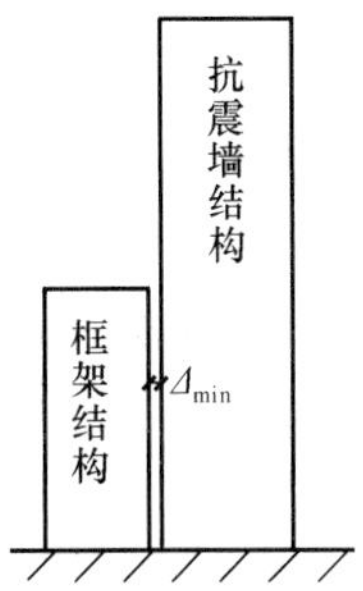

题74图

75. 顶层带阁楼的坡屋面砌体结构房屋，其房屋总高度应按下列何项计算？

A 算至阁楼顶 B 算至阁楼地面
C 算至山尖墙的 1/2 高度处 D 算至阁楼高度的 1/2 处

76. 两块钢板当采用角焊缝连接时，两焊角边的夹角小于多少度时不宜作为受力焊缝？
    A 30度 B 45度 C 60度 D 90度

77. 压型钢板组合楼盖，钢梁上设置的栓钉顶面的混凝土保护层厚度不应小于下列哪一个数值？
    A 10mm B 15mm C 20mm D 25mm

78. 在地震区，高层钢框架的支撑采用焊接 H 形组合截面时，其翼缘和腹板应采用下列哪一种焊缝连接？
    A 普通角焊缝 B 部分熔透角焊缝
    C 塞焊缝 D 坡口全熔透焊缝

79. 设计使用年限为 50 年的钢筋混凝土结构处于室内正常环境，其最低混凝土强度等级为（　）。
    A C20 B C25 C C30 D C35

80. 预应力混凝土结构施加预应力时，其立方体抗压强度不宜低于设计强度的百分之多少？
    A 60% B 65% C 70% D 75%

81. 钢筋混凝土梁当端部受到部分约束但按简支梁计算时，应在支座区上部设置纵向构造钢筋，其截面面积不应小于梁跨中下部纵面受力钢筋计算所需截面面积的（　）。
    A 1/3 B 1/4 C 1/5 D 1/10

82. 采用哪一种措施可以减小普通钢筋混凝土简支梁裂缝的宽度？
    A 增加箍筋的数量 B 增加底部主筋的直径
    C 减小底部主筋的直径 D 增加顶部构造钢筋

83. 无粘结预应力钢筋混凝土梁具有许多优点，下列哪一种说法是不正确的？
    A 张拉较容易，摩擦力小 B 敷设安装方便
    C 抗裂性能高 D 抗震性能比有粘结高

84. 在非地震区，承重的独立砖柱截面尺寸不应小于下列哪一组数值？
    A 240mm×240mm B 240mm×370mm
    C 370mm×370mm D 370mm×420mm

85. 在砌块、料石砌筑成的砌体结构中，当梁的跨度大于或等于下列哪一个数值时，梁支座处宜加设壁柱或采取其他加强措施？
    A 3.6m B 4.2m C 4.8m D 6.0m

86. 某室外砌体结构矩形水池，水池足够长，当超量蓄水时，水池长边中部墙体首先出现裂缝的部位为下列哪处？

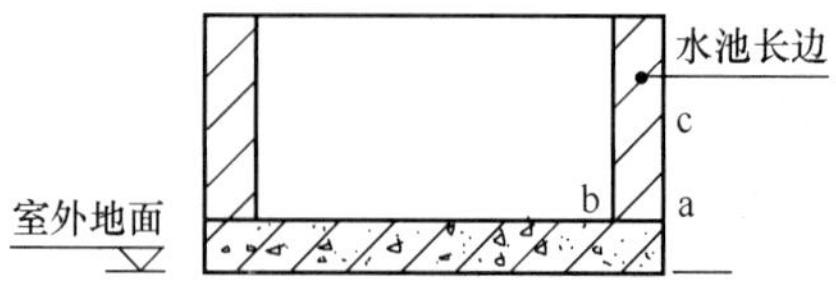

题 86 图

A 池底外侧a处，水平裂缝　　　　　B 池底内侧b处，水平裂缝
C 池壁中部c处，水平裂缝　　　　　D 池壁中部c处，竖向裂缝

87. 砌体结构的圈梁被门窗洞口截断时，应在洞口上部增设相同截面的附加圈梁，其搭接长度不应小于附加圈梁与原圈梁中到中垂直间距的2倍，且不能小于下列哪一个数值？

A 0.6m　　　　B 0.8m　　　　C 1.0m　　　　D 1.2m

88. 对于轻型木结构体系，梁在支座上的搁置长度不得小于下列哪一个数值？

A 60mm　　　B 70mm　　　C 80mm　　　D 90mm

89. 胶合木构件的木板接长连接应采用下列哪一种方式？

A 螺栓连接　　B 指接连接　　C 钉连接　　　D 齿板连接

90. 当木檩条跨度l大于3.3m时，其计算挠度的限值为下列哪一个数值？

A $l/150$　　　B $l/250$　　　C $l/350$　　　D $l/450$

91. 下列抗震设防烈度为7度的砌体房屋墙与构造柱的施工顺序何种正确？

A 先砌墙后浇柱　　　　　　　　　B 先浇柱后砌墙
C 墙柱同时施工　　　　　　　　　D 墙柱施工无先后顺序

92. 190mm小砌块砌体房屋在6度抗震设计时有关总高度限值的说法，以下何者正确？

A 总高度限值由计算确定　　　　　B 没有总高度限值
C 总高度限值一般为长度值一半　　D 总高度限值有严格规定

93. 关于钢筋混凝土高层建筑的层间最大位移与层高之比限值，下列几种比较哪一项不正确？

A 框架结构＞框架—抗震墙结构　　B 框架—抗震墙结构＞抗震墙结构
C 抗震墙结构＞框架—核心筒结构　D 框架结构＞板柱—抗震墙结构

94. 7度抗震设防时，现浇框架结构的最大适用高度为（　　）。

A 55m　　　　B 80m　　　　C 90m　　　　D 120m

95. 抗震设计的钢筋混凝土框架梁截面高宽比不宜大于（　　）。

A 2　　　　　B 4　　　　　C 6　　　　　D 8

96. 在地震区，钢框架梁与柱的连接构造，下列哪一种说法是不正确的？

A 宜采用梁贯通型
B 宜采用柱贯通型
C 柱在两个互相垂直的方向都与梁刚接时，宜采用箱形截面
D 梁翼缘与柱翼缘间应采用全熔透坡口焊缝

97. 一般情况下，下列结构防火性能的说法哪种正确？

A 纯钢结构比钢筋混凝土结构差　　B 钢筋混凝土结构比纯钢结构差
C 砖石结构比纯钢结构差　　　　　D 钢筋混凝土结构与纯钢结构相似

98. 单层钢结构厂房中钢梁一般选择下列哪种截面形式？

99. 普通现浇混凝土屋面板最小厚度为(　　)。
    A 无厚度规定　　　　　　　　　B 厚度规定与板跨度有关
    C 60mm　　　　　　　　　　　　D 30mm

100. 大悬挑体育场屋盖设计中,哪种结构用钢量最少?
    A 索膜结构　　　　　　　　　　B 悬挑折面网格结构
    C 刚架结构　　　　　　　　　　D 钢桁架结构

101. 抗震建筑楼板开洞尺寸的限值为(　　)。
    A 不大于楼面宽度的10%　　　　B 不大于楼面长度的20%
    C 不宜大于楼面宽度的50%　　　D 只要加强可不受限

102. 现浇框架结构在露天情况下伸缩缝的最大距离为(　　)。
    A 不超过10m　　　　　　　　　B 35m
    C 两倍房宽　　　　　　　　　　D 不受限制

103. 抗震建筑除顶层外其他层可局部收进,收进的平面面积或尺寸(　　)。
    A 不宜超过下层面积的90%　　　B 不宜超过上层面积的90%
    C 可根据功能要求调整　　　　　D 不宜大于下层尺寸的25%

104. 框架—剪力墙结构在8度抗震设计中,剪力墙的间距不宜超过下列哪一组中的较小值?(B为楼面宽度)
    A $3B$,40m　　　　　　　　　　B $6B$,50m
    C $6B$,60m　　　　　　　　　　D $5B$,70m

105. 根据《建筑抗震设计规范》,下列哪一种结构平面属于平面不规则?
    A $b \leqslant 0.25B$
    B $b > 0.3B$
    C $b \leqslant 0.3B$
    D $b > 0.25B$

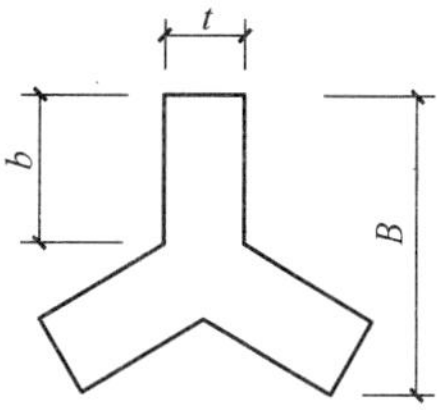

    题105图

106. "按本地区抗震设防烈度确定其抗震措施和地震作用,在遭遇高于当地抗震设防烈度的预估罕遇地震影响时不致倒塌或发生危及生命安全的严重破坏"适合于下列哪一种抗震设防类别?
    A 特殊设防类(甲类)　　　　　　B 重点设防类(乙类)
    C 标准设防类(丙类)　　　　　　D 适度设防类(丁类)

107. 按我国现行《建筑抗震设计规范》规定,抗震设防烈度为多少度及以上地区的建筑必须进行抗震设计?
    A 5度　　　　B 6度　　　　C 7度　　　　D 8度

108. 按《建筑抗震设计规范》进行抗震设计的建筑,要求当遭受多遇地震影响时,一般不受损坏或不需修理可继续使用,此处多遇地震含义为(　　)。
    A 与基本烈度一致　　　　　　　B 比基本烈度约低一度
    C 比基本烈度约低一度半　　　　D 比基本烈度约低二度

109. A级高度的钢筋混凝土高层建筑中,在有抗震设防要求时,以下哪一类结构的最大适用高度最低?

A 框架结构 　　　　　　　　　　B 板柱—抗震墙结构
C 框架—抗震墙结构 　　　　　D 框架—核心筒结构

110. 下列关于建筑设计抗震概念的相关论述，哪项不正确？
A 建筑设计应符合抗震概念设计的要求
B 不规则的建筑方案应按规定采取加强措施
C 特别不规则的建筑方案应进行专门研究和论证
D 一般情况下，不宜采用严重不规则的建筑方案

111. 不同的结构体系导致房屋侧向刚度的不同，一般情况下，下列三种结构体系房屋的侧向刚度关系应为下列哪项？
Ⅰ．钢筋混凝土框架结构房屋；Ⅱ．钢筋混凝土剪力墙结构房屋；Ⅲ．钢筋混凝土框架—剪力墙结构房屋
A Ⅰ＞Ⅱ＞Ⅲ 　　　　　　　　B Ⅱ＞Ⅲ＞Ⅰ
C Ⅲ＞Ⅱ＞Ⅰ 　　　　　　　　D Ⅲ＞Ⅰ＞Ⅱ

112. 下列建筑材料，哪一类的抗震性能最好？
A 砖石材料　　B 钢筋混凝土　　C 钢材　　D 木材

113. 多层砌体房屋主要抗震措施是下列哪一项？
A 限制高度和层数
B 限制房屋的高宽比
C 设置构造柱和圈梁
D 限制墙段的最小尺寸，并规定横墙最大间距

114. 高层钢筋混凝土框架结构抗震设计时，下列哪一条规定是正确的？
A 应设计成双向梁柱抗侧力体系
B 主体结构可采用铰接
C 可采用单跨框架
D 不宜采用部分由砌体墙承重的混合形式

115. 抗震设计的多层普通砖砌体房屋，关于构造柱设置的下列叙述，哪项不正确？
A 楼梯间、电梯间四角应设置构造柱
B 楼梯段上下端对应的墙体处应设置构造柱
C 外墙四角和对应的转角应设置构造柱
D 构造柱的最小截面可采用180mm×180mm

116. 建筑结构按8度、9度抗震设防时，下列叙述哪项不正确？
A 大跨度及长悬臂结构除考虑水平地震作用外，还应考虑竖向地震作用
B 大跨度及长悬臂结构只需考虑竖向地震作用，可不考虑水平地震作用
C 当上部结构确定后，场地越差（场地类别越高），其地震作用越大
D 当场地类别确定后，上部结构侧向刚度越大，其地震水平位移越小

117. 关于抗震设防地区多层砌块房屋圈梁设置的下列叙述，哪项不正确？
A 屋盖及每层楼盖处的外墙应设置圈梁
B 屋盖及每层楼盖处的内纵墙应设置圈梁
C 内横墙在构造柱对应部位应设置圈梁

D 屋盖处内横墙的圈梁间距不应大于15m

118. 关于非结构构件抗震设计的下列叙述，哪项不正确？

A 框架结构的围护墙应考虑其设置对结构抗震的不利影响，避免不合理设置导致主体结构的破坏

B 框架结构的内隔墙可不考虑其对主体结构的影响，按建筑分隔需要设置

C 建筑附属机电设备及其与主体结构的连接应进行抗震设计

D 幕墙、装饰贴面与主体结构的连接应进行抗震设计

119. 下列关于建筑设计的相关论述，哪项不正确？

A 建筑及其抗侧力结构的平面布置宜规则、对称，并应具有良好的整体性

B 建筑的立面和竖向剖面宜规则，结构的侧向刚度宜均匀变化

C 为避免抗侧力结构的侧向刚度及承载力突变，竖向抗侧力构件的截面尺寸和材料强度可自上而下逐渐减小

D 对不规则结构，除按规定进行水平地震作用计算和内力调整外，对薄弱部位还应采取有效的抗震构造措施

120. 某条形基础在偏心荷载作用下，其基础底面的压力如图所示，为满足地基的承载力要求，该基础底面的压力应符合下列何项公式才是完全正确的？

（提示：f_a 为修正后的地基承载力特征值）

A $p_k \leqslant f_a$，$p_{kmax} \leqslant 1.2f_a$

B $p_{kmin} \leqslant f_a$，$p_k \leqslant 1.2f_a$

C $p_{kmin} \leqslant f_a$，$p_{kmax} \leqslant 1.2f_a$

D $p_{kmax} \leqslant f_a$

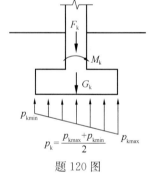

题120图

121. 下列关于地基土的表述中，错误的是(　　)。

A 碎石土为粒径大于2mm的颗粒含量超过全重50%的土

B 砂土为粒径大于2mm的颗粒含量不超过全重50%，粒径大于0.075mm的颗粒含量超过全重50%的土

C 黏性土为塑性指数 I_p 小于10的土

D 淤泥是天然含水量大于液限、天然孔隙比大于或等于1.5的黏性土

122. 某多层建筑地基为砂土，其在施工期间完成的沉降量，可认为是完成最终沉降量的多少？

A 5%～20%

B 20%～50%

C 50%～80%

D 80%以上

123. 某浆砌块石重力式挡土墙如题图所示，墙背垂直光滑，土对墙背的摩擦角$\delta=0$，已知$k_a=0.4$，$\gamma=20kN/m^3$，取$\psi_c=1.0$，根据公式$E_a=\frac{1}{2}\sqrt{\psi_c}\gamma h^2 k_a$ 计算挡土墙的土压力合

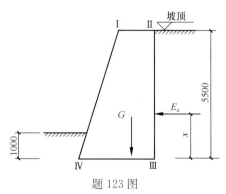

题123图

力 E_a 为（　　）。

（注：此题已知条件为123～127题共用。）

A　81kN/m　　　　B　100kN/m　　　　C　121kN/m　　　　D　140kN/m

124. 条件同123题，土压力合力 E_a 作用点距离墙脚的距离 x 与下列何值最为接近？

A　1.38m　　　　B　1.83m　　　　C　2.75m　　　　D　3.67m

125. 条件同123题，已知挡土墙后的土层均匀，下列挡土墙后的土压力分布示意图哪项正确？

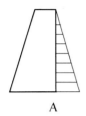
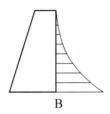
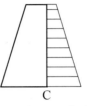
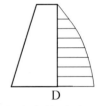

126. 条件同123题，若已知土压力 $E_a=50$kN/m，土对挡土墙基底的摩擦系数 $\mu=0.4$，挡土墙自重 $G=200$kN/m，则挡土墙的抗滑移系数 K 与下列何值最为接近？

（提示：根据公式 $K=G\mu/E_a$）

A　1.4　　　　B　1.6　　　　C　1.8　　　　D　2.0

127. 条件同123题，挡土墙在抗倾覆验算中的力矩支点为图中何点？

A　Ⅰ　　　　B　Ⅱ　　　　C　Ⅲ　　　　D　Ⅳ

128. 刚性基础的计算中不包括下列哪项？

A　地基承载力验算　　　　B　抗冲切承载力验算
C　抗弯计算基础配筋　　　　D　裂缝、挠度验算

129. 某建筑柱下桩基独立承台如下图所示，桩与承台对称布置，在进行受弯承载力验算时，应计算几个截面？

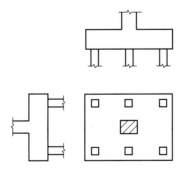

题129图

A　1个　　　　B　2个　　　　C　3个　　　　D　4个

130. 下列哪个建筑物的桩基应进行沉降验算？

A　40层的酒店，桩基为沉管灌注桩
B　50层的写字楼，桩基为嵌岩灌注桩
C　吊车工作级别为A5级的单层工厂，桩基为扩底灌注桩
D　6层的住宅，桩基为端承型灌注桩

131. 在对柱下钢筋混凝土独立基础进行抗冲切计算时,冲切破坏锥体与基础底面的夹角为( )。

　　A 30°　　　　　B 45°　　　　　C 60°　　　　　D 75°

132. 某28层钢筋混凝土框架—剪力墙结构酒店设三层地下室,采用地下连续墙作为基坑支护结构,下列关于该地下连续墙的构造措施中哪项是错误的?

　　A 墙体厚度600mm　　　　　　　　B 墙体混凝土强度等级为C30
　　C 墙体内竖向钢筋通长配置　　　　D 墙体混凝土抗渗等级为0.6MPa

133. 图示管道支架承受均布荷载 q,A、B、D点为铰接点,杆件BD受到的压力为( )。

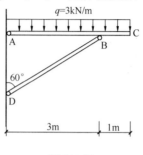

题133图

　　A 12kN　　　　B $12\sqrt{3}$kN　　　　C 16kN　　　　D $16\sqrt{3}$kN

134. 图示三铰刚架转角A处弯矩为( )。

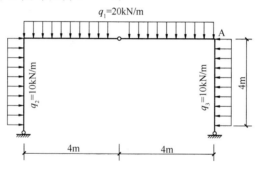

题134图

　　A 80kN·m　　　　B 120kN·m　　　　C 160kN·m　　　　D 200kN·m

135. 图示多跨静定梁B点弯矩为( )。

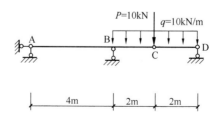

题135图

　　A −40kN·m　　　　B −50kN·m　　　　C −60kN·m　　　　D −90kN·m

136. 钢筋混凝土超筋梁的正截面极限承载力取决于下列哪项?
   A 纵向钢筋强度及其配筋率　　B 箍筋强度及其配筋率
   C 混凝土的抗压强度　　　　　D 混凝土的抗拉强度

137. 当钢结构构件截面由以下哪种因素控制时,选用低合金钢可比选用强度较低的碳素钢节省钢材?
   A 强度　　　B 刚度　　　C 稳定性　　　D 疲劳

138. 一钢筋混凝土简支梁截面尺寸如图,跨中弯矩设计值为120kN·m,采用C30混凝土、$f_c=14.3\text{N/mm}^2$,采用HRB400钢筋、$f_y=360\text{N/mm}^2$,近似取内力臂 γh_0 为 $0.9h_0$,计算所需的纵向钢筋面积为(　　)。
   (提示:利用公式 $M \leq f_y A_s \gamma h_0$)
   A 741mm²　　　　　　　　B 805mm²
   C 882mm²　　　　　　　　D 960mm²

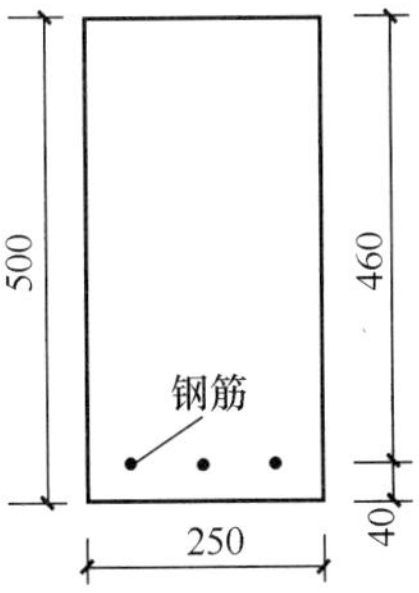

题138图

139. 下列固定铰支座的四种画法中,错误的是(　　)。

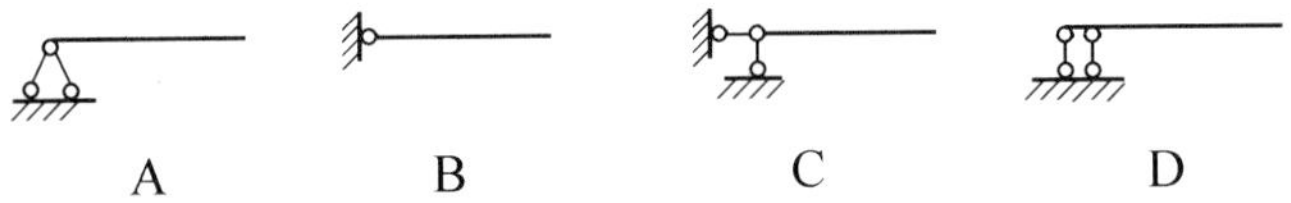

140. 以下何种图例表示钢筋端作135°弯钩?

2010年试题解析、答案及考点

1. **解析**:根据《荷载规范》第3.1.1条,风荷载是可变荷载(活荷载),其他三项均为永久荷载(恒荷载)。
   答案:A
   考点:荷载分类。

2. **解析**:根据《荷载规范》第5.5.2条,所有工程的楼梯栏杆顶部均需考虑水平荷载,学校、食堂、剧场等建筑还需考虑楼梯栏杆顶部竖向荷载。
   答案:B
   考点:栏杆活荷载的标准值。

3. **解析**:根据《高层混凝土规程》第3.2.2条规定:"对于特别重要或对风荷载比较敏感的高层建筑,其基本风压应按100年重现期的风压值采用"。但《高层混凝土规程》2010年版第4.2.2条已改为:"对风荷载比较敏感的高层建筑,承载力设计时应按基本风压的1.1倍采用"。不再强调按100年重现期的风压值采用。
   答案:C(按老规范为D)

考点：基本风压。

4. **解析**：调整后楼面混凝土面层厚度增加了50mm，其增加的荷载标准值为：$0.05 \times 20 = 1.0 \text{kN/m}^2$。

   答案：B

   考点：楼面荷载标准值。

5. **解析**：根据《荷载规范》表8.3.1第15项，封闭式带女儿墙的双坡屋面，女儿墙墙面风载体型系数左面为+1.3（风压）、右面为0；房屋墙面风载体型系数左面为+0.8（风压）、右面为-0.5（风吸）。因此，不管是女儿墙或房屋墙面，墙面所受的风压力均大于风吸力。二者组合均为1.3。

   答案：B

   考点：风荷载体型系数。

6. **解析**：如解图所示，靠支座第一根竖杆撤除后，桁架仍为静定结构。因此，桁架为具有2个多余约束的几何不变体系。

   答案：B

   考点：几何组成分析。

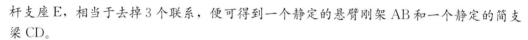

题6解图

7. **解析**：去掉一个中间铰链B，再去掉一个链杆支座E，相当于去掉3个联系，便可得到一个静定的悬臂刚架AB和一个静定的简支梁CD。

   答案：B

   考点：超静定次数。

8. **解析**：去掉AB、CD两杆，相当于去掉两个联系，便可得到一个完全由三角形组成的标准静定桁架。

   答案：C

   考点：超静定次数。

9. **解析**：当P力作用在上面时③杆是零杆，当P力作用在下面时③杆受拉力P，而其他各杆受力情况不变。

   答案：B

   考点：桁架的内力。

10. **解析**：根据零杆判别法，可知3个竖杆均为零杆。去掉这3根零杆后，K节点成为反对称内力的"K"字形节点。本题所示为对称结构受对称荷载，故对称轴上K字形节点处的2根斜杆也是零杆。

    答案：C

    考点：桁架零杆的判别法。

11. **解析**：B选项可以看成是在一个静定的三铰拱上加一个二元体，有一根多余的水平杆，故为一次超静定结构。A、C、D选项均为静定结构。

    答案：B

    考点：静定与超静定。

12. **解析**：取BC杆为研究对象，根据$\sum M_c=0$，可得$F_B=0$，BC杆不受力，只有AC杆受力,相当于一个悬臂刚架,可求出 $M_A=Pa$,$R_a=P$(↑)。

答案:D

考点:刚架的支反力。

13. 解析:根据"零平斜、平斜抛"的规律,可知外力图中不应有均布荷载,A、B选项不对。又根据剪力图 V 图中间截面上有突变,在外力图上应对称有集中力 P,故 C 选项正确。

答案:C

考点:梁的剪力图、弯矩图。

14. 解析:由受力分析可知,A 端的支座反力 $F_{Ax}=P$,为水平向左,F_{Ay} 为铅垂向上,而固定端 A 的反力偶矩 M_A 为绕 A 端逆时针转动。故 A 端弯矩为左侧受拉,M 图画在 A 端左侧,而 BC 段剪力 Q=0,因此 D 选项正确。

答案:D

考点:刚架的剪力图、弯矩图。

15. 解析:外荷载无均布荷载,故剪力图必为水平线。又根据受力分析可知,右端支座反力为向下的集中力,产生的右边一段的剪力为正值,C 选项正确。

答案:C

考点:超静定梁的剪力图。

16. 解析:外力偶转向是逆时针,则固定端反力偶矩必为顺时针转向,固定端处的弯矩应画在右侧。

答案:C

考点:静定刚架的弯矩图。

17. 解析:外力偶矩为均布扭矩,是一条水平线,则内力偶矩——扭矩必为斜直线,与杆长 x 的一次方成正比。

答案:C

考点:结构的扭矩图。

18. 解析:由于外荷载向右,故支座 A、B 的水平反力必向左,两根竖杆的弯矩图要画在杆的右侧。再由 C 点作用力和反作用力的反对称性,可知横梁上弯矩也应是反对称的。

答案:C

考点:三铰刚架的弯矩图。

19. 解析:依对称性,支反力等于 $\dfrac{qL}{2}$,跨中弯矩 $M_{\max}=\dfrac{qL}{2}\cdot\dfrac{L}{2}-\dfrac{qL}{2}\cdot\dfrac{L}{4}=\dfrac{qL^2}{8}$。

答案:B

考点:梁的弯矩计算。

20. 解析:求支反力,$\sum M_B=0$:$F_A\cdot L=\dfrac{qL}{2}\cdot\dfrac{L}{4}$,得 $F_A=\dfrac{qL}{8}$(↓)

$$|M_A|=\dfrac{qL}{8}\cdot\dfrac{L}{2}=\dfrac{qL^2}{16}。$$

答案:A

考点：梁的弯矩计算。

21. 解析：求支反力，$\sum M_A=0$：$F_B\times 6=30$，得 $F_B=5\text{kN}(\downarrow)$，所以，$F_s=5\text{kN}$。
    答案：D
    考点：梁的剪力计算。

22. 解析：图示结构中间的铰链可以有两个约束反力分量：一个水平力，一个铅垂力，和他等效的约束只有B选项。
    答案：B
    考点：多跨静定梁。

23. 解析：先分析中间铰链左边梁的受力，可知其受外力为零。而右边是一个外伸梁，外伸段不受力，只有受均布荷载那段梁有外力作用，有弯矩，和简支梁受均布力的弯矩图相同。
    答案：C
    考点：梁的弯矩图。

24. 解析：由受力分析可知支座A处只有铅垂力，没有水平分力，故图示结构竖杆无弯矩作用，横梁的弯矩图和简支梁受均布荷载时相同。
    答案：B
    考点：刚架的弯矩图。

25. 解析：解图中，杆CA、CD、EB、DE为零杆，两斜杆AD、BD为压杆，其竖向分力共同与荷载（20kN）相平衡。根据力的三角形原理，可知 $N_a=1/2\times 20=10\text{kN}$（拉力）。
    答案：B
    考点：桁架的内力计算。

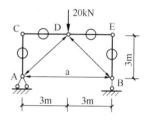

题25解图

26. 解析：由外力P向右可判定两个支座的水平反力是向左的，故两个竖杆的弯矩应画在右侧（受拉）。根据刚节点的平衡规律，可知横梁上也应有弯矩图和竖杆对应，呈反对称分布。
    答案：D
    考点：三铰刚架的弯矩图。

27. 解析：图示结构为连续梁，当中间一跨受力产生向下变形时，要带动左右两跨产生向上的变形，而且应是一条连续光滑的挠度曲线。
    答案：D
    考点：多跨连续梁的变形。

28. 解析：外力P对固定端支座是顺时针转向，故反力偶矩绕固定端必为逆时针转向，固定端处为左侧受拉。
    答案：C
    考点：刚架的弯矩图。

29. 解析：由整体受力分析可知，右下角支座反力垂直向上，右边竖杆无弯矩，水平杆和左侧竖杆弯矩图画在内侧（受拉侧）。
    答案：D

考点：刚架的弯矩图。

30. 解析：结构对称、荷载对称，则弯矩图是对称的，在对称轴上反对称的约束力为零，即中间铰链处的一对竖向力为零，故在两个 P 力之间无弯矩。

    答案：C

    考点：三铰刚架的弯矩图。

31. 解析：题图所示三铰拱的相应简支梁如解图所示。可见其中点弯矩 $M_C^0=\dfrac{PR}{4}$，故水平推力 $F_X=\dfrac{M_C^0}{f}=\dfrac{\frac{PR}{4}}{R}=\dfrac{P}{4}$。

    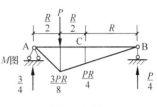

    题31解图

    答案：A

    考点：三铰拱的水平推力。

32. 解析：外荷载是水平线，故横梁上弯矩图应为抛物线，又由受力分析可知，固定端处的反力偶矩为逆时针转动，故弯矩图应画在固定端的左侧（受拉侧）。

    答案：B

    考点：静定刚架的弯矩图。

33. 解析：由零杆判别法可知 5、9、15 为零杆。同时右上角节点也是一个三力节点，可视为三杆节点，则水平杆 8 也是零杆。

    答案：A

    考点：桁架零杆的判别法。

34. 解析：首先由整体结构的对称性，求出 $F_A=F_B=P$（↑），其次从 1、2、3 杆截断，取左半部如解图所示。

    由 $\sum M_C=0$，$N_1a+Pa-P·2a=0$，可得 $N_1=P$（压力）。

    题34解图

    答案：D

    考点：桁架内力的计算。

35. 解析：A、C 选项上端为自由端，约束不如 B 选项和 D 选项的斜杆约束强，而 D 选项中的斜杆刚度又比 B 选项大。

    答案：D

    考点：结构的位移。

36. 解析：由整体平衡可知 B 点的反力为零。由 B 点的平衡可知：$N_{BC}=0$，然后由 C 点平衡可知 $N_{CD}=N_{CE}=0$，最后由 D 点平衡可知 $N_{DA}=N_b=0$。

    答案：A

    考点：桁架零杆的判别法。

37. 解析：图示结构可视为对称结构受反对称荷载作用，则其弯矩图也应为反对称的。外力 P 对固定端支座是顺时针转，故固定端的反力偶矩必为逆时针转，其弯矩应画在左侧受拉处。

    答案：B

    考点：超静定刚架的弯矩图。

38. 解析：图示结构为静定简支刚架，支座下沉不会产生内力，弯矩图为零。

答案：D

考点：静定结构的支座沉降。

39. 解析：图示结构为对称的超静定结构，所以温度升高引起的结构尺寸膨胀变形也是对称的。由于各部分伸长变形由中间到两端逐渐积累，越来越大，相应的温度应力也成比例地逐渐增大。

    答案：A

    考点：超静定结构的温度应力。

40. 解析：超静定结构各部分的弯矩比等于各部分的刚度比。由于Ⅱ图中横梁比竖杆刚度大一倍，而Ⅰ图中两者刚度相同，故Ⅱ图中横梁弯矩比Ⅰ图大。

    又因为B、D两点的弯矩 M_B 和 M_D 等于均布荷载 q 产生的正弯矩和两端约束产生的负弯矩之和，D点两端约束是上下两根杆，大于B点两端约束一根杆，故D点两端的负弯矩大，$M_D < M_B$。

    答案：B

    考点：刚度比对超静定结构的影响。

41. 解析：在建筑力学中只研究小变形。此题中柱顶的竖向位移比水平位移和转角（均为小变形）还要小得多，可以忽略不计。

    答案：C

    考点：结构的位移。

42. 解析：首先取BC平衡，由 $\sum M_C = 0$，可得 $R_B = P$；再由整体平衡，$\sum F_y = 0$，可得 $R_A = -P$。

    答案：C

    考点：结构的支反力。

43. 解析：此题为门式刚架三次超静定结构，支座位移会引起附加弯矩。由于跨长24远大于高度，可知d点的弯矩远大于a、b、c三点。

    答案：D

    考点：超静定结构的弯矩。

44. 解析：超静定次数越高，多余约束越多，弯矩就越小。A选项为3次超静定，B选项是1次超静定，而C选项和D选项均为静定结构。显然A选项弯矩最小。

    答案：A

    考点：静定和超静定结构的弯矩。

45. 解析：图示刚架均为超静定结构，横梁与竖杆的刚度比越大，则其弯矩值也越大。B选项横梁与竖杆的刚度比为2∶1，则弯矩也最大。

    答案：B

    考点：刚度比对超静定结构的影响。

46. 解析：由于两个支座反力是向上的，所以可以从支座的受力分析得出上弦杆受压、下弦杆受拉的结论。桁架中的杆当然都是轴力杆。

    答案：A

    考点：桁架结构的拉杆与压杆。

47. 解析：由于对称性，可以把图示刚架看成是两个下端固定的门式刚架横放在一起。参考门式刚架的弯矩图，对应的图形是 A 选项。

答案：A

考点：双跨对称超静定结构。

48. 解析：结构位移的大小与外力 P 成正比，与结构的刚度 EI 成反比。图Ⅳ比图Ⅰ受的外力大1倍，而刚度也大1倍，故两者的位移 Δ 相同。

答案：B

考点：超静定刚架的位移。

题49解图

49. 解析：如解图所示，刚架支座 a 发生沉降 Δ，相当于左柱存在一个向下的拉力，将使横梁 bc 产生剪力，柱 ab 产生拉力。A、B、C 选项柱子产生剪力错误，D 选项所示剪力图正确。

答案：D

考点：超静定结构的支座沉降。

50. 解析：首先考虑整体平衡，根据对称性，可求出左右两支座的反力为 $\dfrac{9P}{2}$。再用截面法截开三根杆（包括1根竖杆），取左侧，如解图所示。

由 $\sum F_y=0$：

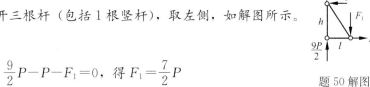

$$\dfrac{9}{2}P-P-F_1=0，得 F_1=\dfrac{7}{2}P$$

题50解图

可见竖腹杆其轴力大小与 h 无关。

答案：D

考点：桁架的内力计算。

51. 解析：图示结构为对称结构受对称荷载，故其弯矩图也是对称的。再根据中间横梁两端的刚节点弯矩间的平衡关系，只有 A 选项是正确的。

答案：A

考点：双层对称超静定刚架的弯矩图。

52. 解析：图示结构为对称结构，受反对称荷载，其弯矩图也是反对称的，D 选项正确。

答案：D

考点：反对称超静定刚架的弯矩图。

53. 解析：图示结构均为超静定结构，当温度降低时，抗拉刚度 EA 越大的杆引起的轴向拉力也越大。B 选项和 D 选项的抗拉刚度都是 $2EA$，比 A 选项、C 选项抗拉刚度大。但是 D 选项无轴向的多余约束力，故 B 选项符合题意。

答案：B

考点：超静定结构的温度应力。

54. 解析：增加水泥用量，加大水灰比，提高水泥强度等级将会引起混凝土收缩的增加，加强混凝土的振捣和养护可以减小混凝土的收缩。

答案：D

考点：影响混凝土收缩的因素。

55. 解析：Q235 钢材型号中的 235 表示钢材屈服强度标准值。其中，Q 是屈服点的汉语拼音首位字母，表示钢材的屈服强度，235 表示屈服强度标准值为 235N/mm²。

答案：A

考点：钢材牌号的含义。

56. 解析：同种牌号的碳素钢分为 A、B、C、D 四个质量等级。A 级质量等级最差，B、C 级依次提高，D 级最高。A、B 级钢按脱氧方法分为沸腾钢（符号为 F），如 Q235-A.F 表示屈服强度标准值为 235 的 A 级（质量等级最低）沸腾钢，半镇静钢（符号为 b），镇静钢（符号为 Z），C 级钢为镇静钢，D 级钢为特殊镇静钢（符号为 TZ），Z 和 TZ 在牌号中省略不写。

答案：A

考点：钢材的质量等级。

57. 解析：钢材因含碳量不同分为低碳钢（<0.25%）、中碳钢（0.25%～0.6%）、高碳钢（0.6%～1.7%）。碳含量越高，钢材的强度越高，但塑性、韧性和可焊性显著降低。因此，用于建造钢结构的材料只能是低碳钢，一般要求含碳量≤0.22%，对焊接结构，碳含量一般要求为 0.12%～0.2%。

答案：A

考点：钢材的含碳量。

58. 解析：常用钢板随着厚度的增加，可焊性降低，Z 向性能、冷弯性能均会下降，而强度亦会下降。题中 A 选项的表述是错误的，见《钢结构标准》第 4.4.1 条表 4.4.1、第 4.4.2 条表 4.4.2。

答案：A

考点：钢板厚度对其性能的影响。

59. 解析：钢筋和混凝土两种材料能有效结合在一起共同工作，主要是由于混凝土硬结后，两者之间产生了良好的粘结力，可靠地结合在一起，从而保证了在荷载作用下，构件中的钢筋与混凝土协调变形、共同受力。同时，由于混凝土抗压强度高，但抗拉强度很低，在拉应力很小的状态下即出现裂缝，影响了构件的使用。为了提高构件的承载力，在构件中配置一定数量的钢筋，用钢筋承担拉力而让混凝土承担压力，充分发挥了两种材料的力学特性，从而使构件的承载力得到很大提高。此外，由于钢筋混凝土构件中的钢筋得到外围混凝土的保护，使其具有良好的耐火性能。钢筋和混凝土两种材料的温度线膨胀系数很接近［混凝土：$(1.0～1.5)×10^{-5}/℃$；钢筋：$1.2×10^{-5}/℃$］，因此，当温度变化时，不致产生较大的温度应力而破坏两者之间的黏结。因此，题中 A、B、D 选项的表述正确，C 选项错误。

答案：C

考点：钢筋与混凝土共同工作的条件。

60. 解析：根据《木结构标准》第 10.1.8 条表 10.1.8，木结构房屋中梁的耐火极限为 1.0h。

答案：C

考点：木结构梁的耐火极限。

61. 解析：根据《混凝土规范》第 4.1.2 条，预应力混凝土结构的混凝土强度等级不宜低于 C40，且不应低于 C30。

答案：B

考点：预应力混凝土结构对混凝土强度等级的要求。

62. 解析：水灰比大，水泥用量多，将增加混凝土的收缩。根据当前施工情况，混凝土大多在工厂搅拌后运到现场，然后泵送至高处振捣。为了泵送方便，混凝土水灰比较大，同时，高层建筑由于承载力需要，往往采用高强度等级混凝土，从而使水泥用量增加，因此，混凝土开裂现象较普遍。题中A选项错误，B、C、D选项正确。

答案：A

考点：减小混凝土收缩的措施。

63. 解析：根据《抗震规范》第3.9.2条第1款1)，抗震砌体结构材料采用普通砖和多孔砖时，其强度等级不应低于MU10，砌筑砂浆强度等级不应低于M5。

答案：B

考点：抗震设计砌体结构材料的强度等级要求。

64. 解析：《混凝土规范》条文说明第3.5.3条，影响混凝土耐久性的因素包括含碱量。因此控制混凝土的最大碱含量，其作用是提高混凝土的耐久性。

答案：B

考点：混凝土材料的耐久性要求。

65. 解析：四个选项对木材的强度均有影响，对于A、B、D选项，《木结构标准》第4.3.2条第2款、第3款，第4.3.4条表4.3.4，第4.1.6条，第4.3.9条第1款表4.3.9-1、第2款表4.3.9-2，给出了明确的量化规定：

1. 当构件矩形截面的短边尺寸≥150mm时，其强度设计值可提高10%；

2. 当采用含水率大于25%的湿材时，各种木材的横纹承压强度设计值和弹性模量，以及落叶树木材的抗弯强度设计值宜降低10%；

3. 当确定承重构件用材的强度设计值时，应计入荷载持续作用时间对木材强度的影响；

4. 对长期生产性高温环境，木材表面温度达40~50℃时，强度设计值和弹性模量乘以调整系数0.8；

5. 规定了不同设计使用年限（负荷时间），强度设计值和弹性模量的调整系数。

木材因疵点、节疤缺陷，其材质等级不同，对应的强度设计值包含了木材缺陷影响因素，但在进行构件设计时不需再考虑缺陷对木材强度设计值的调整。在设计时通过合理的选材可以避免出现各种缺陷。

因此综上分析，可以认为疵点、节疤不是影响木材强度的主要因素。

答案：C

考点：影响木材强度的主要因素。

66. 解析：根据《木结构标准》第4.3.1条表4.3.1-3，木材的抗弯强度设计值＞顺纹抗拉强度设计值＞顺纹抗剪强度设计值，$f_m > f_t > f_v$，例如，强度等级TC17A组，其 $f_m = 17 \text{N/mm}^2$，$f_t = 10 \text{N/mm}^2$，$f_v = 1.7 \text{N/mm}^2$

答案：A

考点：木材的强度指标。

67. 解析：根据《混凝土规范》第3.5.2条表3.5.2，处于严寒和寒冷地区，当混凝土与无侵蚀的水或土壤直接接触时，属于二b类环境。根据第3.5.3条表3.5.3，二b类的最低混凝土强度等级为C30。

答案：B

考点：钢筋混凝土耐久性设计。

68. 解析：根据《抗震规范》附录C.0.5、第3.9.2条第2款1），混凝土的强度等级，框支梁、框支柱及抗震等级为一级的框架梁、柱、节点核芯区，不应低于C30；对预应力混凝土结构的混凝土强度等级，框架和转换层的转换构件不宜低于C40。其他抗侧力的预应力混凝土构件，不应低于C30。

注：构造柱、芯柱、圈梁及其他各类构件的混凝土强度等级不应低于C20。

答案：A

考点：预应力混凝土结构对混凝土强度等级的要求。

69. 解析：根据《抗震规范》第3.9.4条，施工中当需要以强度较高的钢筋代替原设计中的纵向钢筋时，应按照钢筋受拉承载力设计值相等的原则换算，并应满足最小配筋率的要求（用高强度钢筋代替原设计中的低强度钢筋时，钢筋所需面积会减小，此时，需验算截面配筋率是否满足规范规定的最小配筋率 $\rho_{\min}$ 的要求）。另外，在地震区尚需考虑抗震构造措施。

答案：D

考点：钢筋的代换原则。

70. 解析：焊接材料对焊接结构的安全性有着极其重要的影响，按新的《钢结构标准》，焊缝的强度指标应符合：手工焊用焊条、自动焊和半自动焊所采用的焊丝和焊剂，应保证其熔敷金属的力学性能不低于母材的性能。因此，Q345B钢管手工对接焊，应选择E50、E55型焊条。

题70解表

焊接方法和焊条型号	构件钢材牌号
自动焊、半自动焊和E43型焊条手工焊	Q235
自动焊、半自动焊和E50、E55型焊条手工焊	Q345、Q390
自动焊、半自动焊和E55、E60型焊条手工焊	Q420
自动焊、半自动焊和E55、E60型焊条手工焊	Q460
自动焊、半自动焊和E50、E55焊条手工焊	Q345GJ

答案：B、C（按老规范选B）

考点：焊条的选用。

71. 解析：当构件为强度控制时，因Q345比Q235级钢强度高，计算截面可以减小，而价钱增加不多（性价比好），因此应优先采用Q345钢，第Ⅱ项正确。当构件为刚度或稳定性控制时，二者弹性模量相同（$E=206\times10^3/mm^2$），采用Q235计算出的截面面积（A）、惯性矩（I）和回转半径（i）较大，刚度较大，稳定性容易满足，因此，应优先选用Q235钢，第Ⅲ项正确。

答案：C

考点：钢材牌号的选用。

72. **解析**：根据现行《砌体规范》第4.3.5条表4.3.5，处于地面以下与很潮湿地基土直接接触的砌体，材料的最低强度等级，蒸压普通砖：MU20，水泥砂浆：M7.5。

    按新版规范无解。

    答案：无

    考点：砌体结构的耐久性要求。

73. **解析**：根据《木结构标准》第7.1.4条第3款，当采用方木作木桁架下弦时，其跨度不应大于12m。

    答案：D

    考点：木桁架的跨度。

74. **解析**：根据《抗震规范》第6.1.4条第1款3)，防震缝两侧结构类型不同时，需按较宽防震缝的结构类型和较低房屋高度确定缝宽，因此应按框架结构30m高确定。

    答案：A

    考点：防震缝的设置要求。

75. **解析**：根据《抗震规范》表7.1.2注1，顶层带阁楼的坡屋面砌体房屋，其房屋总高度应算至山尖墙的1/2高度处。

    答案：C

    考点：砌体房屋总高度计算的规定。

76. **解析**：根据《钢结构标准》第11.2.3条，两焊脚边夹角为$60°\leq\alpha\leq135°$的T形连接的斜角角焊缝，其强度应按本标准式（11.2.2-1）～式（11.2.2-3）计算；根据第11.2.3条第3款，当$30°\leq\alpha\leq60°$或$<30°$时，斜角角焊缝计算厚度h_e应按现行国家标准《钢结构焊接规范》GB 50661的有关规定计算取值。由此看出，本题已不符合《钢结构标准》，无解。

    答案：无

    考点：角焊缝的受力计算。

77. **解析**：组合梁由混凝土翼板与钢梁通过抗剪连接件组成。根据《钢结构标准》第14.7.4条第2款，栓钉连接件顶面的混凝土保护层厚度不应小于15mm。

    答案：B

    考点：组合楼板中栓钉的混凝土保护层厚度。

78. **解析**：根据《抗震规范》第8.4.2条第1款，在抗震设防的结构中，支撑宜采用H型钢制作，在构造上两端应刚接。当采用焊接组合截面时，其翼缘与腹板应采用坡口全熔透焊缝连接。

    答案：D

    考点：高层钢框架的支撑。

79. **解析**：根据《混凝土规范》第3.5.2条表3.5.2及第3.5.3条表3.5.3，设计使用年限为50年的钢筋混凝土结构，当处于室内正常环境（即一类环境）时，其最低混凝土强度等级为C20。

    答案：A

    考点：钢筋混凝土结构对混凝土强度等级的要求。

80. **解析**：根据《混凝土规范》第10.1.4条，预应力混凝土结构施加预应力时，其立方体抗压强度不宜低于设计强度的75%。

答案：D

考点：施加预应力时对混凝土强度的要求。

81. 解析：根据《混凝土规范》第9.2.6条第1款，钢筋混凝土梁当端部受到部分约束但按简支梁计算时，应在支座上部设置纵向构造钢筋，其截面面积不应小于梁跨中下部纵向受力钢筋计算所需截面面积的1/4，且不应少于两根。

    答案：B

    考点：钢筋混凝土梁端配筋构造。

82. 解析：根据《混凝土规范》第7.1.2条式（7.1.2-1），最大裂缝宽度按下式计算：

$$w_{max} = \alpha_{cr}\psi\frac{\sigma_s}{E_s}\left(1.9c_s + 0.08\frac{d_{eq}}{\rho_{te}}\right)$$

式中参数定义见规范。

当减少简支梁底部主筋直径时，d_{eq}减小，w_{max}将减小。

答案：C

考点：减小裂缝宽度的措施。

83. 解析：无粘结预应力钢筋混凝土梁的抗震性能比有粘结的低。《抗震规范》附录C第C.0.1条说明，对预应力混凝土结构，《抗震规范》主要应用于有粘结预应力混凝土结构，如采用无粘结预应力混凝土，另要采取专门措施。

    答案：D

    考点：无粘结预应力混凝土的优点。

84. 解析：根据《砌体规范》第6.2.5条，在非地震区，承重独立砖柱截面尺寸不应小于240mm×370mm。

    答案：B

    考点：承重独立砖柱的尺寸。

85. 解析：根据《砌体规范》第6.2.8条第2款，对采用砌块、料石砌筑成的砌体结构中，当梁的跨度大于或等于4.8m时，梁支座处宜加设壁柱或采取其他加强措施（对240mm厚的砖墙，梁的跨度为6.0m；对180mm厚的砖墙，梁的跨度为4.8m时，宜加设壁柱）。

    答案：C

    考点：梁支座处的构造措施。

86. 解析：因池底内侧b处产生的弯矩最大，因此首先出现水平裂缝。

    答案：B

    考点：砌体结构的受力分析。

87. 解析：根据《砌体规范》第7.1.5条第1款，当圈梁被门窗洞口截断时（如在楼梯间处），应在洞口上部增设相同截面的附加圈梁。附加圈梁与圈梁的搭接长度不应小于附加圈梁与原圈梁中到中垂直间距的2倍，且不得小于1.0m。

    答案：C

    考点：圈梁的设置要求。

88. 解析：见《木结构标准》第9.6.19条，轻型木结构体系系指主要由木构架墙、木楼盖和木屋盖系统构成的结构体系，适用于3层及3层以下的民用建筑。梁在支座上的搁置长度不应小于90mm，支座表面应平整，梁与支座应紧密接触。

答案：D

考点：轻型木结构中梁在支座上的搁置长度。

89. **解析**：根据《木结构标准》第8.0.11条、第8.0.12条及条文说明图19。正交胶合木木构件可采用指接进行构件的接长，也称大指接连接。大指接连接是贯穿于正交胶合木构件端部整个横截面的指接，一般有两种连接形式，如图19所示（题89解图）。

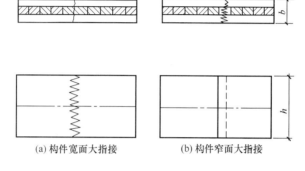

题89解图 正交胶合木构件采用大指接示意

答案：B

考点：指接连接。

90. **解析**：根据《木结构标准》第4.3.15条表4.3.15，当木檩条跨度大于3.3m时，其计算挠度限值为$l/250$（l——受弯构件的计算跨度）。

答案：B

考点：受弯构件挠度限值。

91. **解析**：《抗震规范》第3.9.6条规定，钢筋混凝土构造柱和底部框架—抗震墙房屋中的砌体抗震墙，其施工应先砌墙后浇构造柱和框架梁柱。

答案：A

考点：构造柱的施工工序。

92. **解析**：根据《抗震规范》第7.1.2条第1款表7.1.2，对190mm小砌块砌体房屋在6度抗震设计时，总高度限值为21m，层数为7层（D选项正确）。横墙较少的多层砌体房屋，总高度应比表7.1.2（题92解表）的规定降低3m，层数相应减少一层；对各层横墙很少的多层砌体房屋，还应再减少一层。

房屋的层数和总高度限值（m） 　　　　题92解表

房屋类别		最小抗震墙厚度（mm）	烈度和设计基本地震加速度									
			6		7				8			9	
			0.05g		0.10g		0.15g		0.20g		0.30g		0.40g	
			高度	层数	高度	层数	高度	层数	高度	层数	高度	层数	高度	层数
多层砌体房屋	普通砖	240	21	7	21	7	21	7	18	6	15	5	12	4
	多孔砖	240	21	7	21	7	18	6	18	6	15	5	9	3
	多孔砖	190	21	7	18	6	15	5	15	5	12	4	—	—
	小砌块	190	21	7	21	7	18	6	18	6	15	5	9	3

答案：D

考点：砌体房屋抗震设计一般规定（层数和高度要求）。

93. 解析：根据《高层混凝土规程》第 3.7.3 条表 3.7.3 及《抗震规范》第 5.5.1 条表 5.5.1（题 93 解表），抗震墙结构（1/1000）＜框架—核心筒结构（1/800），C 选项错误。

弹性层间位移角限值　　　　　　　　　　　　　题 93 解表

结　构　类　型	$[\theta_e]$
钢筋混凝土框架	1/550
钢筋混凝土框架—抗震墙、板柱—抗震墙、框架—核心筒	1/800
钢筋混凝土抗震墙、筒中筒	1/1000
钢筋混凝土框支层	1/1000
多、高层钢结构	1/250

答案：C

考点：抗震变形验算。

94. 解析：根据现行《抗震规范》第 6.1.1 条表 6.1.1，7 度抗震设防时，框架结构适用的最大高度为 50m。按现行规范无解。

答案：无（按新规范）

考点：建筑结构体系适用的最大高度。

95. 解析：根据《抗震规范》第 6.3.1 条，钢筋混凝土框架梁截面高宽比不宜大于 4，截面宽度不宜小于 200mm（B 选项正确）。

答案：B

考点：框架结构的基本抗震构造措施。

96. 解析：根据《高层钢结构规程》第 8.3.1 条、第 8.3.3 条及《抗震规范》第 8.3.4 条第 1～3 款，梁与柱的连接宜采取柱贯通型（A 选项错误，B 选项正确）；柱在两个互相垂直的方向上都与梁刚接时，宜采用箱形截面（C 选项正确）；梁翼缘与柱翼缘间应采用全熔透坡口焊缝（D 选项正确）。

答案：A

考点：钢框架结构的抗震构造措施。

97. 解析：钢结构的防火性能比混凝土结构的防火性能差。

答案：A

考点：建筑结构材料的防火性能。

98. 解析：钢梁为受弯构件，其截面形式应采用抗弯矩较大的截面形式如工字形及 T 形。

答案：D

考点：受弯构件（钢梁）的截面形式选择。

99. 解析：根据《混凝土规范》表 9.1.2（题 99 解表）的规定，普通现浇混凝土屋面板厚度规定与跨度有关，并应满足最小厚度 60mm 的要求。

现浇钢筋混凝土板的最小厚度（mm）　　　　题 99 解表

板的类别		最小厚度
单向板	屋面板	60
	民用建筑楼板	60
	工业建筑楼板	70
	行车道下的楼板	80
双向板		80
密肋楼盖	板面	50
	肋高	250
悬臂板（根部）	悬臂长度不大于500mm	60
	悬臂长度1200mm	100
无梁楼板		150
现浇空心楼盖		200

答案：C

考点：结构构件的基本规定。

100. 解析：大悬挑体育场屋盖结构，采用索膜结构用钢量最少。

    答案：A

    考点：索膜结构特点。

101. 解析：根据《高层混凝土规程》第3.4.6条及《抗震规范》表3.4.3-1的规定，当楼板平面比较狭长、有较大的凹入或开洞时，应在设计中考虑其对结构产生的不利影响。有效楼板宽度不宜小于该层楼板典型宽度的50%（C选项正确），或楼板开洞面积不宜大于该层楼面面积的30%。若不能满足或有较大的楼层错层时，属于楼板局部不连续的平面不规则。

    答案：C

    考点：高层建筑结构平面布置。

102. 解析：根据《混凝土规范》第8.1.1条表8.1.1的规定，伸缩缝的最大距离与建筑结构类型、施工方法及环境类别有关。

    答案：B

    考点：混凝土结构的伸缩缝最大间距。

103. 解析：根据《抗震规范》第3.4.3条表3.4.3-2，侧向刚度不规则的定义和参考指标为，除顶层或出屋面小建筑外，局部收进的水平向尺寸大于相邻下一层的25%，故局部收进的水平尺寸不宜大于相邻下一层的25%，D选项正确。

    答案：D

    考点：高层建筑结构竖向布置。

104. 解析：根据《高层混凝土规程》表8.1.8（题104解表）的规定，框架—剪力墙结构在8度抗震设计中，现浇剪力墙的间距不宜超过3.0B，40m（A选项正确）。

剪力墙间距（m） 题104解表

楼盖形式	非抗震设计（取较小值）	抗震设防烈度		
		6度、7度（取较小值）	8度（取较小值）	9度（取较小值）
现浇	5.0B，60	4.0B，50	3.0B，40	2.0B，30
装配整体	3.5B，50	3.0B，40	2.5B，30	—

注：1. 表中B为剪力墙之间的楼盖宽度（m）；
2. 装配整体式楼盖的现浇层应符合本规程第3.6.2条的有关规定；
3. 现浇层厚度大于60mm的叠合楼板可作为现浇板考虑；
4. 当房屋端部未布置剪力墙时，第一片剪力墙与房屋端部的距离，不宜大于表中剪力墙间距的1/2。

答案：A

考点：抗震设计中剪力墙间距要求。

105. **解析**：根据《高层混凝土规程》第3.4.3条图3.4.3（e）、表3.4.3（题105解表），平面突出部分的长度b不宜过大；6、7度时，$b/B \leqslant 0.35$；8、9度时，$b/B \leqslant 0.30$。

平面尺寸及突出部位尺寸的比值限值 题105解表

设防烈度	L/B	l/B_{max}	l/b
6、7度	$\leqslant 6.0$	$\leqslant 0.35$	$\leqslant 2.0$
8、9度	$\leqslant 5.0$	$\leqslant 0.30$	$\leqslant 1.5$

答案：B

考点：建筑结构平面布置。

106. **解析**：根据《抗震设范》第3.1.1条及《抗震设防标准》第3.0.2条、第3.0.3条第1款，标准设防类是指按本地区抗震设防烈度确定其抗震措施和地震作用，在遭遇高于当地抗震设防烈度的预估罕遇地震影响时不致倒塌或发生危及生命安全的严重破坏的抗震设防目标（C选项正确）。

答案：C

考点：建筑抗震设防类别及抗震设防目标。

107. **解析**：我国现行《抗震规范》第1.0.2条规定，抗震设防烈度为6度及以上地区的建筑，必须进行抗震设计。

答案：B

考点：抗震设防烈度。

108. **解析**：见《抗震规范》条文说明第1.0.1条，多遇地震烈度一般比基本地震烈度低一度半。

答案：C

考点：地震烈度。

109. **解析**：根据《高层混凝土规程》表3.3.1-1中，框架结构的最大适用高度最低。

答案：A

考点：建筑结构体系适用的最大高度。

110. 解析：根据《抗震规范》第3.4.1条，建筑设计应根据抗震概念设计的要求明确建筑形体的规则性，A选项正确；不规则的建筑方案应按规定采取加强措施，B选项正确；特别不规则的建筑方案应进行专门研究和论证，采取特别加强措施，C选项正确；严重不规则的建筑不应（题中为"不宜"）采用，D选项错误。

    答案：D

    考点：建筑形体的规则性。

111. 解析：一般情况下，框架结构侧向刚度小于框架—剪力墙结构的侧向刚度；框架—剪力墙结构侧向刚度又小于剪力墙结构的侧向刚度。

    答案：B

    考点：结构体系侧向刚度。

112. 解析：钢材的延性最好，强度最高，故抗震性能最好。

    答案：C

    考点：建筑结构材料抗震性能。

113. 解析：多层砌体房屋，应满足《抗震规范》中的各项抗震措施要求。题中四个选项都是应满足的抗震措施。根据《抗震规范》条文说明第7.1.2条，砌体结构的高度限制，是十分敏感且深受关注的规定。基于砌体材料的脆性性质和震害经验，限制其层数和高度是主要的抗震措施。

    答案：A

    考点：砌体房屋抗震设计一般规定（层数和高度要求）。

114. 解析：根据《高层混凝土规程》第6.1.1条，框架结构应设计成双向梁柱抗侧力体系。主体结构除个别部位外，不应采用铰接；A选项正确，B选项错误。第6.1.2条，抗震设计的框架不应采用单跨框架；C选项错误。第6.1.6条，框架结构按抗震设计时，不应（题中为"不宜"）采用部分由砌体墙承重的混合形式，D选项错误。

    答案：A

    考点：框架结构抗震设计一般规定。

115. 解析：根据《抗震规范》表7.3.1可知，A、B、C选项正确；第7.3.2条规定，构造柱的最小截面可采用180mm×240mm，故D选项不正确。

    答案：D

    考点：多层砖砌体房屋构造柱设置。

116. 解析：根据《抗震规范》第5.1.1条第1、4款规定，一般情况下，应至少在建筑结构的两个主轴方向分别计算水平地震作用；8、9度时的大跨度和长悬臂结构及9度时的高层建筑，应计算竖向地震作用（A选项正确，B选项错误）。场地越差，对应的场地覆盖层厚度越大，土的剪切波速越小，场地土对地震作用的放大效应越大（C选项正确）。结构的刚度越大，地震水平位移越小，结构的自振周期越小，结构的能量耗散越小，地震作用越大（D选项正确）。

    答案：B

    考点：地震作用。

117. 解析：根据《抗震规范》第7.3.3条表7.3.3（题117解表），可知D选项不正确。

多层砖砌体房屋现浇钢筋混凝土圈梁设置要求　　　　　题117解表

墙类	烈度		
	6、7	8	9
外墙和内纵墙	屋盖处及每层楼盖处	屋盖处及每层楼盖处	屋盖处及每层楼盖处
内横墙	同上； 屋盖处间距不应大于4.5m； 楼盖处间距不应大于7.2m； 构造柱对应部位	同上； 各层所有横墙，且间距不应大于4.5m； 构造柱对应部位	同上； 各层所有横墙

  答案：D

  考点：砖砌体房屋圈梁设置要求。

118. **解析**：根据《抗震规范》第3.7.1条、第3.7.4条及第3.7.5条的规定，框架结构的围护墙和隔墙，应估计其设置对主体结构的不利影响，避免不合理设置导致主体结构的破坏（A选项正确，B选项错误）；对非结构构件包括建筑非结构构件和建筑附属机电设备，自身及其与结构主体的连接，应进行抗震设计（C选项正确）；幕墙、装饰贴面与主体结构应有可靠连接，避免地震时脱落伤人（D选项正确）。

  答案：B

  考点：非结构构件抗震设计要求。

119. **解析**：根据《抗震规范》第3.4.1条、第3.4.2条及第3.4.4条，为避免抗侧力结构的侧向刚度及承载力突变，竖向抗侧力构件的截面尺寸和材料强度可自下而上逐渐减小（C选项错误）。

  答案：C

  考点：建筑形体及其构件布置的规则性。

120. **解析**：根据《地基规范》第5.2.1条的规定，在轴心荷载作用下，基础底面的平均压应力 p_k 应≤修正后的地基承载力特征值，即 $p_k \leq f_a$；在偏心荷载作用下，除符合 $p_k \leq f_a$ 外，还应符合基底最大压应力 $p_{kmax} \leq 1.2 f_a$。A选项正确。

  答案：A

  考点：地基承载力。

121. **解析**：根据《地基规范》表4.1.5、表4.1.7、表4.1.9（题121解表1～3）及第4.1.12条可知，黏性土为塑性指数 I_p 大于10的土，C选项错误。

碎石土的分类　　　　　题121解表1

土的名称	颗粒形状	粒组含量
漂石块石	圆形及亚圆形为主棱角形为主	粒径大于200mm的颗粒含量超过全重50%
卵石碎石	圆形及亚圆形为主棱角形为主	粒径大于20mm的颗粒含量超过全重50%
圆砾角砾	圆形及亚圆形为主棱角形为主	粒径大于2mm的颗粒含量超过全重50%

注：分类时应根据粒组含量栏从上到下以最先符合者确定。

砂土的分类　　　　　　　　　　　　　　　　　　　　题121解表2

土的名称	粒　组　含　量
砾砂	粒径大于2mm的颗粒含量占全重25%～50%
粗砂	粒径大于0.5mm的颗粒含量超过全重50%
中砂	粒径大于0.25mm的颗粒含量超过全重50%
细砂	粒径大于0.075mm的颗粒含量超过全重85%
粉砂	粒径大于0.075mm的颗粒含量超过全重50%

注：分类时应根据粒组含量栏从上到下以最先符合者确定。

黏性土的分类　　　　　　　　　　　　　　　　　　　　题121解表3

塑性指数 I_p	土的名称
$I_p>17$	黏土
$10<I_p\leqslant17$	粉质黏土

注：塑性指数由相应于76g圆锥体沉入土样中深度为10mm时测定的液限计算而得。

答案：C

考点：岩石的分类。

122. 解析：根据《地基规范》条文说明第5.3.3条，一般多层建筑物在施工期间完成的沉降量，对于碎石或砂土可认为其最终沉降量已完成80%以上，对于其他低压缩性土可认为已完成最终沉降量的50%～80%，对于中压缩性土可认为已完成20%～50%，对于高压缩性土可认为已完成5%～20%。

答案：D

考点：地基沉降量。

123. 解析：根据《地基规范》第6.7.3条第1款公式（6.7.3-1），

$$E_a = \frac{1}{2}\psi_c \cdot \gamma h^2 ka$$

$$= \frac{1}{2}\times 1\times 20\times 5.5^2\times 0.4 = 121\text{kN/m}$$

注：h的单位为m。

答案：C

考点：挡土墙的土压力计算。

124. 解析：E_a的作用点应为墙高的1/3处，故

$$x = \frac{1}{3}h = \frac{1}{3}\times 5.5 = 1.83\text{m}$$

答案：B

考点：挡土墙的土压力计算。

125. 解析：挡土墙后土压力的分布是三角形分布。

答案：A

考点：挡土墙的土压力计算。

126. 解析：

$$K = \frac{G\cdot \mu}{E_a} = \frac{200\times 0.4}{50} = 1.6$$

625

答案：B

考点：挡土墙的抗滑移系数计算。

127. 解析：力矩支点应为挡土墙外侧的Ⅳ点。

   答案：D

   考点：挡土墙抗倾覆验算。

128. 解析：刚性基础（无筋扩展基础）只需验算地基承载力和抗冲切承载力，不必进行裂缝及挠度计算，也无需计算配筋，故C、D选项均不包括。

   答案：C、D

   考点：刚性基础计算。

129. 解析：根据《地基规范》第8.5.18条第1款，柱下独立桩基，承台抗弯承载力验算，应计算两个方向柱边截面处的抗弯。

   答案：B

   考点：柱下桩基础受弯承载力验算。

130. 解析：根据《地基规范》第8.5.13条第1款1），地基基础设计等级为甲级的建筑物桩基应进行沉降验算。根据第3.0.1条表3.0.1判定，A、B选项建筑物基础设计等级均为甲级。第8.5.14条，嵌岩桩、设计等级为丙级的建筑物桩基、吊车工作级别为A5及A5以下的单层工业厂房且桩端下为密实土层的桩基，可不进行沉降验算。A选项正确。

   答案：A

   考点：桩基沉降验算。

131. 解析：根据《地基规范》图8.2.8（a）（题131解图）所示，柱下钢筋混凝土独立基础进行抗冲切计算时，冲切破坏锥体与基础底面的夹角为$45°$。B选项正确。

   答案：B

   考点：柱下独立基础的抗冲切计算。

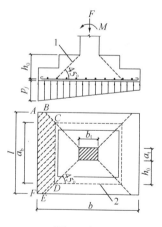

题131解图

132. 解析：根据旧版《地基规范》第9.3.2条规定，地下连续墙的墙厚不宜小于600mm。第9.3.3条规定，墙体混凝土强度等级不应低于C20。第9.3.3条第4款规定，竖向受力钢筋应有一半以上通长配置。第9.3.3条第7款规定，地下连续墙体混凝土的抗渗等级不得小于0.6MPa。题中C选项要求过严。《地基规范》2011年版因地下连续墙已作为地下室永久结构使用，已没有具体要求了。

   答案：C

   考点：地下连续墙。

133. 解析：取AC杆为研究对象，设BD杆对AC杆压力为F，则由$\sum M_A = 0$，$F \times 1.5 = (3 \times 4) \times 2$，得$F = 16$kN。

   答案：C

   考点：结构的支座反力。

134. **解析**：图示结构为对称结构受对称荷载，在对称轴上反对称的约束力为零，故C点的竖向约束力为0。再取BAC为研究对象，可求出$|M_A|=20\times 4\times 2=160\text{kN}\cdot\text{m}$。

    答案：C

    考点：三铰刚架弯矩的计算。

135. **解析**：从中间铰C处断开，如图。先取CD研究，由对称性可知：
    $$F_C=F_D=\frac{10\times 2}{2}=10\text{kN}$$
    再用直接法求得：
    $$M_B=-10\times 2-10\times 2-(10\times 2)\times 1$$
    $$=-60\text{kN}\cdot\text{m}$$

    答案：C

    考点：多跨静定梁弯矩的计算。

    题135解图

136. **解析**：因是超筋梁，所以达到极限承载力时，钢筋应力不会达到其强度设计值，极限承载力将由混凝土的抗压强度控制。

    答案：C

    考点：超筋梁。

137. **解析**：由于低合金钢强度比碳素钢强度高，因此在强度控制时，选用低合金钢可比选用碳素钢节省钢材。

    答案：A

    考点：钢材牌号的选用。

138. **解析**：利用题中近似公式：
    $$A_s=\frac{M}{f_y\gamma h_0}=\frac{120\times 10^6}{360\times 0.9\times 460}=805\text{mm}^2$$

    答案：B

    考点：钢筋混凝土梁正截面承载力计算。

139. **解析**：A、B、C选项等效，均为固定铰支座，D选项为定向支座，可沿水平移动。

    答案：D

    考点：支座的画法。

140. **解析**：根据《结构制图标准》第3.1.1条表3.1.1-1，B选项表示钢筋端部作135°弯钩。

    答案：B

    考点：制图图例。